토목

기사·산업기사 필기

측량학

머리말 PREFACE

토목을 사랑하는 토준생 여러분 안녕하세요?
측량고수 쪼박입니다.

첫째

공부는 재미있어야 합니다.
재미있으면 포기하지 않습니다.
포기하지 않으면 합격할 수 있습니다.
쪼박과 함께 하면 절대 실패하지 않습니다.

둘째

토준생의 가장 큰 스트레스는 그 많은 공식을 암기해야 한다는 생각입니다.
절대 공식을 암기하지 마세요! 마하(Mach) 암기법의 창안자로서 외우지 않고 재미있게 머릿속에 넣어 드리겠습니다.

셋째

토목 기초가 부족합니까? 수학 지식이 약합니까?
쪼박과 함께 하면 전혀 문제가 안 됩니다. 단, 열정만 가지고 오십시오.
딱 10%만 하세요. 나머지 90%는 쪼박이 책임지겠습니다.
진정한 강의 예술의 혼이 담긴 토목측량 기출 분석서를 확인하세요!

저자 조준호

출제기준 INFORMATION

■ 토목기사

• 직무분야 : 건설	• 중직무분야 : 토목	• 자격종목 : 토목기사	• 적용기간 : 2022.1.1. ~ 2025.12.31.
• 직무내용 : 도로, 공항, 철도, 하천, 교량, 댐, 터널, 상하수도, 사면, 항만 및 해양시설물 등 다양한 건설사업을 계획, 설계, 시공, 관리 등을 수행			
• 필기검정방법 : 객관식	• 문제수 : 120	• 시험시간 : 3시간	

필기과목명	문제수	주요항목	세부항목	세세항목
응용역학	20	1. 역학적인 개념 및 건설 구조물의 해석	1. 힘과 모멘트	1. 힘 2. 모멘트
			2. 단면의 성질	1. 단면 1차 모멘트와 도심 2. 단면 2차 모멘트 3. 단면 상승 모멘트 4. 회전반경 5. 단면계수
			3. 재료의 역학적 성질	1. 응력과 변형률 2. 탄성계수
			4. 정정보	1. 보의 반력 2. 보의 전단력 3. 보의 휨모멘트 4. 보의 영향선 5. 정정보의 종류
			5. 보의 응력	1. 휨응력 2. 전단응력
			6. 보의 처짐	1. 보의 처짐 2. 보의 처짐각 3. 기타 처짐 해법
			7. 기둥	1. 단주 2. 장주
			8. 정정트러스(Truss), 라멘(Rahmen), 아치(Arch), 케이블(Cable)	1. 트러스 2. 라멘 3. 아치 4. 케이블
			9. 구조물의 탄성변형	1. 탄성변형
			10. 부정정 구조물	1. 부정정구조물의 개요 2. 부정정구조물의 판별 3. 부정정구조물의 해법

필기과목명	문제수	주요항목	세부항목	세세항목
측량학	20	1. 측량학 일반	1. 측량기준 및 오차	1. 측지학개요 2. 좌표계와 측량원점 3. 측량의 오차와 정밀도
			2. 국가기준점	1. 국가기준점 개요 2. 국가기준점 현황
		2. 평면기준점 측량	1. 위성측위시스템(GNSS)	1. 위성측위시스템(GNSS) 개요 2. 위성측위시스템(GNSS) 활용
			2. 삼각측량	1. 삼각측량의 개요 2. 삼각측량의 방법 3. 수평각 측정 및 조정 4. 변장계산 및 좌표계산 5. 삼각수준측량 6. 삼변측량
			3. 다각측량	1. 다각측량 개요 2. 다각측량 외업 3. 다각측량 내업 4. 측점전개 및 도면작성
		3. 수준점측량	1. 수준측량	1. 정의, 분류, 용어 2. 야장기입법 3. 종 · 횡단측량 4. 수준망 조정 5. 교호수준측량
		4. 응용측량	1. 지형측량	1. 지형도 표시법 2. 등고선의 일반개요 3. 등고선의 측정 및 작성 4. 공간정보의 활용
			2. 면적 및 체적 측량	1. 면적계산 2. 체적계산
			3. 노선측량	1. 중심선 및 종횡단 측량 2. 단곡선 설치와 계산 및 이용방법 3. 완화곡선의 종류별 설치와 계산 및 이용방법 4. 종곡선 설치와 계산 및 이용방법
			4. 하천측량	1. 하천측량의 개요 2. 하천의 종횡단측량

출제기준 INFORMATION

필기과목명	문제수	주요항목	세부항목	세세항목
수리학 및 수문학	20	1. 수리학	1. 물의 성질	1. 점성계수 2. 압축성 3. 표면장력 4. 증기압
			2. 정수역학	1. 압력의 정의 2. 정수압 분포 3. 정수력 4. 부력
			3. 동수역학	1. 오일러방정식과 베르누이식 2. 흐름의 구분 3. 연속방정식 4. 운동량방정식 5. 에너지 방정식
			4. 관수로	1. 마찰손실 2. 기타손실 3. 관망 해석
			5. 개수로	1. 전수두 및 에너지 방정식 2. 효율적 흐름 단면 3. 비에너지 4. 도수 5. 점변 부등류 6. 오리피스 7. 위어
			6. 지하수	1. Darcy의 법칙 2. 지하수 흐름 방정식
			7. 해안 수리	1. 파랑 2. 항만구조물
		2. 수문학	1. 수문학의 기초	1. 수문 순환 및 기상학 2. 유역 3. 강수 4. 증발산 5. 침투
			2. 주요 이론	1. 지표수 및 지하수 유출 2. 단위 유량도 3. 홍수추적 4. 수문통계 및 빈도 5. 도시 수문학
			3. 응용 및 설계	1. 수문모형 2. 수문조사 및 설계

필기과목명	문제수	주요항목	세부항목	세세항목
철근 콘크리트 및 강구조	20	1. 콘크리트 및 강구조	1. 철근콘크리트	1. 설계일반 2. 설계하중 및 하중조합 3. 휨과 압축 4. 전단과 비틀림 5. 철근의 정착과 이음 6. 슬래브, 벽체, 기초, 옹벽, 라멘, 아치 등의 구조물 설계
			2. 프리스트레스트 콘크리트	1. 기본개념 및 재료 2. 도입과 손실 3. 휨부재 설계 4. 전단 설계 5. 슬래브 설계
			3. 강구조	1. 기본개념 2. 인장 및 압축부재 3. 휨부재 4. 접합 및 연결
토질 및 기초	20	1. 토질역학	1. 흙의 물리적 성질과 분류	1. 흙의 기본성질 2. 흙의 구성 3. 흙의 입도분포 4. 흙의 소성특성 5. 흙의 분류
			2. 흙속에서의 물의 흐름	1. 투수계수 2. 물의 2차원 흐름 3. 침투와 파이핑
			3. 지반 내의 응력분포	1. 지중응력 2. 유효응력과 간극수압 3. 모관현상 4. 외력에 의한 지중응력 5. 흙의 동상 및 융해
			4. 압밀	1. 압밀이론 2. 압밀시험 3. 압밀도 4. 압밀시간 5. 압밀침하량 산정
			5. 흙의 전단강도	1. 흙의 파괴이론과 전단강도 2. 흙의 전단특성 3. 전단시험 4. 간극수압계수 5. 응력경로
			6. 토압	1. 토압의 종류 2. 토압 이론 3. 구조물에 작용하는 토압 4. 옹벽 및 보강토옹벽의 안정

출제기준 INFORMATION

필기과목명	문제수	주요항목	세부항목	세세항목
토질 및 기초	20	1. 토질역학	7. 흙의 다짐	1. 흙의 다짐특성 2. 흙의 다짐시험 3. 현장다짐 및 품질관리
			8. 사면의 안정	1. 사면의 파괴거동 2. 사면의 안정해석 3. 사면안정 대책공법
			9. 지반조사 및 시험	1. 시추 및 시료 채취 2. 원위치 시험 및 물리탐사 3. 토질시험
		2. 기초공학	1. 기초일반	1. 기초일반 2. 기초의 형식
			2. 얕은기초	1. 지지력 2. 침하
			3. 깊은기초	1. 말뚝기초 지지력 2. 말뚝기초 침하 3. 케이슨기초
			4. 연약지반개량	1. 사질토 지반개량공법 2. 점성토 지반개량공법 3. 기타 지반개량공법
상하수도 공학	20	1. 상수도 계획	1. 상수도 시설 계획	1. 상수도의 구성 및 계통 2. 계획급수량의 산정 3. 수원 4. 수질기준
			2. 상수관로 시설	1. 도수, 송수계획 2. 배수, 급수계획 3. 펌프장 계획
			3. 정수장 시설	1. 정수방법 2. 정수시설 3. 배출수 처리시설
		2. 하수도 계획	1. 하수도 시설계획	1. 하수도의 구성 및 계통 2. 하수의 배제방식 3. 계획하수량의 산정 4. 하수의 수질
			2. 하수관로 시설	1. 하수관로 계획 2. 펌프장 계획 3. 우수조정지 계획
			3. 하수처리장 시설	1. 하수처리 방법 2. 하수처리 시설 3. 오니(Sludge)처리 시설

■ 토목산업기사

• 직무분야 : 건설	• 중직무분야 : 토목	• 자격종목 : 토목산업기사	• 적용기간 : 2023.1.1. ~ 2025.12.31.
• 직무내용 : 도로, 공항, 철도, 하천, 교량, 댐, 터널, 상하수도, 사면, 항만 및 해양시설물 등 다양한 건설사업을 계획, 설계, 시공, 관리 등을 수행			
• 필기검정방법 : 객관식	• 문제수 : 60	• 시험시간 : 1시간 30분	

필기과목명	문제수	주요항목	세부항목	세세항목
구조설계	20	1. 역학적인 개념 및 건설 구조물의 해석	1. 힘과 모멘트	1. 힘 2. 모멘트
			2. 단면의 성질	1. 단면 1차 모멘트와 도심 2. 단면 2차 모멘트 3. 단면 상승 모멘트 4. 회전반경 5. 단면계수
			3. 재료의 역학적 성질	1. 응력과 변형률 2. 탄성계수
			4. 정정구조물	1. 반력 2. 전단력 3. 휨모멘트
			5. 보의 응력	1. 휨응력 2. 전단응력
			6. 보의 처짐	1. 보의 처짐 2. 보의 처짐각 3. 기타 처짐 해법
			7. 기둥	1. 단주 2. 장주
		2. 철근콘크리트 및 강구조	1. 철근콘크리트	1. 설계일반 2. 설계하중 및 하중조합 3. 휨과 압축 4. 전단 5. 철근의 정착과 이음 6. 슬래브, 벽체, 기초, 옹벽 등의 구조물 설계
			2. 프리스트레스트 콘크리트	1. 기본개념 및 재료 2. 도입과 손실
			3. 강구조	1. 기본개념 2. 인장 및 압축부재 3. 휨부재 4. 접합 및 연결

출제기준 INFORMATION

필기과목명	문제수	주요항목	세부항목	세세항목
측량 및 토질	20	1. 측량학 일반	1. 측량기준 및 오차	1. 측지학개요 2. 좌표계와 측량원점 3. 국가기준점 4. 측량의 오차와 정밀도
		2. 기준점 측량	1. 위성측위시스템(GNSS)	1. 위성측위시스템(GNSS) 개요 2. 위성측위시스템(GNSS) 활용
			2. 삼각측량	1. 삼각측량의 개요 2. 삼각측량의 방법 3. 수평각 측정 및 조정
			3. 다각측량	1. 다각측량 개요 2. 다각측량 외업 3. 다각측량 내업
			4. 수준측량	1. 정의, 분류, 용어 2. 야장기입법 3. 교호수준측량
		3. 응용측량	1. 지형측량	1. 지형도 표시법 2. 등고선의 일반개요 3. 등고선의 측정 및 작성 4. 공간정보의 활용
			2. 면적 및 체적 측량	1. 면적계산 2. 체적계산
			3. 노선측량	1. 노선측량 개요 및 방법(추가) 2. 중심선 및 종횡단 측량 3. 단곡선 계산 및 이용방법 4. 완화곡선의 종류 및 특성 5. 종곡선의 종류 및 특성
			4. 하천측량	1. 하천측량의 개요 2. 하천의 종횡단측량
		4. 토질역학	1. 흙의 물리적 성질과 분류	1. 흙의 기본성질 2. 흙의 구성 3. 흙의 입도분포 4. 흙의 소성특성 5. 흙의 분류
			2. 흙속에서의 물의 흐름	1. 투수계수 2. 물의 2차원 흐름 3. 침투와 파이핑

필기과목명	문제수	주요항목	세부항목	세세항목
측량 및 토질	20	4. 토질역학	3. 지반내의 응력분포	1. 지중응력 2. 유효응력과 간극수압 3. 모관현상
			4. 흙의 압밀	1. 압밀이론 2. 압밀시험 3. 압밀도
			5. 흙의 전단강도	1. 흙의 파괴이론과 전단강도 2. 흙의 전단특성 3. 전단시험 4. 간극수압계수
			6. 토압	1. 토압의 종류 2. 토압 이론
			7. 흙의 다짐	1. 흙의 다짐특성 2. 흙의 다짐시험
			8. 사면의 안정	1. 사면의 파괴거동
		5. 기초공학	1. 기초일반	1. 기초일반 2. 기초의 종류 및 특성
			2. 지반조사	1. 시추 및 시료 채취 2. 원위치 시험 및 물리탐사
			3. 얕은기초와 깊은기초	1. 지지력 2. 침하
			4. 연약지반개량	1. 사질토 지반개량공법 2. 점성토 지반개량공법 3. 기타 지반개량공법
수자원설계	20	1. 수리학	1. 물의 성질	1. 점성계수 2. 압축성 3. 표면장력 4. 증기압
			2. 정수역학	1. 압력의 정의 2. 정수압 분포 3. 정수력 4. 부력
			3. 동수역학	1. 오일러방정식과 베르누이식 2. 흐름의 구분 3. 연속방정식 4. 운동량방정식 5. 에너지 방정식

출제기준 INFORMATION

필기과목명	문제수	주요항목	세부항목	세세항목
수자원설계	20	1. 수리학	4. 관수로	1. 마찰손실
				2. 기타손실
				3. 관망 해석
			5. 개수로	1. 효율적 흐름 단면
				2. 비에너지 및 도수
				3. 점변 부등류
				4. 오리피스 및 위어
		2. 상수도계획	1. 상수도 시설 계획	1. 상수도의 구성 및 계통
				2. 계획급수량의 산정
				3. 수원
				4. 수질기준
			2. 상수관로 시설	1. 도수, 송수계획
				2. 배수, 급수계획
				3. 펌프장 계획
			3. 정수장 시설	1. 정수방법
				2. 정수시설
				3. 배출수 처리시설
		3. 하수도계획	1. 하수도 시설계획	1. 하수도의 구성 및 계통
				2. 하수의 배제방식
				3. 계획하수량의 산정
				4. 하수의 수질
			2. 하수관로 시설	1. 하수관로 계획
				2. 펌프장 계획
				3. 우수조정지 계획
			3. 하수처리장 시설	1. 하수처리 방법
				2. 하수처리 시설
				3. 오니(Sludge)처리 시설

CHAPTER 01 측량학 총론

CHAPTER 02 오차해석

CHAPTER 03 거리와 각 관측

이책의 차례 CONTENTS

CHAPTER 07 지형측량

CHAPTER 08 면체적 측량

CHAPTER 09 노선측량

CHAPTER 10 하천측량

이책의 차례 CONTENTS

CHAPTER 11 GNSS

CHAPTER 12 기준점 측량

부록 1 과년도 출제문제

※ 토목기사는 2022년 3회, 토목산업기사는 2020년 4회 시험부터 CBT(Computer-Based Test)로 전면 시행됩니다.

이책의 **차례** CONTENTS

부록 2 파이널 핵심정리

CHAPTER 01

측량학 총론

01 총론

1. 측량학의 정의

측량학의 정의	측량의 3요소 및 관측장비
① 점의 위치(x, y, z)를 정하는 작업 ② 측량 영역에서 모든 점의 상호 위치 관계를 정하는 것(정량적 해석) ③ 대상물의 특성해석(정성적 해석)	① 거리 : Tape, EDM ② 각 : 트랜싯, 데오돌라이트 ③ 높이(고저차) : 레벨

2. 측량의 일반적인 분류

위치에 따른 분류	법에 따른 분류	순서에 따른 분류	목적에 따른 분류
① 수평위치(X, Y) ② 수직위치(Z)	① 기본 측량 ② 공공 측량 ③ 일반 측량 ④ 지적 측량 ⑤ 수로 측량	① 기준점 측량 ② 세부 측량	① 면체적 측량 ② 노선 측량 ③ 하천 측량 ④ 터널 측량 ⑤ 사진 측량

3. 측량 위치 및 순서에 따른 분류

측량위치에 따른 분류		측량순서에 따른 분류	
수평위치(X, Y)	수직위치(Z)	기준점 측량	세부 측량
① 삼각측량 ② 다각측량 ③ 삼변측량	수준(레벨)측량	① 삼각 · 삼변 측량 ② 다각 측량 ③ 수준측량 ④ 천문 측량 ⑤ 위성 측량	① 평판 측량 ② 시거(스티디아) 측량

4. 정밀도

정도	$\frac{1}{m}=\frac{\text{거리오차}(\Delta l)}{\text{실제거리}(l)}=\frac{\text{각의 오차}(\theta'')}{\text{라디안}(\rho'')}=\frac{\text{폐합오차}(E)}{\text{전체거리}(\Sigma l)}$
라디안(ρ)	① $\rho^\circ=\frac{180^\circ}{\pi}$ ② $\rho'=\frac{180^\circ}{\pi}\times 60'$ ③ $\rho''=\frac{180^\circ}{\pi}\times 60'\times 60''=206{,}265''$

GUIDE

- **측량 영역**
  인류의 활동이 미치는 모든 영역(지표, 지하, 수중, 해양 · 해안, 우주공간 등)

- **위치결정(3차원)**

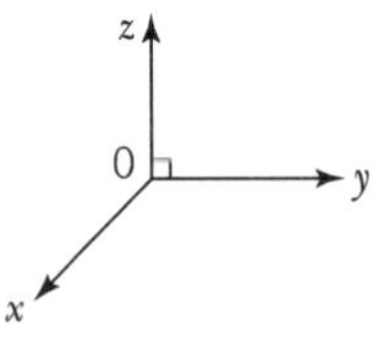

① X, Y(평면위치, 2차원)
② Z(수직위치, 1차원)

- **정량적 해석**
  (위치결정, 도면화)

- **정성적 해석**
  (특성해석, 항공사진)

- **토털스테이션(Total station)**
  거리와 각을 동시에 구하는 장비

- **호도법**
  1라디안(ρ)은 반지름의 길이와 같은 호에 대한 중심각의 크기

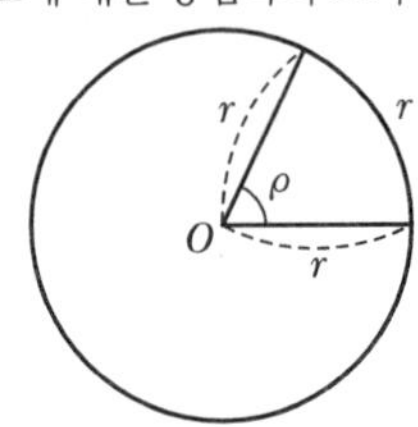

- 1라디안$(\rho)=\frac{\text{호}(r)}{\text{반지름}(r)}$
- $\frac{\rho^\circ}{360^\circ}=\frac{r}{2\pi r}$
  $\therefore \rho^\circ=\frac{360^\circ}{2\pi}=\frac{180^\circ}{\pi}$

01 측량의 3대 요소가 아닌 것은?

① 거리측량 ② 세부측량
③ 고저측량 ④ 각측량

해설

측량의 3대요소(거리, 각, 높이)

02 다음 중 위치 결정 방법이 다른 측량은?

① 삼각측량 ② 삼변측량 ③ 수준측량 ④ 다각측량

해설

- 평면위치(2차원) : x, y
- 수직위치(1차원) : 수준측량(z)

03 측량의 분류 중 측량목적에 따른 분류로 적당치 않은 것은?

① 노선측량 ② 공공측량 ③ 하천측량 ④ 광산측량

해설

공공측량은 측량법에 따른 분류

04 지형측량방법 중 기준점 측량에 해당되지 않는 것은?

① 수준측량 ② 삼각측량
③ 트래버스측량 ④ 스타디아측량

해설

스타디아(시거)측량은 세부측량이다.

05 거리관측의 정밀도와 각 관측의 정밀도가 같다고 할 때 거리관측의 허용오차를 1/5,000로 하면 각 관측의 허용오차는?

① 41.05″ ② 41.25″ ③ 82.15″ ④ 82.50″

해설

$$\frac{\Delta l}{l} = \frac{\theta''}{\rho''}$$

$$\therefore \theta'' = \frac{\Delta l}{l}\rho'' = \frac{1}{5,000} \times 206,265'' = 41.25''$$

06 거리와 방향을 측정하여 평면 위치를 결정하고자 할 때 거리 측정에는 오차가 없고 방향에만 20″의 오차가 있다고 하면 거리 400m에 대한 평면 위치 오차는?

① 1.88cm ② 2.88cm
③ 3.88cm ④ 4.88cm

해설

$$\frac{\Delta l}{l} = \frac{\theta''}{\rho''}$$

$$\therefore \Delta l = \frac{\theta''}{\rho''} \times l = \frac{20''}{206,265''} \times 400\,\text{m} = 3.88\text{cm}$$

07 거리와 각을 동일한 정밀도로 관측하여 다각측량을 하려고 한다. 이때 각측량기의 정밀도가 10″라면 거리측량기의 정밀도는 약 얼마 정도이어야 하는가?

① $\frac{1}{15,000}$ ② $\frac{1}{18,000}$
③ $\frac{1}{21,000}$ ④ $\frac{1}{25,000}$

해설

$$\frac{\Delta l}{l} = \frac{\theta''}{\rho''} = \frac{10''}{206,265''} = \frac{1}{21,000}$$

08 수평각 측정에서 5′ 이하를 생략하면 거리 측량은 얼마 정도로 측정해야 정도에 균형이 맞는가?

① 약 $\frac{1}{690}$ ② 약 $\frac{1}{695}$
③ 약 $\frac{1}{675}$ ④ 약 $\frac{1}{680}$

해설

$$\frac{1}{m} = \frac{\Delta l}{l} = \frac{\theta''}{\rho''}$$

$$\therefore \frac{1}{m} = \frac{5' \times 60''}{206265''} = \frac{1}{688} = \frac{1}{690}$$

정답 01 ② 02 ③ 03 ② 04 ④ 05 ② 06 ③ 07 ③ 08 ①

02 면적에 따른 분류

1. 평면측량과 측지측량

평면측량(소지, 단거리측량)	측지측량(대지, 장거리측량)
① 측량하는 지역의 직선 고려 ② 측지학적 보정을 하지 않음 ③ 지구곡률을 고려하지 않음	① 측량하는 지역의 곡선 고려 ② 측지학적 보정을 함(정밀) ③ 지구곡률을 고려함

2. 평면측량과 측지측량의 측량범위

평면측량(소지, 단거리측량)	측지측량(대지, 장거리측량)
① 정도 $\frac{1}{\text{백만}}\left(\frac{1}{10^6}\right)$일 때 반경 11km 이내를 측량할 때	① 정도 $\frac{1}{\text{백만}}\left(\frac{1}{10^6}\right)$일 때 반경 11km 이상을 측량할 때
② 면적 약 400km² 이하의 지역에서 지구곡률을 고려하지 않는 측량 $\left(\text{정도}=\frac{1}{10^6}\right)$	② 면적 약 400km² 이상의 넓은 지역에 지구곡률을 고려하는 정밀측량 $\left(\text{정도}=\frac{1}{10^6}\right)$
③ 측량 대상을 직선(평면)으로 간주	③ 측량 대상을 곡선(곡면)으로 간주
④ 정도 $\frac{1}{\text{십만}}\left(\frac{1}{10^5}\right)$일 때 반경 35km 이내를 측량할 때	④ 정도 $\frac{1}{\text{십만}}\left(\frac{1}{10^5}\right)$일 때 반경 35km 이상을 측량할 때

3. 평면측량과 측지측량의 정밀도 및 거리오차

지구상 거리	정밀도
d, l, C, R	$\text{정밀도}\left(\frac{1}{m}\right)=\frac{d-l}{l}=\frac{1}{12}\left(\frac{l}{R}\right)^2$
	거리오차
	$\text{거리오차}=d-l=\frac{1}{12}\times\frac{l^3}{R^2}$

- d : 평면으로 관측한 거리(평면거리, 소지측량)
- R : 지구곡률반경(6,370km)
- l : C점에서 지구표면을 따라 관측한 실제거리(곡면거리, 대지측량)
- $d-l$: 거리오차

GUIDE

• 직선거리, 곡선거리

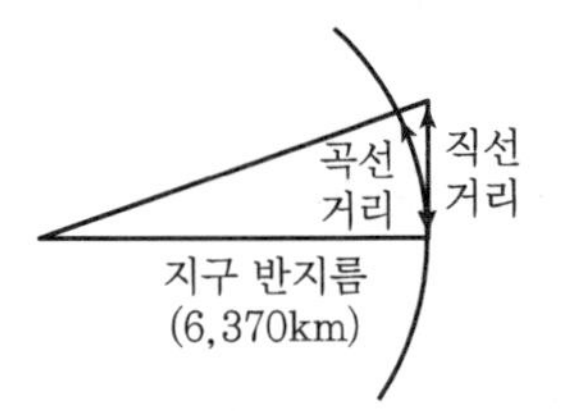

① 직선(평면)거리 : 지구 곡률을 무시
② 곡선(실제)거리 : 지구 곡률을 고려

• 측지(대지)측량

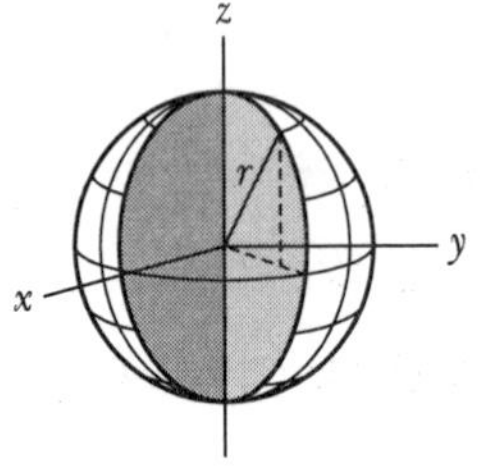

① 지구곡률을 고려한 장거리 측량
② 지각변동의 관측, 항로 등의 측량

• 정도 $1/10^6$일 때 면적(A)의 범위 (반경 11km일 때)

$$A=\frac{\pi D^2}{4}=\pi R^2=\pi\times 11^2$$
$$\fallingdotseq 400\text{km}^2$$

• 정밀도

$$\frac{1}{m}=\frac{\Delta l}{l}=\frac{\theta''}{\rho''}$$

01 측지학 및 측지측량에 대한 설명 중 옳지 않은 것은?

① 측지학이란 지구 내부의 특성, 지구의 형상, 지구 표면의 상호위치 관계를 정하는 학문이다.
② 기하학적 측지학에는 천문측량, 위성측지, 높이결정 등이 있다.
③ 물리학적 측지학에는 지구의 형상 해석, 중력측정, 지자기측정 등을 포함한다.
④ 측지측량이란 지구의 곡률을 고려하지 않는 측량으로서 20km 이내를 평면으로 취급한다.

해설

측지(대지)측량은 지구의 곡률을 고려해 반경 11km, 면적 약 $400km^2$ 이상의 대상을 측량한다.

02 측량에서 일반적으로 지구의 곡률을 고려하지 않아도 되는 최대 범위는?(단, 거리의 정밀도를 10^{-6}까지 허용하며 지구 반지름은 6,370km이다.)

① 약 $100km^2$ 이내
② 약 $380km^2$ 이내
③ 약 $1,000km^2$ 이내
④ 약 $1,200km^2$ 이내

해설

- 정밀도$\left(\frac{1}{m}\right)=\frac{d-l}{l}=\frac{1}{12}\left(\frac{l}{R}\right)^2$
- $\frac{1}{m}=\frac{1}{12}\left(\frac{l}{R}\right)^2$
- $l=\sqrt{\frac{12\times6,370^2}{1,000,000}}=22.07\text{km}$

$\therefore$ 면적$=\frac{\pi D^2}{4}=\frac{\pi\times22.07^2}{4}=382.56\text{km}^2$

03 지구반지름 $r=6,370$km이고 거리의 허용오차가 $1/10^5$이면 직경 몇 km까지를 평면측량으로 볼 수 있는가?

① 약 69km ② 약 64km
③ 약 36km ④ 약 22km

해설

- 정밀도$\left(\frac{1}{m}\right)=\frac{d-l}{l}=\frac{1}{12}\left(\frac{l}{R}\right)^2$
- $\frac{1}{m}=\frac{1}{12}\left(\frac{l}{R}\right)^2$, $\frac{1}{10^5}=\frac{l^2}{12\times6,370^2}$

$\therefore l=\sqrt{\frac{12\times6,370^2}{10^5}}=69.78\text{km}$

04 측량의 분류에 대한 설명으로 옳은 것은?

① 측량 구역이 상대적으로 협소하여 지구의 곡률을 고려하지 않아도 되는 측량을 측지측량이라 한다.
② 측량정확도에 따라 평면기준점측량과 고저기준점측량으로 구분한다.
③ 구면 삼각법을 적용하는 측량과 평면 삼각법을 적용하는 측량과의 근본적인 차이는 삼각형의 내각의 합이다.
④ 측량법에서는 기본측량과 공공측량의 두 가지로만 측량을 분류한다.

해설

- 지구의 곡률을 고려하지 않아도 되는 측량은 평면측량(소지측량)
- 측량 위치에 따른 분류는 평면위치와 수직위치로 구분한다.
- 측량법에 따른 분류는 기본, 공공, 일반, 지적, 수로 측량으로 구분한다.

05 지구 표면의 거리 35km까지를 평면으로 간주했다면 허용정밀도는 약 얼마인가?(단, 지구의 반지름은 6,370km이다.)

① 1/300,000 ② 1/400,000
③ 1/500,000 ④ 1/600,000

해설

정밀도$\left(\frac{1}{m}\right)=\frac{d-l}{l}=\frac{1}{12}\left(\frac{l}{R}\right)^2$

$\therefore \frac{1}{m}=\frac{1}{12}\left(\frac{l}{R}\right)^2=\frac{1}{12}\times\left(\frac{35}{6,370}\right)^2=\frac{1}{400,000}$

정답 01 ④ 02 ② 03 ① 04 ③ 05 ②

03 구과량과 측지선

GUIDE

• 입체각(Steradian)

① 복사도, 광도 등에 사용

② 1sr : 반경 1m인 구면상 $1m^2$가 만드는 각

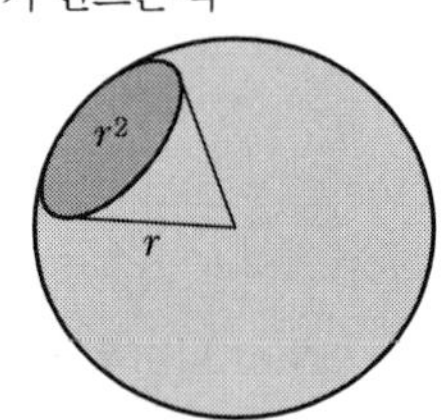

1. 각의 분류

평면각	구면각
① 호와 반경의 비율 ② 평면삼각형의 내각의 합은 180°	① 구체나 타원에 표시 ② 곡면 삼각형의 내각의 합은 180°보다 크다.

2. 구면삼각형

구면삼각형	구면삼각형 정의
A, 90°, 90°, 90°, B, C	구의 중심을 지나는 평면과 구면과의 교선을 대원이라 하고 세 변이 대원의 호로 된 삼각형

3. 구과량

구과량	식
구면삼각형의 세 내각의 합이 180°보다 큰 차이값	$\varepsilon'' = \frac{A}{R^2}\rho'' = \frac{ab\sin\gamma}{2R^2}\rho''$
$\varepsilon = (A+B+C) - 180°$	① ε : 구과량 ② A : 삼각형 면적 ③ R : 지구곡률반경(6,370km)

• 삼각형 면적(2변협각법)

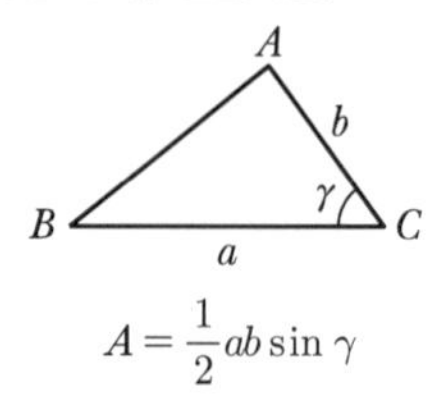

$$A = \frac{1}{2}ab\sin\gamma$$

• 구과량은 면적(A)에 비례, 반지름(R)의 제곱에 반비례

4. 측지선

측지선	내용
서울, 캘리포니아	① 타원체의 지표상 2점을 연결하는 최단거리 ② 법면선과 측지선의 길이 차이는 극히 미소하여 100km 이하에서는 무시 ③ 직접 관측이 불가능 ④ 미분기하학으로 계산에 의해서만 결정

• 일반적으로 측지선은 두 법면선 사이에 놓여 있다.

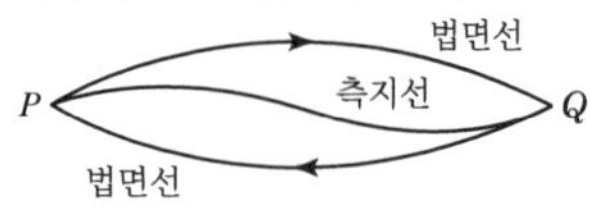

01 구면 삼각형의 성질에 대한 설명으로 틀린 것은?

① 구면 삼각형의 내각의 합은 180°보다 크다.
② 2점 간 거리가 구면상에서는 대원의 호 길이가 된다.
③ 구면 삼각형의 한 변은 다른 두 변의 합보다는 작고 차이보다는 크다.
④ 구과량은 구의 반지름 제곱에 비례하고 구면삼각형의 면적에 반비례한다.

해설

- 구과량$(\varepsilon'') = \dfrac{A}{R^2}\rho''$
- 구과량은 반경(R)의 제곱에 반비례
- 구과량은 면적(A)에 비례

02 다음은 구과량에 대한 설명이다. 이 중 틀린 것은?

① 구면 삼각형에서 구과량은 내각의 합이 180°보다 큰 것이다.
② 구과량은 삼각형의 면적에 비례한다.
③ 사각형에서 구과량은 내각의 합이 360°보다 큰 것이다.
④ n 다각형에서의 구과량은 내각의 합이 180°(n+2)보다 큰 것이다.

해설

- 구과량은 구면 다각형과 평면 다각형의 내각의 차이를 말하며 항상 값이 크다.
- n다각형의 내각은 180°(n−2), 구과량은 이보다 항상 크다.

03 지구 상의 $\triangle ABC$를 측량한 결과, 두 변의 거리가 $a=30$km, $b=20$km였고, 그 사잇각이 80°였다면 이때 발생하는 구과량은?(단, 지구의 곡선반지름 6,400km)

① 1.49″ ② 1.62″
③ 2.04″ ④ 2.24″

해설

- 삼각형 면적(2변 협각법)

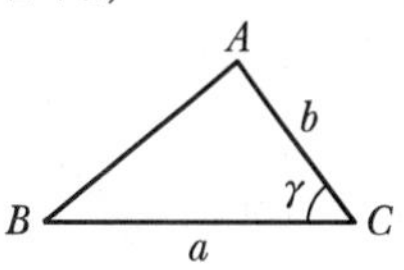

- 구면 삼각형 면적(A)

$$A=\frac{1}{2}ab\sin\gamma=\frac{1}{2}\times30\times20\times\sin80°=295.44\text{km}^2$$

- 구과량(ε'')

$$\varepsilon''=\frac{A}{R^2}\rho''=\frac{295.44\times206,265''}{6,400^2}=1.49''$$

04 1변의 거리가 30km인 정삼각형의 내각을 오차 없이 측량하였을 때에 내각의 합은?(지구반지름 6,370km)

① 180°+2″ ② 180°−2″
③ 180°+1″ ④ 180°−1″

해설

- 구면삼각형 면적(A)

$$A=\frac{1}{2}ab\sin\gamma=\frac{1}{2}\times30\times30\times\sin60°=389.71\text{km}$$

- 구과량(ε'')

$$\varepsilon''=\frac{A}{R^2}\rho''\frac{389.71}{6370^2}\times206265''=2''$$

- 정삼각형의 내각의 합 = 180°+2″

05 측지학의 측지선에 관한 설명으로 옳지 않은 것은?

① 측지선은 두 개의 평면곡선의 교각을 2 : 1로 분할하는 성질이 있다.
② 지표면 상 2점을 잇는 최단거리가 되는 곡선을 측지선이라 한다.
③ 평면곡선과 측지선 길이의 차는 극히 미소하여 실무상 무시할 수 있다.
④ 측지선은 미분기하학으로 구할 수 있으나 직접 관측하여 구하는 것이 더욱 정확하다.

해설

측지선은 직접 관측이 어렵고 계산을 통하여 결정한다.

정답 01 ④ 02 ④ 03 ① 04 ① 05 ④

04 측지학

1. 측지학(지구물리학)

측지학의 정의	측지학의 분류
지구 내부의 특성을 결정하는 측량과 지구 표면상에 있는 모든 점들 간의 상호위치 관계를 산정하는 측량의 가장 기본적인 학문	① 기하학적 측지학 ② 물리학적 측지학

2. 측지학의 분류

기하학적 측지학	물리학적 측지학
① 측지학적 3차원 위치결정	① 지구 형상 해석
② 길이 및 시의 결정	② 중력측량
③ 수평위치 결정	③ 지자기 측량
④ 높이의 결정	④ 탄성파 측량
⑤ 천문측량	⑤ 대륙의 부동
⑥ 위성측량	⑥ 지구의 극운동과 자전운동
⑦ 해양측량	⑦ 지각의 변동 및 균형
⑧ 면 · 체적 결정	⑧ 지구의 열
⑨ 지도제작	⑨ 지구 조석

3. 기하학적 측지학의 3차원 위치결정 요소

3차원 위치 표시	위치결정 요소
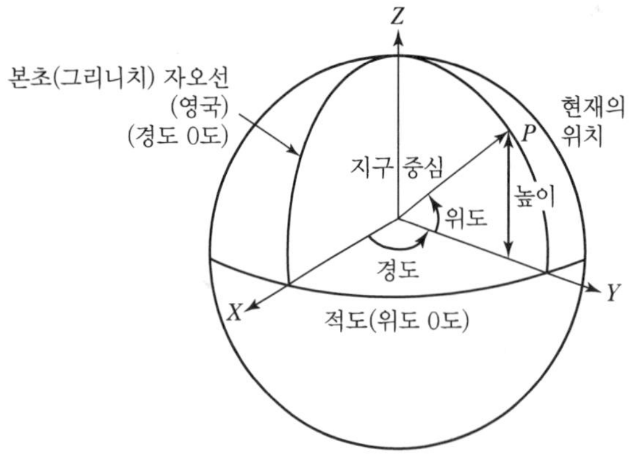 Z, 본초(그리니치) 자오선 (영국) (경도 0도), 현재의 위치, P, 지구 중심, 높이, 위도, 경도, X, Y, 적도(위도 0도)	① 위도(φ) ② 경도(λ) ③ 높이

GUIDE

• **기하학적 측지학**
지구 및 천체 점들에 대한 상호 위치관계를 결정

• **물리학적 측지학**
지구의 형상 및 지구 내부의 특성을 해석

• **천문측량**
천체의 고도, 방위각, 시각을 관측하여 관측지점의 경위도 및 방위를 구하는 측량

• **위도(φ)**
지표면 상 한 점에 세운 법선이 적도면과 이루는 각

• **경도(λ)**
본초(그리니치) 자오면과 지표 상 한 점을 지나는 자오면이 만드는 적도면 상의 각거리

01 측지학을 분류할 때 기하학적 측지학에 속하는 것은?

① 지구의 형상 해석 ② 중력 측정
③ 면적 및 부피의 산정 ④ 지자기 측정

해설

기하학적 측지학	물리학적 측지학
지구 및 천체 점들에 대한 상호 위치관계 결정	지구의 형상 및 운동과 내부의 특성을 해석
1. 길이 및 시의 결정 2. 수평위치 결정 3. 높이 결정 4. 측지학의 3차원 위치 결정 5. 천문측량 6. 위성측지 7. 면적 및 체적산정	1. 지구의 형상해석 2. 중력 측정 3. 지자기 측정 4. 탄성파 측정 5. 지구의 극운동/자전운동 6. 지각변동/균형 7. 지구의 열

02 물리학적 측지학에 해당되는 것은?

① 탄성파 관측 ② 면적 및 부피 계산
③ 구과량 계산 ④ 3차원 위치 결정

03 측지학에 대한 설명으로 옳지 않은 것은?

① 지구곡률을 고려한 반경 11km 이상인 지역의 측량에는 측지학의 지식을 필요로 한다.
② 지구 표면상의 길이, 각 및 높이의 관측에 의한 3차원 좌표 결정을 위한 측량만을 한다.
③ 지구 표면상의 상호위치 관계를 규명하는 것을 기하학적 측지학이라 한다.
④ 지구 내부의 특성, 형상 및 크기에 관한 것을 물리학적 측지학이라 한다.

해설

측지학은 기하학적(위치결정)과 물리학적(지구 내부특성 해석) 측지학을 포함한다.

04 측지학에 관한 다음 설명 중 옳은 것은?

① 기하학적 측지학은 지표면상 모든 점 간의 상호 관계를 결정하고 지구 내부의 구조 및 특성을 연구하는 학문이다.
② 물리학적 측지학은 지각변동 및 균형, 천문측량, 위성측량을 포함한다.
③ 천체를 관측하여 관측지점의 시, 지리학적 경위도 및 방위각을 구하는 것을 천문측량이라 한다.
④ 탄성파 측정에서 지표로부터 깊은 곳은 굴절법을 이용한다.

해설

① 지구 내부의 구조를 연구하는 학문은 물리학적 측지학
② 천문측량, 위성측량은 기하학적 측지학
④ 탄성파 측정에서 깊은 곳은 반사파 이용

05 천체의 고도, 방위각, 시각을 관측하여 관측지점의 경위도 및 방위를 구하는 측량은?

① 지형측량 ② 평판측량
③ 스타디아측량 ④ 천문측량

해설

천문측량

- 경위도 원점 결정
- 독립된 지역의 위치 결정
- 측량 측지망의 방위각 조정
- 연직선 편차 결정

06 기하학적 측지학의 3차원 위치결정 요소로 옳은 것은?

① 위도, 경도, 높이
② 위도, 경도, 방향각
③ 위도, 경도, 자오선 수차
④ 위도, 경도, 진북 방위각

해설

3차원 위치 결정 요소(측지좌표)
위도, 경도, 높이

정답 01 ③ 02 ① 03 ② 04 ③ 05 ④ 06 ①

05 중력이상 및 지자기 측량

1. 중력이상

중력이상	중력이상의 특징
중력이상 렌즈형 광물 구형 광물	① 지하에 묻혀 있는 광물질의 밀도가 모두 다르기 때문에 발생 ② 밀도가 큰 물질이 지표 가까이 있으면 (+)값, 반대면(−)값

2. 중력이상 값

중력이상	중력보정 방법
① 중력이상 : 실측값 − 계산값 ② 중력이상(+) : 질량이 여유인 지역 ③ 중력이상(−) : 질량이 부족한 지역	위도보정, 계기보정, 지형보정, 고도보정, 프리에어보정, 부게보정 등

3. 지자기 측량

지자기 측량	지자기 측량의 3요소
자북 진북 수평자기력(H) 편각(D) 서 전자기력(F) 복각(I) 연직 자기력	① 편각 : 지자기의 방향과 자오선과의 각 ② 복각 : 지자기의 방향과 수평면과의 각 ③ 수평분력 : 수평면에서 자기장의 크기(수평자기력)

4. 탄성파 측량

탄성파 측정	굴절파(낮은곳)
① 굴절파 이용 : 지표면에서 낮은 곳 ② 반사파 이용 : 지표면에서 깊은 곳	탄성파 발생 직접파 Layer 1 Layer 2 굴절파

GUIDE

• **중력**
인력과 원심력의 합력

• **중력이상의 원인**
지하물질의 밀도가 고르게 분포되어 있지 않기 때문

• **중력보정**
① 중력은 높이의 함수
② 서로 다른 고도(위도)에서의 중력값의 비교는 불가
③ 중력보정은 주변에 발생하는 중력 변화량을 제거하는 것

• **편각**

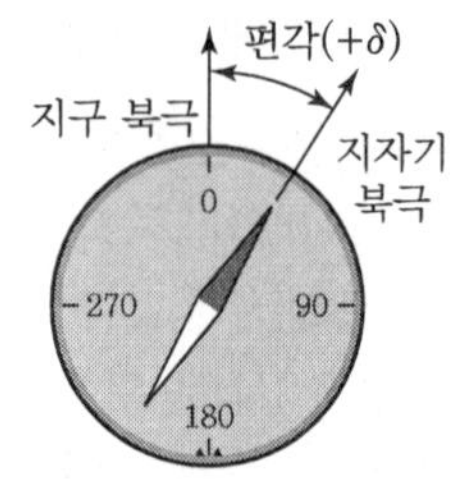

• **탄성파 측량**
① 인공지진을 일으켜 탄성파가 땅 속에서 어떻게 전달되는지 분석
② 지표 밑에 있는 탐사물질 확인

• **탄성파(지진파) 종류**
① P파(종파)
② S파(횡파)
③ L파(표면파, 피해가 가장 크다.)

01 중력이상에 대한 설명 중 맞지 않는 것은?

① 일반적으로 실측 중력값과 계산식에 의한 중력값은 일치하지 않는다.
② 중력이상이 (−)이면 그 지점 부근에 무거운 물질이 있다는 것을 의미한다.
③ 중력이상에 의해 지표 밑의 상태를 측정할 수 있다.
④ 중력의 실측값에서 중력식에 의해 계산한 값을 뺀 것이다.

해설

- 중력이상＝실측값－계산값
- 중력이상(＋) : 질량이 여유있는 지역
- 중력이상(－) : 질량이 부족한 지역

02 중력이상에 대한 설명으로 옳지 않은 것은?

① 중력이상에 의해 지표면 밑의 상태를 추정할 수 있다.
② 중력이상에 대한 취급은 물리학적 측지학에 속한다.
③ 중력이상이 양(＋)이면 그 지점 부근에 무거운 물질이 있는 것으로 추정할 수 있다.
④ 중력식에 의한 계산값에서 실측값을 뺀 것이 중력이상이다.

해설

중력이상＝실제 측정값－이론상 중력값

03 중력이상의 주된 원인에 대한 설명으로 옳은 것은?

① 지하 물질의 밀도가 고르게 분포되어 있지 않기 때문이다.
② 지하수의 흐름이 불규칙하기 때문이다.
③ 태양과 달의 인력 때문이다.
④ 잦은 화산 폭발 때문이다.

해설

중력이상은 지하의 물질밀도가 고르게 분포되어 있지 않기 때문이다.

- 중력이상＝실측값－계산값
- 중력이상(＋) : 질량이 여유있는 지역
- 중력이상(－) : 질량이 부족한 지역

04 다음 중 중력보정방법이 아닌 것은?

① 지형보정 ② 경도보정
③ 부게보정 ④ 고도보정

해설

중력보정방법 : 지형보정, 고도보정, 아이소스타시(지각균형)보정, 에토베스보정

05 지자기 측정의 3요소는?

① 편각, 수평각, 분각 ② 편각, 수평각, 연직각
③ 편각, 수평각, 연직분력 ④ 편각, 복각, 수평분력

해설

지자기측량 3요소 : 편각, 복각, 수평분력

06 지자기측량을 위한 관측의 요소가 아닌 것은?

① 편각 ② 복각
③ 자오선수차 ④ 수평분력

해설

지자기측량 3요소 : 편각, 복각, 수평분력

07 다음 설명 중 틀린 것은?

① 지자기 측량은 지자기가 수평면과 이루는 방향 및 크기를 결정하는 측량이다.
② 지구의 운동이란 극운동 및 자전운동을 의미하며, 이들을 조사함으로써 지구의 운동과 지구 내부의 구조 및 다른 행성과의 관계를 파악할 수 있다.
③ 지도 제작에 관한 지도학은 입체인 구면상에서 측량한 결과를 평면인 도지 위에 정확히 표시하기 위한 투영법을 포함하고 있다.
④ 탄성파 측량은 지진조사, 광물탐사에 이용되는 측량으로 지표면으로부터 낮은 곳은 반사법, 깊은 곳은 굴절법을 이용한다.

해설

탄성파 측정

- 반사법 : 지표면으로부터 깊은 곳
- 굴절법 : 지표면으로부터 낮은 곳

정답 01 ② 02 ④ 03 ① 04 ② 05 ④ 06 ③ 07 ④

06 타원체(수평위치) 및 지오이드(수직위치)

1. 회전타원체

회전타원체	특징
단반경(b) 장반경(a)	① 타원을 중심으로 회전하여 생긴 기하학적 형상 ② 편평률(P)$=\dfrac{a-b}{a}$ ③ 타원체는 굴곡이 없다. ④ 평균곡률반경(R)$=\dfrac{2a+b}{3}$

2. 준거타원체(기준타원체)

준거(기준)타원체	특징
북극 국지적 준거 타원체 국제 표준 타원체 지오이드 남극	① 평면위치의 기준(수학적 정의) ② 어느 지역의 측량좌표계의 기준이 되는 지구타원체를 준거타원체라 한다. ③ 준거타원체는 국제표준타원체 및 지오이드와 일치하지 않는다. ④ 물리적으로 존재하지 않는다. ⑤ 수많은 타원체가 존재한다.

3. 지오이드(수직위치)

정의	① 정지된 평균해수면을 육지까지 연장한 가상적인 곡면(해발고도기준) ② 중력에 의해 정해진 평균해수면을 기준한 면(수준측량기준)
모식도	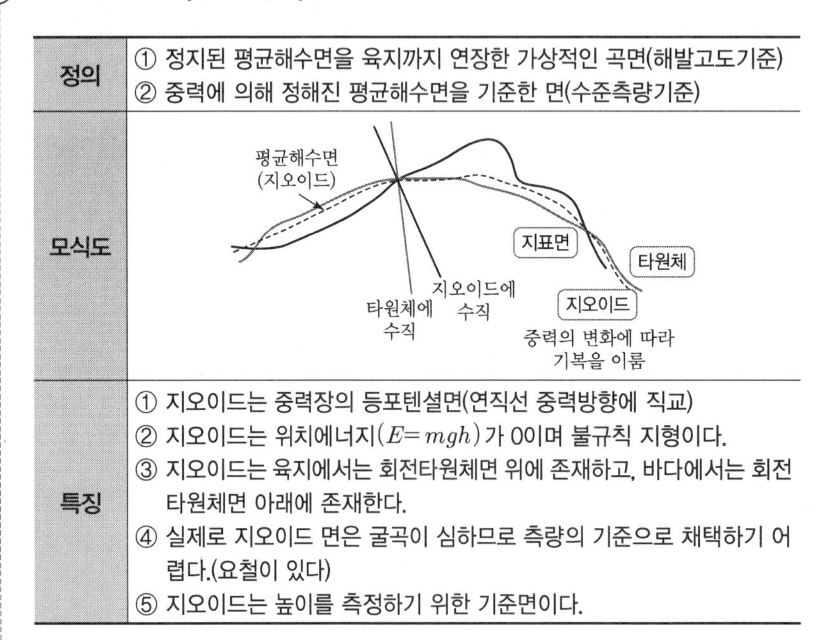
특징	① 지오이드는 중력장의 등포텐셜면(연직선 중력방향에 직교) ② 지오이드는 위치에너지($E=mgh$)가 0이며 불규칙 지형이다. ③ 지오이드는 육지에서는 회전타원체면 위에 존재하고, 바다에서는 회전타원체면 아래에 존재한다. ④ 실제로 지오이드 면은 굴곡이 심하므로 측량의 기준으로 채택하기 어렵다.(요철이 있다) ⑤ 지오이드는 높이를 측정하기 위한 기준면이다.

GUIDE

- 측량에서는 지오이드와 거의 유사한 회전타원체를 사용한다.

- **편평률이 작아지면**
  적도반경(a)은 감소
  극반경(b)은 증가

- **편심률(e)**
  $=\sqrt{\dfrac{a^2-b^2}{a^2}}=\dfrac{\sqrt{a^2-b^2}}{a}$

- **평균곡률반경(중등곡률반경)**
  $r=\sqrt{M\cdot N}$
  ① M : 지구의 자오선 곡률 반지름
  ② N : 지구의 횡곡률 반지름

- **준거타원체의 종류**
  ① Bessel(1841)
  ② GRS 80(한국측지계)
  ③ WGS 84(GPS)

- **국제타원체**
  전 세계적으로 대지측량계의 통일을 위해 제정

- **지오이드**
  수학적으로 정의된 타원체가 아니고 중력에 의해 정해진 평균해수면을 기준한 면

- 지오이드면과 기준(지구)타원체는 일치하지 않는다.

- **등포텐셜면**

01 측지학과 관련된 설명으로 옳은 것은?(단, N : 지구의 횡곡률 반지름, R : 지구의 자오선 곡률반지름, a : 타원지구의 적도반지름, b : 타원지구의 극반지름)

① 측량의 원점에서의 평균 곡률반지름은 $\frac{a+2b}{3}$이다.

② 타원에 대한 지구의 곡률반지름은 $\frac{a-b}{a}$로 표시된다.

③ 지구의 편평률은 $\sqrt{N.R}$로 표시된다.

④ 지구의 이심률(편심률)은 $\frac{\sqrt{a^2-b^2}}{a}$로 표시된다.

해설

- 편심률$(e)=\sqrt{\frac{a^2-b^2}{a^2}}$
- 편평률$(P)=\frac{a-b}{a}=1-\sqrt{1-e^2}$
- 중등곡률반경$(R)=\sqrt{MN}$
- 타원체 곡률반경$(R)=\frac{2a+b}{3}$

02 타원체에 관한 설명으로 옳은 것은?

① 어느 지역의 측량좌표계의 기준이 되는 지구타원체를 준거타원체(또는 기준타원체)라 한다.

② 실제 지구와 가장 가까운 회전타원체를 지구타원체라 하며, 실제 지구의 모양과 같이 굴곡이 있는 곡면이다.

③ 타원의 주축을 중심으로 회전하여 생긴 지구물리학적 형상을 회전타원체라 한다.

④ 준거타원체는 지오이드와 일치한다.

해설

- 타원체는 실제 지구와 가까우나 굴곡은 없다.
- 회전타원체는 타원을 중심으로 회전하여 생긴 기하학적 형상이다.
- 준거 타원체는 지오이드와 일치하지 않는다.

03 측지학 및 측지측량에 대한 설명 중 옳지 않은 것은?

① 측지학이란 지구 내부의 특성, 지구의 형상, 지구 표면의 상호위치 관계를 정하는 학문이다.

② 기하학적 측지학에는 천문측량, 위성측지, 높이결정 등이 있다.

③ 물리학적 측지학에는 지구의 형상 해석, 중력측정, 지자기측정 등을 포함한다.

④ 측지측량이란 지구의 곡률을 고려하지 않는 측량으로서 20km 이내를 평면으로 취급한다.

해설

- 측지(대지)측량은 지구의 곡률을 고려
- 측지측량은 반경 11km 이상, 면적 약 400km^2 이상의 대상을 측량

04 지오이드(Geoid)에 관한 설명으로 틀린 것은?

① 하나의 물리적 가상면이다.

② 지오이드면과 기준 타원체면과는 일치한다.

③ 지오이드 상의 어느 점에서나 중력방향에 연직이다.

④ 평균 해수면과 일치하는 등포텐셜면이다.

해설

지오이드는 불규칙한 면으로 회전타원체와 일치하지 않는다.

05 다음 중 지구의 형상에 대한 설명으로 틀린 것은?

① 회전타원체는 지구의 형상을 수학적으로 정의한 것이고, 어느 하나의 국가의 기준으로 채택한 타원체를 준거타원체라 한다.

② 지오이드는 물리적인 형상을 고려하여 만든 불규칙한 곡면이며, 높이 측정의 기준이 된다.

③ 임의 지점에서 회전타원체에 내린 법선이 적도면과 만나는 각도를 측지위도라 한다.

④ 지오이드 상에서 중력 포텐셜의 크기는 중력이상에 의하여 달라진다.

해설

지오이드는 중력장의 등포텐셜면이다. 따라서 지오이드 상에서 중력포텐셜의 크기는 모두 같다.

정답 01 ④ 02 ① 03 ④ 04 ② 05 ④

07 경도, 위도

1. 경위도

경위도	경도
	① 본초자오선과 지표면상 한 점의 자오면이 만드는 적도면 상의 각거리(λ) ② 측지경도와 천문경도로 구분
	위도
	① 지표면 상에 세운 법선이 적도면과 이루는 각(φ) ② 측지, 천문, 지심, 화성위도로 구분

2. 위도의 종류(측지, 천문, 지심, 화성위도)

측지위도(현재 사용)	천문위도	지심위도
① 지구상의 한 점에서 회전타원체의 법선(연직선)이 적도면과 이루는 각 ② 삼각측량에 의해 얻어지는 측지좌표(경위도)의 기준, 현재 사용중	① 연직선(법선)이(지오이드면과 직교) 적도면과 이루는 각 ② 천문측량에 의한 측지좌표의 기준	① 지구상 한 점과 지구 중심에서 적도면과 이루는 각 ② 적도반경이 길어 위도 1도 사이거리는 극으로 갈수록 짧아짐

3. 연직선 편차

연직선 편차 정의	연직선 편차 특징
회전타원체와 지오이드에 대한 수직선과 연직선의 편차	① 측지위도와 천문위도의 차 ② 법선과 연직선이 이루는 차 ③ 타원체와 지오이드의 수직선의 편차 ④ 30″ 미만

GUIDE

• **측지경도**
본초자오선과 타원체상의 임의자오선이 이루는 적도상 각거리

• **천문경도**
본초자오선과 지오이드상의 임의자오선이 이루는 적도상 각거리

• **자오선**
천구의 북극과 남극을 지나는 대원을 자오선이라 한다.

• **화성위도**

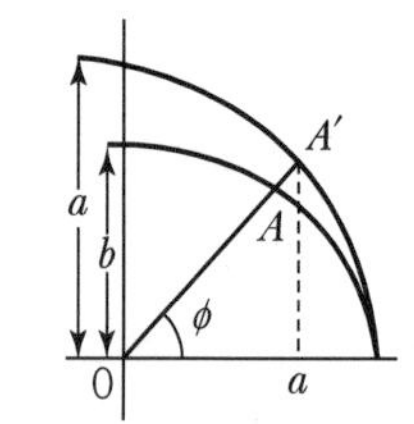

지구중심으로부터 장반경(a)을 반경으로 하는 원과 지구상의 한점을 지나는 종선의 연장선과 지구중심을 연결한 직선이 적도면과 이루는 각

• **연직선 편차**
이론적으로 지구가 균질 타원체라면 연직선과 법선은 동일하지만 실제로는 약간 차이가 발생하는데, 이 차이를 연직선 편차라 한다.

• **측지원점(경위도원점)**
① 기준타원체와 지오이드가 일치하는 점
② 연직선 편차가 없는 지점

01 다음은 경위도에 대한 설명이다. 틀린 사항은 어느 것인가?

① 측지위도는 어떤 지점에서 표준타원체의 법선이 적도면과 이루는 각
② 천문위도는 어떤 지점에서 지오이드의 연직선이 적도면과 이루는 각
③ 천문위도와 측지위도는 연직선 편차로 인하여 다소 값이 다르다.
④ 자오선 곡률반경(M)과 횡곡률반경(N)을 알 때 평균곡률반경(r)은 $r=\frac{1}{2}(M+N)$이다.

해설

평균곡률 반경(r) = $\sqrt{MN}$

02 지구를 구체로 보고 측량하는 경우 측량 원점에 따라서 어떤 값을 지구의 반경으로 쓰는 것이 실례에 가까운가?

① 원점의 위도에 대한 자오선을 곡률 반경으로 한다.
② 원점의 위도에 대한 평행권을 곡률 반경으로 한다.
③ 원점과 지구의 중심을 연결하는 길이를 반경(R)으로 한다.
④ 원점의 위도에 대한 $r=\sqrt{MN}$ 으로 한다.

해설

평균 곡률 반경(r) = $\sqrt{MN}$
(자오선 곡률 반경 M, 횡곡률 반경 N)

03 지구상의 한 점에서 회전 타원체의 법선이 적도면과 이루는 각은?

① 측지 위도 ② 천문 위도
③ 화성 위도 ④ 지심 위도

해설

지구상의 한 점에서 회전 타원체의 법선이 적도면과 이루는 각을 측지 위도라고 하며 우리 나라에서 사용한다.

04 위도에 대한 설명 중 틀린 것은?

① 지구상의 한 점에서 회전타원체의 법선이 적도면과 만든 각을 측지위도라 한다.
② 지구상의 한 점에서 지오이드의 연직선이 적도면과 만든 각을 천문위도라 한다.
③ 지구상의 한 점과 지구 중심을 맺는 직선이 적도면과 이루는 각을 지심위도라 한다.
④ 위도는 어떤 지점에서 준거타원체의 접선이 적도면과 이루는 각으로 표시된다.

해설

위도는 어떤 지점에서 준거타원체에 세운 법선이 적도면과 이루는 각으로 표시된다.

05 연직선 편차에 대한 설명으로 옳은 것은?

① 진북과 자북의 편차
② 기포관축과 시준축의 편차
③ 기계의 중심축과 연직축의 편차
④ 회전타원체와 지오이드에 대한 수직선의 편차

해설

연직선 편차 특징
- 측지위도와 천문위도의 차
- 법선과 연직선이 이루는 차
- 타원체와 지오이드의 차
- 30″ 미만

06 지구상의 어느 한 점에서 타원체의 법선과 지오이드의 법선은 일치하지 않게 되는데, 이 두 법선의 차이를 무엇이라 하는가?

① 중력 편차 ② 지오이드 편차
③ 중력 이상 ④ 연직선 편차

해설

연직선 편차는 지구상의 연직선 방향과 지구를 균질한 타원체라고 보았을 때의 법선방향과의 차를 말한다.

정답 01 ④ 02 ④ 03 ① 04 ④ 05 ④ 06 ④

08 측량의 좌표

1. 경위도 및 평면직각 좌표

경위도 좌표(측지좌표계)	평면직각 좌표
① 지구상 절대적 위치표현에 가장 많이 이용 ② 3차원 위치를 표현(경도, 위도, 높이)	① 측량범위가 크지 않은 지역(가장 많이 사용) ② 직교 좌푯값(X, Y)으로 표시 ③ X축은 북쪽, Y축은 동쪽을 표현 ④ 다각측량(트래버스 측량)의 좌표계

2. UTM(Universal Transverse Mercator) 좌표

UTM 좌표	특징
	① 경도의 원점은 중앙자오선(종축) ② 위도의 원점은 적도(횡축) ③ 중앙자오선의 축척계수는 0.9996(중앙자오선에 대해서 횡메카토르투영) ④ 좌표계 간격은 경도 6°, 위도 8° ⑤ 종대(자오선)는 6°, 간격 60등분(경도 180도에서 동쪽으로) ⑥ 횡대(적도)는 8°, 간격 20등분 ⑦ 우리나라는 51, 52 종대 및 S, T 횡대에 속한다.

3. UPS 좌표

UPS 좌표	특징
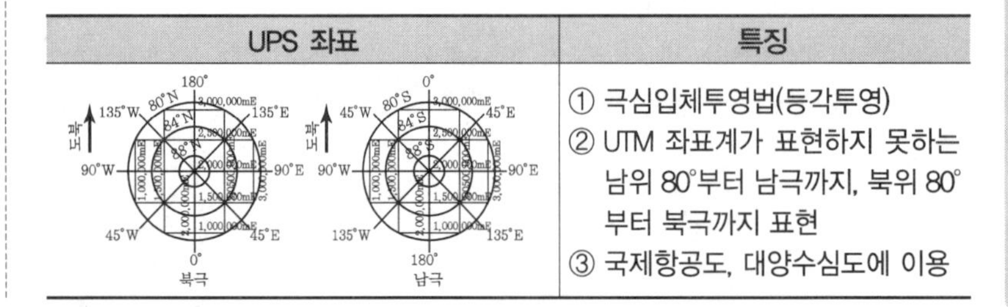	① 극심입체투영법(등각투영) ② UTM 좌표계가 표현하지 못하는 남위 80°부터 남극까지, 북위 80°부터 북극까지 표현 ③ 국제항공도, 대양수심도에 이용

GUIDE

- **지구좌표계**
  ① 경위도 및 평면직각 좌표
  ② 극좌표
  ③ UTM, UPS 좌표
  ④ WGS 84 좌표
  ⑤ ITRF 좌표
- **천문좌표계(천체관측에 의한 위치 결정)**
  ① 지평 좌표계 ② 적도 좌표계
  ③ 은하 좌표계 ④ 황도 좌표계
- **극좌표계**
  거리와 각으로 표현되는 좌표계

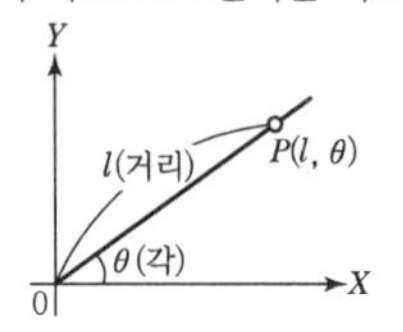

- **UTM 좌표 구역(ZONE)**
  ① 종대 : 51, 52구역
  ② 횡대 : S, T구역
- **축척계수**

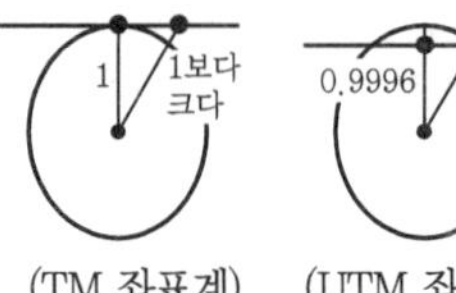

(TM 좌표계) (UTM 좌표계)

$$축척계수(감소계수) = \frac{투영거리(지도)}{지상거리(곡면)}$$

- **UPS 좌표**
  위도 80° 이상의 양극지역의 좌표를 표시하는 데 사용
  (UTM 좌표계의 극지방 보완)

01 일반적인 측량에 많이 이용되는 좌표는 어느 것인가?

① 구면좌표 ② 평면직각좌표
③ 극좌표 ④ 사좌표

해설
측량범위가 크지 않은 일반적인 측량에 많이 이용되는 좌표는 평면직각 좌표계이다.

02 극좌표를 설명한 것이다. 옳게 나타낸 것은?

① 거리 S와 방향각 T로 어느 지점의 위치를 표시하는 방법이다.
② 거리 S와 높이 H로 어느 지점의 위치를 표시하는 방법이다.
③ 남극의 방향과 거리로 어느 지점의 위치를 표시하는 방법이다.
④ 북극의 방향과 거리로 어느 지점의 위치를 표시하는 방법이다.

해설
극좌표는 거리와 각으로 표현되는 좌표계

03 UTM 좌표(Universal Transverse Mercator Coordinates)에 대한 설명으로 옳은 것은?

① 적도를 횡축, 자오선을 종축으로 한다.
② 좌표계의 세로 간격(Zone)은 경도 3° 간격이다.
③ 종 좌표(N)의 원점은 위도 38°이다.
④ 축척은 중앙자오선에서 멀어짐에 따라 작아진다.

해설
UTM 좌표
- 적도를 횡축, 자오선을 종축으로 한다.
- 좌표계 경도를 6°씩, 위도를 8°씩 분할한다.
- 경도의 원점은 중앙자오선, 위도의 원점은 적도이다.
- 중앙자오선의 축척계수는 0.9996이고 중앙자오선에서 멀어짐에 따라 축척계수는 1로 커진다.
- 종축(경도)원점은 중앙자오선
- 횡축(위도)원점은 적도

04 다음 중 UTM 도법에 대한 설명으로 옳지 않은 것은?

① 중앙 자오선에서 축척계수는 0.9996이다.
② 좌표계 간격은 경도를 6°씩, 위도를 8°씩 나눈다.
③ 우리나라는 51구역(ZONE)과 52구역(ZONE)에 위치하고 있다.
④ 경도의 원점은 중앙 자오선에 있으며 위도의 원점은 북위38°이다.

해설
UTM 좌표
- 경도의 원점은 중앙자오선
- 위도의 원점은 적도

05 UTM 좌표에 대한 설명으로 옳지 않은 것은?

① 중앙 자오선의 축척계수는 0.9996이다.
② 좌표계는 경도 6°, 위도 8° 간격으로 나눈다.
③ 우리나라는 40구역(ZONE)과 43구역(ZONE)에 위치하고 있다.
④ 경도의 원점은 중앙자오선에 있으며 위도의 원점은 적도상에 있다.

해설
UTM 좌표계 구역(ZONE)
- 종대 : 51, 52구역
- 횡대 : S, T구역

06 극심입체투영법에 의해 위도 80° 이상의 양극 지역에 대한 좌표를 표시하는 데 사용되는 좌표는?

① UPS 좌표 ② 가우스 크뤼거좌표
③ UTM 좌표 ④ 3차원 극좌표

해설
UPS 좌표계
- 극심입체투영법
- UTM 좌표계가 표현하지 못하는 남위 80°부터 남극까지, 북위 80°부터 북극까지 표현

정답 01 ② 02 ① 03 ① 04 ④ 05 ③ 06 ①

09 평면직각좌표계(TM) 원점 및 수준원점

1. 평면직각좌표계(TM)의 원점(도원점)

TM 좌표계, UTM-K 투영원점	평면직각좌표계 원점
125° 127° 129° 131° 38°	① 지도상 제 점 간 위치관계를 용이하게 결정하도록 가정한 기준점(가상점) ② 모든 삼각점 좌표의 기준점 (남북 X축, 동서 Y축) ③ 원점좌표(600,000, 200,000) ④ 모든 좌표를 정(+)으로 하기 위해 X(N)에 600,000m, Y(E)에 200,000m를 더한다. ⑤ 단위는 m로 표기 ⑥ 현재 우리나라에서 사용되는 투영법은 TM(횡메르카토르도법)

2. 평면직각 좌표계 4원점(가상점)

명 칭	4원점(TM좌표계의 원점)	단일원점(UTM-K)
투영원점	서부원점 : 동경125°, 북위38° 중부원점 : 동경127°, 북위38° 동부원점 : 동경129°, 북위38° 동해원점 : 동경131°, 북위38°	동경 127° 30′ 북위 38°
축척계수	1	0.9996
투영원점 가산값	(600,000m, 200,000m)	(2,000,000m,1,000,000m)
범위	서부원점 : 동경124°~126° 구역 내 중부원점 : 동경126°~128° 구역 내 동부원점 : 동경128°~130° 구역 내 동해원점 : 동경130°~132° 구역 내	한반도 전역

3. 수준원점

수준원점	특징
산의 높이 / 지형도에 나타난 해안선 지형도 / 26.6871m / 수준 원점(인하대학 내) / 만조면 / 평균 해수면 / 간조면 / 높이의 기준선 0m / 수심의 기준선 0m / 수심	① 인천 인하대 교정에 설치 ② 평균해수면과 수준원점 간의 표고는 26.6871m(수준원점의 표고)

GUIDE

• 경위도 원점
① 수원 국토지리정보원에 위치
② 정밀 천문측량을 통해 설치

• TM투영
① 우리나라와 같이 동서가 좁고 남북이 긴 경우 사용
② 중앙자오선에서 축척계수는 1이 되며 그 외 지역은 모두 1보다 크다.

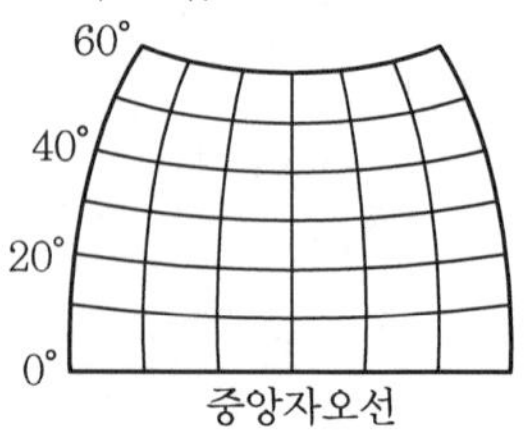

• 단일평면 좌표계
① UTM-K
② 한국형 UTM좌표계

• 측지원점을 정밀하게 결정하기 위해 필요한 기준타원체의 매개변수
① 장반경
② 편평률
③ 연직선 편차
④ 원방위각
⑤ 지오이드고
⑥ 경위도

01 우리나라는 TM 도법에 따른 평면직교좌표계를 사용하고 있는데 다음 중 동해원점의 경위도 좌표는?

① 129° 00′ 00″ E, 35° 00′ 00″ N
② 131° 00′ 00″ E, 35° 00′ 00″ N
③ 129° 00′ 00″ E, 38° 00′ 00″ N
④ 131° 00′ 00″ E, 38° 00′ 00″ N

해설

구분	서부 도원점	중부 도원점	동부 도원점	동해원점
경도	동경125°	동경127°	동경129°	동경131°
위도	북위 38°	북위 38°	북위 38°	북위 38°

02 우리나라 평면직각 좌표계에 대한 설명으로 옳은 것은?

① 평면상에서 원점을 지나는 동서방향을 X축으로 하며 자오선을 Y축으로 한다.
② 모든 점의 좌표가 양수(+)가 되도록 종축에 200,000m, 횡축에 600,000m를 더한다.
③ 원점은 서부원점, 중부원점, 동부원점, 동해원점의 4개를 기본으로 하고 있다.
④ 중부원점은 동경 124°~126°에서 적용이 된다.

해설

① 평면상에서 원점을 지나는 동서방향을 Y축으로 하며 자오선을 X축으로 한다.
② 모든 점의 좌표가 양수(+)가 되도록 종축에 600,000m, 횡축에 200,000m를 더한다.
③ TM 좌표계의 축척계수는 1이며 투영원점은 4개이다.
④ 중부원점은 동경 126°~128°에서 적용이 된다.

03 우리 나라의 평면 직각 좌표(고유 직각 좌표) 원점 표시는 어느 것인가?

① 삼각점과 같다.
② 수준점과 같다.
③ 도근점과 같다.
④ 표시가 없는 가상점이다.

해설

우리나라의 평면직각 좌표의 원점은 실제로 표시가 없는 가상점이다.

04 보기 중 측지원점을 정밀하게 결정하기 위해 필요한 기준타원체의 매개변수에 해당하는 모든 요소로 짝지어진 것은?

ㄱ. 기준타원체의 장반경
ㄴ. 기준타원체의 편평률
ㄷ. 연직선 편차
ㄹ. 원방위각
ㅁ. 원점에서의 지오이드고
ㅂ. 원점의 경위도

① ㄱ, ㄴ, ㄷ, ㄹ, ㅁ, ㅂ
② ㄱ, ㄴ, ㄷ, ㅁ, ㅂ
③ ㄱ, ㄴ, ㄷ, ㅁ
④ ㄴ, ㄹ, ㅂ

해설

측지원점을 정밀하게 결정하기 위해 필요한 기준타원체의 매개변수

- 장반경
- 편평률
- 연직선 편차
- 원방위각
- 지오이드고
- 경위도

05 한국수준원점의 높이는 어느 것을 기준으로 측정한 높이인가?

① 동부원점의 지표면　　② 부산항의 평균수면
③ 지리조사 지표면　　④ 인천항의 평균수면

해설

한국수준원점의 높이는 인천만의 평균해수면을 기준으로 하며, 인천만의 평균해수면과 수준원점 간의 표고는 26.6871m이다.

06 인하대학교 교정에 설치된 우리나라의 수준원점의 표고는 다음 중 어느 것인가?

① 26.6871m　　② 26.6876m
③ 25.1968m　　④ 25.6871m

정답　01 ④　02 ③　03 ④　04 ①　05 ④　06 ①

CHAPTER 01 실 / 전 / 문 / 제

01 측량의 3대 요소가 아닌 것은?

① 거리측량　② 세부측량
③ 고저측량　④ 각측량

해설

측량의 3요소 : 거리, 방향(각), 높이(고저차)

02 넓은 지구상에서의 수많은 점들의 상호 위치 관계를 정하거나 경 · 위도를 측정하는 것은?

① 지형측량　② 천문측량
③ 육분의측량　④ 스타디아측량

해설

천문측량은 알고 있는 별자리 및 태양 관측에 의하여 천문 방위각, 시, 경도, 위도를 결정한다.

03 측량의 분류 중 측량 목적에 따른 분류로 적당치 않은 것은?

① 노선측량　② 공공측량
③ 하천측량　④ 광산측량

해설

공공측량은 법에 따른 분류이다.

04 골조측량에 해당되지 않는 것은?

① 삼각측량　② 천문측량
③ 수준측량　④ 시거측량

해설

측량의 순서 및 정확도에 따라 분류하면 크게 기준점(골조 측량)과 세부측량으로 분류되며, 골조측량에는 천문측량, 삼각측량, 다각측량, 고저(수준)측량, 삼변측량, 위성측량 등이 있고, 세부측량에는 평판측량, 시거측량, 나반측량, 음파측량 등이 있다.

05 측량의 오차를 적게 하기 위한 방법으로 좋은 것은?

① 골조측량과 세부측량을 동시에 하는 것이 좋다.
② 골조측량을 하고, 세부측량을 하는 것이 좋다.
③ 우선 세부측량을 하고, 골조측량을 하는 것이 좋다.
④ 한쪽에서는 골조측량, 다른 쪽으로부터는 세부측량을 하는 것이 좋다.

해설

골조측량 후 세부측량을 행하는 것이 가장 오차를 적게 하는 방법이다.

06 수평 위치 결정에 관한 측량이 아닌 것은?

① 삼각측량　② 수준측량
③ 다각측량　④ 컴퍼스측량

해설

㉠ 수평 위치 결정 방법 : 다각측량, 삼각측량, 삼변측량
㉡ 수직 위치 결정 방법 : 수준측량

07 거리와 방향을 측정하여 평면 위치를 결정하고자 할 때 거리 측정에는 오차가 없고 방향에만 20″의 오차가 있다고 하면 거리 400m에 대한 평면 위치 오차는?

① 1.88cm　② 2.88cm
③ 3.88cm　④ 4.88cm

해설

거리와 방향을 관측하여 평면 위치를 결정하는 것은 다각 측량 방법이므로

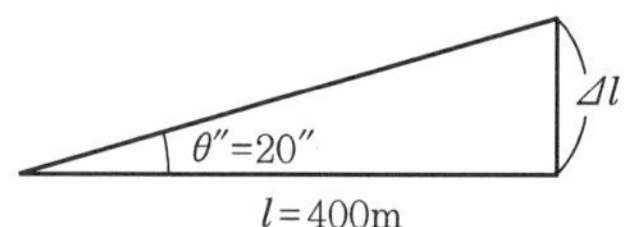

$$\frac{\Delta l}{l} = \frac{\theta''}{\rho''}$$

$$\therefore \Delta l = \frac{\theta''}{\rho''} \times l = \frac{20''}{206,265''} \times 400\text{m} \fallingdotseq 0.0388\text{m} \fallingdotseq 3.88\text{cm}$$

정답　01 ②　02 ②　03 ②　04 ④　05 ②　06 ②　07 ③

08 거리관측의 오차가 200m에 대하여 4mm인 경우, 이에 상응하는 적당한 각관측의 오차는?

① 10″ ② 8″
③ 1″ ④ 4″

해설

$$\frac{\Delta l}{l}=\frac{\theta''}{\rho''}$$

$$\therefore\ \theta''=\frac{\Delta l}{l}\times\rho''=\frac{0.004}{200}\times 206{,}265'' \fallingdotseq 4.13''$$

09 거리 2km 떨어진 목표가 관측 방향에 대하여 직각으로 5cm 이동되었다면 관측각은 몇 초 변화하는가?

① 5″ ② 7″
③ 9″ ④ 10″

해설

$$\frac{\Delta l}{l}=\frac{\theta''}{\rho''}$$

$$\therefore\ \theta''=\frac{\Delta l}{l}\times\rho''=\frac{0.05}{2{,}000}\times 206{,}265'' \fallingdotseq 5.2''$$

10 수평각 측정에서 5′ 이하를 생략하면 거리측량은 얼마의 정도로 측정해야 정도에 균형이 맞는가?

① 약 $\frac{1}{690}$ ② 약 $\frac{1}{695}$
③ 약 $\frac{1}{675}$ ④ 약 $\frac{1}{680}$

해설

$$\text{정도}=\frac{\Delta l}{l}=\frac{\theta''}{\rho''}$$

$$=\frac{5''\times 60''}{206{,}265''}\fallingdotseq\frac{1}{688}\fallingdotseq\frac{1}{690}$$

11 기선측량 시 두 점의 경사도에 따른 허용 정밀도를 1/7,200로 할 때 허용 경사각은 몇 도인가?

① 0°57′18″ ② 0°00′29″
③ 2°05′36″ ④ 3°02′54″

해설

$$\text{정도}=\frac{\Delta l}{l}=\frac{\theta''}{\rho''}=\frac{1}{7{,}200}$$

$$\therefore\ \theta''=\frac{\rho''}{7{,}200}=\frac{206{,}265''}{7{,}200}\fallingdotseq 28.65''=29''$$

12 평면측량(국지측량)에 대한 정의로 가장 적합한 것은?

① 대지측량을 제외한 모든 측량
② 측량법에 의하여 측량한 결과가 작성된 성과
③ 측량할 구역을 평면으로 간주할 수 있는 국지적 범위의 측량
④ 대지측량에 비하여 비교적 좁은 구역의 측량

해설

평면측량은 지구의 곡률을 고려하지 않고 측량할 구역을 평면으로 간주하는 측량이다.

13 지구의 곡률을 고려하는 측지측량을 해야 하는 범위는 다음 중 어느 것인가?(허용 정도는 $\frac{1}{10^6}$)

① 반경 11km, 넓이 400km^2 이상인 지역
② 반경 11km, 넓이 400km^2 이내인 지역
③ 반경 11km, 넓이 100km^2 이상인 지역
④ 반경 11km, 넓이 100km^2 이내인 지역

해설

측지측량(대지측량)은 허용 정도를 $\frac{1}{10^6}$로 할 때 반경 11km, 면적 약 400km^2 이상의 지역에서 지구 곡률을 고려한 정밀측량이다.

정답 08 ④ 09 ① 10 ① 11 ② 12 ③ 13 ①

14 지구 반경 $r=6,400$km라 하고 거리의 허용 정도가 $\frac{1}{10^5}$이라 하면 반경 몇 km까지를 평면으로 볼 수 있는가?

① 35.054km ② 30.108km
③ 60.216km ④ 70.108km

해설

정도$=\frac{l^2}{12r^2}=\frac{1}{10^5}$

$\therefore l=\sqrt{\frac{12\times6,400^2}{100,000}}\fallingdotseq 70.108$km(직경)

따라서, 반경$=\frac{l}{2}=\frac{70.108}{2}=35.054$km

15 지구 반경 6,400km에서 구면상의 거리차는 평면 거리 20km에서는 얼마인가?

① 0.0163m ② 0.0171m
③ 0.0701m ④ 0.0269m

해설

오차$=\frac{l^3}{12R^2}=\frac{20^3}{12\times6,400^2}$
$=0.0000163\text{km}=0.0163\text{m}$

16 거리의 정확도를 10^{-6}에서 10^{-5}으로 변화를 주었다면 평면으로 고려할 수 있는 면적 기준의 측량 범위의 변화는?

① $\frac{1}{\sqrt{10}}$로 감소한다. ② $\sqrt{10}$배 증가한다.
③ 10배 증가한다. ④ 100배 증가한다.

해설

㉠ $\frac{1}{10^6}=\frac{1}{12}\left(\frac{l}{R}\right)^2 \quad \therefore l=22\text{km}$

면적$(A)=\frac{\pi l^2}{4}=380\text{km}^2$

㉡ $\frac{1}{10^5}=\frac{1}{12}\left(\frac{l}{R}\right)^2 \quad \therefore l=70\text{km}$

면적$(A)=\frac{\pi l^2}{4}=3,848\text{km}^2$

∴ 면적은 10배 증가한다.

17 다음에서 측량의 범위와 정밀도에 대하여 지구의 형을 취하는 데 있어 잘못된 것은?

① 지점의 경 · 위도를 정밀히 구하기 위해서는 회전 타원체로 한다.
② 개략측량할 때는 구체로 한다.
③ 관측의 정밀도를 최대로 하면 측량 지역을 평면으로 하여도 지장이 없다.
④ 20km 이내의 지역은 정도를 1/1,000,000로 할 때 평면으로 한다.

해설

관측의 정밀도를 최대로 하려면 측지학 지식을 고려한 측지측량으로 실시하여야 한다.

18 측지학에 대한 설명으로 옳지 않은 것은?

① 지구 곡률을 고려한 반경 11km 이상인 지역의 측량에는 측지학의 지식을 필요로 한다.
② 지구 표면상의 길이, 각 및 높이의 관측에 의한 3차원 좌표 결정을 위한 측량만을 한다.
③ 지구 표면상의 상호 위치 관계를 규명하는 것을 기하학적 측지학이라 한다.
④ 지구 내부의 특성, 형상 및 크기에 관한 것을 물리학적 측지학이라 한다.

해설

측지학은 기하학적 측지학과 물리학적 측지학을 포함한다. 즉, 지구 표면상의 위치 결정뿐만 아니라 지구 내부의 특성, 지구의 형상 및 운동을 결정하는 측량을 포함한다.

정답 14 ① 15 ① 16 ③ 17 ③ 18 ②

19 다음 중 기하학적 측지학은?

① 지구의 형상 해석 ② 중력 측정
③ 면적 및 체적의 산정 ④ 지자기 측정

해설

1. 기하학적 측지학
   ㉠ 측지학적 3차원 위치의 결정
   ㉡ 길이 및 시의 결정
   ㉢ 수평 위치의 결정
   ㉣ 높이의 결정
   ㉤ 천문측량
   ㉥ 하해 측지
   ㉦ 지도 제작(지도학)
   ㉧ 위성 측지
   ㉨ 면적 및 체적의 산정
   ㉩ 사진 측정
2. 물리학적 측지학
   ㉠ 지구의 형상 해석
   ㉡ 지자기 측정
   ㉢ 지구의 극운동 및 자전운동
   ㉣ 지구의 열
   ㉤ 해양의 조류
   ㉥ 중력 측정
   ㉦ 탄성파 측정
   ㉧ 지각 변동 및 균형
   ㉨ 대륙의 부동
   ㉩ 지구 조석

20 기하학적 측지학에 속하지 않는 것은?

① 높이 결정
② 지구 조석
③ 지도 제작
④ 사진 측정

21 물리학적 측지학이 아닌 것은?

① 중력 측정 ② 탄성파 측정
③ 지구의 운동 ④ 3차원 위치 결정

22 구과량에 대한 다음 사항 중 맞지 않는 것은?

① 타원체상 삼각형의 내각의 합은 180°보다 작다. 이 차이를 구과량이라 한다.
② 측지학에서는 타원체상 삼각형의 해법, 즉 두 각 협변부터 타의 변장을 구하는 문제나 3변부터 협각을 구하는 문제의 해법이 필요하다.
③ 타원체상의 삼각형은 측지선으로 맺어지고 있는 측지선 삼각형이다.
④ 구과량을 구하는 경우는 타원체면을 평균 곡률 반경 R을 갖는 구면으로 생각해도 좋다.

해설

구과량의 특징
㉠ 구면 삼각형의 내각의 합은 180°보다 크며 이 차이를 구과량이라 한다.
㉡ 구과량은 구면 삼각형의 면적에 비례한다.
$\varepsilon'' = \frac{A}{r^2}\rho''$
㉢ 구면 삼각형의 한 정점을 지나는 변은 대원이다.

23 구과량에 대한 설명이다. 이 중 틀린 것은?

① 구면 삼각형에서 구과량은 내각의 합이 180°보다 큰 것이다.
② 구과량은 삼각형의 면적에 비례한다.
③ 사각형에서 구과량은 내각의 합이 360°보다 큰 것이다.
④ n다각형에서의 구과량은 내각의 합이 $180°(n+2)$보다 큰 것이다.

해설

구과량은 구면 다각형과 평면 다각형의 내각의 차이를 말하며 항상 값이 크다. 즉, n다각형의 내각은 $180°(n=2)$이므로 이보다 항상 크다.

구과량$(\varepsilon'') = \frac{A}{r^2}\rho''$

정답 19 ③ 20 ② 21 ④ 22 ① 23 ④

24 기준 타원체면상에서 결정된 10km 정삼각형의 내각은 정확히 180°가 되지 않는다. 평면 삼각형의 내각으로 환산하고자 할 때의 방법으로 가장 적당한 것은?

① 측정 오차이므로 재측한다.
② 구과량을 구해 각각에 1/3씩 빼준다.
③ 구과량을 구해 각각에 1/3씩 더해준다.
④ 무시한다.

해설

구면 삼각형은 일반적으로 직경 20km 이상 지역에서 적용되며, 10km 정도의 거리에서는 무시하여도 좋다.

25 구면 삼각형의 면적을 3,147km², 지구의 곡률 반경을 6,370km라고 할 때 구과량은 얼마인가?

① 7″ ② 16″
③ 23″ ④ 30″

해설

$$\varepsilon'' = \frac{A}{R^2}\rho''$$
$$= \frac{3,147}{6,370^2} \times 206,265'' = 16''$$

26 변의 길이가 40km인 정삼각형 ABC의 내각을 오차 없이 실측하였을 때 내각의 합은?(단, $R=$ 6,370km, 삼각형 면적은 692.82km²)

① 180°−0.000034 ② 180°−0.000017
③ 180°+0.000009 ④ 180°+0.000017

해설

한 변의 길이가 평면의 한계($l \fallingdotseq$ 22km)를 넘었으므로 구면 삼각형이다. 또한 구과량은 삼각형 내각의 합보다 항상 크다.

$$구과량(\varepsilon'') = \frac{A \cdot \rho''}{R^2}$$
$$\fallingdotseq \frac{692.82 \times 206,265''}{6,370^2} \fallingdotseq 3.52''$$
$$\therefore\ 3.52'' \div 206,265'' = 0.000017$$

27 측지선에 관한 다음 설명 중 맞지 않는 것은?

① 측지선은 지표면상 두 점 간의 최단 거리로 지심과 지상 두 점을 포함하는 평면과 지표면의 교선이다.
② 타원체상에도 두 점을 맺는 최단의 선을 고려하면 이 선은 하나가 아니고 평면상의 직선이나 구면상의 대원호에 상당하는 선이 된다.
③ 타원체상의 측지선은 수직 절선(평면 곡선)과 같은 것이 아니고 이중 곡률을 갖는 곡선이다.
④ 측지선 두 개의 평면 곡선의 교각을 3 : 1로 분할하는 성질이 있다.

해설

측지선은 두 개의 평면 곡선의 교각을 2 : 1로 분할하는 성질이 있다.

28 다음은 측지선에 관한 설명이다. 이 중 맞지 않는 것은?

① 지표면상 2점을 잇는 최단 거리가 되는 곡선을 측지선이라 한다.
② 측지선은 두 개의 평면 곡선의 교각을 2 : 1로 분할하는 성질이 있다.
③ 평면 곡선과 측지선의 길이의 차는 극히 미소하여 무시할 수 있다.
④ 측지선은 미분 기하학으로 구할 수 있으나, 직접 관측하여 구하는 것이 더욱 정확하다.

해설

측지선은 지표면상의 2점을 잇는 최단 거리로서 직접 실측하지 않고 미분 기하학으로 구한다.

29 지자기 측정의 3요소는?

① 편각, 수평각, 방향 분력
② 편각, 연직각, 수직 분력
③ 편각, 복각, 수평 분력
④ 편각, 경사각, 연직 분력

정답 24 ④ 25 ② 26 ④ 27 ④ 28 ④ 29 ③

해설

지자기 측량은 크기와 방향을 가진 Vector량으로 크기와 방향을 구하면 정해진다.

30 깊은 곳의 광물 탐사를 하기 위한 탄성파의 측정 방법은?

① 굴절법 ② 반사법
③ 굴착법 ④ 충격법

해설

탄성파 측정
㉠ 굴절법 : 지표면에서 낮은 곳
㉡ 반사법 : 지표면에서 깊은 곳

31 다음 설명 중 가장 옳지 않은 것은?

① 지자기 측정은 지자기가 수평면과 이루는 방향 및 크기, 즉 지자기 3요소를 측정하는 것이다.
② 지구의 운동이란 극운동 및 자전운동을 의미하며 이들을 조사함으로써 지구의 운동과 지구 내부의 구조 및 다른 혹성과의 관계를 파악할 수 있다.
③ 지도 제작에 관한 지도학은 입체인 구면상에서 측정한 결과를 평면인 도지 위에 정확히 표시하기 위한 투영법을 다루는 것이다.
④ 탄성파 측정은 지진 조사, 광물 탐사에 이용되는 측정으로 지표면으로부터 낮은 곳은 반사법, 깊은 곳은 굴절법에 의한다.

해설

탄성파 측량은 자진 조사, 광물 탐사에 이용되는 측정으로 지표면으로부터 낮은 곳은 굴절법, 깊은 곳은 반사법에 의한다.

32 중력 이상에 대한 설명 중 맞지 않는 것은?

① 일반적으로 실측 중력값과 계산식에 의한 중력값은 일치하지 않는다.
② 중력 이상이 (−)이면 그 지점 부근에 무거운 물질이 있다는 것을 의미한다.
③ 중력 이상에 의해 지표 밑의 상태를 추정할 수 있다.
④ 중력의 실측값에서 중력식에 의해 계산한 값을 뺀 것이다.

해설

중력 이상=중력 실측값−표준(이론) 중력값
따라서 중력 이상이 (+)이면 그 지점에 무거운 물질이 있다.

33 중력 이상의 주된 원인은?

① 지하의 물질 밀도가 고르게 분포되어 있지 않다.
② 지하의 물질 밀도가 고르게 분포되어 있다.
③ 태양과 달의 인력
④ 화산 폭발

해설

중력 이상은 지구 내부의 물질 분포나 지형의 영향으로 생기며 일정한 밀도의 회전 타원체로 생각한 경우의 값과는 다르다.

34 중력측량에서 중력 보정의 내용이 아닌 것은?

① 경도 보정 ② 위도 보정
③ 고도 보정 ④ 계기 보정

해설

중력의 보정에는 계기 보정, 지형 보정, 고도 보정, 아이소스타시 보정, 에토베스 보정 등이 있다.

35 정밀수준측량에서는 타원 보정을 한다. 타원 보정에 관한 다음 설명 중 적당한 것은?

① 타원 보정량은 위도와 관계있다.
② 타원 보정량은 경도와 관계있다.
③ 타원 보정량은 직각 좌표와 관계있다.
④ 타원 보정은 경도, 위도 공히 관계있다.

해설

타원 보정식
$dH = -0.00529(\sin^2\phi_2 - \sin^2\phi_1) \cdot H$
(단, ϕ_1, ϕ_2 : 관측 지점의 위도)

정답 30 ② 31 ④ 32 ② 33 ① 34 ① 35 ①

36 a와 b의 내용으로 알맞은 것은?

지구의 편평도가 $\frac{1}{297}$에서 $\frac{1}{400}$로 된다면 지구의 적도 반지름은 a가 되고 극반지름은 b가 된다.

	a	b		a	b
①	증가	증가	②	증가	감소
③	감소	감소	④	감소	증가

해설

편평도$(P)=\frac{a-b}{a}$에서 $\frac{1}{297}\rightarrow\frac{1}{400}$이 되려면 분자인 $(a-b)$ 값이 작아져야 한다. 따라서, $(-)$값인 b(적도반지름)는 증가해야 되고 a(극반지름) 값은 감소되어야 한다.

37 지구상의 한 점에서 회전 타원체의 법선이 적도면과 이루는 각은?

① 측지위도 ② 천문위도
③ 화성위도 ④ 지심위도

해설

위도는 측지위도, 천문위도, 지심위도, 화성위도(정약위도)로 구별되는데, 지구상의 한 점에서 회전 타원체의 법선이 적도면과 이루는 각을 측지위도라고 하며 우리나라에서 사용한다.

38 연직선 편차에 대한 설명으로 옳은 것은?

① 진북과 자북의 편차
② 기포관축과 시준축의 편차
③ 기계의 중심축과 연직축의 편차
④ 회전 타원체와 지오이드에 대한 수직선의 편차

해설

지구상 어느 한 점에서 타원체의 법선과 지오이드 법선의 편차

39 다음은 경위도에 관한 설명이다. 틀린 사항은?

① 측지위도는 어떤 지점에서 표준타원체의 법선이 적도면과 이루는 각이다.
② 천문위도는 어떤 지점에서 지오이드의 법선이 적도면과 이루는 각이다.
③ 천문위도와 측지 위도는 연직선 편차로 인하여 다소 값이 다르다.
④ 자오선 곡률 반경(R)과 횡곡률 반경(N)을 알 때 평균 곡률 반경(r)은 $r=\frac{1}{2}(R+N)$이다.

해설

평균 곡률 반경$(r)=\sqrt{R\cdot N}$
(R : 자오선 곡률 반경, N : 횡곡률 반경)

40 지구를 구체로 보고 측량하는 경우 측량 원점에 따라서 어떤 값을 지구의 반경으로 쓰는 것이 실례에 가까운가?

① 원점의 위도에 대한 자오선을 곡률 반경으로 한다.
② 원점의 위도에 대한 평행권을 곡률 반경으로 한다.
③ 원점과 지구의 중심을 연결하는 길이를 반경(R)으로 한다.
④ 원점의 위도에 대한 $r=\sqrt{MN}$으로 한다.

해설

자오선 곡률 반경 M, 횡곡률 반경 N이라면 평균 곡률 반경 $r=\sqrt{MN}$을 사용한다.

41 지오이드에 대한 설명 중 옳지 않은 것은?

① 평균 해수면을 육지까지 연장하는 가상적인 곡면을 지오이드라 하며 이것은 준거 타원체와 일치한다.
② 지오이드는 중력장의 등포텐셜면으로 볼 수 있다.
③ 실제로 지오이드면은 굴곡이 심하므로 측지측량의 기준으로 채택하기 어렵다.
④ 지구의 형은 평균 해수면과 일치하는 지오이드면으로 볼 수 있다.

해설

지오이드는 준거 타원체와 일치하지 않는다.

정답 36 ④ 37 ① 38 ④ 39 ④ 40 ④ 41 ①

42 지오이드에 관한 설명 중 틀린 것은?

① 중력장 이론에 의해 물리학적으로 정의한 것이다.
② 평균 해수면을 육지까지 연장하여 지구 전체를 둘러 싼 곡면이다.
③ 지오이드면은 등포텐셜면으로 중력 방향은 이 면에 수직이다.
④ 지오이드면은 대륙에서는 지구 타원체보다 낮고 해양에서는 높다.

해설

지오이드는 육지에서는 회전 타원체면 위에 존재하고, 바다에서는 회전 타원체면 아래에 존재한다.

43 다음 중 천문 좌표계의 종류가 아닌 것은?

① 적도 좌표 ② 지평 좌표
③ 황도 좌표 ④ 원주 좌표

해설

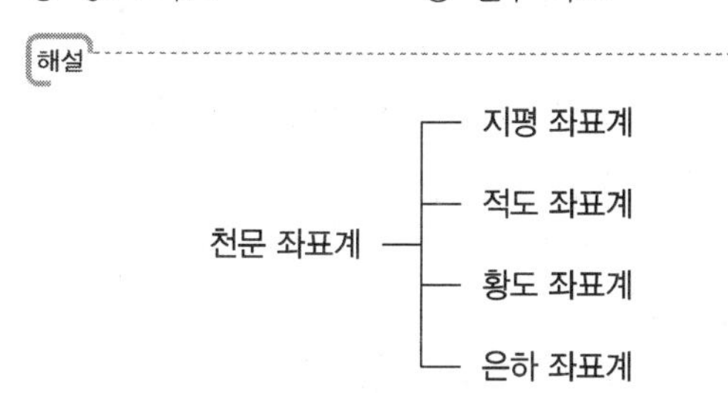

44 일반적인 측량에 많이 이용되는 좌표는?

① 구면 좌표 ② 직각 좌표
③ 극좌표 ④ 사좌표

해설

직각 좌표가 가장 널리 사용된다.

45 우리나라 측량의 평면 직각 좌표의 원점 중 동부 원점의 위치는?

① 동경 125°, 북위 38° ② 동경 129°, 북위 38°
③ 동경 38°, 북위 125° ④ 동경 38°, 북위 129°

해설

우리나라 평면 직각 좌표의 원점

명 칭	경 도	위 도
서부 원점	동경 125°	북위 38°
중부 원점	동경 127°	북위 38°
동부 원점	동경 129°	북위 38°
동해 원점	동경 131°	북위 38°

46 우리나라 평면 직각 좌표에서 좌표의 음수 표기를 방지하기 위하여 각 좌표에 대해 더해지는 값은?

① 횡좌표 : 200,000m, 종좌표 : 600,000m
② 횡좌표 : 500,000m, 종좌표 : 200,000m
③ 횡좌표 : 200,000m, 종좌표 : 200,000m
④ 횡좌표 : 500,000m, 종좌표 : 500,000m

해설

음수를 피하기 위해 종축인 X축에 600,000m, 횡축인 Y축에 200,000m를 사용한다.

47 지구의 경도 180°에서 경도를 6° 간격으로 동쪽을 향하여 구분하고 그 중앙의 경도와 적도의 교점을 원점으로 하는 좌표는?

① 평면직각 좌표 ② 극좌표
③ 적도 좌표 ④ UTM 좌표

해설

UTM 좌표는 적도를 횡축, 자오선을 종축으로 하는 국제 평면 직각 좌표로, 경도 180°를 기준 6° 간격으로 60구분하고, 위도는 8° 간격으로 남 · 북위 80°까지 적용하였다.

48 우리나라의 평면직각 좌표(고유직각 좌표) 원점 표시는 어느 것인가?

① 삼각점과 같다.
② 수준점과 같다.
③ 도근점과 같다.
④ 표시가 없는 가상점이다.

정답 42 ④ 43 ④ 44 ② 45 ② 46 ① 47 ④ 48 ④

해설

우리나라의 평면직각 좌표의 원점(서부, 중부, 동부 원점)은 위도 38°, 경도 각 125°, 127°, 129°의 좌표로서만 나타내고, 실제 표시는 없는 가상점이다.

49 다음은 UTM 좌표에 대한 설명이다. 옳은 것은?

① 중앙자오선에서의 축척 계수는 0.9996이다.
② 좌표계의 간격은 경도 3°씩이다.
③ 종좌표(N)의 원점은 위도 38°이다.
④ 축척은 중앙자오선에서 멀어짐에 따라 작아진다.

해설

- 좌표계의 간격은 동경 180°를 기준 6° 간격으로 60구분되었다(중앙자오선에 대하여 횡메르카토르 투영 적용).
- 위도 원점은 적도상에 있다(경도 원점은 중앙자오선).
- 축척은 중앙자오선에서 멀어짐에 따라 커진다.

※ 참고로 우리나라는 종대 51~52지대, 횡대 S~T에 속한다.

50 국제 UTM 좌표의 적용 범위가 옳은 것은?

① 남위 및 북위 60°까지
② 남위 및 북위 70°까지
③ 남위 및 북위 80°까지
④ 남위 및 북위 90°까지

해설

UTM 좌표의 적용 범위는 남·북위 80°까지이며 이보다 큰 위도 지역은 극심 입체 투영법(UPS 좌표)을 사용한다.

51 극심 입체 투영법에 의해 위도 80° 이상의 양극 지역에 대한 좌표를 표시하는 데 사용되는 좌표는?

① UTM 좌표 ② UPS 좌표
③ 3차원 극좌표 ④ 가우스 크뤼거 좌표

해설

극심 입체 투영법(UPS)은 UTM 좌표의 극지방 보완으로 남·북위 80° 이상 지역에 대한 좌표를 표시한다.

52 UTM 좌표(Universal Transverse Mercator Coordinates)에 대한 설명으로 옳은 것은?

① 적도를 횡축, 자오선을 종축으로 한다.
② 좌표계의 세로 간격(Zone)은 경도 3° 간격이다.
③ 종좌표(N)의 원점은 위도 38°이다.
④ 축척은 중앙자오선에서 멀어짐에 따라 작아진다.

해설

UTM 좌표의 경도 원점은 중앙자오선이며 자오선을 종축으로 한다. 위도 원점은 적도상이며 적도를 횡축으로 한다.

53 다음 좌표계의 설명 중 틀린 것은?

① 지평 좌표계는 관측자를 중심으로 천체의 위치를 간략하게 표시할 수 있다.
② 지구 좌표계는 측지경위도 좌표, 평면직교 좌표, UTM 좌표 등이 있다.
③ 적도 좌표계는 지구공전궤도면을 기준으로 한다.
④ 태양계 내의 천체운동을 설명하는 데에는 황도 좌표계가 편리하다.

해설

㉠ 적도 좌표계 : 천구상 위치를 천구 적도면을 기준으로 해서 적경과 적위 또는 시간각과 적위로 나타내는 좌표계
㉡ 황도 좌표계 : 지구공전궤도면을 기준으로 하는 좌표계

54 우리나라에서 현재 사용 중인 투영법과 평면직각좌표에 대한 설명으로 옳은 것은?

① 중앙자오선의 축척계수가 0.9996인 UTM 투영이다.
② 중앙자오선의 축척계수가 1.0000인 UTM 투영이다.
③ 중앙자오선의 축척계수가 0.9996인 TM 투영이다.
④ 중앙자오선의 축척계수가 1.0000인 TM 투영이다.

해설

- TM투영은 우리나라와 같이 동서가 좁고 남북이 긴 경우 사용하며 축척계수는 1이다(원통에 지구를 투영한 것).
- UTM투영 좌표계를 종횡으로 분할하여 영역 안에 맞는 투영법으로 축척계수는 0.9996이다.

정답 49 ① 50 ③ 51 ② 52 ① 53 ③ 54 ④

CHAPTER 02

오차해석

01 오차

GUIDE

1. 오차

개요	관측값의 처리
① 측량에서는 항상 오차가 발생 ② 측량결과를 조정하는 관측값의 처리 방법이 필요함	① 오차의 분석과 조정을 통해 측량결과의 정확도를 향상 ② 확률과 통계이론 및 최소자승법의 활용

• 일반적으로 큰 오차가 생길 확률은 작은 오차가 생길 확률보다 매우 작다.

2. 정오차와 부정(우연)오차

정오차	부정(우연)오차
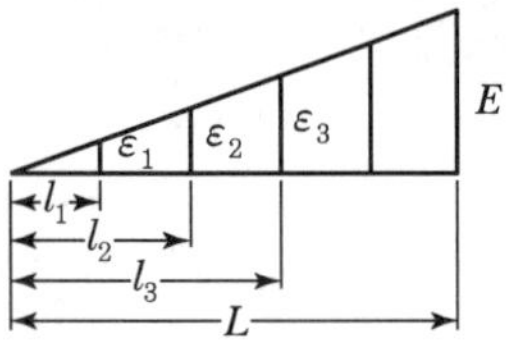 ε_1, ε_2, ε_3, E, l_1, l_2, l_3, L	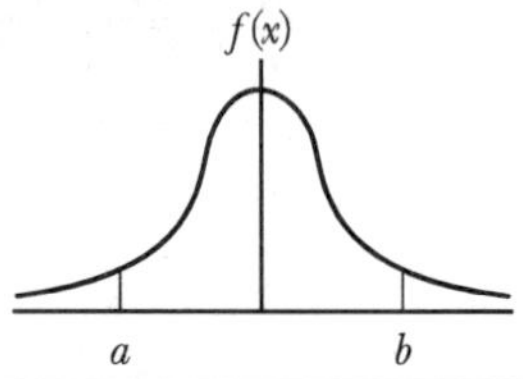 $f(x)$, a, b
① 일정한 방향과 크기로 발생하는 오차 ② 정오차 = $a \times n$	① 오차가 관측값의 양방향으로 발생 ② 부정오차 = $a\sqrt{n}$
a : 1회 측정 시 포함된 정오차 n : 관측횟수 및 거리	a : 1회 측정 시 포함된 우연오차 n : 관측횟수 및 거리

• 성질에 따른 오차 분류
① 정오차
② 부정(우연)오차
③ 과실(관측자의 실수)

• 참오차
참값 − 관측값

• 잔차(v)
최확값 − 관측값

• 최확값
① 참값에 가까울 확률이 가장 큰 값
② 측량에서는 참값 대신 최확값을 이용

3. 정오차와 부정(우연)오차의 특징

정오차	부정(우연)오차
① 누적오차, 누차, +(−) 오차	① 우연오차, 상차, ± 오차
② 오차원인이 분명, 방향 일정	② 오차의 원인이 불규칙
③ 원인만 알면 오차제거 가능	③ 주의하여도 제거 불가능
④ 항상 일정량이 포함된 오차	④ 최소제곱법에 의해 조정
⑤ 측정횟수의 비례보정	⑤ 측정횟수의 제곱근 비례보정

• 부정오차
① 예측할 수 없이 발생
② 확률론에 의해 추정
③ 오차의 표현 : ±
④ 조정방법 : 최소제곱법

• 거리측량 시 부정오차
① 온도나 습도가 때때로 변한 경우
② 눈금을 잘못 읽음으로 인해 생기는 오차

4. 수치 해석 시 발생하는 오차

수치 해석 시 발생하는 오차

참오차(ε)
잔차(v) 편의(β)
관측값(x) 최확값(μ) 참값(T)

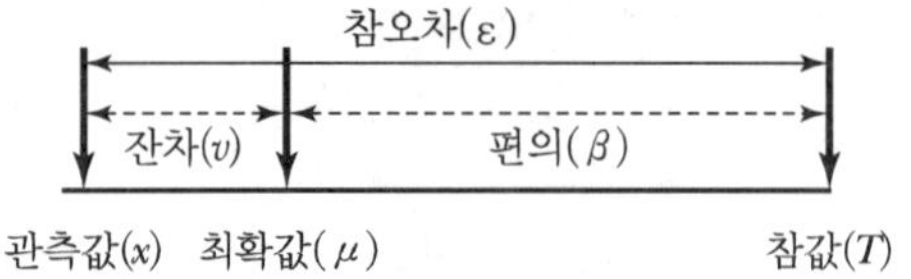

참오차(ε)	참값과 관측값의 차이	$\varepsilon = T - x$
편의(β)	참값과 최확값의 차이	$\beta = T - \mu$
잔차(v)	관측값과 최확값의 차이	$v = \mu - x$

01 측량에서 관측된 값에 포함되어 있는 오차를 조정하기 위해 최소제곱법을 이용하게 되는데 이를 통하여 처리되는 오차는?

① 과실 ② 정오차
③ 우연오차 ④ 기계적 오차

해설

우연(부정)오차는 최소제곱법에 의해 조정

02 최소 제곱법의 원리를 이용하여 처리할 수 있는 오차는?

① 정오차 ② 부정오차
③ 착오 ④ 물리적 오차

해설

우연오차(부정오차)
- 우연오차, 상차, ± 오차
- 오차의 원인이 불규칙
- 주의하여도 제거 불가능
- 최소제곱법에 의해 조정
- 측정횟수의 제곱에 비례보정

03 상차라고도 하며 그 크기와 방향(부호)이 불규칙적으로 발생하고 확률론에 의해 추정할 수 있는 오차는?

① 착오 ② 정오차
③ 개인오차 ④ 우연오차

해설

우연오차(부정오차)
- 예측할 수 없이 발생
- 확률론에 의해 추정
- 오차의 표현 : ±
- 소거방법 : 최소제곱법

04 다음 오차에 대한 설명 중 옳지 않은 것은?

① 측정에 수반한 오차의 분류로는 정오차, 우연오차, 착오 등이다.
② 정오차는 원인이 분명하여 항상 일정량의 오차가 발생한다.
③ 참값과 측정값과의 차를 참오차라고 한다.
④ 최확값과 측정값의 차를 확률오차라고 한다.

해설

- (참)오차 = 참값 − 관측값
- 잔차(v) = 최확값 − 관측값

05 우리가 조정계산한 결과에서 좌표의 표준오차가 얼마라고 말할 때 다음 어느 것과 관계가 깊은가?

① 우연오차 ② 정오차
③ 과대오차 ④ 실수

해설

표준오차(평균제곱근 오차, 중등오차)는 부정(우연)오차와 관계가 있다.

06 거리 측정에서 생기는 오차 중 우연오차에 해당하는 것은?

① 측정하는 줄자의 길이가 정확하지 않기 때문에 생기는 오차
② 온도나 습도가 측정 중에 때때로 변해서 생기는 오차
③ 줄자의 경사를 보정하지 않기 때문에 생기는 오차
④ 일직선상에서 측정하지 않기 때문에 생기는 오차

해설

부정오차는 예측할 수 없고 오차의 제거가 어렵다.

정답 01 ③ 02 ② 03 ④ 04 ④ 05 ① 06 ②

02 오차 보정 후 실제거리 계산

GUIDE

- **(총)오차**
  정오차+우연오차
- **정오차**
  ① 오차의 원인이 명확
  ② 같은 방향과 같은 크기로 발생 (수학적 표현 가능)
  ③ 원인을 알면 제거 가능

1. 정오차의 계산

정오차	오차가 일정한 누적오차
정오차 = $a \times n$ (a : 1회 측정시 포함된 정오차, n : 관측횟수, 거리)	ε_1, ε_2, ε_3, E, l_1, l_2, l_3, L

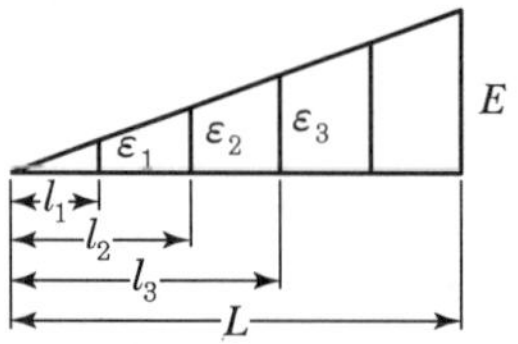

2. 정오차의 구분

구분	설명
자연적 오차	주위환경 및 자연현상의 조건에 따른 오차(온도, 기압, 습도 등)
기계적 오차	관측기기의 특성과 눈금 등에 의한 오차(기기점검 및 조정)
개인적 오차	관측자의 습관에 의한 오차(관측자 교체 시 보정 가능)

3. 부정오차의 계산

우연(부정)오차	오차가 양방향으로 발생
우연오차 = $a\sqrt{n}$ (a : 1회 측정 시 포함된 우연 오차, n : 관측횟수, 거리)	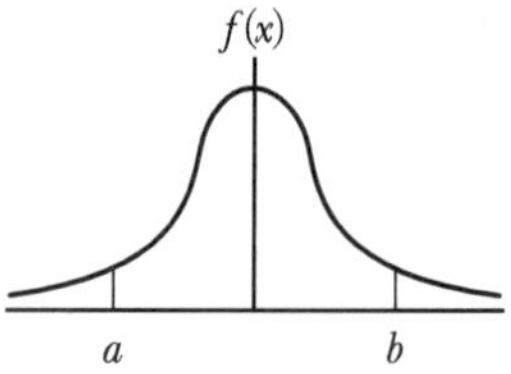 $f(x)$, a, b

- **부정오차(우연오차)**
  ① 원인이 불명확한 오차(소거 후에도 잔존)
  ② 부호의 크기가 불규칙적이며 서로 상쇄(상차)
  ③ 최소제곱법에 의해 추정가능(최확치)

4. 오차 보정 후 실제거리 계산

실제거리 계산	관측거리 + 정오차($a \times n$) ± 우연오차($a\sqrt{n}$)
전길이의 확률오차	$\sqrt{(\text{정오차})^2 + (\text{우연오차})^2}$

01 줄자로 거리를 관측할 때 한 구간 20m의 정오차가 +2mm라면 전 구간 200m를 측정했을 때 정오차는?

① +0.2mm　② +0.63mm
③ +6.3mm　④ +20mm

해설

- 횟수$(n)=\frac{200}{20}=10$회
- 정오차$=a\times n=2\times 10=20$mm

02 20m 줄자로 두 지점의 거리를 측정한 결과 320m였다. 1회 측정마다 ±3mm의 우연오차가 발생하였다면 두 지점 간의 우연오차는?

① ±12mm　② ±14mm
③ ±24mm　④ ±48mm

해설

우연오차$=a\sqrt{n}=\pm 3\sqrt{\left(\frac{320}{20}\right)}=\pm 12$mm

03 50m에 대하여 ±35mm 오차를 갖고 있는 줄자로 450.000m를 측량하였다. 450.000m에 대한 오차의 크기는 얼마인가?

① 0.035m　② 0.070m
③ 0.105m　④ 0.342m

해설

우연오차$=\pm a\sqrt{n}=\pm 35\sqrt{\left(\frac{450}{50}\right)}=105mm=0.105$m

04 2,000m의 거리를 50m씩 끊어서 40회 관측하였다. 관측결과 오차가 ±0.14m였고, 40회 관측의 정밀도가 동일하다면, 50m 거리 관측의 오차는?

① ±0.022m　② ±0.019m
③ ±0.016m　④ ±0.013m

해설

± 0.14(부정오차)$=a\times\sqrt{\left(\frac{2000}{50}\right)}$

$\therefore a=\pm 0.14\times\sqrt{\left(\frac{50}{2000}\right)}$

$=\pm 0.022$m

05 80m의 측선을 20m 줄자로 관측하였다. 만약 1회의 관측에 +4mm의 정오차와 ±3mm의 부정오차가 있었다면 이 측선의 거리는?

① 80.006±0.006m　② 80.006±0.016m
③ 80.016±0.006m　④ 80.016±0.016m

해설

- 관측횟수$(n)=\frac{80}{20}=4$회
- 정오차$=a\times n=4\times 4=+16$mm
- 우연오차$=\pm a\sqrt{n}=\pm 3\sqrt{4}=\pm 6$mm

$\therefore$ 측선의 거리$(L)=$관측거리$(L_0)+$정오차$\pm$부정오차
$=80+0.016\pm 0.006$m
$=80.016\pm 0.006$m

06 100m의 측선을 20m 줄자로 관측하였다. 만약 1회의 관측에 +4mm의 정오차와 ±3mm의 부정오차가 있었다면 이 측선의 거리는?

① 100.010±0.007m　② 100.020±0.007m
③ 100.010±0.015m　④ 100.020±0.015m

해설

- 횟수$(n)=\frac{100}{20}=5$회
- 정오차$=a\times n=4\times 5=20$mm$=0.02$m
- 우연오차$=\pm a\sqrt{n}=\pm 3\sqrt{5}=\pm 6.7mm=\pm 0.0067$m

$\therefore$ 측선의 거리$(L)=$관측거리$(L_0)+$정오차$\pm$부정오차
$=100+0.02\pm 0.0067$
$=100.02\pm 0.007$m

정답　01 ④　02 ①　03 ③　04 ①　05 ③　06 ②

03 관측값 해석

1. 정밀도(정도)

정도	$\frac{1}{m}=\frac{\text{거리오차}(\Delta l)}{\text{실제거리}(l)}=\frac{\text{각의 오차}(\theta'')}{\text{라디안}(\rho'')}=\frac{\text{폐합오차}(E)}{\text{전체거리}(\Sigma l)}$
라디안(ρ)	$\rho°=\frac{180°}{\pi}$, $\rho''=\frac{180°}{\pi}\times 60'\times 60''=206,265''$

2. 축척

축척(거리)	$\frac{1}{m}=\frac{\text{도상거리}}{\text{실제거리}}$
축척(면적)	$\left(\frac{1}{m}\right)^2=\frac{\text{도상면적}}{\text{실제면적}}$

3. 축척이 재편집 될 때 지형도 매수

축척 $\frac{1}{600}$ 지형도를 기초로 축척 $\frac{1}{3,000}$의 지형도로 만들 때 $\frac{1}{3,000}$ 지형도 한 매에는 $\frac{1}{600}$도가 얼마나 포함되는가?	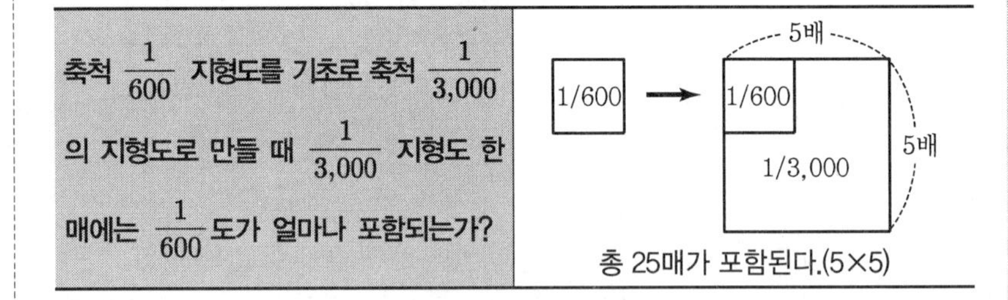 총 25매가 포함된다.(5×5)

4. 거리의 정밀도와 면적의 정밀도

거리의 정밀도와 면적의 정밀도	거리의 정밀도와 체적의 정밀도
$\frac{\Delta A}{A}=2\frac{\Delta l}{l}$	$\frac{\Delta V}{V}=3\frac{\Delta l}{l}$
면적의 정밀도는 거리 정밀도의 2배	체적의 정밀도는 거리 정밀도의 3배

5. 도면이 수축 또는 팽창 시 실제면적

면적오차(ΔA)	실제면적(A_o)
$\Delta A=2\frac{\Delta l}{l}\times A$	실제면적(A_o)=관측면적(A) ± 면적오차(ΔA)

GUIDE

• 라디안(rad)

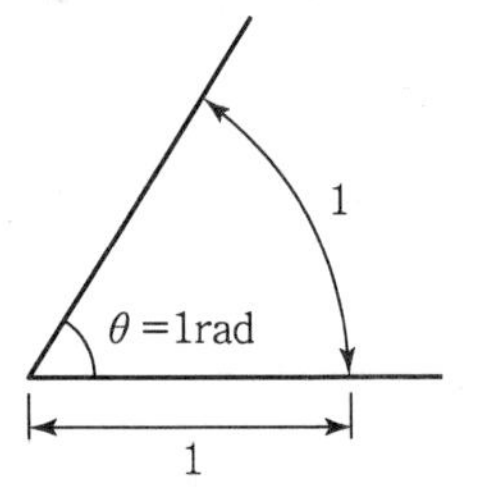

반지름의 길이만큼 호의 길이에 대한 중심각의 크기

• 축척과 면적과의 관계

면적은 축척의 제곱에 비례

• 정밀도와 정확도

1. 높은 정밀도, 낮은 정확도

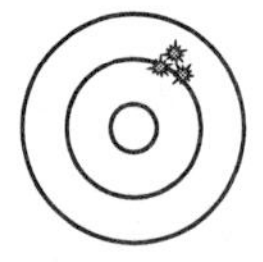

2. 높은 정밀도, 높은 정확도

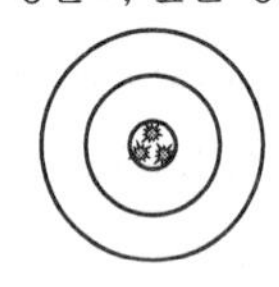

3. 낮은 정밀도, 낮은 정확도

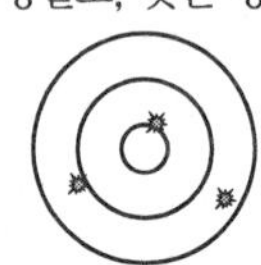

• 도면에서 부호 결정

수축 시 : (+)
팽창 시 : (−)

• 줄자에서 부호 결정

늘어난 줄자 사용 시 : (+)
줄어든 줄자 사용 시 : (−)

01 30m 줄자의 길이를 표준자와 비교하여 검증하였더니 30.03m이었다면 이 줄자를 사용하여 관측 후 계산한 면적의 정밀도는?

① $\frac{1}{50}$ ② $\frac{1}{100}$ ③ $\frac{1}{500}$ ④ $\frac{1}{1,000}$

해설

- $2 \cdot \frac{\Delta l}{l} = \frac{\Delta A}{A}$
- $2 \cdot \frac{0.03}{30} = \frac{\Delta A}{A} = \frac{1}{500}$

02 면적이 8,100m²인 정사각형의 토지를 1 : 3,000 축척으로 도면을 작성할 때, 도면에서의 한 변의 길이는?

① 3cm ② 5cm ③ 10cm ④ 15cm

해설

- 한 변의 실제길이 : $L^2 = A$, $L = \sqrt{8,100} = 90\text{m}$
- 한 변의 도면길이
  $\frac{1}{m} = \frac{\text{도상거리}}{\text{실제거리}}$, $\frac{1}{3,000} = \frac{\text{도상거리}}{90\text{m}}$
  ∴ 도상거리 $= \frac{90}{3,000} = 0.03\text{m} = 3\text{cm}$

03 축척이 1 : 25,000인 지형도 1매를 1 : 5,000 축척으로 재편집할 때 제작되는 지형도의 매수는?

① 25매 ② 20매 ③ 15매 ④ 10매

해설

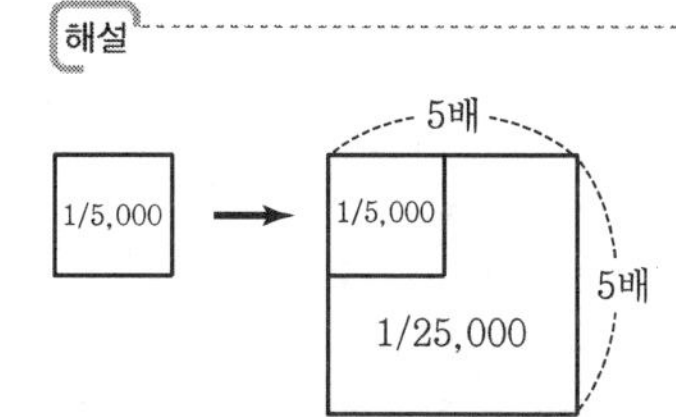

지형도의 매수는 25매(5×5)

04 면적 1km²인 지역이 도상면적 16cm²의 도면으로 제작되었을 경우 이 도면의 축척은?

① $\frac{1}{2,500}$ ② $\frac{1}{6,250}$ ③ $\frac{1}{25,000}$ ④ $\frac{1}{62,500}$

해설

- $\left(\frac{1}{m}\right)^2 = \frac{\text{도상면적}}{\text{실제면적}}$
- $\frac{1}{m} = \sqrt{\frac{16\text{cm}^2}{1\text{km}^2} \times \frac{1\text{m}^2}{100^2\text{cm}^2} \times \frac{1\text{km}^2}{1,000^2\text{m}^2}}$ ∴ $\frac{1}{m} = \frac{1}{25,000}$

05 축척 1 : 2,000 도면상의 면적을 축척 1 : 1,000으로 잘못 알고 면적을 관측하여 24,000m²를 얻었다면 실제면적은?

① 6,000m² ② 12,000m²
③ 48,000m² ④ 96,000m²

해설

- 축척 $= \left(\frac{1}{m}\right)^2 = \frac{\text{도상면적}}{\text{실제면적}}$
- $\left(\frac{1}{1,000}\right)^2 = \frac{\text{도상면적}}{24,000}$, 도상면적 $= 0.024\text{m}^2$

∴ $\left(\frac{1}{2,000}\right)^2 = \frac{0.024}{\text{실제면적}}$, 실제면적 $= 96,000\text{m}^2$

06 직사각형의 두 변의 길이를 $\frac{1}{1,000}$ 정밀도로 관측하여 면적을 산출할 경우 산출된 면적의 정밀도는?

① $\frac{1}{500}$ ② $\frac{1}{1,000}$ ③ $\frac{1}{2,000}$ ④ $\frac{1}{3,000}$

해설

$\frac{\Delta A}{A} = 2\frac{\Delta l}{l} = 2 \times \frac{1}{1,000} = \frac{2}{1,000} = \frac{1}{500}$

07 축척 1 : 500 도면에서 구적기를 이용하여 면적을 측정하니 2,500m²였다. 도면이 종횡으로 각 1%씩 줄어 있었다면 실제면적은?

① 2,450m² ② 2,480m²
③ 2,550m² ④ 2,580m²

해설

- 실제면적 = 관측면적(A) ± 면적오차(ΔA)
- 면적오차$(\Delta A) = 2 \cdot \frac{\Delta l}{l} \cdot A = 2 \times \frac{1}{100} \times 2,500 = 50\text{m}^2$

∴ 실제면적 $= 2,500 + 50 = 2,550\text{m}^2$

정답 01 ③ 02 ① 03 ① 04 ③ 05 ④ 06 ① 07 ③

04 최확값(가중평균)

1. 최확값

최확값	최확값 계산(경중률 일정)	최확값 계산(경중률 고려)
① 참값에 가까운 값 ② 가중 평균값	$\dfrac{L_1+L_2+\cdots+L_n}{n}$	$\dfrac{P_1L_1+P_2L_2+P_3L_3}{P_1+P_2+P_3}$

2. 경중률(P)

경중률(가중치, 무게, 중량치)
① 경중률은 관측횟수(N)에 비례 $\rightarrow P_1:P_2:P_3=N_1:N_2:N_3$
② 경중률은 노선거리(S)에 반비례 $\rightarrow P_1:P_2:P_3=\dfrac{1}{S_1}:\dfrac{1}{S_2}:\dfrac{1}{S_3}$
③ 경중률은 평균제곱근 오차(표준편차, m)의 제곱에 반비례한다. $\rightarrow P_1:P_2:P_3=\dfrac{1}{{m_1}^2}:\dfrac{1}{{m_2}^2}:\dfrac{1}{{m_3}^2}$

3. 최확값 산정

독립 최확값 산정	조건부 최확값 산정(동일 경중률)
θ	O, A, B, C, α, β, γ
최확값 = $\dfrac{P_1L_1+P_2L_2+P_3L_3}{P_1+P_2+P_3}$	① 조건 : $\alpha+\beta=\gamma(\alpha:\beta:\gamma=1:1:1)$ ② 오차$(W)=(\alpha+\beta)-\gamma$ ③ 조정량$(d)=\dfrac{W}{n}$
P : 경중률, L : 관측값	조정량은 각의 크기에 관계없이 등배분하여 각 조정완료

4. 경중률이 다른 조건부 관측 시 경중률

조건부 관측(경중률이 다를 때)	경중률
O, A, B, C, α, β, γ • α : 2회 관측 • β : 3회 관측 • γ : 6회 관측	조건부 관측 시 관측횟수가 다를 경우 경중률에 반비례 $P_1:P_2:P_3=\dfrac{1}{2}:\dfrac{1}{3}:\dfrac{1}{6}=3:2:1$

GUIDE

- **최확값(산술평균값)**
  측량을 반복 관측하여도 참값은 얻을 수 없지만 참값에 가까운 값에 도달. 즉 참값에 대한 평균값
- P : 경중률
- L : 관측값

- **경중률(무게, P)**
  ① 관측값의 신뢰도를 나타내는 척도
  ② 경중률이 높다는 것은 신뢰도가 높다는 의미
  ③ 각 데이터가 가진 평균에 대한 중요도
  ④ 측량의 반복횟수에 따라 정밀도가 달라진다.
  ⑤ 경중률은 분산에 반비례한다.
  ⑥ 일반적으로 큰 오차가 생길 확률은 작은 오차가 생길 확률보다 매우 작다.

- **오차 조정**
  ① 오차가 큰 각은 조정량만큼 (−)
  ② 오차가 작은 각은 조정량만큼 (+)

- **조건부 관측**
  ① 경중률이 일정 : 등배분
  ② 경중률이 다를 때 : 경중률에 반비례 배분

01 두 지점의 거리측량 결과가 다음과 같을 때 최확값은?

측정값(m)	횟수
145.136	2
145.248	1
145.174	3

① 145.136m ② 145.248m
③ 145.174m ④ 145.204m

해설

최확치$(L_0)=\dfrac{P_A l_A+P_B l_B+P_C l_C}{P_A+P_B+P_C}$

$=\dfrac{145.136\times2+145.248\times1+145.174\times3}{2+1+3}$

$=145.174\text{m}$(경중률은 측정횟수에 비례)

02 A, B, C 세 사람이 같은 조건에서 한 각을 측정하였다. A는 1회 측정에 45°20′37″, B는 4회 측정하여 평균 45°20′32″, C는 8회 측정하여 평균 45°20′33″를 얻었다. 이 각의 최확값은?

① 45°20′38″ ② 45°20′37″
③ 45°20′33″ ④ 45°20′30″

해설

최확값$=45°20'+\dfrac{1\times37''+4\times32''+8\times33''}{1+4+8}$

$=45°20'33''$(경중률은 측정횟수에 비례)

03 A, B, C 각 점에서 P점까지 수준측량을 한 결과가 표와 같다. 거리에 대한 경중률을 고려한 P점의 표고 최확값은?

측량경로	거리	P점의 표고
$A\to P$	1km	135.487m
$B\to P$	2km	135.563m
$C\to P$	3km	135.603m

① 135.529m ② 135.551m
③ 135.563m ④ 135.570m

해설

• 경중률은 거리에 반비례

$P_A:P_B:P_C=\dfrac{1}{1}:\dfrac{1}{2}:\dfrac{1}{3}=6:3:2$

• 최확값

$H_P=\dfrac{P_A H_A+P_B H_B+P_C H_C}{P_A+P_B+P_C}$

$=\dfrac{6\times135.487+3\times135.563+2\times135.603}{6+3+2}$

$=135.529\text{m}$

04 어느 두 지점 사이의 거리를 A, B, C, D 네 사람이 각각 10회 측정한 결과가 다음과 같다. 가장 신뢰성이 높은 측정자는 누구인가?(단, 단위는 m)

A : 165.864±0.002 B : 165.867±0.006
C : 165.862±0.007 D : 165.864±0.004

① A ② B ③ C ④ D

해설

• 경중률은 오차$\left(\dfrac{1}{m}\right)$의 제곱에 반비례

$P_A:P_B:P_C:P_D=\dfrac{1}{{m_A}^2}:\dfrac{1}{{m_B}^2}:\dfrac{1}{{m_C}^2}:\dfrac{1}{{m_D}^2}$

$=\dfrac{1}{2^2}:\dfrac{1}{6^2}:\dfrac{1}{7^2}:\dfrac{1}{4^2}$

$=12.25:1.36:1:3.06$

• 경중률이 높은 A작업이 신뢰도가 높다.

05 다음 그림에서 경중률의 비는?

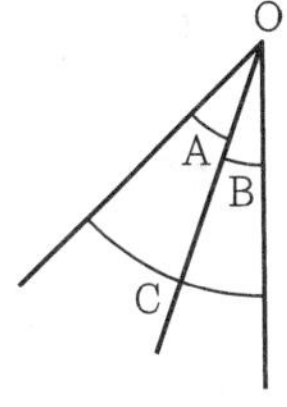

A : 2회 관측
B : 8회 관측
C : 1회 관측

① 2 : 8 : 1 ② 4 : 1 : 8
③ 3 : 2 : 6 ④ 4 : 8 : 1

해설

$\dfrac{1}{2}:\dfrac{1}{8}:\dfrac{1}{1}=4:1:8$(경중률은 반비례)

정답 01 ③ 02 ③ 03 ① 04 ① 05 ②

05 표준편차(σ) 및 표준오차(σ_m)

1. 경중률이 동일(일정)한 경우

최확치	표준편차(독립관측)	표준오차(평균값)
$\frac{L_1+L_2+\cdots+L_n}{n}$	$\sigma=\pm\sqrt{\frac{\Sigma v^2}{n-1}}$	$\sigma_m=\pm\sqrt{\frac{\Sigma v^2}{n(n-1)}}$
	① 어떤 구간을 개개 관측 시 (횟수는 n회) ② 독립 관측값의 정밀도의 척도 ③ 관측값 사이의 상호편차 ④ 1회 관측의 평균제곱근오차	① 어떤 구간을 n사람이 n회 관측 ② 평균값의 정밀도 척도 ③ 표준오차 $=\frac{\text{표준편차}}{\sqrt{n}}$ ④최확치의 평균제곱근오차

2. 경중률이 다를 경우

최확치	표준편차(독립관측)	표준오차(평균값)
$\frac{P_1L_1+P_2L_2+P_3L_3}{P_1+P_2+P_3}$	$\sigma=\pm\sqrt{\frac{\Sigma(Pv^2)}{n-1}}$	$\sigma_m=\pm\sqrt{\frac{\Sigma(Pv^2)}{\Sigma P(n-1)}}$

06 확률오차(r) 산정

1. 경중률이 동일(일정)할 때 확률오차

확률오차	표준편차의 확률오차	표준오차의 확률오차
① 0.6745×표준편차(σ) ② 0.6745×표준오차(σ_m)	$r=\pm 0.6745\sqrt{\frac{\Sigma v^2}{n-1}}$	$r_m=\pm 0.6745\sqrt{\frac{\Sigma v^2}{n(n-1)}}$

2. 경중률이 다를 경우 확률오차

표준편차의 확률오차	표준오차의 확률오차
$r=\pm 0.6745\sqrt{\frac{\Sigma(Pv^2)}{n-1}}$	$r_m=\pm 0.6745\sqrt{\frac{\Sigma(Pv^2)}{\Sigma P(n-1)}}$

3. 정확도(정도) 산정

정확도의 개념	표준오차의 정도	확률오차의 정도
관측값이 얼마나 정확한가를 가늠하는 척도	$\frac{\text{표준오차}(\sigma_m)}{\text{최확값}}$	$\frac{\text{확률오차}(r)}{\text{최확값}}$

GUIDE

- **표준오차**
  밀도함수 : 68.26% 범위의 오차
- ① Σv^2 : 잔차 제곱의 합
  ② P : 경중률
  ③ n : 관측 횟수
  ④ v : 잔차(관측값 − 최확값)
- $n-1$: 자유도(잉여관측수)
- **확률오차(r)**
  ① 표준편차의 승수가 0.6745인 오차
  ② 확률오차 산정(r)
  $r=\pm 0.6745\sigma$
  ③ 표준편차의 67.45%인 오차
  ④ 밀도함수 전체의 50% 범위 (50%의 확률오차)
- ① Σv^2 : 잔차 제곱의 합
  ② P : 경중률
  ③ n : 관측 횟수
  ④ v : 잔차(관측값 − 최확값)

01 정밀도에 관한 설명 중 옳지 않은 것은?

① 정밀도란 어떤 양을 측정했을 때의 그 정확성의 정도를 말한다.
② 정밀도는 확률오차 또는 중등오차의 최확치와의 비율로 표시하는 방법이다.
③ 정밀도는 2회 측정치의 차이와 평균치와의 비율로 표시하는 방법이 있다.
④ 확률오차 r_0와 중등오차 $m_0 = \pm 0.06745 r_0$의 관계식이 성립된다.

해설

확률오차$(r_0) = 0.6745 m_0$

02 어느 각을 10번 측정하여 52°12′0″를 2번, 52°13′0″를 4번, 52°14′0″를 4번 얻었다. 측정한 각의 표준편차는?

① ±51.3″ ② ±47.3″
③ ±36.2″ ④ ±21.2″

해설

- 최확값$= \dfrac{2\times 52°12'0'' + 4\times 52°13'0'' + 4\times 52°14'0''}{10}$

  $= 52°13'12''$
- 한 구간 관측 시 표준편차(σ, 경중률이 다를 때)

  $= \sqrt{\dfrac{\Sigma(PV^2)}{n-1}}$

  $= \sqrt{\dfrac{2\times(1'12'')^2 + 4\times(12'')^2 + 4\times(48'')^2}{10-1}} = \pm 47.3''$

03 기선측정에서 5회 측정한 값의 최확치가 잔차(v)의 Σv^2이 1,889,720m$^2\times10^{-10}$일 때 최확치에 대한 확률오차는?

① ±0.00207m ② ±0.00083m
③ ±0.00026m ④ ±0.00803m

해설

$r = \pm 0.6745\sqrt{\dfrac{\Sigma v^2}{n(n-1)}}$

$= \pm 0.6745\sqrt{\dfrac{1,889,720\times 10^{-10}}{5(5-1)}} = \pm 0.00207\text{m}$

04 어떤 측선의 길이를 관측하여 다음 표의 결과를 얻었다. 확률오차 및 확률오차의 정확도는 얼마인가?

측정군	측정값(m)	측정횟수
I	100.352	4
II	100.348	2
III	100.354	3

① $\begin{cases}\pm 0.05\text{m}\\ 1/12,000\end{cases}$ ② $\begin{cases}\pm 0.005\text{m}\\ 1/120,000\end{cases}$

③ $\begin{cases}\pm 0.01\text{m}\\ 1/10,000\end{cases}$ ④ $\begin{cases}\pm 0.001\text{m}\\ 1/100,000\end{cases}$

해설

- 관측값의 경중률 : $P_1 : P_2 : P_3 = 4 : 2 : 3$
- 최확값$(L_0) = \dfrac{P_1L_1 + P_2L_2 + P_3L_3}{P_1 + P_2 + P_3} = 100.352\text{m}$

측정군	최확값(m)	측정값(m)	V	VV	P	Pvv
I	100.352	100.352	0	0	4	0
II		100.348	4	16	2	32
III		100.354	2	4	3	12

- $[P] = 9$
- $n = 3$
- $[Pvv] = 44$
- $r = \pm 0.6745\sqrt{\dfrac{[Pvv]}{[P](n-1)}} = \pm 1.05\text{mm} = \pm 0.001\text{m}$
- 정도$= \dfrac{r}{L_0} = \dfrac{0.001}{100.352} = \dfrac{1}{100,352} \fallingdotseq \dfrac{1}{100,000}$

05 왕복측량을 실시하여 88.54m와 88.58m를 측정하였다. 이때의 정밀도는?

① 1/4,428 ② 1/2,214
③ 1/225 ④ 1/445

해설

- 최확값$= \dfrac{88.58 + 88.54}{2} = 88.56\text{m}$
- $\sigma_m = \pm\sqrt{\dfrac{[vv]}{n(n-1)}} = \sqrt{\dfrac{(0.02)^2 + (0.02)^2}{2(2-1)}} = 0.02\text{m}$

∴ 정밀도$= \dfrac{0.02}{88.56} = \dfrac{1}{4,428}$

※ 확률오차의 정도로 구하라는 언급이 없으면 표준오차의 정도로 구한다.

정답 01 ④ 02 ② 03 ① 04 ④ 05 ①

07 부정오차의 전파

1. 오차의 전파

개요	부정(우연)오차의 전파
측량에서 간접적으로 값을 구할 경우 직접 측정한 값들에 오차가 포함되어 있기 때문에 간접적으로 유도한 값들에 오차가 전파되는 현상	① 확률법칙에 따라 전파 ② 모든 우연오차는 제곱으로 전파

2. 부정오차의 오차전파

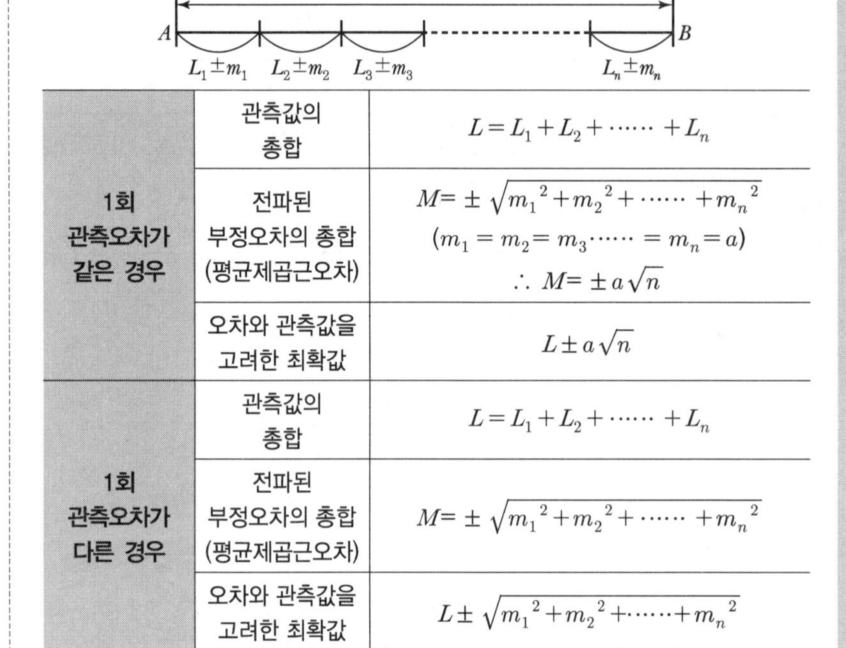

1회 관측오차가 같은 경우	관측값의 총합	$L = L_1 + L_2 + \cdots\cdots + L_n$
	전파된 부정오차의 총합 (평균제곱근오차)	$M = \pm\sqrt{{m_1}^2 + {m_2}^2 + \cdots\cdots + {m_n}^2}$ $(m_1 = m_2 = m_3 \cdots\cdots = m_n = a)$ $\therefore\ M = \pm a\sqrt{n}$
	오차와 관측값을 고려한 최확값	$L \pm a\sqrt{n}$
1회 관측오차가 다른 경우	관측값의 총합	$L = L_1 + L_2 + \cdots\cdots + L_n$
	전파된 부정오차의 총합 (평균제곱근오차)	$M = \pm\sqrt{{m_1}^2 + {m_2}^2 + \cdots\cdots + {m_n}^2}$
	오차와 관측값을 고려한 최확값	$L \pm \sqrt{{m_1}^2 + {m_2}^2 + \cdots\cdots + {m_n}^2}$

3. 면적 관측 시 최확값 및 평균제곱근 오차 합

모식도	면적의 최확값	면적의 평균제곱근 오차
$L_1 \pm m_1$, $A \pm M$, $L_2 \pm m_2$	$A = L_1 \times L_2$	$M = \pm\sqrt{(L_2 m_1)^2 + (L_1 m_2)^2}$

GUIDE

• **부정오차**

한 구간 내에서 발생하는 부정오차의 크기는 그 구간에서의 평균제곱근 오차를 구해 결정한다.

• **부정오차의 전파**

① 같은 조건이면 평균제곱근 오차는 동일하다.
② 다른 조건이면 모든 평균제곱근 오차를 고려하여 오차전파 계산을 한다.

• L : 전 구간 최확길이

• M : 전 구간 평균제곱근 오차

• a : 1회 측정 시 포함된 우연오차

• $L_1, L_2, \cdots\cdots L_n$: 구간 최확값

• $m_1, m_2, \cdots\cdots m_n$: 구간 평균제곱근 오차

• 평균 제곱근 오차가 적은값이 정도가 높다.

01 어떤 기선을 측정하는데 이것을 4구간으로 나누어 측정하니 아래와 같다. 여기서, 0.0014m, 0.0012m… 등을 표준오차라 하면 전거리에 대한 표준오차는?

- L_1 = 29.5512m±0.0014m
- L_2 = 29.8837m±0.0012m
- L_3 = 29.3363m±0.0015m
- L_4 = 29.4488m±0.0015m

① ±0.0028m ② ±0.0012m
③ ±0.0015m ④ ±0.0014m

해설

$M = \pm\sqrt{{m_1}^2 + {m_2}^2 + \cdots\cdots + {m_n}^2}$
$= \pm\sqrt{0.0014^2 + 0.0012^2 + 0.0015^2 + 0.0015^2}$
$= \pm 0.0028\text{m}$

02 전길이를 n구간으로 나누어 1구간 측정 시 3mm의 정오차와 ±3mm의 우연오차가 있을 때 정오차와 우연오차를 고려한 전 길이의 오차는?

① $3\sqrt{n}$ mm ② $3\sqrt{n^3}$ mm
③ $3n\sqrt{2}$ mm ④ $3\sqrt{n^2+n}$ mm

해설

$M = \sqrt{(an)^2 + (\pm a\sqrt{n})^2} = \sqrt{(3n)^2 + (\pm 3\sqrt{n})^2}$
$= \sqrt{9n^2 + 9n} = 3\sqrt{n^2+n}$ mm

03 4명의 관측자가 하나의 각을 같은 기계를 사용하여 같은 방법으로 5회 측정하여 오차를 얻었다. 다음 중 어느 것이 정밀도가 가장 높은가?

① 6″, 0″, −4″, 5″, −5″
② 6″, 4″, −1″, 4″, −5″
③ 4″, 7″, 0″, −3″, −6″
④ 5″, −6″, 3″, 2″, −4″

해설

평균 제곱근 오차를 구했을 때 가장 적은 값이 정도가 높다.
$M = \sqrt{{m_1}^2 + {m_2}^2 + {m_3}^2 + {m_4}^2 + {m_5}^2}$
① $M = \sqrt{6^2 + 0^2 + (-4)^2 + 5^2 + (-5)^2} \fallingdotseq 11''$
② $M = \sqrt{6^2 + 4^2 + (-1)^2 + 4^2 + (-5)^2} \fallingdotseq 9.7''$
③ $M = \sqrt{4^2 + 7^2 + 0^2 + (-3)^2 + (-6)^2} \fallingdotseq 10.5''$
④ $M = \sqrt{5^2 + (-6)^2 + 3^2 + 2^2 + (-4)^2} \fallingdotseq 9.5''$

04 구형의 토지 면적을 잴 때 2변 x, y의 길이를 측정한 관측값이 다음과 같다. 면적과 그 평균 제곱오차를 구하면?(단, x = 60.26m±0.016m, y = 38.54m±0.005m)

① A=2,322.42 m², σ=±0.69 m²
② A=2,322.42 m², σ=±0.017 m²
③ A=1,161.21 m², σ=±0.69 m²
④ A=1,161.21 m², σ=±0.017 m²

해설

부정 오차의 전파 법칙에 의해
- $A = x \times y = 60.26 \times 38.54 = 2{,}322.42\ \text{m}^2$
- $M = \pm\sqrt{(y \cdot m_x)^2 + (x \cdot m_y)^2}$
  $= \pm\sqrt{(38.54 \times 0.016)^2 + (60.26 \times 0.005)^2}$
  $\fallingdotseq \pm 0.69\text{m}^2$

05 장방형의 두 변을 측정하여 x_1=25m, x_2=50m를 얻었다. 줄자의 1m당 평균자승오차는 ±3mm일 때 면적의 평균자승오차는?

① ±0.15m² ② ±0.21m²
③ ±0.84m² ④ ±0.92m²

해설

- 장방형의 각 길이에 대한 평균 제곱근 오차를 구하면
  $m_1 = \pm 0.003\sqrt{25} = \pm 0.015\text{m}$
  $m_2 = \pm 0.003\sqrt{50} = \pm 0.021\text{m}$
- $M = \pm\sqrt{(x_1 \cdot m_2)^2 + (x_2 \cdot m_1)^2}$
  $= \pm\sqrt{(25 \times 0.021)^2 + (50 \times 0.015)^2}$
  $\fallingdotseq \pm 0.92\text{m}^2$

정답 01 ① 02 ④ 03 ④ 04 ① 05 ④

CHAPTER 02 실 / 전 / 문 / 제

01 거리측량에서 줄자로 1회 측정할 때 우연오차가 ±0.01m인 경우 약 500m의 거리를 50m의 줄자로 측정할 때 우연오차는?

① ±0.01m ② ±0.02m
③ ±0.03m ④ ±0.04m

해설

우연오차의 총합은

$e=$ 오차$\sqrt{\text{횟수}}=\pm 0.01\sqrt{\frac{500}{50}}=\pm 0.01\sqrt{10}\fallingdotseq \pm 0.03\text{m}$

02 80m의 측선을 20m의 줄자로 관측하였다. 만약 1회의 관측에 +5mm의 누적오차와 ±5mm의 우연오차가 있다고 하면 정확한 거리는?

① 80.02±0.02m ② 80.02±0.01m
③ 80±0.01m ④ 80±0.02m

해설

㉠ 정오차(누적오차) = 오차×횟수

$=0.005\times\frac{80}{20}=0.02\text{m}$

㉡ 부정오차(우연오차) = 오차$\sqrt{\text{횟수}}$

$=\pm 0.005\sqrt{\frac{80}{20}}=\pm 0.01\text{mm}$

∴ 최확치$(L_0)=80+0.02\pm 0.01=80.02\pm 0.01\text{m}$

03 어떤 길이를 10회 측정하여 평균제곱근오차(중등오차) ±8.0cm를 얻었다. 같은 방법으로 하여 평균제곱근오차를 ±4.0cm로 하려고 한다면 몇 회 측정하는 것이 좋겠는가?

① 20회 ② 40회
③ 60회 ④ 80회

해설

우연오차 = 오차$\sqrt{\text{횟수}}$

따라서, 횟수의 제곱근($\sqrt{\ }$)에 비례한다.

$\pm 8\sqrt{10}=\pm 4\sqrt{n}$

∴ $n=\left(\frac{8\sqrt{10}}{4}\right)^2=40$회

04 거리가 450m인 두 점 사이를 50m Tape를 사용하여 측정할 때 Tape 1회 측정의 정오차가 3mm, 우연오차가 2mm일 때 전 길이의 확률오차는?

① 27.66mm ② 21.66mm
③ 17.66mm ④ 31.66mm

해설

㉠ 정오차$=3\times\frac{450}{50}=27\text{mm}$

㉡ 부정오차$=2\sqrt{9}=6\text{mm}$

∴ 종합오차$=\sqrt{27^2+6^2}\fallingdotseq 27.66\text{mm}$

05 135m 측선의 우연오차가 135mm였다면 같은 정도로 측량한 15m 측선의 우연오차는?

① 43mm ② 45mm
③ 47mm ④ 49mm

해설

우연오차는 거리의 제곱근($\sqrt{\ }$)에 비례한다. 같은 정도이므로 비례식으로 구하면

$135\text{mm}:\sqrt{135}=e:\sqrt{15}$

∴ $e=\frac{135\times\sqrt{15}}{\sqrt{135}}=45\text{mm}$

06 다음 오차에 대한 설명 중 옳지 않은 것은?

① 정오차는 원인과 상태만 알면 오차를 제거할 수 있다.
② 부정오차는 최소 제곱법에 의해 처리된다.
③ 잔차는 최확값과 관측값의 차를 말한다.
④ 누적오차는 정오차, 착오를 전부 소거한 후에 남는 오차를 말한다.

해설

누적오차

일정한 크기와 방향으로 발생하는 것으로 정오차 또는 누차라고도 함

정답 01 ③ 02 ② 03 ② 04 ① 05 ② 06 ④

07 50m에 대하여 ±35mm의 오차를 갖고 있는 줄자로 450.000m를 측량하였다. 450.000m에 대한 오차의 크기는 얼마인가?

① ±0.035m ② ±0.070m
③ ±0.105m ④ ±0.324m

해설

$n=\frac{450}{50}=9$회

$M=\pm a\sqrt{n}=\pm 0.035\sqrt{9}=\pm 0.105\text{m}$

08 축척 $\frac{1}{400}$ 인 도면에서 도상 길이 45mm의 실거리는?

① 0.18m ② 1.80m
③ 18m ④ 180m

해설

실제 거리 = 도상 거리 × M
$=0.045\text{m}\times 400=18\text{m}$

09 면적이 8,100m²인 정방형의 토지를 $\frac{1}{3,000}$ 의 축척으로 축도할 경우 한 변의 길이는?

① 3cm ② 5cm
③ 10cm ④ 15cm

해설

한 변의 길이 : $a=\sqrt{A}=\sqrt{8,100}=90\text{m}$

$\frac{1}{3,000}$ 축척일 경우

$\therefore a=\frac{90\text{m}}{3,000}=0.03\text{m}=3\text{cm}$

10 어떤 도시개발사업지구를 측량하여 축척 1/3,000로 도면을 작성하였다. 도면상의 면적이 3,600cm²일 때 실제 면적은 몇 km²인가?

① 324.0km² ② 32.4km²
③ 3.24km² ④ 0.324km²

해설

$(\text{축척})^2=\left(\frac{1}{m}\right)^2=\frac{\text{도상면적}}{\text{실제면적}}$

$=\left(\frac{1}{3,000}\right)^2=\frac{3,600}{\text{실제면적}}$

∴ 실제면적 = 3.24km²

11 축척 1 : 50,000 지도상에서 4cm²에 대한 지상에서의 실제면적은 얼마인가?

① 1km² ② 2km²
③ 100km² ④ 200km²

해설

$\left(\frac{1}{50,000}\right)^2=\frac{4\text{cm}^2}{\text{실제면적}}$

∴ 실제면적 $=1\times 10^{10}\text{cm}^2$

$=1\times 10^{10}\text{cm}^2\times\frac{\text{m}^2}{100^2\text{cm}^2}\times\frac{\text{km}^2}{1,000^2\text{m}^2}$

$=1\text{km}^2$

12 축척 1/500 지형도를 기초로 하여 축척 1/3,000 지형도를 제작하고자 한다. 1/3,000 도면 한 장에는 1/500 도면이 얼마나 포함되는가?

① 25매 ② 16매
③ 36매 ④ 49매

해설

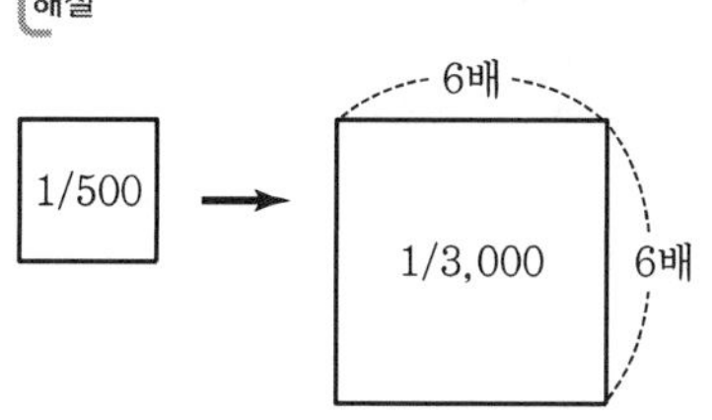

∴ 총 36매 필요하다.

정답 07 ③ 08 ③ 09 ① 10 ③ 11 ① 12 ③

13 축척 1 : 1,000 지형도를 기초로 하여 축척 1 : 3,000의 지형도를 작성하고자 한다. 1 : 3,000의 한 도면에는 1 : 1,000 지형도가 몇 장 포함되는가?

① 3장　② 5장
③ 7장　④ 9장

해설

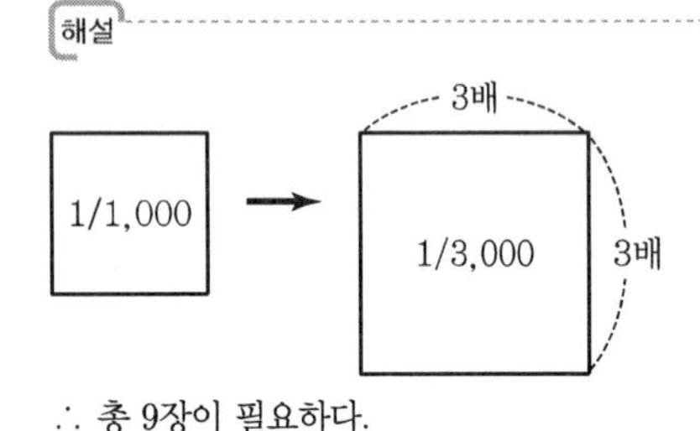

∴ 총 9장이 필요하다.

14 축척이 1 : 600인 지도상에서 면적을 1 : 500 축척인 것으로 측정하여 38.675m²을 얻었다. 실제 면적은 얼마인가?

① 26.858m^2　② 32.274m^2
③ 47.495m^2　④ 55.692m^2

$\dfrac{a_1}{{m_1}^2} = \dfrac{a_2}{{m_2}^2}$ 에서

$$a_2 = \left(\frac{m_2}{m_1}\right)^2 \times a_1 = \left(\frac{600}{500}\right)^2 \times 38.675 = 55.692\text{m}^2$$

15 25m에 대해 6mm가 늘어난 테이프로 정방형의 토지를 측량하여 면적을 계산한 결과 62,500m²를 얻었다면 실제 면적은?

① $62,530\text{m}^2$　② $62,470\text{m}^2$
③ $62,415\text{m}^2$　④ $62,275\text{m}^2$

해설

실제면적 = 관측 면적 $\pm \Delta A = 62,500 + 30 = 62,530\text{m}^2$

$\left(\Delta A = 2 \cdot \dfrac{\Delta l}{l} \cdot A = 2 \times \dfrac{0.006}{25} \times 62,500 = 30\text{m}^2\right)$

16 관측값을 조정하는 목적에 가장 가까운 것은?

① 관측 정확도를 균일하게 한다.
② 관측 중의 부정오차를 무리하지 않게 배분한다.
③ 관측 정확도를 향상시킨다.
④ 정오차를 제거시킨다.

해설

관측값을 조정하는 목적은 관측 중에 생긴 오차(특히 부정 오차)를 무리하지 않게 분배하는 것에 있다.

17 오차의 방향과 크기를 산출하여 소거할 수 있는 오차는?

① 과오　② 정오차
③ 우연오차　④ 상차

해설

정오차는 제거가 가능하다.

18 거리 측정에서 생기는 오차 중 우연 오차에 해당되는 것은?

① 측정하는 줄자의 길이가 정확하지 않기 때문에 생기는 오차
② 온도나 습도가 측정 중에 때때로 변해서 생긴 오차
③ 줄자의 경사를 보정하지 않기 때문에 생기는 오차
④ 일직선상에서 측정하지 않기 때문에 생긴 오차

해설

① 정오차 → 표준척 보정　② 부정오차(우연오차)
③ 정오차 → 경사 보정　④ 정오차 → 경사 보정

19 기선 측량값에 대한 보정 중 정오차 보정을 하지 않는 것은?

① 기선척의 표준척에 대한 보정
② 온도 및 장력에 대한 보정
③ 평균 해수면상에 대한 보정
④ 눈금 오독에 대한 보정

정답　13 ④　14 ④　15 ①　16 ②　17 ②　18 ②　19 ④

해설

보정과 관계있는 것은 정오차로서 제거가 가능하다.

20 최소 자승법(最小自乘法)에 의하여 제거되는 오차는?

① 정오차(定誤差) ② 부정오차(不定誤差)
③ 개인오차(個人誤差) ④ 기계오차(器械誤差)

해설

부정오차(우연오차)는 최소 제곱법으로 소거한다.

21 우리가 조정 계산한 결과에서 좌표의 표준오차가 얼마라고 말할 때 다음 어느 것과 관계가 깊은가?

① 우연오차(Random Error)
② 정오차(Systematic Error)
③ 과대오차(Gross Error)
④ 실수(Blunder)

해설

표준오차는 부정오차(우연오차)의 일종이며 중등오차, 평균제곱오차라고도 한다.

22 오차에 대한 설명 중 옳은 것은?

① 측정에 수반한 오차의 분류로는 정오차, 우연오차, 참오차 등이 있다.
② 정오차는 원인이 분명하며 항상 일정량의 오차가 발생한다.
③ 참값과 측정값과의 차를 잔차라고 한다.
④ 최확값과 측정값의 차를 확률오차라고 한다.

해설

① 오차 : 정오차, 부정오차, 착오
② 정오차 : 관측값이 일정한 조건에서 항상 일정량이 포함되어 있는 오차
③ 참오차 = 참값 − 측정값
④ 잔차 = 최확값 − 측정값

23 동등한 정도로 측각하였을 때 경중률이라 함은 어느 것인가?

① 관측 동수와 관계가 있다.
② 관측 시의 기압과 관계가 있다.
③ 관측 시의 온도와 관계가 있다.
④ 관측 기계의 성능과 관계가 있다.

해설

경중률은 관측값에 대한 신뢰도를 표시하는데, 측정횟수(관측 동수)와 거리에 관계가 있다.

24 무게 또는 경중률에 대한 설명 중 옳지 않은 것은?

① 같은 정도로 측정했을 때에는 측정 횟수에 비례한다.
② 무게는 정밀도의 제곱에 반비례한다.
③ 직접수준측량에서는 거리에 반비례한다.
④ 간접수준측량에서는 거리의 제곱에 반비례한다.

해설

㉠ 경중률 ∝ 횟수
㉡ 경중률 ∝ $(\text{정도})^2$
㉢ 경중률 ∝ $\frac{1}{10}$
㉣ 경중률 ∝ $\frac{1}{(\text{오차})^2}$

25 관측값의 경중률 P와 확률오차 r과의 관계는?

① $P \propto r$ ② $P \propto r^2$
③ $P \propto \frac{1}{r}$ ④ $P \propto \frac{1}{r^2}$

해설

경중률(P)은 오차(r)의 제곱에 반비례하므로

$P \propto \frac{1}{r^2}$

정답 20 ② 21 ① 22 ② 23 ① 24 ② 25 ④

26 동일 조건으로 기선 측정을 하여 다음과 같은 결과를 얻었다. 최확값은 어느 것인가?

A=98.475±0.03m
B=98.464±0.015m
C=98.484±0.045m

① 98.462m ② 98.464m
③ 98.466m ④ 98.468m

해설

경중률 $\propto \dfrac{1}{(\text{오차})^2}$ 이므로

$P_A : P_B : P_C$

$= \dfrac{1}{(0.03)^2} : \dfrac{1}{(0.015)^2} : \dfrac{1}{(0.045)^2}$

$= \dfrac{1}{9} : \dfrac{1}{2.25} : \dfrac{1}{20.25} = 2.25 : 9 : 1$

$\therefore L_0 = \dfrac{\Sigma P \cdot L}{\Sigma P}$

$= \dfrac{98.475 \times 2.25 + 98.464 \times 9 + 98.484 \times 1}{2.25 + 9 + 1}$

$\fallingdotseq 98.468\text{m}$

27 그림과 같이 P점의 높이를 구하고자 A, B, C, D의 수준점에서 직접 수준측량을 하여 각각 다음 값을 구하였다. P점의 최확값은?

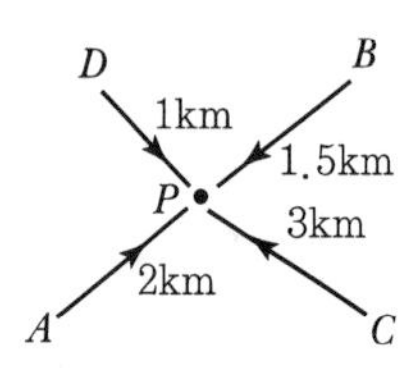

A→P=34.550m, 2km B→P=34.548m, 1.5km
C→P=34.557m, 3km D→P=34.549m, 1km

① 34.550m ② 34.552m
③ 34.553m ④ 34.555m

해설

$P_1 : P_2 : P_3 : P_4 = \dfrac{1}{2} : \dfrac{1}{1.5} : \dfrac{1}{3} : \dfrac{1}{1} = 3 : 4 : 2 : 6$

$P_P = \dfrac{P_1h_1 + P_2h_2 + P_3h_3 + P_4h_4}{P_1 + P_2 + P_3 + P_4} = 34.550\text{m}$

28 두 지점의 거리측량 결과가 다음과 같을 때 최확값은?

측정값(m)	횟수
145.136	2
145.248	1
145.174	3

① 145.136m ② 145.248m
③ 145.174m ④ 145.204m

해설

$P_1 : P_2 : P_3 = 2 : 1 : 3$

최확값 $= \dfrac{P_1l_1 + P_2l_2 + P_3l_3}{P_1 + P_2 + P_3}$

$= \dfrac{145.136 \times 2 + 145.248 \times 1 + 145.174 \times 3}{2 + 1 + 3} = 145.174\text{m}$

29 아래 그림과 같이 M점의 표고를 구하기 위하여 수준점(A, B, C)들로부터 고저측량을 실시하여 아래 표와 같은 결과를 얻었다. 이때 M점의 평균표고는 얼마인가?

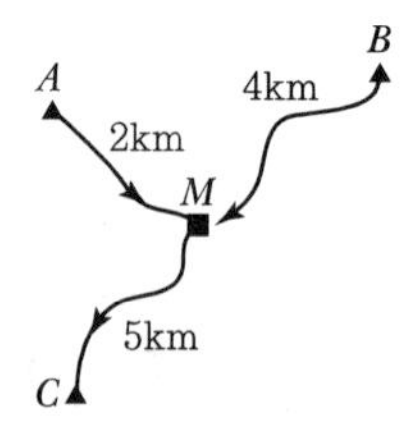

측점	표고(m)	측정 방향	고저차(m)
A	10.03	A→M	+2.10
B	12.60	B→M	−0.50
C	10.64	M→C	−1.45

① 12.07m ② 12.09m
③ 12.11m ④ 12.13m

해설

경중률 $P_A : P_B : P_C = \dfrac{1}{2} : \dfrac{1}{4} : \dfrac{1}{5} = 10 : 5 : 4$

$H_M = \dfrac{P_Ah_1 + P_Bh_2 + P_Ch_3}{P_1 + P_2 + P_3}$

$= \dfrac{10 \times 12.13 + 5 \times 12.1 + 4 \times 12.09}{10 + 5 + 4} = 12.11\text{m}$

정답 26 ④ 27 ① 28 ③ 29 ③

30 $100m^2$의 정사각형 토지면적을 $0.2m^2$까지 정확하게 계산하기 위한 한 변의 최대허용오차는?

① 2mm ② 4mm
③ 5mm ④ 10mm

해설

$$2 \cdot \frac{\Delta l}{l} = \frac{\Delta A}{A}$$

$$2 \cdot \frac{\Delta l}{10} = \frac{0.2}{100}$$

$\therefore \Delta l = 0.01m = 10mm$

31 P점의 표고를 구하기 위한 4개의 기지점 A, B, C, D에서 왕복수준측량의 결과가 다음과 같다. P점의 최확값은?

기지점 성과		관측값		
기점	표고(m)	노선	고저차	거리(km)
A	40.718	A→P	−6.208	2.4
B	36.276	B→P	−1.764	1.2
C	26.845	P→C	−7.680	2.5
D	42.333	P→D	+7.808	4.2

① 34.516m ② 34.929m
③ 35.654m ④ 36.967m

해설

㉠ A → P = 40.718 − 6.08 = 34.51
B → P = 36.276 − 1.764 = 34.512
C → P = 26.845 + 7.680 = 34.525
D → P = 42.333 − 7,808 = 34.525

㉡ $P_1 : P_2 : P_3 : P_4 = \frac{1}{2.4} : \frac{1}{1.2} : \frac{1}{2.5} : \frac{1}{4.2}$

㉢ $H_p = \frac{P_1h_1 + P_2h_2 + P_3h_3 + P_4h_4}{P_1 + P_2 + P_3 + P_4}$
$= 34.516m$

32 두 점 간 거리를 n회 측정한 값이 L_1, L_2, L_3, ……, L_n이고, 이의 평균치가 L_0, 관측값의 최확값에 대한 잔차를 v_1, v_2, v_3, ……, v_n이라 할 때 다음 사항 중 옳은 것은?

① 평균치의 중등오차는 $\sigma_m = \pm\sqrt{\frac{\Sigma v^2}{n(n-1)}}$이다.

② 평균치에 대한 확률오차는 $r = \pm 0.6745\sqrt{\frac{\Sigma v^2}{(n-1)}}$이다.

③ 1회 측정의 중등오차는 $m_0 = \pm\sqrt{\frac{\Sigma v^2}{n(n-2)}}$이다.

④ 1회 측정의 확률오차는 $r_0 = \pm 0.6745\sqrt{\frac{\Sigma v^2}{n(n-2)}}$이다.

해설

㉠ 잔차에 대한 (개개 관측값) 중등오차

$\sigma = \pm\sqrt{\frac{[vv]}{n-1}}$

㉡ 최확값에 대한 (n개 관측값) 중등오차

$\sigma_m = \pm\sqrt{\frac{[vv]}{n(n-1)}}$

㉢ 확률오차 : $r = \pm 0.6745\sigma$

33 강철 테이프를 사용하여 어느 구간을 5회 반복 측정한 결과이다. 이 길이를 68% 신뢰 구간을 사용하여 $\bar{l} = 87.646m \pm (\ )mm$로 나타내고자 할 때 빈 곳에 적당한 수치는?

87.645m, 87.643m, 87.649m
87.646m, 87.647m

① 1 ② 2
③ 3 ④ 4

해설

No	관측값	최확값	잔차(v)	vv
1	87.645	87.646	0.001	0.000001
2	87.643		0.003	0.000009
3	87.649		−0.003	0.000009
4	87.646		0	0
5	87.647		−0.001	0.000001
계	438.230			0.00002

㉠ 최확값 $(L_0) = \frac{\Sigma L}{n} = \frac{438.230}{5} = 87.646m$

정답 30 ④ 31 ① 32 ① 33 ①

㉡ 신뢰구간 68%는 표준오차를 말하며

$\therefore \sigma_m = \pm\sqrt{\frac{[vv]}{n(n-1)}} = \pm\sqrt{\frac{0.00002}{5(5-1)}}$

$= \pm 0.001\text{m} = \pm 1\text{mm}$

34 어떤 측선의 길이를 관측하여 표와 같은 결과를 얻었다. 확률오차 및 정도는 얼마인가?

측정군	측정값(m)	측정 횟수
I	100.352	4
II	100.348	2
III	100.354	3

① $\pm 0.05\text{m}, \frac{1}{12,000}$ ② $\pm 0.05\text{m}, \frac{1}{120,000}$

③ $\pm 0.01\text{m}, \frac{1}{10,000}$ ④ $\pm 0.001\text{m}, \frac{1}{100,000}$

해설

최확값 $(L_0) = \frac{\Sigma P \cdot l}{\Sigma P} = 100.352\text{m}$

측정군	최확값(m)	측정값(m)	v	vv	P	Pvv
I		100.352	0	0	4	0
II	100.352	100.348	0.004	0.000016	2	0.000032
III		100.354	0.002	0.000004	3	0.000012

$\therefore r_0 = \pm 0.6745\sqrt{\frac{[Pvv]}{[P](n-1)}} = \pm 0.6745\sqrt{\frac{4.4\times 10^{-5}}{9(3-1)}}$

$= \pm 0.001\text{m}$

정도 $= \frac{r_0}{L_0} = \frac{0.001}{100.352} = \frac{1}{100,352} \fallingdotseq \frac{1}{100,000}$

35 정밀도에 관한 다음 설명 중 옳지 않은 것은?

① 정밀도란 어떤 양을 측정했을 때의 그 정확성의 정도를 말한다.

② 정밀도에는 확률오차 또는 중등오차와 최확값의 비율로 표시하는 방법이 있다.

③ 정밀도는 2회 측정값의 차이와 평균값의 비율로 표시하는 방법이다.

④ 확률오차 r_0와 중등오차 m_0 사이에는 $m_0 = \pm 0.6745 r_0$의 관계식이 성립된다.

해설

확률오차(r_0)와 중등오차(m_0)의 관계는 $r_0 = \pm 0.6745 m_0$이다.

36 수평 축척에 의하여 어느 거리를 측정한 결과 그 길이가 100m였고 정밀도는 1/4,000이었다. 측선장의 평균제곱오차는?

① 0.025m ② 0.040m

③ 0.050m ④ 0.080m

해설

$\frac{1}{4,000} = \frac{e}{100}$

$\therefore e = 0.025\text{m}$

37 왕복 측량을 실시하여 88.54m와 88.58m를 측정하였다. 이때의 정밀도는?

① $\frac{1}{4,428}$ ② $\frac{1}{2,214}$

③ $\frac{1}{225}$ ④ $\frac{1}{445}$

해설

최확값 $L_0 = \frac{88.54+88.58}{2} = 88.56\text{m}$

표준 오차 $m_0 = \pm\sqrt{\frac{[vv]}{n(n-1)}} = \sqrt{\frac{0.02^2+0.02^2}{2(2-1)}}$

$= 0.02\text{m}$

$\therefore$ 정밀도 $= \frac{m_0}{L_0} = \frac{0.02}{88.56} = \frac{1}{4,428}$

38 다음 사격 표지판의 탄흔 중 정확하나 정밀하지는 않은 것은?

① 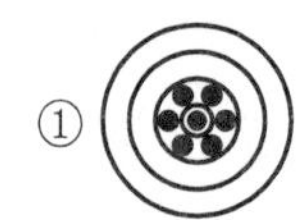

② 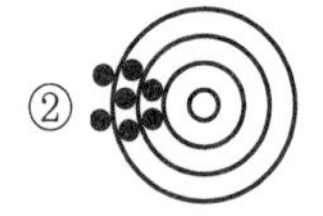

③ 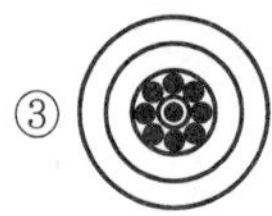

④ 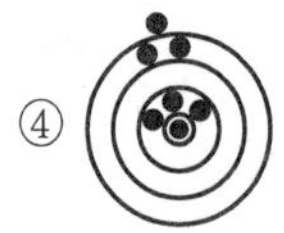

정답 34 ④ 35 ④ 36 ① 37 ① 38 ③

해설

- **정확도** : 정확값(참값)에 가까운 정도
- **정밀도** : 측정값이 퍼져 있는 정도

① 정확하고 정밀하다.
② 정확하지 않으나 정밀하다.
③ 정확하나 정밀하지 않다.
④ 정확하지도 정밀하지도 않다.

39 거리측량의 정도가 $\frac{1}{n}$ 인 경우 여기에 따라서 구해진 면적의 정확도는 얼마인가?

① $\frac{1}{n}$　　② $\frac{1}{n^2}$
③ $\frac{2}{n}$　　④ $\frac{2}{n^2}$

해설

면적의 정도

$\frac{dA}{A}=2\cdot\frac{dl}{l}=2\cdot\frac{1}{n}$ (길이 정도의 2배임)

40 정방형(10m×10m)과 장방형(2m×50m)의 동일 면적의 토지를 측정한 경우, 각 변에 각각 +0.1m의 오차가 있었을 때 양자의 면적의 측정 정도는 얼마인가?

① 정방형 $\frac{1}{19}$, 장방형 $\frac{1}{19}$
② 정방형 $\frac{1}{50}$, 장방형 $\frac{1}{50}$
③ 정방형 $\frac{1}{19}$, 장방형 $\frac{1}{50}$
④ 정방형 $\frac{1}{50}$, 장방형 $\frac{1}{19}$

해설

㉠ 정방형 : $\frac{dA}{A}=2\times\frac{dl}{l}=2\times\frac{0.1}{10}=\frac{1}{50}$

㉡ 장방형은 길이가 다르므로 길이 정도를 합한다.

$\therefore \frac{dA}{A}=\frac{dl}{l_1}+\frac{dl}{l_2}=\frac{0.1}{2}+\frac{0.1}{50}\fallingdotseq\frac{1}{19}$

41 100m² 정방형 면적을 0.1m²까지 정확히 구하기 위해서는 각 변장을 측정할 때 테이프의 눈금을 어느 정도까지 정확히 읽어야 하는가?

① 5cm　　② 1cm
③ 5mm　　④ 1mm

해설

면적의 정도 : $\frac{dA}{A}=2\frac{dl}{l}$ 에서

$\therefore$ 길이 오차 $dl=\frac{l}{2}\cdot\frac{dA}{A}=\frac{10\times0.1}{2\times100}$

$=0.005\text{m}=5\text{mm}$

42 2,000m³의 체적을 산출할 때 수평 및 수직 거리를 동일한 정확도로 관측하여 체적 산정 오차를 0.3m³ 이내에 들게 하려면 거리관측의 허용정확도는?

① $\frac{1}{15,000}$　　② $\frac{1}{20,000}$
③ $\frac{1}{25,000}$　　④ $\frac{1}{30,000}$

해설

체적의 정도$\left(\frac{dV}{V}\right)$는 길이 정도$\left(\frac{dl}{l}\right)$의 3배이다.

$\frac{dV}{V}=3\cdot\frac{dl}{l}$

$\therefore$ 거리 정도 : $\frac{dl}{l}=\frac{1}{3}\cdot\frac{dV}{V}$

$=\frac{1}{3}\times\frac{0.3}{2,000}=\frac{1}{20,000}$

43 250m에 대해 6cm가 늘어난 테이프로 정방형의 토지를 측량하여 면적을 계산한 결과 62,500m²를 얻었다면 실제 면적은?

① 62,530m²　　② 62,470m²
③ 62,415m²　　④ 62,275m²

정답　39 ③　40 ④　41 ③　42 ②　43 ①

해설

- 실제면적=관측 면적$\pm\Delta A$
- $\Delta A = 2\times\frac{\Delta l}{l}\times A = 2\times\frac{0.06}{250}\times(250\times250) = 30\text{m}^2$

∴ 실제면적=62,500+30
=62,530m²

44 축척 $\frac{1}{3,000}$ 도면을 면적 측정한 결과 2,450m² 이었다. 그런데 이 도면이 가로, 세로 1% 줄어져 있었다면 실제 면적은?

① 2,353m² ② 2,401m²
③ 2,499m² ④ 2,549m²

해설

실제면적=관측 면적$\pm\Delta A$
=2,450+49
=2,499m²

$\left(\Delta A = 2\cdot\frac{\Delta l}{l}\cdot A = 2\times\frac{1}{100}\times 2,450 = 49\right)$

45 축척 1/1,000의 도면에서 면적을 잰 결과 2.5cm²였다. 이 도면이 전체적으로 0.5% 수축되어 있었다면 그 토지의 실면적은?

① 251.25m² ② 251.52m²
③ 252.15m² ④ 252.51m²

해설

실면적=관측 면적$\pm\Delta A$

$\left(\Delta A = 2\cdot\frac{\Delta l}{l}\cdot A = 2\times\frac{5}{1,000}\times 250 = 2.5\right)$

∴ 실면적=250+2.5=252.5m²

46 전 길이를 n구간으로 나누어 1구간 측정 시 3mm의 정오차와 ±3mm의 우연오차가 있을 때 정오차와 우연오차를 고려한 전 길이의 확률오차는?

① $3\sqrt{n}$ mm ② $3\sqrt{n^2}$ mm
③ $3n\sqrt{n^2}$ mm ④ $3\sqrt{n^2+n}$ mm

해설

정오차(오차×횟수)와 부정오차(오차 $\sqrt{\text{횟수}}$)의 평균제곱오차를 구하면

$\therefore e = \sqrt{(\text{정오차})^2 + (\text{부정오차})^2}$

$\therefore e = \sqrt{(3n)^2 + (\pm 3\sqrt{n})^2} = \sqrt{9n^2 + 9n}$

$= 3\sqrt{n^2+n}$ mm

47 1각의 오차가 ±10″인 4개의 각이 있을 때 그 각들의 오차의 총합은?

① 10″ ② 20″
③ 30″ ④ 40″

해설

$M = a\sqrt{n} = 10''\sqrt{4} = 20''$

48 4명의 관측자가 하나의 각을 같은 기계를 사용하여 같은 방법으로 5회 측정하여 오차를 얻었다. 다음 중 어느 것이 정밀도가 가장 높은가?

① 6″, 0″, −4″, 5″, −5″
② 6″, 4″, −1″, 4″, −5″
③ 4″, 7″, 0″, −3″, −6″
④ 5″, −6″, 3″, 2″, −4″

해설

평균 제곱근 오차를 구하여 가장 적은 값이 정도가 높다.

$M = \sqrt{{m_1}^2 + {m_2}^2 + {m_3}^2 + {m_4}^2 + {m_5}^2}$

① $M = \sqrt{6^2 + 0^2 + (-4)^2 + 5^2 + (-5)^2} \fallingdotseq 11''$

② $M = \sqrt{6^2 + 4^2 + (-1)^2 + 4^2 + (-5)^2} \fallingdotseq 9.7''$

③ $M = \sqrt{4^2 + 7^2 + 0^2 + (-3)^2 + (-6)^2} \fallingdotseq 10.5''$

④ $M = \sqrt{5^2 + (-6)^2 + 3^2 + 2^2 + (-4)^2} \fallingdotseq 9.5''$

정답 44 ③ 45 ④ 46 ④ 47 ② 48 ④

49 어떤 기선을 측정하는데 이것을 4구간으로 나누어 측정하니 다음과 같다. $L_1 = 29.5512\text{m} \pm 0.0014\text{m}$, $L_2 = 29.8837\text{m} \pm 0.0012\text{m}$, $L_3 = 29.3363\text{m} \pm 0.0015\text{m}$, $L_4 = 29.4488 \pm 0.0015\text{m}$이다. 여기서 0.0014m, 0.0012m … 등을 표준오차라 하면 전 거리에 대한 표준오차는?

① ±0.0028m　　② ±0.0012m
③ ±0.0015m　　④ ±0.0014m

부정오차의 전파법칙에 의해

$M = \pm\sqrt{{m_1}^2 + {m_2}^2 + {m_3}^2 + {m_4}^2}$

$= \sqrt{0.0014^2 + 0.0012^2 + 0.0015^2 + 0.0015^2}$

$\fallingdotseq \pm 0.00277\text{m}$

50 구형의 토지 면적을 잴 때 2변 x, y의 길이를 측정한 관측값이 다음과 같다. 면적과 그 평균 제곱근 오차를 구하면?(단, $x = 60.26\text{m} \pm 0.016\text{m}$, $y = 38.54\text{m} \pm 0.005\text{m}$)

① $A = 2322.42\text{m}^2$, $\sigma = \pm 0.69\text{m}^2$
② $A = 2322.42\text{m}^2$, $\sigma = \pm 0.017\text{m}^2$
③ $A = 1161.21\text{m}^2$, $\sigma = \pm 0.69\text{m}^2$
④ $A = 1161.21\text{m}^2$, $\sigma = \pm 0.017\text{m}^2$

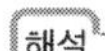

부정오차의 전파법칙에 의해

- $M = \pm\sqrt{(y \cdot m_x)^2 + (x \cdot m_y)^2}$
  $= \pm\sqrt{(38.54 \times 0.016)^2 + (60.26 \times 0.005)^2}$
  $\fallingdotseq \pm 0.69\text{m}^2$
- $A = x \cdot y = 60.26 \times 38.54 = 2{,}322.42\text{m}^2$

51 직사각형의 가로, 세로가 그림과 같다. 면적 A를 가장 적절히(오차론적으로) 표현한 것은?

75m±0.003m　[A]
100m±0.008m

① $7{,}500.9\text{m}^2 \pm 0.30\text{m}^2$
② $7{,}500\text{m}^2 \pm 0.41\text{m}^2$
③ $7{,}500.9\text{m}^2 \pm 0.60\text{m}^2$
④ $7{,}500\text{m}^2 \pm 0.67\text{m}^2$

$A = a \times b = 75 \times 100 = 7{,}500\text{m}^2$

부정오차 전파에 의해

$M = \pm\sqrt{(ym_1)^2 + (xm_2)^2}$

$= \pm\sqrt{(100 \times 0.003)^2 + (75 \times 0.008)^2}$

$= \pm 0.67\text{m}^2$

$\therefore\ 7{,}500\text{m}^2 \pm 0.67\text{m}^2$

52 삼각형의 토지 면적을 관측하여 그림과 같은 값을 얻었다. 면적과 그 평균 제곱근 오차를 구하면?

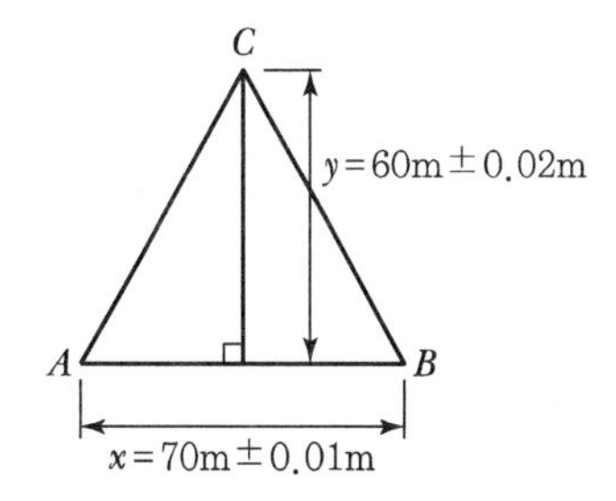

① $A = 4{,}200\text{m}^2$, $\sigma = \pm 1.76\text{m}^2$
② $A = 2{,}100\text{m}^2$, $\sigma = \pm 1.76\text{m}^2$
③ $A = 4{,}200\text{m}^2$, $\sigma = \pm 0.76\text{m}^2$
④ $A = 2{,}100\text{m}^2$, $\sigma = \pm 0.76\text{m}^2$

해설

- 면적 : $A = \dfrac{x \cdot y}{2} = \dfrac{70 \times 60}{2} = 2{,}100\text{m}^2$
- 평균 제곱근 오차는 부정오차 전파 법칙에 의해

$\sigma = \pm\dfrac{1}{2}\sqrt{(x \cdot m_y)^2 + (y \cdot m_x)^2}$

$= \pm\dfrac{1}{2}\sqrt{(70 \times 0.02)^2 + (60 \times 0.01)^2}$

$\doteqdot \pm 0.76\text{m}^2$

정답　49 ①　50 ①　51 ④　52 ④

53 거리관측의 정밀도와 각관측의 정밀도가 같다고 할 때 거리관측의 허용오차를 1/5,000로 하면 각관측의 허용오차는?

① 41.05″ ② 41.25″
③ 82.15″ ④ 82.50″

해설

- $\frac{\Delta l}{l} = \frac{\theta''}{\rho''}$
- $\theta'' = \frac{\Delta l}{l}\rho'' = \frac{1}{5,000} \times 206,265'' = 41.25''$

정답 53 ②

CHAPTER 03

거리와 각 관측

01 거리측량

1. 거리의 종류

거리의 종류	내용
① 평면거리	평면상으로 노선을 따라 측정한 거리
② 곡면거리	곡면상의 선형을 경로로 측정한 거리
③ 공간거리	공간상의 두 점을 잇는 선형을 관측한 거리

2. 평면상 거리

평면상 거리	모식도
① 수평거리(D)	
② 경사거리(L)	
③ 수직거리(H)	

3. 거리의 보정값

피타고라스 정리	경사보정	삼각비
$D^2 = L^2 - H^2$ $D = \sqrt{L^2 - H^2}$	$D = L - \dfrac{H^2}{2L}$	$D = L\cos\theta$

4. 간접거리관측방법

sine 법칙		$\dfrac{a}{\sin A} = \dfrac{b}{\sin B} = \dfrac{c}{\sin C}$ $\therefore b = \dfrac{\sin B}{\sin A} \cdot a$
cos 법칙		$a = \sqrt{b^2 + c^2 - 2bc\cos A}$

5. 거리관측 시 삼각함수 이용

삼각비	
	① $\sin\theta = \dfrac{b}{c}$ ② $\cos\theta = \dfrac{a}{c}$ ③ $\tan\theta = \dfrac{b}{a}$ ④ $a = c \cdot \cos\theta$ ⑤ $b = c \cdot \sin\theta$

GUIDE

- 거리의 정의
  ① 측량에서 거리라 함은 수평면 상의 두 점 간 최단길이(투영길이)를 말한다.
  ② 평면측량의 범위 내에서는 수평거리를 말한다.

- 거리의 종류

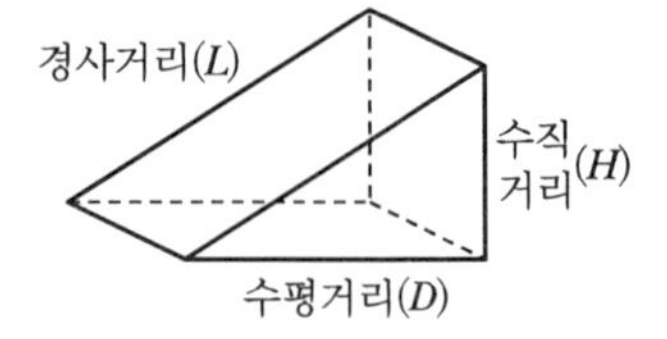

- 구배
  $\dfrac{1}{m} = \dfrac{\text{높이}}{\text{수평거리}} = \dfrac{H}{D}$

- 경사보정량
  $-\dfrac{H^2}{2L}$

- 피타고라스 정리

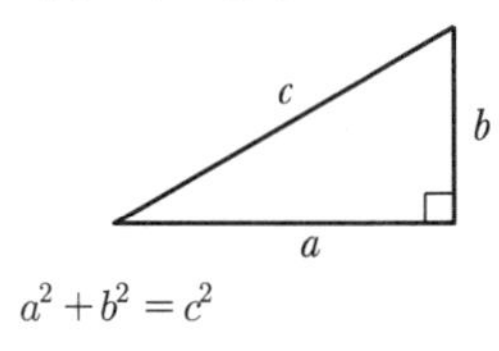

$a^2 + b^2 = c^2$

01 수준측량에서 경사거리 S, 연직각이 α일 때 두 점 간의 수평거리 D는?

① $D=S\sin\alpha$　② $D=S\cos\alpha$
③ $D=S\tan\alpha$　④ $D=S\cot\alpha$

해설

- $\cos\alpha=\frac{D}{S}$
- $D=S\cos\alpha$

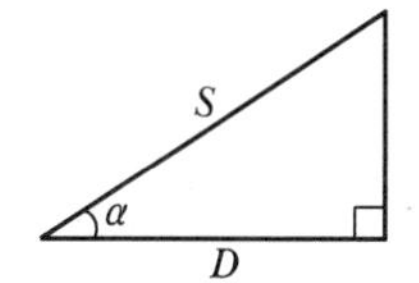

02 그림과 같은 단열삼각망의 조정각이 $\alpha_1=40°$, $\beta_1=60°$, $\gamma_1=80°$, $\alpha_2=50°$, $\beta_2=30°$, $\gamma_2=100°$일 때, $\overline{CD}$의 길이는?(단, $\overline{AB}$ 기선 길이 500m임)

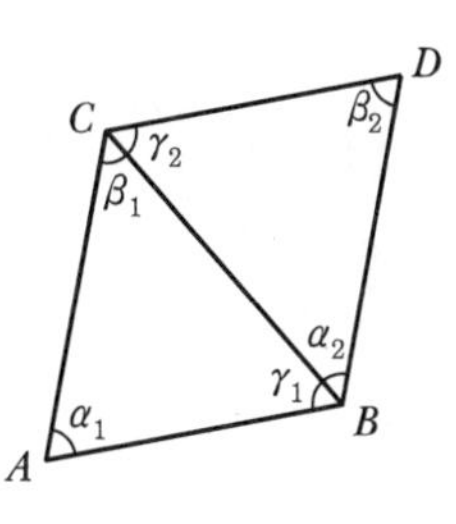

① 212.5m　② 323.4m
③ 400.7m　④ 568.6m

해설

- $\frac{500}{\sin\beta_1}=\frac{\overline{BC}}{\sin\alpha}$, $\overline{BC}=\frac{\sin40°}{\sin60°}\times500=371.11\text{m}$
- $\frac{\overline{BC}}{\sin\beta_2}=\frac{\overline{CD}}{\sin\alpha_2}$, $\overline{CD}=\frac{\sin50°}{\sin30°}\times371.11=568.57≒568.6\text{m}$

03 기선 $D=20\text{m}$, 수평각 $\alpha=80°$, $\beta=70°$, 연직각 $V=40°$를 측정하였다. 높이 H는?(단, A, B, C 점은 동일 평면임)

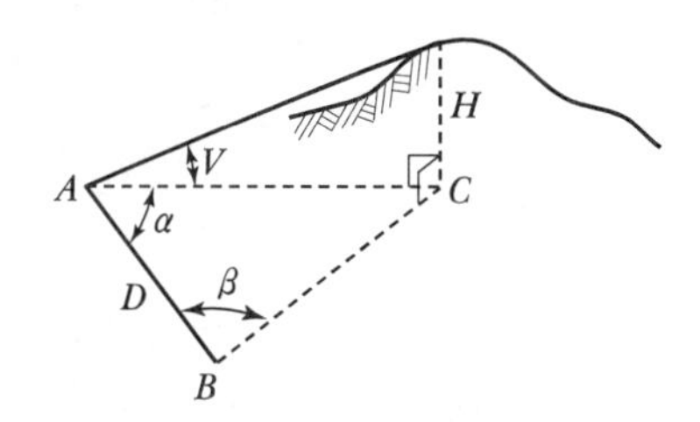

① 31.54m　② 32.42m
③ 32.63m　④ 33.05m

해설

- $\frac{20}{\sin30°}=\frac{\overline{AC}}{\sin70°}$, $\overline{AC}=37.588\text{m}$
- $H=\overline{AC}\tan V=37.588\times\tan40°=31.54\text{m}$

04 다음 도로의 횡단면도에서 AB의 수평거리는?

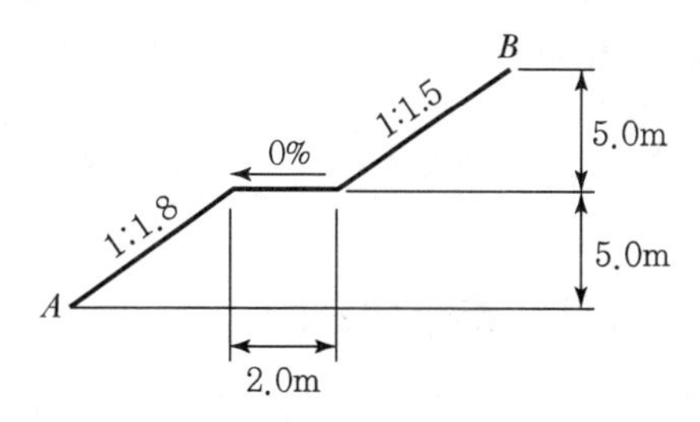

① 8.1m　② 12.3m
③ 14.3m　④ 18.5m

해설

$\overline{AB}=(1.8\times5)+2.0+(1.5\times5)=18.5\text{m}$

05 근접할 수 없는 P, Q 두 점 간의 거리를 구하기 위하여 그림과 같이 관측하였을 때 $\overline{PQ}$의 거리는?

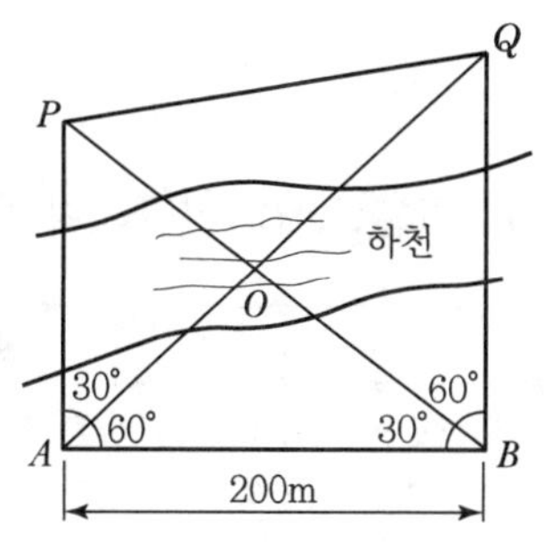

① 150m　② 200m
③ 250m　④ 305m

해설

- $\angle APB=60°$, $\frac{\overline{AP}}{\sin30°}=\frac{200}{\sin60°}$

  $\therefore \overline{AP}=\frac{\sin30°}{\sin60°}\times200=115.47\text{m}$
- $\angle AQB=30°$, $\frac{\overline{AQ}}{\sin90°}=\frac{200}{\sin30°}$

  $\therefore \overline{AQ}=\frac{\sin90°}{\sin30°}\times200=400\text{m}$

따라서 $\overline{PQ}=\sqrt{(\overline{AP})^2+(\overline{AQ})^2-2(\overline{AP}\cdot\overline{AQ})\cos\angle PAQ}$
$=\sqrt{115.47^2+400^2-2\times115.47\times400\times\cos30°}$
$=305.5\text{m}$

정답　01 ②　02 ④　03 ①　04 ④　05 ④

02 거리관측 방법

1. 거리관측

직접거리 관측	간접거리 측량
① 줄자(Tape) ② 측쇄(Chain) ③ 광파거리 측량기 ④ 전자파거리 측정기(EDM) ⑤ 토털스테이션(Total Station)	① 앨리데이드에 의한 평판측량 ② 수평표척을 이용한 거리관측 ③ 초장기선 간섭계(VLBI) ④ 항공사진측량 ⑤ GNSS, LiDAR

2. 전자파거리측량기(EDM)

항목	광파거리측량기	전파거리측량기
최소조작인원	1명(목표점에 반사경)	2명(주국, 종국 각 1명)
기상조건	기후의 영향을 많이 받음	기후의 영향을 받지 않음
관측가능거리	짧다.(1m~1km)	길다.(100m~60km)

3. 토털스테이션(Total Station)

토털스테이션 특징	
① 거리와 각을 동시에 관측 가능	② 관측된 Data가 자동으로 저장
③ 수치 Data를 얻을 수 있다.	④ GSIS등 다양한 분야에 활용

4. 거리환산

모식도	지도에 표현할 때 거리환산 순서
A, B, a, b, c, d 지표면 기준면 지도투영면	① 경사거리(a) ② 수평거리(b) ③ 기준면상 거리(c) ④ 지도투영면상 거리(d)

GUIDE

- GNSS
  ① Global Navigation Satellite System
  ② 위성을 이용한 전파항법 시스템
  ③ GPS, GLONASS, Galileo

- EDM(Electronic Distance Measuring)
  두 지점에 전자파를 왕복시켜 소요된 시간(Δt)을 측정하여 거리를 측정하는 방법

- **EDM에 의한 거리관측 시 거리에 비례하는 오차(점진적으로 증가되는 오차)**
  ① 광속도 오차
  ② 광변조 주파수 오차
  ③ 굴절률 오차

- **EDM에 의한 거리관측 시 거리에 비례하지 않는 오차(1회성 오차)**
  ① 위상차 관측오차
  ② 기계정수, 반사경오차

- **변조파장(λ)**

$$\lambda = \frac{v}{f}$$

  ① λ : 파장
  ② v : 광속도
  ③ f : 주파수

- **거리보정**

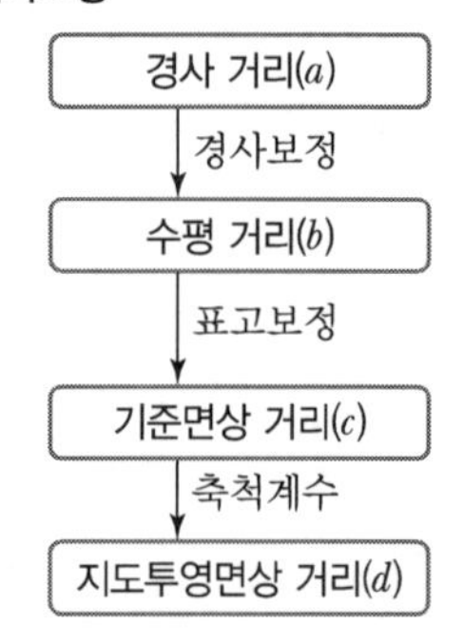

01 전자파거리측량기로 거리를 측량할 때 발생되는 관측오차에 대한 설명으로 옳은 것은?

① 모든 관측오차는 거리에 비례한다.
② 모든 관측오차는 거리에 비례하지 않는다.
③ 거리에 비례하는 오차와 비례하지 않는 오차가 있다.
④ 거리가 어떤 길이 이상으로 커지면 관측오차가 상쇄되어 길이에 대한 영향이 없어진다.

해설

EDM에 의한 거리관측오차
㉠ 거리비례오차
- 광속도오차
- 광변조 주파수오차
- 굴절률오차

㉡ 거리에 비례하지 않는 오차
- 위상차 관측오차
- 기계상수, 반사경상수오차
- 편심으로 인한 오차

02 전자파 거리 측량기에 의한 오차 중 거리에 비례하는 오차가 아닌 것은?

① 광속도의 오차　② 광변조 주파수의 오차
③ 굴절률 오차　④ 위상차 관측의 오차

03 전파거리 측정기에 대한 설명 중 옳지 않은 것은?

① 전파거리 측정기는 광파거리 측정기보다 먼거리를 측정할 수 있다.
② 전파거리 측정기는 광파거리 측정기보다 안개, 비 등의 기상 조건에 대한 장해를 받기 쉽다.
③ 전파거리 측정기는 광파거리 측정기보다 시가지 건물 및 산림 등의 장해를 받기 쉽다.
④ 지오디미터는 광파거리 측정기의 일종이다.

해설

전파거리 측정기는 안개, 비, 구름 등의 기상 조건에 영향을 받지 않으며, 광파거리 측정기는 안개, 구름 등으로 시준 방해가 된다.

04 전자파거리 측정기를 사용하여 거리를 측량할 때 다음 중 옳지 않은 것은?

① 수평거리를 구할 때는 경사 보정이 필요하다.
② 전파속도는 항상 일정하므로 온도가 변화해도 측정값을 보정할 필요가 없다.
③ 측정거리는 전파의 왕복시간을 측정하여 구한다.
④ 거리의 측정값은 습도가 변화하면 변한다.

해설

전파거리 측정기에 의한 거리 측량은 굴절률에 영향을 주는 온도, 기압, 습도 보정과 경사 보정 등을 한다.

05 다음 측량기기 중 거리관측과 각 관측을 동시에 할 수 있는 장비는?

① Theodolite　② EDM
③ Total Station　④ Level

해설

토털스테이션(Total Station)
- 거리와 각을 동시에 관측
- 관측된 Data가 자동으로 저장
- 수치 Data를 얻을 수 있다.
- GSIS 등 다양한 분야에 활용

06 보정 전자파 에너지의 속도가 299,712.9 km/sec, 변조 주파수가 24.5 MHz일 때 광파거리 측량기의 변조 파장을 구하면?

① 8.17449m　② 12.23318m
③ 16.344898m　④ 24.46636m

해설

$\lambda = \dfrac{v}{f}$ (λ : 파장, v : 광속도, f : 주파수)

$$\lambda = \frac{v}{f} = \frac{299,712.9 \times 10^3}{24.5 \times 10^6} = 12.23318\text{m}$$

▌참고

- 1HZ : 1초에 한 번 진동하는 전자파
- 1MHZ : 1초에 100만 번(10^6) 진동하는 전자파

정답　01 ③　02 ④　03 ②　04 ②　05 ③　06 ②

03 기선 측량

1. 기선측량(엄밀거리측정)

개요	기선측량
① 넓은 지역을 삼각측량으로 측정 시 맨 먼저 기준으로 삼는 한 변의 길이를 기선(Base line)이라 한다. ② 과거에는 강철줄자나 인바줄자를 사용하였으나 현재는 EDM이나 GPS 등을 이용하여 직접 측정한다.	검기선 (Check Line) C A 기선 B (Base Line)

2. 기선측량의 보정(거리측정값의 보정, 정오차 보정)

표준척 보정된 수평거리	$L_0 = L \pm$ 표준척 보정량 $= L \pm \dfrac{\Delta l}{l} L$	① L_0 : 표준척 보정된 수평거리 ② L : 구간 측정 길이 ③ l : Tape 길이 ④ Δl : 구간 관측 오차 늘음량(+) or 줄음량(−)
경사 보정된 수평거리	$L_0 = L -$ 경사보정량 $= L - \dfrac{h^2}{2L}$	① L_0 : 경사 보정된 수평거리 ② h : 경사높이(양단 고저차) ③ L : 구간 측정 길이 ④ $-\dfrac{h^2}{2L}$: 경사보정량
표고 보정된 수평거리	$L_0 = L -$ 표고보정량 $= L - \dfrac{H}{R} L$	① L_0 : 표고 보정된 수평거리 ② H : 기선의 표고 ③ R : 지구의 반지름(6,370km)
온도 보정된 수평거리	$L_0 = L +$ 온도보정량 $= L + \alpha L (t - t_o)$	① L_0 : 온도 보정된 수평거리 ② α : Tape 팽창계수 ③ t : 측정 시의 온도 ④ t_o : 표준 온도(15℃)
당김 보정된 수평거리	$L_0 = L +$ 당김보정량 $= L + \dfrac{(P - P_0) \cdot L}{AE}$	① L_0 : 당김 보정된 수평거리 ② P_o : 표준 장력 ③ A : Tape의 단면적 ④ E : Tape의 탄성계수
처짐 보정된 수평거리	$L_0 = L -$ 처짐보정량 $= L - \dfrac{L}{24} \left(\dfrac{wl}{P} \right)^2$	① L_0 : 처짐 보정된 수평거리 ② w : Tape의 단위무게 ③ l : 지지말뚝 간격 ④ P : 관측장력

GUIDE

• 인바줄자(invar tape)

① 열팽창계수가 매우 작다.
② 정밀 기선측량에 이용된다.
③ 현재는 EDM, Total station, GPS로 대체되고 있다.

• 표준척 줄자의 보정원칙

줄자가 길면 더하고(+), 줄자가 짧으면 뺀다(−).

• 경사보정된 수평거리

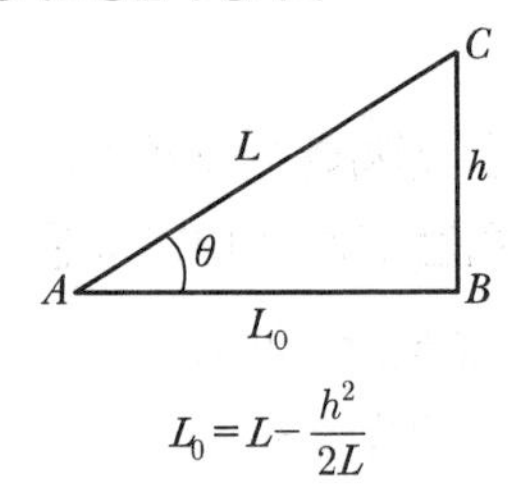

• 표고보정된 수평거리

(평균해수면상 보정)
수평거리를 기준면상으로 환산

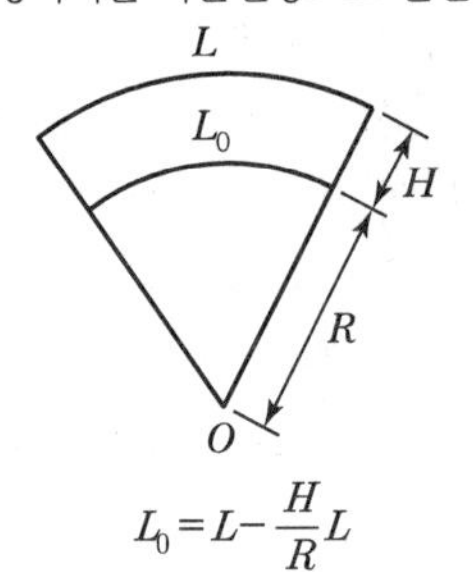

01 표준자보다 35mm가 짧은 50m 테이프로 측정한 거리가 450.000m일 때 실제거리는 얼마인가?

① 449.685m ② 449.895m
③ 450.105m ④ 450.315m

해설

$$L_0 = L - \frac{\Delta l}{l}L = 450 - \left(\frac{0.035}{50} \times 450\right) = 449.685\text{m}$$

02 거리의 정확도 1/10,000을 요구하는 100m 거리 측량에서 사거리를 측정해도 수평거리로 허용되는 두 점 간의 고저차 한계는 얼마인가?

① 0.707m ② 1.414m
③ 2.121m ④ 2.828m

해설

$$\text{정도} = \frac{1}{10{,}000} = \frac{\text{오차}}{\text{거리}} = \frac{\frac{h^2}{2L}}{L} = \frac{h^2}{2L^2}$$

$$\therefore\ h^2 = \frac{2L^2}{10{,}000} = \frac{2 \times 100^2}{10{,}000} = 2$$

따라서 $h = \sqrt{2} = 1.414\text{m}$

03 표고가 200m인 평탄지에서 2.5km 거리를 평균해수면 상의 값으로 고치려고 한다. 표고에 의한 보정량은?(단, 지구의 곡률반지름은 6,370km로 한다.)

① −78.5mm ② −7.85mm
③ +7.85mm ④ +78.5mm

해설

평균해수면상 길이보정량(표고보정량) $= -\frac{LH}{R}$

$$= -\frac{2.5 \times 0.2}{6{,}370} = -0.00007849\text{km} = -78.5\text{mm}$$

04 평균해발 732.22m인 곳에서 수평거리를 측정하였더니 17,690.819m이었다. 지구를 반지름 6,372.160km의 구라고 가정할 때 평균 해면상의 수평거리는?

① 17,554.688m ② 17,667.880m
③ 17,688.786m ④ 17,770.688m

해설

- 표고보정량 $= -\frac{LH}{R} = -\frac{17{,}690.819 \times 732.22}{6{,}372{,}160} - 2.033\text{m}$
- $L_0 = 17{,}690.819 - 2.033 = 17{,}688.786\text{m}$

05 높이 2,774m인 산의 정상에 위치한 저수지의 가장 긴 변의 거리를 관측한 결과 1,950m였다면 평균 해수면으로 환산한 거리는?(단, R=6,377km)

① 1,949.152m ② 1,950849m
③ −0.848m ④ +0.848m

해설

평균해수면(표고)으로 보정된 거리

$$L_0 = L - \frac{H}{R}L = 1{,}950 - \frac{2{,}774 \times 1{,}950}{6{,}377 \times 1{,}000} = 1{,}949.152\text{m}$$

06 줄자를 사용하여 2점 간의 거리를 실측하였더니 45m이고 이에 대한 보정치가 4.05×10^{-3}m이다. 사용한 줄자의 표준온도가 10℃라 하면 실측 시의 온도는?(단, 선 팽창계수 $= 1.8 \times 10^{-5}$/℃)

① 5℃ ② 10℃ ③ 15℃ ④ 20℃

해설

온도보정량(C_t)

- $C_t = \alpha \cdot L \cdot (t - t_o)$

$$\therefore\ t = \frac{C_t}{\alpha L} + t_0 = \frac{4.05 \times 10^{-3}}{1.8 \times 10^{-5} \times 45} + 10 = 15℃$$

07 정확도 1/5,000을 요구하는 50m 거리 측량에서 경사거리를 측정하여도 허용되는 두 점 간의 최대 높이차는?

① 1.0m ② 1.5m ③ 2.0m ④ 2.5m

해설

$$\text{정도} = \frac{1}{5{,}000} = \frac{\text{오차}}{\text{거리}} = \frac{\frac{h^2}{2L}}{L} = \frac{h^2}{2L^2}$$

$$\therefore\ h^2 = \frac{2L^2}{5{,}000} = \frac{2 \times 50^2}{5{,}000} = 1$$

따라서 $h = \sqrt{1} = 1\text{m}$

정답 01 ① 02 ② 03 ① 04 ③ 05 ① 06 ③ 07 ①

04 각 관측

1. 각의 종류

수평각	수직각
① 교각 및 편각 ② 방향각 및 방위각 ③ 진북 방향각	① 천정각 및 천저각 ② 앙각(상향각, +) ③ 부각(하향각, −)

2. 각의 환산

60진법(도)	100진법(그레이드)	단위환산
① 원주를 360등분 ② 한호 중심각을 1도로 표시	① 원주를 400등분 ② 한호 중심각을 1그레이드(g)	① 90°=100g ② 1g=0.9° $\left(1\text{g} = \frac{90°}{100} = 0.9°\right)$

3. 정위, 반위 평균 시 제거되는 오차

정위 반위 관측	정반 평균으로 제거되는 오차
A 0도, B 0도+θ, B′ 180+θ, A′ 180, 정, 반	① 시준축 오차 ② 시준선의 편심오차(외심오차) ③ 수평축오차

4. 각관측 조정(동일경중률, 경중률 일정)

모식도	경중률(관측횟수) 같을 때 조정량은 등배분	오차 조정
O, A, B, C, α, β, γ	① 조건 : $\alpha+\beta=\gamma$ ② 오차$(W)=(\alpha+\beta)-\gamma$ ③ 조정량$(d)=\frac{W}{n}=\frac{W}{3}$	① $(\alpha+\beta)-\gamma=$ 오차 ② 큰 각에는 조정량만큼 (−) ③ 작은 각에는 조정량만큼 (+)

5. 조건부 관측 시 조정

경중률이 일정할 때	경중률이 다를 때
등배분으로 조정	경중률(횟수)에 반비례로 조정

GUIDE

- **평면각**
  ① 수평각
  ② 수직각

- **수직각**

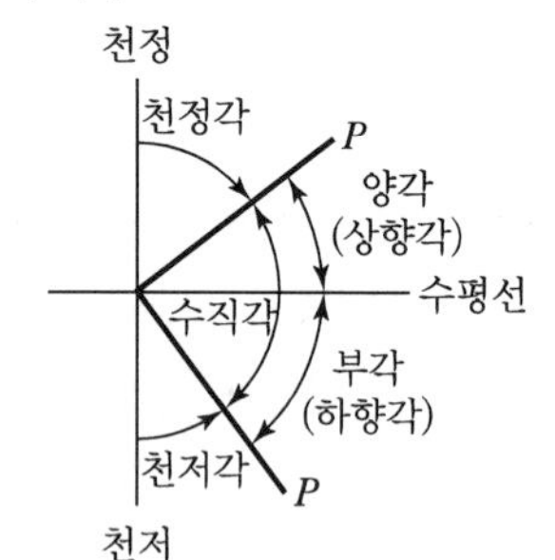

① 앙각(+) : 올려 잰 각
② 부각(−) : 내려 잰 각

- **정위**
  각을 시계방향으로 측정

- **반위**
  각을 반시계방향으로 측정

- **정밀도 ∝ 경중률**
  보정량 $\propto \frac{1}{\text{경중률}}$

- **조건부 최확값에서**
  관측횟수를 다르게 하면 오차 보정량은 관측횟수에 반비례로 조정

01 그림과 같은 3개의 각 x_1, x_2, x_3를 같은 정밀도로 측정한 결과, $x_1 = 31° 38' 18''$, $x_2 = 33° 04' 31''$, $x_3 = 64° 42' 34''$이었다면 $\angle AOB$의 보정된 값은?

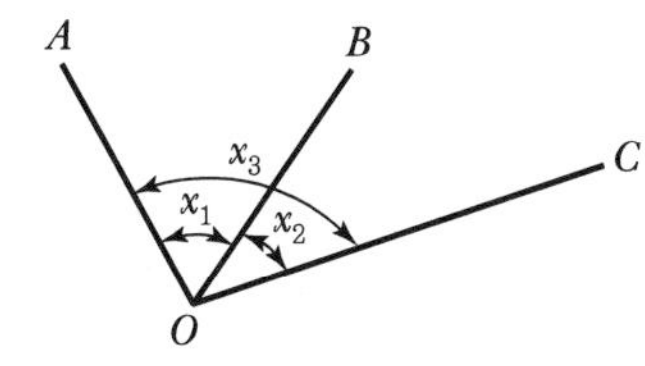

① $31° 38' 13''$ ② $31° 38' 15''$
③ $31° 38' 18''$ ④ $31° 38' 23''$

해설

- 조정식
  $x_3 = x_1 + x_2$
  $x_3 - (x_1 + x_2) = -15''$
- x_1, x_2는 (−) 보정
- x_3는 (+) 보정
- 조정량 $= \dfrac{15''}{3} = 5''$

$\therefore$ $\angle AOB$의 보정값 $= 31° 38' 18''(x_1) - 5'' = 31° 38' 13''$

02 그림과 같이 O점에서 같은 정확도의 각 x_1, x_2, x_3를 관측하여 $x_3 - (x_1 + x_2) = +30''$의 결과를 얻었다면 보정값으로 옳은 것은?

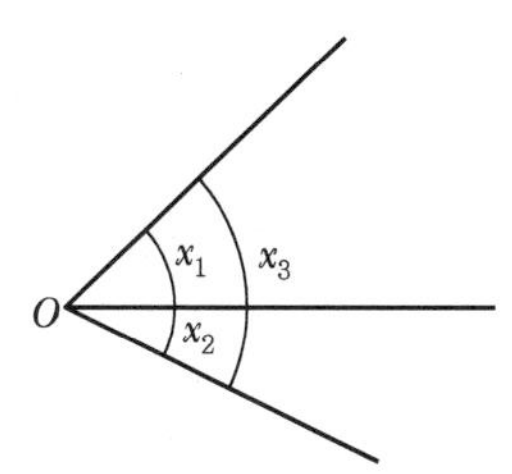

① $x_1 = +10''$, $x_2 = +10''$, $x_3 = +10''$
② $x_1 = +10''$, $x_2 = +10''$, $x_3 = -10''$
③ $x_1 = -10''$, $x_2 = -10''$, $x_3 = +10''$
④ $x_1 = -10''$, $x_2 = -10''$, $x_3 = -10''$

해설

$x_3 - (x_1 + x_2) = +30''$

- 보정량 $= \dfrac{30''}{3} = 10''$

$\therefore$ $x_3 = -10''$ 보정, x_1, x_2는 $+10''$ 씩 보정

03 수평각 관측을 실시할 때에 망원경을 정위와 반위의 상태로 관측하여 평균값을 취하여 제거할 수 있는 오차는?

① 눈금의 오차 ② 지구곡률 오차
③ 연직축의 오차 ④ 수평축의 오차

해설

망원경을 정위와 반위로 관측한 값을 평균하면 소거할 수 있는 오차

- 시준축 오차
- 수평축 오차
- 시준선의 편심오차(외심오차)

04 그림과 같이 2회 관측한 ∠AOB의 크기는 $21° 36' 28''$, 3회 관측한 ∠BOC는 $63° 18' 45''$, 6회 관측한 ∠AOC는 $84° 54' 37''$ 일 때 ∠AOC의 최확값은?

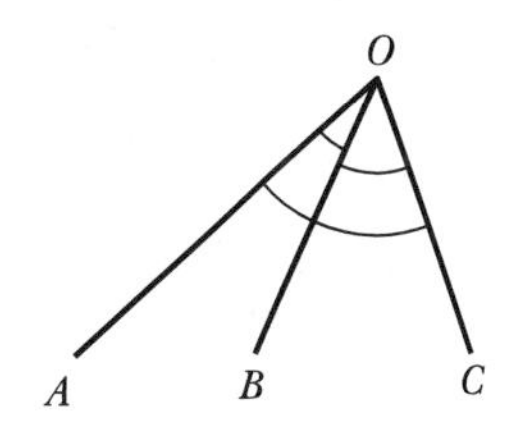

① $84° 54' 25''$ ② $84° 54' 31''$
③ $84° 54' 43''$ ④ $84° 54' 49''$

해설

- 오차
  $(21°36' 28'' + 63° 18'45'') - 84°54' 37'' = 36''$
- 조건부 관측 시 관측횟수가 다를 경우 경중률
  $P_A : P_B : P_C = \dfrac{1}{2} : \dfrac{1}{3} : \dfrac{1}{6} = 3 : 2 : 1$
- 조정량
  $\dfrac{\text{조정할 각의 경중률}}{\text{경중률의 합}} \times \text{오차} = \dfrac{1}{6} \times 36'' = 6''$

$\therefore \angle AOC = 84°54'37'' + 6'' = 84°54'43''$

정답 01 ① 02 ② 03 ④ 04 ③

6. 수평각관측 방법

각관측 방법	내용	모식도
단측법	① 1개의 각을 1회 관측하는 방법 (나중에 읽은 값 − 처음 읽은 값) ② $\angle AOB = a_n - a_0$	O, A, B, a_0, a_n, 정위, 반위
	1방향에 생기는 오차	$m_1 = \pm\sqrt{\alpha^2+\beta^2}$ α : 시준오차 β : 읽음오차
	각관측(2방향) 오차	$m_2 = \pm\sqrt{2(\alpha^2+\beta^2)}$
	n회 관측 평균치 오차	$M = \pm\sqrt{\frac{2}{n}(\alpha^2+\beta^2)}$
배각법	1개의 각을 2회 이상 관측하여 관측횟수로 나누어서 구하는 방법 (읽음오차를 줄이고 최소눈금 미만의 정밀 관측값 얻음)	O, A, B, a_0, a_1, a_2, a_n
	배각법 오차 $= \pm\sqrt{\frac{2}{n}\left(\alpha^2+\frac{\beta^2}{n}\right)}$	
방향관측법	① 한 측점 주위에 관측할 각이 많은 경우 어느 측선(기준선)에서 각 측선에 이르는 각을 차례로 관측하는 방법이다. ② 반복법에 비해 시간이 절약되며 3등 이하의 삼각측량에 이용 ③ 정밀도는 단측법과 동일	A, B, C, D
각관측법 (조합각 관측법)	수평각 각 관측 방법 중 가장 정확한 값을 얻을 수 있는 방법 (1등 삼각측량에 이용)	O, A, B, C, D, a, b, c, d, e, f
	① 측각총수 $= \frac{1}{2}S(S-1)$ ② S : 측선 수	

GUIDE

- **배각법**

  배각법은 내축, 외축을 이용하므로 내축과 외축의 연직선 불일치에 의한 오차가 발생한다.

- **배각법의 특징**

  ① 방향각법에 비해 읽음오차가 작다.
  ② 세밀한 값을 읽을 수 있다.(눈금을 직접 측정할 수 없는 미량의 값을 누적하여 반복횟수로 나누면)
  ③ 방향이 많은 삼각측량과 같은 경우에는 적합하지 않다.
  ④ 내축과 외축의 연직선에 대한 불일치에 의한 오차가 발생할 수 있다.

01 수평각 관측법 중 트래버스 측량과 같이 한 측점에서 1개의 각을 높은 정밀도로 측정할 때 사용하며, 시준할 때의 오차를 줄일 수 있고 최소 눈금 미만의 정밀한 관측값을 얻을 수 있는 것은?

① 단측법　　② 배각법
③ 방향각법　　④ 조합각 관측법

해설
배각법의 특징
- 눈금을 직접 측정할 수 없는 미량의 값을 누적하여 반복횟수로 나누면 세밀한 값을 읽을 수 있다.
- 방향각법에 비하여 읽기 오차의 영향을 적게 받는다.

02 각관측 방법 중 배각법에 관한 설명으로 옳지 않은 것은?(여기서, α : 시준오차, β : 읽기오차, n : 반복횟수)

① 방향각법에 비하여 읽기 오차의 영향을 적게 받는다.
② 수평각 관측법 중 가장 정확한 방법으로 1등 삼각측량에 주로 이용된다.
③ 1각에 생기는 오차 $M=\pm\sqrt{\frac{2}{n}\left(\alpha^2+\frac{\beta^2}{n}\right)}$ 이다.
④ 1개의 각을 2회 이상 반복 관측하여 관측한 각도를 모두 더하여 평균을 구하는 방법이다.

해설
수평각 관측법 중 가장 정밀도가 높고 1등 삼각측량에 사용되는 각관측 방법(조합각관측법)이다.

03 배각법에 의한 각 관측방법에 대한 설명 중 잘못된 것은?

① 방향각법에 비해 읽기 오차의 영향이 적다.
② 많은 방향이 있는 경우는 적합하지 않다.
③ 눈금의 불량에 의한 오차를 최소로 하기 위하여 n회의 반복 결과가 360°에 가깝게 해야 한다.
④ 내축과 외축의 연직선에 대한 불일치에 의한 오차가 자동 소거된다.

해설
내축과 외축을 이용하므로 내축과 외축의 연직선에 대한 불일치에 의하여 오차가 생기며 자동 소거되지 않는다.

04 수평각관측법 중 가장 정확한 값을 얻을 수 있는 방법으로 1등 삼각측량에 이용되는 방법은?

① 조합각관측법　　② 방향각법
③ 배각법　　④ 단각법

해설
각관측 방법(조합 각관측법)이 가장 정밀도가 높고, 1등 삼각측량에 사용한다.

05 수평각 관측방법에서 그림과 같이 각을 관측하는 방법은?

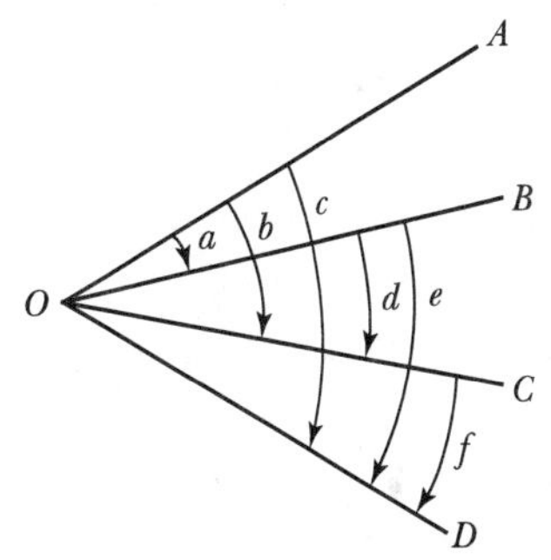

① 방향각 관측법　　② 반복 관측법
③ 배각 관측법　　④ 조합각 관측법

정답　01 ②　02 ②　03 ④　04 ①　05 ④

01 기울기 25%의 도로면에서 경사거리가 20m일 때 수평거리는?

① 197.79m ② 194.87m
③ 19.40m ④ 4.85m

해설

$\theta = \tan^{-1}\frac{25}{100} = 14°2'10''$

$D = 20 \times \cos 14°2'10'' = 19.40\text{m}$

02 그림에서 A점은 35m 등고선 상에 있고, B점은 45m 등고선 상에 있다. AB선의 경사가 25%이면 AB의 수평거리(AB′)는?

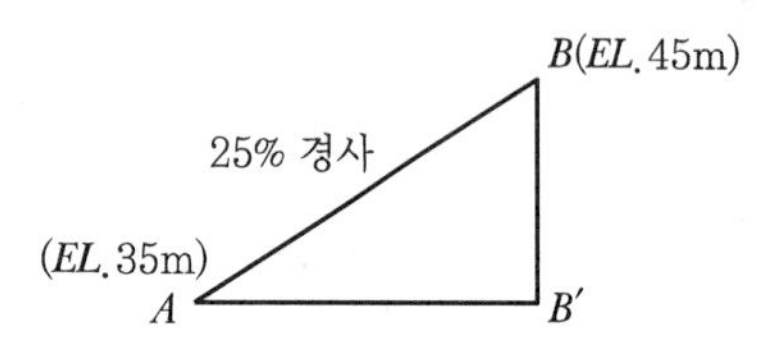

① 20m ② 30m
③ 40m ④ 50m

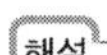
해설

$i\% = \frac{H}{D} \times 100$에서

$25\% = \frac{45-35}{D} \times 100$

$\therefore D = 40\text{m}$

03 다음 도로의 횡단면도에서 AB의 수평거리는?

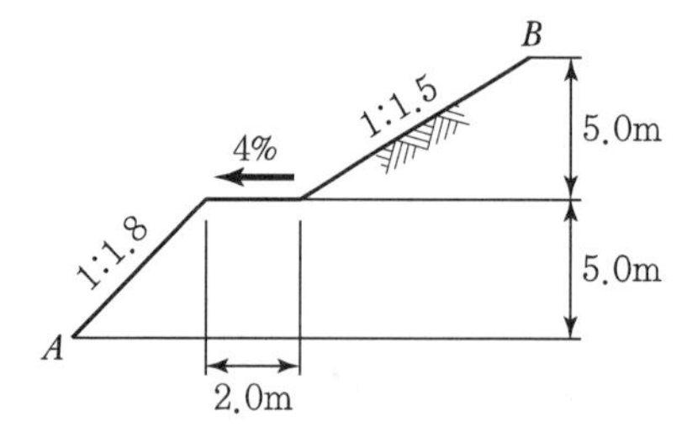

① 8.1m ② 12.3m
③ 14.3m ④ 18.5m

해설

$AB = 5 \times 1.5 + 2.0 + 5 \times 1.8 = 18.5\text{m}$

04 기선 $D = 20\text{m}$, 수평각 $\alpha = 80°$, $\beta = 70°$, 연직각 $V = 40°$를 측정하였다. 높이 H는?(단, A, B, C점은 동일 평면임)

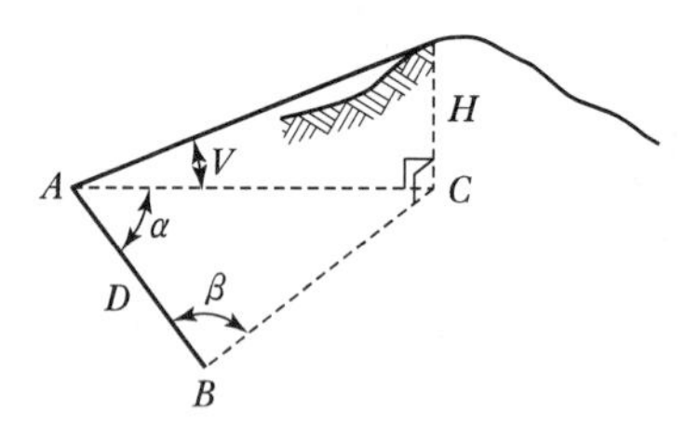

① 31.54m ② 32.42m
③ 32.63m ④ 33.05m

해설

$\frac{20}{\sin 30°} = \frac{\overline{AC}}{\sin 70°}$

$\therefore \overline{AC} = 37.59\text{m}$

$\tan V = \frac{H}{AC}$

$H = \overline{AC}\tan V = 37.59 \times \tan 40° = 31.54\text{m}$

05 그림과 같은 반지름=50m인 원곡선을 설치하고자 할 때 접선거리 $\overline{AI}$ 상에 있는 $\overline{HC}$의 거리는?(단, 교각=60°, α=20°, $\angle AHC$=90°, $\angle HAO$=90°)

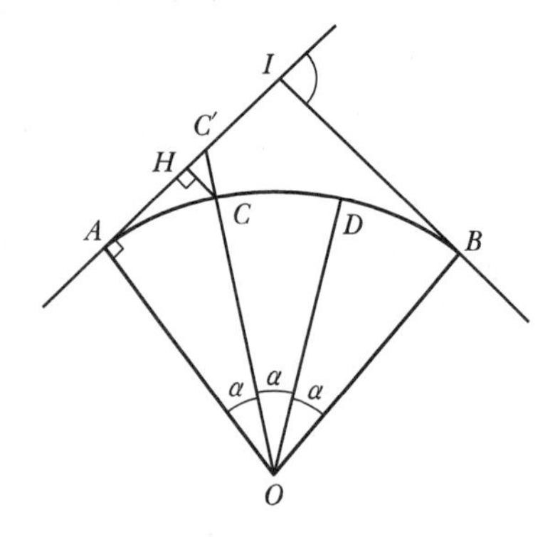

① 0.19m ② 1.98m ③ 3.02m ④ 3.24m

정답 01 ③ 02 ③ 03 ④ 04 ① 05 ③

해설

- $\cos\alpha = \frac{OA}{C'O}$ $\therefore C'O = \frac{OA}{\cos\alpha} = \frac{50}{\cos 20°} = 53.21\text{m}$
- $CC' = C'O - R = 53.21 - 50 = 3.21\text{m}$
- $\cos\alpha = \frac{HC}{C'C}$
- $HC = C'C\cos\alpha = 3.21 \times \cos 20° = 3.02\text{m}$

06 지구상에서 1,000~10,000km 정도 떨어진 거리에 한 조의 전파계를 설치하여, 전파원으로부터 나온 전파를 수신하여 2개의 간섭계에 도달한 전파의 시간차를 관측하여 거리를 측정하는 방법은?

① 광파 간섭 거리계
② 전파 간섭 거리계
③ 미해군 위성 항법
④ 초장 기선 전파 간섭계

해설

초장 기선 전파 간섭계(VLBI)의 설명이며, 시간차로 인한 오차는 30cm이고 관측소 위치로 인한 오차는 15cm 정도이다.

07 직접 거리 측정용 기구가 아닌 것은?

① 폴　　② 유리 섬유 테이프
③ 수평 표척　　④ 지거

해설

수평 표척에 의한 거리 측정은 간접 거리 측량이다.

08 수평 표척(Subtense Bar)에 의하여 간접적으로 거리를 측정할 때의 정도는 다음 방법에 따르게 되는데, 이 중 적당하지 않은 것은?

① 협각 측정의 정도
② 수평 표척의 눈금의 정도
③ 수평 표척의 길이와 거리의 비율
④ 수평 표척의 길이 정도

해설

수평 표척의 정확도에 영향을 주는 요소
㉠ 각관측 정확도(가장 큰 영향을 미친다.)
㉡ 수평 표척의 길이 정도
㉢ 측각기와 수평 표척의 직각 정도
㉣ 수평 표척의 거리와의 비

09 수평 표척에 관한 설명 중 잘못된 것은?

① 수평 거리 $D = \frac{l}{2}\cot\frac{\theta}{2}$로 계산된다.
② 길이는 일반적으로 2m이다.
③ 이것을 사용하면 $\frac{1}{4,000}$의 정밀도가 기대된다.
④ 측각은 일반적으로 트랜싯(20″ 읽기)을 사용한다.

해설

수평 표척의 측각은 정확해야 하므로 보통 1″의 트랜싯이나 데오돌라이트를 사용한다.

10 트랜싯으로 길이 2m인 수평 표척(Subtense Bar)의 양 끝점을 관측한 결과 20°를 얻었다면 트랜싯을 세운 지점과 표척을 설치한 곳까지의 거리는?

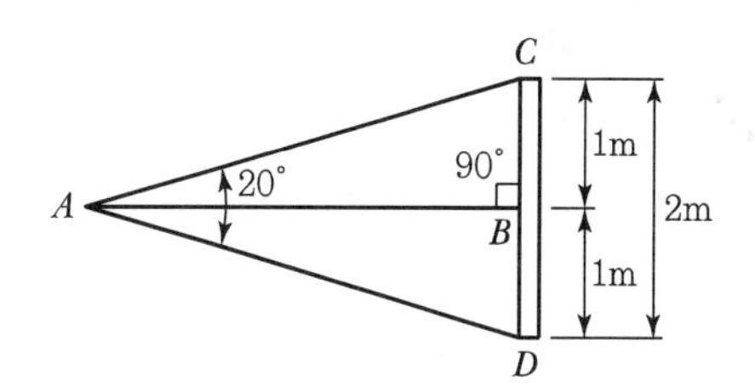

① 약 11.4m　　② 약 9.8m
③ 약 8.3m　　④ 약 5.7m

해설

l=2m, θ=20°이므로

수평 거리($\overline{AB}$) $D = \frac{l}{2}\cot\frac{\theta}{2}$

$= \frac{2\text{m}}{2} \times \cot\frac{20°}{2}$

$= 1\text{m} \times \frac{1}{\tan 10°} \fallingdotseq 5.671\text{m}$

정답　06 ④　07 ③　08 ②　09 ④　10 ④

11 거리 측정기에 대한 설명 중 옳지 않은 것은?

① 전파 거리 측정기는 광파 거리 측정기보다 먼 거리를 측정할 수 있다.
② 전파 거리 측정기는 광파 거리 측정기보다 안개, 비 등의 기상 조건에 대해 장해를 받기 쉽다.
③ 전파 거리 측정기는 광파 거리 측정기보다 시가지 건물 및 산림 등의 장해를 받기 쉽다.
④ 지오디미터는 광파 거리 측정기의 일종이다.

해설

전파 거리 측정기는 안개, 비, 구름 등의 기상 조건에 영향을 받지 않으며, 광파 거리 측정기는 안개, 구름 등으로 시준 방해가 된다.

- 광파 거리 측정기 : Geodimeter
- 전파 거리 측정기 : Tellurometer

12 전파 거리 측정기를 사용하여 거리를 측량할 때 다음 중 옳지 않은 것은?

① 수평 거리를 구할 때는 경사 보정이 필요하다.
② 전파 속도는 항상 일정하므로 온도가 변화해도 측정값을 보정할 필요가 없다.
③ 측정 거리는 전파의 왕복 시간을 측정하여 구한다.
④ 거리의 측정값은 습도가 변화하면 변한다.

해설

전파 거리 측정기에 의한 거리 측량은 굴절률에 영향을 주는 온도, 기압, 습도 보정과 경사 보정 등을 한다.

13 전자파 거리 측량기에 의한 오차 중 거리에 비례하는 오차가 아닌 것은?

① 광속도의 오차 ② 광변조 주파수의 오차
③ 굴절률 오차 ④ 위상차 관측의 오차

해설

전자파 거리 측정기의 오차

㉠ 거리에 비례하는 오차 : 광속도의 오차, 광변조 주파수의 오차, 굴절률 오차
㉡ 거리에 비례하지 않는 오차 : 위상차 관측 오차, 기계 정수 및 반사경 정수의 오차

14 다음 측량 기기 중 거리 관측과 각관측을 동시에 할 수 있는 장비는?

① Theodolite ② EDM
③ Total station ④ Level

15 경사지의 거리 측량에서 산지나 농지의 측량일 때 비탈 거리를 수평 거리로 사용해도 지장이 없는 경사각은 몇 도 이내인가?

① 7° ② 3°
③ 9° ④ 5°

해설

산지 및 농지에서 거리 측량을 할 경우 경사 5° 이내는 수평 거리로 취급한다.

16 그림과 같이 AB 측선이 연못으로부터 직접 측정이 불가능하여 AC와 BC를 측정하고 그 중간에 AC, BC의 $\frac{1}{3}$ 길이를 C점으로부터 취하여 DE로 했다. AB의 거리는 다음 중 어느 것인가?(단, DE의 측정값=26.34m)

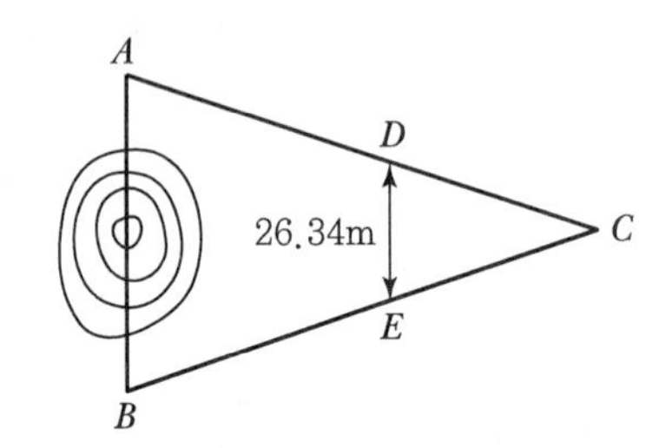

① 78.02m ② 79.02m
③ 78.62m ④ 79.62m

해설

CD 및 CE는 AC, BC의 $\frac{1}{3}$ 거리이고, 닮은 삼각형이다.

$\frac{CD}{AC}=\frac{1}{3} \quad \therefore \frac{AC}{CD}=3$

따라서, AB : DE=AC : CD

$\therefore AB=\frac{DE\times AC}{CD}=DE\times 3=26.34m\times 3=79.02m$

정답 11 ② 12 ② 13 ④ 14 ③ 15 ④ 16 ②

17 거리 측량에서 장애물이 있는 관계로 기선을 직선으로 설치 및 측정할 수 없어 그림과 같이 절선 AC, BC를 설치하고 각 α 와 AC, BC의 거리 a, b 를 측정하여 기선 AB의 직선 거리를 구하였다. 기선 AB의 거리를 구하는 식 중 옳은 것은?

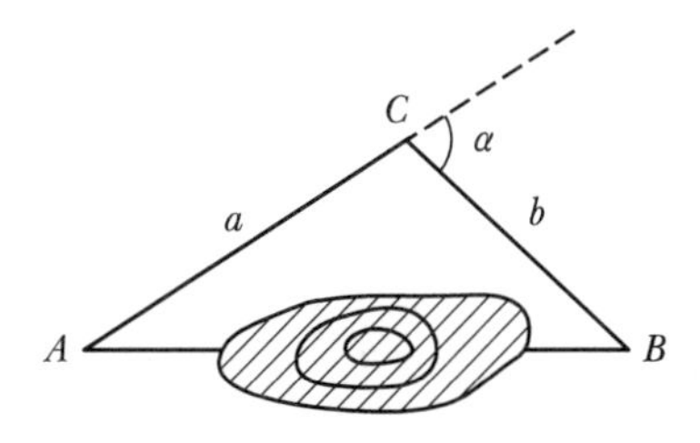

① $\overline{AB}=\sqrt{a^2+b^2-2ab\cos\alpha}$
② $\overline{AB}=\sqrt{a^2+b^2+2ab\cos\alpha}$
③ $\overline{AB}=\sqrt{a^2+b^2-2ab\sin\alpha}$
④ $\overline{AB}=\sqrt{a^2+b^2+2ab\sin\alpha}$

해설

거리 AC$=a$, BC$=b$ 및 C점 사이각(θ)을 측정할 경우 cosine 법칙에 의해

($\because$ AB$=\sqrt{AC^2+BC^2-2\cdot AC\cdot BC\cos\theta}$)

따라서, 편각 $\alpha(\theta=180°-\alpha)$를 측정했으므로 대입하면

$\therefore$ AB$=\sqrt{a^2+b^2-2\cdot a\cdot b\cos(180°-\alpha)}$

$=\sqrt{a^2+b^2-2\cdot a\cdot b(-\cos\alpha)}$

$=\sqrt{a^2+b^2+2\cdot a\cdot b\cos\alpha}$

18 그림과 같은 하천을 두고 2개의 측점 AB 간의 거리를 측정하기 위해 ∠BAC가 직각이 되도록 점 C를 AC=25m로 취하고 ∠BCD가 직각이 되도록 점 D를 BA선의 연장선 위에 취하였더니 AD=12.4m가 되었다. AB 간의 거리는 몇 m인가?

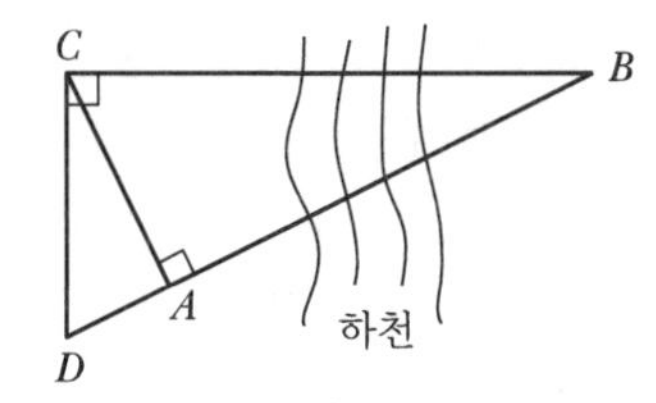

① 48.3m　　② 50.4m
③ 51.9m　　④ 53.8m

해설

△BAC～△CAD이므로 비례식으로(높이 : 밑변) 즉,

AB : AC = AC : AD

$\therefore$ AB$=\dfrac{AC^2}{AD}=\dfrac{25^2}{12.4}\fallingdotseq 50.4$m

19 표준 테이프에 비교하여 나타난 테이프 오차의 크기는?

① 그 테이프의 허용오차라고 한다.
② 그 테이프의 특성값이라고 한다.
③ 그 테이프의 공차라고 한다.
④ 그 테이프의 경중률이라고 한다.

해설

테이프는 장기간 보관에 따른 수축과 측량 중 과도 인장으로 팽창이 되는데, 특히 표준 검정척과의 비교에서 미소한 줄음량 또는 늘음량을 그 테이프의 특성값이라고 한다.

20 20m의 천줄자를 검정자(표준자)와 비교한 결과 2cm 늘어져 있다고 한다. 이 천줄자를 써서 거리를 측정한 결과 250.50m였다. 표준자로 보정한 거리는?

① 250.75m　　② 250.45m
③ 250.54m　　④ 250.26m

해설

$L_0=L\left(1+\dfrac{\Delta l}{l}\right)=250.50\left(1+\dfrac{0.02}{20}\right)=250.75\text{m}$

21 강줄자를 이용하여 지상에서 거리를 관측할 경우 보정해야 할 보정량 중 항상 −(負)의 부호를 가진 것으로 옳게 짝지어진 것은?

ⓐ 특성값 보정　　ⓑ 온도 보정
ⓒ 경사 보정　　ⓓ 표고 보정
ⓔ 장력 보정

① ⓐ, ⓑ　　② ⓑ, ⓒ
③ ⓒ, ⓓ　　④ ⓒ, ⓔ

정답　17 ②　18 ②　19 ②　20 ①　21 ③

해설

거리(기선) 보정 공식 6가지 중 항상 −(負)보정을 하는 것은 3가지로 다음과 같다.

㉠ 경사 보정 : $C_h = -\frac{h^2}{2L}$

㉡ 처짐 보정 : $C_w = -\frac{L}{24}\left(\frac{\omega l}{P}\right)^2$

㉢ 평균 해수면(표고) 보정 : $C_g = -\frac{LH}{R}$

또한 특성값(테이프의 줄음), 측정 시의 온도(표준 온도 15℃), 장력(표준 장력 10kgf)에 따라 −보정을 할 수도 있다.

22 표고가 500m인 관측점에서 표고가 700m인 목표점까지의 경사거리를 측정한 결과가 2,545m였다면 평균 해면상의 거리는?(단, 지구의 곡선 반지름=6,370km)

① 2,537.14m ② 2,466.26m
③ 2,466.06m ④ 2,536.94m

해설

$$경사\ 보정 = 2{,}545 - \frac{(700-500)^2}{2\times 2{,}545} = 2{,}537.14\text{m}$$

$$표고\ 보정 = 2{,}537.14 - \frac{500}{6{,}370{,}000}\times 2{,}537.14 = 2{,}536.94\text{m}$$

23 A, B 두 점 간의 사거리 30m에 대한 수평 거리의 보정값이 −2mm였다면 두 점 간의 고저차는?

① 0.12m ② 0.06m
③ 0.25m ④ 0.35m

해설

$C_h = -\frac{h^2}{2L}$ 에서

$\therefore h = \sqrt{C_h \cdot 2L} = \sqrt{0.002\times 2\times 30} \fallingdotseq 0.346\text{m}$

24 사면(斜面) 거리 50m를 측정하는 데 그 보정량이 1mm라면 그 경사도(傾斜度)는?

① $\frac{1}{120}$ ② $\frac{1}{140}$
③ $\frac{1}{160}$ ④ $\frac{1}{180}$

해설

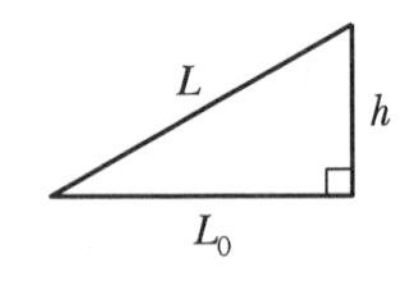

$C_h = -\frac{h^2}{2L}$ 에서

$\therefore h = \sqrt{C_h \cdot 2L} = \sqrt{0.001\times 2\times 50} \fallingdotseq 0.316\text{m}$

$\therefore 경사도 = \frac{h}{L_0} = \frac{0.316}{50-0.001} \fallingdotseq \frac{1}{158}$

25 정도 $\frac{1}{5{,}000}$ 을 요하는 약 50m의 거리측량에서 사거리를 수평거리로 취급해도 허용되는 두 점 AB 간의 고저차의 한계는?

① 0.5m ② 1.5m
③ 1m ④ 2m

해설

$$정도 = \frac{\Delta l}{l} = \frac{C_h}{L} = \frac{\frac{h^2}{2L}}{L} = \frac{h^2}{2L^2}$$

$\therefore 정도 = \frac{h^2}{2L^2} = \frac{1}{5{,}000}$

$\therefore h = \sqrt{\frac{2L^2}{5{,}000}} = \sqrt{\frac{2\times 50^2}{5{,}000}} = 1\text{m}$

26 50m의 줄자로 거리를 관측할 때 줄자의 중앙에 초목이 있어 그 직선으로부터 30cm 떨어진 곳에서 휘어졌다고 하면 그 원인에 의한 거리측량의 오차는 얼마인가?

① −3.6mm ② +3.6mm
③ −36mm ④ +36mm

정답 22 ④ 23 ④ 24 ③ 25 ③ 26 ①

해설

경사 보정(C_h)$=-\frac{h^2}{2L}\times 2$개$=-\frac{0.3^2}{2\times 25}\times 2$

$=-0.0036$m

$=-3.6$mm

(※ 경사 보정의 2배로 계산)

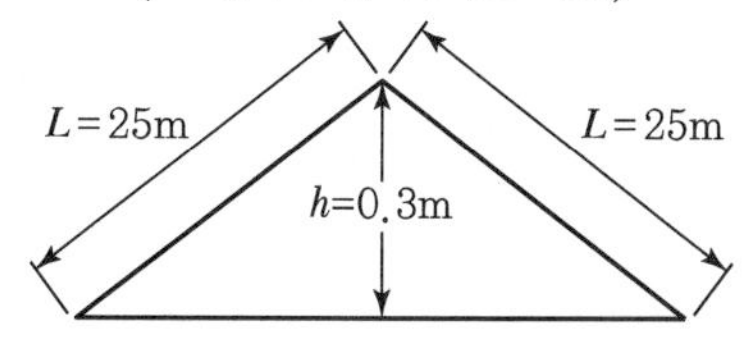

27 표고 $h=326.42$m인 지대에 설치한 기선의 길이가 $l=500$m일 때 평균 해면상의 길이로 보정한 값이 옳은 것은?(단, $R=6,370$km임)

① 499.964m　② 499.9744m
③ 500.256m　④ 500.356m

해설

$C_g=-\frac{lh}{R}$

$=-\frac{500\times 326.42}{6,370\times 1,000}$

$\fallingdotseq -0.0256$m

∴ 평균 해면상의 길이$=500-0.0256$

$=499.9744$m

28 1 g(grade)는 몇 분에 해당하는가?

① 54′　② 55′
③ 56′　④ 58′

해설

1직각$=90°=100$ grade

∴ 1 grade$=\frac{90°}{100}=0.9°=54'$

※ 참고 : 원주$=360°=400$ grade

29 각의 단위에서 사진 측량의 경사 단위로 쓰이며 원주를 400등분하여 그 눈금 1개가 만드는 중심각을 무엇이라 하는가?

① 그레이드(grade)　② 도(degree)
③ 밀(mil)　④ 라디안(radian)

해설

각의 단위

㉠ 도(degree) : 60진법으로 원주를 360등분한 1개의 중심각을 말하며, 측량 현장에서 많이 사용
㉡ 그레이드(grade) : 100진법으로 원주를 400등분한 1개의 중심각을 말하며, 사진 측량 경사 단위 및 유럽에서 사용
㉢ 라디안(radian) : 반지름이 같은 원호의 중심각을 말하며, 수학 계산에 많이 사용
㉣ 밀(mil) : 원주를 6,400등분한 1개의 중심각을 말하며, 군사 작전 시 포병에서 많이 사용

30 수평각을 측정하는 다음 방법 중 가장 정도가 높은 방법은?

① 단측법　② 배각법
③ 방향 관측법　④ 조합각 관측법

해설

수평각 관측 방법

㉠ 단측법 : 1개의 각을 1회 관측하는 방법으로 수평각 측정법 가운데 가장 간단한 관측 방법
㉡ 배각법 : 1개의 각을 2회 이상 관측하여 관측 횟수로 나누어서 구하는 방법
㉢ 방향 관측법 : 어떤 시준 방향을 기준으로 하여 각 시준 방향에 이르는 각을 관측하는 방법
㉣ 각 관측법(조합각 관측법) : 가장 정확한 값을 얻을 수 있는 방법(1등 삼각 측량에 이용)

31 각을 측정할 때 반복법을 많이 사용하는데 가장 큰 이점은?

① 오차 발견이 쉽다.
② 시간이 절약된다.
③ 관측각의 정도가 좋다.
④ 각 읽기가 쉽다.

정답　27 ②　28 ①　29 ①　30 ④　31 ③

해설

배각법의 특징
㉠ 방향각법과 비교하여 읽기 오차 β의 영향을 적게 받는다.
㉡ 눈금의 부정에 의한 오차를 최소로 하기 위하여 n회의 반복 결과가 360°에 가깝게 해야 한다.
㉢ 관측각의 정도가 단측법에 비해 좋다.
㉣ 많은 방향이 있는 경우 부적합하다.

32 트랜싯에 의한 측각법에 있어서 반복법의 특징 중 옳지 않은 것은?

① 눈금을 직접 측정할 수 없는 미량의 값을 누적하여 반복 횟수로 나누면 세밀한 값을 읽을 수 있다.
② 어느 측점에서 측정하는 각이 많을 때 작업이 신속하고 편리하다.
③ 반복하여 360°에 가깝게 하면 눈금의 부정에 의한 오차가 제거된다.
④ 반복법은 방향각법과 비교하여 읽기 오차의 영향을 적게 받는다.

해설

반복법에서 측정하는 각이 많을 때는 복잡하고 시간이 걸린다.

33 배각관측법의 특징을 설명한 것 중 옳지 않은 것은?

① 배각법은 방향각법과 비교하여 읽기 오차의 영향을 적게 받는다.
② 눈금 부정에 의한 오차를 최소화하기 위하여 n회의 반복 결과가 360°에 가깝게 해야 한다.
③ 눈금을 직접 관측할 수 없는 미량의 값을 계적하여 반복 횟수로 나누므로 세밀한 값을 읽을 수 있다.
④ 삼각측량과 같이 많은 방향이 있는 경우 여러 개의 각을 관측하므로 능률적이다.

해설

배각법은 삼각측량과 같이 측각수가 많은 경우에는 부적합하다.

34 그림과 같이 관측하는 측각 방법은?

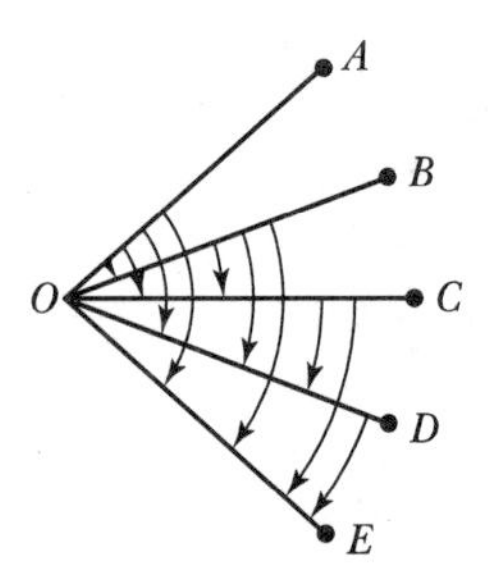

① 배각관측법　② 각관측법
③ 방향관측법　④ 반복관측법

해설

각관측법으로, 수평각 측정법 중에서 가장 정도가 높다.

35 한 측점에서 20개의 방향선이 구성되었을 때 이들 방향선이 각 관측법에 이용될 각의 수는 몇 개인가?

① 306개　② 289개
③ 190개　④ 162개

해설

각 관측법의 총 각수

$$N=\frac{n(n-1)}{2}=\frac{20\times(20-1)}{2}=190\text{개}$$

36 하나의 삼각형인 각 점에서 같은 정도로 측각하여 생긴 폐합 오차는 어떻게 처리하는가?

① 각의 크기에 비례하여 분배한다.
② 각의 크기에 반비례하여 배분한다.
③ 대변의 크기에 비례하여 배분한다.
④ 3등분하여 같게 배분한다.

해설

같은 정도로 측각하였으므로 같은 양(3등분)을 보정한다.

정답　32 ②　33 ④　34 ②　35 ③　36 ④

37 삼각측량을 하여 $\alpha = 54°25'32''$, $\beta = 68°43'23''$, $\gamma = 56°51'14''$를 얻었다. β각 각조건에 의한 조정량은 몇 초인가?

① $-4''$ ② $-3''$
② $+4''$ ④ $+3''$

해설

- 오차$=180° - (\alpha+\beta+\gamma) = -9''$
- 조정량$= \dfrac{오차}{n} = \dfrac{-9''}{3} = -3''$

38 서로 다른 세 사람이 동일 조건하에서 한 각을 한 사람이 1회 측정하니 $47°37'21''$, 다른 사람이 4회 측정하여 평균하니 $47°37'20''$이고 끝 사람이 5회 측정하여 $47°37'18''$의 평균값을 얻었다. 이 값의 최확값은?

① $47°37'21.1''$ ② $47°37'20.1''$
③ $47°37'19.1''$ ④ $47°37''8.1''$

해설

같은 각(1각)이므로 경중률(관측 횟수)에 비례하여 구한다.

$\therefore\ P_1 : P_2 : P_3 = 1 : 4 : 5$

$$최확값\ \alpha_0 = \frac{P_1\alpha_1 + P_2\alpha_2 + P_3\alpha_3}{P_1+P_2+P_3} = (47°37') + \frac{(1\times21'')+(4\times20'')+(5\times18'')}{1+4+5} \fallingdotseq 47°37'19.1''$$

39 그림과 같이 0점에서 같은 정도의 각을 관측하여 다음과 같은 결과를 얻었다면 보정값이 옳은 것은?(단, $x_3 - (x_1 + x_2) = +45''$)

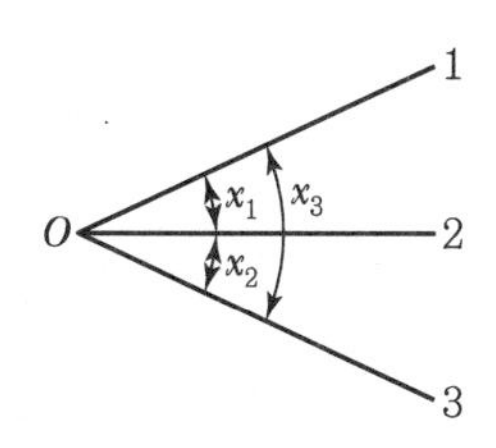

① $x_1 - 22.5''$, $x_2 - 22.5''$, $x_3 + 22.5''$
② $x_1 - 15''$, $x_2 - 15''$, $x_3 + 15''$
③ $x_1 + 22.5''$, $x_2 + 22.5''$, $x_3 - 22.5''$
④ $x_1 + 15''$, $x_2 + 15''$, $x_3 - 15''$

해설

오차량은 45″이고 각은 3개이므로 조정량 $= \dfrac{45''}{3} = 15''$씩 보정한다. 따라서, 큰 값인 x_3는 $-15''$, 나머지 x_1 및 x_2는 $+15''$씩 보정한다.

40 그림과 같이 3개의 각 α, β, γ를 같은 정확도로 관측한 결과 $\alpha=26°17'18''$, $\beta=38°28'37''$, $\gamma=64°45'40''$를 얻었다. ∠AOC의 최확값은?

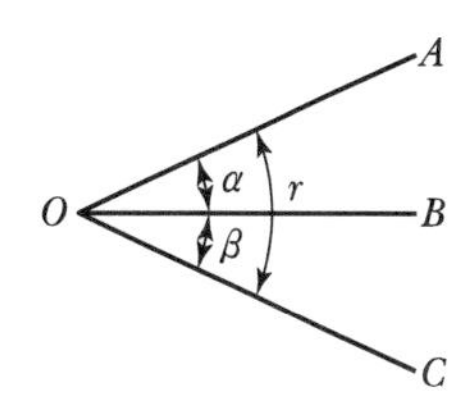

① $64°45'25''$ ② $64°45'35''$
③ $64°45'45''$ ④ $64°45'55''$

해설

조건식은 $\gamma = \alpha + \beta$이다.

$\therefore\ \alpha+\beta = 26°17'18'' + 38°28'37'' = 64°45'55''$

따라서, 오차$=\gamma - (\alpha+\beta) = -15''$

$\therefore$ 조정량$= \dfrac{15''}{3} = 5''$씩 보정한다.

α 및 β의 합이 크므로 $-5''$씩, γ는 작으므로 $+5''$씩 보정한다.

$\therefore\ \angle\gamma = \angle AOC = 65°45'40'' + 5'' = 64°45'45''$

41 경사가 일정한 경사지에서 두 점 간의 경사거리를 관측하여 150m를 얻었다. 두 점 간의 고저차가 20m이었다면 수평거리는?

① 148.3m ② 148.5m
③ 148.7m ④ 148.9m

해설

$D = \sqrt{L^2 - H^2} = \sqrt{150^2 - 20^2} = 148.7\text{m}$

정답 37 ② 38 ③ 39 ④ 40 ③ 41 ③

CHAPTER 04

다각측량 (트래버스측량)

01 다각측량의 개요

1. 다각측량(트래버스 측량)의 정의

개요	수학 좌표계	평면직교 좌표계(다각측량)
① 기준이 되는 측점을 연결하기 위해 측선의 길이와 방향(각)을 관측하여 측점의 위치를 결정하는 방법 ② 삼각측량보다 정확도가 낮은 기준점 측량 방법	Y, X, Ⅰ, Ⅱ, Ⅲ, Ⅳ	X, Y, Ⅰ, Ⅱ, Ⅲ, Ⅳ

2. 용도

트래버스 측량의 용도
① 삼각 또는 삼변측량에 의한 기준점을 기준으로 좀 더 조밀한 간격의 보조기준점 설치 시 다각측량을 활용한다. ② 선형이 좁고 긴 지역(도로, 수로, 철도)의 측량 ③ 지적 또는 토지 경계선 측량 ④ 높은 정확도를 요하지 않는 지역의 기준점 측량(사진측량의 도화기준점 등)

3. 다각측량(트래버스 측량)의 특징

트래버스 측량의 특징
① 삼각점이 멀리 배치되어 있는 좁은 지역에 세부 측량의 기준이 되는 도근점을 추가 설치할 때 편리 ② 복잡한 시가지나 지형의 기복이 심하여 시준이 어려운 지역의 측량에 적합 ③ 선로와 같이 좁고 긴 곳의 측량에 편리(도로, 수로, 철도 등) ④ 거리와 각을 관측하여 도식해법에 의해 점의 위치를 결정할 때 편리 ⑤ 삼각측량과 같이 높은 정도를 요하지 않는 골조측량에 이용

4. 다각측량(트래버스 측량)의 순서

트래버스 측량의 순서						
①	②	③	④	⑤	⑥	⑦
계획	답사	선점	조표	방위각 관측	수평각 및 거리관측	계산

GUIDE

• 수학 좌표계
① 종축 : Y축
② 횡축 : X축

• 평면직교(직각) 좌표계
① 종축 : X축
② 횡축 : Y축

• 도근점
지형측량 시 기본 삼각측량을 통한 삼각점만으로는 기준점이 부족할 때 추가로 설치하는 기준점

• 조표
표석이나 표지 등을 설치하여 측량 시 위치확인과 시준이 잘 되도록 하는 작업이다.

• 선점(측점위치결정) 시 주의사항
① 기계를 세우거나 시준하기 좋고 지반이 튼튼한 장소
② 측점 간의 거리는 가능한 같고 큰 고저차가 없을 것
③ 결합트래버스의 출발점과 결합점 간의 거리는 단거리
④ 변의 길이는 될 수 있는 대로 길고 측점의 수는 적게 한다.

01 트래버스 측량의 특징에 대한 설명으로 옳지 않은 것은?

① 삼각측량에 비하여 복잡한 시가지나 지형의 기복이 심해 시준이 어려운 지역의 측량에 적합하다.
② 도로, 수로, 철도와 같이 폭이 좁고 긴 지역의 측량에 편리하다.
③ 국가평면기준점 결정에 이용되는 측량방법이다.
④ 거리와 각을 관측하여 모든 점의 위치를 결정하는 측량이다.

해설

트래버스 측량은 기준이 되는 측점을 연결하는 기선의 길이(거리)와 방향(각)을 관측하여 측점의 위치를 구하는 측량이다.

02 다각 측량의 필요성에 대한 사항 중 적당하지 않은 것은?

① 삼각점만으로는 조밀한 간격의 세부측량에서 기준점의 수가 부족할 때 충분한 밀도로 전개시키기 위해서 필요하다.
② 시가지나 산림 등 시준이 좋지 않아 단거리마다 기준점이 필요할 때 사용한다.
③ 면적을 정확히 파악하고자 할 때, 경계 측량 등에 사용한다.
④ 삼각 측량에 비해서 경비가 고가이나 정확도가 좋다.

해설

다각 측량은 삼각점 위치를 정한 다음 삼각점을 기준으로 하여 측량하는 것으로 삼각 측량보다 경비도 저렴하고 정도도 낮다.

03 트래버스 측량의 작업순서로 알맞은 것은?

① 선점 → 계획 → 답사 → 조표 → 관측
② 계획 → 답사 → 선점 → 조표 → 관측
③ 답사 → 계획 → 조표 → 선점 → 관측
④ 조표 → 답사 → 계획 → 선점 → 관측

해설

트래버스 측량 작업순서
계획 → 답사 → 선점 → 조표 → 방위각 관측 → 수평각, 거리 관측 → 계산

04 트래버스 측량의 일반적인 순서로 옳은 것은?

① 선점 – 방위각 관측 – 조표 – 수평각 및 거리 관측 – 답사 – 계산
② 선점 – 조표 – 답사 – 수평각 및 거리 관측 – 방위각 관측 – 계산
③ 답사 – 선점 – 조표 – 방위각 관측 – 수평각 및 거리 관측 – 계산
④ 답사 – 조표 – 방위각 관측 – 선점 – 수평각 및 거리 관측 – 계산

해설

03 문제 해설 참조

05 지형측량을 할 때 기본 삼각점만으로는 기준점이 부족하여 추가로 설치하는 기준점은?

① 방향전환점　② 도근점
③ 이기점　④ 중간점

해설

기본 삼각점만으로 기준점이 부족할 때 도근점을 추가적으로 설치한다.

06 트래버스 측량에서 선점 시 주의하여야 할 사항이 아닌 것은?

① 트래버스의 노선은 가능한 폐합 또는 결합이 되게 한다.
② 결합 트래버스의 출발점과 결합점 간의 거리는 가능한 단거리로 한다.
③ 거리측량과 각측량의 정확도가 균형을 이루게 한다.
④ 측점간 거리는 다양하게 선점하여 부정오차를 소거한다.

해설

- 선점 시 측점 간의 거리는 가능한 길게 한다.
- 측점수는 적게 한다.

정답　01 ③　02 ④　03 ②　04 ③　05 ②　06 ④

02 트래버스의 종류 및 각 관측

1. 다각(트래버스) 측량의 종류

구분	그림	내용
결합 트래버스		① 기지점에서 출발하여 다른 기지점에 결합시키는 방법 ② 대규모 지역의 정확성을 요하는 측량에 사용(조정과 점검이 완전함) ③ 기준점 위치 결점에 사용
폐합 트래버스		① 임의의 한 점에서 출발하여 다시 시작점으로 폐합 ② 토지분할과 같은 소규모 지역측량에 적합 ③ 결합 다각형보다 정확도가 낮다.
개방 트래버스		① 임의의 한 점에서 출발하여 임의 점으로 끝나는 트래버스 ② 정도는 낮으며 오차조정이 불가능하다. ③ 노선측량 및 답사 등에 편리

2. 다각(트래버스) 측량의 각 관측

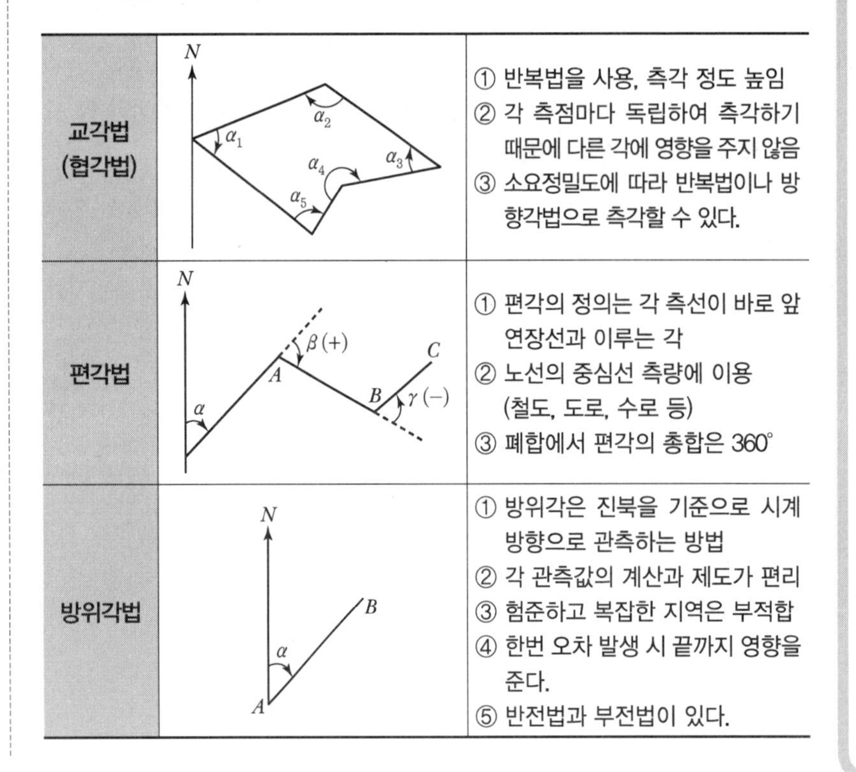

구분	그림	내용
교각법 (협각법)		① 반복법을 사용, 측각 정도 높임 ② 각 측점마다 독립하여 측각하기 때문에 다른 각에 영향을 주지 않음 ③ 소요정밀도에 따라 반복법이나 방향각법으로 측각할 수 있다.
편각법		① 편각의 정의는 각 측선이 바로 앞 연장선과 이루는 각 ② 노선의 중심선 측량에 이용 (철도, 도로, 수로 등) ③ 폐합에서 편각의 총합은 360°
방위각법		① 방위각은 진북을 기준으로 시계 방향으로 관측하는 방법 ② 각 관측값의 계산과 제도가 편리 ③ 험준하고 복잡한 지역은 부적합 ④ 한번 오차 발생 시 끝까지 영향을 준다. ⑤ 반전법과 부전법이 있다.

GUIDE

- **트래버스 정확도 순서**
  결합 > 폐합 > 개방 트래버스
- 폐합트래버스에서 각에 대한 오차는 점검할 수 있으나 거리에 대한 오차는 점검이 불가능하여 결합 다각형보다 정확도가 낮다.
- **다각망의 종류**
  ① X형
  ② Y형
  ③ A형
- **교각**

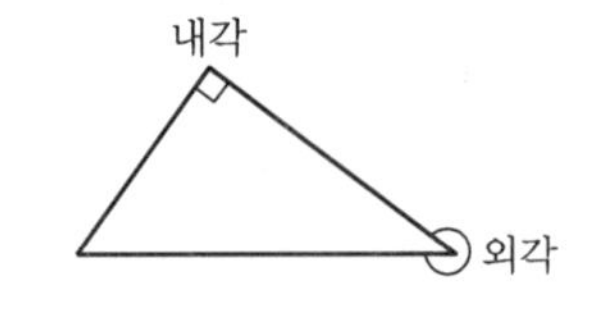

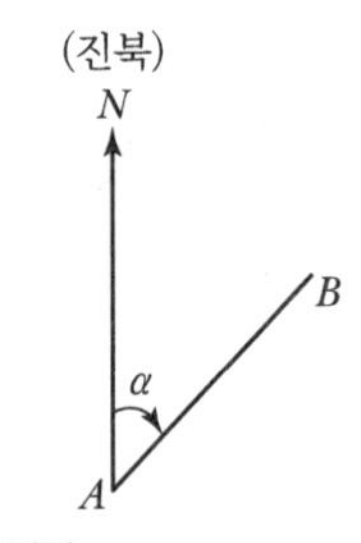

- **AB방위각** : α
- **BA방위각(역방위각)** : $\alpha+180$

01 트래버스 측량의 종류 중 가장 정확도가 높은 방법은?

① 폐합트래버스 ② 개방트래버스
③ 결합트래버스 ④ 정확도는 모두 같다.

해설

• 트래버스 정밀도 순서
결합트래버스 > 폐합트래버스 > 개방트래버스

02 트래버스 측량에서 관측값의 계산은 편리하나 한번 오차가 생기면 그 영향이 끝까지 미치는 각관측 방법은?

① 교각법 ② 편각법 ③ 협각법 ④ 방위각법

해설

방위각법의 특징
• 방위각은 진북을 기준으로 시계방향으로 관측하는 방법
• 각 관측값의 계산과 제도가 편리
• 험준하고 복잡한 지역은 부적합
• 한번 오차가 발생 시 계속 영향을 미침

03 다각측량에 의하여 기준점의 위치를 결정하는데 가장 좋은 방법은?

① 한 삼각점에서 다른 삼각점에 결합하는 트래버스
② 임의의 점에서 삼각점에 결합하는 트래버스
③ 정도가 높은 삼각점에서 출발하는 개방트래버스
④ 삼각점에서 동일 삼각점에 폐합하는 폐합트래버스

해설

한 삼각점에서 다른 삼각점에 결합하는 결합 트래버스가 가장 정도가 높다.

04 시작되는 측점과 끝나는 점 간에 아무런 조건이 없으며, 노선 측량이나 답사 등에 편리한 트래버스는?

① 폐합트래버스 ② 결합트래버스
③ 개방트래버스 ④ 집합트래버스

해설

개방트래버스는 임의점에서 시작하여 임의점으로 끝나는 가장 정도가 낮은 트래버스이다.

05 다음 설명 중 옳지 않은 것은?

① 결합 다각형이란 임의의 측점으로부터 시작하여 최종적으로 원점으로 되돌아가는 형태의 다각형을 말한다.
② 연속된 측점에 있어서 출발점과 최종점이 아무 관계가 없는 형태의 다각형은 개방 다각형이다.
③ 다각망의 종류로서는 X형, Y형, A형 등이 있다.
④ 다각 측량은 도로, 수로 등과 같은 좁고 긴 곳의 측량에 편리한다.

해설

①의 설명은 폐합트래버스(폐합다각형)을 말한다.

06 트래버스 측량의 각 관측방법 중 방위각법에 대한 설명으로 틀린 것은?

① 진북을 기준으로 어느 측선까지 시계 방향으로 측정하는 방법이다.
② 험준하고 복잡한 지역에서는 적합하지 않다.
③ 각각이 독립적으로 관측되므로 오차 발생 시, 각각의 오차는 이후의 측량에 영향이 없다.
④ 각 관측값의 계산과 제도가 편리하고 신속히 관측할 수 있다.

해설

1. 방위각법의 특징
   • 방위각은 진북을 기준으로 시계방향으로 관측하는 방법
   • 각 관측값의 계산과 제도가 편리
   • 험준하고 복잡한 지역은 부적합
   • 한 번 오차가 발생 시 계속 영향을 미침
2. 교각법의 특징
   • 반복법을 사용, 측각 정도를 높임
   • 각 측점마다 독립하여 측각하기 때문에 다른 각에 영향을 주지 않음

정답 01 ③ 02 ④ 03 ① 04 ③ 05 ① 06 ③

03 각 관측 오차

1. 폐합트래버스 오차

내각오차	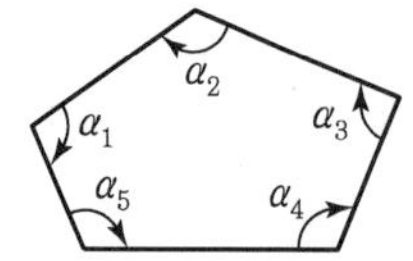 α_1 α_2 α_3 α_4 α_5	내각오차 $= \Sigma\alpha - 180°(n-2)$
외각오차	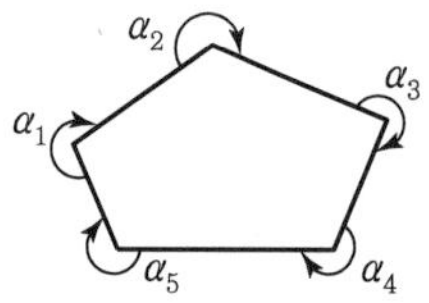 α_1 α_2 α_3 α_4 α_5	외각오차 $= \Sigma\alpha - 180°(n+2)$
편각오차	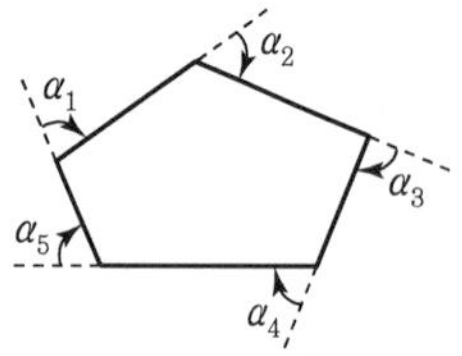 α_1 α_2 α_3 α_4 α_5	편각오차 $= \Sigma\alpha - 360°$

2. 결합트래버스 오차

모식도	결합트래버스 오차(E_α)
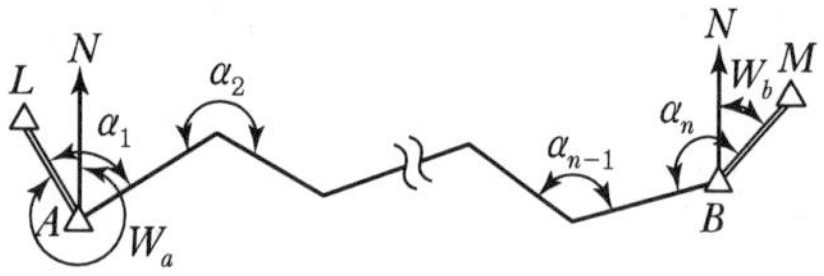 L N α_1 α_2 A W_a α_{n-1} α_n N W_b M B	$E_\alpha = W_a + \Sigma\alpha - 180°(n+1) - W_b$
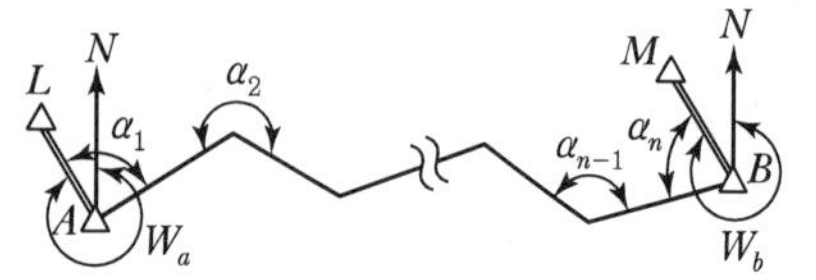 L N α_1 α_2 A W_a α_{n-1} α_n M N B W_b	$E_\alpha = W_a + \Sigma\alpha - 180°(n-1) - W_b$
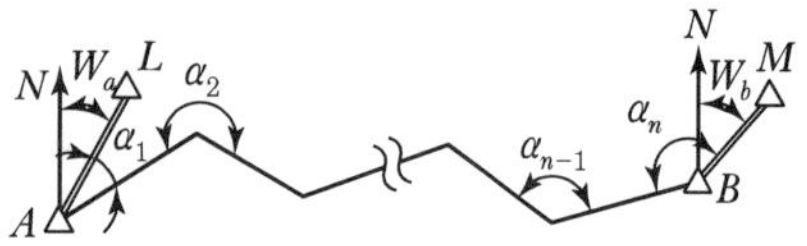 N W_a L α_1 α_2 A α_{n-1} α_n N W_b M B	$E_\alpha = W_a + \Sigma\alpha - 180°(n-1) - W_b$
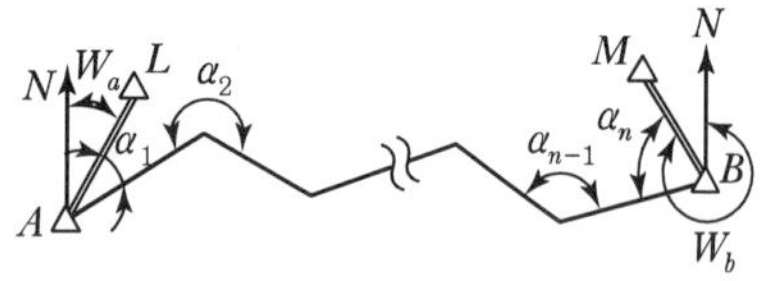 N W_a L α_1 α_2 A α_{n-1} α_n M N B W_b	$E_\alpha = W_a + \Sigma\alpha - 180°(n-3) - W_b$

GUIDE

- **폐합트래버스에서 내각 구하는 식**
  $180°(n-2)$
- **폐합트래버스에서 외각 구하는 식**
  $180°(n+2)$
- $\Sigma\alpha : \alpha_1 + \alpha_2 + \cdots + \alpha_n$
- n : 관측각의 수
- 폐합일 때 편각의 총합은 360°

- W_a : 첫측선 방위각
- $\Sigma\alpha : \alpha_1 + \alpha_2 + \cdots + \alpha_n$
- n : 관측각의 수
- W_b : 마지막측선 방위각

- **방위각**
  진북을 기준으로 시계방향으로 돌린 수평방향의 각
- 결합트래버스에서 오차의 조정은 등배분으로한다.

01 폐합트래버스측량에서 편각을 측정했을 때 측각오차를 구하는 식은?(단, n : 변수, $[\alpha]$: 측정 교각의 합)

① $[\alpha]-180°(n+2)$ ② $[\alpha]-180°(n-2)$
③ $[\alpha]-900°(n+4)$ ④ $[\alpha]-360°$

해설
- 내각관측 오차 $E=[\alpha]-180°(n-2)$
- 외각관측 오차 $E=[\alpha]-180°(n+2)$
- 편각관측 오차 $E=[\alpha]-360°$

02 총 측정 수가 18개인 폐합트래버스의 외각을 측정한 경우 총합은?

① 2,700° ② 2,800°
③ 3,420° ④ 3,600°

해설
외각총합 $=180(n+2)=180(18+2)=3,600°$

03 결합트래버스측량에서 그림과 같은 형태의 각관측 시 각관측오차(E_a) 식은?(단, W_a, W_b는 A, B에서의 방위각, $[\alpha]$는 교각의 합, n은 관측한 교각의 수)

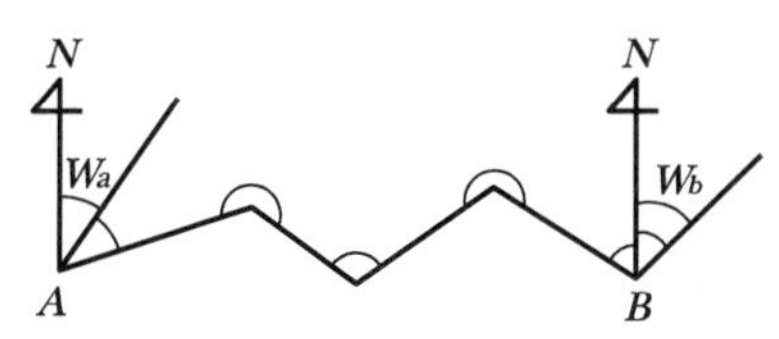

① $E_a = W_a - W_b + [\alpha] - 180(n+3)$
② $E_a = W_a - W_b + [\alpha] - 180(n-3)$
③ $E_a = W_a - W_b + [\alpha] - 180(n+1)$
④ $E_a = W_a - W_b + [\alpha] - 180(n-1)$

04 그림과 같은 결합측량 결과에서 측각 오차는?(단, $A_1=293°12'35''$, $\alpha_1=130°14'06''$, $\alpha_2=261°01'33''$, $\alpha_3=138°03'54''$, $\alpha_4=114°20'23''$, $A_n=36°52'11''$)

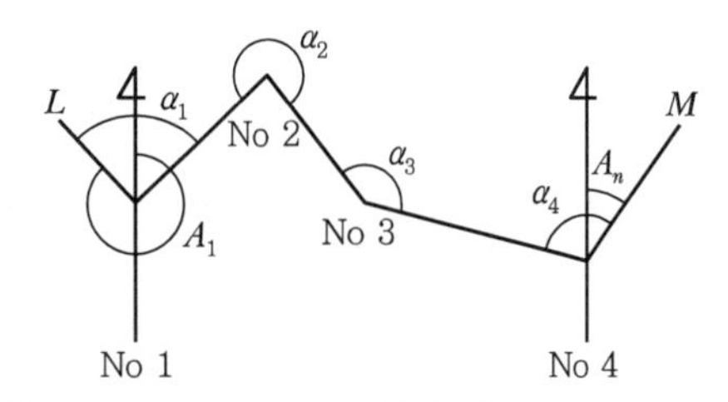

① 5″ ② 10″
③ 15″ ④ 20″

해설
- 관측오차$(E)=W_a+\Sigma\alpha-180°(n+1)-W_b$
- $E=293°12'35''+[643°39'56'']-180°(4+1)-36°52'11''$
  $=20''$

05 그림과 같은 결합 트래버스에서 측점 2의 조정량은?

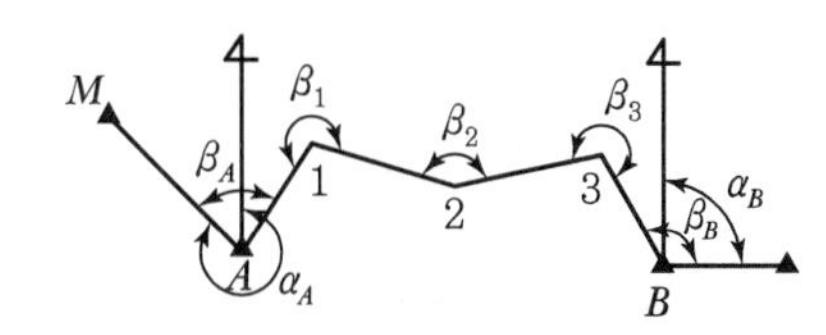

측점	측각(β)	평균방위각
A	68° 26′ 54″	α_A =325° 14′ 16″
1	239° 58′ 42″	
2	149° 49′ 18″	
3	269° 30′ 15″	
B	118° 36′ 36″	α_B =91° 35′ 46″
계	846° 21′ 45″	

① −2″ ② −3″
③ −5″ ④ −15″

해설
- 관측오차$(E)=W_a+\Sigma\alpha-180°(n+1)-W_b$
  $=325°\,14'\,16''+846°\,21'\,45''$
  $-180°(5+1)-91°\,35'\,46''=15''$
- 관측오차 $=+15''$(보정은 $-15''$)
- 보정량 $=-\dfrac{15''}{n}=-\dfrac{15''}{5}=-3''$

∴ 측점 2의 보정량은 $-3''$이다.

정답 01 ④ 02 ④ 03 ④ 04 ④ 05 ②

3. 각 관측 값의 허용오차 범위 및 오차 배분

허용오차의 범위		오차 배분	
시가지	$20\sqrt{n} \sim 30\sqrt{n}$ (초)	관측정도가 같을 때	오차를 각의 크기에 상관없이 등배분
평탄지	$30\sqrt{n} \sim 60\sqrt{n}$ (초)	관측값의 경중률이 다를 때	오차를 경중률에 비례해서 배분
산지	$\sim 90\sqrt{n}$ (초)		

• n : 측각 수, 관측점 수

04 방위각 및 방위

1. 방위각(수평각)의 정의

방위각의 정의	방위각
① 지표 위에 위치를 나타내는 좌표 중 하나이다. ② 진북 기준이며, 시계방향으로 돌린 수평각으로 표시한다. ③ BA방위각 = AB방위각 + 180 ④ 임의측선 방위각은 전측선의 방위각±180∓ 교각	별 남점 관측자 북점 수평면 동쪽으로 45° (방위각 45°)

• 방위각(α_o, 수평각), 연직각(β)

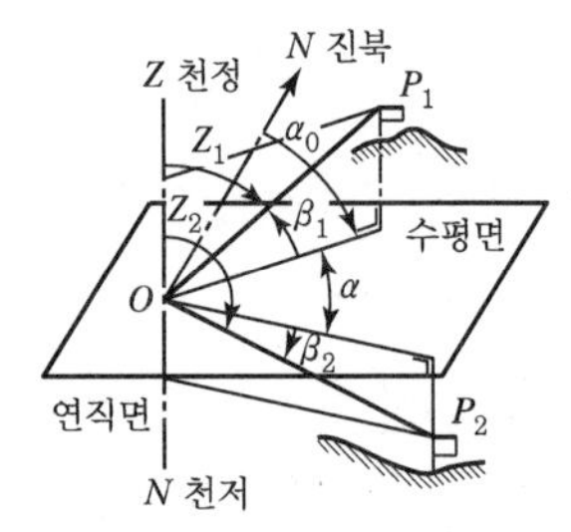

• 역방위각 = 방위각 + 180°

2. 방위각(수평각)의 종류

방위각 종류	방위각의 명칭
① (진북)방위각 : 진북을 기준 ② 도북방위각(방향각) : 도북을 기준 ③ 자북방위각 : 자북을 기준 ④ 진북방향각 : 도북과 진북의 차(도북기준) ⑤ 자오선수차 : 진북과 도북의 차(진북기준)	도북 자북 진북 ⑤ ④ ③ ② ① A
자오선 수차(γ)	**방향각(T)**
X' X' N P_4 $-\gamma$ $+\gamma$ α P_2 P_3 T $-Y$ T α P_1 $+Y$ O	① 측점이 원점의 동쪽에 위치 $T=\alpha-(+\gamma)$, $T=\alpha+(-\Delta)$ ② 측점이 원점의 서쪽에 위치 $T=\alpha-(-\gamma)$, $T=\alpha+(+\Delta)$ 측점이 원점의 동쪽에 있을 때 $+\gamma$, 서쪽에 있을 때 $-\gamma$

• 각의 명칭
① 진북 : 북극성이 있는 지리학적 북쪽 방향
② 자북 : 나침반이 지시하는 북쪽 방향
③ 도북 : 지도상의 북쪽방향

• 자오선수차(γ)
진북방향각(Δ)

01 산지에서 동일한 각관측의 정확도로 폐합트래버스를 관측한 결과 관측점 수가 11개이고 측각오차는 1′ 15″이었다면 어떻게 처리해야 하는가?(단, 산지의 오차한계는 $\pm 90'' \sqrt{n}$ 을 적용한다.)

① 오차가 1′ 이상이므로 재측하여야 한다.
② 관측각의 크기에 반비례하여 배분한다.
③ 관측각의 크기에 비례하여 배분한다.
④ 관측각의 크기에 상관없이 등분하여 배분한다.

해설

- 산지허용범위 $\pm 90'' \sqrt{n} = 90'' \sqrt{11} = 4' 58.5''$
- 측각오차(1′15″) < 허용오차(4′ 58.5″)
- 각의 크기에 상관없이 등배분

02 시가지에서 25변형 폐합트래버스측량을 한 결과 측각오차가 1′ 5″이었을 때, 이 오차의 처리는?(단, 시가지에서서의 허용오차 : $20'' \sqrt{n} \sim 30'' \sqrt{n}$, n : 트래버스의 측점 수, 각 측정의 정확도는 같다.)

① 오차를 각 내각에 균등배분 조정한다.
② 오차가 너무 크므로 재측(再測)을 하여야 한다.
③ 오차를 내각(內角)의 크기에 비례하여 배분 조정한다.
④ 오차를 내각(內角)의 크기에 반비례하여 배분 조정한다.

해설

- 시가지 허용범위 $= 20'' \sqrt{n} \sim 30'' \sqrt{n} = 20'' \sqrt{25} \sim 30'' \sqrt{25}$
$= 1'40'' \sim 2'30''$
- 측각오차(1′5″) < 허용범위(1′40″~2′30″)
- 관측오차를 등배분 조정

03 다음의 설명 중 틀린 것은?

① 적도를 기준으로 수평면상에서 동쪽으로 돌아가며 잰 각을 방위각이라 한다.
② 평면 직교좌표의 X축을 기준으로 하여 오른쪽으로 관측한 각을 방향각이라 한다.
③ 방위각과 방향각은 좌표원점에서 일치하며 원점에서 멀어질수록 그 차이가 커진다.
④ 자오선수차는 진북방향각과 절대값이 같다.

해설

- 방향각 : 도북을 기준으로 측선과 이루는 우회각
- 방위각 : 진북을 기준으로 측선과 이루는 우회각

04 다각측량의 각 관측값 오차배분에 대한 설명으로 옳지 않은 것은?

① 각 관측의 경중률이 다를 경우 그 오차는 경중률에 따라 달리 배분한다.
② 각 관측값의 오차가 허용범위보다 클 경우에는 다시 관측하여야 한다.
③ 각 관측의 정확도가 같을 때는 오차를 각의 크기에 비례하여 배분한다.
④ 관측변 길이의 역수에 비례하여 각각의 각에 배분한다.

해설

- 각 관측의 정확도(경중률)가 같을 때는 오차를 각의 크기에 관계없이 등배분
- 각 관측의 정확도(경중률)가 다를때는 오차를 경중률에 비례해서 배분

05 A점에서 B점에 대한 방향각 $T = 193°\ 20'\ 34''$인 경우, AB의 방위각은 다음 중 어느 것인가?(단, A점의 진북방향각은 서편 0°18′23″이다.)

① 193°38′57″ ② 193°02′11″
③ 21°38′57″ ④ 21°02′11″

해설

방위각(α) = 방향각(T) + 진북방향각(γ)
$= 193°20'34'' + 0°18'23'' = 193°38'57''$

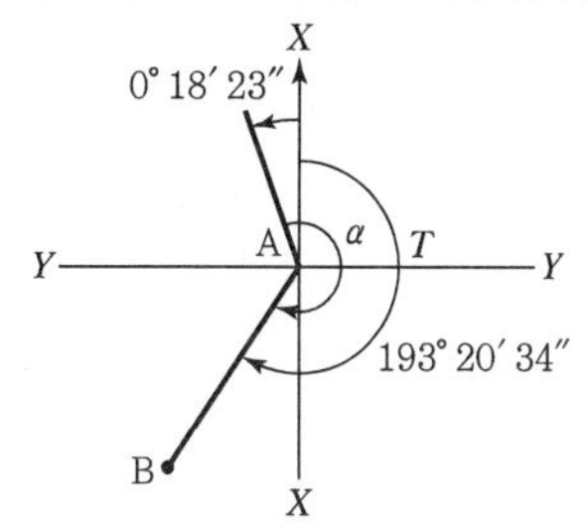

06 직선 AB의 방위각이 128°30′30″이었다면 직선 BA의 방위각은?

① 128°30′30″ ② 51°29′30″
③ 308°30′30″ ④ 358°29′30″

해설

- 역방위각 = 방위각 + 180°
- BA방위각 = 128°30′30″ + 180° = 308°30′30″

정답 01 ④ 02 ① 03 ① 04 ③ 05 ① 06 ③

3. 교각 관측 시 방위각 계산

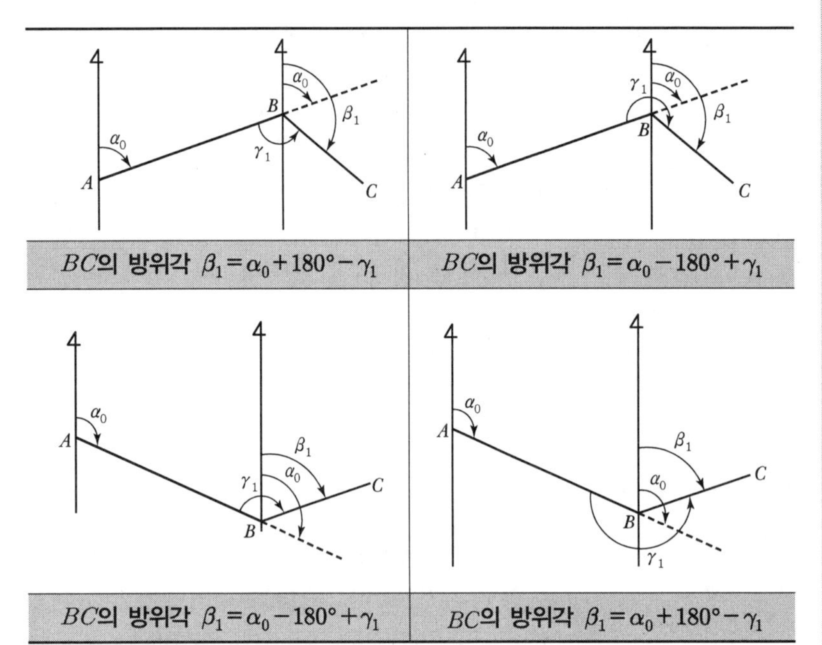

BC의 방위각 $\beta_1 = \alpha_0 + 180° - \gamma_1$	BC의 방위각 $\beta_1 = \alpha_0 - 180° + \gamma_1$
BC의 방위각 $\beta_1 = \alpha_0 - 180° + \gamma_1$	BC의 방위각 $\beta_1 = \alpha_0 + 180° - \gamma_1$

4. 편각 관측 시 방위각 계산

모식도	방위각 식
	① BC 방위각 $(\beta) = \alpha_0 + \alpha_1$ ② CD 방위각 $(\gamma) = \beta - \alpha_2$

5. 방위 계산

방위각	상 한	방 위	모식도
0°~90°	제1상한	N0°~90°E	
90°~180°	제2상한	S0°~90°E	
180°~270°	제3상한	S0°~90°W	
270°~360°	제4상한	N0°~90°W	

GUIDE

• 방위각 계산에서 부호결정

① 진행방향에서 교각이 우측방향에 있으면 +180°−교각

② 진행방향에서 교각이 좌측방향에 있으면 −180°+교각

• 방위각의 특징

① 방위각과 역방위각은 180도 차이

② 방위각에서 360도가 넘으면 360도를 빼준다.

③ 방위각이 음수(−)면 360도를 더해준다.

④ 임의측선 방위각은 전측선의 방위각 ±180 ∓ 교각

• 편각이 주어질 때

어느 측선의 방위각은 전측선방위각±그 측점 편각

• 시계방향 관측각은

(+)편각

• 반시계방향 관측각은

(−)편각

• 방위 계산

① 4개의 상한을 북(N), 남(S)을 기준으로 구획

② 동서남북을 E, W, S, N으로 구분하여 90도 이하의 각으로 표현

01 그림과 같은 측량 결과에서 BC 방위각은?

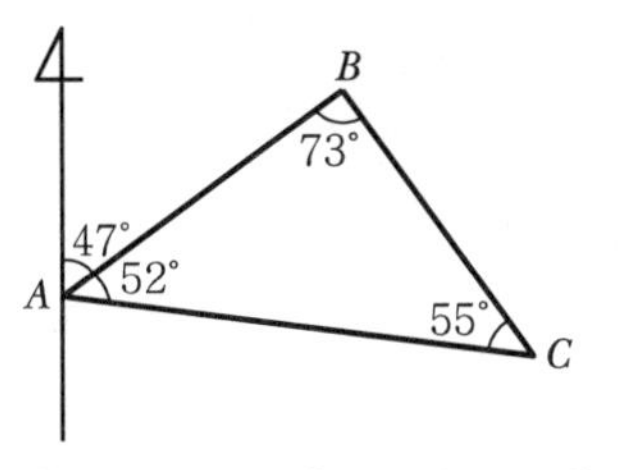

① 154° ② 137° ③ 128° ④ 121°

해설

BC의 방위각$=47°+180°-73°=154°$

02 그림과 같은 트래버스에서 $\overline{CD}$ 측선의 방위는?(단, $\overline{AB}$의 방위=N 82° 10′ E, $\angle ABC=$ 98°39′, ∠BCD=67°14′이다.)

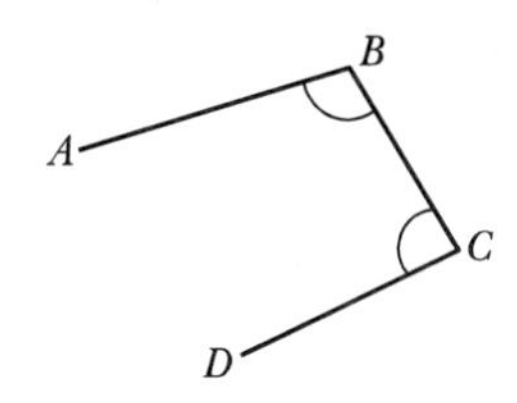

① S6° 17′ W ② S83° 43′ W
③ N6° 17′ W ④ N83° 43′ W

해설

- $\overline{AB}$ 방위각$=82°10'$
- $\overline{BC}$ 방위각$=82°10'+180°-98°39'=163°31'$
- $\overline{CD}$ 방위각$=163°31'+180°-67°14'=276°17'$
- $\overline{CD}$ 방위는 276°17′이 4상한이므로 N83°43′W

03 다음 다각 측량에서 $\overline{EF}$ 측선의 방위각은?

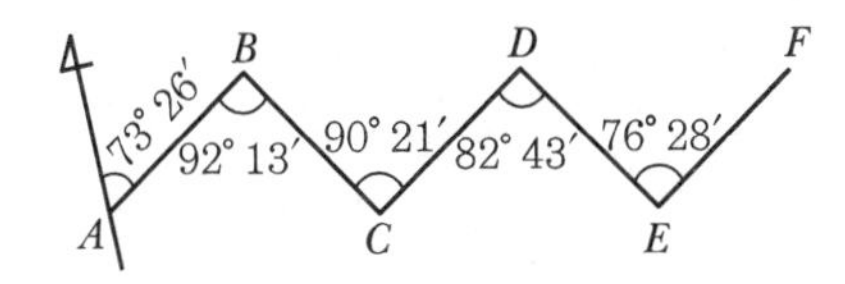

① 65°19′ ② 81°55′
③ 245°19′ ④ 261°55′

해설

진행방향으로 좌측각(+), 우측각(−)이 번갈아 있으므로 계산에 주의한다.

- $\overline{AB}$ 방위각$=73°26'$
- $\overline{BC}$ 방위각$=73°26'+180°-92°13'$(우)$=161°13'$
- $\overline{CD}$ 방위각$=161°13'-180°+90°21'$(좌)$=71°34'$
- $\overline{DE}$ 방위각$=71°34'+180°-82°43'$(우)$=168°51'$
- $\overline{EF}$ 방위각$=168°51'-180°+76°28'$(좌)$=65°19'$

04 방위각 100°에 대한 역방위는?

① S80° W ② N60° W
③ N80° W ④ S60° W

해설

- 100°는 2상한
- 역방위각$=$방위각$+180°=100°+180°=280°$
- 방위는 S80E, 역방위는 N80° W

05 방위각 260°의 역방위는 얼마인가?

① N80°E ② N80°W
③ S80°E ④ S80°W

해설

- 260°는 3상한
- 역방위각$=$방위각$+180°=260°+180°=80°$
- 방위는 S80°W, 역방위는 N80°E

06 $\overline{AB}$ 측선의 방위각이 50° 30′이고 그림과 같이 트래버스 측량을 한 결과, $\overline{CD}$ 측선의 방위각은?

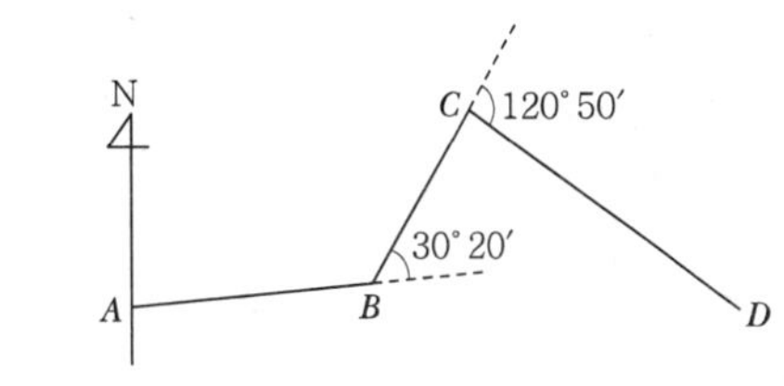

① 131° 00′ ② 141° 00′
③ 151° 00′ ④ 161° 00′

해설

- $\overline{AB}$ 방위각$=50°30'$
- $\overline{BC}$ 방위각$=50°30'-180°+(180°-30°20')=20°10'$
- $\overline{CD}$ 방위각$=20°10'+180°-(180°-120°50')=141°00'$

정답 01 ① 02 ④ 03 ① 04 ③ 05 ① 06 ②

05 위거 및 경거계산

1. 위거와 경거

모식도	위거	경거
	일정한 자오선에 대한 어떤 측선의 정사투영거리(위도차)	일정한 동서선에 대한 어떤 측선의 정사투영거리(경도차)
	위거 $= S\cos\theta$ (S : 측선의 길이 θ : 방위각)	경거 $= S\sin\theta$ (S : 측선의 길이 θ : 방위각)

GUIDE

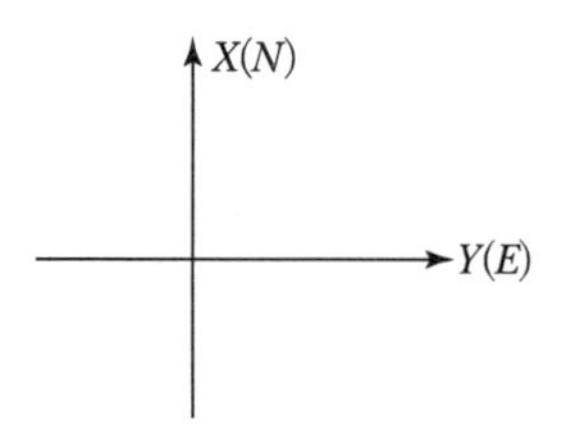

- 위거가 북쪽 향하면(+)
  위거가 남쪽 향하면(−)
- 경거가 동쪽 향하면(+)
  경거가 서쪽 향하면(−)

06 폐합오차와 폐합비

1. 폐합오차

폐합 트래버스	결합 트래버스
$E=\sqrt{(\Delta l)^2+(\Delta d)^2}$ $=\sqrt{위거오차^2+경거오차^2}$	$E=\sqrt{(\Delta l)^2+(\Delta d)^2}$ $\begin{cases}\Delta l=(X_1+\sum L)-X_n \\ \Delta d=(Y_1+\sum D)-Y_n\end{cases}$

- E : 폐합오차
- Δl : 위거오차
- Δd : 경거오차
- $X_n, (Y_n)$: X점(Y점)의 마지막좌표
- $X_1, (Y_1)$: X점(Y점)의 첫점좌표
- $\sum L$: 위거의 합
- $\sum D$: 경거의 합

2. 폐합비(결합비)

정도	$\dfrac{1}{m}=\dfrac{거리오차(\Delta l)}{실제거리(l)}=\dfrac{각의\ 오차(\theta'')}{라디안(\rho'')}$
폐합비	$\dfrac{1}{m}=\dfrac{폐합오차(E)}{총거리}=\dfrac{\sqrt{(\Delta l)^2+(\Delta d)^2}}{\sum l}=\dfrac{\sqrt{위거오차^2+경거오차^2}}{총거리}$

- Δl : 위거오차(위거합)
- Δd : 경거오차(경거합)

01 측선 길이가 100m, 방위각이 240°일 때 위거와 경거는?

① 위거 : 80.6m, 경거 : 50.0m
② 위거 : 50.0m, 경거 : 86.6m
③ 위거 : −86.6m, 경거 : −50.0m
④ 위거 : −50.0m, 경거 : −86.6m

해설

- 위거 $= S \cdot \cos\theta = 100 \times \cos 240° = -50$m
- 경거 $= S \cdot \sin\theta = 100 \times \sin 240° = -86.60$m

02 한 측선의 자오선(종축)과 이루는 각이 60°00′이고 계산된 측선의 위거가 −60m, 경거가 −103.92m일 때 이 측선의 방위와 거리는?

① 방위=S 60°00′ E, 거리=130m
② 방위=N 60°00′ E, 거리=130m
③ 방위=N 60°00′ W, 거리=120m
④ 방위=S 60°00′ W, 거리=120m

해설

- 방위=S 60° W
- 위거=거리×cos방위각
  $-60 =$ 거리$\times\cos(60° + 180°)$
  ∴ 거리=120m

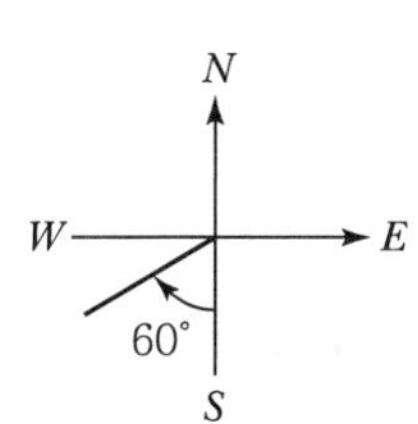

03 노선의 길이가 2.5km인 결합트래버스 측량에서 폐합비를 1/2,500로 제한할 때 허용되는 최대 폐합차는?

① 0.1m ② 0.4m ③ 0.5m ④ 1.0m

해설

폐합비$\left(\frac{1}{m}\right) = \frac{\text{폐합오차}}{\text{총 길이}}$, $\left(\frac{1}{2,500}\right) = \frac{\text{폐합오차}}{2,500}$

∴ 폐합오차$= \frac{2,500}{2,500} = 1$m

04 허용정밀도(폐합비)가 1 : 1,000인 평탄지에서 전진법으로 평판측량을 할 때 현장에서의 전체 측선 길이의 합이 400m이었다. 이 경우 폐합오차는 최대 얼마 이내로 하여야 하는가?

① 10cm ② 20cm ③ 30cm ④ 40cm

해설

$\frac{1}{m} = \frac{\Delta l}{l}$, $\frac{1}{1,000} = \frac{\Delta l}{400}$ ∴ $\Delta l = \frac{400}{1,000} = 0.4\text{m} = 40\text{cm}$

05 트래버스의 전체 연장이 1.7km이고 위거오차가 +0.40m, 경거오차가 −0.34m이었다면 폐합비는?

① $\frac{1}{3,186}$ ② $\frac{1}{4,156}$ ③ $\frac{1}{3,238}$ ④ $\frac{1}{6,168}$

해설

폐합비$= \frac{E}{\Sigma l} = \frac{\sqrt{0.4^2 + (-0.34)^2}}{1,700} = \frac{1}{3,238}$

06 다음 중 전체 측선의 길이가 900m인 다각망의 정밀도를 1/2,600으로 하기 위한 위거 및 경거의 폐합오차로 알맞은 것은?

① 위거오차 : 0.24m, 경거오차 : 0.25m
② 위거오차 : 0.26m, 경거오차 : 0.27m
③ 위거오차 : 0.28m, 경거오차 : 0.29m
④ 위거오차 : 0.30m, 경거오차 : 0.30m

해설

- $\frac{1}{m} = \frac{E}{\text{총길이}}$, $(E = \sqrt{\Delta l^2 + \Delta d^2})$
- E(폐합오차)$= \frac{\text{총길이}}{m} = \frac{900}{2,600} = 0.346$m
- $E = 0.346 = \sqrt{\Delta l^2 + \Delta d^2}$

∴①번만 이 식이 성립된다.

07 트래버스측량에서 거리관측의 허용오차를 1/10,000로 할 때, 이와 같은 정확도로 각 관측에 허용되는 오차는?

① 5″ ② 10″ ③ 20″ ④ 30″

해설

$\frac{1}{m} = \frac{\Delta l}{l} = \frac{\theta''}{\rho''}$ ∴ $\theta'' = \frac{1}{m} \times \rho'' = \frac{1}{10,000} \times 206,265'' = 20.63''$

정답 01 ④ 02 ④ 03 ④ 04 ④ 05 ③ 06 ① 07 ③

3. 폐합오차의 조정

컴퍼스 법칙	① 오차배분은 측선길이에 비례하여 실시한다. ② 각관측과 거리관측의 정도가 거의 같을 때 조정한다. ③ 데오돌라이트나 광파기에 의한 관측이 이루어질 경우에 적합하다.
	• 위거조정량 $=\dfrac{\text{조정할 측선거리}}{\text{전체거리}}\times$ 위거오차 • 경거조정량 $=\dfrac{\text{조정할 측선거리}}{\text{전체거리}}\times$ 경거오차
트랜싯 법칙	① 오차배분은 위거, 경거에 비례하여 실시한다. ② 각관측의 정밀도가 거리관측의 정밀도보다 높을 때 조정한다. ③ 스타디아측량에 의해 거리를 관측하는 경우에 적합하다.
	• 위거조정량 $=\dfrac{\text{조정할 측선위거}}{\text{위거절대값의 합}}\times$ 위거오차 • 경거조정량 $=\dfrac{\text{조정할 측선경거}}{\text{경거절대값의 합}}\times$ 경거오차

• 트래버스 측량결과가 허용범위 내에 있을 경우 계산에 의하여 완전히 폐합되도록 하여야 한다. 이러한 조정방법에는 컴퍼스 법칙과 트랜싯 법칙이 있다.

• **컴퍼스 법칙**
 – 각 정도≤거리 정도
 – 각관측보다 거리관측의 정밀도가 높을 때도 활용

• **트랜싯 법칙**
 각 정도>거리 정도

07 합위거(X좌표), 합경거(Y좌표)

1. 합위거(X좌표), 합경거(Y좌표)

모식도	합위거(X좌표), 합경거(Y좌표)
	① $x_2=x_1+L_1$(위거) $y_2=y_1+D_1$(경거) ② $x_3=x_2+L_2$(위거) $y_3=y_2+D_2$(경거)

• **합위거(X좌표) 구하는 법**
 ① $x_{\text{미지점}}=x_{\text{기지점}}+$ 위거
 ② 위거＝거리× $\cos\theta$
 (θ : 방위각)

• **합경거(Y좌표) 구하는 법**
 ① $y_{\text{미지점}}=y_{\text{기지점}}+$ 경거
 ② 경거＝거리 × $\sin\theta$
 (θ : 방위각)

2. 좌표가 주어졌을 때 거리와 방위각 계산

모식도	거리와 방위각
	① $AB=\sqrt{(x_B-x_A)^2+(y_B-y_A)^2}$
	② AB방위각$(\theta)=\tan^{-1}\left(\dfrac{y_B-y_A}{x_B-x_A}\right)$ $\left(\tan\theta=\dfrac{y_B-y_A}{x_B-x_A}=\dfrac{\text{경거}}{\text{위거}}\right)$

• 좌표로 방위각을 구할 때는 반드시 상한을 고려하여 결정

01 다각측량의 폐합오차 조정방법 중 트랜싯법칙에 대한 설명으로 옳은 것은?

① 각과 거리의 정밀도가 비슷할 때 실하는 방법이다.
② 각 측선의 길이에 비례하여 폐합오차를 배분한다.
③ 각 측선의 길이에 반비례하여 폐합오차를 배분한다.
④ 거리보다는 각의 정밀도가 높을 때 활용하는 방법이다.

해설

트랜싯법칙 : 각관측의 정밀도 > 거리관측의 정밀도

02 트래버스측량에서 발생된 폐합오차를 조정하는 방법 중의 하나인 컴퍼스 법칙(Compass Rule)의 오차배분방법에 대한 설명으로 옳은 것은?

① 트래버스 내각의 크기에 비례하여 배분한다.
② 트래버스 외각의 크기에 비례하여 배분한다.
③ 각 변의 위 · 경거에 비례하여 배분한다.
④ 각 변의 측선길이에 비례하여 배분한다.

해설

컴퍼스 법칙의 오차배분
- 오차배분은 측선길이에 비례하여 배분
- 각관측과 거리관측의 정도가 같을 때 조정

03 다각측량에서 A점의 좌표가 (100, 200)이고 측선 AB의 방위각이 240°, 길이가 100m일 때 B점의 좌표는?(단, 좌표의 단위는 m이다.)

① (−50, 113.4) ② (50, 113.4)
③ (−50, 13.4) ④ (50, −113.4)

해설

$X_B = X_A +$ 위거, $Y_B = Y_A +$ 경거
- $X_B = 100 + (100 \times \cos 240°) = 50\text{m}$
- $Y_B = 200 + (100 \times \sin 240°) = 113.39\text{m}$

04 그림과 같이 B점의 좌표를 구하기 위하여 기지점 A로부터 방향각 T와 거리 S를 측량하였다. B점의 좌표는?(단, A점의 좌표 (100, 200), 방향각 T는 58°30′00″, 거리 S는 200m이고 좌표의 단위는 m이다.)

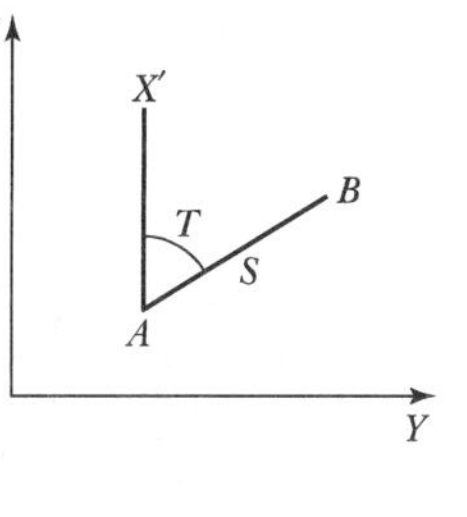

① (104.5, 170.5) ② (170.5, 104.5)
③ (370.5, 204.5) ④ (204.5, 370.5)

해설

- $X_B = X_A + S\cos T$
  $Y_B = Y_A + S\sin T$
- $X_B = 100 + 200 \times \cos 58°30' = 204.5\text{m}$
  $Y_B = 200 + 200 \times \sin 58°30' = 370.5\text{m}$

05 A의 좌표가($x = 3,120.26\text{m}$, $y = 4,216.32\text{m}$)이고, B의 좌표가($x = 1,829.54\text{m}$, $y = 3,833.82\text{m}$)일 때 $\overline{\text{BA}}$의 방향각은?

① 16° 30′ 25″ ② 163° 29′ 39″
③ 196° 30′ 25″ ④ 343° 29′ 39″

해설

- $\tan\theta = \dfrac{y_A - y_B}{x_A - x_B} = \dfrac{4216.32 - 3833.82}{3120.26 - 1829.54} = \dfrac{382.5}{1290.72}$
- $\theta = \tan^{-1}\left(\dfrac{382.5}{1290.72}\right) = 16°30'25.17''$(1상한)

06 평면직각좌표에서 A점의 좌표 $X_A = 74.544\text{m}$, $Y_A = 36.654\text{m}$이고 B점의 좌표 $X_B = -52.271\text{m}$, $Y_B = -81.265\text{m}$일 때 AB선의 방위각은?

① 42°55′06″ ② 47°04′54″
③ 222°55′06″ ④ 227°04′54″

해설

- $\theta = \tan^{-1}\left(\dfrac{-81.265 - 36.654}{-52.271 - 74.544}\right) = \tan^{-1}\left(\dfrac{-117.919}{-126.815}\right)$
  $= 42°55'5.64''$(3상한)
- 방위각 $= 180° + 42°55'5.64''$
  $= 222°55'5.64'' = 222°55'06''$

정답 01 ④ 02 ④ 03 ② 04 ④ 05 ① 06 ③

08 면적계산(폐합트래버스)

1. 배횡거

배횡거의 정의	배횡거
어떤 측선의 중점으로부터 기준선(남북 자오선)에 내린 수선의 길이를 횡거라 하며 횡거의 2배를 배횡거라 한다.	① 제1측선의 배횡거 = 제1측선의 경거 ② 임의 측선의 배횡거는 전측선 배횡거 + 앞측선 경거 + 그 측선 경거

2. 배횡거 계산

측선	위거	경거	배횡거
AB		①	① (1측선 배횡거 = 1측선 경거)
BC		②	①+①+②=④
CA		③	④+②+③

3. 배면적과 면적

배면적	면적
① 각각의 배횡거와 위거의 곱의 합 ② Σ(배횡거 × 위거)	① 배면적의 반 ② $\frac{1}{2}\Sigma(\text{배횡거} \times \text{위거})$

4. 면적 계산

측선	위거	경거	배횡거	배면적
AB	①		④	①×④=4
BC	②		⑤	②×⑤=10
CA	③		⑥	③×⑥=18
합계				Σ=32
면적	$\frac{\Sigma(\text{배횡거} \times \text{위거})}{2} = \frac{32}{2} = 16$			

GUIDE

- 횡거 = $\frac{\text{배횡거}}{2}$
- 방위각 = $\tan^{-1}\left(\frac{\text{경거}}{\text{위거}}\right)$마지막 측선 경거
- 경거오차 = 0
  |마지막 측선배횡거| = |마지막 측선 경거|

- **임의 측선 배횡거**
  전측선 배횡거 + 전측선 경거 + 그 측선 경거

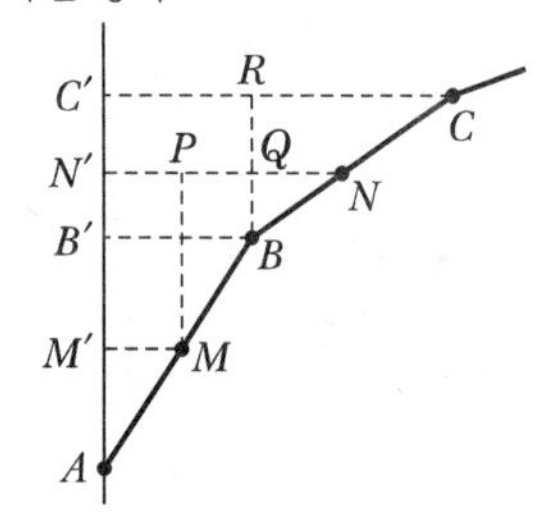

① M : AB의 중점,
MM' : AB의 횡거
② N : BC의 중점,
NN' : BC의 횡거
③ AB' : AB의 위거,
BB' : AB의 경거

- **면적 계산**
  $\frac{1}{2}\Sigma(\text{배횡거} \times \text{위거})$

01 폐합트래버스 측량의 내업을 하기 위하여 각 측선의 경거, 위거를 계산한 결과 측선 34의 자료가 없었다. 측선 34의 방위각은?(단, 폐합오차는 없는 것으로 가정한다.)

측 선	위거(m)		경거(m)	
	N	S	E	W
12		2.33		8.55
23	17.87			7.03
34				
41		20.19	5.97	

① 64°10′44″　② 15°49′14″
③ 244°10′44″　④ 115°49′14″

해설

측선	위거(m)		경거(m)	
	N	S	E	W
12		2.33		8.55
23	17.87			7.03
34	4.65		9.61	
41		20.19	5.97	

- 위거, 경거의 총합은 0(폐합오차는 0)
- 34 방위각$(\tan\theta) = \dfrac{\text{경거}(D)}{\text{위거}(L)}$

$$\theta = \tan^{-1}\left(\frac{D}{L}\right) = \tan^{-1}\left(\frac{9.61}{4.65}\right) = 64°10'44.43''$$

02 어떤 측선의 배횡거를 구하는 방법으로 옳은 것은?

① 전 측선의 배횡거+전 측선의 경거+그 측선의 경거
② 전 측선의 횡거+전 측선의 경거+그 측선의 횡거
③ 전 측선의 횡거+전 측선의 경거+그 측선의 경거
④ 전 측선의 배횡거+전 측선의 경거+그 측선의 횡거

해설

임의 측선의 배횡거
전 측선의 배횡거+전 측선의 경거+그 측선의 경거

03 폐합트래버스의 경·위거 계산에서 CD 측선의 배횡거는?

측선	위거(m)	경거(m)	배횡거
AB	+65.39	+83.57	
BC	−34.57	+19.68	
CD	−65.43	−40.60	
DA	+34.61	−62.65	

① 62.65m　② 103.25m
③ 125.30m　④ 165.90m

해설

- AB 측선의 배횡거=83.57
- BC 측선의 배횡거=83.57+83.57+19.68=186.82
- CD 측선의 배횡거=186.82+19.68−40.60=165.9
- DA 측선의 배횡거=62.65

04 트래버스 측량에 의해 다음과 같은 결과를 얻었다. 측선 34의 횡거는?

측선	위거(m)	경거(m)	배횡거
12	123.50	61.44	61.44
23	−118.66	66.38	
34	34.21	−51.26	

① 102.19m　② 189.26m
③ 204.38m　④ 361.850m

해설

- 23측선의 배횡거=61.44+61.44+66.38=189.26
- 34측선의 배횡거=189.26+66.38−51.26=204.38
- 34측선의 횡거$= \dfrac{\text{배횡거}}{2} = \dfrac{204.38}{2} = 102.19\text{m}$

05 다음 트래버스 측량계산에서 면적은 얼마인가?

측선	위거(m)	경거(m)
AB	+112.83	+80.41
BC	−185.47	+106.27
CA	+72.64	−186.68

① 12,098.84m²　② 13,452.04m²
③ 24,197.68m²　④ 26,904.08m²

해설

측선	위거	경거	배횡거	배면적
AB	112.83	80.41	80.41	9072.6603
BC	−185.47	106.27	267.09	−49537.1823
CA	72.64	−186.68	186.68	13560.4352

$$\therefore \text{면적} = \frac{|\Sigma\ \text{배면적}|}{2} = \frac{|-26{,}904.08|}{2} = 13{,}452.04\text{m}^2$$

정답　01 ①　02 ①　03 ④　04 ①　05 ②

CHAPTER 04 실 / 전 / 문 / 제

01 다음은 다각측량의 특징을 서술한 것으로 다각측량의 특징에 해당되지 않는 것은?

① 복잡한 시가지나 지형의 기복이 심해 시준이 어려운 지역의 측량에 적합하다.
② 도로, 수로, 철도와 같이 폭이 좁고 긴 지역의 측량에 편리하다.
③ 국가 평면 기준점 결정에 이용되는 측량이다.
④ 거리와 각을 관측하여 도식 해법에 의하여 모든 점의 위치를 결정할 때 편리하다.

해설

국가 평면 기준점은 정밀하여야 하므로 주로 삼각측량을 이용한다.

02 트래버스측량을 실시하는 목적으로서 가장 적당한 것은?

① 방위각 계산　② 좌표의 결정
③ 면적의 계산　④ 방향의 결정

해설

트래버스측량은 골조(골격)측량으로 주목적은 점 위치를 구하는 작업, 즉 좌표의 결정이다.

03 한 측점에서 출발하여 트래버스를 만들면서 최후에 다시 출발점에 되돌아오는 트래버스는?

① 결합 트래버스　② 개방 트래버스
③ 폐합 트래버스　④ 트래버스망

해설

㉠ 폐합 트래버스 : 한 측점에서 출발하여 다시 시작점에 폐합시키는 트래버스
㉡ 결합 트래버스 : 한 기지점에서 출발하여 다른 기지점에 결합시키는 트래버스
㉢ 개방 트래버스 : 임의점에서 시작하여 다른 임의점에 끝나는 트래버스

04 다각측량에 의하여 기준점의 위치를 결정하는데 가장 좋은 방법은?

① 한 삼각점에서 다른 삼각점에 결합하는 트래버스
② 임의의 점에서 삼각점에 결합하는 트래버스
③ 정도가 높은 삼각점에서 출발하는 개방 트래버스
④ 삼각점에서 동일 삼각점에 폐합하는 폐합 트래버스

해설

한 삼각점에서 다른 삼각점에 결합시키는 결합 트래버스가 가장 정도가 높다.

05 트래버스측량 선점에 대한 유의사항으로 부적당한 것은?

① 좁은 지역은 결합 트래버스, 넓은 지역은 폐합 트래버스로 할 것
② 견고하고 관측이 용이할 것
③ 세부 측량 시 이용이 편리하게 할 것
④ 교통으로 인한 측정 장해가 없도록 할 것

해설

넓은 지역은 결합 트래버스로 하고, 좁은 지역은 폐합 트래버스로 한다.

06 다각측량의 순서 중 옳은 것은?

① 답사 → 선점 → 조표 → 거리관측 → 각관측 → 계산
② 선점 → 관측 → 답사 → 방향각 측정 → 계산
③ 관측 → 선점 → 방위각 관측 → 답사 → 계산
④ 방위각 측정 → 관측 → 조표 → 답사 → 선점 → 계산

해설

트래버스 측량의 순서
답사 → 선점 → 조표 → 관측 → 방위각 측정 → 계산 → 제도점간의 총 거리는 짧도록 한다.

정답　01 ③　02 ②　03 ③　04 ①　05 ①　06 ①

07 관측점 10점인 폐합 트래버스의 내각의 합은 몇 도인가?

① 180° ② 360°
③ 1,440° ④ 2,160°

해설

내각의 합은 $180(n-2)$이다.
따라서, $180(10-2)=1{,}440°$

08 다각측량에서 수평각의 관측 방법 중 일명 협각법이라고도 하며, 어떤 측선이 그 앞의 측선과 이루는 각을 관측하는 방법을 무엇이라 하는가?

① 배각법 ② 편각법
③ 고정법 ④ 교각법

해설

- 교각법 : 협각법이라고도 하며, 어떤 측선이 앞 측선과 이루는 각을 관측하는 방법이다.
- 편각법 : 각 측선이 앞 측선의 연장선과 만든 각을 편각이라 한다.

09 폐합 트래버스측량에 있어서 외측 교각을 측정했을 때 외각의 총화는 얼마인가?(단, n은 측각수이다.)

① $(n-2)\times180°$ ② $(n-4)\times180°$
③ $(n+2)\times180°$ ④ $(n+4)\times180°$

해설

폐합 트래버스
㉠ 내각의 총화$=180°(n-2)$
㉡ 외각의 총화$=180°(n+2)$
㉢ 편각의 총화$=\pm360°$
∴ n은 측각수(변수)

10 편각을 측정한 폐합 트래버스(측점수 : n)에 있어서 편각의 합은 얼마인가?

① $(n-1)\times180°$ ② $(n-2)\times180°$
③ $n\times180°$ ④ 360°

해설

삼각형 내각의 합은 180°이므로
그림의 편각 a, b, c에서

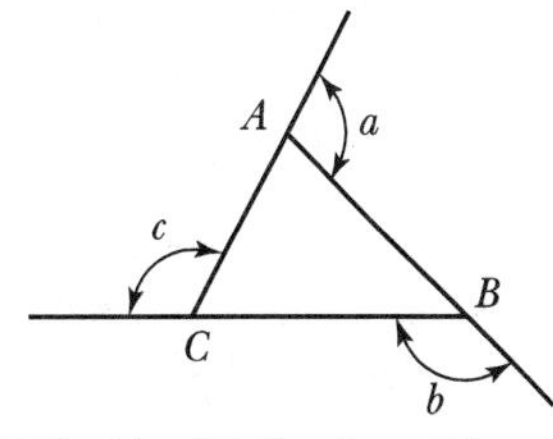

$(180°-a)+(180°-b)+(180°-c)=180°$
∴ $a+b+c=360°$

11 n 다각형에서 외각의 총합과 내각의 총합차이는 얼마인가?

① 180° ② 90°
③ 720° ④ 360°

해설

외각의 총합$=180°(n+2)$
내각의 총합$=180°(n-2)$
∴ 차이$=180°(n+2)-[180°(n-2)]$
$=180°\cdot n+360°-180°\cdot n+360°$
$=720°$

12 그림과 같은 트래버스에 있어서 A 또는 B점에서 각각 AL 및 BM의 방향각이 기지일 때 측각 오차를 표시하는 식은?(단, $[a]$: 교각의 총화, n : 측각수)

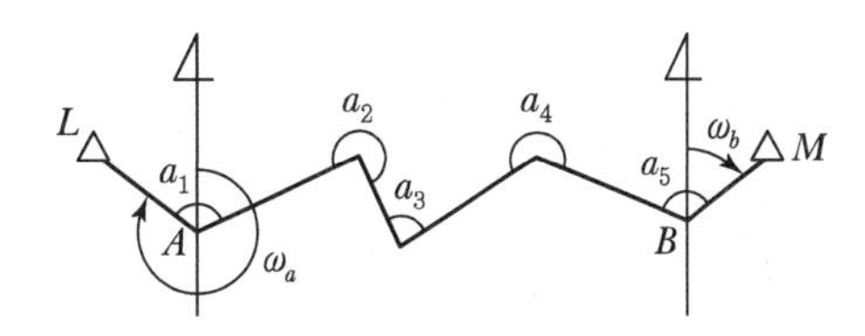

정답 07 ③ 08 ④ 09 ③ 10 ④ 11 ③ 12 ②

① $\Delta\alpha = \omega_a - \omega_b + [a] - 180°(n-1)$

② $\Delta\alpha = \omega_a - \omega_b + [a] - 180°(n+1)$

③ $\Delta\alpha = \omega_a - \omega_b + [a] - 180°(n-3)$

④ $\Delta\alpha = \omega_a - \omega_b + [a] - 180°(n+3)$

해설

그림과 같이 L, M점이 기준선(자오선) 안쪽 또는 바깥쪽에 있을 때를 암기하면 편리하다.
(ω_a : AL 방위각, ω_b : BM 방위각, $[a]$: 교각의 총화, n : 측각수)

㉠ $\Delta\alpha = \omega_a + [a] - 180°(n+1) - \omega_b$

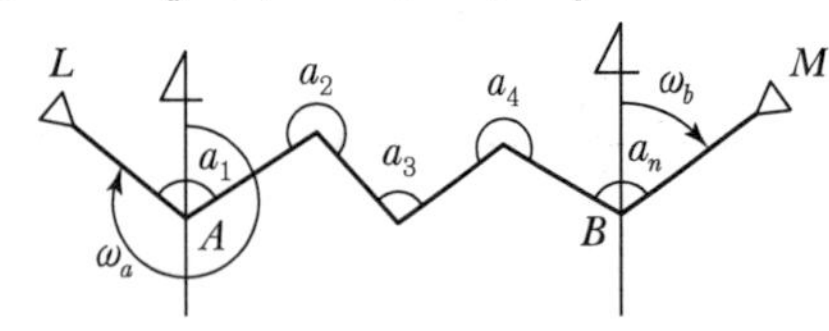

㉡ $\Delta\alpha = \omega_a + [a] - 180°(n-1) - \omega_b$

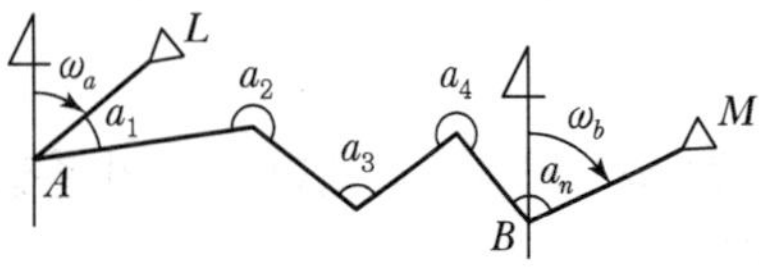

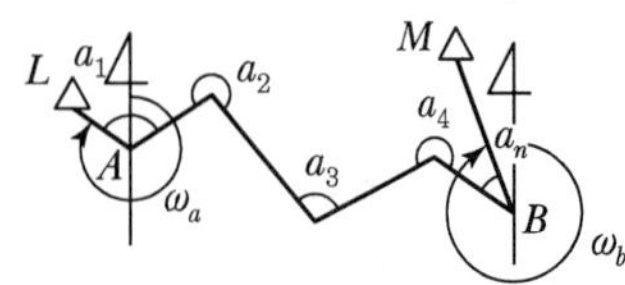

㉢ $\Delta\alpha = \omega_a + [a] - 180°(n-3) - \omega_b$

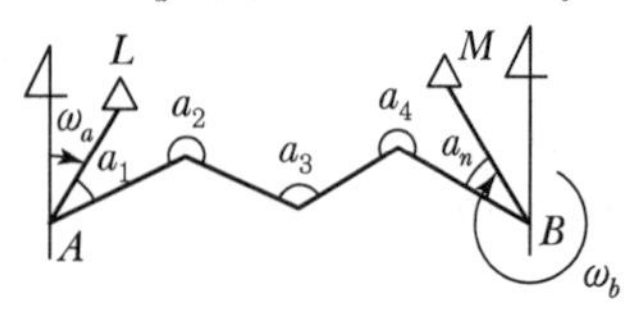

13 다음 트래버스에서 AL 측선의 방위각이 19°48′26″, BM 측선의 방위각이 310°36′43″, 내각의 총화가 1,190°47′22″일 때 측각 오차는?

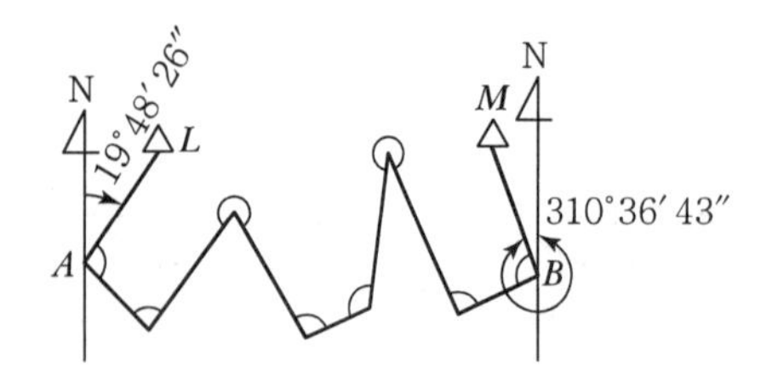

① −15″　② −30″

③ −45″　④ −55″

해설

L, M이 기준선 안쪽에 있으므로 $(n-3)$이다. 또한 측각수 n은 8개이다.

$\therefore \Delta\alpha = \omega_a + [a] - 180°(n-3) - \omega_b$
$= 19°48'26'' + 1190°47'22'' - 180°(8-3) - 310°36'43''$
$= -55''$

14 다각측량에서 1각의 오차가 10″인 9개의 각이 있을 경우에 그 각 오차의 총합은?

① 10″　② 20″

③ 40″　④ 30″

해설

다각측량에서의 측각 오차는 측각수(n)의 제곱근($\sqrt{\ }$)에 비례한다. 즉, 1각의 오차를 ε_a라고 하면

$\Delta\alpha = \varepsilon_a\sqrt{n} = 10''\sqrt{9} = 30''$

15 같은 트래버스 중에서 80m 측선의 상차는 20m 측선의 상차에 몇 배가 된다고 생각하는 것이 적당한가?

① 2배　② 4배

③ 6배　④ 부정

해설

상차(우연오차)는 거리의 제곱근($\sqrt{\ }$)에 비례하므로 20m의 상차를 1로 하면

$\sqrt{20\text{m}} : \sqrt{80\text{m}} = 1 : x$

$\therefore x = \dfrac{\sqrt{80}\times 1}{\sqrt{20}} = 2$

16 보통 평지에서 트래버스의 측각오차의 허용범위는 얼마인가?(단, n은 변수이다.)

① $1.5\sqrt{n}$분

② $1.0\sqrt{n} \sim 0.5\sqrt{n}$분

③ $3.0\sqrt{n}$분 $\sim 2.0\sqrt{n}$분

④ $2.0\sqrt{n}$분 $\sim 1.0\sqrt{n}$분

정답　13 ④　14 ④　15 ①　16 ②

해설

트래버스측량의 허용 오차 한계

㉠ 시가지 : $20''\sqrt{n} \sim 30''\sqrt{n}$

㉡ 평지 : $0.5'\sqrt{n} \sim 1'\sqrt{n} = 30''\sqrt{n} \sim 60''\sqrt{n}$

㉢ 산지 : $1.5'\sqrt{n} = 90''\sqrt{n}$

17 트래버스측량에서 측각오차가 허용 범위 이내일 때 분배하는 방법이 아닌 것은?

① 경중률이 다를 경우 경중률에 비례하여 배분한다.
② 각의 크기에 비례하여 배분한다.
③ 각의 크기에 관계없이 등분배한다.
④ 변길이의 역수에 비례하여 각각에 배분한다.

해설

측각오차가 허용 범위를 넘으면 재측, 허용 범위 이내이면 다음과 같이 분배한다.

㉠ 같은 정도일 때 각의 크기에 관계없이 등분배한다.
㉡ 경중률이 다르면 경중률에 비례하여 분배한다.
㉢ 변길이의 역수에 비례하여 분배한다.

18 시가지에서 16변형 트래버스측량을 해서 측각 오차가 1′40″이다. 어떻게 처리해야 되나?

① 오차가 허용 오차 이상이므로 재측한다.
② 각의 크기에 비례하여 배분한다.
③ 각각에 균등 배분한다.
④ 변장에 비례 배분한다.

해설

시가지 허용 오차$= 20''\sqrt{n} \sim 30''\sqrt{n}$

$= 20''\sqrt{16} \sim 30''\sqrt{16}$

$= 80'' \sim 120'' = 1'20'' \sim 2'$

따라서 측각 오차 1′40″는 허용 범위 안에 들어가므로 등분배하면 된다.

19 방위각의 설명 중 옳은 것은?

① 진북을 기준으로 한 방향각이다.
② 자북을 기준으로 한 방향각이다.
③ 임의의 방향을 기준으로 한 방향각이다.
④ 지구의 회전축을 기준으로 한 방향각이다.

해설

어느 지점에서의 진북은 그 지점을 지나는 자오선(남 · 북극을 지나는 상상의 선)이다. 방위각은 자오선을 기준으로 하여 시계 방향으로 돌린 방향각이다.

20 그림과 같이 다각형을 교각법으로 측정한 결과 CD 측선의 방위각은?

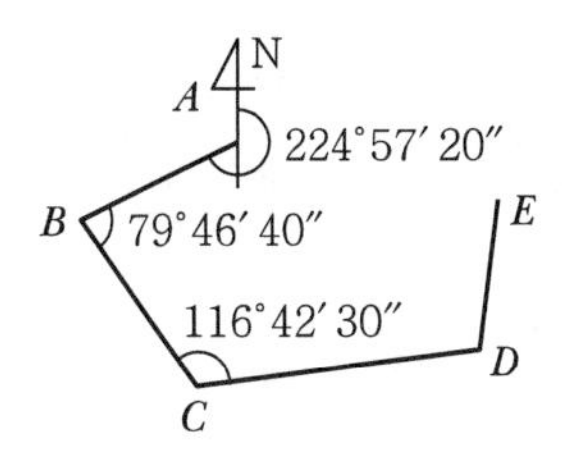

① 61°26′30″　② 61°27′30″
③ 60°26′27″　④ 60°27′27″

해설

AB 방위각$=224°57'20''$

BC 방위각$=224°57'20''-180°+79°46'40''$
$=124°44'0''$

CD 방위각$=124°44'0''-180°+116°42'30''$
$=61°26'30''$

21 다음 트래버스에서 BC 측선의 방위각은?

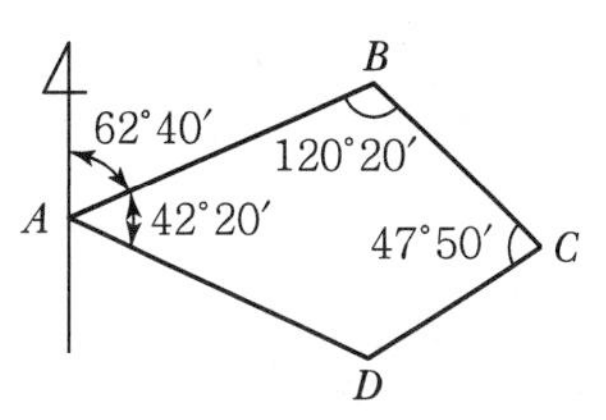

① 120°20′　② 242°40′
③ 122°20′　④ 3°00′

해설

계산 진행 방향으로 가면서 우측에 각(우측각－)이 있다.

따라서, AB 방위각$=62°40'$

BC 방위각$=62°40'+180°-120°20'=122°20'$

정답　17 ②　18 ③　19 ①　20 ①　21 ③

22 △ABC에서 AB의 방위각이 50°30′20″일 때, 방위각 CA는?(단, ∠A=80°12′10″, ∠B=67°37′10″, ∠C=32°10′40″이다.)

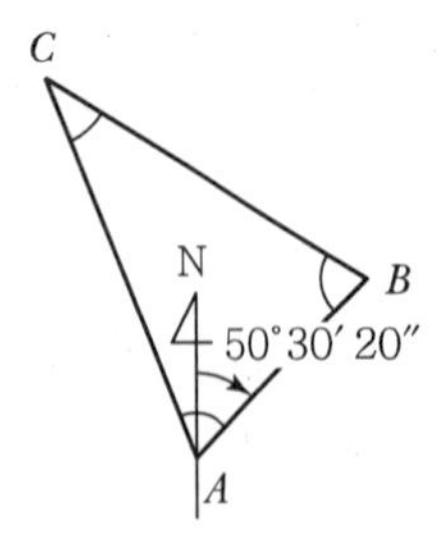

① 160°18′10″ ② 150°18′10″
③ 150°18′20″ ④ 160°18′20″

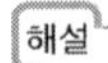

계산 진행 방향으로 가면서 좌측에 각(좌측각+)이 있다.
AB 방위각=50°30′20″
BC 방위각=50°30′20″−180°+67°37′10″
=−61°52′30″+360°=298°7′30″
CA 방위각=298°7′30″−180°+32°10′40″=150°18′10″

23 다음 그림에서 BC의 방위각은?(단, AB의 방위각은 115°25′20″, α=66°17′12″, γ=56°18′16″)

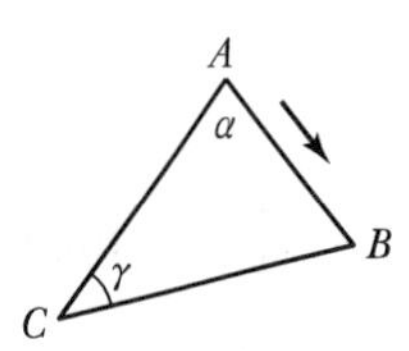

① 50°00′48″ ② 121°59′12″
③ 148°09′12″ ④ 238°00′48″

해설

∠β=180°−(α+γ)=57°24′32″

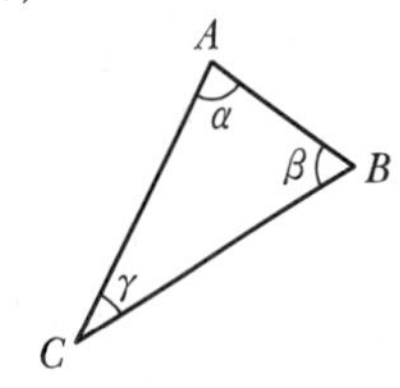

AB 방위각=115°25′20″
BC 방위각=115°25′20″+180°−57°24′32″(우)=238°00′48″

24 다음 그림에서 측선 ED의 방위각은?

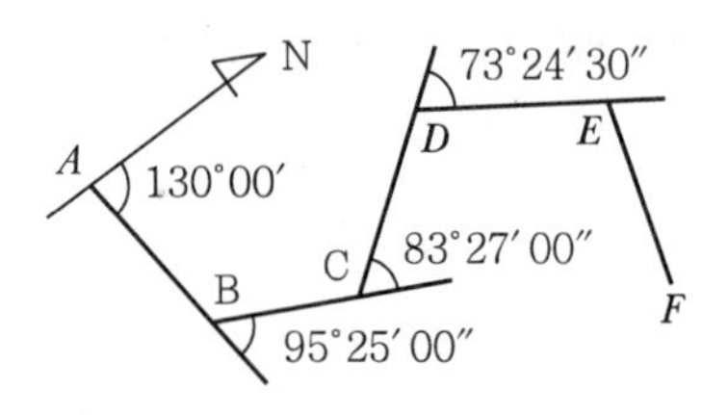

① 42°32′30″ ② 204°32′30″
③ 317°27′30″ ④ 137°27′30″

해설

편각 측정이므로 전 측선의 방위각에 ±편각(좌편각−, 우편각+)만 하면 된다.
㉠ AB 측선의 방위각=130°00′
㉡ BC 측선의 방위각=130°00′−95°25′00″(좌)
=34°35′00″
㉢ CD 측선의 방위각=34°35′00″−83°27′00″(좌)
=−48°52′00″+360°
=311°08′00″
㉣ DE 측선의 방위각=311°08′00″+73°24′30″(우)
=384°32′30″−360°
=24°32′30″
∴ DE에서 ED 측선은 역방위각이므로
24°32′30″+180°=204°32′30″

25 다음 측선 OA의 방위는?

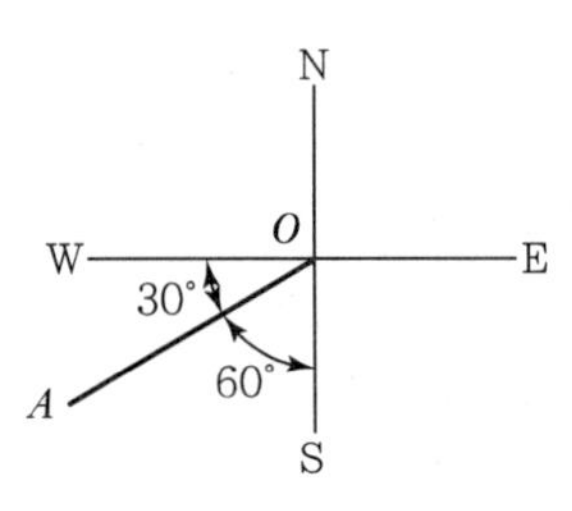

① S60°W ② W60°S
③ S30°W ④ W30°S

해설

방위 θ는 0° ≤θ≤ 90°, 또한 N, S를 기준으로 하여 측선과의 사이각으로 표시한다. 따라서 OA는 3상한이므로 S60°W가 맞다.

정답 22 ② 23 ④ 24 ② 25 ①

26 방위 N43°20′E의 역방위는?

① N43°20′E ② S43°20′W
③ N43°20′W ④ S43°20′E

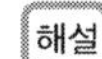

역방위각 = 방위각 + 180°
∴ N43°20′E의 역방위는 부호만 바뀐다.
즉, S43°20′W

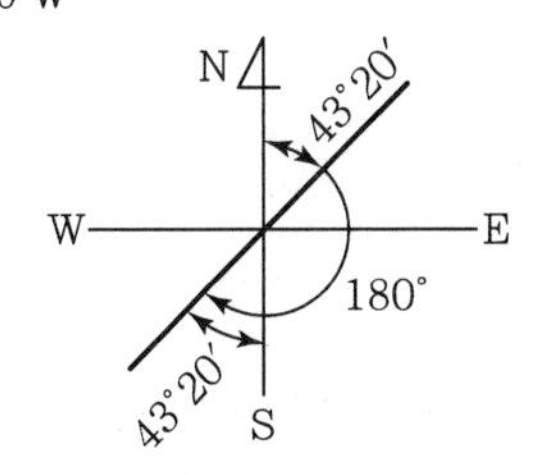

27 A점의 좌표가 (328, 110)이고, B점의 좌표가 (734, 589)일 때 두 점의 수평거리는?(단위는 m임)

① 440.99m ② 442.50m
③ 627.91m ④ 629.71m

해설

두 점의 좌표가 주어졌을 때 거리 구하는 식

$$AB = \sqrt{(X_B - X_A)^2 + (Y_B - Y_A)^2}$$
$$= \sqrt{(734-328)^2 + (589-110)^2}$$
$$= 627.91\text{m}$$

28 좌표 원점을 중심으로 $X = 150.25\text{m}$, $Y = -50.48\text{m}$일 때의 방위는?

① N 71°25′W ② N 18°34′W
③ N 71°25′E ④ N 18°34′E

해설

$$\tan\theta = \frac{Y}{X} = \frac{50.48}{150.25} \fallingdotseq 0.336$$

∴ $\theta = 18°34'21''$
따라서 4상한이므로 N 18°34′W

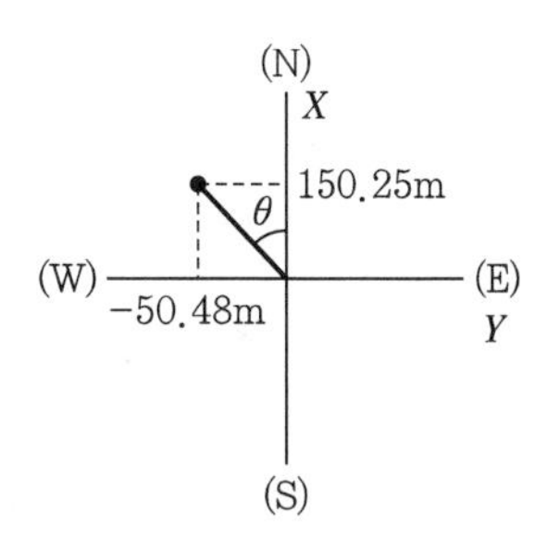

29 다음 그림에서 측선 CD의 방위는 얼마인가?

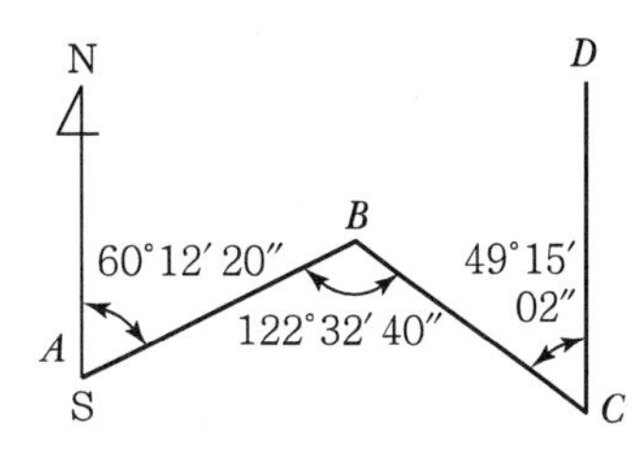

① N 13°05′18″E ② N 13°05′18″W
③ N 8°27′13″W ④ N 8°27′13″E

해설

먼저 CD 측선의 방위각을 구한다.
AB 방위각 = 60°12′20″
BC 방위각 = 60°12′20″ + 180° − 122°32′40″(우)
= 117°39′40″
CD 방위각 = 117°39′40″ − 180° + 49°15′02″(좌)
= 346°54′42″
따라서 CD 방위는 4상한이므로
N (360° − 346°54′42″)W = N 13°05′18″ W

30 A점에서 B점에 대한 방향각 $T = 193°20'34''$인 경우, AB의 방위각은 다음 중 어느 것인가?(단, A점의 진북 방향각은 서편 0°18′23″이다.)

① 193°38′57″ ② 193°02′11″
③ 21°38′57″ ④ 21°02′11″

해설

방위각(α) = 방향각(T) + 진북 방향각(γ)
= 193°20′34″ + 0°18′23″
= 193°38′57″

정답 26 ② 27 ③ 28 ② 29 ② 30 ①

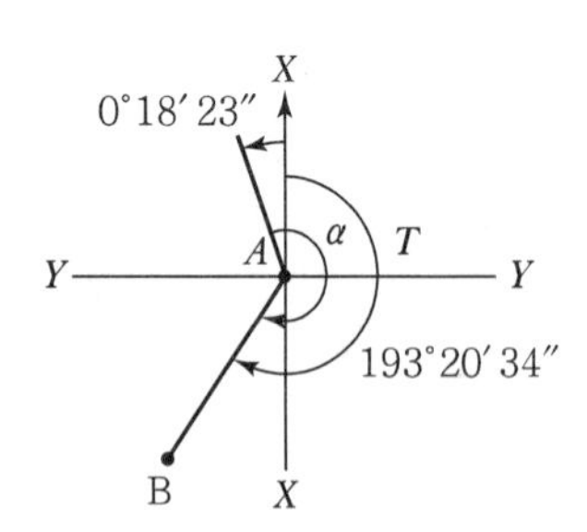

31 두 점 A, B의 좌표가 (X_A = 125.32m, Y_A = 236.22m)와 (X_B = −231.11m, Y_B = −120.21m)이다. AB 방위각은 얼마인가?

① 45° ② 135°
③ 315° ④ 225°

해설

AB 방위각 : $\tan\theta = \dfrac{Y_B - Y_A}{X_B - X_A}$

$= \dfrac{-120.21 - 236.22}{-231.11 - 125.32}$

$= \dfrac{-356.43}{-356.43}$

$\theta = \tan^{-1}1 = 45°$

여기서 위거차, 경거차가 모두 (−)이므로 3상한이다.
따라서, AB 방위각 = $180° + \theta = 180° + 45° = 225°$

32 측선거리가 100m, 방위각이 240°일 때 위거 및 경거를 계산한 값은?

① 위거 : +80.6m, 경거 : +50.0m
② 위거 : +50.0m, 경거 : +86.6m
③ 위거 : −80.6m, 경거 : −50.0m
④ 위거 : −50.0m, 경거 : −86.6m

해설

㉠ 위거=거리 · $\cos\theta = 100 \times \cos 240° = -50.0$m
㉡ 경거=거리 · $\sin\theta = 100 \times \sin 240° = -86.6$m

33 측선 거리가 100m, 위거가 −50m, 경거의 부호가 (−)이면, 이 측선의 방위각은?

① 30° ② 60°
③ 120° ④ 240°

해설

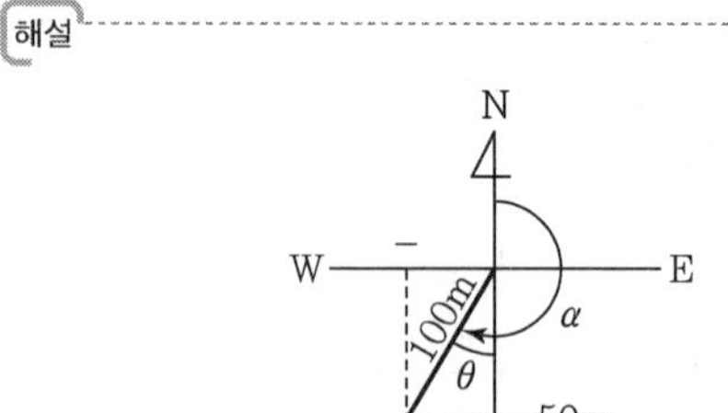

위거 및 경거의 부호가 (−)이므로 3상한이다.
또한 위거=거리 · $\cos\theta$

$\therefore \cos\theta = \dfrac{50}{100} = 0.5$

$\therefore \theta = 60°$

방위각

$\alpha = 180° + \theta$
$= 180° + 60° = 240°$

34 트래버스 측량에서 측선 길이를 S, 방위각을 α로 하여 대수로 위거(L)를 계산하려고 한다. 맞는 것은?

① $\log L = \log S + \log\sin\alpha$
② $\log L = \log S - \log\sin\alpha$
③ $\log L = \log S - \log\cos\alpha$
④ $\log L = \log S + \log\cos\alpha$

해설

위거=거리 · $\cos\theta$
$\therefore L = S + \cos\alpha$
양변에 log를 취하면,
$\log L = \log(S \cdot \cos\alpha) = \log S + \log\cos\alpha$

정답 31 ④ 32 ④ 33 ④ 34 ④

35 경위거의 용도로 옳지 않은 것은?

① 오차 및 정도의 계산 ② 실측도의 좌표 계산
③ 오차의 합리적 배분 ④ 측점의 표고 계산

해설

트래버스 측량은 측점의 평면 위치를 정하는 것으로 표고(고저차) 계산과는 무관하다.

36 다음 그림에서 BC 측선의 위거와 경거를 구한 값은?

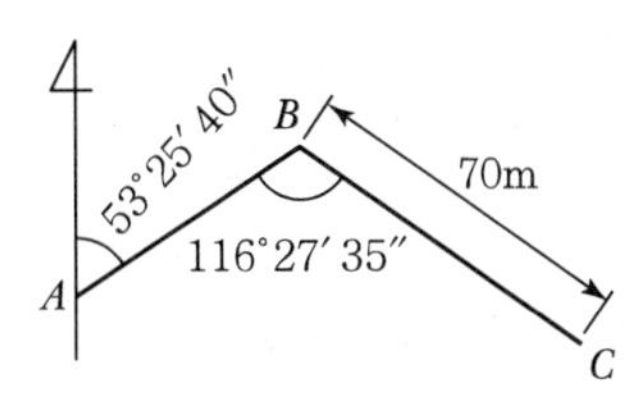

① 위거 : −31.74m, 경거 : +62.39m
② 위거 : +31.74m, 경거 : −62.39m
③ 위거 : −68.91m, 경거 : +12.29m
④ 위거 : +68.91m, 경거 : −12.29m

해설

먼저 BC의 방위각을 구한다.

BC 방위각 $= 53°25'40'' + 180° - 116°27'35''$(우)
$= 116°58'05''$ (∵ 2상한)

∴ BC 위거 $=$ 거리 $\times \cos\theta$
$= 70 \times \cos 116°58'05'' = -31.74\text{m}$

BC 경거 $=$ 거리 $\times \sin\theta$
$= 70 \times \sin 116°58'05'' = 62.39\text{m}$

37 한 측선의 자오선(종축)과 이루는 각이 60°00′이고, 계산된 측선의 위거가 −60m이고 경거가 −103.92m일 때 이 측선의 방위와 길이를 구한 값은?

	방위	길이
①	S 60°00′E	130m
②	N 60°00′E	130m
③	N 60°00′W	120m
④	S 60°00′W	120m

해설

위거 및 경거 모두 (−)이므로 3상한이다.

방위 $=$ S 60° W

거리 $= \sqrt{(-60)^2 + (-103.92)^2} \fallingdotseq 120\text{m}$

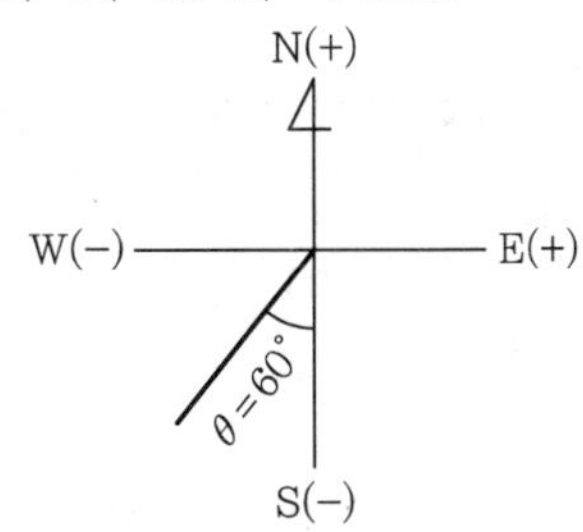

38 트래버스측량 결과 다음과 같은 성과를 얻었을 때 BC의 거리는?

측선	위거		경거	
	+	−	+	−
AB	65.40m		83.70m	
BC				
CD		65.30m		40.40m
DA	34.65m			62.50m
계				

① 39.70m ② 40.70m
③ 41.70m ④ 42.70m

해설

㉠ $\Sigma(+\text{위거}) = 65.40 + 34.65 = 100.05\text{m}$
$\Sigma(-\text{위거}) = 65.30\text{m}$
∴ 위거차$(L_{BC}) = 65.30 - 100.05 = -34.75\text{m}$

㉡ $\Sigma(+\text{경거}) = 83.7\text{m}$
$\Sigma(-\text{경거}) = 40.40 + 62.50 = 102.90\text{m}$
∴ 경거차$(D_{BC}) = 102.90 - 83.70 = 19.20\text{m}$

따라서, BC 거리 $= \sqrt{(L_{BC})^2 + (D_{BC})^2}$
$= \sqrt{(-34.75)^2 + (19.20)^2}$
$\fallingdotseq 39.70\text{m}$

정답 35 ④ 36 ① 37 ④ 38 ①

39 사변형 트래버스측량의 내업을 하기 위하여 각 측선의 경거, 위거를 계산한 결과 $\overline{34}$ 측선의 자료가 없다. 측선 $\overline{34}$ 방위각은?(단, 오차는 없는 것으로 한다.)

측선	위거		경거	
	N	S	W	E
12		2.33		8.55
23	17.87			7.03
34				
41		20.19	5.97	

① 64°10′44″ ② 15°49′14″
③ 244°10′44″ ④ 115°49′14″

해설

위거차$(L_{34})=(2.33+20.19)-17.87=4.65$
경거차$(D_{34})=(8.55+7.03)-5.97=9.61$
위거, 경거 모두 (+)이므로 1상한이고 방위각은

$$\tan\theta=\frac{D_{34}(\text{경거})}{L_{34}(\text{위거})}=\frac{9.61}{4.65}$$

$\therefore\ \theta=64°10'44''$

40 트래버스측량에서 어떤 두 점의 관계 위치를 구하기 위하여 일반적으로 사용하는 좌표는?

① 극좌표 ② 직각 좌표
③ 구면 좌표 ④ 평면 좌표

해설

트래버스측량의 위치 관계는 주로 직각 좌표 (x, y)를 사용한다.

41 어느 지점의 P_1의 직각 좌표가 $X_1=-2{,}000$ m, $Y_1=1{,}000$m이고 다른 지점 P_2까지의 거리가 1,500m, P_1, P_2의 방위각이 60°였다면, 이때 P_2의 직각 좌표는?

① $X_2=-1{,}250$m, $Y_2=2{,}299$m
② $X_2=-147.87$m, $Y_2=2{,}007.77$m
③ $X_2=-2{,}299$m, $Y_2=1{,}250$m
④ $X_2=-147.87$m, $Y_2=2{,}299$m

해설

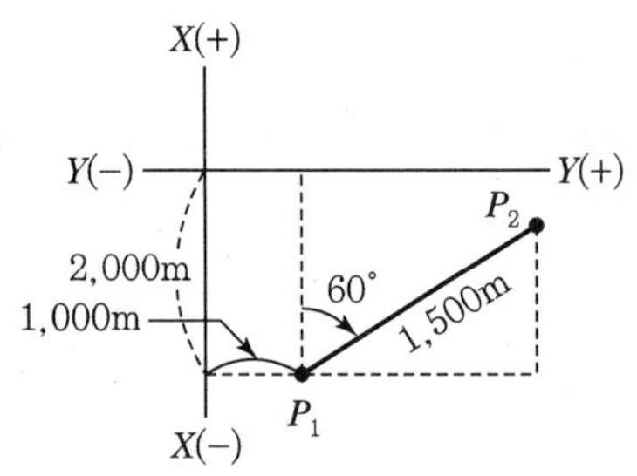

$X_2=X_1+1{,}500\cos60°=-2{,}000+750=-1{,}250$m
$Y_2=Y_1+1{,}500\sin60°=2{,}299$m

42 한 점 D (0, 0)에서 측선 OA와 OB에 대해 방위각을 관측한 결과 각각 120°, 60°였다. 측선의 길이가 OA는 50m, OB는 100m일 때 측선 AB의 길이를 구하면?

① 43.3m ② 50.0m
③ 86.6m ④ 136.6m

해설

㉠ A점의 좌표
$X_A=0+50\cos120°$
$=-25$m
$Y_A=0+50\sin120°$
$≒43.30$m

㉡ B점의 좌표
$X_B=0+100\cos60°=50$m
$Y_B=0+100\sin60°$
$≒86.60$m

$\therefore\ \overline{AB}=\sqrt{(X_B-X_A)^2+(Y_B-Y_A)^2}$
$=\sqrt{(50-(-25))^2+(86.6-43.3)^2}$
$≒86.6$m

※ 참고로 cosine 법칙을 이용해도 된다.
$AB=\sqrt{OA^2+OB^2-2\cdot OA\cdot OB\cdot\cos\theta}$
$=\sqrt{50^2+100^2-2\cdot50\cdot100\cdot\cos60°}$
$≒86.6$m

정답 39 ① 40 ② 41 ① 42 ③

43 그림과 같이 $\beta=141°31'$, $S=1{,}000$m일 때 P점의 X 좌표는 얼마인가?(단, A점의 X 좌표는 +1,850m, A점에서의 B점의 방향각은 278°29′이다.)

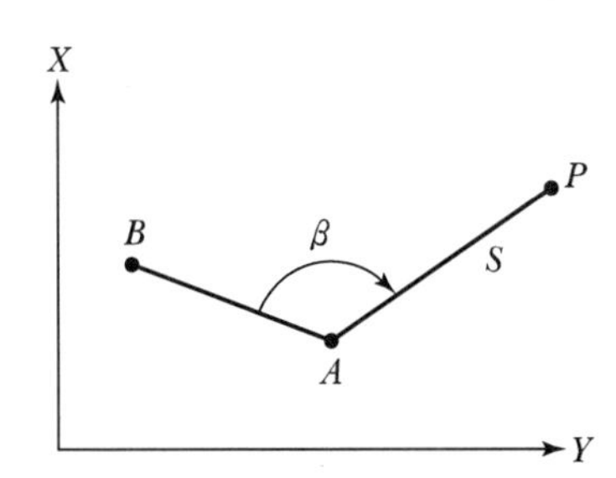

① +1,350m　② +1,850m
③ +2,350m　④ +2,850m

해설

AP의 방위각(θ) = 278°29′ + 141°31′ − 360° = 60°

$\therefore X_P = X_A + \text{AP 거리} \cdot \cos\theta$

$= 1{,}850 + 1{,}000 \times \cos 60° = 2{,}350\text{m}$

44 측선 AB를 기선으로 삼각측량을 실시하였다. 측선 AC의 방위각은?(단, A의 좌표(200m, 224.210m), B의 좌표(100m, 100m), ∠A= 37°51′41″, ∠B=41°41′38″, ∠C=100°26′41″)

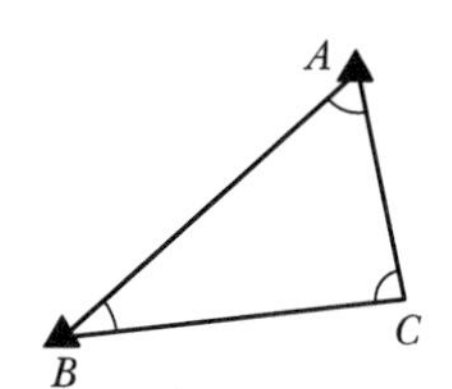

① 0°58′33″　② 76°41′55″
③ 180°58′33″　④ 193°18′05″

해설

$\overline{AB}$ 방위각 $= \tan^{-1}\dfrac{Y_B - Y_A}{X_B - X_A} = 231°09'46''$

$\overline{AC}$ 방위각 = $\overline{AB}$ 방위각 − $\angle A$

$= 231°09'46'' - 37°51'41''$

$= 193°18'05''$

45 다각측량에서 거리의 총합이 1,500m, 위거의 오차−0.15m, 경거의 오차 0.25m일 때 폐합오차는 얼마인가?

① 0.25m　② 0.27m
③ 0.29m　④ 0.31m

해설

폐합오차 $= \sqrt{\text{위거오차}^2 + \text{경거오차}^2}$

$\therefore E = \sqrt{{E_L}^2 + {E_D}^2}$

$= \sqrt{(-0.15)^2 + 0.25^2} ≒ 0.29\text{m}$

46 폐합 트래버스측량에서 거리의 총화가 1,300m이고 위거오차가 −0.12m, 경거오차가 +0.23m일 때 폐합비는?

① 약 $\dfrac{1}{3{,}500}$　② 약 $\dfrac{1}{4{,}000}$
③ 약 $\dfrac{1}{4{,}500}$　④ 약 $\dfrac{1}{5{,}000}$

해설

폐합비(정도) $= \dfrac{\text{폐합오차}}{\text{총 거리}}$

$= \dfrac{E}{\sum l} = \dfrac{\sqrt{E_L^2 + E_D^2}}{\sum l}$

$= \dfrac{\sqrt{(-0.12)^2 + 0.23^2}}{1{,}300} ≒ \dfrac{1}{5{,}000}$

47 전장 3,000m의 트래버스측량을 한 결과 그 정도는 $\dfrac{1}{5{,}000}$ 이었다. 이때의 폐합오차는?

① 0.1m　② 0.3m
③ 0.4m　④ 0.6m

해설

폐합비(정도) $= \dfrac{E}{\sum l} = \dfrac{1}{5{,}000}$

$\therefore E = \dfrac{\sum l}{5{,}000} = \dfrac{3{,}000\text{m}}{5{,}000} = 0.6\text{m}$

정답　43 ③　44 ④　45 ③　46 ④　47 ④

48 트래버스측량을 했더니 폐합오차가 생겼다. 이때 최초로 정정해야 할 것은?

① 각도 ② 높이
③ 위거와 경거 ④ 거리

해설

폐합오차가 허용 범위 이내이면 조정법에 따라 위거와 경거를 먼저 조정한다.

49 트래버스측량의 정도가 $\frac{1}{2,000}$, 거리의 총화가 1,000m, 이때 위거오차가 0.3m라면 경거오차는 얼마인가?

① 0.1m ② 0.2m
③ 0.3m ④ 0.4m

해설

정도(폐합비)$=\frac{E}{\Sigma l}=\frac{\sqrt{{E_L}^2+{E_D}^2}}{\Sigma l}$이므로

$\therefore \frac{\sqrt{0.3^2+{E_D}^2}}{1,000}=\frac{1}{2,000}$

$\therefore E_D^2=\left(\frac{1,000}{2,000}\right)^2-0.3^2=0.16$

$\therefore E_D=\sqrt{0.16}=0.4\text{m}$

50 트래버스측량에서 거리와 각의 정밀도가 같게 측정되었다고 할 때 3″의 정도로 각을 측정하였다고 하면 100m의 거리 측정의 편심 정도는 얼마인가?

① 2.45mm ② 1.45mm
③ 2.74mm ④ 3.24mm

해설

$\frac{\Delta l}{l}=\frac{\theta''}{\rho''}$에서 편심거리

$\Delta l=\frac{\theta''}{\rho''}\cdot l=\frac{3''}{206,265''}\times 100\text{m}$

$\fallingdotseq 0.00145\text{m}=1.45\text{mm}$

51 다각 노선의 각 절점에서 기계점의 설치오차는 없고 목표점의 설치오차가 10mm, 방향 관측오차를 최대 10초로 한다면 절점 간의 거리는 적어도 몇 m 이상이어야 하는가?(단, 각 절점 간의 거리는 동일한 것으로 한다. $\rho''=2\times10^5$)

① 100m ② 150m
③ 200m ④ 250m

해설

$\frac{\Delta l}{l}=\frac{\theta''}{\rho''}$

$\therefore l=\frac{\Delta l\cdot\rho''}{\theta''}=\frac{0.01\times2\times10^5}{10}=200\text{m}$

52 트래버스측량에서는 측각의 정도와 측거의 정도가 균형을 이루어야 한다. 지금 측거 100m에 대한 오차가 ±2mm일 때 이에 상응하는 측각오차는 몇 초가량이 적당한가?

① ±2″ ② ±4″
③ ±6″ ④ ±8″

해설

$\frac{\Delta l}{l}=\frac{\theta''}{\rho''}$

$\therefore$ 각오차 $\theta''=\frac{\Delta l}{l}\cdot\rho''=\frac{\pm0.002}{100}\times206,265''$

$\fallingdotseq \pm4.1''$

53 어떤 다각형의 전측선장이 900m일 때 폐합비를 $\frac{1}{6,000}$로 하기 위해 축척 $\frac{1}{500}$의 도면에서 폐합오차는 어느 정도까지 허용할 수 있는가?

① 1mm ② 0.7mm
③ 0.5mm ④ 0.3mm

해설

폐합비$=\frac{E}{\Sigma l}=\frac{1}{6,000}$

$\therefore$ 폐합오차$(E)=\frac{900}{6,000}=0.15\text{m}$

정답 48 ③ 49 ④ 50 ② 51 ③ 52 ② 53 ④

따라서, $\frac{1}{500}$ 도면 상에서의

폐합오차$=\frac{0.15\text{m}}{500}=0.0003\text{m}=0.3\text{mm}$

54 트래버스의 조정에서 각과 거리의 정밀도가 거의 같을 경우의 조정법은?

① 컴퍼스 법칙　② 트랜싯 법칙
③ 등배분 법칙　④ 오차 전파 법칙

해설

㉠ 컴퍼스 법칙 : 각과 거리의 정밀도가 거의 같은 경우에 이용
㉡ 트랜싯 법칙 : 각의 정밀도가 거리의 정밀도보다 높을 경우에 이용

55 폐합다각측량에서 트랜싯과 광파기에 의한 관측을 통해 각관측보다 거리 관측 정밀도가 높을 때 오차를 배분하는 방법으로 옳은 것은?

① 해당 측선 길이에 비례하여 배분한다.
② 해당 측선 길이에 반비례하여 배분한다.
③ 해당 측선의 위 · 경거의 크기에 비례하여 배분한다.
④ 해당 측선의 위 · 경거의 크기에 반비례하여 배분한다.

해설

다각측량에서 거리에 비례조정을 실시한다.

조정량$=\frac{\text{오차}}{\text{전체거리}}\times$조정할 점까지 거리

56 다각측량에 관한 설명 중에서 맞지 않는 것은?

① 트래버스 중 가장 정밀도가 높은 것은 결합 트래버스로서 오차 점검이 가능하다.
② 폐합오차 조정에서 각과 거리 측량의 정확도가 비슷한 경우 트랜싯 법칙으로 조정하는 것이 좋다.
③ 측점에 편심이 있는 경우 편심 방향이 측선에 직각일 때가 가장 큰 오차가 발생한다.
④ 폐합 다각측량에서 편각을 관측하면 편각의 총합은 언제나 ±360°가 되어야 한다.

해설

각과 거리 측량의 정도가 같은 경우에는 컴퍼스 법칙으로 조정한다.

57 다음 다각측량 계산표에서 측선 CA의 배횡거와 전면적을 구한 값은?

측선	위거		경거		배횡거	배면적	
	N(+)	S(−)	E(+)	W(−)		+	−
AB	11.645		19.410		19.410	226.029	
BC		27.170		11.645	27.175		738.345
CA	15.525			7.765	(a)		

① a=15.530, 전면적(A)=241.103
② a=7.765, 전면적(A)=195.882
③ a=7.765, 전면적(A)=391.764
④ a=15.530, 전면적(A)=391.764

해설

마지막 측선의 배횡거는 마지막 측선의 경거와 같고 부호는 반대이다.
따라서, CA 배횡거=7.765
CA 배면적=배횡거×위거
$=7.765\times15.525 \fallingdotseq 120.552$

$\therefore$ 전면적$=\frac{|\Sigma\text{배면적}|}{2}$
$=\left|\frac{226.029-738.345+120.552}{2}\right|=195.882$

58 다음 트래버스측량의 계산에서 면적을 구하면 얼마인가?

측선	위거(m)	경거(m)
AB	+112.83	+80.41
BC	−185.47	+106.27
CA	+72.64	−186.68

① 12,098.84m^2
② 13,452.04m^2
③ 24,197.68m^2
④ 26,904.08m^2

정답　54 ①　55 ①　56 ②　57 ②　58 ②

해설

표를 만들어 작성하면 편리하다.

측선	위거(m)	경거(m)	배횡거	배면적
AB	+112.83	+80.41	80.41	9,072.66
BC	−185.47	+106.27	267.09	−49,537.18
CA	+72.64	−186.68	186.68	13,560.44
계				−26,904.08

$\therefore$ 면적$=\dfrac{|\Sigma 배면적|}{2}=\dfrac{|-26,904.08|}{2}$

$=13,452.04\text{m}^2$

($\because$ 배면적=배횡거×위거)

59 A점의 좌표가 $X_A=520,426.865\text{m}$, $Y_A=231,494.018\text{m}$, AB의 길이 60m, AB의 방위각 86°4′22″일 때 B점의 좌표는?

① $X_B=520,430.974\text{m}$, $Y_A=231,553.877\text{m}$
② $X_B=520,430.974\text{m}$, $Y_A=231,498.127\text{m}$
③ $X_B=520,486.724\text{m}$, $Y_A=231,553.877\text{m}$
④ $X_B=520,486.724\text{m}$, $Y_A=231,498.127\text{m}$

해설

$X_B=Y_A+l\cos\theta=520,430.974\text{m}$

$X_B=Y_A+l\sin\theta=231,553.877\text{m}$

60 그림과 같이 다각측량으로 터널의 중심선측량을 실시할 경우 측선 AB의 길이는 얼마인가?

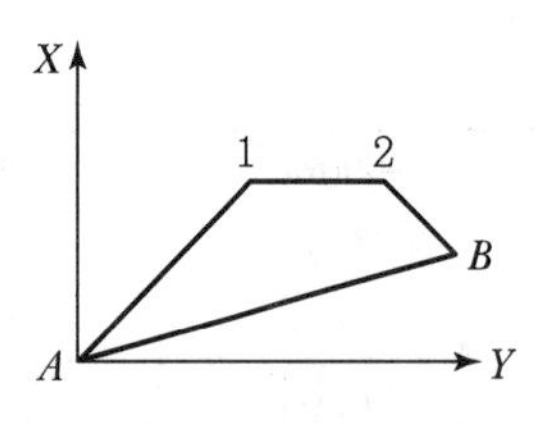

측선	방위각	거리
A1	45°00′00″	30m
12	90°00′00″	20m
2B	135°00′00″	10m

① AB=36.95m ② AB=44.33m
③ AB=45.95m ④ AB=50.31m

해설

$B_X=A_X+l_1\cos\theta_1+l_2\cos\theta_2+l_B\cos\theta_B$

$=0+30\times\cos45°+20\times\cos90°+10\times\cos135°$

$=14.142$

$B_Y=A_Y+l_1\sin\theta_1+l_2\sin\theta_2+l_B\sin\theta_B$

$=0+30\times\sin45°+20\times\sin90°+10\times\sin135°$

$=48.284\text{m}$

AB 거리$=\sqrt{(X_B-X_A)^2+(Y_B-Y_A)^2}$

$=\sqrt{14.142^2+48.284^2}$

$=50.312\text{m}$

61 측량성과표에 측점 A의 진북방향각은 0°06′17″이고, 측점 A에서 측점 B에 대한 평균방향각은 263°38′26″로 되어 있을 때에 측점 A에서 측점 B에 대한 역방위각은?

① 83°32′09″
② 83°44′43″
③ 263°32′09″
④ 263°44′43″

해설

X ☆
6′ 17″
(A)
263° 38′ 26″
(B)

㉠ AB 방위각
263°38′26″−6′17″=263°32′09″

㉡ BA 방위각(AB 역방위각)
263°32′09″+180°−360°=83°32′09″

정답 59 ① 60 ④ 61 ①

CHAPTER 05

삼각 및 삼변측량

01 삼각측량

1. 삼각측량의 개요

삼각측량	정의
(그림: 기선(Baseline) A–B, 검기선(Checkline) F–G, 삼각망 A, B, C, D, E, F, G, 각 α_1, β_1, γ_1, α_2, β_2, γ_2)	세부측량의 기준이 되는 삼각점의 평면위치를 삼각법으로 정밀하게 결정하는 기준점측량의 한 방법

2. 삼각 및 삼변측량의 비교

구분	삼각측량	삼변측량
관측 요소	각	변
목적	2차원(x, y) 수평위치 결정	2차원(x, y) 수평위치 결정
원리	sine 법칙	cosine 제2법칙, 반각공식
활용	과거(긴 거리 측정 부담)	현대(EDM, TS, GPS)

3. 삼각 및 삼변측량의 원리 및 특징

구분	삼각측량(sine 법칙)	삼변측량(cosine 법칙)
그림	(그림: 삼각형 A, B, C, 변 a, c, 기선(Baseline))	(그림: 삼각형 A, B, C, 변 a, b, c)
원리	$\dfrac{a}{\sin A} = \dfrac{c}{\sin C}$ $\therefore\ a = \dfrac{c}{\sin C} \times \sin A$	$a^2 = b^2 + c^2 - 2bc\cos A$ $\therefore\ \angle A = \cos^{-1}\left(\dfrac{b^2+c^2-a^2}{2bc}\right)$
특징	① 원리는 sine 법칙 ② 넓은 면적의 측량에 적합 ③ 각 단계에서 정확도 점검 가능 ④ 삼각점 간 거리 길게 할 수 있음 ⑤ 산림지역은 부적합(벌목)	① 원리는 cosine 법칙, 반각공식 ② 관측요소는 변의 길이 ③ 조건식이 적은 단점 ④ 반각 공식을 이용하여 변으로부터 각을 구함

4. 삼각측량의 순서

삼각측량의 순서						
① 도상계획	② 답사	③ 선점	④ 조표	⑤ 기선측량	⑥ 각관측	⑦ 계산

GUIDE

- **삼각 · 삼변측량의 목적**
  미지점 또는 삼각점(기지점)의 좌표 및 위치를 결정
- 현대에는 변(거리)을 구하는 장비가 정확성이 높아서 주로 삼변측량을 이용한다.
- **삼각측량에서 얻어진 거리란?**
  두 점 간의 거리는 기준 회전 타원체면상 투영한 거리(평균해수면에 투영한 최단거리)
- 삼각형 계산에서 기준이 되는 최초의 변장은 기선(기지변)이며 마지막 변의 변장이 검기선이다.
- 시준이 곤란하여 관측에 어려움이 있을 때는 삼각측량이 아닌 다각측량을 사용한다.

01 삼각측량의 주된 목적은 무엇인가?

① 삼각점의 위치결정
② 변장의 산출
③ 삼각형의 면적 결정
④ 각 관측 오차 점검

삼각측량은 미지점, 기지점(삼각점)의 정확한 위치를 결정

02 삼각측량에 대한 설명 중 옳지 않은 것은?

① 정밀도가 큰 것이 1등 삼각망이다.
② 조건식이 많아 계산 및 조정방법이 복잡하다.
③ 삼각망 계산에서 기준이 되는 최초의 변장은 검기선이다.
④ 삼각점을 선정할 때 계속해서 연결되는 작업에 편리하도록 선점에 고려해야 한다.

해설

삼각형 계산에서 기준이 되는 최초의 변장은 기선(기지변)이며 마지막 변의 변장이 검기선

03 삼각측량과 다각측량에 대한 다음 설명 중 부적당한 것은?

① 삼각측량은 주로 각을 실측하고 삼각점의 거리는 간접적으로 구해서 위치를 정한다.
② 다각측량은 주로 각과 거리를 실측하여 점의 위치를 개별로 구한다.
③ 점들 간의 상호 시준이 곤란한 지역에서는 삼각측량이 일반적으로 행하여진다.
④ 삼각측량은 다각측량방법보다 관측 작업량은 많으나 기하학적인 정확도는 우수하다.

해설

시준이 곤란하여 관측에 어려움이 있을 때는 다각측량을 주로 사용한다.

04 다음 삼각형 AB의 변장은 얼마인가?(단, $AC=1,500\text{m}$, $\angle A=68°23'22''$, $\angle B=55°52'36''$, $\angle C=55°44'02''$)

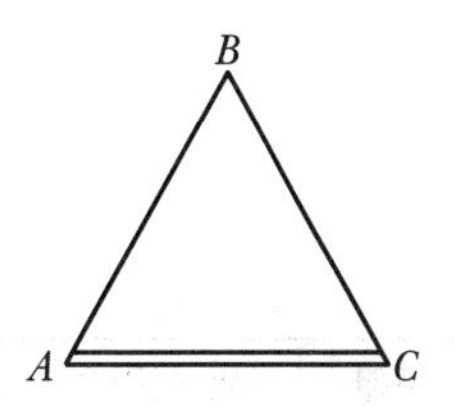

① 1,239.64m ② 1,497.46m
③ 1,502.54m ④ 1,620.55m

해설

sin 법칙 허용

$$\frac{1{,}500}{\sin 55°52'36''}=\frac{AB}{\sin 55°44'2''}$$

$\therefore\ AB=1{,}497.46\text{m}$

05 삼각측량의 특징에 대한 설명으로 옳지 않은 것은?

① 넓은 면적의 측량에 적합하다.
② 각 단계에서 정확도를 점검할 수 있다.
③ 삼각점 간의 거리를 비교적 길게 취할 수 있다.
④ 산지 등 기복이 많은 곳보다는 평야지대와 산림지역에 적합하다.

해설

산림지역은 시통을 위해 벌목이나 높은 측표의 작업이 필요하므로 부적합하다.

06 기지의 삼각점을 이용하여 새로운 삼각점들을 부설하고자 할 때 삼각측량의 순서로 옳은 것은?

㉠ 도상계획	㉡ 답사 및 선점
㉢ 조표	㉣ 기선측량
㉤ 각 관측	㉥ 계산 및 성과표 작성

① ㉠→㉡→㉢→㉣→㉤→㉥
② ㉠→㉢→㉡→㉤→㉣→㉥
③ ㉠→㉡→㉣→㉢→㉤→㉥
④ ㉠→㉢→㉤→㉡→㉣→㉥

해설

도상계획 → 답사 → 선점 → 조표 → 기선측량 → 각관측 계산 및 성과표 작성

정답 01 ① 02 ③ 03 ③ 04 ② 05 ④ 06 ①

02 삼각점 및 삼각망

1. 삼각점

과거	등급 구분	1등 삼각점	2등 삼각점	3등 삼각점	4등 삼각점
	평균 변장	30km	10km	5km	2.5km
	수평각관측법	방향관측법(6대회)		방향관측법(3대회)	
현재		정밀1차 기준점		정밀2차 기준점	
		통합기준점(삼각점+수준점) 1등/2등 삼각점			
목표 정확도		$\sigma_{X,Y}=3\text{cm}, \sigma_Z=20\text{cm}$		$\sigma_{X,Y}=3\text{cm}, \sigma_Z=5\text{cm}$	

- 삼각점은 각 관측 정확도에 따라 1등부터 4등까지 4등급으로 분류

- **정밀 1 · 2차 기준점**
  GPS 측량의 정확도를 확보

구분	삼각점	통합기준점
위치	산정상	평지 (공원)
특징	기준점 접근 곤란	기준점 접근 쉬워짐

2. 삼각망의 종류

종류	모식도	특징
단열 삼각망 (삼각쇄)	기선 / 검기선	① 폭이 좁고 거리가 먼 지역에 적합(노선, 하천, 터널측량) ② 측량이 신속, 경비 적게 든다. ③ 조건식이 적어 정도가 낮다.
유심 삼각망 (유심쇄)	기선 / 검기선	① 방대한 지역의 측량에 적합하다.(대규모 농지, 단지) ② 동일 측점수에 비해 표면적(포괄면적)이 넓다. ③ 정확도가 비교적 높다. (단열삼각망과 비교)
사변형 삼각망 (사변쇄)	검기선 / 기선	① 기선 삼각망에 이용 (정밀도가 필요한 시가지) ② 정밀도가 가장 높다. (조건식이 가장 많기 때문) ③ 시간과 경비가 많이 든다.

- 삼각망을 구성하는 가장 이상적인 형상은 정삼각형

- **삼각망 정밀도 높은 순서**
  사변형 > 유심 > 단열 삼각망

3. 삼각측량의 기준점 성과표(예)

구분 (수준점)	점번호	도엽 명칭	경위도	직각 좌표	표고	타원체고	중력값	매설 년월
수준점	07-18-00	김해	35°/128°		4.9m			1995.10
수준점	07-18-01	부산	35°/129°		72m			1998.7
삼각점	김해305	김해	35°/128°	25만/ 19만	480m	525m		

- **기준점 성과표**
  삼각측량의 최종성과인 기준점에 대한 자료를 정리한 기록물

- **삼각점(기준점) 성과표 기재사항**
  ① 점번호
  ② 경위도
  ③ 평면직각좌표 및 표고
  ④ 수준원점
  ⑤ 도엽명칭 및 번호
  ⑥ 진북방향각등

01 삼각측량에서 대표적인 삼각망의 종류가 아닌 것은?

① 단열삼각망 ② 귀심삼각망
③ 사변형망 ④ 유심삼각망

해설
삼각망의 종류
- 단열 삼각망
- 유심 삼각망
- 사변형 삼각망

02 노선측량, 하천측량, 철도측량 등에 많이 사용하며 측량이 간단하고 경제적이나 정확도가 낮은 삼각망은?

① 사변형 삼각망 ② 유심 삼각망
③ 기선 삼각망 ④ 단열 삼각망

해설
단열삼각망은 노선, 하천측량과 같이 폭이 좁고 긴 지역에 이용하며 조건식이 적어 정밀도가 낮다.

03 방대한 지역의 측량에 적합하며 동일 측점 수에 대하여 포괄면적이 가장 넓은 삼각망은?

① 유심 삼각망 ② 사변형 삼각망
③ 단열 삼각망 ④ 복합 삼각망

해설
유심 삼각망
- 방대한 지역의 측량에 적합하다.(대규모 농지, 단지)
- 동일 측점 수에 비해 포괄면적이 넓다.
- 정밀도는 단열 < 유심 < 사변형

04 시간과 경비가 많이 들고 조건식 수가 많아 조정이 복잡하지만 정확도가 높은 삼각망은?

① 단열삼각망 ② 유심삼각망
③ 사변형 삼각망 ④ 단삼각형

해설
- 사변형 망은 조건식이 많아 시간과 경비가 많이 소요 (정밀도 높고 기선 삼각망에 이용)
- 삼각망의 정밀도는 사변형 > 유심 > 단열

05 삼각점에 등급을 정하는 목적은 무엇인가?

① 표식이 다르므로
② 정도의 높은 순서를 정하기 위하여
③ 관측법이 다르므로
④ 수평각 관측법에 따라 등급이 결정된다.

해설
우리나라 전 국토에 기준점을 효과적으로 배치하기 위해 정도 높은 1등점을 설치하고, 1등점을 기준으로 순차적으로 2등, 3등, 4등점을 설치하였다.

06 삼각측량에서 삼각망을 구성하는 형상으로 가장 이상적인 것은?

① 직각 삼각형 ② 2등변 삼각형
③ 정삼각형 ④ 둔각 삼각형

해설
- 표차는 각이 90°에 가까울수록 작다. 그러므로 삼각망은 정삼각형에 가깝게 구성한다.
- 각이 0° 혹은 180°에 가까우면 표차가 커진다.

07 삼각측량을 위한 기준점 성과표에 기록되는 내용이 아닌 것은?

① 점번호 ② 천문경위도
③ 평면직각좌표 및 표고 ④ 도엽명칭

해설
삼각점(기준점) 성과표 기재사항
- 점번호
- 경위도
- 평면직각좌표 및 표고
- 수준원점
- 도엽명칭 및 번호
- 진북방향각등

정답 01 ② 02 ④ 03 ① 04 ③ 05 ② 06 ③ 07 ②

03 삼각측량의 작업순서

1. 선점

삼각측량 선점 시 주의사항
① 가능한 측점수가 적고 거리는 비슷하게 한다.
② 삼각형은 정삼각형에 가까울수록 좋다.(각오차가 변장에 미치는 영향 최소화)
③ 삼각점의 위치는 다른 삼각점과 시준(시통)이 잘 되어야 한다.
④ 많은 나무의 벌채를 요하거나 높은 측표를 요하는 지점은 피한다. (편심관측을 해야 하는 곳은 삼각점 위치선정에 있어 피할 필요가 없다.)
⑤ 불가피한 경우에는 편심을 허용한다.
⑥ 지반은 영구 보존할 수 있는 지점을 택한다.
⑦ 삼각점은 한쪽에 편중되지 않도록 고른 밀도로 배치한다.
⑧ 미지점은 최소 3개, 최대 5개의 기지점에서 정반 양방향으로 시통이 되도록 한다.

2. 조표

조표	영구표지
① 삼각점의 위치를 지상에 나타내기 위해 표지를 묻고 다른 삼각점으로부터 시준 목표가 되는 시준표를 만드는 작업 ② 조표 중 영구표지는 지반에 영구히 매설하는 표주와 반석으로 구성 (주석과 반석은 화강암 재질)	보호석 주석(표주) 반석

3. 관측(편심보정)

편심보정(T)		모식도
T	$T=t+x_2-x_1$	P_1, P_1, x_1, x_2, S_1, S_1', S_2, S_2', T, t, e, B, ϕ
x_1	$\dfrac{e}{\sin x_1}=\dfrac{S_1'}{\sin(360°-\phi)}$ $x_1''=\sin^{-1}\left[\dfrac{e\cdot\sin(360°-\phi)}{S_1'}\right]$	
x_2	$\dfrac{e}{\sin x_2}=\dfrac{S_2'}{\sin(360°-\phi+t)}$ $x_2''=\sin^{-1}\left[\dfrac{e\cdot\sin(360°-\phi+t)}{S_2'}\right]$	

GUIDE

- 삼각측량의 작업순서
  ① 계획
  ② 답사
  ③ 선점
  ④ 조표
  ⑤ 관측
  ⑥ 계산
- 답사
  측량지역에서 계획대로 작업이 수행되도록 조사
- 선점
  계획에 따라 삼각점의 측점을 선정
- 편심(귀심)
  삼각측량 시 이상적 조건은 표석중심(C), 기계중심(B) 및 시표중심(P)이 연직선상에 일치해야 한다. 만약 현장여건상 불일치하는 경우 편심이 발생한다.

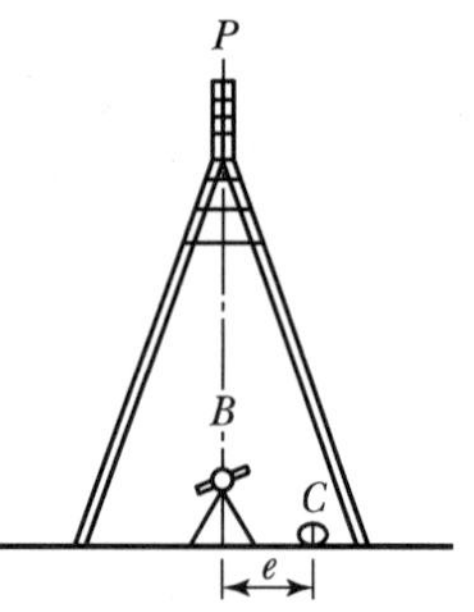

편심관측(B=P≠C)

- 각관측 방법은 정밀도가 높은 각관측 방법을 이용한다.
- $\sin^{-1}=\rho''$

01 삼각측량에서 삼각점을 선점할 때 주의사항으로 잘못된 것은?

① 삼각형은 정삼각형에 가까울수록 좋다.
② 가능한 측점의 수를 많게 하고 거리가 짧을수록 유리하다.
③ 미지점은 최소 3개, 최대 5개의 기지점에서 정 · 반 양방향으로 시통이 되도록 한다.
④ 삼각점의 위치는 다른 삼각점과 시준이 잘 되어야 한다.

해설

- 선점 시 측점의 수는 가능한 적을수록 좋다.
- 삼각형은 정삼각형에 가까울수록 좋다.
- 미지점은 최소 3개, 최대 5개의 기지점에서 정반 양방향으로 시통이 되게 한다.

02 측선 AB를 기준으로 하여 C 방향의 협각을 관측하였더니 257°36′37″이었다. 그런데 B점에 편위가 있어 그림과 같이 실제 관측한 점이 B'이었다면 정확한 협각은?(단, BB'=20cm, $\angle B'BA$=150°, AB'=2km)

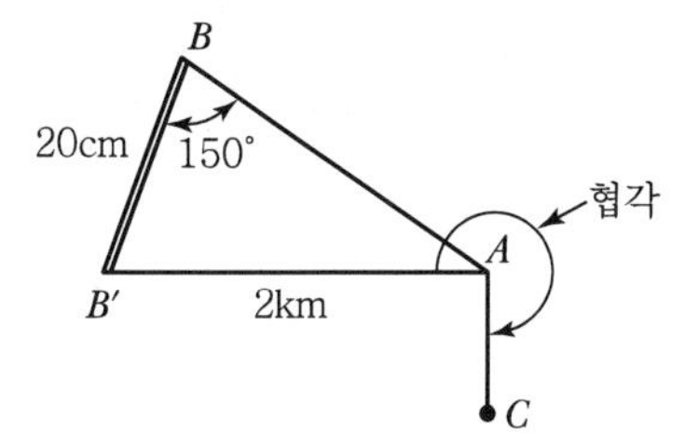

① 257°36′17″
② 257°36′27″
③ 257°36′37″
④ 257°36′47″

해설

- 정확한 협각=257°36′37″ − $\angle BAB'$
- $\angle BAB'$

$$\frac{2,000}{\sin 150} = \frac{0.2}{\sin \angle BAB'}$$

$\therefore\ \angle BAB' = 10.31''$

- 정확한 협각=257°36′37″−10.31″
=257°36′27″

03 다음 그림과 같은 편심조정계산에서 T값은?(단, $\phi = 300°$, $S_1 = 3\text{km}$, $S_2 = 2\text{km}$, $e = 0.5\text{m}$, $t = 45°30'$, $S_1 \fallingdotseq S_1'$, $S_2 \fallingdotseq S_2'$로 가정할 수 있음)

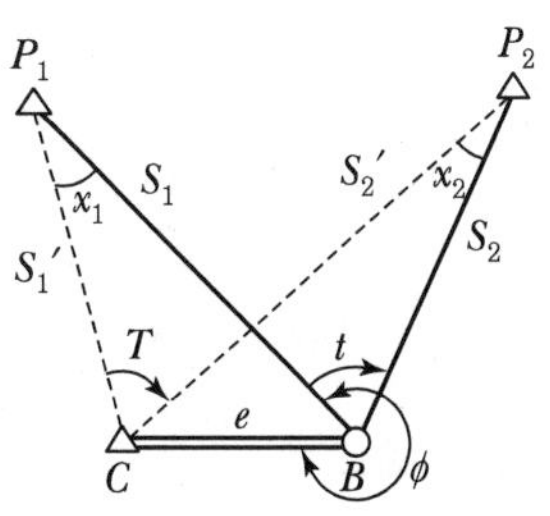

① 45°29′40″
② 45°30′05″
③ 45°30′20″
④ 45°31′05″

해설

- $\dfrac{3,000}{\sin(360° - 300°)} = \dfrac{0.5}{\sin x_1}$

$x_1 = \sin^{-1}\left\{\left(\dfrac{0.5}{3,000}\right) \times \sin(360° - 300°)\right\} = 0°0'30''$

- $\dfrac{2,000}{\sin(360° - 300° + 45°30')} = \dfrac{0.5}{\sin x_2}$

$x_2 = \sin^{-1}\left\{\left(\dfrac{0.5}{2,000}\right) \times \sin(360° - 300° + 45°30')\right\} = 0°0'50''$

- $T = t + x_2 - x_1 = 45°30' + 0°0'50'' - 0°0'30'' = 45°30'20''$

04 삼각점 A에 기계를 설치하였으나 삼각점 B가 시준이 되지 않아 점 P를 관측하여 T'=68°32′15″를 얻었다. 보정각 T는?(단, S=2km, e=5m, ϕ=302°56′)

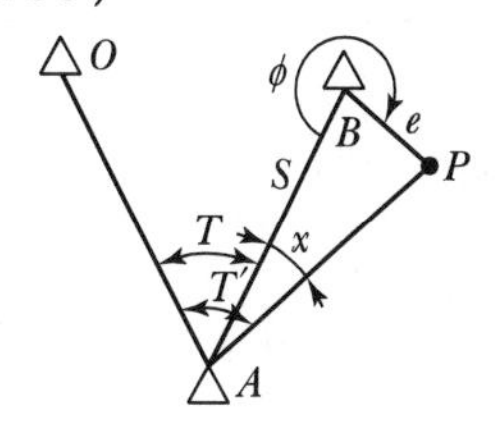

① 68°25′02″
② 68°20′09″
③ 68°15′02″
④ 68°10′09″

해설

- $\dfrac{e}{\sin x} = \dfrac{S}{\sin(360 - \phi)}$

$= \sin^{-1}\left(\dfrac{5}{2,000} \times \sin(360° - 302°56')\right) = 7'12.8''$

- $T = T' - x = 68°32'15'' - 7'12.8'' = 68°25'02''$

정답 01 ② 02 ② 03 ③ 04 ①

04 삼각망의 관측각 조정

1. 각관측 3조건

3조건	내용
각조건	삼각망 중 3각형 내각의 합은 180°
변조건	• 임의 한 변의 길이는 계산순서에 관계없이 동일 • 검기선은 측정한 길이와 계산된 길이가 동일
점조건	한 측점 주위에 있는 모든 각의 총합은 360°

• 모든 각의 측정은 각관측 3조건을 만족해야 한다.

• **각방정식**
점조건+각조건

2. 조정방법

엄밀법	간략법
① 각방정식(측점+다각)과 변방정식의 동시 조정(최소자승법) ② 정밀삼각측량에 이용 ③ 계산과정이 복잡하여 일반적으로 간략법을 이용	① 각방정식 조정 후 변방정식 조정(균등분배법) ② 4등 이하의 삼각측량에 이용 ③ 간이조정법

3. 조정식 계산

3조건	내용	
각조건 수	$K_1 = l - P + 1$	(다각방적식)
변조건 수	$K_2 = l - 2P + B + 2$	(변방정식)
점조건 수	$K_3 = a + P - 2l$	(측정방정식)
조건식 총수	$K_4 = a + B - 2P + 3$	(총방정식)

• l : 변의 수
• P : 삼각점의 수
• B : 기선의 수
• a : 관측각의 수

4. 조정식 계산(예)

삼각망 / 조건식	(단열) B_1 B_2	(유심) B	(사변형) B
점조건식 수(360°=유심)	0	1	0
각조건식 수(180°=삼각형수)	3	5	3
변조건식 수(기선수)	1	1	1
조건식 총수	4	7	4

• **점조건식 수**
360° 되는 조건

• **각조건식 수**
180° 되는 조건

• **변조건식 수**
① 기선 수(검기선 제외)로 산정
② 기선이 없어도 1개로 계산

01 다음 중 삼각망 조정에서 조정 조건에 대한 설명으로 옳지 않은 것은?

① 1점 주위에 있는 각의 합은 180°이다.
② 검기선의 측정한 방위각과 계산된 방위각이 동일하다.
③ 임의 한 변의 길이는 계산경로가 달라도 일치한다.
④ 검기선은 측정한 길이와 계산된 길이가 동일하다.

해설

점조건 : 한 측정 둘레의 각의 합은 360°이다.

02 그림과 같은 삼각망에서 각 방정식의 수는?

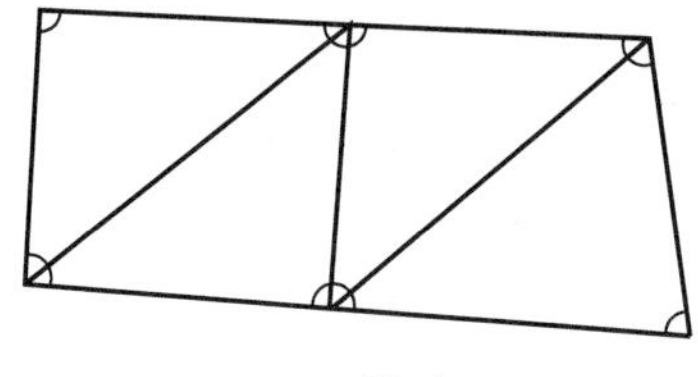

① 2　② 4
③ 6　④ 9

해설

각조건식 수$=S-P+1=9-6+1=4$
(S : 변의 수, P : 감각점 수)

03 그림과 같은 유심다각망의 조정에 필요한 조건방정식의 총수는?

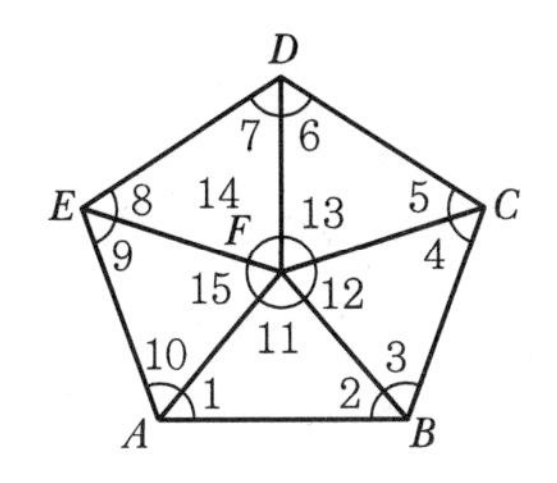

① 5개　② 6개
③ 7개　④ 8개

해설

조건식의 총수$=B+a-2p+3$
$=1+15-2\times6+3=7$개
각조건$=5$, 점조건$=1$, 변조건$=1$, 총 조건 7개

04 그림과 같은 4변형 삼각망에서 조건식의 총수(k_1), 각조건식의 수(k_2), 변조건식의 수(k_3)로 옳은 것은?

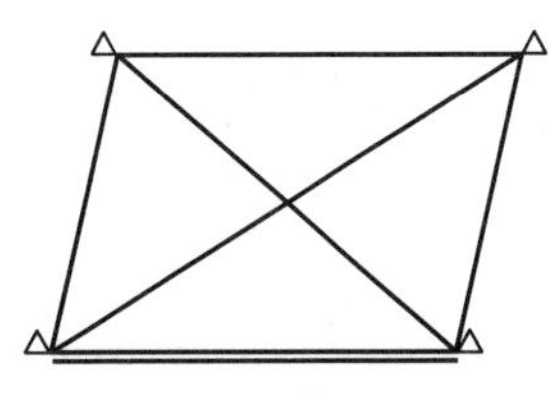

① $k_1=8,\ k_2=4,\ k_3=4$　② $k_1=8,\ k_2=2,\ k_3=6$
③ $k_1=4,\ k_2=3,\ k_3=1$　④ $k_1=4,\ k_2=2,\ k_3=2$

해설

- 각조건식 수$(k_2)=S-P+1$
$=6-4+1=3$
- 변조건 수$(k_3)=B+S-2P+2$
$=1+6-2\times4+2=1$
- 총수$(k_1)=k_2+k_3=3+1=4$
(S : 변의 수, P : 삼각점 수, B : 기선의 수)

05 그림과 같은 삼각망에서 조건식의 총수는?

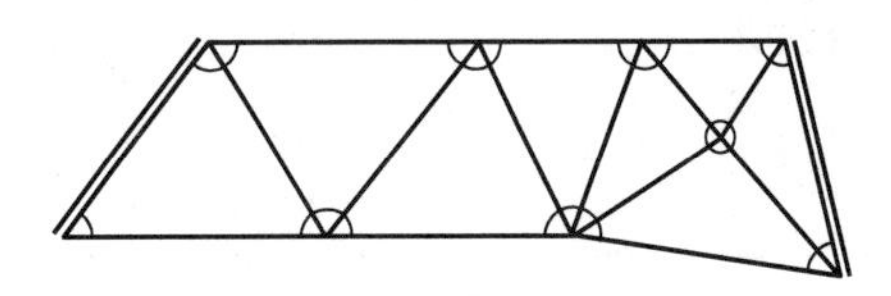

① 9개　② 10개
③ 11개　④ 12개

해설

조건식의 총수$=B+a-2P+3$
$=2+24-2.9+3=11$

06 삼각망 조정에 관한 설명으로 옳지 않은 것은?

① 임의 한 변의 길이는 계산경로에 따라 달라질 수 있다.
② 검기선은 측정한 길이와 계산된 길이가 동일하다.
③ 1점 주위에 있는 각의 합은 360°이다.
④ 삼각형의 내각의 합은 180°이다.

해설

변조건 : 임의 한 변의 길이는 계산순서에 관계없이 동일하다.

정답　01 ①　02 ②　03 ③　04 ③　05 ③　06 ①

05 삼각망의 조정계산

1. 단열삼각망 각 조정

삼각형 조정		모식도
각조건 식	$(\alpha+\beta+\gamma)-180=\pm W$	
① $\alpha'=\alpha\mp\frac{W}{3}$ ② $\beta'=\beta\mp\frac{W}{3}$ ③ $\gamma'=\gamma\mp\frac{W}{3}$		

2. 유심삼각망 조정

유심 삼각망 조정	
각조건	$\alpha_2+\beta_2+\gamma_2=180°$
점조건	$\gamma_1+\gamma_2+\gamma_3+\gamma_4+\gamma_5=360°$
변조건	$\frac{\sin\alpha_1\sin\alpha_2\sin\alpha_3\sin\alpha_4\sin\alpha_5}{\sin\beta_1\sin\beta_2\sin\beta_3\sin\beta_4\sin\beta_5}=1$

3. 표차

표차	45°45′45″의 표차
대수를 소수점 5째 자리까지 구함(10^{-5})	① $\log\sin 45°45'46''-\log\sin 45°45'45''=2.05\times10^{-6}$ ∴ 표차$=0.205(10^{-5})$ ② $\frac{1}{\tan\theta}\times0.21055(10^{-5})=\frac{1}{\tan45°45'45''}\times0.21055$ $=0.205$
대수를 소수점 7째 자리까지 구함(10^{-7})	① $\log\sin 45°45'46''-\log\sin 45°45'45''=2.05\times10^{-6}$ ∴ 표차$=20.5(10^{-7})$ ② $\frac{1}{\tan\theta}\times21.055(10^{-7})=\frac{1}{\tan45°45'45''}\times21.055$ $=20.5$

GUIDE

• **단열삼각망의 조정**
각을 같은 정밀도로 관측한 경우 발생하는 오차는 각의 크기에 관계없이 등배분한다.

• **변조정**
삼각망의 어느 한 변장은 관측순서에 관계없이 동일함

• **표차**
① log sin1″차에 대한 대수값
② A각과 B각의 표차가 30배 차이가 나면 A각이 B각보다 오차가 변 길이에 미치는 영향이 30배 더 크다.

• **표차 계산(간편식)**
$\frac{1}{\tan\theta}\times21.055(10^{-7}$, 소수 일곱째 자리까지구할 때)

01 삼각형 A, B, C의 각을 동일한 정확도로 관측하여 다음과 같은 결과를 얻었다. ∠C의 보정각은?

> ∠A = 41°37′44″
> ∠B = 61°18′13″
> ∠C = 77°03′53″

① 77°03′51″ ② 77°03′53″
③ 77°03′55″ ④ 77°03′57″

해설

- 폐합오차[E]
  $= 180 - (41°37'44'' + 61°18'13'' + 77°03'53'') = 10''$
- 경중률이 같을 경우 등배분한다.
  $\frac{[오차]}{3} = \frac{[10'']}{3} = 3.33''$
- ∠C의 보정각 $= 77°03'53'' + 3.33''$
  $= 77°03'56.33'' ≒ 77°03'57$

02 그림과 같은 유심 삼각망에서 만족하여야 할 조건식이 아닌 것은?

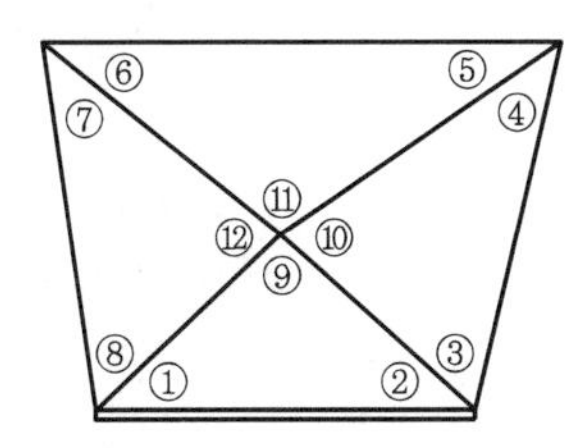

① ①+②+⑨−180°=0
② [①+②]−[⑤+⑥]=0
③ ⑨+⑩+⑪+⑫−360°=0
④ ①+②+③+④+⑤+⑥+⑦+⑧−360°=0

해설

②번은 사변형 삼각망에서 만족하여야 할 조건식이다.
- 각조건 : 삼각형 내각의 합은 180°(①+②+③=180°)
- 점조건 : 한 점 주위 각의 합은 360°(⑨+⑩+⑪+⑫=360°)

03 삼각망의 변조건 조정에서 80°의 1″ 표차는?

① 2.23×10^{-5} ② 2.23×10^{-7}
③ 3.71×10^{-5} ④ 3.71×10^{-7}

해설

80°의 1″ 표차
관측각의 sin 값에 대수를 취해 계산한다.
$\log(\sin 80°\ 0'\ 01'') - \log(\sin 80°) = 3.71 \times 10^{-7}$
또는 $\frac{1}{\tan 80°} \times 21.055 = 3.71 \times 10^{-7}$

04 사변형 삼각망의 어느 관측각에 있어서 각 조건에 의해 조정한 결과 그 조정각이 30°00′00″였다. 변조건에 의한 조정계산을 위해 표차를 구할 경우, 이 조정각에 대한 표차는 약 얼마인가?

① 2.6×10^{-6} ② 3.6×10^{-6}
③ 4.5×10^{-6} ④ 5.8×10^{-6}

해설

30°의 1″의 표차
관측각의 sin값에 대수를 취해 계산한다.
$\log(\sin 30°\ 0'\ 01'') - \log(\sin 30°) = 3.64 \times 10^{-6}$
또는 $\frac{1}{\tan 30°} \times 2.1055 = 3.6 \times 10^{-6}$

05 삼각망의 조정에서 하나의 삼각형 3점에서 같은 정밀도로 측량하여 생긴 폐합오차는 어떻게 처리하는가?

① 각의 크기에 관계없이 등배분한다.
② 대변의 크기에 비례하여 배분한다.
③ 각의 크기에 반비례하여 배분한다.
④ 각의 크기에 비례하여 배배분한다.

해설

경중률이 같을 때는 등배분한다.

정답 01 ④ 02 ② 03 ④ 04 ② 05 ①

06 구차 및 양차

GUIDE

1. 구차 및 양차(높이)

구분	구차	기차	양차
내용	① 지구가 회전타원체인 것에 기인된 오차 ② 이 오차만큼 크게 조정	① 빛의 굴절에 의해 실제위치보다 높게 보이는 오차 ② 이 오차만큼 작게 조정	구차와 기차의 합 (구차+기차)
모식도	연직각(측정), 참의 연직각, 지평선, 구차, 수평선, P, A, B, B', D, R, O	기차, P, P', A, B, D, R, O	

- 구차 $= \oplus \dfrac{D^2}{2R}$
- 기차 $= \ominus \dfrac{KD^2}{2R}$
- 양차 $= \dfrac{D^2(1-K)}{2R}$

2. 구차 및 양차 식

모식도

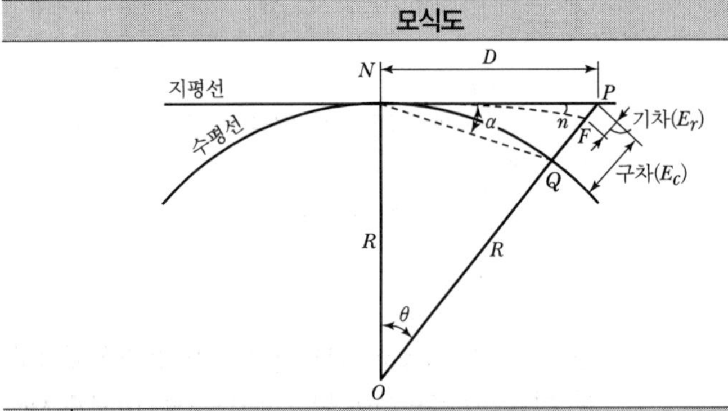

- ① N과 Q는 같은 수준면 위에 있다.
  ② $\overline{NP}(D)$는 망원경의 시준선
  ③ Q에 세워진 표척의 읽음값은 PQ 만큼 커진다.

내용	설명
구차	① $E_c = +\dfrac{D^2}{2R}$(구차는 실제의 높이보다 낮게 하므로 항상 +로 보정) ② 시점과 동일한 표고점은 Q점이지만 실제로는 P점을 관측하는데 관측 차이값(E_c)을 구차라 한다.
기차	① $E_\gamma = -\dfrac{KD^2}{2R}$(기차는 항상 (−)로 보정) ② 빛이 대기를 통과하면서 생기는 굴절의 영향에 의해 생기는 거리차
양차	① $E = \dfrac{D^2(1-K)}{2R}$ ② 구차와 기차는 보통 동시에 발생한다. ③ 양차는 구차와 기차의 합이다.
측지삼각측량에서 곡률오차(구차)와 굴절오차(기차)는 반드시 고려한다.	

- R : 지구 반경(6,370km)
- D : 수평거리
- K : 빛의 굴절계수(0.14)

- **삼각수준측량의 정도**

$$정도 = \frac{1}{m} = \frac{\Delta l}{l} = \frac{\Delta h}{D} = \frac{(1-K)D}{2R}$$

01 삼각수준측량 거리가 10km일 때 지구곡률로 인한 오차는?(단, 지구반지름은 6,370km이다.)

① 4.5m ② 5.8m ③ 6.5m ④ 7.8m

해설

$$구차=\frac{D^2}{2R}=\frac{10^2}{2\times 6{,}370}=0.0078\text{km}=7.8\text{m}$$

02 삼각수준측량의 관측값에서 대기의 굴절오차(기차)와 지구의 곡률오차(구차)의 조정방법으로 옳은 것은?

① 기차는 높게, 구차는 낮게 조정한다.
② 기차는 낮게, 구차는 높게 조정한다.
③ 기차와 구차를 함께 높게 조정한다.
④ 기차와 구차를 함께 낮게 조정한다.

해설

- 구차(지구 곡률오차)는 높게 조정
- 기차(대기굴절오차)는 낮게 조정

03 표고가 350m인 산 위에서 키가 1.80m인 사람이 볼 수 있는 수평거리의 한계는?(단, 지구곡률 반지름=6,370km)

① 47.34km ② 55.22km
③ 66.95km ④ 3,778.22km

해설

$$구차=\frac{D^2}{2R}=351.8\text{m}=0.3518\text{km}$$

$$\therefore D=\sqrt{구차\times 2R}=\sqrt{0.3518\times 2\times 6{,}370}=66.95\text{km}$$

04 표고 45.2m인 해변에서 눈높이 1.7m인 사람이 바라볼 수 있는 수평선까지의 거리는?(단, 지구반지름 : 6,370km, 빛의 굴절계수 : 0.14)

① 12.4km ② 26.4km
③ 42.8km ④ 62.4km

해설

$$양차(E)=\frac{D^2}{2R}(1-K)=46.9\text{m}=0.0469\text{km}$$

$$\therefore D=\sqrt{\frac{2RE}{(1-K)}}=\sqrt{\frac{2\times 6{,}370\times 0.0469}{(1-0.14)}}$$

$$=26.358 \fallingdotseq 26.4\text{km}$$

05 삼각수준측량에서 1 : 25,000의 정확도로 수준차를 허용할 경우 지구의 곡률을 고려하지 않아도 되는 시준거리는?(단, 공기의 굴절계수 $K=0.14$, 지구반경 $R=6{,}370\text{km}$)

① 593m ② 693m
③ 793m ④ 893m

해설

$$\frac{1}{25{,}000}=\frac{\frac{D^2(1-K)}{2R}}{D}$$

$$\therefore D=\frac{2R}{(1-K)\times 25{,}000}=\frac{2\times 6{,}370}{(1-0.14)\times 25{,}000}$$

$$=0.59255\text{km}=593\text{m}$$

06 지표면 상의 A, B 간의 거리가 7.1km라고 하면 B점에서 A점을 시준할 때 필요한 측표(표척)의 최소 높이로 옳은 것은?(단, 지구의 반지름은 6,370km이고, 대기의 굴절에 의한 요인은 무시)

① 1m ② 2m ③ 3m ④ 4m

해설

$$구차=\frac{D^2}{2R}=\frac{7.1^2}{2\times 6{,}370}=0.000395 \fallingdotseq 4\text{m}$$

07 거리 2.0km에 대한 양차는?(단 굴절계수 K는 0.14, 지구의 반지름은 6,370km이다.)

① 0.27m ② 0.29m
③ 0.31m ④ 0.33m

해설

$$양차(E)=\frac{D^2}{2R}(1-K)=\frac{2^2}{2\times 6{,}370}(1-0.14)$$

$$=0.00027\text{km} \fallingdotseq 0.27\text{m}$$

정답 01 ④ 02 ② 03 ③ 04 ② 05 ① 06 ④ 07 ①

CHAPTER 05 실 / 전 / 문 / 제

01 삼각 측량과 다각 측량에 대한 다음 설명 중 부적당한 것은?

① 삼각 측량은 주로 각을 실측하고 삼각형의 거리는 간접적으로 구해서 위치를 정한다.
② 다각 측량은 주로 각과 거리를 실측하여 점의 위치를 개별로 구한다.
③ 점들 간의 상호 시준이 곤란한 지역에서는 삼각 측량이 일반적으로 행하여진다.
④ 삼각 측량은 다각 측량 방법보다 관측 작업량은 많으나 기하학적인 정확도는 우수하다.

해설

시준이 곤란하여 관측에 어려움이 있을 때는 다각 측량을 주로 사용한다.

02 삼각 측량과 삼변 측량에 대한 설명으로 틀린 것은?

① 삼변측량은 변 길이를 관측하여 삼각점의 위치를 구하는 측량이다.
② 삼각측량의 삼각망 중 가장 정확도가 높은 망은 사변형 삼각망이다.
③ 삼각점의 선점 시 기계나 측표가 동요할 수 있는 습지나 하상은 피한다.
④ 삼각점의 등급을 정하는 주된 목적은 표석설치를 편리하게 하기 위함이다.

해설

삼각측량은 각종 측량의 골격이 되는 기준점 위치를 sin법칙으로 정밀하게 결정하기 위하여 실시하며, 정확도에 따라 등급을 분류한다.

03 삼각 측량의 목적은 결과적으로 무엇을 하는 것인가?

① 측점 간의 거리가 멀어서 직접 측정이 곤란한 거리의 측정
② 삼각형으로 나누어 면적 결정
③ 모든 측량의 골격이 되는 기준점의 위치 결정
④ 복잡한 지형의 높이 측정

해설

삼각 측량은 기준점의 위치를 결정하는 정확도 높은 골격 측량이다.

04 삼각 측량에 있어서 △ABC 의 3각을 A, B, C 및 이들의 각에 대응하는 변장을 각기 a, b, c라 하면 정현 비례의 법칙에 따라서 변장 a를 구하는 식은?

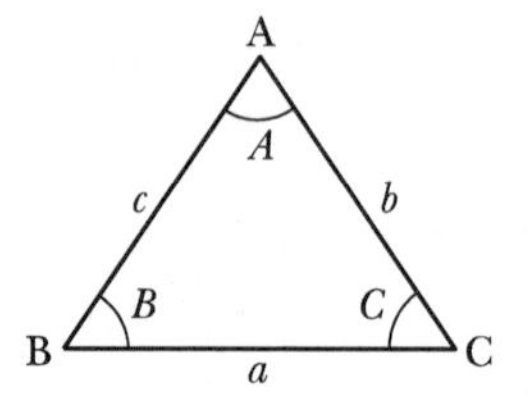

① $a=\dfrac{\sin B}{b\cdot\sin A}$　② $a=\dfrac{b\cdot\sin A}{\sin B}$
③ $a=\dfrac{\sin A}{b\cdot\sin B}$　④ $a=\dfrac{b\cdot\sin B}{\sin A}$

해설

sin 법칙 : $\dfrac{a}{\sin A}=\dfrac{b}{\sin B}=\dfrac{c}{\sin C}$

$\therefore\ a=\dfrac{b}{\sin B}\times\sin A$

05 다음 삼각형 AB의 변장은 얼마인가?(단, AC =1,500m, ∠A=68°23′22″, ∠B= 55°52′36″, ∠C=55°44′02″)

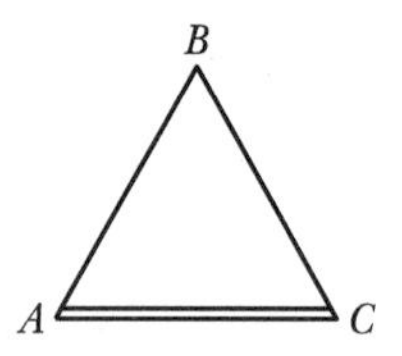

① 1,239.64m　② 1,497.46m
③ 1,502.54m　④ 1,620.55m

해설

sin 법칙 이용

$\dfrac{1,500}{\sin 55°52'36''}=\dfrac{AB}{\sin 55°44'2''}$

$\therefore$ AB ≒ 1,497.46m

정답 01 ③ 02 ④ 03 ③ 04 ② 05 ②

06 그림에서 변 AB=500m, $\angle a=71°33'54''$, $\angle b_1=36°52'12''$, $\angle b_2=39°5'38''$, $\angle c=85°36'05''$를 측각하였을 때 변 BC의 거리는?

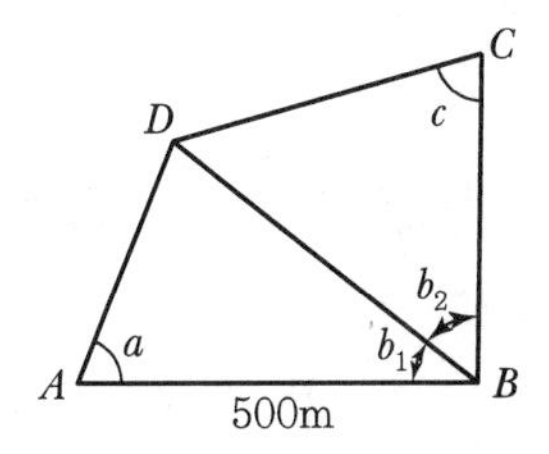

① 391m　② 412m
③ 422m　④ 427m

해설

sin 법칙에 의하여 BD를 먼저 구하고 BC를 구한다.

㉠ $\frac{BD}{\sin a}=\frac{500}{\sin\{180°-(\angle a+\angle b_1)\}}$

$\therefore BD=\frac{500\sin a}{\sin\{180°-(\angle a+\angle b_1)\}}$

$=500m$

㉡ $\frac{BD}{\sin c}=\frac{BC}{\sin\{180°-(\angle b_2+\angle c)\}}$

$\therefore BC=\frac{BD\ \sin\{180°-(\angle b_2+\angle c)\}}{\sin c}$

$\fallingdotseq 412.31m$

07 삼각점에 등급을 정하는 목적은 무엇인가?

① 표식이 틀리므로
② 정도의 높은 순서를 정하기 위하여
③ 관측법이 틀리므로
④ 수평각 관측법에 따라 등급이 결정된다.

해설

우리나라 전 국토에 기준점을 효과적으로 배치하기 위해 정도 높은 1등점을 설치하고, 1등점을 기준으로 순차적으로 2등, 3등, 4등점을 설치하였다

08 1등 삼각망의 한 변은 평균 몇 km인가?

① 25km　② 30km
③ 40km　④ 45km

해설

우리나라 삼각망의 평균 변장
- 1등 삼각망 : 30km
- 2등 삼각망 : 10km
- 3등 삼각망 : 5km
- 4등 삼각망 : 2.5km

09 우리나라 삼각점 성과표에 표시되어 있는 ⦿의 기호명은?

① 소삼각 1등점　② 소삼각 2등점
③ 대삼각 본점　④ 대삼각 보점

해설

삼각점의 표시 기호
◉ : 대삼각 본점(1등)
◎ : 대삼각 보점(2등)
⦿ : 소삼각 1등점(3등)
○ : 소삼각 2등점(4등)

10 건설 공사 및 도시 계획 등의 일반 측량에서는 변장 2.5km 이상의 삼각 측량을 별도로 실시하지 않고 국가 기본 삼각점의 성과를 이용하는 것이 좋다. 그 이유로 적당하지 않은 것은?

① 측량 시간의 단축　② 측량 성과의 기준 통일
③ 정확도의 확보　④ 측량 경비의 절감

해설

국가 기본 삼각점의 성과를 이용하는 이유
㉠ 측량 성과의 기준 통일
㉡ 정확도의 확보
㉢ 측량 경비의 절감

11 삼각 측량에서 두 점 간의 길이에 관한 설명 중 가장 옳은 것은?

① 두 점 간의 실제적인 최단 거리
② 두 점을 기준면상에서 투영한 최단 거리
③ 두 점 간의 곡률을 고려한 최단 거리
④ 두 점의 기차와 구차를 고려한 최단 거리

정답　06 ②　07 ②　08 ②　09 ①　10 ①　11 ②

해설

삼각 측량에서 두 점 간 거리는 기준면(평균 해수면)상에 투영한 거리이다.

12 유심 다각망을 설명한 것 중 거리가 먼 것은?

① 방대한 지역의 측량에 적합하다.
② 동일 측점수에 비하여 포함 면적이 가장 넓다.
③ 거리에 비하여 관측수가 적으므로 측량이 신속하고 측량비가 적으며, 조건식이 적어 정도가 낮다.
④ 육각형, 중심형 등이 있다.

해설

삼각망의 종류
㉠ 단열 삼각망 : 폭이 좁고 거리가 먼 지역에 적합하며, 조건수가 적어 정도가 낮다.
㉡ 유심 삼각망 : 동일 측정수에 비해 표면적이 넓고, 단열보다는 정도가 높으나 사변형보다는 낮다.
㉢ 사변형 삼각망 : 기선 삼각망에 이용되며, 조정이 복잡하고 포함 면적이 적으며, 시간과 비용이 많이 든다. 정도가 가장 높다.

13 삼각망 중에서 가장 정도가 높은 망은 어느 것인가?

① 단열 삼각망　② 단삼각망
③ 유심 삼각망　④ 사변형 삼각망

해설

삼각망의 정도 순서
사변형 > 유심 > 단열 > 단삼각망

14 단열 삼각망은 보통 어떤 측량에 사용하는가?

① 복잡한 지형 측량의 골격 측량
② 하천 조사 측량 시의 골격 측량
③ 광대한 지역의 지형도를 작성하기 위한 골격 측량
④ 시가지와 같은 정밀을 요하는 골격 측량

해설

단열 삼각망이란 동일한 도달 거리에 대하여 측점수가 가장 적으므로 측량이 간단하여 경제적이나 조건식의 수가 적어서 정도가 낮다. 이것은 노선 측량, 하천 측량에 많이 사용한다.

15 사변형 삼각망은 보통 어느 측량에 사용하는가?

① 하천 조사 측량을 하기 위한 골조 측량
② 광대한 지역의 지형도를 작성하기 위한 골조 측량
③ 복잡한 지형 측량을 하기 위한 골조 측량
④ 시가지와 같은 정밀을 필요로 하는 골조 측량

해설

사변형 삼각망은 정밀을 요하는 기선 측정 또는 시가지와 같은 중요 골조 측량에 사용된다.

16 다음 중 3각 측량의 선점 시 주의사항으로 옳지 않은 것은?

① 측점수가 많아서 세부 측량에 이용 가치가 커야 한다.
② 되도록 정삼각형에 가까운 것이 좋다.
③ 삼각점 상호 간의 시준이 잘 되고, 시준선이 불규칙한 광선의 영향을 받지 않아야 한다.
④ 정삼각형에 가깝게 하기 위해 나무를 많이 베거나 하지 않아야 한다.

해설

가능한 한 측점수가 적고, 세부 측량에 이용 가치가 커야 한다.

17 삼각점의 위치 선점 시 주의사항 중 비교적 중요하지 않은 것은?

① 편심 관측을 요하는 곳은 피할 것
② 대벌목을 요하는 곳은 피할 것
③ 습지나 하상과 같은 곳은 피할 것
④ 고측표가 필요한 곳은 피할 것

정답　12 ③　13 ④　14 ②　15 ④　16 ①　17 ①

해설

삼각 측량에서는 정밀을 요하므로 많은 벌목을 해야 하는 곳, 높은 측표를 요하는 곳, 습지나 하상 등을 피해야 한다. 그러나 부득이한 경우 편심 관측을 행한다.

18 삼각점 A에 기계를 설치하여 삼각점 B가 시준되지 않기 때문에 점 P를 관측하여 $T'=68°32'15''$를 얻었을 때 보정각 T는?(단, $s=1.3\text{km}$, $e=5\text{m}$, $\phi=302°56'$)

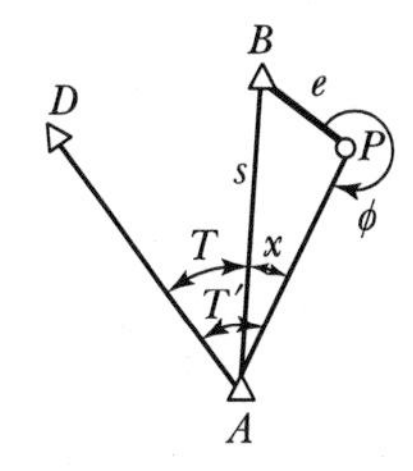

① 68°31′92″ ② 68°28′07″
③ 68°21′09″ ④ 68°18′07″

해설

△ABP 에서 sin 법칙을 적용하여 x 를 구하면

$$\frac{e}{\sin x}=\frac{s}{\sin(360°-\phi)}$$

$$\therefore\ x''=\sin^{-1}\frac{e}{s}\sin(360°-\phi)$$

$$=\sin^{-1}\left[\frac{5}{1,300}\sin 57°04'\right]\fallingdotseq 665.8''=11'6''$$

따라서 $T=T'-x=68°32'15''-11'6''=68°21'09''$

19 삼각점 C에 기계가 세워지지 않아서 B에 기계를 설치하여 $T'=31°15'40''$를 얻었다. 이때 T의 값은?(단, $e=2.5\text{m}$, $\phi=295°20'$, $s_1=1.5\text{km}$, $s_2=2.0\text{km}$이다.)

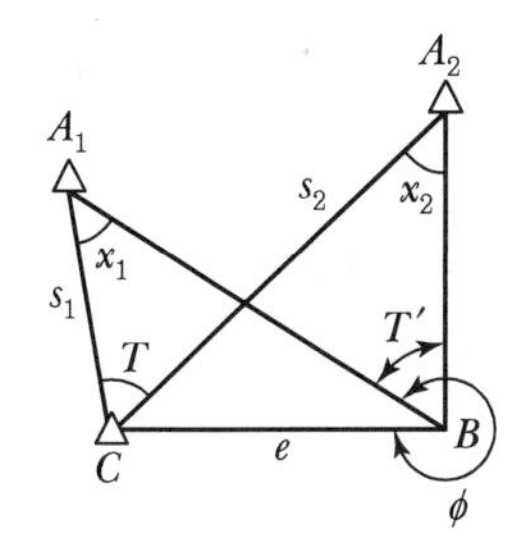

① 31°14′47″ ② 31°07′47″
③ 30°14′47″ ④ 30°07′47″

해설

$\triangle A_1BC$ 에서 sin 법칙을 적용하면

$$\frac{e}{\sin x_1}=\frac{s_1}{\sin(360°-\phi)}$$

$$\therefore\ x_1''=\rho''\frac{e}{s_1}\cdot\sin(360°-\phi)$$

$$=206,265''\times\frac{2.5}{1,500}\times\sin(360°-295°20')$$

$$\fallingdotseq 5'10.72''$$

$\triangle A_2BC$ 에서 sin 법칙을 적용하면

$$\frac{e}{\sin x_2}=\frac{s_2}{\sin(360°-\phi+T)}$$

$$\therefore\ x_2''=\rho''\frac{e}{s_2}\cdot\sin(360°-\phi+T')$$

$$=206,265''\times\frac{2.5}{2,000}\times\sin(360°-295°20'+31°15'40'')$$

$$\fallingdotseq 4'16.45''$$

여기서, $T+x_1=T'+x_2$이므로

$$\therefore\ T=T'+x_2-x_1$$

$$=31°15'40''+4'16.45''-5'10.72''$$

$$\fallingdotseq 31°14'45.73''$$

20 삼각망의 수평각 조정에서 기하학적인 조건식이 아닌 것은?

① 측점 조건 ② 기선 조건
③ 각 조건 ④ 변 조건

해설

삼각망의 수평각 조정에 사용되는 것

㉠ 측점 조건(점 조건)

㉡ 도형 조건 : 각 조건, 변 조건

21 각 방정식(각 조건식)을 설명한 내용은?

① 한 점 주위 각은 360°이다.
② 삼각형 내각의 합은 180°이다.
③ 삼각망 중 임의 한 변의 길이는 계산해 가는 순서와 관계없이 같은 값이다.

정답 18 ③ 19 ① 20 ② 21 ②

④ 한 측점에서 측정한 여러 각의 합은 그 각들을 한 각으로 하여 측정한 값과 같다.

해설

① 측점 조건(점 조건식
② 각 조건(각 조건식)
③ 변 조건(변 조건식)
④ 측점 조건(점 조건식)

22 그림과 같은 유심 다각형에서 다각 방정식의 수는?

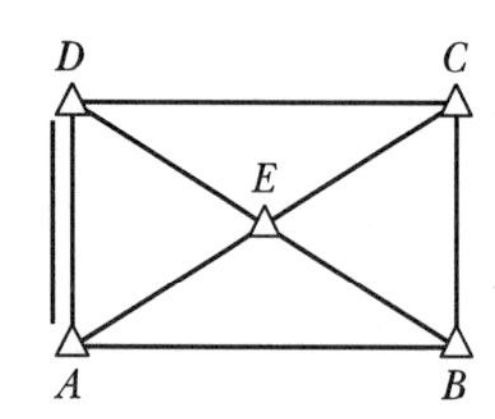

① 3개　　② 5개
③ 6개　　④ 4개

해설

변$(S)=8$개　점$(P)=5$개
∴ 각 방정식수$=S-P+1$
$=8-5+1=4$개(삼각형 수)

23 다음 삼각망의 각 조건식 수는?

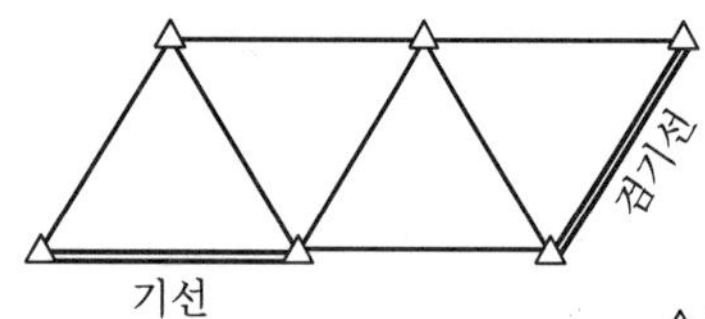

① 6　　② 5
③ 4　　④ 3

해설

변$(S)=9$개, 점$(P)=6$개
∴ 각 방정식 수$=S-P+1=9-6+1=4$개
※ 참고로 각 조건식은 삼각형 내각의 합이 180°가 되는 조건이므로 삼각형 수(4개)로 결정된다.

24 다음 그림에서 각 방정식 수는 몇 개인가?

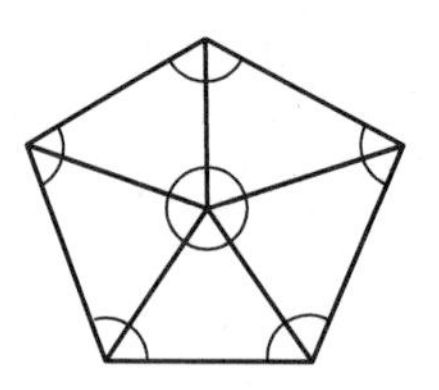

① 3개　　② 4개
③ 5개　　④ 6개

해설

변$(S)=10$개, 점$(P)=6$개
∴ 각 조건식 수$=S-P+1=10-6+1=5$개(삼각형 수)

25 다음 도형과 같이 각 1, 2, 3, …8이 관측각이고 CD를 기선장이라고 하면 이 도형의 각을 조정하기 위해서는 조건 방정식이 몇 개인가?

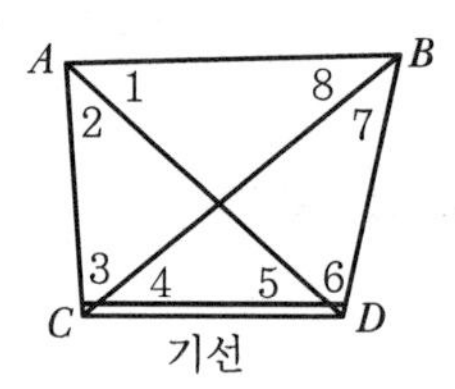

① 2개　　② 3개
③ 4개　　④ 5개

해설

사변형 삼각망이므로 중앙은 삼각점이 아니다.
각$(a)=8$개, 변$(S)=6$개, 삼각형$(P)=4$개
한 점 주위의 각(ω) 및 변(l) 수 : $\omega=2$개, $l=3$개
㉠ 점 조건식(사변형 없음)$=\omega-l+1=2-3+1=0$
㉡ 각 조건식$=S-P+1=8-6+1=3$개
㉢ 변 조건식(기선수)$=B+S-2P+2$
$=1+6-(2\times4)+2=1$개
㉣ 조건식 총 수=점+각+변$=0+3+1=4$개

정답　22 ④　23 ③　24 ③　25 ③

26 그림과 같은 삼각 측량 결과에서 조건식 수에 대한 기술 중 맞는 것은?

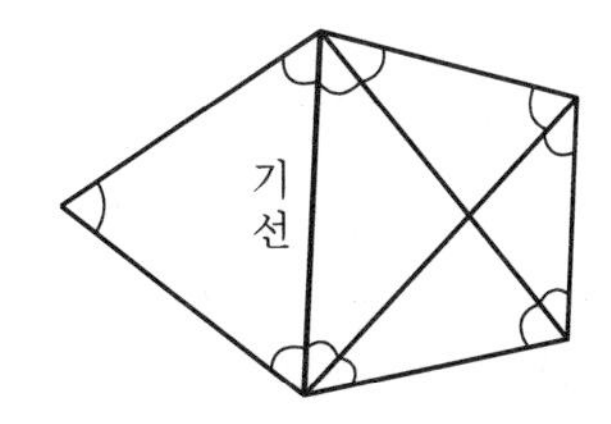

① 다각 방정식 수=5 ② 측점 방정식 수=1
③ 조건식 총 수=4 ④ 변 방정식 수=1

해설

변(S)=8개, 각(a)=11개, 점(P)=5개, 기선(B)=1개
한 점 주위의 각(ω) 및 변(l) 수 : ω=3개, l=4개(이때 각이 많은 점을 택한다.)
㉠ 점 조건식=$\omega - l + 1 = 3 - 4 + 1 = 0$(360° 되는 곳 없음)
㉡ 각 조건식=$S - P + 1 = 8 - 5 + 1 = 4$개
(삼각형 1개+사변형 3개)
㉢ 변 조건식=$B + S - 2P + 2$
$= 1 + 8 - (2 \times 5) + 2 = 1$개(기선수)
(삼각망과 사변형에 공통으로 1개)
㉣ 조건식 총 수=점+각+변=0+4+1=5개

27 유심 다각망 조정에서 고려해야 할 조정 조건이 아닌 것은?

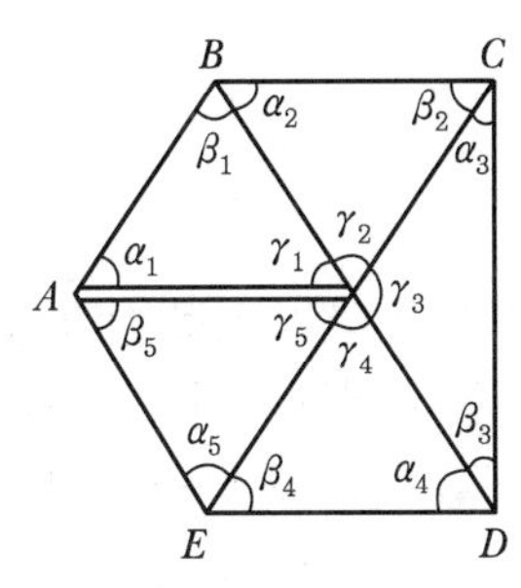

① $\alpha_2 + \beta_2 + \gamma_2 = 180°$
② $\dfrac{\alpha_2 + \beta_2}{\alpha_3 + \beta_3} = 1$
③ $\gamma_1 + \gamma_2 + \gamma_3 + \gamma_4 + \gamma_5 = 360°$
④ $\dfrac{\sin\alpha_1 \sin\alpha_2 \sin\alpha_3 \sin\alpha_4 \sin\alpha_5}{\sin\beta_1 \sin\beta_2 \sin\beta_3 \sin\beta_4 \sin\beta_5} = 1$

해설

① 각 조건, ③ 점 조건, ④ 변 조건

28 그림과 같은 유심 삼각망에서 만족하여야 할 조건식이 아닌 것은?

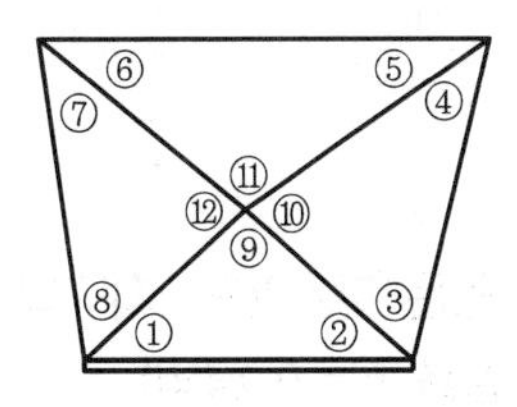

① ①+②+⑨−180°=0
② [①+②]−[⑤+⑥]=0
③ ⑨+⑩+⑪+⑫−360°=0
④ $\dfrac{\sin①\sin③\sin⑤\sin⑦}{\sin②\sin④\sin⑥\sin⑧} = 1$

해설

① 제1조정(각 조건에 대한 조정)
② 제2조정(점 조건에 대한 조정)
④ 제3조정(변 조건에 대한 조정)

29 다음 구차, 기차, 양차의 공식 중 잘못된 것은?(단, D : 수평 거리, R : 지구 반경, K : 굴절계수(0.12~0.15))

① $\dfrac{D^2}{2R}$ ② $\dfrac{KD^2}{2R}$
③ $\dfrac{D^2}{2R}(1-K)$ ④ $6.67D^2$

해설

㉠ 구차= $\dfrac{D^2}{2R}$
㉡ 기차=$-\dfrac{KD^2}{2R}$ (∵ 항상 −임)
㉢ 양차=구차+기차(K= 0.15일 때)
$= \dfrac{D^2}{2R}(1-K) \fallingdotseq 6.67D^2$

정답 26 ④ 27 ② 28 ② 29 ②

30 보통 평탄한 지역에서 10km 떨어진 점을 시준하는 경우 시준표의 높이를 어느 정도로 하면 좋은가?(단, 지구의 반지름 $R=6,370$km이다.)

① 6m ② 8m ③ 12m ④ 14m

해설

구차 : $h=\frac{D^2}{2R}=\frac{10^2}{2\times 6,370}\fallingdotseq 0.00785\text{km}\fallingdotseq 8\text{m}$

31 다음 중 옳은 것은?(단, 지구의 반지름 $R=6,370$km, 굴절률 $K=0.14$임)

① 유심 다각형 삼각망은 멀리 떨어진 두 점 간의 위치를 결정할 때나 노선 측량에 가장 적합하다.
② 지구 표면의 곡률 때문에 생기는 오차를 기차라 하고 두 점 간의 거리를 D라 하면, 그 크기는 $+7.8D^2$(cm) 정도이다.
③ 구차는 대기 때문에 생기는 오차이며 두 점 간의 거리를 D라 하면, 그 크기는 $-1.1D^2$(cm) 정도이다.
④ 기차와 구차를 합하여 양차라 하고 두 점 간의 거리를 D라 하면, 그 크기는 $+6.7D^2$(cm) 정도이다.

해설

㉠ 단열 삼각망의 설명이다.

㉡ 기차$=-\frac{KD^2}{2R}=\frac{-0.14\times D^2}{2\times 6.370}$
$\fallingdotseq -1.1\times 10^{-5}D^2\fallingdotseq -1.1D^2\,(\text{cm})$

㉢ 구차$=\frac{D^2}{2R}=\frac{D^2}{2\times 6.370}$
$\fallingdotseq 7.8\times 10^{-5}D^2\fallingdotseq 7.8D^2\,(\text{cm})$

㉣ 양차$=\frac{D^2}{2R}(1-K)$
$=\frac{D^2}{2\times 6.370}(1-0.14)$
$\fallingdotseq 6.7\times 10^{-5}D^2\fallingdotseq 6.7D^2\,(\text{cm})$

32 삼각 수준 측량의 관측값에서 대기의 굴절 오차(기차)와 지구의 곡률 오차(구차)의 조정 방법 중 옳은 것은?

① 기차는 높게, 구차는 낮게 조정한다.
② 기차는 낮게, 구차는 높게 조정한다.
③ 기차와 구차를 함께 높게 조정한다.
④ 기차와 구차를 함께 낮게 조정한다.

해설

구차는 지구 곡률로 인하여 지반이 낮게 되고, 기차는 광선 굴절 영향으로 지반이 높게 된다.

따라서 보정은 구차는 높게$\left(+\frac{D^2}{2R}\right)$, 기차는 낮게$\left(-\frac{KD^2}{2R}\right)$ 보정한다.

33 눈의 높이가 1.7m이고 빛의 굴절 계수가 0.15일 때 해변에서 바라볼 수 있는 수평선까지의 거리는?(단, 지구 반지름은 6,370km로 함)

① 5.05km ② 4.25km
③ 4.05km ④ 3.55km

해설

양차 $h=\frac{D^2}{2R}(1-K)$에서

$\therefore D=\sqrt{\frac{2Rh}{1-K}}=\sqrt{\frac{2\times 6370\times 0.0017}{1-0.15}}\fallingdotseq 5.05\text{km}$

34 해면 위에서 두 배가 서로 반대 방향으로 출발해서 서로 보이는 한계까지의 수평 거리는?(단, 속도는 같고 장애물이 없으며 배의 높이는 각각 1.5m, 지구의 곡률 반경이 6,370km이다.)

① 4.37km ② 6.74km
③ 7.74km ④ 8.74km

정답 30 ② 31 ④ 32 ② 33 ① 34 ④

해설

배가 서로 반대 방향으로 출발하면 그림과 같이 시준 거리는 2배가 된다. 구차를 이용하면

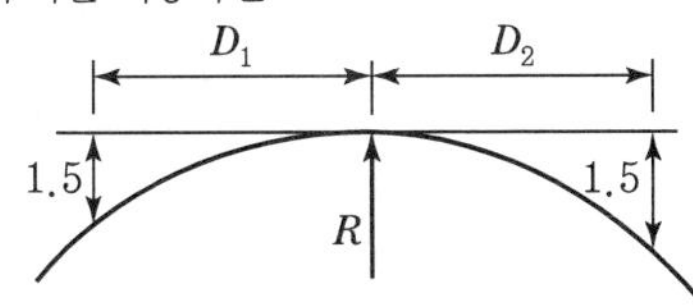

$h=\dfrac{D^2}{2R}$에서 $D=\sqrt{2Rh}$

$\therefore\ D_1+D_2=\sqrt{2Rh}\times 2$배

$=\sqrt{2\times 6{,}370\times 1{,}000\times 1.5}\times 2 ≒ 8{,}743\text{m}$

$=8.74\text{km}$

35 삼각 수준 측량에 있어서 오차 : 거리＝1 : 100,000의 수준 오차를 허용할 때 지구의 곡률을 고려하지 않아도 좋은 시준 거리는 약 얼마인가? (단, 지구 곡률 반경 $R=6{,}370\text{km}$, 굴절 계수는 무시한다.)

① 64m ② 127m
③ 35m ④ 70m

해설

구차 $h=\dfrac{D^2}{2R}$이며 양변을 D로 나누면

$\therefore\ \dfrac{\text{오차}}{\text{거리}}=\dfrac{h}{D}=\dfrac{D}{2R}=\dfrac{1}{100{,}000}$

$\therefore\ D=\dfrac{2R}{100{,}000}=\dfrac{2\times 6370\times 10^3}{100{,}000}=127.4\text{m}$

36 삼변측량에 관한 설명 중 틀린 것은?

① 관측요소는 변의 길이뿐이다.
② 관측값에 비하여 조건식이 적은 단점이 있다.
③ 삼각형의 내각을 구하기 위해 cosine 제2법칙을 이용한다.
④ 반각공식을 이용하여 각으로부터 변을 구하여 수직위치를 구한다.

해설

삼변측량은 반각공식을 이용하여 변으로부터 각을 구한다.

37 삼변측량에서 $\triangle ABC$에서 세 변의 길이가 $a=1{,}200.00\text{m}$, $b=1{,}600.00\text{m}$, $c=1{,}442.22\text{m}$라면 변 c의 대각인 $\angle C$는?

① 45° ② 60°
③ 75° ④ 90°

해설

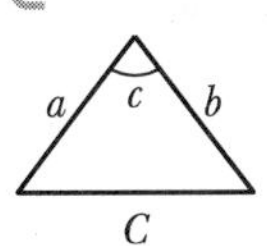

- $\angle C=\cos^{-1}\dfrac{a^2+b^2-c^2}{2ab}$
- $\angle C=\cos^{-1}\dfrac{1{,}200^2+1{,}600^2-1{,}442.22^2}{2\times 1{,}200\times 1{,}600}$

$=60°$

38 삼각측량의 선점을 위한 고려사항으로 옳지 않은 것은?

① 삼각점은 측량구역 내에서 한쪽에 편중되지 않도록 고른 밀도로 배치하는 것이 좋다.
② 배치는 정삼각형의 형태로 하는 것이 좋다.
③ 삼각점은 발견이 쉽고 견고한 지점, 항공사진상에 판별될 수 있는 위치에 선정하는 것이 좋다.
④ 측점의 수는 될 수 있는 대로 많게 하고, 이동이 편리한 구조로 설치하는 것이 좋다.

해설

- 선점 시 측점의 수는 가능한 적을수록 좋다.
- 삼각형은 정삼각형에 가까울수록 좋다.
- 미지점은 최소 3개, 최대 5개의 기지점에서 정반 양방향으로 시통이 되게 한다.

39 삼각측량을 위한 삼각점의 위치선정에 있어서 피해야 할 장소와 가장 거리가 먼 것은?

① 나무의 벌목면적이 큰 곳
② 습지 또는 하상인 곳
③ 측표를 높게 설치해야 되는 곳
④ 편심관측을 해야 되는 곳

정답 35 ② 36 ④ 37 ② 38 ④ 39 ④

해설

선점 시 고려사항
- 삼각형의 내각은 되도록 60°
- 시준이 잘 되고, 지반이 견고하며 침하가 없는 곳
- 벌목의 작업이 적고, 무리한 측표를 안 세워도 좋은 곳

40 삼각점을 선점할 때의 유의사항에 대한 설명으로 틀린 것은?

① 정삼각형에 가깝도록 할 것
② 영구 보존할 수 있는 지점을 택할 것
③ 지반은 가급적 연약한 곳으로 선정할 것
④ 후속작업에 편리한 지점일 것

해설

지반은 영구 보존할 수 있는 지점을 택할 것

정답 40 ③

CHAPTER 06

수준측량

01 수준측량의 개요

1. 수준측량의 정의

수준측량의 정의
① 높이를 결정하기 위한 측량(레벨측량)
② 표고의 기준은 등포텐셜면(지오이드면, 평균해수면)
③ 장거리 수준측량은 구차(지구곡률), 기차(대기굴절), 중력에 대한 보정을 한다.

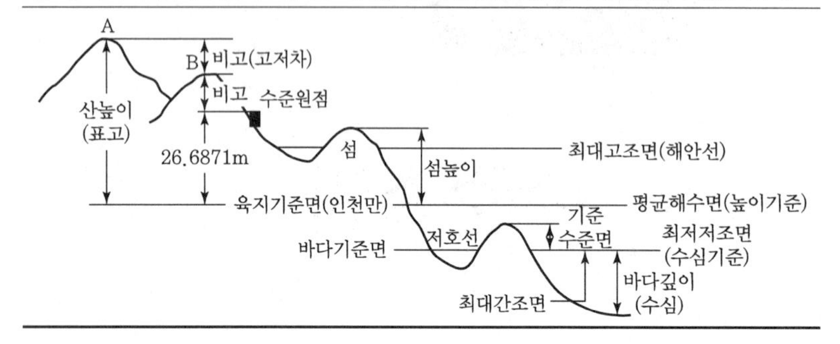

2. 수준측량 방법에 따른 수준측량 분류

① 직접 수준측량	레벨을 사용하여 직접 고저차를 구함
② 간접 수준측량	레벨을 이용하지 않고 간접 방법으로 고저차를 구하는 방법(삼각 수준 측량, 시거 측량, 평판 등)
③ 교호 수준측량	강이나 바다 등 중앙에 장애물이 있어 접근하기 어려울 때 고저차를 구하는 방법

3. 수준측량 목적에 따른 수준측량 분류

① 고저차 수준측량		두 측점 사이의 고저차를 구하는 측량
② 단면 수준측량	종단측량	종단면도를 작성하기 위해 노선방향으로 측점의 높이와 거리 관측(도로, 철도, 하천)
	횡단측량	횡단면도를 작성하기 위해 노선방향의 직각으로 고저차를 관측
③ 표면 수준측량		면적 내의 지면높이를 측정하여 토공량, 저수량 산정에 이용

4. 종단면도 기재사항

기재사항	① 측점	② 거리, 누가거리
	③ 지반고, 계획고	④ 성토고, 절토고
	⑤ 구배	

GUIDE

• **레벨**

• **표고**

어떤 기준면(평균해면)으로부터 그 점까지 연직거리

• **비고**

임의 기준면에 대한 상대높이차(고저차)

• **수준원점의 표고**

26.6871m

• **수심 및 높이의 기준**

① 해안선(최고고조면, 최대고조면)
② 높이기준(평균해수면)
③ 수심기준(최저저조면)

• **종 · 횡 방향**

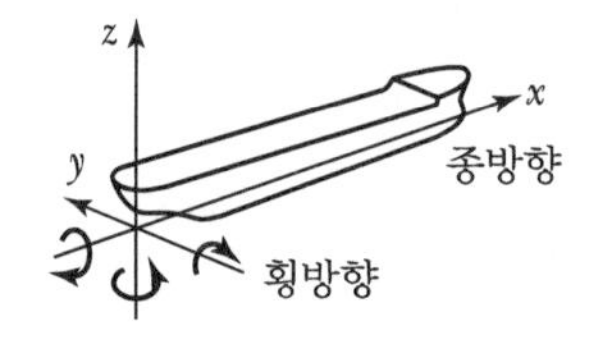

01 수준측량에서 발생하는 오차에 대한 설명으로 틀린 것은?

① 기계의 조절에 의해 발생하는 오차는 전시와 후시의 거리를 같게 하여 소거할 수 있다.
② 표척의 영눈금의 오차는 출발점의 표척을 도착점에서 사용하여 소거할 수 있다.
③ 대지삼각수준측량에서 곡률오차와 굴절오차는 그 양이 미소하므로 무시할 수 있다.
④ 기포의 수평조정이나 표척면의 밝기는 육안으로 한계가 있으나 이로 인한 오차는 일반적으로 허용오차 범위 안에 들 수 있다.

해설
대지삼각수준측량에서는 지구곡률오차(구차)와 대기굴절오차(기차)를 고려한다.

02 종단면도에 표기하여야 하는 사항으로 옳지 않은 것은?

① 흙깎기 토량과 흙쌓기 토량
② 기울기
③ 거리 및 누가거리
④ 지반고 및 계획고

해설
종단면도 기재사항
• 측점
• 거리, 누가거리
• 지반고, 계획고
• 성토고, 절토고
• 구배

03 우리 나라에 설치되어 있는 수준점의 성과는 무엇을 표시하는가?

① 도로의 높이를 나타낸다.
② 만조면으로부터의 높이를 나타낸다.
③ 중등 해수면으로부터의 높이를 나타낸다.
④ 삼각점으로부터의 높이를 나타낸다.

해설
수준점의 높이는 기준면(인천만의 평균(중등) 해수면)으로부터의 높이이다.

04 인하대학교 교정에 설치된 우리 나라의 수준 원점의 표고는 다음 중 어느 것인가?

① 26.6871m ② 26.6781m
③ 26.7861m ④ 26.8761m

해설
1917년 인천시 화수동 1가 2번지에 설치했던 것(수준 기점 : 5.477m)을 1963년 1월에 국토지리 정보원에서 인하대학교의 교정에 이동 설치(수준 원점 : 26.6871m)하였다.

05 한국 수준 원점의 높이는 어느 것을 기준으로 측정한 높이인가?

① 동부원점의 지표면 ② 부산항의 평균수면
③ 지리조사 지표면 ④ 인천항의 평균수면

해설
1910년부터 만 3년간 측량을 실시하여 얻어진 인천만의 평균 해수면을 기준면으로 설정되었다.

06 수준측량에 있어서 측량목적에 따른 분류에 속하지 않는 것은 무엇인가?

① 표면 수준측량 ② 단면 수준측량
③ 고저차 수준측량 ④ 직접 수준측량

해설
직접 수준측량은 측량 방법에 따른 분류이다.
• 측량 방법에 따른 분류 : 직접, 간접, 교호, 기압, 약 수준측량
• 측량 목적에 따른 분류 : 고저, 단면(종 · 횡단), 표면 수준측량

07 지반의 높이를 비교할 때 사용하는 기준면은?

① 표고(Elevation)
② 수준면(Level Surface)
③ 수평면(Horizontal Plane)
④ 평균해수면(Mean Sea Level)

해설
높이의 기준이 되는 평균해수면은 가상의 면이다.

정답 01 ③ 02 ① 03 ③ 04 ① 05 ④ 06 ④ 07 ④

02 수준측량의 용어 및 기포관의 감도

1. 용어

지구의 표면

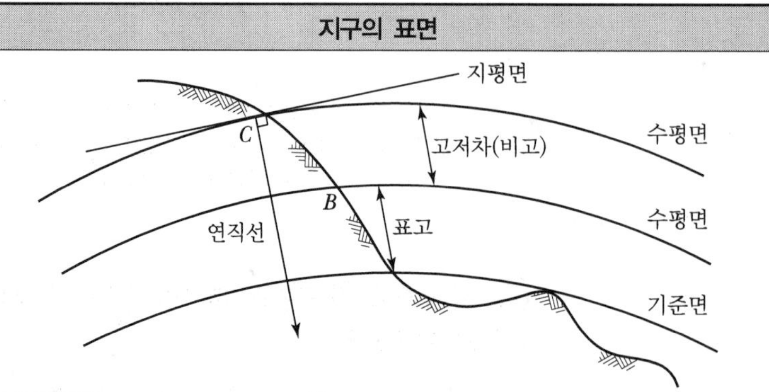

수평면	각 점들이 중력방향에 직각으로 이루어진 곡면
수평선 (수준선)	지구의 중심을 포함한 평면과 수평면이 교차하는 곡선
지평면	수평면의 한 점에서 접하는 평면
지평선	수평면의 한 점에서 접하는 직선(접선)
기준면	높이의 기준이 되는 수평면(인천만의 평균해수면)
수준점	① 기준면에서 표고를 관측하여 표시한 점(B · M) ② 1등 수준점은 4km, 2등 수준점은 2km 마다 국도에 설치 ③ 수준원점(Original Bench Mark)의 높이는 26.6871m
수준망	각 수준점을 연결한 그물 모양의 선
표고	기준면에서 어떤 점까지의 연직높이

GUIDE

• **레벨의 조정**

① 시준선 // 기포관축
(레벨 조정에서 가장 중요한 수평 시준선을 얻기 위해)
② 기포관축 ⊥ 연직축

• **수준면을 평면으로 간주**

지구곡률을 고려하지 않는 경우 수준면을 평면으로 간주

• **특별 기준면(섬, 하천)**

한 나라에서 멀리 떨어져 있는 섬에서는 본국의 기준면을 직접 연결할 수 없으므로, 그 섬 특유의 기준면을 사용한다. 하천이나 항만공사의 필요에 따라 편리한 기준면을 정하는 경우가 있는데, 이와 같은 것을 특별 기준면이라 한다.

2. 기포관 감도

감도(θ'')의 정의

① 기포 1눈금(2mm)에 대한 중심각의 변화를 초로 나타낸 것
② 중심각이 작을수록 감도는 좋다.
③ 감도에 가장 큰 영향을 미치는 것은 관내면 곡률이다.

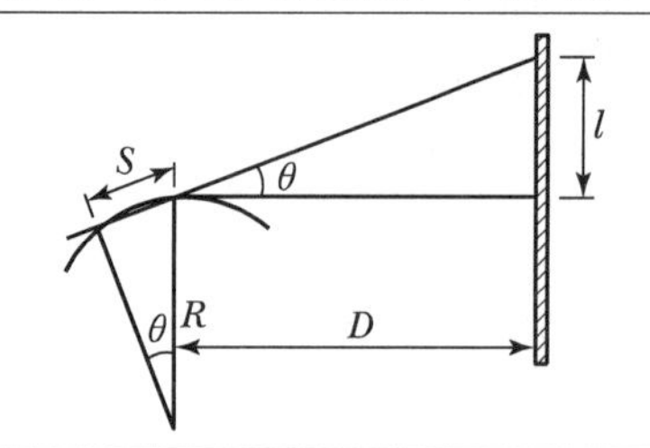

• 감도$(\theta'') = \dfrac{l}{nD}\rho''$

• 오차량$(l) = \dfrac{nSD}{R}$

• 곡률반경$(R) = \dfrac{nSD}{l}$

• R : 기포관의 곡률반경
• S : 기포관 이동거리(2mm)
• D : 수평거리
• l : 오차량(위치 오차)
• θ'' : 기포관의 감도
• ρ'' : 206,265″

01 수준측량과 관련된 용어에 대한 설명으로 틀린 것은?

① 수준면(Level Surface)은 각 점들이 중력방향에 직각으로 이루어진 곡면이다.
② 지구곡률을 고려하지 않는 범위에서는 수준면(Level Surface)을 평면으로 간주한다.
③ 지구의 중심을 포함한 평면과 수준면이 교차하는 선이 수준선(Level Line)이다.
④ 어느 지점의 표고(Elevation)라 함은 그 지역 기준 타원체로부터의 수직거리를 말한다.

해설

표고는 기준면에서 어떤 점까지의 연직거리를 의미한다.

02 다음의 수준측량 용어 중 옳지 않은 것은?

① 기준면은 지평면이라고도 하며 연직선에 직교하는 평면을 말한다.
② 기준면은 수년 동안 관측하여 얻은 평균해수면을 사용한다.
③ 지평면은 연직선에 직교하는 평면을 말한다.
④ 수준면은 연직선에 직교하는 모든 점을 잇는 곡선을 말한다.

해설

기준면은 인천해수면을 기준으로 하고 높이의 기준이 되는 수평면이다.

03 지구상의 어떤 점에서 중력 방향에 90°를 이루는 평면은 어느 것인가?

① 평균 해수면 ② 지평면
③ 수준면 ④ 기준면

해설

지평면이란 수평면의 한 점에서 접하는 평면을 말한다.

04 레벨의 구조상의 조정 조건으로 가장 중요한 것은?

① 연직축과 기포관축이 평행되어 있을 것
② 기포관축과 망원경의 시준선이 평행되어 있을 것
③ 표척을 시준할 때 기포의 위치를 볼 수 있게끔 되어 있을 것
④ 망원경의 배율과 기포관의 감도가 균형되어 있을 것

해설

레벨의 조정
- 시준선//기포관축(가장 엄밀해야 함)
- 기포관축⊥연직축

05 특별기준면에 대한 설명으로 옳은 것은?

① 섬이나 하천에서 사용하기 위해 따로 만든 기준면
② 특별히 높은 정확도의 측량으로 만든 기준면
③ 서울특별시 건설에 사용되는 기준면
④ 우리나라 5개 수준면 중 대표가 되는 기준면

해설

한 나라에서 멀리 떨어져 있는 섬에서는 본국의 기준면을 직접 연결할 수 없으므로, 그 섬 특유의 기준면을 사용한다.

06 기포관의 기포를 중앙에 있게 하여 100m 떨어져 있는 곳의 표척 높이를 읽고 기포를 중앙에서 5눈금 이동하여 표척의 눈금을 읽은 결과 그 차가 0.05m이었다면 감도는?

① 19.6″ ② 20.6″ ③ 21.6″ ④ 22.6″

해설

$$감도(\theta'')=\frac{l}{nD}\rho''=\frac{0.05}{5\times100}\times206,265''=20.6''$$

07 레벨로부터 60m 떨어진 표척을 시준한 값이 1.258m이며 이때 기포가 1 눈금 편위되어 있었다. 이것을 바로 잡고 다시 시준하여 1.267m를 읽었다면 기포의 감도는?

① 25″ ② 27″ ③ 29″ ④ 31″

해설

$$감도(\theta)=\frac{l}{nD}\rho''=\frac{1.267-1.258}{1\times60}206,265''=30.93''≒31''$$

정답 01 ④ 02 ① 03 ② 04 ② 05 ① 06 ② 07 ④

03 직접 수준측량

GUIDE

1. 직접 수준측량의 용어

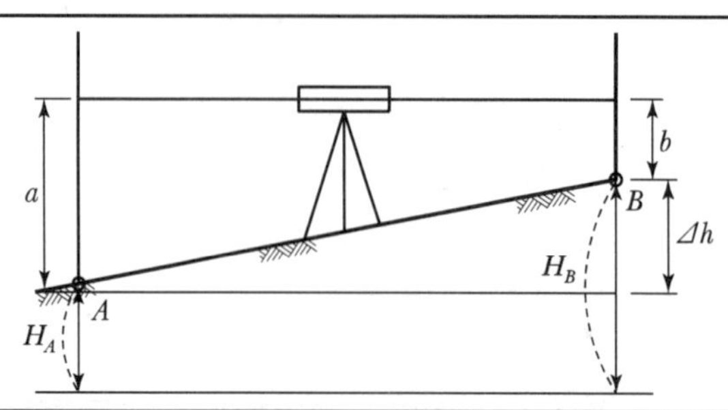

기계고(IH)	기준면에서 망원경 시준선까지의 높이(H_A+a)
후시(BS)	기지점에 세운 표척의 읽음값(a)
전시(FS)	표고를 구하려는 점에 세운 표척의 읽음값(b)
이기점(TP) (전환점)	① 전시와 후시의 연결점으로 기계를 옮기는 점 ② 이기점은 중요하므로 1mm 단위까지 읽는다.
중간점(IP)	① 전시만을 취하는 점으로 표고를 관측할 점을 말한다. ② 그 점에 오차가 발생하여도 다른 점에 영향을 주지 않는다.
지반고(GH) (표고)	① 기준면부터 구하는 지점의 표고(H_A, H_B) ② $H_B=H_A+a$(후시)$-b$(전시)
표고차(Δh)	표고를 알고 있는 지점에서 시작하여 마지막 점까지의 높이 차

- 수준측량은 후시에서 시작해서 전시로 끝난다.
- 표척은 전후로 기울여 최소 읽음값을 관측

- **구배(경사, 물매)**

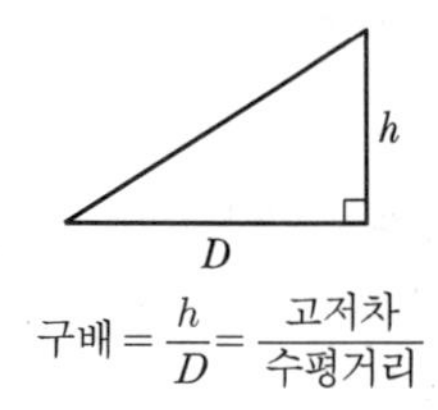

$$구배=\frac{h}{D}=\frac{고저차}{수평거리}$$

2. 직접 수준측량 야장의 종류

고차식	① 야장기입 방법 중 가장 간단한 방법(BS, FS만 있으면 됨) ② 후시의 합과 전시의 합의 차로서 고저차를 구하는 방법
기고식	① 가장 많이 사용하는 방법, 중간점이 많을 때 가장 편리 ② 완전한 검산을 할 수 없는 것이 결점
승강식	① 후시값과 전시값의 차가 [+]이면 승란에 기입 ② 후시값과 전시값의 차가 [−]이면 강란에 기입 ③ 기입사항이 많고 중간점이 많을 때 시간이 많이 소요 ④ 계산 시 완전한 검사를 할 수 있어 정밀 측량에 적당하다. 후시 전시 후시 전시 승 : 후시－전시＝⊕ 강 : 후시－전시＝⊖

- 수준측량의 야장은 현장에서 얻은 관측값을 쉽게 적을 수 있는 일정한 서식으로 구성

01 수준측량에 대한 설명으로 옳지 않은 것은?

① 측량은 전시로 시작하여 후시로 종료하게 된다.
② 표척을 전후로 기울여 최소 읽음값을 관측한다.
③ 수준측량은 왕복측량을 원칙으로 한다.
④ 이기점(Turning Point)은 중요하므로 1mm 단위까지 읽도록 한다.

해설

수준측량은 후시로 시작하여 전시로 종료한다.

02 기지점의 지반고가 100m, 기지점에 대한 후시는 2.75m, 미지점에 대한 전시가 1.40m일 때 미지점의 지반고는?

① 98.65m ② 101.35m
③ 102.75m ④ 104.15m

해설

$H_P = H_A + BS(\text{후시}) - FS(\text{전시}) = 100 + 2.75 - 1.40$
$= 101.35\text{m}$

03 수준측량의 야장기입 방법 중 가장 간단한 방법으로 전시(BS)와 후시(FS)만 있으면 되는 방법은?

① 고차식 ② 이란식
③ 기고식 ④ 승강식

해설

고차식은 가장 간단한 방법(후시 – 전시)

04 수준측량에 관한 설명으로 옳지 않은 것은?

① 우리나라에서는 인천만의 평균해면을 표고의 기준면으로 하고 있다.
② 수준측량에서 고저의 오차는 거리의 제곱근에 비례한다.
③ 고차식은 중간점이 많을 때 가장 편리한 야장기입법이다.
④ 종단측량은 일반적으로 횡단측량보다 높은 정확도를 요구한다.

해설

기고식은 중간점이 많을 때 가장 편리하다.

05 수준측량에서 많이 쓰고 있는 기고식 야장법에 대한 설명으로 틀린 것은?

① 후시보다 전시가 많을 때 편리하므로 종단고저측량에 많이 사용된다.
② 승강식보다 기입사항이 많고 상세하여 중간점이 많을 때에는 시간이 많이 걸린다.
③ 중간시가 많은 경우 편리한 방법이나 그 점에 대한 검산을 할 수 가없다.
④ 지반고에 후시를 더하여 기계고를 얻고, 다른 점의 전시를 빼면 그 지점에 지반고를 얻는다.

해설

기고식은 중간점이 많은 경우 사용하며, 승강식은 중간점이 많은 경우 계산이 복잡하고 시간과 비용이 많이 소요된다.

06 수준측량에서 도로의 종단측량과 같이 중간시가 많은 경우에 현장에서 주로 사용하는 야장기입법은?

① 기고식 ② 고차식 ③ 승강식 ④ 회귀식

해설

기고식은 중간점이 많고 길고 좁은 지형에 편리하다.

07 승강식 야장에 대한 설명이 아닌 것은?

① 계산에서 완전한 검사를 할 수 있다.
② 정밀한 측량에서 부적당하다.
③ 중간점이 많을 때는 그 계산이 복잡하다.
④ 후시에서 전시를 뺀 값이 고저차가 되므로 그 값이 (+)일 때는 승, (−)일 때는 강의 난에 기입한다.

해설

승강식 야장 기입법은 완전한 검사로 정밀 측량에 적당하나, 중간점(*I.P*)이 많으면 계산이 복잡하다.

정답 01 ① 02 ② 03 ① 04 ③ 05 ② 06 ① 07 ②

3. 직접 수준측량의 원리

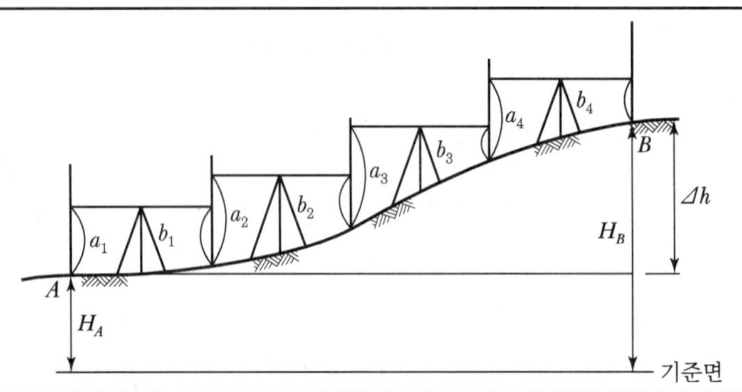

기계고 결정	기계고(IH) = 기지점지반고(H_A) + 후시(BS)
미지점 지반고	미지점 지반고 = 기계고(IH) − 전시(FS)
고저차(Δh)	① 고저차(Δh) = 후시(a) − 전시(b) ② $\Delta h = (a_1 - b_1) + (a_2 - b_2) + (a_3 - b_3) + (a_4 - b_4)$ $= (a_1 + a_2 + a_3 + a_4) - (b_1 + b_2 + b_3 + b_4)$ $= \sum BS - \sum FS$
B점 지반고(H_B)	$H_B = H_A + \Delta h$ $= H_A + (\sum BS - \sum FS)$

4. 전시와 후시의 거리를 같게 취함(등시준거리)으로 제거되는 오차

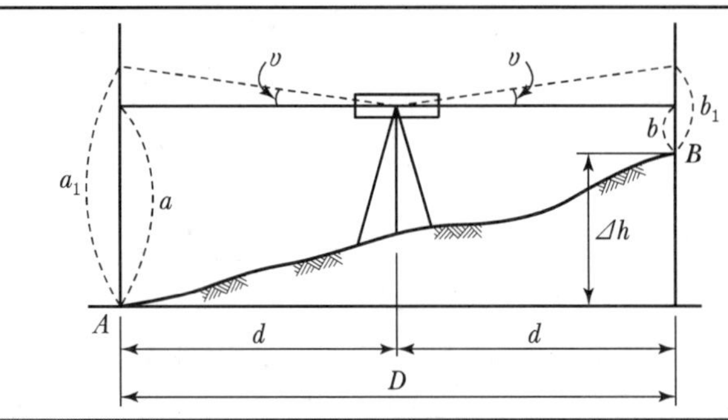

소거되는 오차	① 시준축 오차(기포관축과 시준축이 평행되지 않은 오차) ② 지구의 곡률로 인한 오차(구차) ③ 빛의 굴절로 인한 오차(기차) ④ 시준 오차(표척시준 시 초점나사를 조정할 필요 없음) ⑤ 시준선 오차(기포관축과 시준선이 평행하지 않을 때)
높이차(Δh)	$\Delta h = a_1 - b_1 = a - b$(등시준거리)
B점 지반고(H_B)	$H_B = H_A + \Delta h$(고저차)

GUIDE

- **직접 수준 측량**
  레벨을 사용하여 직접 고저차를 구함
- 고저차(Δh)가 (+)면 전시방향이 높다.
- 고저차(Δh)가 (−)면 후시방향이 높다.
- 등거리로 전시와 후시를 관측하면 오차가 포함된 a_1과 b_1이 얻어져도 기계오차가 소거된다.
  ($a_1 = a$, $b_1 = b$)
- **표척의 영눈금 오차를 제거하는 방법**
  표척은 1, 2개를 쓰고 출발점에 세운 표척을 도착점에 세워둔다.

01 BM의 표고가 98.760m일 때, B점의 지반고는?(단, 단위 : m)

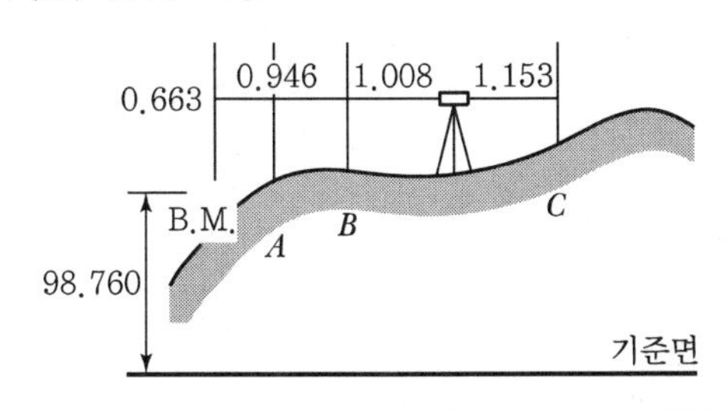

측점	관측값	측점	관측값
BM	0.663	B	1.008
A	0.946	C	1.153

① 98.270m ② 98.415m
③ 98.477m ④ 99.768m

해설

$H_B = \text{BM} + 0.663 - 1.008$
$= 98.760 + 0.663 - 1.008 = 98.415\text{m}$

02 직접 고저측량을 하여 그림과 같은 결과를 얻었다. 이때 B점의 표고는?(단, A점의 표고는 100m이고 단위는 [m]이다.)

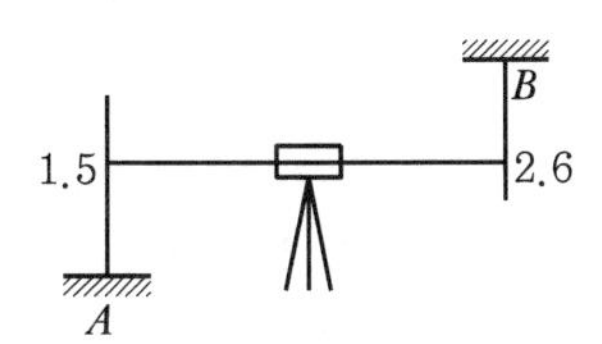

① 101.1m ② 101.5m
③ 104.1m ④ 105.2m

해설

$H_B = H_A + BS + FS = 100 + 1.5 + 2.6 = 104.1\text{m}$

03 그림에서 B점의 지반고는?(단, $H_A = 39.695\text{m}$)

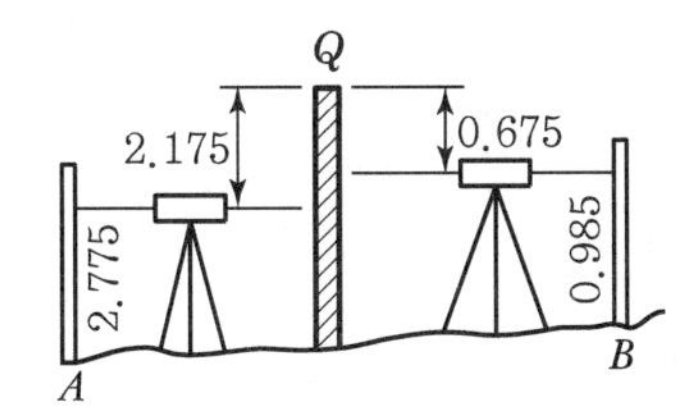

① 39.405m ② 39.985m
③ 42.985m ④ 46.305m

해설

$H_B = 39.695 + 2.775 + 2.175 - 0.675 - 0.985 = 42.985\text{m}$

04 직접 고저측량을 실시한 결과가 그림과 같을 때, A점의 표고가 10m라면 C점의 표고는?(단, 그림은 개략도로 실제 치수와 다를 수 있음)

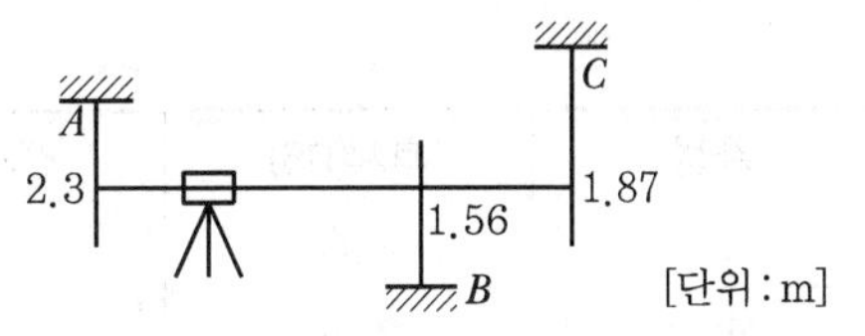

① 9.57m ② 9.66m ③ 10.57m ④ 10.66m

해설

$H_C = H_A - 2.3 + 1.87 = 10 - 2.3 + 1.87 = 9.57\text{m}$

05 그림과 같은 터널 내 수준측량에서 C점의 표고는?(단, A점의 지반고는 20.00m, 단위는 m)

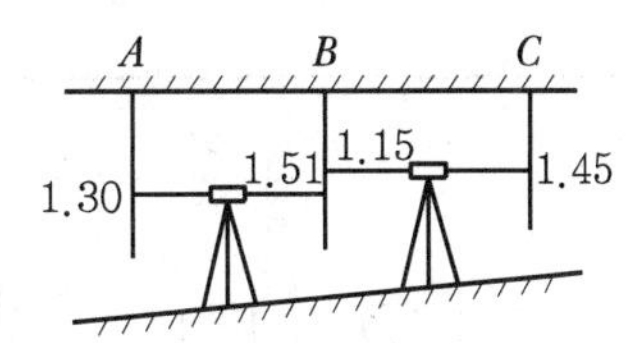

① 19.49m ② 20.49m ③ 20.51m ④ 20.71m

해설

$H_c = 20 - 1.30 + 1.51 - 1.15 + 1.45 = 20.51\text{m}$

06 수준측량에서 전 · 후시의 거리를 같게 취하는 가장 중요한 이유는?

① 시준선과 기포관축이 나란하지 않아 생기는 오차를 제거하기 위해
② 표척의 0눈금의 오차를 제거하기 위해
③ 시차에 대한 오차를 제거하기 위해
④ 표척 기울기 때문에 생기는 오차를 제거하기 위해

해설

전후시거리를 같게 하면 제거되는 오차
시준축 오차, 양차(기차, 구차)

정답 01 ② 02 ③ 03 ③ 04 ① 05 ③ 06 ①

04 직접 수준측량 후 야장기입 방법

1. 고차식

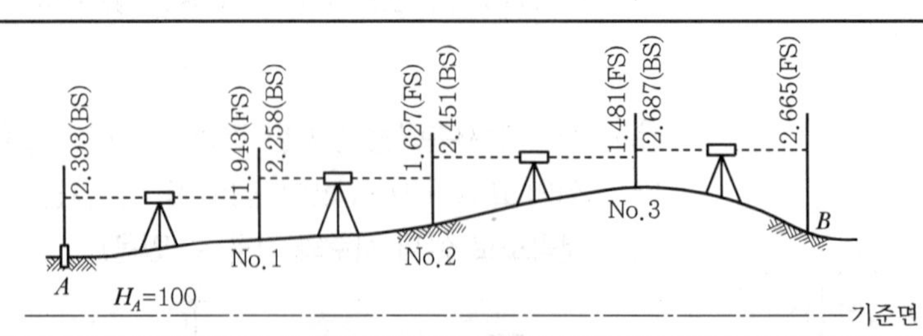

측점	후시(BS)	전시(FS)	지반고(GH)
A	2.393		100.000
No.1	2.258	1.943	100.450
No.2	2.451	1.627	101.081
No.3	2.687	1.481	102.051
B		2.665	102.073
계	9.789	7.716	

2. 기고식

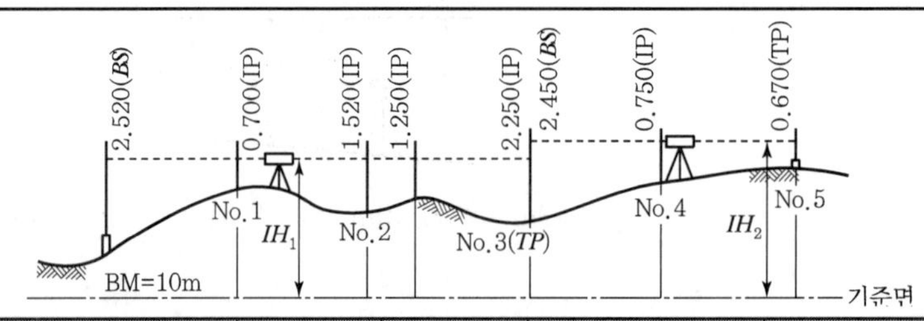

측점(S)	거리(D)	후시(BS)	기계고(IH)	전시(FS) 이기점(TP)	전시(FS) 중간점(IP)	지반고(GH)
BM	0	2.520	12.520			10.000
No.1	20				0.700	11.820
No.2	40				1.520	11.000
No.2+5	45				1.250	11.270
No.3	60	2.450	12.720	2.250		10.270
No.4	80				0.750	11.970
No.5	100			0.670		12.050
계		4.970		2.920		

GUIDE

- **고차식**
  ① 가장 간단한 방법으로 두 점 사이의 고저차를 구하는 방법
  ② 전시(*FS*)와 후시(*BS*)만 있으면 된다.

- **기고식**
  ① 중간점이 많은 경우 편리
  ② 기계고=지반고+후시
  ③ 지반고=기계고−전시

- 이기점은 중요하므로 1mm 단위까지 읽는다.

- **승강식**
  정밀 측량에 적당

01 아래와 같은 수준측량 성과에서 측점 4의 지반고는?

(단위 : m)

측점	후시	기계고	전시		지반고
			이기점	중간점	
1	1.500				100
2				2.300	
3	1.200		2.600		
4			1.400		
계					

① 98.7m ② 98.9m
③ 100.1m ④ 100.3m

해설

- 측점 1 지반고 = 100m
- 측점 2 지반고 = 101.5 − 2.3 = 99.2m
- 측점 3 지반고 = 101.5 − 2.6 = 98.9m
- 측점 4 지반고 = 100.1 − 1.4 = 98.7m

02 어떤 노선을 수준측량하여 기고식 야장을 작성하였다. 측점 1, 2, 3, 4의 지반고 값으로 틀린 것은?

(단위 : m)

측점	후시	전시		기계고	지반고
		이기점	중간점		
0	3.121			126.688	123.567
1			2.586		
2	2.428	4.065			
3			0.664		
4		2.321			

① 측점 1 : 124.102m
② 측점 2 : 122.623m
③ 측점 3 : 124.384m
④ 측점 4 : 122.730m

해설

- 측점 1 = 126.688 − 2.586 = 124.102m
- 측점 2 = 126.688 − 4.065 = 122.623m
- 측점 3 = 125.051 − 0.664 = 124.387m
- 측점 4 = 125.051 − 2.321 = 122.730m

03 수준측량에서 시준거리를 같게 함으로써 소거할 수 있는 오차에 대한 설명으로 틀린 것은?

① 기포관축과 시준선이 평행하지 않을 때 생기는 시준선 오차를 소거할 수 있다.
② 시준거리를 같게 함으로써 지구곡률오차를 소거할 수 있다.
③ 표척 시준시 초점나사를 조정할 필요가 없으므로 이로 인한 오차인 시준오차를 줄일 수 있다.
④ 표척의 눈금 부정확으로 인한 오차를 소거할 수 있다.

해설

표척의 눈금오차는 기계를 짝수회로 설치하여 소거할 수 있다.

04 다음 수준측량의 야장에서 a와 b값으로 맞는 것은?

SP	*BS*	*IH*	*FS*	*GH*	*RMS*
A	1.50	(a)		100.00	
1			1.25	100.25	$BM=$
2	2.50	103.00	1.00	(b)	100m
B			2.00	101.00	

① $(a)=98.50$, $(b)=99.75$
② $(a)=98.50$, $(b)=100.50$
③ $(a)=101.50$, $(b)=100.50$
④ $(a)=101.50$, $(b)=99.75$

해설

- 기계고 : $IH = GH + BS$
- 지반고 : $GH = IH - FS$

$\therefore (a) = 100 + 1.5 = 101.5\text{m}$
$(b) = (a) - 1 = 101.5 - 1 = 100.5\text{m}$

05 표척이 앞으로 3° 기울어져 있는 표척의 읽음값이 3.645m이었다면 높이의 보정량은?

① 5mm ② −5mm ③ 10mm ④ −10mm

해설

오차 $= 3.645 - (3.645\cos 3°) = 0.005\text{m} = 5\text{mm}$
$\therefore$ 높이의 보정값은 −5mm

정답 01 ① 02 ③ 03 ④ 04 ③ 05 ②

05 직접 수준측량 시 주의사항 및 종횡단 수준측량

1. 직접 수준측량 시 주의사항

① 표척은 1, 2개를 쓰고, 출발점에 세워둔 표척은 도착점에 세워 둔다.(표척의 영눈금 오차를 소거하기 위해, 기계의 정치 횟수는 짝수회)

② 표척과 기계와의 거리는 60m 내외를 표준으로 한다.

③ 전 · 후시의 표척거리는 등거리로 한다.(기계오차, 구차, 기차 소거)

④ 수준측량은 왕복 관측을 원칙으로 하며 노선거리는 다르게 한다.
(오차는 허용 범위 내에 들어와야 함, 허용오차를 넘어가면 재측량)

⑤ 표척 기울기에 대한 오차는 표척을 앞뒤로 흔들 때의 최솟값을 읽음으로 오차를 최소화

2. 종단 수준측량

구분	내용
종단측량	① 선로(철도, 도로, 수로)의 진행방향으로 높이 차를 관측 ② 노선에서는 보통 말뚝간격은 20m마다 설치 ③ 결정된 높이를 이용하여 경사결정, 절토 성토고 결정
계획고	임의점 계획고 = 첫 측점의 계획고 ± (추가거리 × 구배)
절토고	지반고(GL) − 계획고(FL) = (+) 절토
성토고	지반고(GL) − 계획고(FL) = (−) 성토
모식도	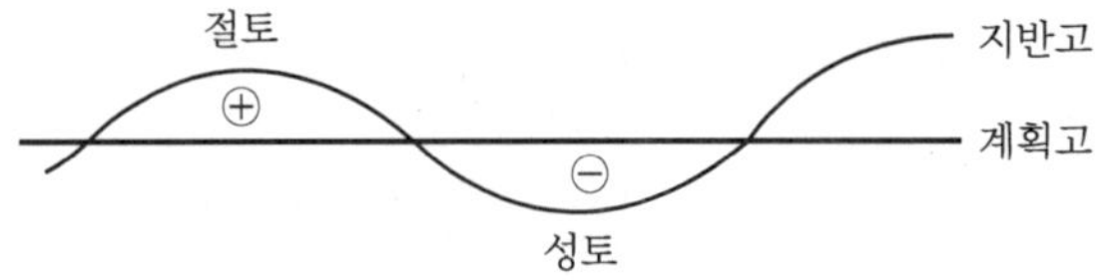 절토 ⊕ 지반고 계획고 ⊖ 성토

3. 횡단 수준측량

횡단면도(No.5)

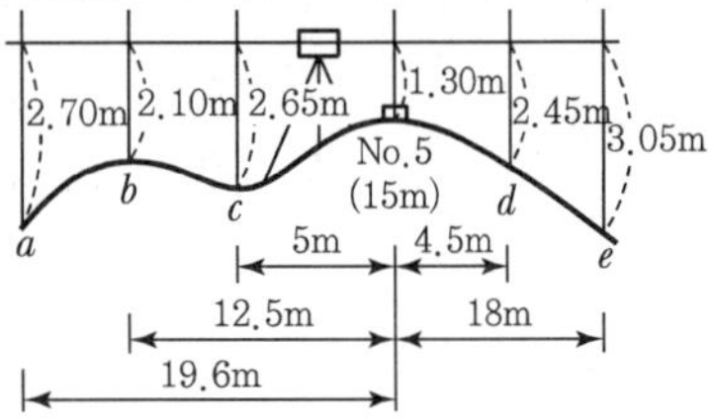

2.70m, 2.10m, 2.65m, 1.30m, 2.45m, 3.05m
No.5 (15m)
a, b, c, d, e
5m, 4.5m, 12.5m, 18m, 19.6m

횡단측량 야장(No.5)

좌			중점	우	
a	b	c		d	e
$\frac{2.70}{19.6}$	$\frac{2.10}{12.50}$	$\frac{2.65}{5.00}$	$\frac{1.30}{0}$	$\frac{2.45}{4.50}$	$\frac{3.05}{18.0}$

GUIDE

- 1등 수준점 간의 평균거리는 약 4km
- 2등 수준점 간의 평균거리는 약 2km
- **계획고에서 부호결정**
  상향구배 : (+)
  하향구배 : (−)
- 구배 : $\frac{높이(H)}{거리(D)}$
- 횡단측량에서 야장기입은 $\left(\frac{높이}{거리}\right)$로 표시한다.

01 수준측량에 대한 설명으로 틀린 것은?

① 보통 한 눈금 5mm를 정확하게 읽을 수 있는 시준거리는 1km 정도이다.
② 1등 수준점 간의 평균거리(간격)는 약 4km이다.
③ 후시는 높이를 알고 있는 지점에 세운 표척의 눈금을 읽은 값이다.
④ 관측거리를 동일하게 하면 수준측량에서 발생될 수 있는 오차를 소거하는 데 매우 유리하다.

해설

직접수준측량의 시준거리는 보통 60m 내외이다.

02 수준측량의 오차 최소화 방법으로 틀린 것은?

① 표척의 영점오차는 기계의 정치 횟수를 짝수로 세워 오차를 최소화한다.
② 시차는 망원경의 접안경 및 대물경을 명확히 조절한다.
③ 눈금오차는 기준자와 비교하여 보정값을 정하고 온도에 대한 온도보정도 실시한다.
④ 표척 기울기에 대한 오차는 표척을 앞뒤로 흔들 때의 최댓값을 읽음으로 최소화한다.

해설

표척 기울기에 대한 오차는 표척을 앞뒤로 흔들 때의 최솟값을 읽음으로써 최소화한다.

03 두 점 간의 고저차를 레벨에 의하여 직접 관측할 때 정확도를 향상시키는 방법이 아닌 것은?

① 표척을 수직으로 유지한다.
② 전시와 후시의 거리를 가능한 같게 한다.
③ 최소 가시거리가 허용되는 한 시준거리를 짧게 한다.
④ 기계가 침하되거나 교통에 방해가 되지 않는 견고한 지반을 택한다.

해설

레벨과 표척 사이를 길게 하면 신속과 능률적으로 되지만 오차가 생길 우려가 있으며, 너무 짧게 하면 기계를 세우는 횟수가 많아져 오차가 생기게 된다.(보통 레벨과 표척 사이의 거리는 60m로 한다.)

04 도로의 중심선을 따라 20m 간격으로 종단측량을 실시한 결과가 다음과 같고, 측점 No.1의 도로계획고를 21.50m로 하며 2%의 상향경사의 도로를 설치하면 No.5의 절토고는?(단, 지반고의 단위는 m임)

측점	No.1	No.2	No.3	No.4	No.5
지반고	20.30	21.80	23.45	26.10	28.20

① 4.70m　　② 5.10m
③ 5.90m　　④ 6.10m

해설

계획고 = 첫점계획고 ± (거리×구배)

- No.5 계획고 = No.1 계획고 + (구배×No.5까지 거리)
  = 21.50 + 0.02×80 = 23.10m
- No.5 절토고 = No.5 지반고 − No.5 계획고
  = 28.20 − 23.10 = 5.10m(절토고)

05 다음 표는 도로 중심선을 따라 20m 간격으로 종단측량을 실시한 결과이다. No.1의 계획고를 52m로 하고 −3%의 기울기로 설계한다면 No.5의 성토 또는 절토고는?

측점	No.1	No.2	No.3	No.4	No.5
지반고(m)	54.50	54.75	53.30	53.12	52.18

① 2.82m(성토)　　② 2.22m(성토)
③ 3.18m(절토)　　④ 2.58m(절토)

해설

- No. 5 계획고 = No. 1 계획고 − (구배×No. 5까지 거리)
  = 52 − (0.03×80) = 49.6
- No. 5 절토고 = 계획고 − No. 5의 지반고
  = 52.18 − 49.6 = 2.58(절토)

정답　01 ①　02 ④　03 ③　04 ②　05 ④

06 간접 수준측량

GUIDE

1. 간접 수준측량

• **간접수준측량**
레벨을 이용하지 않고 간접 방법으로 고저차를 구하는 방법(트랜싯, 평판 등)

상향각(앙각, +각)	하향각(부각, −각)
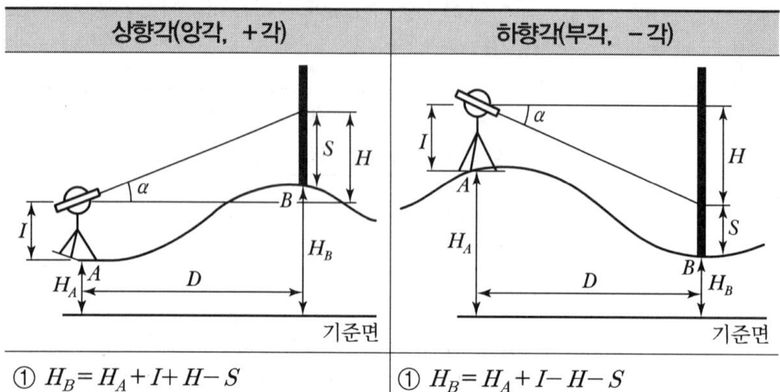	
① $H_B = H_A + I + H - S$ ② $H_B = H_A + I + D\tan\alpha - S$	① $H_B = H_A + I - H - S$ ② $H_B = H_A + I - D\tan\alpha - S$

• H_B : B점의 지반고
• H_A : A점의 지반고
• D : 시준거리
• I : 기계고
• S : 시준고

2. 장거리 삼각수준측량

삼각수준측량	지반고 계산
	① $H_B = H_A + I + H - S +$ 양차 ② $H_B = H_A + I + H - S + \dfrac{D^2(1-K)}{2R}$ $(H = D\tan\alpha)$

• 삼각수준측량에서는 양차를 고려해야 한다.
• 구차$= \dfrac{D^2}{2R}$

기차$= \dfrac{-KD^2}{2R}$

양차$= \dfrac{D^2(1-K)}{2R}$

3. 터널에서 간접 수준측량

터널에서 간접 수준측량

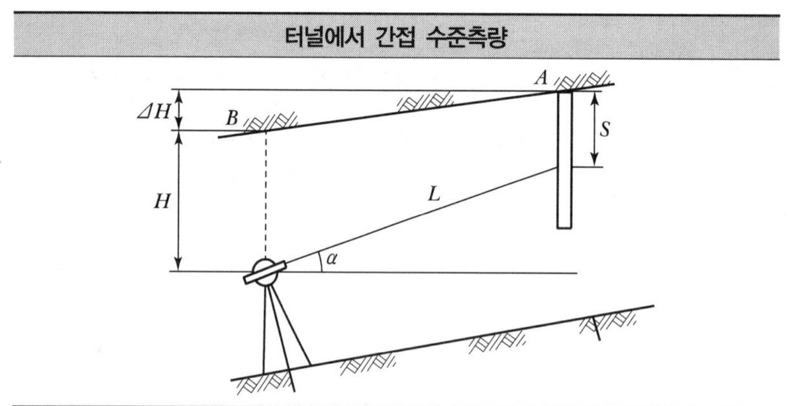

기본조건	고저차(ΔH)
$\Delta H + H = S + L\sin\alpha$	$\Delta H = S + L\sin\alpha - H$

• **각측정**
① 수평각 : 아침, 저녁
② 연직각 : 정오

• H(기계고, 하향⊖)
• S(시준고, 하향⊖)

01 지반고 120.50m인 A점에 기계고 1.23m의 토털스테이션을 세워 수평거리 90m 떨어진 B점에 세운 높이 1.95m의 타깃을 시준하면서 부(−)각 30°를 얻었다면 B점의 지반고는?

① 65.36m ② 67.82m
③ 171.74m ④ 175.64m

해설

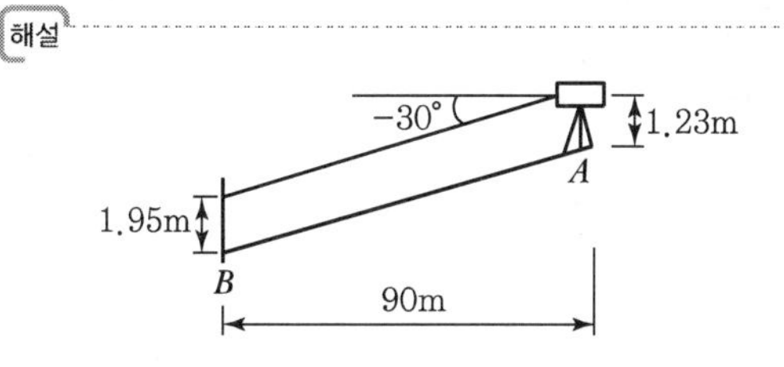

$H_B = H_A + I - D\tan\alpha - S$

$= 120.50 + 1.23 - 90 \times \tan 30° - 1.95 = 67.818 ≒ 67.82\text{m}$

02 터널 내의 천정에 측점 A, B를 정하여 수준측량을 한 결과 두 점의 고저차가 20.42m이고, A점에서의 기계고가 −2.5m, B점에서의 표척의 관측값이 −2.25m를 얻었다면, 사거리 100.25m에 대한 연직각은?

① 10°14′12″ ② 10°53′56″
③ 11°53′56″ ④ 23°14′12″

해설

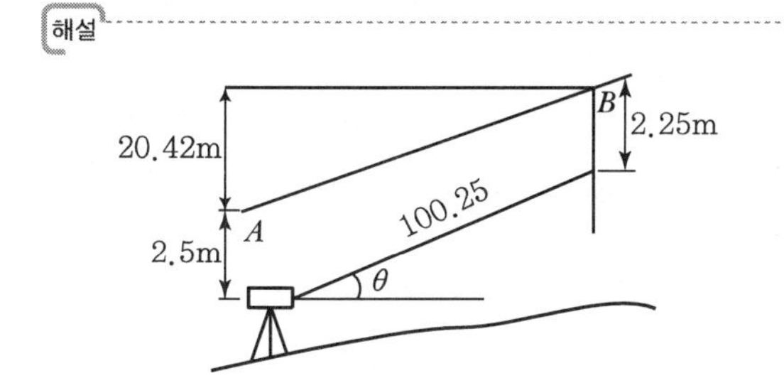

- 고저차$(\Delta h) = D \times \sin\alpha - IH + h$
- $2.25 + (100.25 \times \sin\theta) = 2.5 + 20.42$

$\therefore \theta = \sin^{-1}\left(\dfrac{20.67}{100.25}\right) = 11°53'55.86''$

03 삼각수준측량에 의하여 산상의 어느 점의 높이를 구했을 때 이 점의 표고는?

① 수준 기준면인 지오이드(Geoid) 면에서의 높이를 표시한다.
② 1등 수준측량에 의해 얻어지는 표고와 일치한다.
③ 표준 회전 타원체면에서의 높이를 나타낸다.
④ 기준면에서부터 정확한 높이를 나타낸다.

해설

삼각수준측량은 간접수준측량이므로 직접수준측량보다 정도가 낮으며, 먼 거리일 경우 양차(구차+기차) 및 타원 보정을 하여 정확한 표고, 즉 기준면인 평균 해수면 상의 높이로 환산해야 한다.

04 다음은 수준측량에 대한 설명이다. 잘못된 것은?

① 고차식 야장에서 두 점 간의 수준차는 기지점의 지반고 $+\Sigma(TP$의 후시$)-\Sigma(TP$의 전시)로 구한다.
② 기고식 야장 기입에서 미지점의 지반고는 기지점 지반고+기지점 $BS-$미지점 FS로 구한다.
③ 전시와 후시 거리차에서 시준 오차가 생기므로 같은 거리가 되면 소거된다.
④ 삼각수준측량에서 곡률오차는 고려되어야 하나 대기 굴절 오차는 고려하지 않는다.

해설

삼각수준측량에서 거리가 길면 기차와 구차를 고려해야 한다.

05 삼각법을 사용한 간접수준측량에 대한 설명 중 틀린 것은 어느 것인가?

① 산악지대에서는 삼각법을 이용한 간접수준측량에 의해서 높이를 구하는 것이 직접수준측량에 의한 것보다 유리하다.
② 빛의 굴절에 기인하는 오차는 대략 거리의 제곱에 비례하여 크게 된다.
③ 아지랑이가 없어 목표가 잘 보이는 아침, 저녁에 연직각 관측을 하면 그 굴절에서 일어나는 오차는 고려하지 않아도 좋다.
④ 연직각의 관측은 빛의 굴절로 생기는 오차를 없애기 위해 2점 간 상호의 동시 관측이 바람직하다.

해설

각 측정 시, 수평각은 아침·저녁, 연직각은 정오에 실시하고 양차를 고려해야 한다.

정답 01 ② 02 ③ 03 ① 04 ④ 05 ③

07 교호수준측량

GUIDE

1. 교호수준측량의 정의

교호수준측량의 정의	방법
큰 강에서 수준측량을 할 때에는 중앙에 레벨을 세울 수가 없기 때문에 시준오차가 발생한다. 이런 문제를 없애기 위해 양안에서 표고차를 관측하여 평균하는 측량	a_2, a_1, b_2, b_1, Δh

• 등거리 관측 시 제거되는 오차
① 기계오차(시준축 오차)
② 구차(지구곡률오차)
③ 기차(굴절오차)

2. 교호수준측량으로 소거할 수 있는 오차

소거할 수 있는 오차
① 기계 오차(시준축 오차) 제거(오차가 가장 크다)
② 구차(지구곡률오차) 제거$\left(구차=\dfrac{D^2}{2R}\right)$
③ 기차(굴절오차) 제거$\left(기차=\dfrac{-KD^2}{2R}\right)$

3. 교호수준측량의 계산

교호수준측량

• a_1, a_2 : A점의 표척 읽음 값

• b_1, b_2 : B점의 표척 읽음 값

① A점과 B점의 높이차	$\Delta h=\dfrac{1}{2}\{(a_1-b_1)+(a_2-b_2)\}$
② B점의 지반고	$H_B=H_A+\Delta h$ $=H_A+\dfrac{1}{2}\{(a_1-b_1)+(a_2-b_2)\}$

01 교호수준측량을 하는 주된 이유로 옳은 것은?

① 작업속도가 빠르다.
② 관측인원을 최소화할 수 있다.
③ 전시, 후시의 거리차를 크게 둘 수 있다.
④ 굴절오차 및 시준축 오차를 제거할 수 있다.

해설

교호수준측량 시 제거되는 오차
- 기계오차(시준축 오차) 제거
- 구차(지구곡률오차) 제거
- 기차(굴절오차) 제거

02 교호수준측량으로 소거할 수 있는 오차가 아닌 것은?

① 시준축 오차
② 관측자의 과실
③ 기차에 의한 오차
④ 구차에 의한 오차

해설

교호수준측량으로 소거되는 오차
- 시준축 오차(기계오차)
- 대기굴절오차(기차)
- 지구곡률오차(구차)

03 하천 양안의 고저차를 측정할 때 교호수준측량을 많이 이용하는 가장 큰 이유는 무엇인가?

① 개인오차를 제거하기 위하여
② 스태프(함척)를 세우기 편하게 하기 위하여
③ 기계오차를 소거하기 위하여
④ 과실에 의한 오차를 제거하기 위하여

해설

교호수준측량 시 제거되는 오차
- 기계오차(시준축 오차) 제거
- 구차(지구곡률오차) 제거
- 기차(굴절오차) 제거

04 교호수준측량을 하여 다음과 같은 결과를 얻었다. A점의 표고가 120.564m이면 B점의 표고는?

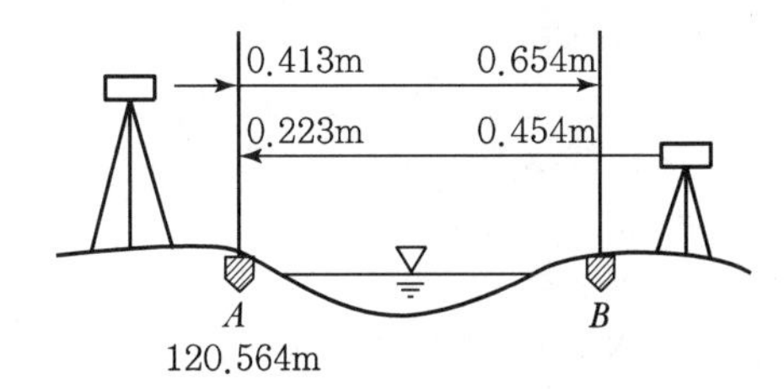

① 120.759m ② 120.672m
③ 120.524m ④ 120.328m

해설

- $\Delta H = \dfrac{(a_1 - b_1) + (a_2 - b_2)}{2}$
 $= \dfrac{(0.413 - 0.654) + (0.223 - 0.454)}{2}$
 $= \dfrac{(-0.241) + (-0.231)}{2} = -0.236\text{m}$
- $H_B = H_A + \Delta H = 120.564 - 0.236$
 $= 120.328\text{m}$

05 교호수준측량의 결과가 아래와 같고, A점의 표고가 10m일 때 B점의 표고는?

레벨 P에서 A → B 관측 표고차 $\Delta h = -1.256\text{m}$
레벨 Q에서 B → A 관측 표고차 $\Delta h = +1.238\text{m}$

① 8.753m ② 9.753m
③ 11.238m ④ 11.247m

해설

$H_B = H_A \pm \dfrac{H_1 + H_2}{2}$
$= 10 - \dfrac{1.256 + 1.238}{2} = 8.753\text{m}$

정답 01 ④ 02 ② 03 ③ 04 ④ 05 ①

08 수준측량의 오차

1. 오차의 분류

정오차	부정오차
① 온도 변화에 대한 표척의 신축 ② 지구 곡률에 의한 오차(구차) ③ 광선 굴절에 의한 오차(기차) ④ 표척 눈금에 의한 오차 ⑤ 표척을 연직으로 세우지 않을 때 경사 오차 ⑥ 기계의 불완전 조정에 의한 오차	① 대물경의 출입에 의한 오차 ② 일광 직사로 인한 오차(기상변화) ③ 기포관의 둔감 ④ 진동, 지진에 의한 오차 ⑤ 십자선의 굵기 및 시차 (시준 불완전, 야장기록 오기)

2. 수준측량의 오차

개요	식
수준측량의 오차는 노선 거리의 제곱근에 비례한다.	$E=C\sqrt{L}$ E : 수준측량 오차의 합(mm), 폐합오차 C : 1 km에 대한 우연 오차 (C가 적을수록 정확하다) L : (왕복)노선거리 (km)

3. 수준측량의 오차조정

환폐합의 수준측량	B.M, A, B, C, D, E, ①, ②, ③, ④, ⑤, ⑥
각 측점 조정량	① 조정량 $=\dfrac{\text{조정할 측점까지 누가거리}}{\text{노선거리의 합}}\times$폐합오차 ② A점 조정량 $=\dfrac{①}{①+②+③+④+⑤+⑥}\times$폐합오차 ③ C점 조정량 $=\dfrac{①+②+③}{①+②+③+④+⑤+⑥}\times$폐합오차 ④ E점 조정량 $=\dfrac{①+②+③+④+⑤}{①+②+③+④+⑤+⑥}\times$폐합오차
조정 표고	조정된 E점 표고=E점 표고+E점 조정량

GUIDE

- 수준측량의 오차 중 부정오차는 오차의 제거가 불가능한 기계내부오차

- **기본수준측량의 허용오차 (2km 왕복 시)**

구분	1등 수준측량	2등 수준측량
왕복차	2.5mm $\sqrt{L}$	5.0mm $\sqrt{L}$
폐합차	2.0mm $\sqrt{L}$	5.0mm $\sqrt{L}$

- 각 측점의 오차는 노선거리에 비례하여 보정한다.

01 수준측량에서 정오차에 해당되는 것은?

① 관측 중의 기상변화 ② 야장기록의 오기
③ 표척눈금의 불완전 ④ 기포관의 둔감

02 A, B, C, D 네 사람이 각각 거리 8km, 12.5km, 18km, 24.5km의 구간을 수준측량을 실시하여 왕복관측하여 폐합차를 7mm, 8mm, 10mm, 12mm 얻었다면 4명 중에서 가장 정확한 측량을 실시한 사람은?

① A ② B ③ C ④ D

해설

㉠ 수준측량 오차는 왕복노선거리의 제곱근에 비례한다.

㉡ $E=\pm C\sqrt{L}$, $C=\dfrac{E}{\sqrt{L}}$

- $C_A=\dfrac{7}{\sqrt{16}}=1.75$ • $C_B=\dfrac{8}{\sqrt{25}}=1.6$
- $C_C=\dfrac{10}{\sqrt{36}}=1.67$ • $C_D=\dfrac{12}{\sqrt{49}}=1.71$

∴ B가 가장 정확하게 측량을 하였다.

03 수준망의 관측 결과가 표와 같을 때, 정확도가 가장 높은 것은?

구분	총 거리(km)	폐합오차(mm)
Ⅰ	25	±20
Ⅱ	16	±18
Ⅲ	12	±15
Ⅳ	8	±13

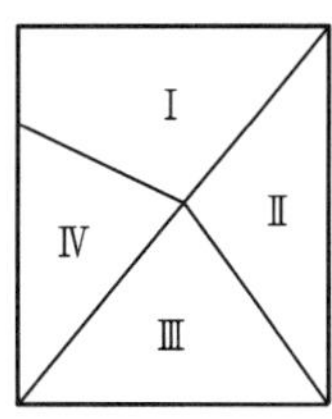

① Ⅰ ② Ⅱ ③ Ⅲ ④ Ⅳ

해설

- Ⅰ구간 : $C=\dfrac{\pm 20}{\sqrt{25}}=\pm 4$
- Ⅱ구간 : $C=\dfrac{\pm 18}{\sqrt{16}}=\pm 4.5$
- Ⅲ구간 : $C=\dfrac{\pm 15}{\sqrt{12}}=\pm 4.33$
- Ⅳ구간 : $C=\dfrac{\pm 13}{\sqrt{8}}=\pm 4.596$

∴ Ⅰ구간의 정확도가 가장 높다.

04 단일 환의 수준망에서 관측결과로 생긴 허용오차 이내의 폐합오차를 보정하는 방법으로 옳은 것은?

① 모든 점에 등배분한다.
② 출발 기준점으로부터의 거리에 비례하여 배분한다.
③ 출발 기준점으로부터의 거리에 반비례하여 배분한다.
④ 각 점의 표고값 크기에 비례하여 배분한다.

해설

환폐합의 수준측량 시 폐합오차는 노선거리에 비례하여 배분한다.

05 수준측량 결과가 표와 같을 때 A와 B의 정확한 표고가 각각 75.055m, 72.993m이라면 측량결과를 보정한 측점 5의 표고는?

측 점	거 리	표 고
A		75.055
1	30	75.755
2	20	74.901
3	20	75.206
4	20	73.842
5	20	74.413
6	20	73.138
B	40	72.966

① 73.396m ② 74.413m
③ 74.430m ④ 74.447m

해설

오차는 노선길이에 비례하여 보정한다.

- 오차$(E)=72.993-72.966=0.027\text{m}$
- 조정량$(E_5)=\dfrac{[L_5]}{[L]}\times E=\dfrac{110}{170}\times 0.027$
  $=0.01747\text{m}$
- $H_5=74.413+0.01747=74.43047 ≒ 74.430\text{m}$

정답 01 ③ 02 ② 03 ① 04 ② 05 ③

09 최확값(가중평균)

1. 최확값

최확값	최확값 계산(경중률 일정)	최확값 계산(경중률 고려)
① 참값에 가까운 값 ② 가중 평균값	$\dfrac{L_1+L_2+\cdots+L_n}{n}$	$\dfrac{P_1L_1+P_2L_2+P_3L_3}{P_1+P_2+P_3}$

2. 경중률(P) 계산

경중률(가중치, 무게, 중량치)
① 경중률은 관측횟수(N)에 비례 $\rightarrow P_1 : P_2 : P_3 = N_1 : N_2 : N_3$
② 경중률은 노선거리(S)에 반비례 $\rightarrow P_1 : P_2 : P_3 = \dfrac{1}{S_1} : \dfrac{1}{S_2} : \dfrac{1}{S_3}$
③ 경중률은 평균제곱근 오차(표준편차, m)의 제곱에 반비례 $\rightarrow P_1 : P_2 : P_3 = \dfrac{1}{{m_1}^2} : \dfrac{1}{{m_2}^2} : \dfrac{1}{{m_3}^2}$

3. 직접수준측량의 최확값 산정

기지점으로부터 P점 결정	최확값
B, A, l_A, l_B, H_A, H_B, P, H_C, l_C, C	① 경중률 $P_A : P_B : P_C = \dfrac{1}{l_A} : \dfrac{1}{l_B} : \dfrac{1}{l_C}$ ② 최확값 $= \dfrac{P_A \cdot H_A + P_B \cdot H_B + P_C \cdot H_C}{P_A + P_B + P_C}$

GUIDE

• **최확값(평균값)**
측량을 반복 관측하여도 참값은 얻을 수 없지만 참값에 가까운 값에 도달. 즉 참값에 대한 평균값

• P : 경중률

• L : 관측값

• **경중률(무게, P)**
① 관측값의 신뢰도를 나타내는 척도
② 경중률이 높다는 것은 신뢰도가 높다는 의미
③ 각 데이터가 가진 평균에 대한 중요도

예 / 상 / 문 / 제

01 수준측량에서 수준 노선의 거리와 무게(경중률)의 관계로 옳은 것은?

① 노선거리에 비례한다.
② 노선거리에 반비례한다.
③ 노선거리의 제곱근에 비례한다.
④ 노선거리의 제곱근에 반비례한다.

해설

- 경중률은 관측횟수(N)에 비례
- 경중률은 노선거리(S)에 반비례
- 경중률은 평균제곱근 오차의 제곱에 반비례

02 수준점 A, B, C로부터 P점의 표고를 결정하기 위해 수준측량을 하여, 그 결과가 표와 같을 때 P점 표고의 최확값은 얼마인가?

노선	표고(m)	거리(km)
A→P	50.445	2
B→P	50.455	3
C→P	50.475	4

① 50.445m ② 50.455m
③ 50.458m ④ 50.475m

해설

- 경중률(P)은 거리(L)에 반비례한다.

$$P_A : P_B : P_C = \frac{1}{2} : \frac{1}{3} : \frac{1}{4} = 6 : 4 : 3$$

- $$H_P = \frac{P_A H_A + P_B H_B + P_C H_C}{P_A + P_B + P_C}$$
$$= \frac{6\times 50.445 + 4\times 50.455 + 3\times 50.475}{6+4+3} = 50.455\text{m}$$

03 D점의 표고를 구하기 위하여 기지점 A, B, C에서 각각 수준측량을 실시하였다면, D점의 표고 최확값은?

코스	거리	고저차	출발점 표고
A→D	5.0km	+2.442m	10.205m
B→D	4.0km	+4.037m	8.603m
C→D	2.5km	−0.862m	13.500m

① 12.641m ② 12.632m
③ 12.647m ④ 12.638m

해설

- 경중률은 노선길이에 반비례한다.

$$P_A : P_B : P_C = \frac{1}{5} : \frac{1}{4} : \frac{1}{2.5} = 4 : 5 : 8$$

- $$h_o = \frac{P_A h_A + P_B h_B + P_C h_C}{P_A + P_B + P_C}$$
$$= \frac{4\times 12.647 + 5\times 12.64 + 8\times 12.638}{4+5+8} \doteqdot 12.641\text{m}$$

04 수준점 A, B, C에서 수준측량을 하여 P점의 표고를 얻었다. P점 표고의 최확값은?

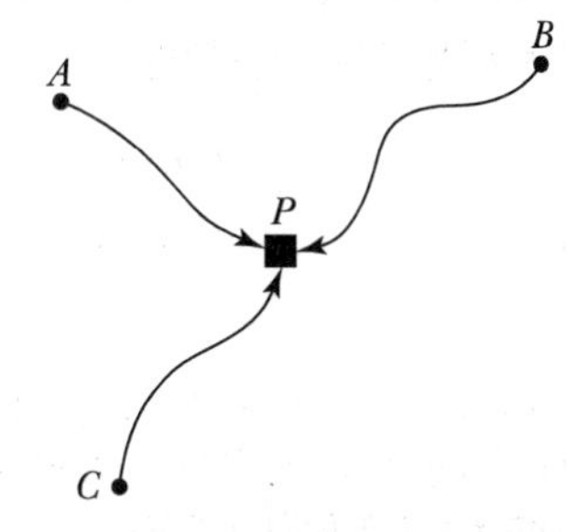

노 선	P점 표고값	노선거리
A → P	57.583m	2km
B → P	57.700m	3km
C → P	57.680m	4km

① 57.641m ② 57.649m
③ 57.654m ④ 57.706m

해설

- 경중률(P)은 노선거리(L)에 반비례

$$P_1 : P_2 : P_3 = \frac{1}{2} : \frac{1}{3} : \frac{1}{4} = 6 : 4 : 3$$

- $$h_0 = \frac{P_1 h_1 + P_2 h_2 + P_3 h_3}{P_1 + P_2 + P_3}$$
$$= \frac{6\times 57.583 + 4\times 57.7 + 3\times 57.68}{6+4+3} = 57.641\text{m}$$

정답 01 ② 02 ② 03 ① 04 ①

01 우리나라에 설치되어 있는 수준점의 성과는 무엇을 표시하는가?

① 도로의 높이를 나타낸다.
② 만조면으로부터의 높이를 나타낸다.
③ 중등 해수면으로부터의 높이를 나타낸다.
④ 삼각점으로부터의 높이를 나타낸다.

해설

수준점의 높이는 기준면(인천만의 평균(중등) 해수면)으로부터의 높이이다.

02 인하대학교 교정에 설치된 우리나라의 수준원점의 표고는 다음 어느 것인가?

① 26.6871m ② 26.6781m
③ 26.7861m ④ 26.8761m

해설

1917년에 인천시 화수동 1가 2번지에 설치했던 것(수준 기점 : 5.477m)을 1963년 1월에 국립지리원에서 인하대학교의 교정에 이동 설치(수준 원점 : 26.6871m)하였다.

03 다음의 수준측량 용어 중 옳지 않은 것은?

① 기준면은 지평면이라고도 하며 연직선에 직교하는 평면을 말한다.
② 기준면은 수년 동안 관측하여 얻은 평균 해수면을 사용한다.
③ 지평면은 연직선에 직교하는 평면을 말한다.
④ 수준면은 연직선에 직교하는 모든 점을 잇는 곡선을 말한다.

해설

기준면은 인천 해수면을 기준으로 하고 높이의 기준이 되는 수평면이다.

04 지구상의 어떤 점에서 중력 방향에 90°를 이루는 평면은 어느 것인가?

① 평균 해수면 ② 지평면
③ 수준면 ④ 기준면

해설

지평면이란 수평면의 한 점에서 접하는 평면을 말한다.
※ 참고로 지구상에 존재하는 모든 면(선)은 곡면이며, 평면(선)은 지평면(선)뿐이다.

05 수평면의 설명 중 옳은 것은?

① 그 면상의 각 점에 있어서 중력의 방향에 수직인 곡면
② 어떤 점에 있어서 지구의 중심 방향에 직각인 평면
③ 어떤 점에 있어서 중력의 방향에 직각인 평면
④ 어떤 점을 통해 지구를 대표하는 회전 타원면

해설

정지된 해수면을 육지까지 연장하여 얻은 표면을 수평면이라 한다. 즉, 중력의 방향에 직각인 곡면이다.

06 수준측량에 있어서 측량 목적에 따른 분류에 속하지 않는 것은?

① 표면수준측량 ② 단면수준측량
③ 고저수준측량 ④ 직접수준측량

해설

직접수준측량은 측량 방법에 따른 분류이다.
㉠ 측량 방법에 따른 분류 : 직접, 간접, 교호, 기압, 약수준 측량
㉡ 측량 목적에 따른 분류 : 고저, 단면(종 · 횡단)수준측량

07 큰 계곡이나 하천을 횡단하여 수준측량을 할 경우에 사용하는 수준측량의 방법으로 가장 알맞은 것은?

① 직접수준측량 ② 교호수준측량
③ 시거수준측량 ④ 종단수준측량

해설

교호수준측량 : 강이나 바다 등 중앙에 장애물이 있어 접근하기 어려울 때 2점을 상호 시준하여 고저차를 구하는 방법

정답 01 ③ 02 ① 03 ① 04 ② 05 ① 06 ④ 07 ②

08 망원경의 배율은 무엇으로 표시하나?

① 대물경의 초점 거리와 접안경의 초점 거리의 비
② 접안경의 초점 거리와 대물경의 초점 거리의 비
③ 대물, 접안 안경의 초점 거리의 합
④ 대물, 접안 안경의 초점 거리의 차

해설

$$\text{망원경 배율} = \frac{\text{대물경의 초점 거리}}{\text{접안경(대안경)의 초점 거리}}$$

보통 20~30배 정도이다.

09 레벨의 망원경 시준선의 정의를 옳게 설명한 것은?

① 대물 렌즈의 광심과 대안 렌즈의 광심을 연결
② 대물 렌즈의 광심과 십자선의 교점을 연결
③ 대물 렌즈의 광심과 수평축과 연직축의 교점을 연결
④ 대물 렌즈의 초점과 대안 렌즈의 초점을 연결

해설

① 광축 ② 시준선
③ 망원경축 ④ 배율

10 기포관의 감도는 무엇으로 표시하는가?

① 기포관의 길이가 곡률 중심에 끼는 각
② 기포관의 눈금의 양단이 곡률 중심에 끼는 각
③ 기포관의 두 눈금이 곡률 중심에 끼는 각
④ 기포관의 1눈금이 곡률 중심에 끼는 각

해설

기포관의 감도란 기포 1눈금(2mm)에 대한 중심각의 변화를 초로 나타낸 것

11 다음 감도(θ'') 측정에 대한 설명 중 잘못된 것은?

① 곡률 반경에 비례한다.
② 기포 이동 눈금수에 반비례한다.
③ 기계와 표척 사이의 거리에 반비례한다.
④ 표척의 읽음차(수준 오차)에 비례한다.

해설

$$\text{감도}(\theta'') = \frac{l}{n \cdot D} \cdot \rho'' = \frac{s}{R} \cdot \rho''$$

여기서, l : 표척 읽음차(수준 오차)
n : 기포 이동 눈금수
D : 기계와 표척 사이 거리
R : 곡률 반경
s : 1눈금=2mm
ρ'' : 206,265″

따라서 감도는 곡률 반경(R)에 반비례한다.

12 감도에 가장 큰 영향을 미치는 것은?

① 관내면의 곡률 ② 곡률 반경
③ 유리관의 질 ④ 점성

해설

감도에 가장 영향을 미치는 것은 관내면의 곡률로 모든 점에서 균일해야 한다.

13 레벨의 2mm 눈금의 기포관을 3눈금 기울인 경우 D=60m의 거리에 있는 함척의 읽음차가 18mm일 때 기포관의 감도는?

① 2.06265″ ② 2062.65″
③ 20.6265″ ④ 206.265″

해설

$$\text{감도}(\theta'') = \frac{l}{n \cdot D} \cdot \rho''$$
$$= \frac{0.018}{3 \times 60} \times 206,265''$$
$$= 20.6265''$$

14 감도가 20″인 레벨에서 한 눈금(2mm)만 기포가 기울어진 상태에서 50m 떨어진 표척을 관측했을 때 생기는 오차는?

① 0.0038m ② 0.0048m
③ 0.0058m ④ 0.0068m

정답 08 ① 09 ② 10 ④ 11 ① 12 ① 13 ③ 14 ②

해설

감도$(\theta'') = \dfrac{l}{n \cdot D} \cdot \rho''$

$\therefore$ 수준 오차 $l = \dfrac{n\theta'' D}{\rho''}$

$= \dfrac{1 \times 20'' \times 50}{206,265''}$

$\fallingdotseq 0.0048\text{m}$

15 레벨의 구조상의 조건 중 가장 중요한 것은?

① 연직축과 기포관축이 직교되어 있을 것
② 기포관축과 망원경의 시준선이 평행되어 있을 것
③ 표척을 시준할 때 기포의 위치를 볼 수 있게끔 되어 있을 것
④ 망원경의 배율과 수준기의 감도가 평행되어 있을 것

해설

레벨의 가장 중요함은 기포가 중앙에 있을 때 시준선은 어느 곳에서나 일정(같은 높이)해야 하므로 "시준축//기포관축"이어야 한다.

16 다음 수준측량의 용어 설명 중 틀린 것은?

① FS (전시) : 표고를 알고자 하는 곳에 수준척의 시준값
② BS (후시) : 측량해 나가는 방향을 기준으로 기계의 후방을 시준한 값
③ TP (이점) : 기계를 옮기기 위하여 어떠한 점에서 전시와 후시를 취할 때의 점
④ IP (중간점) : 어떤 지점의 표고를 알기 위하여 수준척을 세워 전시를 취한 점

해설

기지점에 세운 표척의 읽음값은 후시라 한다(기계의 후방이 반드시 후시는 되지 않는다).

17 수준측량을 할 때 전시라 함은 다음 어느 함척의 읽음인가?

① 진행 방향에 대한 전방 표척의 읽음
② 기지점에 세운 함척의 읽음
③ 동일 측량에서 2개의 읽음 중 처음 읽은 것
④ 미지점에 세운 함척의 읽음값

해설

㉠ 후시(BS) : 기지점에 놓은 표척의 시준값
㉡ 전시(FS) : 미지점에 놓은 표척의 시준값

18 오직 전시(FS)만 읽는 점으로 다른 점의 지반고에 영향을 주지 않는 점을 무엇이라 하는가?

① IP ② TP
③ IH ④ GH

해설

㉠ IP(중간점) : 오직 지점의 지반고만 알고자 전시만 취하는 점
㉡ TP(이기점) : 기계를 옮기는 점으로 전시, 후시를 동시에 취함

19 측점이 갱도의 천장에 설치되어 있는 갱내 수준측량에서 다음 그림과 같은 관측 결과를 얻었다. A점의 지반고가 15.32m일 때, C점의 지반고는?

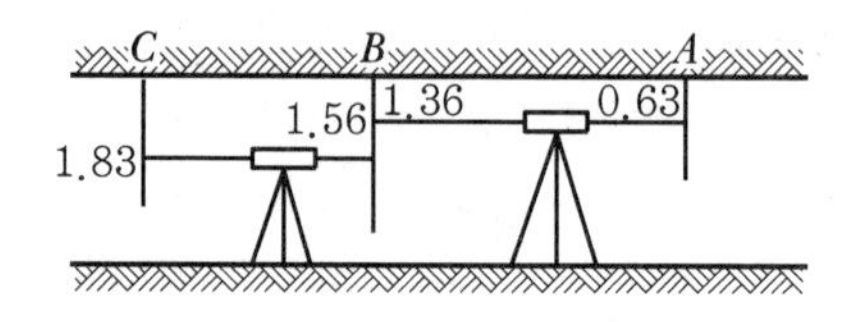

① 16.49m ② 16.32m
③ 14.49m ④ 14.32m

해설

$H_B = H_A - \text{BS} + \text{FS}$

$= 15.32\text{m} - 0.63 + 1.36 = 16.05\text{m}$

$H_C = H_B - \text{BS} + \text{FS}$

$= 16.05\text{m} - 1.56 + 1.83 = 16.32\text{m}$

※ 터널 측량 시 표척은 주로 천장에 부착하며 지반고 계산도 지상 수준 측량과 반대가 된다.

정답 15 ② 16 ② 17 ④ 18 ① 19 ②

20 그림에서 No.2의 지반고는?

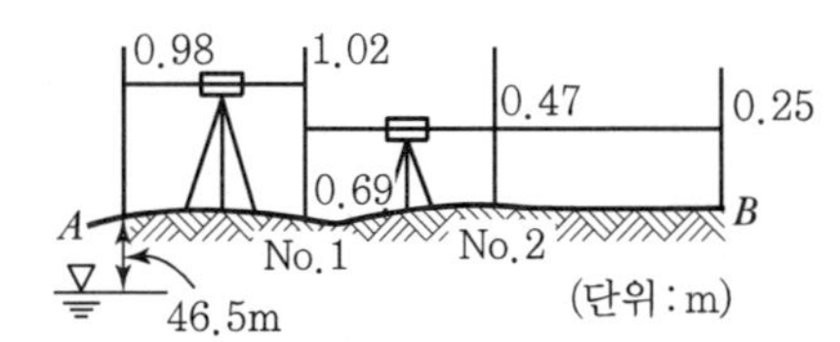

① 47.48m ② 46.46m
③ 46.68m ④ 47.44m

$H_B = H_A + H$
$= H_A + (\Sigma \text{B.S} - \Sigma \text{F.S})$
$= 46.5 + \{(0.98 + 0.69) - (1.02 + 0.47)\} = 46.68\text{m}$

21 다음 그림에서 담장 PQ가 있어 P점에서 표척을 반대로 세워 다음과 같이 읽었을 때, A점의 표고가 36.785m라면 B점의 표고는?

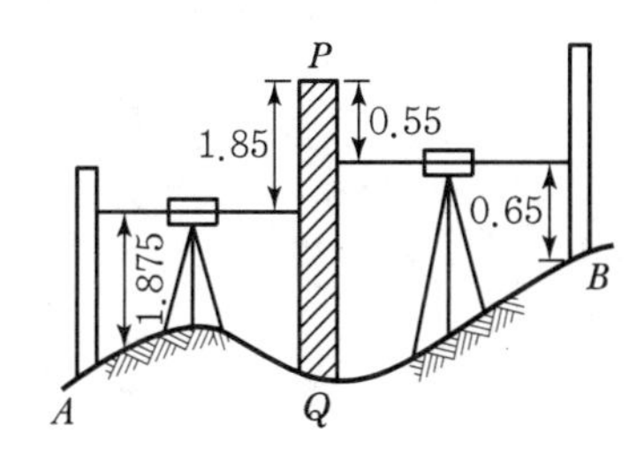

① 36.71m ② 37.81m
③ 39.31m ④ 40.51m

해설

표척을 거꾸로 세워 시준했을 경우에는 야장 기입 때 − 부호를 붙이나, 여기서는 B점의 고저차만 구하므로 그대로 더하고 뺀다.

$\therefore H_B = H_A + H$
$= 36.785 + (1.875 + 1.85 - 0.55 - 0.65) = 39.31\text{m}$

22 다음과 같은 측량 결과에서 A점과 B점의 고저차는?

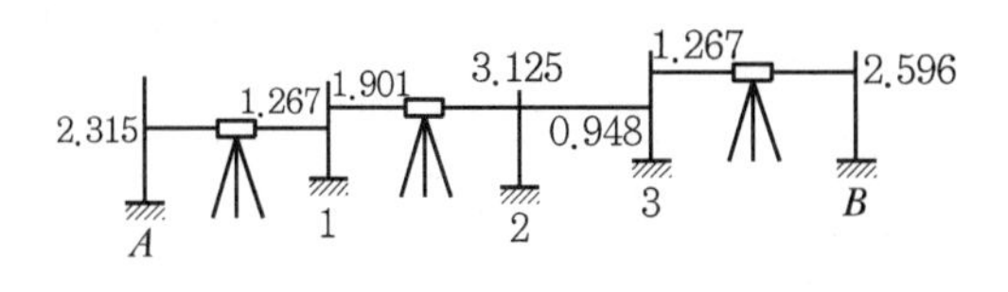

① 0.572m ② 0.672m
③ 1.672m ④ 2.672m

해설

$\Delta H = 2.315 - 1.267 + 1.901 - 0.948 + 1.267 - 2.596 = 0.672\text{m}$

23 직접고저측량을 실시한 결과가 그림과 같을 때, A점의 표고가 10m라면 C점의 표고는?(단위 : m)

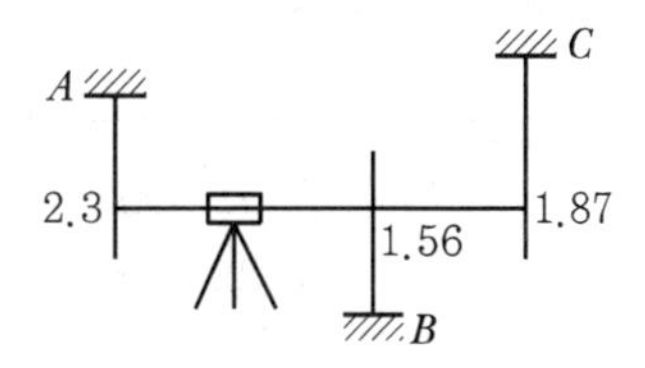

① 9.57m ② 9.66m
③ 10.57m ④ 10.66m

해설

$H_C = H_A + \text{후시} - \text{전시} = 10 + (-2.3) - (-1.87) = 9.57\text{m}$

24 경사면 AB, BC에 따라 거리를 측량하여 AB=25.892m, BC=26.028m를 얻었다. 또 1측점에서 A, B, C상에 표척을 세워 A의 높이 2.81m, B의 높이 1.58m, C의 높이 1.06m 를 얻었을 때 AC의 수평 거리를 구한 값은?

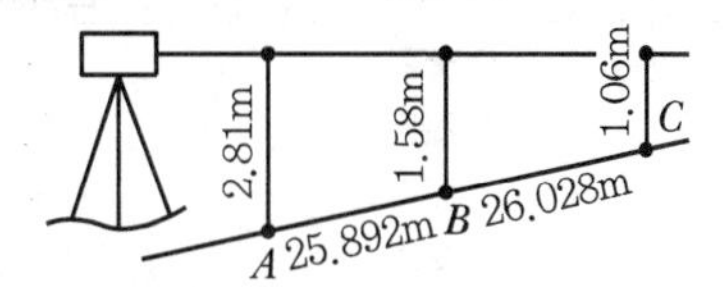

① 50.890m ② 51.890m
③ 50.188m ④ 51.188m

해설

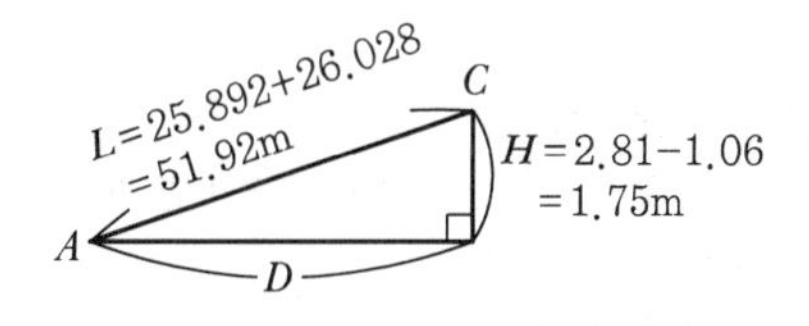

정답 20 ③ 21 ③ 22 ② 23 ① 24 ②

$\therefore$ AC=수평 거리 : $D=\sqrt{L^2-H^2}$

$=\sqrt{(51.92)^2-(1.75)^2} \fallingdotseq 51.890\text{m}$

25 다음 야장에서 C점의 기계고는 얼마인가?

(단위 : m)

측점	후시	전시	기계고	지반고
A	1.55			30.00
B		2.15		
C	2.47	2.33		
D		1.11		

① 29.22m ② 31.69m
③ 33.57m ④ 35.79m

$HC=HA+BS-FS$

$=30+1.55-2.33$

$=29.22\text{m}$

$I_C=H_C+BS$

$=29.22+2.47$

$=31.69\text{m}$

26 측점 No.1에서 No.5까지 레벨을 측량한 결과 표와 같은 결과를 얻었다. 측점 No.5는 측점 No.1보다 얼마나 높은가?

측점	후시(m)	전시(m)
No.1	0.862	–
No.2	1.295	1.324
No.3	1.007	0.381
No.4	1.463	2.245
No.5	–	2.139

① −1.462m ② +1.462m
③ −1.277m ④ +1.277m

해설

고저차 $H=\Sigma BS-\Sigma FS$

즉 고저차는 "Σ후시 − Σ전시"의 값이 +이면 마지막 측점 지반고가 높으며, −이면 낮다.

$\therefore \ \Sigma BS=0.862+1.295+1.007+1.463$

$=4.627\text{m}$

$\Sigma FS=1.324+0.381+2.245+2.139$

$=6.089\text{m}$

$\therefore \ H=\Sigma BS-\Sigma FS$

$=4.627-6.089$

$=-1.462\text{m}$

따라서 No.5는 No.1보다 낮다.

27 다음 야장은 종단측량의 결과이다. A점의 표고가 21.300m일 때 B점의 표고는?

측점	BS	FS
A	3.252	
1		2.685
2	3.924	2.414
3		3.015
4	2.516	3.855
B		2.116

① 16.907m ② 19.993m
③ 22.607m ④ 25.693m

해설

BS가 3개이므로 FS 값도 3개가 되는 것에 주의한다.
이때 FS 값은 BS가 있는 곳(No.2, No.4)과 구하는 점(B점) 값을 반드시 계산한다.

$\therefore \ \Sigma BS=3.252+3.924+2.516$

$=9.692\text{m}$

$\Sigma FS=2.414+3.855+2.116$

$=8.385\text{m}$

따라서 $H_B=H_A+H$

$=21.3+(9.692-8.385)$

$=22.607\text{m}$

28 다음 수준측량의 야장에서 a와 b값으로 맞는 것은?

SP	BS	IH	FS	GH	RMS
A	1.50	(a)		100.00	BM = 100m
1			1.25	100.25	
2	2.50	103.00	1.00	(b)	
B			2.00	101.00	

① a=98.50, b=99.75
② a=98.50, b=100.50

정답 25 ② 26 ① 27 ③ 28 ③

③ $a=101.50$, $b=100.50$
④ $a=101.50$, $b=99.75$

해설

기계고 : IH = GH + BS
지반고 : GH = IH − FS
$\therefore$ $(a) = 100 + 1.5 = 101.5$m
$(b) = (a) - 1 = 101.5 - 1 = 100.5$m

29 도로의 중심선을 따라 20m 간격의 종단 측량을 해서 표와 같은 결과를 얻었다. 측점 1과 측점 5의 지반고를 연결하는 도로 계획선을 설정한다면 이 계획선의 구배는?

측 점	지반고(m)
No.1	73.63
No.2	72.82
No.3	75.67
No.4	70.65
No.5	70.83

① −1%　　② −3.5%
③ +3.5%　　④ +1%

해설

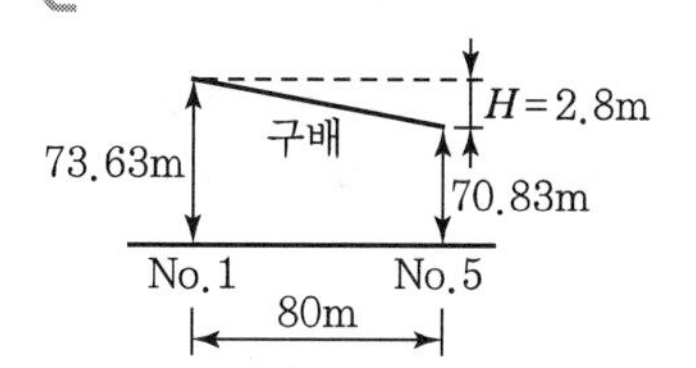

$$구배 = \frac{No.5 - No.1}{80} = \frac{70.83 - 73.63}{80} = -0.035(-3.5\%)$$

즉, 하향(−) 3.5% 구배이다.

30 다음 표는 횡단측량의 야장이다. b점의 지반고는?(단, 기계고는 같고, 측점 5의 지반고는 15m임)

측점	좌			중점	우	
	a	b	c		d	e
No.5	$\frac{2.70}{19.6}$	$\frac{2.10}{12.50}$	$\frac{2.65}{5.00}$	$\frac{1.30}{0}$	$\frac{2.45}{4.50}$	$\frac{3.05}{18.0}$

① 11.15m　　② 14.20m
③ 15.80m　　④ 19.75m

해설

야장을 참조하여 실제 지형을 나타내면

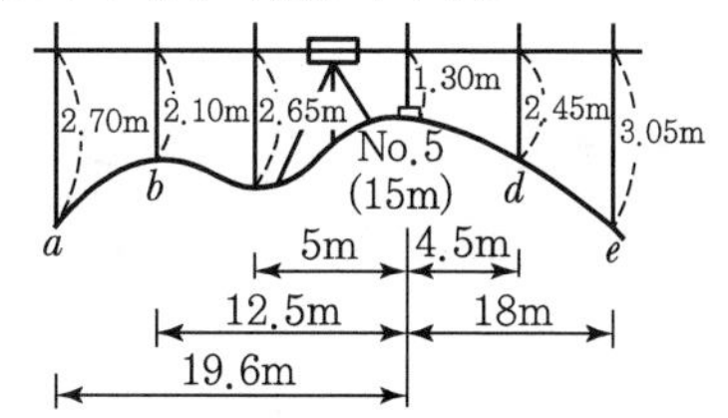

분모값은 거리이므로 분자의 고저 읽음값으로 b점 지반고를 구한다.
$H_b = H_5 + H = 15 + (1.30 - 2.10) = 14.20$m

31 수준측량에 필요한 사항을 설명하였다. 이 중에서 적당하지 않은 것은?

① 컴펜세이터(Compensator) 레벨은 자동형 레벨이다.
② 와이 레벨의 제3조정은 기포관축과 기계의 연직축의 조정이다.
③ 야장 기입법 중에서 가장 정확하고 완전한 검산을 할 수 있는 것은 기고식 야장법이다.
④ 우리나라의 2등 수준점의 설치 간격은 2km이며 오차의 허용 범위는 2km 왕복 측정에서 ±10mm이다.

해설

가장 정확하고 완전한 검산을 할 수 있는 것은 승강식 야장법이다.

정답　29 ②　30 ②　31 ③

32 완전한 검산을 할 수 있어 정밀한 측량에 이용되나 중간점이 많을 때는 계산이 복잡한 야장 기입법은?

① 고차식 ② 기고식
③ 횡단식 ④ 승강식

해설
승강식 야장법은 후시값과 전시값의 차가 (+)이면 승란에 기입하고 (−)이면 강란에 기입하는 방법이다. 완전 검산이 가능하지만 중간시가 많을 때는 계산이 불편하고 시간 및 비용이 많이 소요되는 단점이 있다.

33 수준측량에서 중간시가 많을 경우 가장 많이 사용하는 야장 기입법은?

① 기고식 ② 고차식
③ 이란식 ④ 승강식

해설
기고식 야장 기입법은 중간점이 많을 때 사용되며 가장 널리 이용된다.

34 종단면도에 기록되는 사항이 아닌 것은?

① 지반고 ② 구배
③ 토공량 ④ 절토고

해설
㉠ 종단면도 : 추가 거리, 지반고, 구배, 계획고, 절토고, 성토고
㉡ 횡단면도 : 절토 면적, 성토 면적, 토공량

35 레벨측량에 레벨을 세우는 횟수를 우수 회로 함으로써 없앨 수 있는 오차는?

① 망원경의 시준축과 수준기축이 평행하지 않아 생기는 오차
② 표척의 눈금이 정확하지 못하여 생기는 오차
③ 표척의 이음새의 부정확으로 생기는 오차
④ 표척의 0눈금의 오차

해설
레벨을 세우는 횟수를 우수(짝수) 회로 하는 것은 0눈금(영점) 오차를 소거하기 위함이다.

36 수준측량 시 작업상 유의 사항 중 옳지 않은 것은?

① 수준측량은 후시로 시작하여 전시로 끝난다.
② 이점(TP)에서는 1mm, 그 밖의 점에서 5mm, 또는 1cm 단위로 읽는 것이 보통이다.
③ 반드시 왕복 측정을 하거나 다른 수준점에 결합시켜 오차를 검토해야 한다.
④ 왕복 측정을 할 때에는 노선을 반드시 같게 하여야 한다.

해설
왕복 측정 시 반드시 노선을 다르게 한다(오차의 누적 방지).

37 수준측량에 있어서 다음 주의 사항 중 적당한 것은?

① 왕복의 노선은 될수록 바꾸는 것이 좋다.
② 왕복하는 대신 2대의 기계로 동일 표척을 관측하여도 좋다.
③ 왕 또는 복의 도중에 관측자를 바꾸어도 좋다.
④ 왕 또는 복의 도중에 표척수를 바꾸어도 좋다.

해설
수준측량은 반드시 1대의 기계로 왕복(오차 점검)해야 하며, 이때 노선은 다르게(오차 누적 방지) 하여야 한다. 또한 도중에 관측자 및 표척수를 바꾸는 것은 좋지 않다.

38 수준측량의 오차 최소화 방법 중 틀린 것은?

① 표척의 영점오차는 기계의 정치 횟수를 짝수로 세워 오차를 최소화한다.
② 시차는 망원경의 접안경 및 대물경을 명확히 조절한다.
③ 눈금오차는 기준자와 비교하여 보정값을 정하고 온도에 대한 온도보정도 실시한다.

정답 32 ④ 33 ① 34 ③ 35 ④ 36 ④ 37 ① 38 ④

④ 표척기울기에 대한 오차는 표척을 앞뒤로 흔들 때의 최댓값을 읽음으로 최소화한다.

해설

표척기울기에 대한 오차는 표척을 앞뒤로 흔들 때의 최솟값을 읽음으로써 최소화한다.

39 두 점 간의 고저차를 레벨에 의하여 직접 관측할 때 정확도를 향상시키는 방법이 아닌 것은?

① 표척을 수직으로 유지한다.
② 전시와 후시의 거리를 가능한 한 같게 한다.
③ 최소 가시거리가 허용되는 한 시준거리를 짧게 한다.
④ 기계가 침하되거나 교통에 방해가 되지 않는 견고한 지반을 택한다.

해설

레벨과 표척과의 거리는 일반적으로 40~60m를 표준으로 하여 정도를 높이려면 등거리 관측을 해야 한다.

40 레벨측량에서 전시와 후시의 거리를 같게 취하여도 소거되지 않는 오차는?

① 시차에 의한 오차
② 지구 곡률에 의한 오차
③ 광선 굴절에 의한 오차
④ 기계 조정의 불완전에 의한 오차

해설

레벨측량에서 전시와 후시 거리를 같게 하면 기계 조정 불완전 오차(시준축 오차), 구차, 기차가 소거된다.

41 레벨(Level)측량에서 전시와 후시가 등거리가 아니기 때문에 생기는 오차 중 가장 큰 것은?

① 지구의 만곡에 생기는 오차
② 기포관축과 시준축이 평행하지 않기 때문에 생기는 오차
③ 시준선상에 생기는 기차에 의한 오차
④ 시준하기 위해 렌즈를 움직이기 때문에 생기는 오차

해설

기포관축과 시준축이 평행하지 않은 시준축오차가 가장 큰 영향을 준다.

42 수준측량에서 전·후시를 등거리로 취하는 가장 큰 이유는?

① 표척 기울음오차를 줄이기 위해
② 시준축오차를 없애기 위해
③ 대기굴절오차를 없애기 위해
④ 지구곡률오차를 없애기 위해

해설

전시, 후시를 같게 하는 가장 큰 이유는 시준축오차를 소거하기 위해서다.

43 수준측량 작업에 있어서 전시(前視)와 후시(後視)의 거리를 같게 하여도 소거되지 않는 오차는?

① 시준선(축)오차 제거
② 지표면의 구차의 영향 제거
③ 표척의 눈금오차 제거
④ 기차의 영향 제거

해설

㉠ 시준선오차, 구차, 기차 등은 등시준 거리를 취함으로써 소거가 가능하다.
㉡ 표척의 영눈금오차는 기계를 짝수로 정치하여 출발점에서 세운 표척을 도착점에 사용하면 소거된다.
㉢ 표척 눈금오차는 높이에 비례하여 변화한다.

44 기선 $AB=20\text{m}$, 수평각 $\alpha=80°$, $\beta=70°$, 연직각 $V=40°$를 측정하였다. 높이 H는? (단, A, B, C점은 동일 평면이다.)

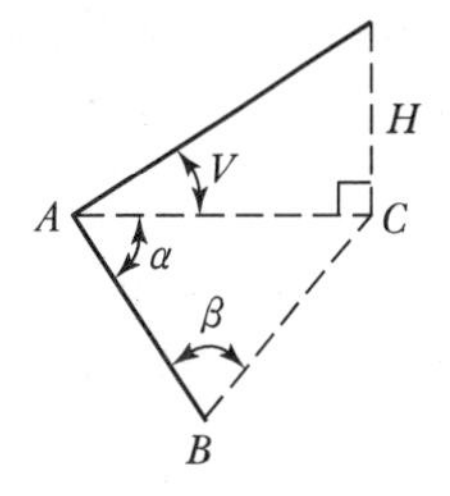

정답 39 ③ 40 ① 41 ② 42 ② 43 ③ 44 ①

① 31.54m ② 32.42m
③ 32.63m ④ 33.56m

해설

AB=20m이므로 △ABC에서 sin 법칙을 적용하면

$$\frac{AC}{\sin\beta}=\frac{AB}{\sin(180°-\alpha-\beta)}$$

$$\therefore\ AC=\frac{20\times\sin 70°}{\sin 30°}\fallingdotseq 37.59\text{m}$$

따라서 고저차 $H=AC\cdot\tan V$

$=37.59\times\tan 40°$

$\fallingdotseq 31.540\text{m}$

45 그림에서 다음과 같이 측정값을 얻었다. A, B의 고저차를 구하면?(단, IH=1.35m, HP=1.65m, $\alpha=30°$, $L=40.0\text{m}$)

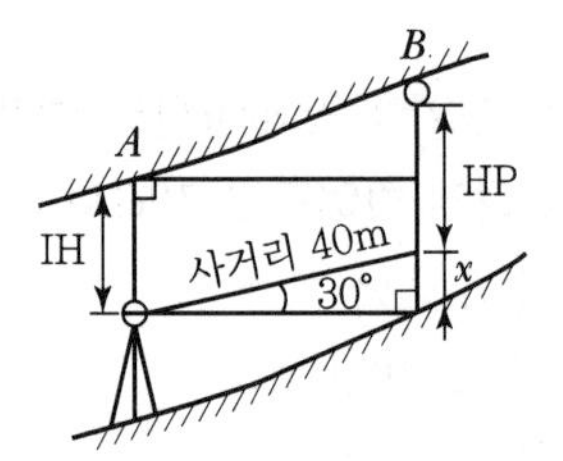

① +19.70m ② −19.70m
③ +20.30m ④ −20.30m

해설

$\Delta H+\text{IH}=\text{HP}+x\,(\therefore\ x=L\cdot\sin\alpha)$

$\therefore\ \Delta H=\text{HP}+x-\text{IH}$

$=\text{HP}+L\cdot\sin\alpha-\text{IH}$

$=1.65+(40\times\sin 30°)-1.35$

$=20.3\text{m}$

46 하천을 횡단하여 수준측량을 할 경우 가장 정확성을 기할 수 있는 측량은?

① 스타디아 및 평판측량 ② 기압수준측량
③ 교호수준측량 ④ 삼각수준측량

해설

하천에서는 중앙에 기계를 세울 수 없으므로(즉 전시와 후시 거리가 등거리가 안 됨) 양안에서 상호수준측량을 해야 한다.

47 교호수준측량의 장점이 아닌 것은?

① 시준축오차 제거 ② 지구곡률오차 제거
③ 광선굴절오차 제거 ④ 눈금반의 오차 제거

해설

교호수준측량을 하면 전시, 후시의 등거리가 안 되어서 생기는 오차, 즉 기계오차(시준축오차) 및 구차, 기차 등이 소거된다.
※ 참고로 가장 큰 오차는 기계오차(시준축오차)이다.

48 다음 그림은 교호수준측량의 결과이다. B점의 표고를 구하면?(단, A점의 표고는 30m이다.)

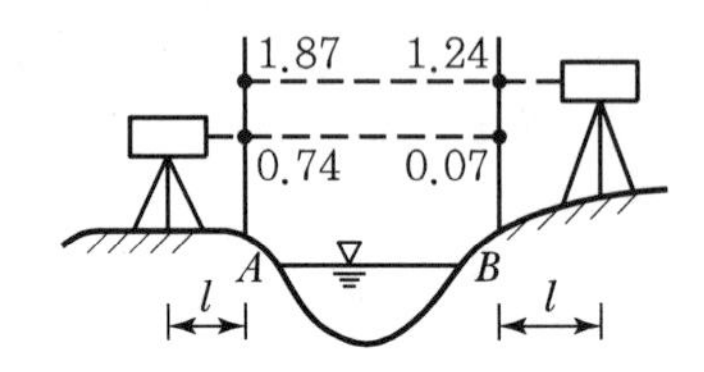

① 29.35m ② 30.65m
③ 31.31m ④ 32.45m

해설

고저차 $H=\dfrac{(a_1-b_1)+(a_2-b_2)}{2}$

$=\dfrac{(0.74-0.07)+(1.87-1.24)}{2}$

$=0.65\text{m}$ (B점이 높다.)

$\therefore\ H_B=H_A+H=30+0.65=30.65\text{m}$

49 폭 200m의 하천에서 교호수준측량을 한 결과이다. D점의 표고는 얼마인가?(단, A점의 표고는 2.545m이다.)

레벨 P에서	A→B : $h=$ −0.512m B→C : $h=$ −0.229m
레벨 Q에서	C→B : $h=$ +0.267m C→D : $h=$ +0.636m

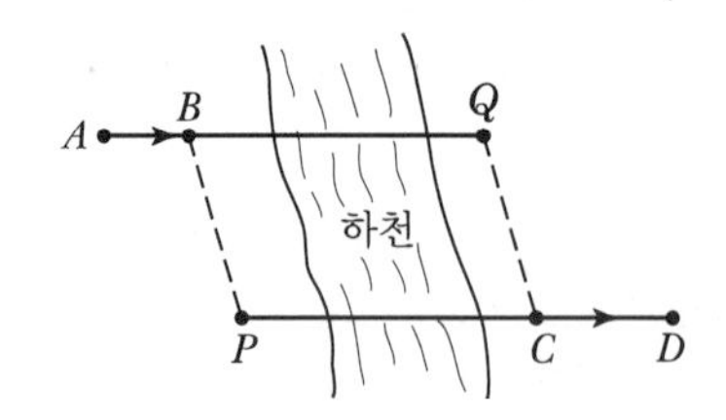

정답 45 ③ 46 ③ 47 ④ 48 ② 49 ④

① 3.94m ② 3.421m
③ 2.941m ④ 2.421m

해설

A점에서 B, C, D의 지반고를 순차적으로 계산해 간다(단, B, C 점은 교호수준측량이므로 평균해야 한다. B → C의 결과가 $h=-0.229$m이므로 C점이 낮다).

∴ BC 간 고저차

$$h_c=\frac{0.229+0.267}{2}=\ominus 0.248\text{m} \ (\because \text{C점이 낮다.})$$

$$\therefore H_D=H_A+H=H_A+(h_B+h_C+h_D)$$
$$=2.545+(-0.512-0.248+0.636)=2.421\text{m}$$

50 다음은 교호수준측량의 결과이다. A점의 표고가 10m일 때 B점의 표고는?

레벨 P에서 A → B 관측 표고차 $\Delta h=-1.256$m
레벨 Q에서 B → A 관측 표고차 $\Delta h=+1.238$m

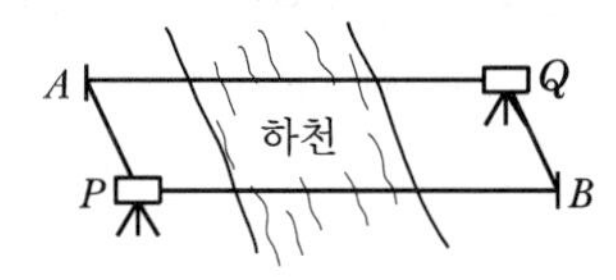

① 11.247m ② 11.238m
③ 9.753m ④ 8.753m

해설

$$h=\frac{1.256+1.238}{2}=1.247\text{m}$$

$$H_B=H_A+h=10-1.247=8.753\text{m}$$

51 수준측량에서 정오차인 것은?

① 기상 변화에 의한 오차 ② 기포관의 곡률의 부등
③ 표척 눈금의 불완전 ④ 기포관의 둔감

해설

①, ②, ④ 상차(부정 오차)
③ 누차(부정 눈금만큼 누적해 간다.)

52 수준측량에서 발생할 수 있는 정오차에 해당하는 것은?

① 표척을 잘못 뽑아 발생되는 읽음오차
② 광선의 굴절에 의한 오차
③ 관측자의 시력 불완전에 의한 오차
④ 태양의 광선, 바람, 습도 및 온도의 순간 변화에 의해 발생되는 오차

해설

수준측량 정오차
㉠ 기계오차 : 레벨조정의 불안정
㉡ 구차 : 지구곡률오차
㉢ 기차 : 대기굴절오차

53 수준측량에서 고저의 오차는 거리와 어떤 관계가 있는가?

① 거리의 제곱근에 비례한다.
② 거리의 제곱근에 반비례한다.
③ 거리에 비례한다.
④ 거리에 반비례한다.

해설

$E=C\sqrt{L}$

여기서, L : 측정 거리(km), C : 1km당 오차(mm),
즉 거리의 제곱근($\sqrt{\ }$)에 비례한다.

54 수준측량에서 5km를 왕복 측정하여 제한오차가 15mm라 하면 2km에 대한 제한 오차는 얼마인가?

① 8.4mm ② 9.4mm
③ 10.4mm ④ 11.4mm

해설

수준측량의 오차는 거리(왕복)의 제곱근($\sqrt{\ }$)에 비례하므로 비례식을 써서 간단히 구한다.

$\therefore \sqrt{10} : 15 = \sqrt{4} : x$

$$\therefore x=\frac{15\times\sqrt{4}}{\sqrt{10}} ≒ 9.48\text{mm}$$

정답 50 ④ 51 ③ 52 ② 53 ① 54 ②

55 그림과 같은 수준망의 관측 결과 다음과 같은 폐합 오차를 얻었다. 정확도가 가장 높은 구간은?

구 간	총 거리(km)	폐합 오차(mm)
Ⅰ	20	20
Ⅱ	16	18
Ⅲ	12	15
Ⅳ	8	13

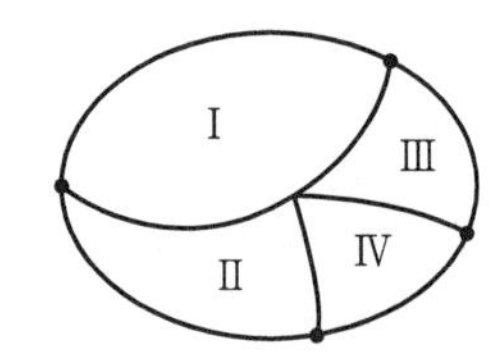

① Ⅰ구간　　② Ⅱ구간
③ Ⅲ구간　　④ Ⅳ구간

각 사람마다 1km당 오차(C)를 비교하여 가장 적은 값이 정확하다고 본다.

총합 오차 $E = C\sqrt{L}$ 에서 $C = \dfrac{E}{\sqrt{L}}$

따라서 왕복 관측이므로

$C = \dfrac{E}{\sqrt{L}} = \dfrac{20}{\sqrt{20}} : \dfrac{18}{\sqrt{16}} : \dfrac{15}{\sqrt{12}} : \dfrac{13}{\sqrt{8}}$

$= 4.47 : 4.50 : 4.33 : 4.60$

56 A, B, C, D 네 사람이 거리 10km, 8km, 6km, 4km의 구간을 왕복 수준측량하여 폐합차를 각각 20mm, 18mm, 15mm, 13mm 얻었을 때 가장 정확한 결과를 얻은 사람은?

① A　　② B
③ C　　④ D

해설

- $\delta_1 = \dfrac{20}{\sqrt{10}} = 6.32\text{mm}$
- $\delta_2 = \dfrac{18}{\sqrt{8}} = 6.36\text{mm}$
- $\delta_3 = \dfrac{15}{\sqrt{6}} = 6.12\text{mm}$
- $\delta_4 = \dfrac{13}{\sqrt{4}} = 6.50\text{mm}$

가장 작은 값이 정확도가 가장 좋다.

57 A점에서 출발하여 총 거리 20km를 5측점을 거쳐 수준측량하여 A점을 폐합시켰더니 오차가 8mm였다. D점의 오차 조정량은 얼마인가?(단, AB=2km, BC=7km, CD=4km, DE=2km, EF=3km, FA=2km)

① 2.3mm　　② 3.6mm
③ 5.2mm　　④ 6mm

해설

$\text{D점 조정량} = \text{오차} \times \dfrac{\text{D점까지의 거리}}{\sum l}$

$= 8 \times \dfrac{(2+7+4)}{20} = 5.2\text{mm}$

58 지금 기준점에서 여러 이점을 경유하여 140m 거리의 표고=190.560m의 수준점에 결합을 시켰더니 190.577m의 표고를 얻었다. 시발점에서 거리가 60m 떨어진 이점에 대한 오차 조정량은 얼마인가?

① −0.002m　　② −0.007m
③ +0.002m　　④ +0.007m

해설

폐합 오차(E) = 190.56 − 190.577 = −0.017m

그러므로 −0.017을 거리에 비례 조정하여 ⊖배분한다.

$\text{조정량} = -0.017 \times \dfrac{60}{140} \fallingdotseq -0.007\text{m}$

59 갑, 을 2사람이 A, B 2점 간의 고저차를 구하기 위하여 서로 다른 표척을 갖고 여러 번 왕복 측정한 A, B 2점 사이의 최확값은?(단, 갑 38.994±0.008m, 을 39.003±0.004m)

① 39.006m　　② 39.004m
③ 39.001m　　④ 38.997m

정답　55 ③　56 ③　57 ③　58 ②　59 ③

해설

경중률은 오차 제곱에 반비례한다.

$\therefore P_{갑} : P_{을} = \frac{1}{0.008^2} : \frac{1}{0.004^2}$

$= \frac{1}{64} : \frac{1}{16} = 1 : 4$

$\therefore$ 최확값 $H = \frac{38.994 \times 1 + 39.003 \times 4}{1+4}$

$\fallingdotseq 39.001\text{m}$

60 A, B 두 점 간의 고저차를 구하기 위하여 그림과 같이 (1), (2), (3) 코스로 수준측량한 결과는 다음과 같다. 두 점 간의 고저차는?

코 스	측정 결과	거 리
(1)	23.234m	4km
(2)	23.245m	2km
(3)	23.240m	2km

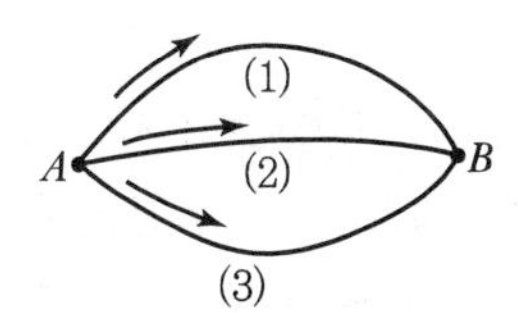

① 22.243m ② 22.248m
③ 23.223m ④ 23.241m

해설

우선 경중률을 구한다.

$P_1 : P_2 : P_3 = \frac{1}{4} : \frac{1}{2} : \frac{1}{2} = 1 : 2 : 2$

따라서 최확값은

$H = \frac{\Sigma P \cdot H}{\Sigma P}$

$= \frac{23.234 \times 1 + 23.245 \times 2 + 23.240 \times 2}{1+2+2} \fallingdotseq 23.241\text{m}$

61 다음 그림과 같이 M점의 표고를 구하기 위하여 수준점(A, B, C)들로부터 고저 측량을 실시, 아래 표와 같은 결과를 얻었다. 이때 M점의 평균 표고는 얼마인가?

측 점	표고(m)	측정 방향	고저차(m)
A	10.03	A→M	+2.10
B	12.60	B→M	−0.50
C	10.64	M→C	−1.45

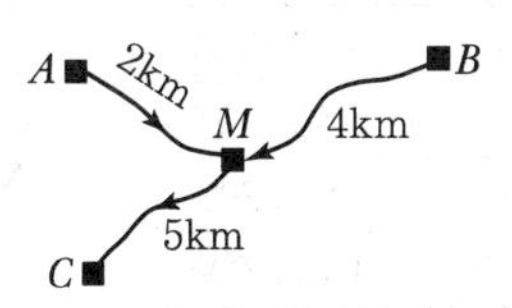

① 12.07m ② 12.09m
③ 12.11m ④ 12.13m

해설

경중률(P)

$P_A : P_B : P_C = \frac{1}{2} : \frac{1}{4} : \frac{1}{5} = 10 : 5 : 4$

M 점의 표고는

A → M $\therefore H_M = 10.03 + 2.10 = 12.13\text{m}$

B → M $\therefore H_M = 12.60 + (-0.5) = 12.10\text{m}$

M → C $\because$ C → M이면 고저차는 +1.45m임

$\therefore H_M = 10.64 - (-1.45) = 12.09\text{m}$

(측량 방향이 반대인 것에 주의)

$\therefore$ 최확값

$H_M = \frac{12.13 \times 10 + 12.10 \times 5 + 12.09 \times 4}{10+5+4}$

$\fallingdotseq 12.114\text{m}$

62 삼각측량과 삼변측량에 대한 설명으로 틀린 것은?

① 삼변측량은 변 길이를 관측하여 삼각점의 위치를 구하는 측량이다.
② 삼각측량의 삼각망 중 가장 정확도가 높은 망은 사변형삼각망이다.
③ 삼각점의 선점 시 기계나 측표가 동요할 수 있는 습지나 하상은 피한다.
④ 삼각점의 등급을 정하는 주된 목적은 표석설치를 편리하게 하기 위함이다.

정답 60 ④ 61 ③ 62 ④

해설

삼각점은 각 관측 정확도에 따라 1등부터 4등까지 4등급으로 분류

63 그림과 같은 수준환에서 직접수준측량에 의하여 표와 같은 결과를 얻었다. D점의 표고는?(단, A점의 표고는 20m, 경중률은 동일)

구분	거리(km)	표고(m)
$A \rightarrow B$	3	B=12.401
$B \rightarrow C$	2	C=11.275
$C \rightarrow D$	1	D=9.780
$D \rightarrow A$	2.5	A=20.044

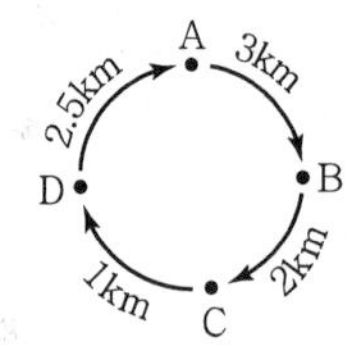

① 6.877m ② 8.327m
③ 9.749m ④ 10.586m

해설

• 폐합오차$=20-20.044=-0.044$

• D점 조정량$=\dfrac{\text{추가거리}}{\text{전체거리}}\times$폐합오차

$=\dfrac{6}{8.5}\times-0.044=-0.031$

∴ D점의 표고$=9.780-0.031=9.749$m

64 BM에서 P점까지의 고저를 관측하는 데 10km인 A코스, 12km인 B코스로 각각 수준측량하여 A코스의 결과 표고는 62.324m, B코스의 결과 표고는 62.341m이었다. P점 표고의 최확값은?

① 62.341m ② 62.338m
③ 62.332m ④ 62.324m

해설

• 경중률 : $\dfrac{1}{10}:\dfrac{1}{12}=6:5$

• 최확값 : $\dfrac{P_1L_1+P_2L_2}{P_1+P_2}=\dfrac{6\times62.324+5\times62.341}{6+5}=62.322$m

65 터널 양 끝단의 기준점 A, B를 포함해서 트래버스측량 및 수준측량을 실시한 결과가 아래와 같을 때, AB 간의 경사거리는?

• 기준점 A의 (X, Y, H)
(330,123.45m, 250,243.89m, 100.12m)
• 기준점 B의 (X, Y, H)
(330,342.12m, 250,567.34m, 120.08m)

① 290.94m ② 390.94m
③ 490.94m ④ 590.94m

해설

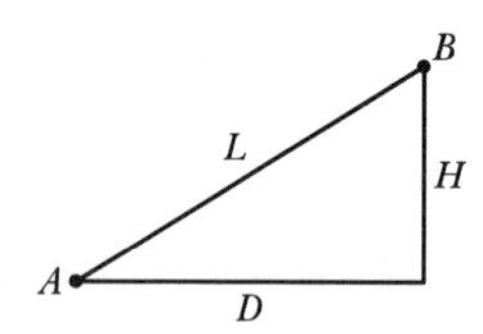

경사거리$(L)=\sqrt{D^2+H^2}$

• $D(\overline{AB})=\sqrt{\begin{matrix}(250,243.89-250,567.34)^2+\\(330,123.45-330,342.12)^2\end{matrix}}=390.43$

• $H=120.08-100.12=19.96$

∴ $L=\sqrt{D^2+H^2}=\sqrt{390.43^2+19.96^2}=390.94$m

66 그림과 같은 수준망에서 성과가 가장 나쁘기 때문에 수준측량을 다시 해야 할 노선은?(단, 수준점의 거리는 Ⅰ=4km, Ⅱ=3km, Ⅲ=2.4km, ㉮ +3.600m, ㉯ +1.385m, ㉰ −5.023m, ㉱ +1.105m, ㉲ +2.523m, ㉳ −3.912m)

① ㉯
② ㉰
③ ㉮
④ ㉱

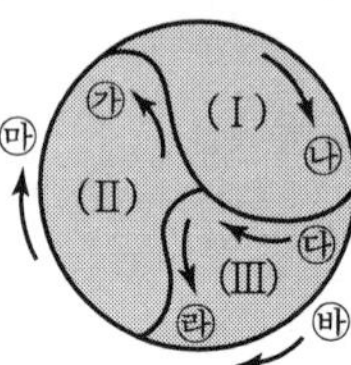

해설

• Ⅰ 노선=㉮+㉯+㉰
$=3.6+1.385-5.023=-0.037$m

• Ⅱ 노선=㉱+㉲−㉮
$=1.105+2.523-3.6=+0.028$m

• Ⅲ 노선=(−㉰)+㉳+(−㉱)
$=5.023-1.105+(-3.912)=-0.006$m

1km당 오차를 계산하면

$\dfrac{0.037}{\sqrt{4}}:\dfrac{0.028}{\sqrt{3}}:\dfrac{0.006}{\sqrt{2.4}}=0.0185:0.016:0.004$

∴ 폐합결과를 볼 때 Ⅰ 노선과 Ⅱ 노선의 성과가 나쁘게 나타나므로 Ⅰ, Ⅱ 노선에 공통으로 포함된 ㉮를 재측

정답 63 ③ 64 ③ 65 ② 66 ③

67 그림과 같은 수준망을 각각의 환(I~IV)에 따라 폐합 오차를 구한 결과가 표와 같다. 폐합오차의 한계가 $\pm 1.0\sqrt{S}$cm 일 때 우선적으로 재관측할 필요가 있는 노선은?(단, S : 거리[km])

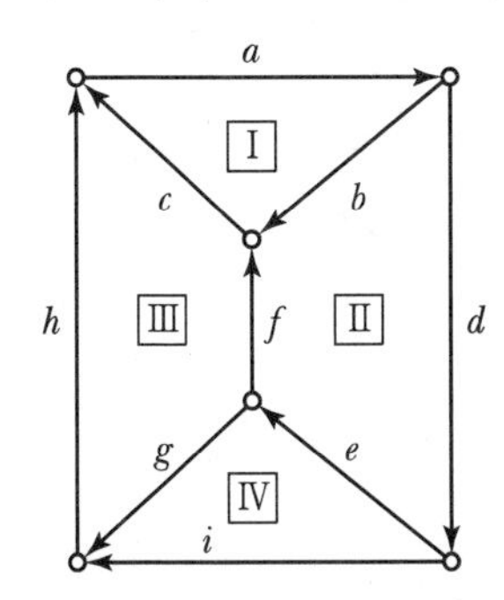

노선	a	b	c	d	e	f	g	h	i
거리 (m)	4.1	2.2	2.4	6.0	3.6	4.0	2.2	2.3	3.5

환	I	II	III	IV	외주
폐합오차 (m)	−0.017	0.048	−0.026	−0.083	−0.031

① e노선　　② f노선
③ g노선　　④ h노선

해설

㉠ 각 노선의 길이
$\text{I} = a+b+c = 8.7$
$\text{II} = b+d+e+f = 15.8$
$\text{III} = c+f+g+h = 10.9$
$\text{IV} = e+g+i = 9.3$
외주$= a+d+i+h = 15.9$

㉡ 각 노선의 오차 한계
$\text{I} = \pm 1.0\sqrt{8.7} = \pm 2.95\text{cm}$
$\text{II} = \pm 1.0\sqrt{15.8} = \pm 3.98\text{cm}$
$\text{III} = \pm 1.0\sqrt{10.9} = \pm 3.30\text{cm}$
$\text{IV} = \pm 1.0\sqrt{9.3} = \pm 3.05\text{cm}$
외주$= \pm 1.0\sqrt{15.9} = \pm 3.99\text{cm}$

㉢ 여기서 II와 IV 노선의 폐합 오차가 오차 한계보다 크므로 공통으로 속한 'e' 노선을 우선적으로 재측한다.

정답　67 ①

CHAPTER 07

지형측량

01 지형측량

1. 지형측량과 지형도

지형측량	제주 오름 지형도
지표면 위에 있는 자연지물 및 인공지물의 평면위치와 수직위치를 결정하여 축척과 도식으로 표현하는 측량	
작업순서	
측량계획 → 기준점측량 → 세부측량 → 측량원도	

2. 지형도 제작

지형도 제작에 사용되는 측량방법	지형도 작성 3대 원칙
① 평판측량에 의한 방법 ② 항공사진 측량에 의한 방법 ③ 수치지형 모델에 의한 방법 ④ 기존의 지도를 이용하는 방법	① 기복을 알기 쉽게 할 것 ② 표현을 간결하게 할 것 ③ 정량적 계획을 엄밀하게 할것

3. 지형의 표시방법

자연적 도법	부호적 도법
① 음영법(명암법) : 그림자로 지표의 기복을 표시	① 점고법 ② 등고선법 ③ 채색법
② 영선법(우모법) ① 짧은 선으로 지표의 기복을 표시 ② 급경사 : 굵게, 완경사 : 가늘게	

4. 지형도의 도곽 구성(국가 기본도의 경위도 간격)

지형도 축척	경도 간격	위도 간격
1/50,000	15′00″	15′00″
1/25,000	7′30″	7′30″
1/10,000	3′00″	3′00″

GUIDE

• **지물**
일정한 축척으로 나타내며 주로 인공적인 형태이다.
(도로, 하천, 철도)

• **지모(지형)**
등고선으로 표시하며 지표면의 기복 상태임(산정, 구릉, 계곡, 평야)

• 지형도에 해안선은 최고 고조면으로 표시

• **지형도 이용법**
① 저수량 및 토공량 산정
② 유역면적의 도상 측정
③ 등경사선 관측

• **점고법**

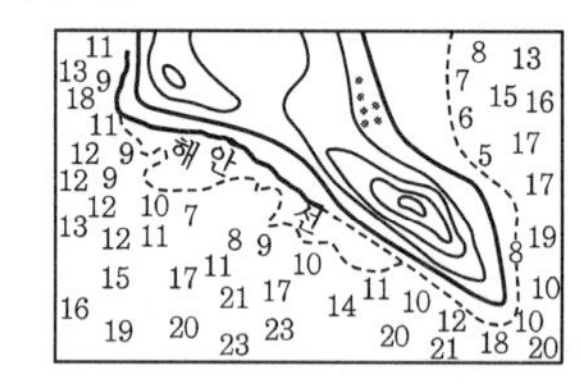

① 도상에 표고를 숫자로 나타냄
② 하천, 항만, 해안측량 등에서 수심측량을 하여 지형을 표시하는 방법

• **등고선법**
① 동일 표고선을 이은 선
② 지형의 기복 표시

• **도곽**
지도의 내용을 둘러싸는 구획선

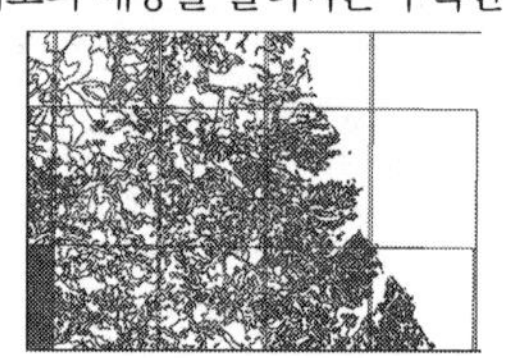

01 지형도의 이용법에 해당되지 않는 것은?

① 저수량 및 토공량 산정
② 유역면적의 도상 측정
③ 간접적인 지적도 작성
④ 등경사선 관측

해설
지적도와 지형도는 무관하다.

02 지형의 표시방법으로 옳지 않은 것은?

① 지성선은 능선, 계곡선 및 경사변환선 등으로 표시된다.
② 등고선의 간격은 일반적으로 주곡선의 간격을 말한다.
③ 부호적 도법에는 영선법과 음영법이 있고 자연적 도법에는 점고법, 등고선과 채색법 등이 있다.
④ 지성선이란 지형의 골격을 나타내는 선이다.

해설
- 자연적 도법 : 음영법, 영선(우모)법
- 부호적 도법 : 점고법, 등고선법, 채색법

03 지형도를 작성할 때 지형 표현을 위한 원칙과 거리가 먼 것은?

① 기복을 알기 쉽게 할 것
② 표현을 간결하게 할 것
③ 정량적 계획을 엄밀하게 할 것
④ 기호 및 도식을 많이 넣어 세밀하게 할 것

해설
지형 작성의 3대 원칙
- 기복을 알기 쉽게 할 것
- 표현을 간결하게 할 것
- 정량적 계획을 엄밀하게 할 것

04 건설공사에 필요한 지형도 제작에 주로 이용하는 방법과 거리가 먼 것은?

① 투시도에 의한 방법
② 일반측량에 의한 방법
③ 사진측량에 의한 방법
④ 수치지형 모형에 의한 방법

해설
지형도의 제작방법
- 평판측량에 의한 방법
- 항공사진측량에 의한 방법
- 수치지형모델에 의한 방법
- 기존의 지도를 이용하는 방법

05 도상에 표고를 숫자로 나타내는 방법으로 하천, 항만, 해안측량 등에서 수심측량을 하여 고저를 나타내는 경우에 주로 사용되는 것은?

① 음영법 ② 등고선법
③ 영선법 ④ 점고법

06 지형을 표시하는 방법 중에서 짧은 선으로 지표의 기복을 나타내는 방법은?

① 점고법 ② 영선법
③ 단채법 ④ 등고선법

07 축척 1 : 50,000 지형도의 도곽 구성은?

① 경위도 10′ 차의 경위선에 의하여 구획되는 지역으로 한다.
② 경위도 15′ 차의 경위선에 의하여 구획되는 지역으로 한다.
③ 경위도 15′, 위도 10′ 차의 경위선에 의하여 구획되는 지역으로 한다.
④ 경위도 10′, 위도 15′ 차의 경위선에 의하여 구획되는 지역으로 한다.

해설
지형도의 도곽구성(경위도 간격)
- $\frac{1}{25,000}$ 은 위도, 경도 간격은 7′30″
- $\frac{1}{50,000}$ 은 위도, 경도 간격은 15′

정답 01 ③ 02 ③ 03 ④ 04 ① 05 ④ 06 ② 07 ②

02 등고선

1. 등고선의 종류

주곡선	기본곡선으로 가는 실선으로 표시
간곡선	완경사지, 파선으로 표시(주곡선 1/2)
조곡선	점선으로 표시(주곡선 1/4, 간곡선 1/2)
계곡선	지형의 상태와 판독을 쉽게 하기 위해서 주곡선 5개마다 굵은 실선으로 표시

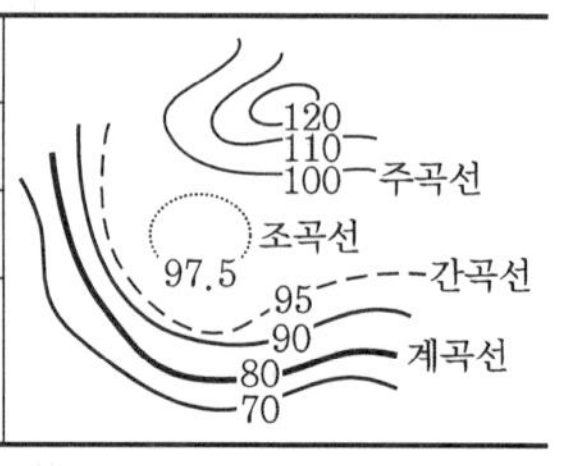

2. 등고선의 간격(단위 m)

종류 \ 축척	1/5,000	1/10,000	1/25,000	1/50,000
주곡선	5	5	10	20
간곡선	2.5	2.5	5	10
조곡선	1.25	1.25	2.5	5
계곡선	25	25	50	100

$\frac{1}{50,000}$ 국토 기본도에서 500m의 산정과 300m의 산정 사이에는 주곡선이 몇 본 들어가는가?

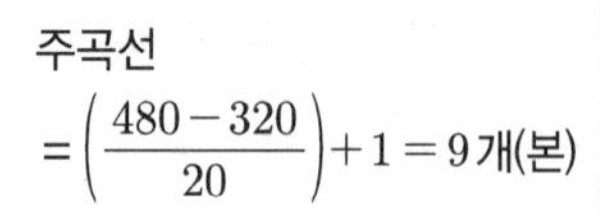

주곡선 $= \left(\frac{480-320}{20}\right)+1 = 9$개(본)

$\frac{1}{50,000}$ 지형도의 주곡선 간격은 20m이다.
따라서 300m와 500m를 제외하면 9개가 된다.

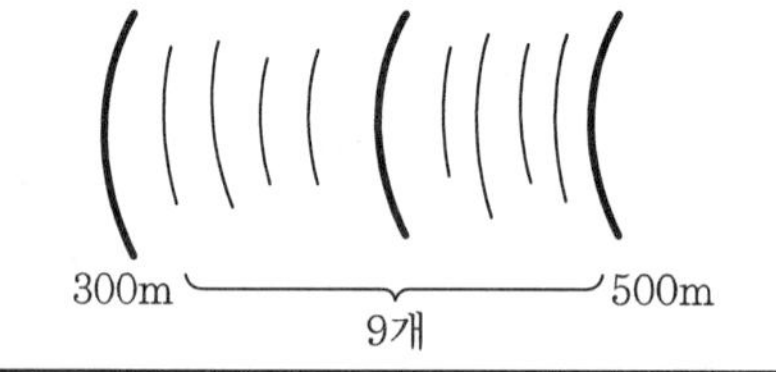

3. 등고선의 성질

등고선의 성질
① 동일 등고선 상의 모든 점은 같은 높이이다. ② 등고선은 도면 내 · 외에서 반드시 폐합하는 폐곡선 ③ 도면 내에서 폐합하면 등고선 내부에 산꼭대기(산정)또는 분지가 있다. ④ 높이가 다른 등고선은 동굴이나 절벽을 제외하고는 교차하지 않는다. ⑤ 최대경사의 방향은 등고선과 직각으로 교차(등고선과 최단거리) ⑥ 등고선은 경사가 급한 곳에서는 간격이 좁고 완만한 경사에서는 넓다. ⑦ 두 쌍의 등고선의 볼록부가 상대할 때는 볼록부 고개(안부)를 표현

GUIDE

• **등고선**
① 동일 고도 또는 높이를 연결한 선
② 지형의 기복 표시

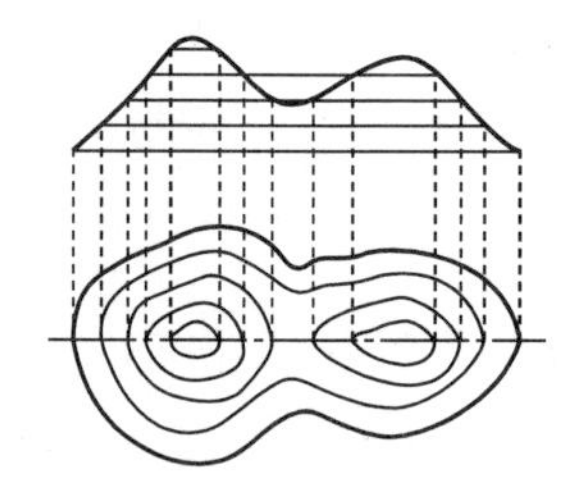

• **등고선 간격 결정 시 고려사항**
① 지도 사용목적
② 지도의 축척
③ 지형의 형태(상태)
④ 시간비용

• **등고선 간격의 의미**
수직방향의 거리
(연직거리, 높이)

• 일반적으로 등고선 간격은 $\frac{M}{2,000}$ 으로 결정한다(소축척).

• **등고선**

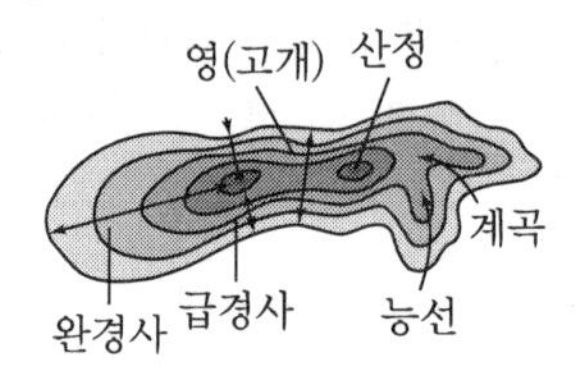

• **고개**

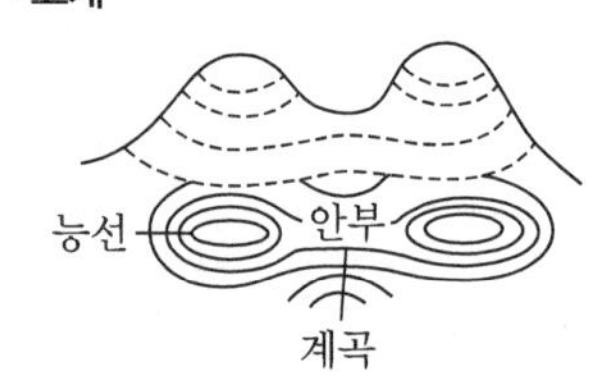

01 우리나라의 축척 1 : 50,000 지형도에 있어서 등고선의 주곡선 간격은?

① 5m ② 10m ③ 20m ④ 100m

해설

구분	1 : 5,000	1 : 10,000	1 : 25,000	1 : 50,000
주곡선	5m	5m	10m	20m
계곡선	25m	25m	50m	100m
간곡선	2.5m	2.5m	5m	10m
조곡선	1.25m	1.25m	2.5m	5m

02 지형측량에서 등고선에 대한 설명 중 옳은 것은?

① 계곡선은 가는 실선으로 나타낸다.
② 간곡선은 가는 긴 파선으로 나타낸다.
③ 축척 1/25,000 지도에서 주곡선의 간격은 5m이다.
④ 축척 1/10,000 지도에서 조곡선의 간격은 2.5m이다.

해설

- 주곡선 : 기본곡선(가는 실선)
- 간곡선 : 파선(주곡선 1/2)
- 조곡선 : 점선(주곡선 1/4, 간곡선 1/2)
- 계곡선 : 주곡선 5개마다 굵은 실선으로 표시

03 축척 1 : 50,000 우리나라 지형도에서 990m의 산정과 510m의 산중턱 간에 들어가는 계곡선의 수는?

① 4개 ② 5개 ③ 20개 ④ 24개

해설

- $\frac{1}{50,000}$ 지형도의 주곡선 간격은 20m
- 주곡선 수$=\left(\frac{980-520}{20}\right)+1=24$개
- 계곡선 수=주곡선 수$\div 5=24\div 5=4.8=4$개

[별해] 계곡선의 수$=\left(\frac{900-600}{100}\right)+1=4$개

04 지형측량에서 등고선 간의 최단거리를 잇는 선이 의미하는 것은?

① 분수선 ② 등경사선
③ 최대경사선 ④ 경사변환선

해설

최대경사선은 등고선에 직각으로 교차

05 등고선에 대한 설명으로 틀린 것은?

① 등고선은 능선 또는 계곡선과 직교한다.
② 등고선은 최대경사선 방향과 직교한다.
③ 등고선은 지표의 경사가 급할수록 간격이 좁다.
④ 등고선은 어떤 경우라도 서로 교차하지 않는다.

해설

등고선은 절벽이나 동굴에서 교차한다.

06 등고선의 성질에 대한 설명으로 옳은 것은?

① 도면 내에서 등고선이 폐합되는 경우 동굴이나 절벽을 나타낸다.
② 동일 경사에서의 등고선 간의 간격은 높은 곳에서 좁아지고 낮은 곳에서는 넓어진다.
③ 등고선은 능선 또는 계곡선과 직각으로 만난다.
④ 높이가 다른 두 등고선은 산정이나 분지를 제외하고는 교차하지 않는다.

해설

- 등고선은 도면 내 · 외에서 폐합
- 등고선은 절벽, 동굴에서 교차
- 경사가 같을 때 등고선의 간격은 같고 평행

07 지형측량에서 등고선의 성질에 대한 설명으로 옳지 않은 것은?

① 등고선은 절대 교차하지 않는다.
② 등고선은 지표의 최대 경사선 방향과 직교한다.
③ 동일 등고선 상에 있는 모든 점은 같은 높이이다.
④ 등고선 간의 최단거리의 방향은 그 지표면의 최대경사의 방향을 가리킨다.

해설

등고선은 동굴이나 절벽에서 교차한다.

정답 01 ③ 02 ② 03 ① 04 ③ 05 ④ 06 ③ 07 ①

03 지성선

1. 지성선(지세선)

지성선 정의	모식도
지형의 골격을 나타내는 선으로 凹(계곡), 凸(능선), 경사변환선 등 지표의 기복관계를 연결한 선을 말한다.	
① 지모의 골격이 되는 선 ② 지표는 지성선으로 구성 ③ 철선(능선), 요선(합수선), 경사변환선, 최대경사선을 의미	

GUIDE

• **능선, 계곡선**

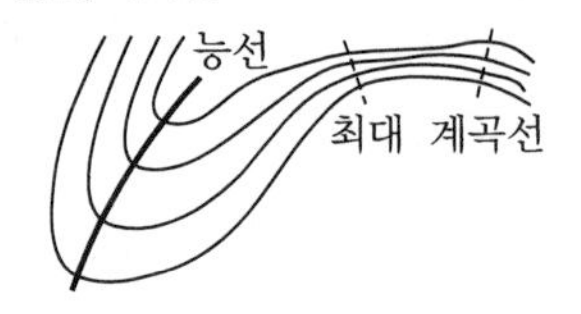

• 능선, 계곡선, 최대경사선은 등고선과 직교한다.

• **경사변환점**

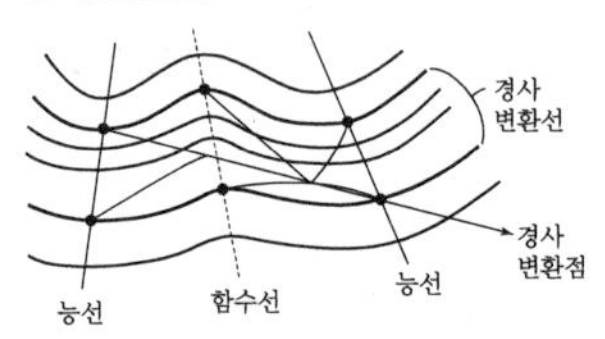

능선에서 계곡선, 계곡선에서 능선으로 갈 때 경사가 변환 되는 점

2. 지성선의 종류

구분	내용	모식도
凸선 (철선, 능선)	① 지표면의 가장 높은 곳을 연결한 선(V형) ② 빗물이 좌우로 흐르게 되므로 분수선이라고도 함	
凹선 (요선, 합수선)	① 지표면의 가장 낮은 곳을 연결한 선(A형) ② 지표의 경사가 최소되는 방향을 표시한 선 ③ 빗물이 합쳐지므로 계곡선이라고도 한다.	
경사 변환선	동일 방향 경사면에서 경사의 크기가 다른 두 면의 교선	
최대 경사선	① 동일 방향 경사면에서 경사의 크기가 다른 두 면의 교선 ② 지표상 임의의 한 점에서 경사가 최대로 되는 방향을 표시한 선 ③ 등고선에 직각으로 교차하며 유하선(물이 흐름)이라고 함	

• **최대경사선**

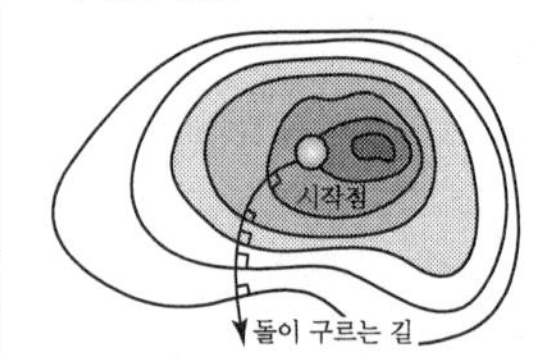

예 / 상 / 문 / 제

01 다음 중 지성선에 속하지 않는 것은?

① 경사 변환선 ② 분수선 ③ 지질 변환선 ④ 합수선

해설

지성선 : 능선(분수선), 계곡선(합수선), 경사 변환선(평면교선), 최대 경사선 등이 있다.

02 지형측량에서 지성선(地性線)에 대한 설명으로 옳은 것은?

① 등고선이 수목에 가려져 불명확할 때 이어주는 선을 의미한다.
② 지모(地貌)의 골격이 되는 선을 의미한다.
③ 등고선에 직각방향으로 내려 그은 선을 의미한다.
④ 곡선(谷線)이 합류되는 점들을 서로 연결한 선을 의미한다.

해설

지성선은 지모의 골격이 되는 선이며 능선, 계곡선, 경사변환선 등이 있다.

03 지성선에 관한 설명으로 옳지 않은 것은?

① 지성선은 지표면이 다수의 평면으로 구성되었다고 할 때, 평면 간 접합부, 즉 접선을 말하며 지세선이라고도 한다.
② 철(凸)선을 능선 또는 분수선이라 한다.
③ 경사변환선이란 동일 방향의 경사면에서 경사의 크기가 다른 두 면의 접합선이다.
④ 요(凹)선은 지표의 경사가 최대로 되는 방향을 표시한 선으로 유하선이라고 한다.

해설

최대경사선은 최대 경사방향을 표시(유하선)하며 요(凹)선은 계곡선 또는 합수선이라 한다.

04 계곡의 등고선은 어떤 형을 이루는가?

① A자형 ② V자형 ③ M자형 ④ W자형

해설

- 凸선(능선, 분수선) : U, V자형
- 凹선(계곡선, 합수선) : A자형

05 등고선의 특성을 나타낸 것 중 옳지 않은 것은?

① 능선은 V자형의 곡선이다.
② 경사 변환점은 능선과 계곡선이 만나는 점이다.
③ 계곡선은 A자형의 곡선이다.
④ 방향 변환점은 능선 또는 계곡선의 방향이 변하는 지점이다.

해설

경사 변환점은 능선에서 계곡선, 계곡선에서 능선으로 갈 때 경사가 변환되는 점이다.

06 등고선과 지성선에 대한 설명으로 옳지 않은 것은?

① 등경사면에서는 등간격으로 표현된다.
② 최대 경사선과 등고선은 반드시 직교한다.
③ 철(凸)선은 빗물이 이 선을 향하여 모여 흐르므로 합수선이라고도 한다.
④ 등고선은 절벽이나 동굴 등 특수한 지형 외에는 합쳐지거나 또는 교차하지 않는다.

해설

철(凸)선(능선)은 지표면의 가장 높은 곳을 연결한 선으로 빗물이 이 경계선 좌우로 흐르게 되므로 분수선이라고도 한다.

07 다음과 같은 지형도에서 저수지(빗금친 부분)의 집수면적을 나타내는 경계선으로 가장 적합한 것은?

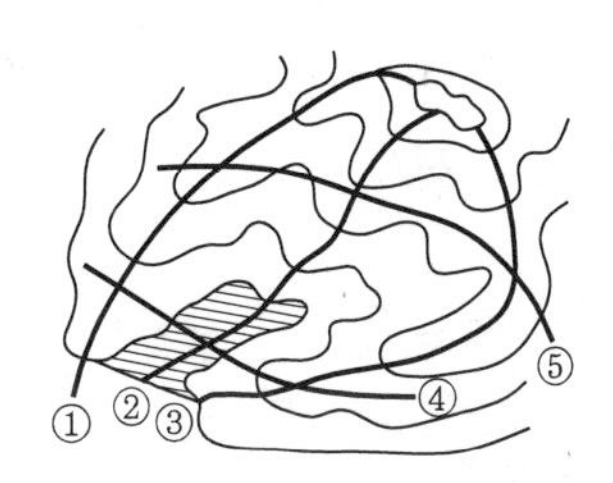

① ①과 ② 사이 ② ①과 ③ 사이
③ ②와 ③ 사이 ④ ④와 ⑤ 사이

해설

①과 ③의 경계선은 능선이다.

정답 01 ③ 02 ② 03 ④ 04 ① 05 ② 06 ③ 07 ②

04 등고선 관측방법

1. 등고선 측정법(직접 관측법)

레벨에 의한 방법	평판에 의한 방법
$H_B + h_B = H_C + h_C$ $\therefore h_B = H_C + h_C - H_B$	$H_A + h_A = H_C + h_C$ $\therefore h_A = H_C + h_C - H_A$

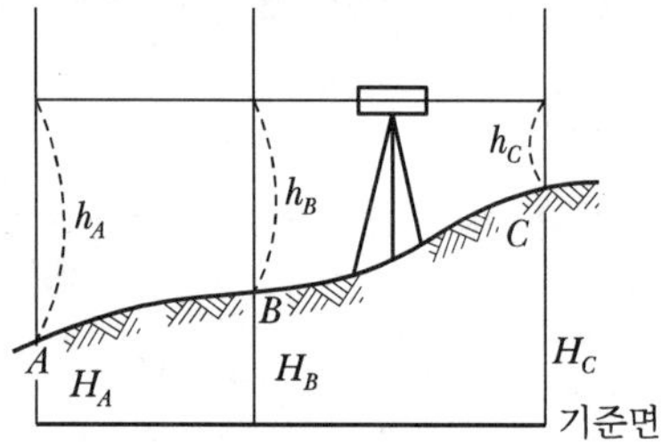

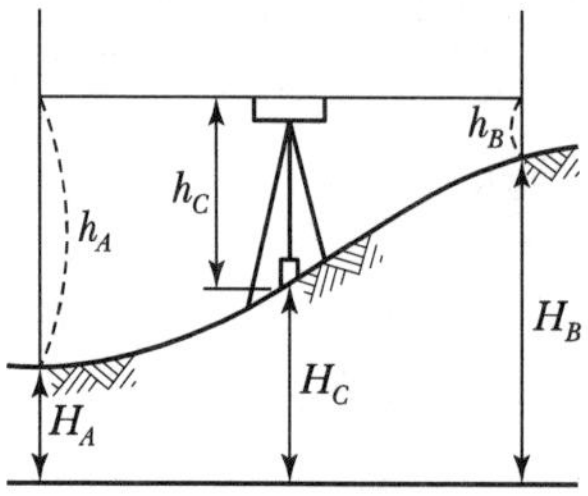

- H_A, H_B, H_C : 각 점의 표고
- h_A, h_B, h_C : 각 점의 표척고

• 등고선 간접 측정법

① 방안법(점고법)
② 종단점법(소축척 산지 등의 측량)
③ 횡단점법(노선측량)

2. 등고선 그리는 법

모식도	비례식을 이용한 보간법
	$H : D = h_1 : d_1$ $\therefore d_1 = \frac{D}{H} \cdot h_1$
	$H : D = h_2 : d_2$ $\therefore d_2 = \frac{D}{H} \cdot h_2$

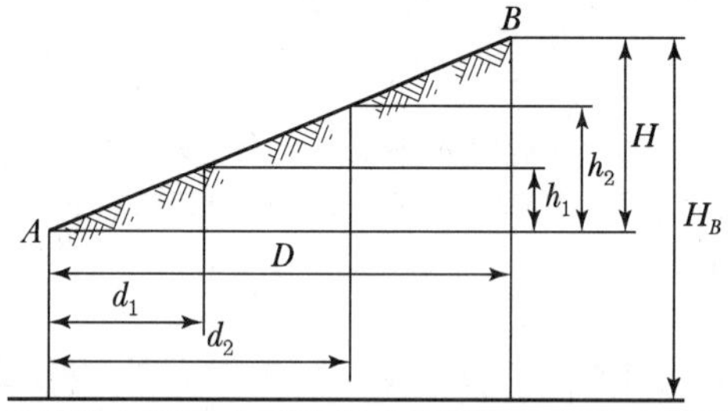

- H : A, B의 높이차
- D : A, B의 수평거리
- h_1, h_2 : A에서 높이차
- d_1, d_2 : A에서 수평거리

3. 등경사선의 경사

모식도	경사도 작성
	경사각(θ) : $\tan\theta = \frac{h}{D}$
	구배(%) : $i = \frac{h}{D} \times 100(\%)$

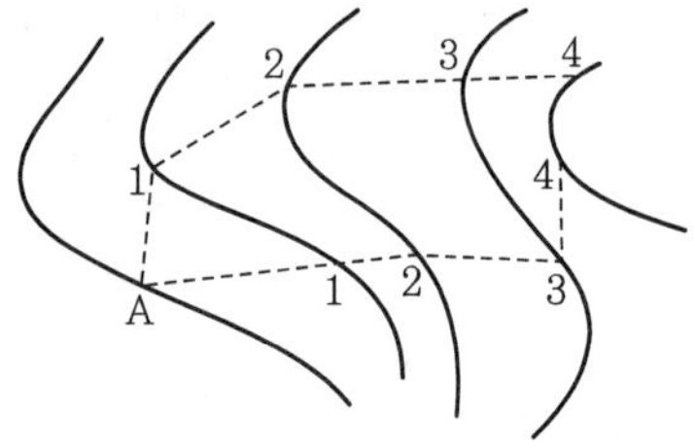

- h : 등고선 간격(높이)
- D : 수평거리
- i : 등경사선의 경사(구배)

01 직접법으로 등고선을 측정하기 위하여 B점에 레벨을 세우고 A점의 기계 높이 1.5m를 얻었다. 70m 등고선상의 P점을 구하기 위한 표척(Staff)의 관측값은?(단, A점 표고는 71.6m이다.)

① 1.0m ② 2.3m ③ 3.1m ④ 3.8m

해설

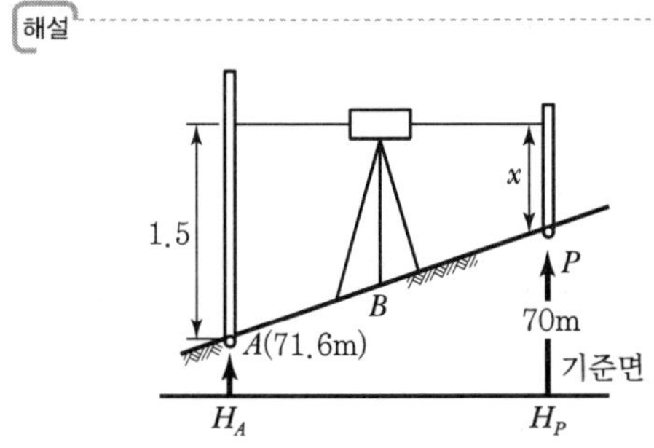

$x = 71.6 + 1.5 - 70 = 3.1\text{m}$

02 레벨과 평판을 병용하여 직접 등고선을 측정하려고 한다. 표고 100.25m인 기준점에 표척을 세워 레벨로 측정한 값이 2.45m였다. 1m 간격의 등고선을 측정할 때 101m의 등고선을 측정하려면 레벨로 시준하여야 할 표척의 시준높이는?

① 0.50m ② 1.05m ③ 1.70m ④ 2.45m

해설

- $H_B = H_A + \Delta H$
  $\Delta H = H_B - H_A = 101 - 100.25 = 0.75$
- $h = h_1 - \Delta H = 2.45 - 0.75 = 1.7\text{m}$

03 A점과 B점의 표고가 각각 102m, 123m이고 AB의 거리가 14m일 때 120m 등고선은 A점으로부터 몇 m의 거리에 있는가?

① 16.0m ② 12.0m ③ 8.0m ④ 4.0m

해설

- $14 : (123 - 102) = x : (120 - 102)$
- $x = 12\text{m}$

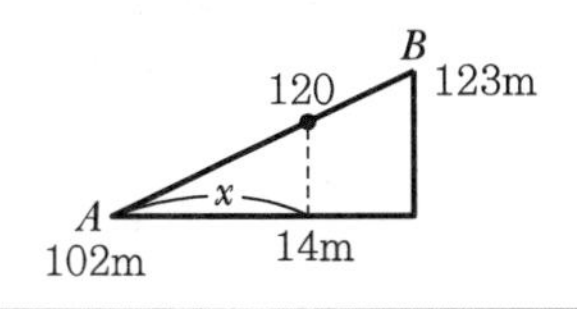

04 그림에서 A점은 35m 등고선 상에 있고, B점은 45m 등고선 상에 있다. AB선의 경사가 25%이면 AB의 수평거리 AB′는?

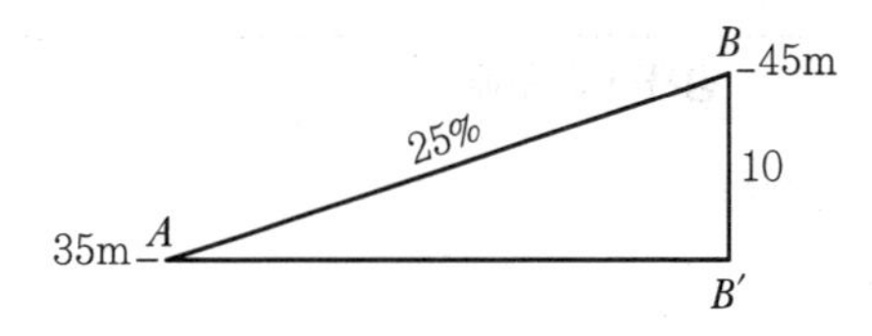

① 20m ② 30m
③ 40m ④ 50m

해설

- 경사$(i) = \frac{H}{D} \times 100\%$
- $D = \frac{H \times 100}{i} = \frac{1{,}000}{25} = 40\text{m}$

05 축척 1 : 50,000의 지형도에서 경사가 10%인 등경사선의 주곡선 간 도상거리는?

① 2mm ② 4mm
③ 6mm ④ 8mm

해설

- 1/50,000 지형도의 주곡선 간격은 20m
- 경사$(i) = \frac{H}{D} = 10\%$, $D = 200\text{m}$
- $\frac{1}{M} = \frac{\text{도상거리}}{200}$

$\therefore$ 도상거리 $= \frac{200}{50{,}000} = 0.004\text{m} = 4\text{mm}$

06 축척 1 : 25,000 지형도에서 어느 산정으로부터 산 밑까지의 수평거리가 5.6cm이고, 산정의 표고가 335.75m, 산 밑의 표고가 102.50m였다면 경사는?

① $\frac{1}{3}$ ② $\frac{1}{4}$ ③ $\frac{1}{6}$ ④ $\frac{1}{7}$

해설

경사$(i) = \frac{H}{D} = \frac{335.75 - 102.50}{0.056 \times 25{,}000} = \frac{223.25}{1{,}400} = \frac{1}{6}$

정답 01 ③ 02 ③ 03 ② 04 ③ 05 ② 06 ③

05 등고선의 간격과 오차

1. 등경사선의 관측

경사각과 구배	등경사
① 경사각(θ) $\theta = \tan^{-1}\dfrac{h}{D}$ ② 구배(i) $i = \dfrac{h}{D} \times 100(\%)$	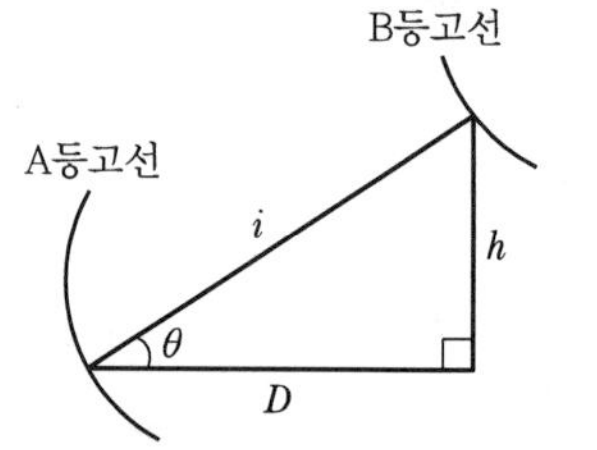 B등고선 A등고선 i h θ D

2. 등고선의 위치오차

• 경사가 심한 산악지역에서는 등고선의 높이 오차가 크게 된다.

등고선의 위치오차	모식도
$\Delta D = dl + \dfrac{dh}{\tan\theta}$ $= dl + dh\cot\theta$	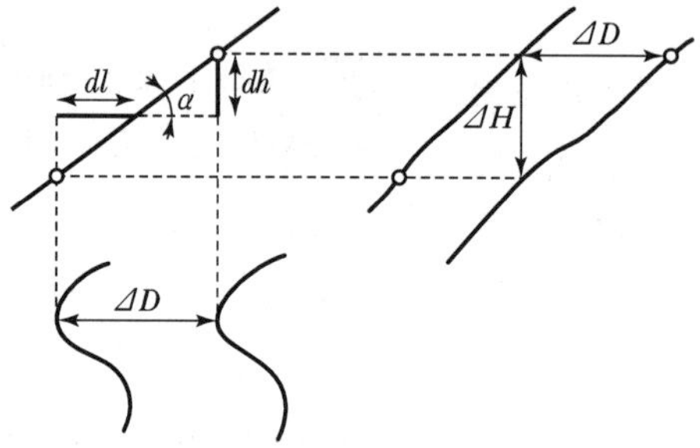 dl α dh ΔD ΔH
$\Delta H = dh + dl\tan\theta$	ΔD

① ΔD : 수평이동량(완경사지에서 오차가 크다.)
② dh : 높이오차
③ dl : 거리오차
④ ΔH : 표고이동량(산악지역에서 오차가 크다.)
⑤ α : 지표면의 경사

• **표고오차(dh)가 수평위치에 미치는 영향 : $\Delta D = dh \cdot \cot\theta$**

• **수평위치오차(dl)가 표고에 미치는 영향 : $\Delta H = dl \cdot \tan\alpha$**

• **등고선의 최소간격**
$d = 0.25M(\text{mm})$

3. 표고오차와 최소등고선 간격의 관계(적당한 등고선 간격)

최소등고선 간격	모식도
$H \geq 2(dh + dl\tan\alpha)$	dh α dl

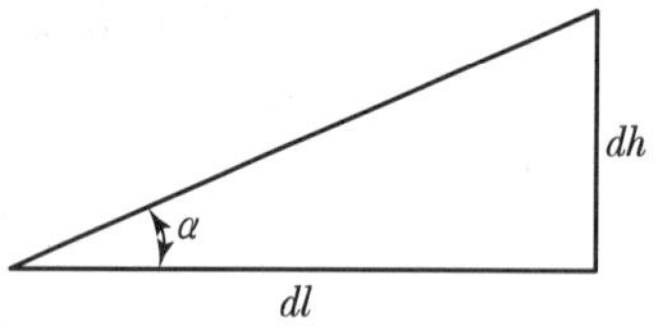

① H : 등고선의 최소간격
② dh : 높이오차
③ dl : 거리오차
④ α : 지표면의 경사

• **도면상 최소등고선 간격**
거리오차(dl)와 높이오차(dh)가 크게 되면 인접하는 등고선이 서로 겹치게 되므로 이를 피하기 위해 도상에서 측정한 표고오차(표고이동량)의 최대치가 등고선 간격의 1/2을 넘지 않도록 규정

• **표고오차(표고이동량)**
등고선 간격의 1/2 이내

01 등경사인 지성선상에 있는 A, B 표고가 각각 43m, 63m이고 $\overline{AB}$의 수평거리는 80m이다. 45m, 50m 등고선과 지성선 $\overline{AB}$의 교점을 각각 C, D라고 할 때 $\overline{AC}$의 도상길이는?(단, 도상 축척은 1 : 100)

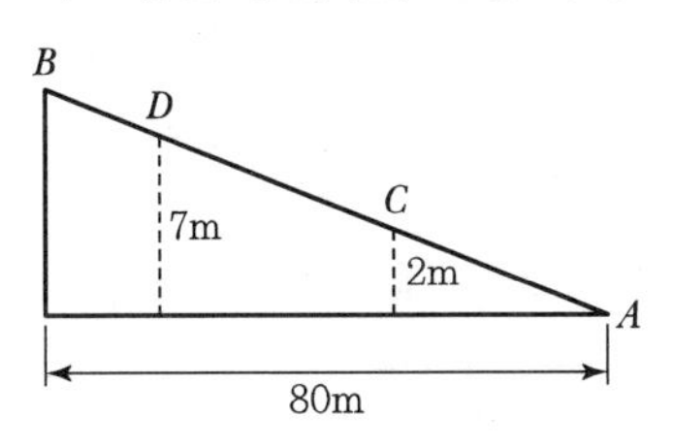

① 2cm ② 4cm ③ 8cm ④ 12cm

해설

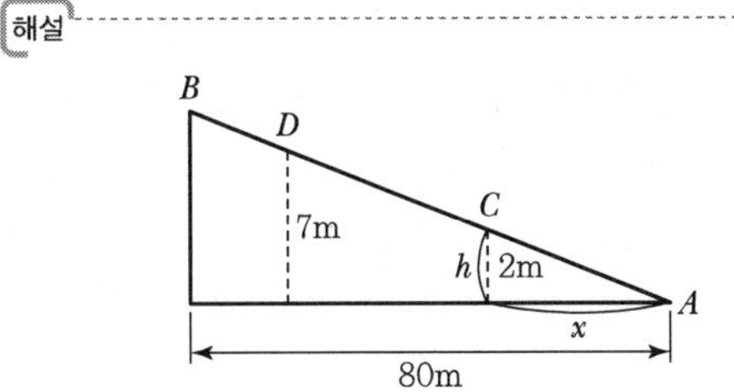

$x : 2 = 80 : (63-43)$ $\therefore x = \dfrac{2\times 80}{20} = 8\text{m}$

따라서 도상거리는 $\dfrac{1}{100} = \dfrac{\text{도상거리}}{8\text{m}}$ $\therefore$ 도상거리 = 8cm

02 축척 1 : 5,000의 지형도 제작에서 등고선 위치 오차 ±0.3mm, 높이 관측오차 ±0.2mm로 하면 등고선 간격은 최소한 얼마 이상으로 하여야 하는가?

① 1.5m ② 2.0m ③ 2.5m ④ 3.0m

해설

$d = 0.25\text{mm} \times 5,000 = 1,250\text{mm}$

$\therefore$ 최소한 1.25m 이상(등고선 간격 = 높이)

03 1/50,000 지형측량에서 등고선의 위치오차를 평면 0.5mm, 높이 ±2m, 토지의 경사 45°에서 최소등고선 간격은?

① 25m ② 30m ③ 37m ④ 54m

해설

- $dl = 0.5 \times 50,000 = 25\text{m}$
- $H \geq 2(dh + dl\tan\alpha)$

$\therefore H \geq 2(2 + 25\tan 45°) = 54\text{m}$

04 다음 $\dfrac{1}{50,000}$ 도면상에서 AB 간의 도상 수평거리가 10cm일 때 AB 간의 실 수평거리와 AB 선의 경사를 구한 값은?

	실 수평거리	경사
①	50m	$\dfrac{1}{3.33}$
②	500m	$\dfrac{1}{33.3}$
③	5,000m	$\dfrac{1}{333}$
④	50,000m	$\dfrac{1}{3,333}$

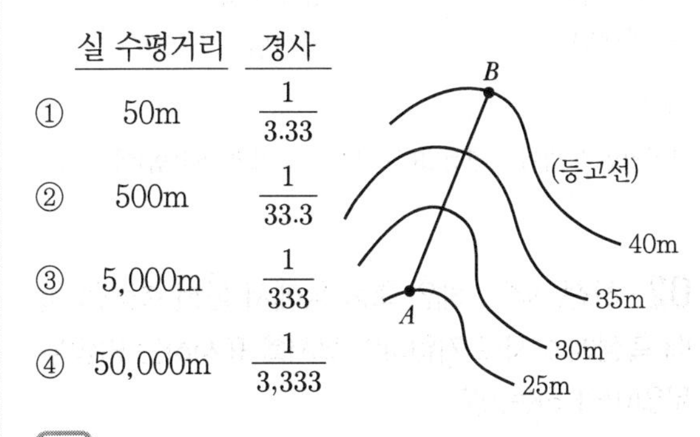

해설

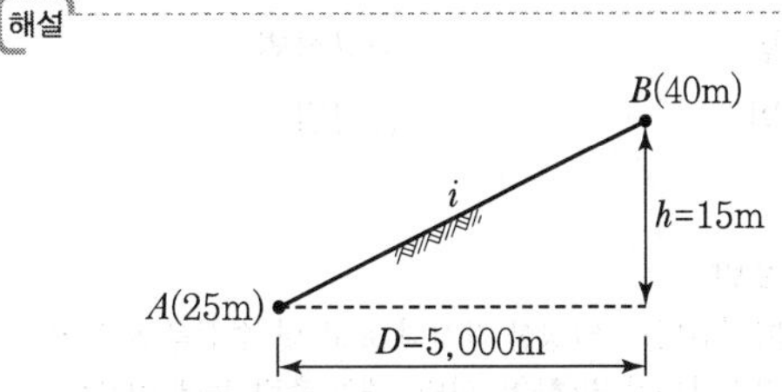

- 실거리 : D = 도상거리 $\times M$ = 10cm $\times$ 50,000 = 500,000cm = 5,000m
- 경사 : $i = \dfrac{h}{D} = \dfrac{15}{5,000} \fallingdotseq \dfrac{1}{333}$

05 현지 발행의 지형도에서 등고선의 간격은 축척 $\dfrac{1}{50,000}$ 에서 20m이다. 묘화되는 도상의 간격을 0.25mm로 할 경우 등고선으로 표현할 수 있는 최대 경사각은 얼마인가?

① 90° ② 65° ③ 58° ④ 45°

해설

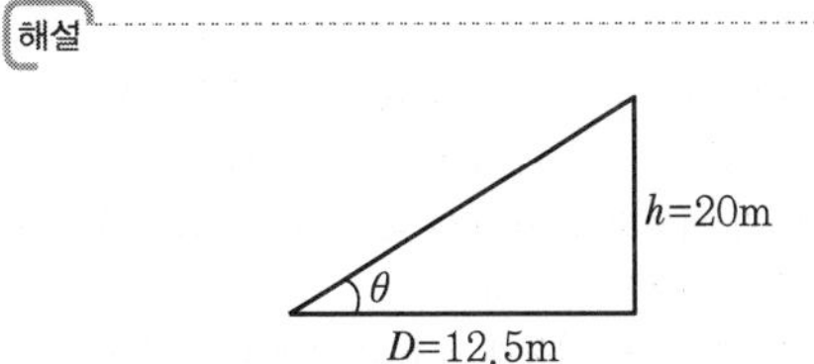

실거리 : D = 도상거리 $\times M$ = 0.25 $\times$ 50,000 = 12,500mm = 12.5m

$\therefore \tan\theta = \dfrac{h}{D} = \dfrac{20}{12.5}$

$\therefore$ 경사각 $\theta \fallingdotseq 58°$

정답 01 ③ 02 ① 03 ④ 04 ③ 05 ③

CHAPTER 07 실/전/문/제

01 지형의 표시 방법에서 자연적 도법에 해당하는 것은?

① 점고법　② 등고선법
③ 채색법　④ 영선법

해설

자연적인 도법에는 영선법(우모법)과 음영법(명암법)이 있다.

02 하천, 항만, 해안 측량 등에서 심천 측량을 할 때 측점에 숫자로 기입하여 고저를 표시하는 방법을 무엇이라 하는가?

① 영선법　② 등고선법
③ 점고법　④ 음영법

해설

부호적인 도법

㉠ 점고법(방안법) : 일정한 간격의 표고 및 수심을 도상에 숫자로 기입하는 방법(하천, 항만, 해양 측량 등에 이용)
㉡ 채색법(단채법) : 높을수록 진하게, 낮을수록 연하게 칠함(지리 관계의 지도).
㉢ 등고선법 : 동일 표고점을 연결하여 지표를 표시하는 법(토목 공사용으로 널리 사용)

03 지형의 표시법 중 임의점의 표고를 숫자로 도상에 나타내는 방법으로 주로 해도, 하천, 호수, 항만의 수심을 나타내는 경우에 사용되는 방법은?

① 등고선법　② 음영법
③ 점고법　④ 영선법

해설

① 등고선법 : 동일 표고의 점을 연결하는 등고선에 의해 지표를 표시하는 방법으로 토목에서 가장 널리 이용
② 음영법 : 광선이 서북방향 45°에서 빛이 비친다고 가정하여 지표의 기복을 2~3색으로 표시
④ 영선법 : 게바라는 선을 이용해 지표의 기복을 표시하는 것으로 기복의 판별은 좋으나 정확도가 낮다.

04 지형을 표시하는 방법 중에서 짧은 선으로 지표의 기복을 나타내는 방법은?

① 점고법　② 단채법
③ 영선법　④ 등고선법

해설

영선법
게바라는 선을 이용하여 지표의 기복을 표시하는 것으로 기복의 판별이 좋으나 정확도가 낮다.

05 지형의 표시법을 올바르게 설명한 것은?

① 음영법 – 등고선의 사이를 같은 색으로 칠하여 색으로 표고를 구분하는 방법
② 우모선법 – 짧고 거의 평행한 선을 이용하여 선의 간격, 굵기, 길이, 방향 등에 의하여 지형의 기복을 표시하는 방법
③ 채색법 – 특정한 곳에서 일정한 방향으로 평행 광선을 비칠 때 생기는 그림자를 바로 위에서 본 상태로 기복의 모양을 표시하는 방법
④ 등고선법 – 측정에 숫자를 기입하여 지형의 높낮이를 표시하는 방법

해설

① 음영법 → 채색법
③ 채색법 → 음영법
④ 등고선법 → 점고법

06 건설 현장에서 계획, 토공량 산정 등에 주로 사용하는 방법은 어느 것인가?

① 점고법　② 등고선법
③ 채색법　④ 음영법

해설

등고선법은 도면의 노선 선정, 절 · 성토 범위 결정, 토공량 및 저수량 산정 등 토목 공사용으로 널리 쓰인다.

정답　01 ④　02 ③　03 ③　04 ③　05 ②　06 ②

07 지형도의 이용 분야가 아닌 것은?

① 지적 도면의 작성
② 등경사선의 도출
③ 면적의 도상 측정
④ 저수량 및 토공량의 산정

해설

지형도의 이용 분야
㉠ 유역 면적 산정
㉡ 등경사선의 관측
㉢ 단면도 제작
㉣ 저수량 및 토공량의 산정

08 지형도의 등고선 간격은 일반적으로 다음 중 어디에 기준을 두어 정하는가?

① 축척 분모수의 $\frac{1}{1,000}$
② 축척 분모수의 $\frac{1}{2,000}$
③ 축척 분모수의 $\frac{1}{3,000}$
④ 축척 분모수의 $\frac{1}{5,000}$

해설

등고선 간격은 축척 분모수의 $\frac{1}{2,000}$ 을 표준으로 한다.

㉠ 소축척 : $\frac{M}{2,000} \sim \frac{M}{2,500}$
㉡ 대축척 : $\frac{M}{500} \sim \frac{M}{1,000}$

09 등고선의 간격을 결정할 때 고려되지 않은 사항은 어느 것인가?

① 지형 상황　② 축척
③ 비용　④ 거리

해설

등고선 간격을 결정할 때는 측량의 목적과 지역 넓이, 측량에 걸리는 시간과 비용, 지형, 축척, 도면의 읽기 쉬운 정도 등을 고려하며 측량 거리와는 관계가 적다.

10 "등고선 간격이 20m이다"라는 말은 다음 무엇을 말하는가?

① 저면의 곡선 방향에서
② 수직 방향에서
③ 수평 방향에서
④ 경사 방향에서

해설

등고선 간격은 수직 거리(고저차)를 의미한다.

11 다음 등고선에 대한 설명 중 틀린 것은?

① 주곡선 : 지형을 표시하는 데 기본이 되는 가는 실선
② 계곡선 : 주곡선 5개마다 굵은 실선으로 표시
③ 간곡선 : 계곡선 간격의 $\frac{1}{10}$ 거리로 파선으로 표시
④ 보조 곡선 : 간곡선 간격의 $\frac{1}{2}$ 거리로 파선으로 표시

해설

등고선의 종류
㉠ 주곡선 : 기본적인 선(가는 실선)
㉡ 계곡선 : 주곡선의 5배(굵은 실선)
㉢ 간곡선 : 주곡선의 $\frac{1}{2}$(가는 파선), 계곡선 간격의 $\frac{1}{10}$
㉣ 보조곡선 : 간곡선의 $\frac{1}{2}$(가는 점선)

12 등고선의 종류 중 간곡선은 무엇으로 표기하는가?

① 굵은 실선　② 가는 실선
③ 가는 파선　④ 가는 점선

해설

간곡선은 주곡선의 $\frac{1}{2}$ 간격이므로 가는 파선으로 표시한다.

정답　07 ①　08 ②　09 ④　10 ②　11 ④　12 ③

13 표고의 읽음을 쉽게 하고 지모의 상태를 명시하기 위해서 주곡선 5개마다 굵은 실선으로 표시하는 것은?

① 간곡선 ② 주곡선
③ 조곡선 ④ 계곡선

계곡선은 주곡선 5개마다 굵은 실선으로 표시하여 표고의 읽음과 지형의 파악을 쉽게 한다.

14 다음 도형에서 A곡선의 명칭은 무엇인가?

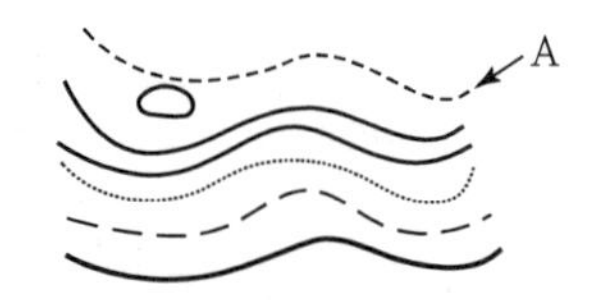

① 간곡선 ② 조곡선
③ 주곡선 ④ 계곡선

그림에서 A는 점선이므로 조곡선이다.

15 등고선에 관한 설명 중 옳지 않은 것은?

① 주곡선은 지형을 나타내는 기본이 되는 곡선으로 간격은 중 · 소축척의 경우에 축척 분모수의 1/2,000로 나타낸다.
② 간곡선은 주곡선 간격의 1/2로 표시하며, 주곡선만으로는 지모의 상태를 명시할 수 없는 장소에 가는 파선으로 나타낸다.
③ 조곡선은 간곡선 간격의 1/2로 표시하는데, 표현이 부족한 곳에 가는 실선으로 나타낸다.
④ 계곡선은 지모의 상태를 파악하고 등고선의 고저차를 쉽게 판독할 수 있도록 주곡선 5개마다 굵은 실선으로 나타낸다.

조곡선은 점선으로 표시한다.

16 우리나라 1 : 5,000 지형도의 주곡선 간격은 얼마인가?

① 1m ② 2.5m
③ 5m ④ 10m

해설

$\frac{1}{5,000}$ 지형도의 주곡선은 5m, 간곡선은 2.5m, 조곡선은 1.25m, 계곡선은 100m이다.

17 우리나라의 1/50,000 지형도에서 주곡선의 등고선 간격은?

① 10m ② 20m
③ 15m ④ 5m

해설

등고선의 종류 및 간격

(단위 : m)

축척 / 등고선 간격	$\frac{1}{5,000}$	$\frac{1}{10,000}$	$\frac{1}{25,000}$	$\frac{1}{50,000}$
주곡선	5	5	10	20
간곡선	2.5	2.5	5	10
조곡선	1.25	1.25	2.5	5
계곡선	25	25	50	100

18 $\frac{1}{50,000}$ 국토 기본도에서 500m의 산정과 300m의 산정 사이에는 주곡선이 몇 본 들어가는가?

① 8본 ② 9본
③ 10본 ④ 11본

해설

$\frac{1}{50,000}$ 지형도의 주곡선 간격은 20m이다.
따라서 300m와 500m를 제외하면 9개가 된다.

300m 9개 500m

※ 참고로 20m씩의 주곡선만 구하는 것이다.
계곡선, 간곡선, 조곡선은 고려하지 않는다.
$\left(\frac{480-320}{20}+1=9\right)$

정답 13 ④ 14 ② 15 ③ 16 ③ 17 ② 18 ②

19 지형 측량에서 등고선의 성질을 설명한 것 중 옳지 않은 것은?

① 지표의 경사가 급할수록 등고선 간격은 좁다.
② 등고선은 계곡선을 횡단할 때에는 계곡선과 직교한다.
③ 등고선은 지표의 최대 경사선의 방향과 직교한다.
④ 등고선은 절대로 교차하지 않는다.

해설
등고선은 절벽이나 동굴에서는 만나거나 교차한다.

20 등고선에서 최단 거리의 방향은 지표의 무엇을 표시하는가?

① 하향 경사를 표시한다.
② 상향 경사를 표시한다.
③ 최대 경사 방향을 표시한다.
④ 최소 경사 방향을 표시한다.

해설
등고선의 최단 거리는 최대 경사 방향을 표시한다.

21 다음 등고선의 성질 중 옳지 않은 것은?

① 등고선은 분기하는 일이 없고 절벽, 동굴 이외는 교차하는 일이 없다.
② 동일 등고선상의 모든 점은 기준면상 같은 높이에 있다.
③ 등고선은 하천, 호수, 계곡 등에서는 단절되고 도상에서 폐합되는 일이 없다.
④ 등고선은 최대 경사선에 직각이 되고, 분수선 및 계곡선에 직교한다.

해설
등고선은 도면 내외에서 반드시 폐합하며, 도면 내에서 폐합되는 경우 등고선의 내부에 산꼭대기(산정) 또는 분지가 있다.

22 등고선의 성질 중 틀린 것은?

① 등고선의 수평 거리는 산꼭대기 및 산 밑에서는 작고, 산 중턱에서는 크다.
② 최대 경사의 방향은 등고선과 직각으로 교차한다.
③ 등고선은 능선을 직각 방향으로 횡단한 다음 능선 다른 쪽을 따라 거슬러 올라간다.
④ 등고선은 분수선과 직각으로 만난다.

해설
산꼭대기 및 산 밑에서는 경사가 완만하기 때문에 등고선 간격은 크고, 산 중턱에서는 경사가 급하기 때문에 등고선 간격은 작다.

23 다음은 등고선을 표시한 것이다. 옳지 않은 것은?

① 동일 등고선상의 모든 점은 기준면으로부터 같은 높이에 있다.
② 지표면의 경사가 같을 때에는 등고선의 간격은 같고, 평행하다.
③ 등고선은 분기하지 않고 절벽이나 동굴 이외에는 교차하지 않는다.
④ 등고선은 하천, 호수, 계곡 등에서는 단절되고 중단이 되며 도상에서 폐합되는 일이 없다.

해설
등고선은 도중에 끊어지는 일이 없고, 반드시 일단에서 시작하여 타단에서 끝나든가 도상에서 폐합한다.

24 지성선이란 어느 것인가?

① 어떤 위치에서 최대 경사선
② 집수 면적을 둘러싼 주위선
③ 계곡선과 산능선을 합한 것
④ 등고선의 종류를 합한 것

해설
지성선(Topographical Line)은 지표면의 기복을 표시하는 주요 선(능선, 계곡선, 경사 변환선 등)으로 지세선이라고도 한다.

정답 19 ④ 20 ③ 21 ③ 22 ① 23 ④ 24 ③

25 다음은 지성선(Topographical Line)에 관한 설명이다. 이 중 틀린 것은?

① 지성선은 지표면이 다수의 평면으로 이루어졌다고 생각할 때, 이 평면의 접합부, 즉 접선을 말하며 지세선이라고도 한다.
② 凸선은 지표면의 꼭대기 점을 연결한 선으로서 유하선이라고도 한다.
③ 凹선은 지표면이 낮거나 움푹 패인 점을 연결한 선으로 합수선 또는 합곡선이라 한다.
④ 경사 변환선은 동일 방향의 경사면에서 경사의 크기가 다른 두 면의 접합선을 말한다.

해설
凸선은 능선 또는 분수선이라 한다.

26 지성선에 속하지 않는 것은?

① 경사 변환선 ② 분수선
③ 지질 변환선 ④ 합수선

해설
지성선 : 능선(분수선), 계곡선(합수선), 경사 변환선(평면 교선), 최대 경사선(유하선) 등이 있다.

27 계곡의 등고선은 어떤 형을 이루는가?

① A형 ② V형
③ M형 ④ W형

해설
㉠ 凸선(능선, 분수선) : U, V자형
㉡ 凹선(계곡선, 합수선) : A자형

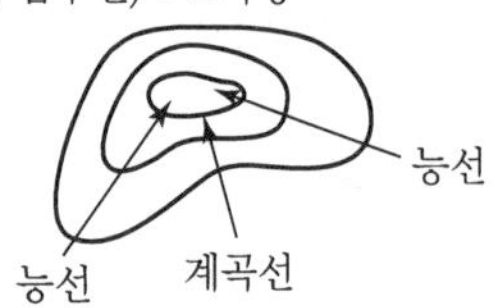

28 다음과 같은 지형도에서 저수지(빗금 친 부분)의 집수면적을 나타내는 경계선은?

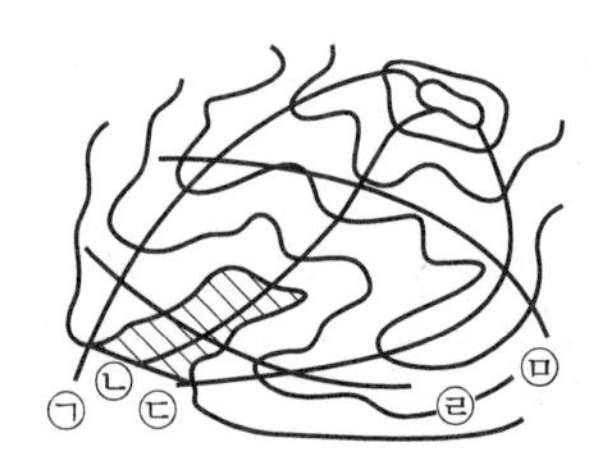

① ㉠과 ㉡ 사이 ② ㉠과 ㉢ 사이
③ ㉡과 ㉢ 사이 ④ ㉣과 ㉤ 사이

해설
• **능선** : ㉠, ㉢(V형)
• **계곡선** : ㉡(A형)
저수지의 집수면적은 능선과 능선 사이에 위치한다.

29 다음은 등고선의 특성을 나타낸 것 중 옳지 않은 것은?

① 능선은 V자형의 곡선이다.
② 경사 변환점은 능선과 계곡선이 만나는 점이다.
③ 계곡선은 A자형의 곡선이다.
④ 방향 변환점은 능선 또는 계곡선의 방향이 변하는 지점이다.

해설
경사 변환점은 능선에서 계곡선, 계곡선에서 능선으로 갈 때 경사가 변환되는 점이다.

30 다음 설명 중 옳지 않은 것은?

① 지성선 중 요(凹)선은 지표면의 높은 곳을 이은 선으로 분수선이라고도 한다.
② 최대 경사선은 경사가 지표의 임의의 1점에서 최대가 되는 방향을 나타내는 선으로 유하선이라고도 한다.
③ 등경사지의 등고선의 수평 거리는 서로 같다.
④ 조곡선의 간격은 주곡선 간격의 $\frac{1}{4}$이며 가는 점선으로 표시한다.

해설
凹선은 지표면이 낮거나 움푹 패인 점을 연결한 선으로 합수선(계곡선)이라고 한다.

정답 25 ② 26 ③ 27 ① 28 ② 29 ② 30 ①

31 직접법으로 등고선을 측정하기 위하여 B점에 level을 세우고 표고가 63.56m인 P점에 세운 표척을 시준하여 0.85m를 측정했다. 62m인 등고선 위의 점 A를 시준하여야 할 표척의 높이는?

① 0.71m ② 1.71m
③ 2.41m ④ 1.41m

레벨은 같아야 하므로

$H_A + a = H_P + 0.85$

$\therefore\ a = 63.56 + 0.85 - 62 = 2.41\text{m}$

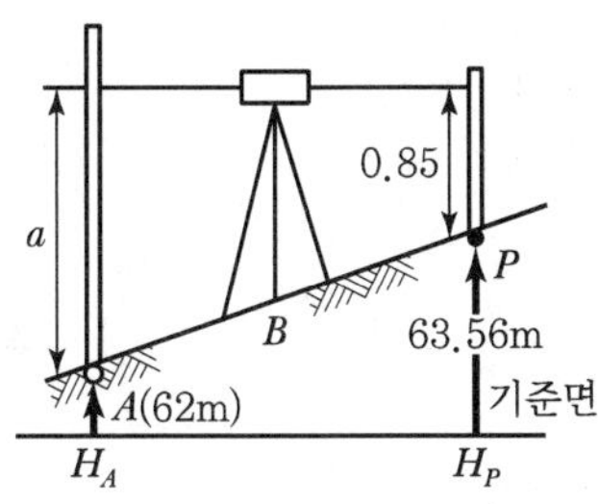

32 직접법으로 등고선을 측정하기 위하여 A점에 평판을 세우고 기계 높이 1.2m를 얻었다. 어떤 점 P와 Q에 스타프를 세워 각각 2.68m, 0.85m를 얻었다면 이때 점 P의 등고선은 몇 m인가?(단, A점의 표고는 70.6m이다.)

① 70.95m ② 69.12m
③ 67.92m ④ 72.08m

해설

$H_P + a = H_A + 1.2$

$H_P = H_A + 1.2 - a = 70.6 + 1.2 - 2.68 = 69.12\text{m}$

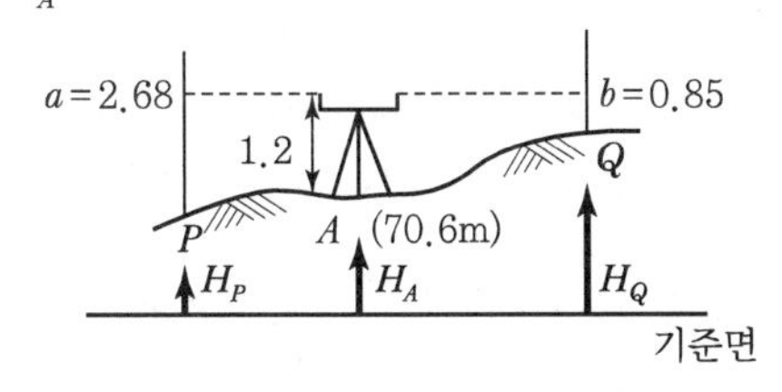

33 기지점 A(표고 54.6m)로부터 앨리데이드를 써서 직접 측정법에 의하여 52m의 등고선을 그리기 위해서는 폴에 붙어 있는 목표판의 높이를 폴 몇 m에 있도록 하여야 하는가?(단, 평판고는 1.2m로 한다.)

① 지상으로부터 3.6m ② 지상으로부터 3.8m
③ 평판으로부터 3.6m ④ 평판으로부터 3.8m

해설

$H_B = H_A + I - S$

$\therefore\ S = H_A + I - H_B = 54.6 + 1.2 - 52 = 3.8\text{m}$

(B점 지상으로부터)

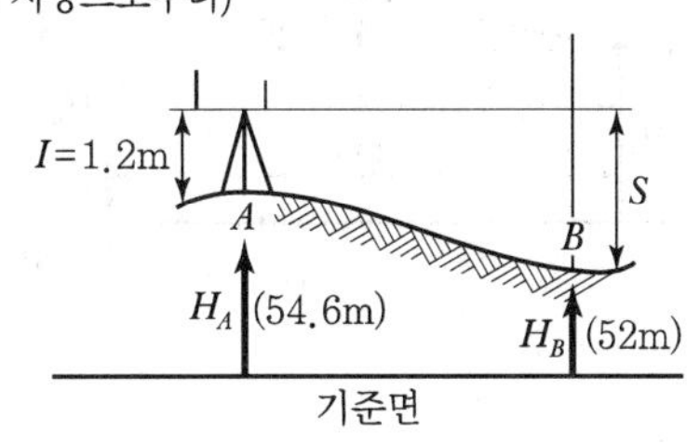

34 그림에서 표고가 600m, 625m이고, AB 간의 거리가 50m일 때, 620m 등고선의 수평 거리는?

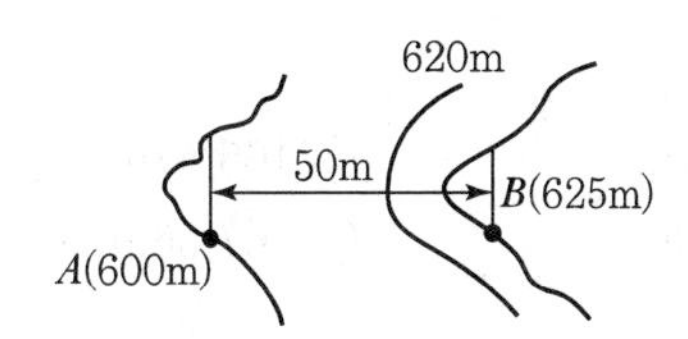

① 20m ② 30m
③ 40m ④ 50m

해설

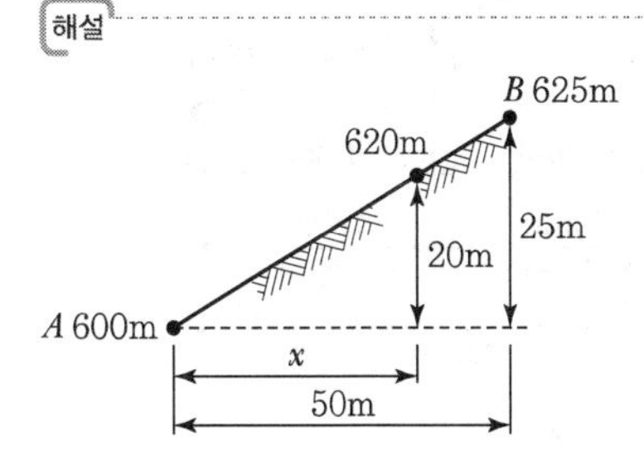

비례식으로 구하면

$25 : 20 = 50 : x$

$\therefore\ x = \dfrac{20 \times 50}{25} = 40\text{m}$

정답 31 ③ 32 ② 33 ② 34 ③

35 A점과 B점 간의 수평 거리가 20m이고, A점의 지반고가 9.5m, B점의 지반고가 12.3m이다. 두 점 간의 10m 높이의 등고선이 통과하는 위치를 구하면?(A점으로부터)

① 1.57m ② 2.57m
③ 3.57m ④ 5.57m

2.8 : 0.5 = 20 : x

$\therefore\ x \fallingdotseq 3.57\text{m}$

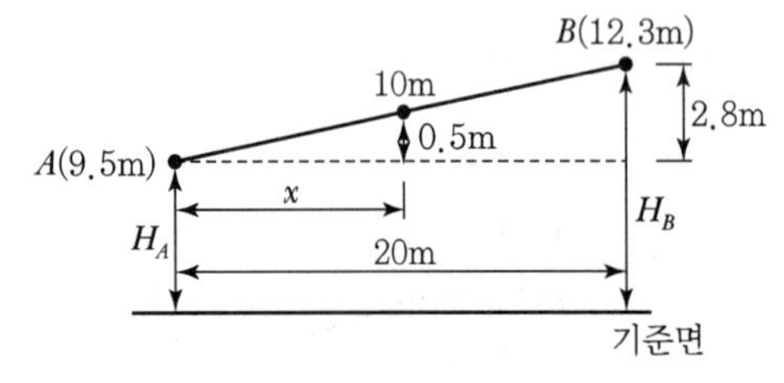

36 $\dfrac{1}{50,000}$ 지형도 상에서 P점을 통하여 등고선과 직각인 직선이 180m와 160m 등고선과 만난 곳까지의 길이가 각각 8.5mm와 3.2mm일 때 점 P의 높이는?

① 163.77m ② 165.47m
③ 166.09m ④ 167.36m

해설

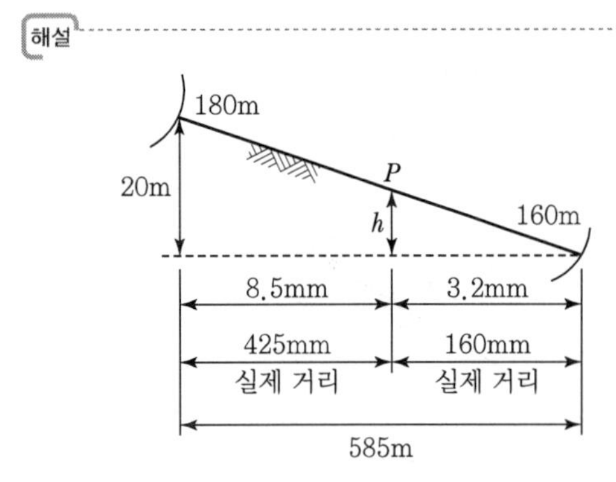

비례식 20 : h = 585 : 160

$\therefore\ h \fallingdotseq 5.47\text{m}$

따라서 P점 표고

$H_P = 160 + h = 160 + 5.47 = 165.47\text{m}$

37 1 : 25,000 지형도 상에서 어느 산정으로부터 산 밑까지의 수평 거리가 5.6cm일 때 산정 표고가 335.75m, 산 밑의 표고가 102.50m인 사면의 경사는?

① $\dfrac{1}{2}$ ② $\dfrac{1}{4}$
③ $\dfrac{1}{6}$ ④ $\dfrac{1}{7}$

해설

실제 거리 = 도상 거리 × M
= 5.6 × 25,000
= 140,000cm
= 1,400m

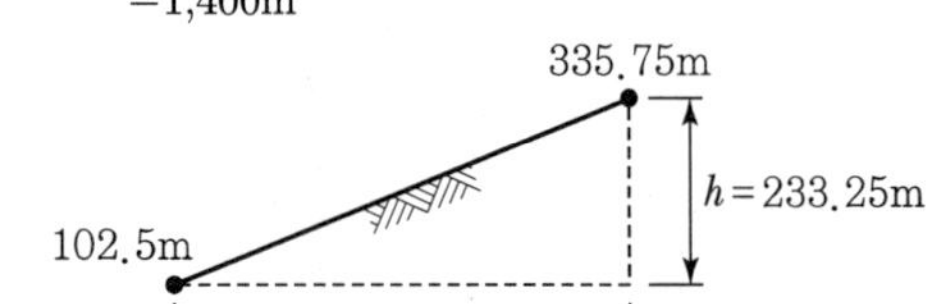

∴ 사면의 경사(i) 계산

$$i = \frac{h}{D} = \frac{233.25}{1,400} \fallingdotseq \frac{1}{6}$$

38 그림과 같은 등고선에서 AB의 수평 거리가 100m일 때 AB의 구배는 몇 %인가?

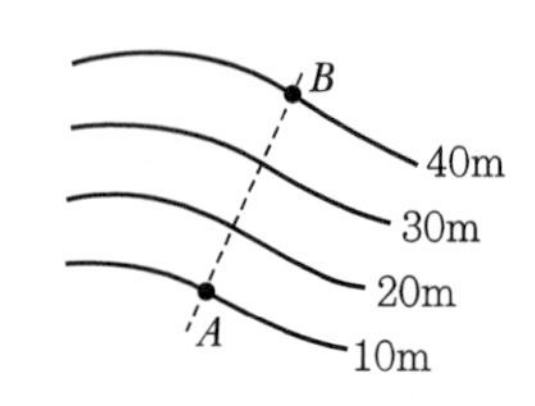

① 30% ② 25%
③ 20% ④ 15%

해설

$$\text{구배}(i) = \frac{\text{높이}(h)}{\text{수평 거리}(D)} \times 100(\%) = \frac{30}{100} \times 100 = 30\%$$

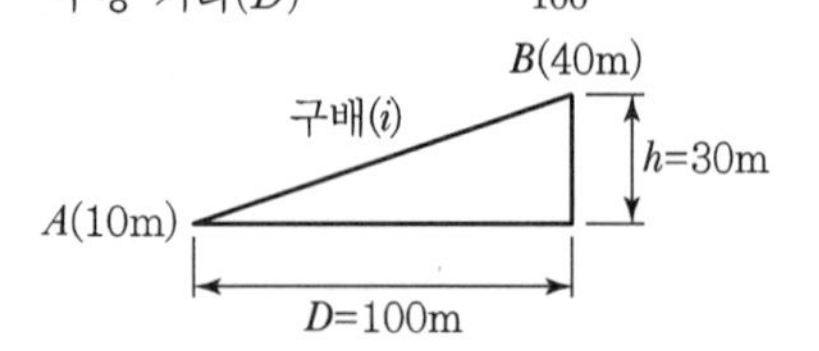

정답 35 ③ 36 ② 37 ③ 38 ①

39 그림과 같이 표고가 각각 112m, 142m인 A, B 두 점이 있다. 두 점 사이에 130m의 등고선을 삽입할 때 이 등고선의 위치는 A점으로부터 AB선 상 몇 m에 위치하는가?(단, AB의 직선 거리는 200m 이고, AB 구간은 등경사이다.)

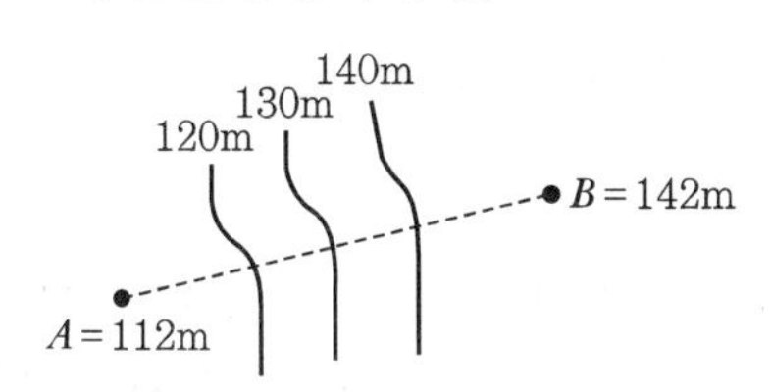

① 120m ② 125m
③ 130m ④ 135m

해설

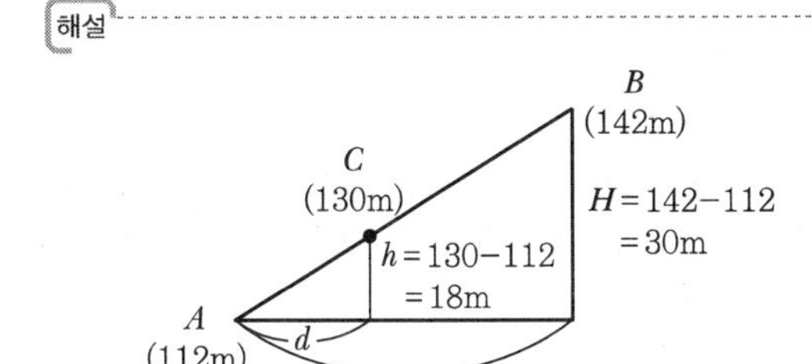

$D : H = d : h$

$d = \frac{D}{H} \cdot h = \frac{200}{30} \times 18 = 120\text{m}$

40 A점은 20m의 등고선 상에 있고, B점은 30m의 등고선 상에 있다. 이때 A, B의 경사가 20%이면 AB의 수평 거리는?

① 20m ② 30m
③ 40m ④ 50m

해설

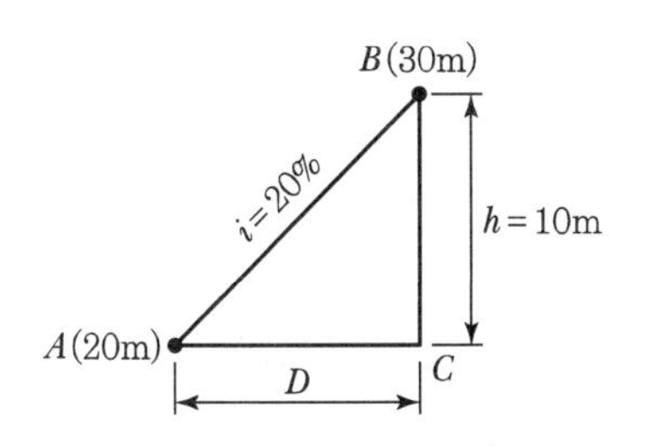

구배 $(i) = \frac{h}{D} \times 100(\%)$이므로

$\therefore D = \frac{h}{i} \times 100$

$= \frac{10}{20} \times 100$

$= 50\text{m}$

41 현지 발행의 지형도에서 등고선의 간격은 축척 $\frac{1}{50,000}$에서 20m이다. 묘화되는 도상의 간격을 0.25mm로 할 경우 등고선으로 표현할 수 있는 최대 경사각은 얼마인가?

① 90° ② 65°
③ 58° ④ 45°

해설

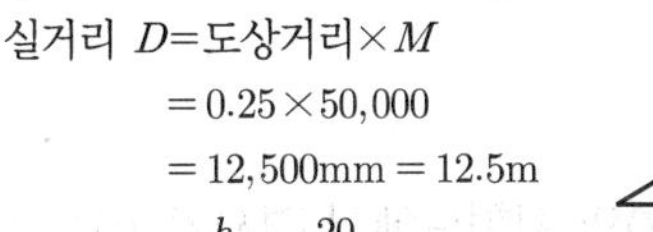

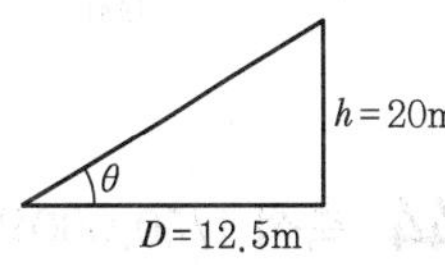

실거리 D=도상거리$\times M$

$= 0.25 \times 50,000$

$= 12,500\text{mm} = 12.5\text{m}$

$\therefore \tan\theta = \frac{h}{D} = \frac{20}{12.5}$

$\therefore$ 경사각 $\theta \fallingdotseq 58°$

42 $\frac{1}{50,000}$ 지형도에서 4% 구배의 노선을 산정하려면 등고선 사이에 취해야 할 도상 거리는 얼마인가?

① 3mm ② 4mm
③ 5mm ④ 10mm

해설

$i = \frac{h}{D} \times 100(\%)$에서

$\therefore D = \frac{100}{i} h$

여기서, h는 $\frac{1}{50,000}$ 지도에서 주곡선 간격이 20m이므로

실거리 : $D = \frac{100}{i} h = \frac{100}{4} \times 20 = 500\text{m}$

$\therefore$ 도상거리$= \frac{500}{50,000} = 0.01\text{m} = 10\text{mm}$

정답 39 ① 40 ④ 41 ③ 42 ④

43 $\frac{1}{5,000}$ 의 지형 측량에서 등고선을 그리기 위한 측점에 높이의 오차가 2.0m였다. 그 지점의 경사각이 1°일 때 그 지점을 지나는 등고선의 간격은 얼마인가?

① 3.5cm　　② 2.3cm
③ 2.1cm　　④ 1.2cm

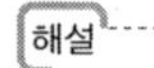

해설

$\tan\theta = \frac{dh}{dl}$

$\therefore dl = \frac{dh}{\tan\theta}$

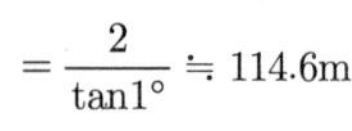

$= \frac{2}{\tan 1°} ≒ 114.6\text{m}$

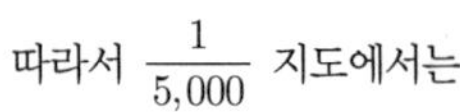

따라서 $\frac{1}{5,000}$ 지도에서는

$\therefore$ 도상 거리$= \frac{114.6\text{m}}{5,000} = 0.02292\text{m} ≒ 2.3\text{cm}$로 된다.

44 축척 1/50,000의 지형도에서 경사가 10%인 등경사선의 주곡선 간 도상거리는?

① 2mm　　② 4mm
③ 6mm　　④ 8mm

해설

$i(\%) = \frac{H}{D} \times 100$에서 $D = \frac{100}{i}h$

여기서, h는 $\frac{1}{50,000}$ 지도에서 주곡선 간격이 20m이므로

$D = \frac{100}{i}h = \frac{100}{10} \times 20 = 200\text{m}$

$\therefore$ 도상거리$= \frac{200}{50,000} = 0.004\text{m} = 4\text{mm}$

45 축척 1 : 5,000의 지형측량에서 등고선을 그리기 위한 측점의 높이 오차가 0.2m였다. 그 지점의 경사각이 1°일 때 그 지점을 지나는 등고선의 도상 평면 위치 오차는?

① 3.5mm　　② 2.3mm
③ 1.9mm　　④ 1.2mm

해설

$\tan\theta = \frac{dh}{dl}$

$dl = \frac{dh}{\tan\theta} = \frac{0.2}{\tan 1°} = 11.46\text{m}$

$\frac{1}{5,000} = \frac{\text{도상거리}}{11.46}$

$\therefore$ 도상거리$= 11.46 \div 5,000 = 0.0023 = 2.3\text{mm}$

46 지표의 한 점에 있어서 그 경사가 최대로 되는 방향을 표시하는 선을 말하며 등고선에 직각으로 교차하는 것을 무엇이라 하는가?

① 합수선　　② 분수선
③ 경사 변환선　　④ 유하선

해설

④ 최대 경사선(유하선) : 지표의 한 점에서 경사가 최대가 되는 방향을 나타내는 선으로 등고선에 직각으로 교차하며 물이 흐르는 방향으로 유하선이라고 한다.

47 등고선의 특성에 대한 설명으로 틀린 것은?

① 등고선은 분수선과 직교하고 계곡선과는 평행하다.
② 동굴이나 절벽에서는 교차할 수 있다.
③ 동일 등고선 상의 모든 점은 표고가 같다.
④ 등고선은 도면 내외에서 폐합하는 폐곡선이다.

해설

능선, 계곡선, 최대경사선은 등고선과 직교한다.

정답　43 ②　44 ②　45 ②　46 ④　47 ①

CHAPTER 08

면체적 측량

01 면적 결정

1. 면적측량의 투영기준

면체적 결정 기준	기준 투영면
경계선을 기준면에 투영하였을 때의 수평면적을 기준으로 결정	① 측량구역이 작은 지역 : 임의 수평면 상에 투영
	② 측량구역이 큰 지역 : 평균해수면을 기준으로 투영

2. 면적(도형)의 선형에 따른 분류

경계선이 직선으로 둘러싸인 면적법	경계선이 곡선으로 둘러싸인 면적법
① 삼각형법(삼사법, 2변협각법, 삼변법) ② 배횡거법(트래버스 측량) ③ 좌표법	① 지거법(심프슨 법칙) ② 방안법(투사지법) ③ 구적기법(Planimeter법)

3. 계산방법에 따른 분류

수치계산법	도해법
① 삼각형법 ② 지거법 ③ 배횡거법 ④ 좌표법	① 방안법 ② 구적기법 ③ 광학적 주사법

4. 삼각형의 면적계산

구분	공식 및 설명
삼사법	$A=\frac{1}{2}ah$ ① a : 밑변, h : 높이 ② 삼각형의 밑변과 높이가 되도록 같게 하는 것이 이상적
2변 협각법	$A=\frac{1}{2}ab\sin\gamma$ 두 변과 끼인 각이 주어질 때
삼변법 (Heron의 공식)	$A=\sqrt{S(S-a)(S-b)(S-c)}$ ① $S=\frac{1}{2}(a+b+c)$ ② 정삼각형에 가깝도록 하는 것이 이상적

GUIDE

• 면체적 측량 투영기준

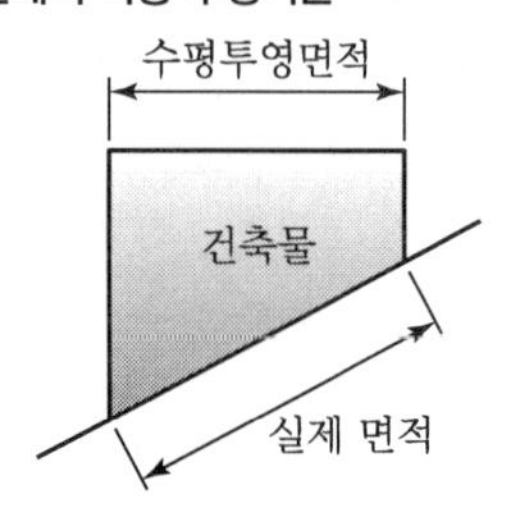

• 방안법(투사지법)

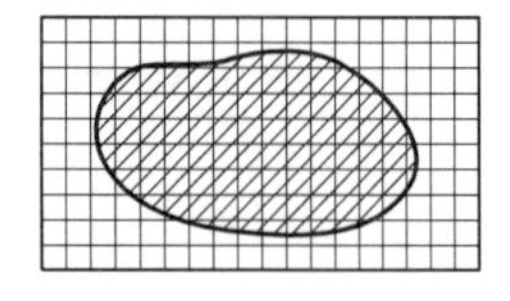

• 구적기

어떤 도형의 외곽선을 따라 추적침을 움직여 일주시켰을 때 측륜의 회전수를 읽어 도형의 면적을 구하는 기계

• 사다리꼴 면적

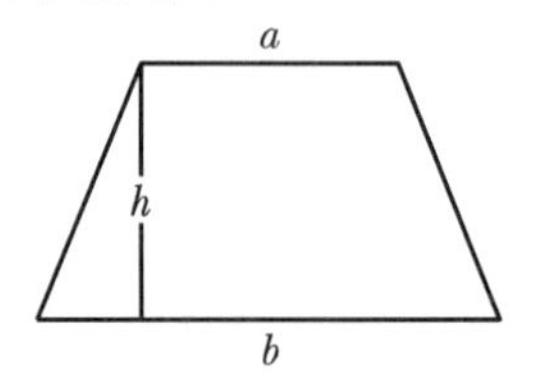

$$A=\frac{(a+b)}{2}h$$

• 축척 $=\frac{1}{m}=\frac{\text{도상거리}}{\text{실제거리}}$

• 축척 $=\left(\frac{1}{m}\right)^2=\frac{\text{도상면적}}{\text{실제면적}}$

01 다음 중 도면에서 곡선에 둘러싸여 있는 부분의 면적을 구하기에 가장 적합한 것은?

① 좌표법에 의한 방법 ② 배횡거법에 의한 방법
③ 삼사법에 의한 방법 ④ 구적기에 의한 방법

1. 경계선이 직선으로 둘러싸인 지역
   ㉠ 삼각형법, ㉡ 배횡거법, ㉢ 좌표법
2. 경계선이 곡선으로 둘러싸인 지역
   ㉠ 지거법(심프슨 법칙), ㉡ 방안법, ㉢ 구적기법

02 삼각형의 면적을 측정하고자 한다. 양 변이 각각 82m와 73m이며, 그 사이에 낀 각이 57°일 때 삼각형의 면적은?

① 2,510m² ② 2,634m²
③ 2,871m² ④ 2,941m²

- 이변협각법$(A)=\frac{1}{2}ab\sin\alpha$
- $A=\frac{1}{2}\times 82\times 73\times \sin 57°=2,510\text{m}^2$

03 삼각형 면적을 계산하기 위해 변길이를 관측한 결과가 그림과 같을 때 이 삼각형의 면적은?

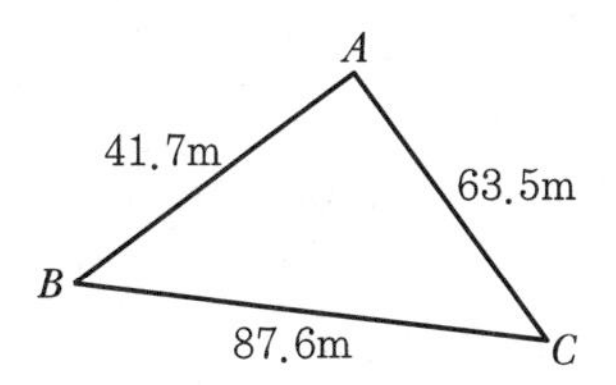

① 1,072.7m² ② 1,126.2m²
③ 1,235.6m² ④ 1,357.9m²

해설

삼변법

- $S=\frac{1}{2}(a+b+c)=\frac{1}{2}(41.7+63.5+87.6)=96.4\text{m}$
- $A=\sqrt{S(s-a)(s-b)(s-c)}$
  $=\sqrt{96.4\times(96.4-41.7)\times(96.4-63.5)\times(96.4-87.6)}$
  $=1,235.6\text{m}^2$

04 그림과 같은 지역의 면적은?

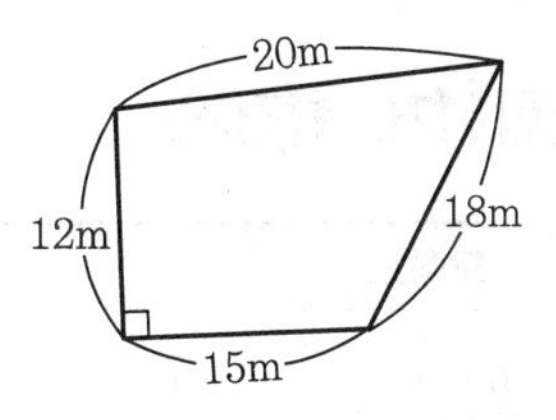

① 246.5m² ② 268.4m²
③ 275.2m² ④ 288.9m²

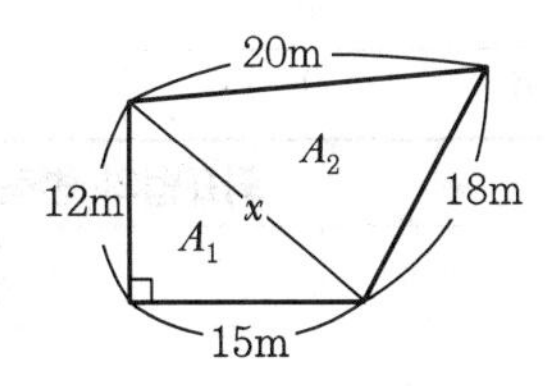

- $A_1=\frac{1}{2}\times 12\times 15=90\text{m}^2$
- $x=\sqrt{12^2+15^2}=19.21\text{m}$
- $A_2=\sqrt{(S(S-a)(S-b)(S-x))}$
  $=\sqrt{(28.605\cdot(28.605-20)\cdot(28.605-18)\cdot(28.605-19.21))}=156.603\text{m}^2$

$\left(S=\frac{a+b+x}{2}=\frac{20+18+19.21}{2}=28.605\text{m}\right)$

$\therefore A=A_1+A_2=90+156.603=246.5\text{m}^2$

05 축척이 1/600인 도면 상에서 그림과 같은 값을 얻었을 때, 삼각형의 면적은?

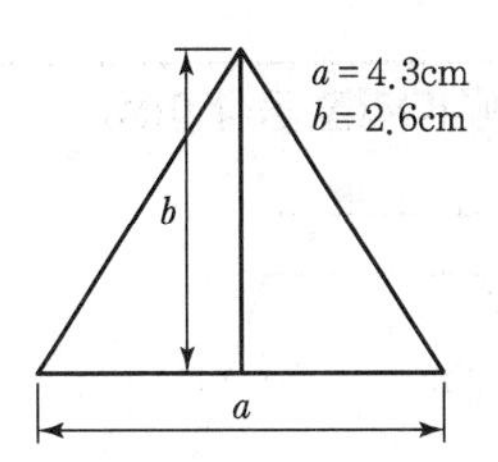

① 33.54m² ② 67.08m²
③ 101.24m² ④ 201.24m²

해설

$A=\frac{1}{2}ab=\frac{1}{2}\times 4.3\times 2.6=5.59\text{cm}^2$

$\left(\frac{1}{m}\right)^2=\frac{\text{도상면적}}{\text{실제면적}}$, $\left(\frac{1}{600}\right)^2=\frac{5.59}{\text{실제면적}}$

$\therefore$ 실제면적$=2,012,400\text{cm}^2=201.24\text{m}^2$

정답 01 ④ 02 ① 03 ③ 04 ① 05 ④

02 좌표법

1. 좌표법(합위거, 합경거)

모식도	좌표법의 면적계산
	$A=(A'ABB')+(B'BCC')-(A'ADD')-(D'DCC')$ $\therefore\ A=\dfrac{1}{2}\Sigma\{(x_{i-1}-x_{i+1})y_i\}$

좌표법의 면적계산(예)

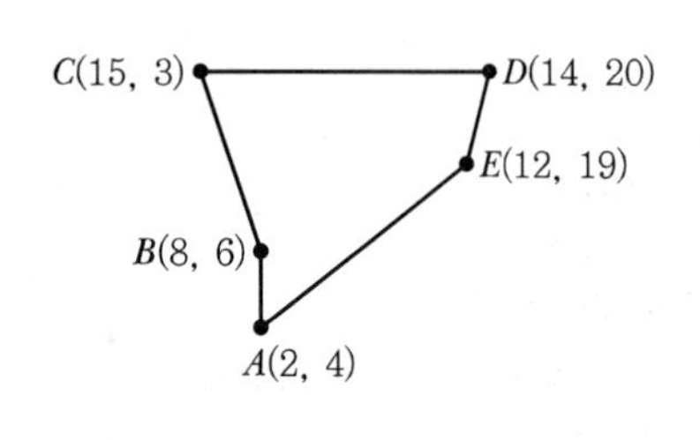

측점	x_n	y_n	$(x_{n-1}-x_{n+1})y_n$
A	2	4	(12−8)× 4=16
B	8	6	(2−15)× 6=−78
C	15	3	(8−14)× 3=−18
D	14	20	(15−12)× 20=60
E	12	19	(14−2)× 19=228

Σ(합계)=208=2A(배면적)

그러므로 면적은 $A=\dfrac{208}{2}=104\text{m}^2$

2. 횡단면적 산정

수평단면(사다리꼴 공식 이용)	식
	$A=\dfrac{(a+b)}{2}h$ $\therefore\ A=\dfrac{10+16}{2}\times 2=26\text{m}^3$

GUIDE

- x_{i-1} : 하나 전 점의 x좌표
- x_{i+1} : 하나 다음 점의 x좌표
- y_i : 그 점의 y좌표

- x_n : 합위거(x좌표)
- y_n : 합경거(y좌표)

- **구배**

  $\dfrac{\text{높이}}{\text{수평거리}}=(\text{높이}:\text{거리})$

- **횡단면적**

  토공량을 구하기 위해 횡단면적을 관측한다.
  ($V=A\times h$)

01 각 점의 좌표가 다음과 같을 때, $\triangle ABC$의 면적은?

점명	X(m)	Y(m)
A	7	5
B	8	10
C	3	3

① 9m² ② 12m² ③ 15m² ④ 18m²

해설

측점	X_n	Y_n	$(x_{n-1}-x_{n+1})y_n$
A	7	5	(3−8)×5=−25
B	8	10	(7−3)×10=40
C	3	3	(8−7)×3=3

$\therefore$ 면적(A)$=\dfrac{배면적}{2}=\dfrac{18}{2}=9\text{m}^2$

02 측량결과 그림과 같은 지역의 면적은 얼마인가?

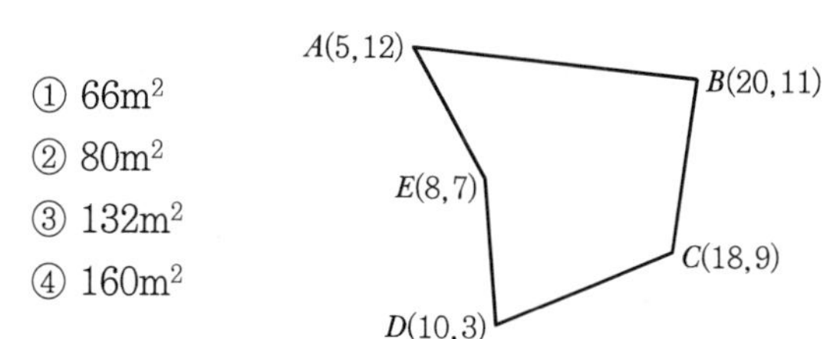

① 66m²
② 80m²
③ 132m²
④ 160m²

해설

측점	X_n	Y_n	$(X_{n-1}-X_{n+1})Y_n$
A	5	12	(8−20)× 12=−144
B	20	11	(5−18)× 11=−143
C	18	9	(20−10)× 9=90
D	10	3	(18−8)× 3=30
E	8	7	(10−5)× 7=35

$\therefore$ 면적$=\dfrac{배면적}{2}=\dfrac{|-132|}{2}=66\text{m}^2$

03 그림과 같이 4점을 측정하였다. 면적은 얼마인가?

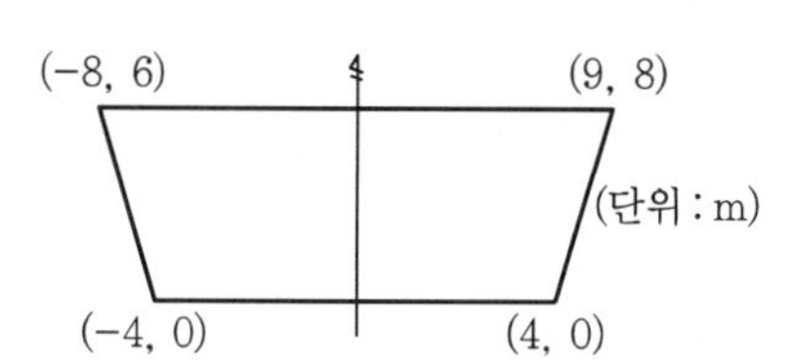

① 87m² ② 100m² ③ 174m² ④ 192m²

해설

측점	X_n	Y_n	$(X_{n-1}-X_{n+1})Y_n$
A	4	0	(9+4)× 0=0
B	−4	0	(4+8)× 0= 0
C	−8	6	(−4−9)× 6=−78
D	9	8	(−8−4)× 8=−96

$\therefore$ 면적 $=\dfrac{배면적}{2}=\dfrac{|-174|}{2}=87\text{m}^2$

04 절토면의 형상이 그림과 같을 때 절토면적은?

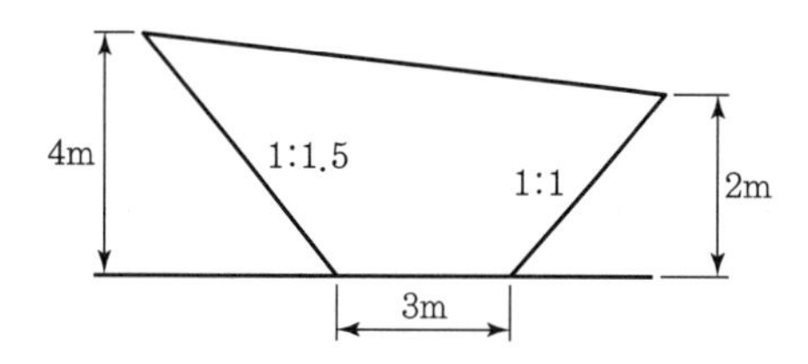

① 12.0m² ② 13.5m² ③ 16.5m² ④ 19.0m²

해설

절토면적(A)$=\dfrac{1}{2}(4+2)\times 11-\dfrac{1}{2}(4\times 6+2\times 2)=19\text{cm}^2$

05 다각측량을 하여 3점의 성과를 얻었다. 이 3점으로 이루어진 다각형의 면적은?

측점	합위거(m)	합경거(m)
A	0	0
B	23.29	38.82
C	−31.05	15.53

① 693.2m² ② 783.5m²
③ 1,386.3m² ④ 1,567.1m²

해설

측점	합위거(m)	합경거(m)	$(x_{n-1}-x_{n+1})y_n$
A	0	0	(−31.05−23.29)×0=0
B	23.29	38.82	(0−(−31.05))×38.82 =1,205.361
C	−31.05	15.53	(23.29−0)×15.53 =361.6937

- $2A=\Sigma(x_{n-1}-x_{n+1})y_n=1{,}567.0547$
- $A=\dfrac{1{,}567.0547}{2}=783.53\text{m}^2$

정답 01 ① 02 ① 03 ① 04 ④ 05 ②

03 지거법과 면적의 정확도

1. 심프슨 제1법칙

심프슨(Simpson) 제1법칙	내용
y_1 y_2 y_3 y_4 y_5 y_6 y_7 d = 등간격	① 1/3 법칙 ② 사다리꼴 2개를 1조로 구성 ③ 경계선을 2차 포물선으로 가정 ④ 4짝2홀(y는 홀수)

$$A=\frac{d}{3}\{y_1+y_n+4(y_2+y_4+\cdots+y_{n-2})+2(y_3+y_5+\cdots\ y_{n-1})\}$$
$$=\frac{d}{3}(y_1+y_n+4\Sigma y_{\text{짝수}}+2\Sigma y_{\text{홀수}})$$

GUIDE

• 심프슨 제1법칙

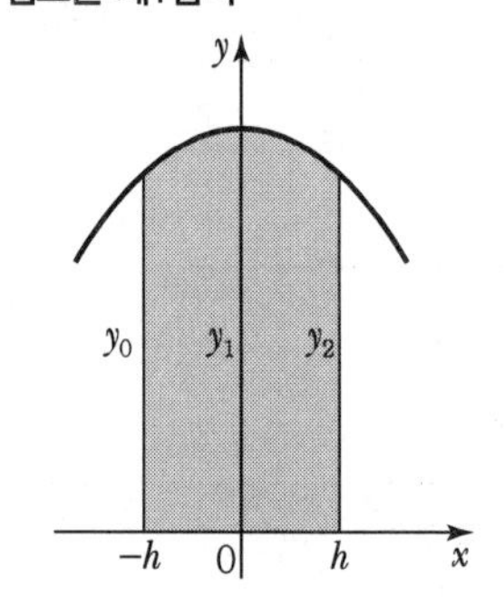

$A=\frac{h}{3}(y_0+y_2+4y_1)$

(만약 첫 번째 지거가 y_0라면)

2. 심프슨 제2법칙

심프슨(Simpson) 제2법칙	내용
y_1 y_2 y_3 y_4 y_5 y_6 y_7 d = 등간격	① 3/8 법칙 ② 사다리꼴 3개를 1조로 구성 ③ 경계선을 3차 포물선으로 가정 ④ 3중2싸(중 : 가운데, 싸 : 싸이드) ⑤ 남은 구간은 사다리꼴 공식으로 면적을 구함

$$A=\frac{3}{8}d\{y_1+y_7+3(y_2+y_3+y_5+y_6)+2(y_4)\}$$
$$=\frac{3}{8}d(y_1+y_7+3\Sigma\text{중}+2\Sigma\text{싸})$$

• 축척

① $\frac{1}{m}=\frac{\text{도상거리}}{\text{실제거리}}$

② $\left(\frac{1}{m}\right)^2=\frac{\text{도상면적}}{\text{실제면적}}$

3. 면적의 정확도

면적의 정도	면적의 오차(ΔA)	실제면적
$\frac{\Delta A}{A}=2\frac{\Delta l}{l}$	$\Delta A=2\frac{\Delta l}{l}\times A$	관측면적(A)±면적오차(ΔA)

• 부호(±) 결정

① (+)결정
- 도면이 수축할 때
- 늘어난 줄자로 측량

② (−)결정
- 도면이 팽창될 때
- 줄어든 줄자로 측량

01 심프슨 법칙에 대한 설명으로 옳지 않은 것은?

① 심프슨 법칙을 이용하는 경우 지거 간격은 균등하게 하여야 한다.
② 심프슨의 제1법칙을 1/3법칙이라고도 한다.
③ 심프슨의 제2법칙을 3/8법칙이라고도 한다.
④ 심프슨의 제2법칙은 사다리꼴 2개를 1조로 하여 3차 포물선으로 생각하여 면적을 계산한다.

02 지거를 5m의 등간격으로 택하고, 각 지거가 $y_1=3.8$m, $y_2=9.4$m, $y_3=11.6$m, $y_4=13.8$m, $y_5=7.4$m였다. Simpson 제1법칙의 공식으로 면적을 구한 값은?

① $156.35m^2$ ② $212.67m^2$ ③ $156.55m^2$ ④ $212.00m^2$

해설

$A=\frac{5}{3}\{3.8+7.4+4(9.4+13.8)+2(11.6)\}=212.00m^2$

03 어떤 횡단면의 도상면적이 $40.5cm^2$이었다. 가로 축척이 1 : 20, 세로 축척이 1 : 60 이었다면 실제면적은?

① $48.6m^2$ ② $33.75m^2$ ③ $4.86m^2$ ④ $3.375m^2$

해설

- $\left(\frac{1}{m}\right)^2=\frac{\text{도상면적}}{\text{실제면적}}$
- $\frac{1}{m_1}\times\frac{1}{m_2}=\frac{40.5cm^2}{\text{실제면적}\times100^2(cm^2)}$

$\therefore$ 실제면적 $=40.5\times(20\times60)\div100^2=4.86m^2$

04 $100m^2$인 정사각형 토지의 면적을 $0.1m^2$까지 정확하게 구하고자 한다면 이에 필요한 거리관측의 정확도는?

① 1/2,000 ② 1/1,000 ③ 1/500 ④ 1/300

해설

$\frac{\Delta A}{A}=2\frac{\Delta l}{l}$, $\frac{0.1}{100}=2\times\frac{\Delta l}{l}$ $\therefore \frac{\Delta l}{l}=\frac{1}{2}\times\frac{0.1}{100}=\frac{1}{2,000}$

05 직사각형 두 변의 길이를 $\frac{1}{200}$ 정확도로 관측하여 면적을 구할 때 산출된 면적의 정확도는?

① $\frac{1}{50}$ ② $\frac{1}{100}$ ③ $\frac{1}{200}$ ④ $\frac{1}{400}$

해설

$\frac{\Delta A}{A}=2\cdot\frac{\Delta l}{l}=2\times\frac{1}{200}=\frac{1}{100}$

06 30m에 대하여 3mm 늘어나 있는 줄자로 정사각형의 지역을 측정한 결과 $62,500m^2$이었다면 실제의 면적은?

① $62,512.5m^2$ ② $62,524.3m^2$
③ $62,535.5m^2$ ④ $62,550.3m^2$

해설

- 실제면적 = 관측면적(A)±면적오차(ΔA)
- 면적오차(ΔA) $=2\frac{\Delta l}{l}\times A=2\frac{0.003}{30}\times62,500=12.5m^2$
- 실제면적 $=62,500m^2+12.5m^2=62,512.5m^2$

07 축척 1 : 1,000의 도면에서 면적을 측정한 결과 $5cm^2$였다. 이 도면이 전체적으로 1% 신장되어 있었다면 실제면적은?

① $510m^2$ ② $505m^2$ ③ $495m^2$ ④ $490m^2$

해설

- 실제면적 = 관측면적(A)±면적오차(ΔA)
- 관측면적 $=\frac{1000^2\times5}{100^2}=500m^2$
- 면적오차(ΔA) $=2\frac{\Delta l}{l}\times A=2\frac{1}{100}\times500=10m^2$
- 실제면적 $=500m^2-10m^2=490m^2$

08 직사각형 토지를 줄자로 측정한 결과가 가로 37.8m, 세로 28.9m였다. 이 줄자는 표준길이 30m당 4.7cm가 늘어 있었다면 이 토지의 면적 최대 오차는?

① $0.03m^2$ ② $0.36m^2$ ③ $3.43m^2$ ④ $3.53m^2$

해설

- $L_1=L'_1+L_1\frac{\Delta l}{l}=37.8+37.8\frac{0.047}{30}=37.86$m
- $L_2=L'_2+L_2\frac{\Delta l}{l}=28.9+28.9\frac{0.047}{30}=28.95$m
- 면적오차(ΔA) $=2\frac{\Delta l}{l}\times A=2\frac{0.047}{30}\times(L_1\times L_2)$
$=3.43m^2$

정답 01 ④ 02 ④ 03 ③ 04 ① 05 ② 06 ① 07 ④ 08 ③

04 면적의 분할

GUIDE

• 한변에 평행한 직선에 의한 분할
ΔABC를 $m:n$으로 $BC /\!/ DE$로 분할

• 삼각형의 꼭짓점(정점)을 통한 분할
ΔABC를 $m:n$으로 정점 A를 통하여 분할할 때

• 한 변에 평행하지 않은 직선 분할
ΔABC를 $m:n$으로 정점 D를 통해 분할할 때

1. 한 변에 평행한 직선에 의한 분할

모식도	식
A, D, E, B, C, m, n	$\dfrac{\Delta ADE}{\Delta ABC}=\dfrac{m}{m+n}=\left(\dfrac{DE}{BC}\right)^2=\left(\dfrac{AD}{AB}\right)^2=\left(\dfrac{AE}{AC}\right)^2$ ① $AD=AB\sqrt{\dfrac{m}{m+n}}$ ② $AE=AC\sqrt{\dfrac{m}{m+n}}$

2. 삼각형의 꼭지점(정점)을 통하는 분할

모식도	식
A, B, C, D, m, n	① $\dfrac{\Delta ABD}{\Delta ABC}=\dfrac{m}{m+n}=\left(\dfrac{\overline{BD}}{\overline{BC}}\right)$ $\therefore\ \overline{BD}=\overline{BC}\left(\dfrac{m}{m+n}\right)$ ② $\dfrac{\Delta ADC}{\Delta ABC}=\dfrac{n}{m+n}=\left(\dfrac{\overline{DC}}{\overline{BC}}\right)$ $\therefore\ \overline{DC}=\overline{BC}\left(\dfrac{n}{m+n}\right)$
B, A, C, P, Q, a, b, c	① $\overline{AP}=\overline{AC}\times\dfrac{a}{a+b+c}$ ② $\overline{AQ}=\overline{AC}\times\dfrac{a+b}{a+b+c}$

3. 한 변에 평행하지 않은 직선 분할

모식도	식
A, D, E, B, C, m, n	$\dfrac{\Delta ADE}{\Delta ABC}=\dfrac{m}{m+n}=\dfrac{\overline{AD}\cdot\overline{AE}}{\overline{AB}\cdot\overline{AC}}$ ① $\overline{AD}=\dfrac{m}{m+n}\left(\dfrac{\overline{AB}\cdot\overline{AC}}{\overline{AE}}\right)$ ② $\overline{AE}=\dfrac{m}{m+n}\left(\dfrac{\overline{AB}\cdot\overline{AC}}{\overline{AD}}\right)$

01 그림과 같이 △ABC의 토지를 한 변 BC에 평행한 DE로 분할하여 면적의 비율이 ADE : BCED = 2 : 3이 되게 하려고 한다. AD의 길이를 얼마로 하면 되는가?(단, AB의 길이는 50m임)

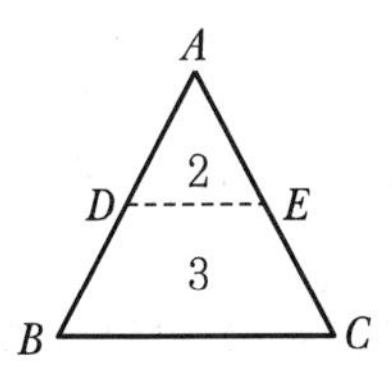

① 32.52m ② 31.62m
③ 30m ④ 20m

$\overline{AD} = \overline{AB} \times \sqrt{\frac{m}{m+n}} = 50 \times \sqrt{\frac{2}{2+3}} = 31.62\text{m}$

02 그림과 같은 삼각형을 직선 AP로 분할하여 m : n = 3 : 7의 면적비율로 나누기 위한 BP의 거리는?(단, BC의 거리 = 500m)

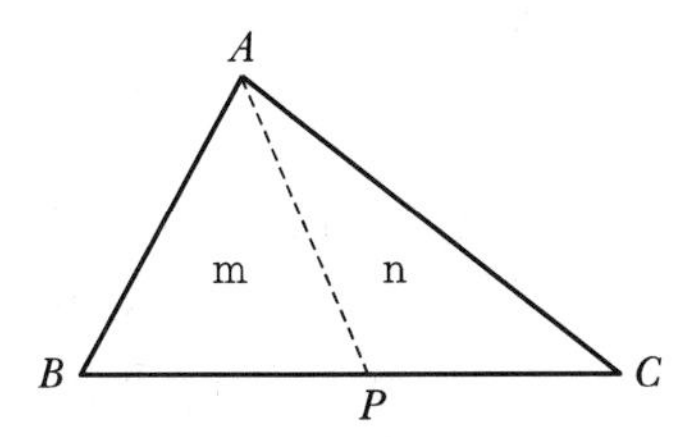

① 100m ② 150m
③ 200m ④ 250m

해설

$\overline{BP} = \frac{m}{m+n}\overline{BC} = \frac{3}{3+7} \times 500 = 150\text{m}$

03 그림과 같은 토지의 1변 BC에 평행하게 $m : n = 1 : 2$의 비율로 면적을 분할하고자 한다. $\overline{AB} = 30\text{m}$일 때 $\overline{AX}$는?

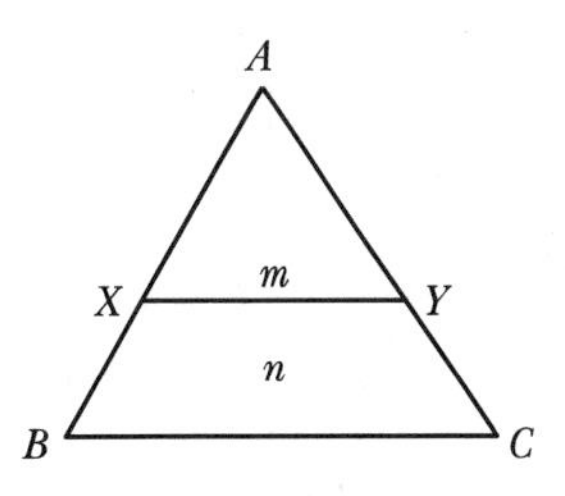

① 8.660m ② 17.321m
③ 25.981m ④ 34.641m

해설

$\overline{AX} = \overline{AB}\sqrt{\frac{m}{m+n}} = 30 \times \sqrt{\frac{1}{1+2}} = 17.321\text{m}$

04 그림과 같은 토지의 한 변 BC = 52m 상의 점 D와 AC = 46m 상의 점 E를 연결하여 △ABC의 면적을 2등분하려면 AE의 길이를 얼마로 하면 좋은가?

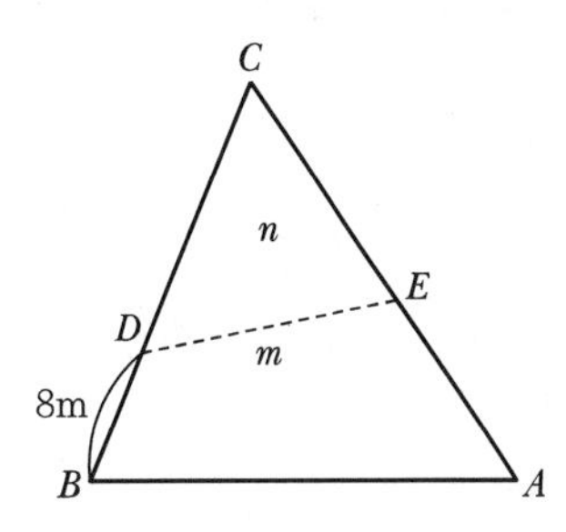

① 18.8m ② 20.8m
③ 22.4m ④ 24.6m

해설

먼저 CE를 구하면

$$CE = \frac{AC \cdot BC}{CD} \times \frac{n}{m+n} = \frac{46 \times 52}{44} \times \frac{1}{2} \fallingdotseq 27.2\text{m}$$

$\therefore AE = AC - CE = 46 - 27.2 = 18.8\text{m}$

정답 01 ② 02 ② 03 ② 04 ①

05 체적 결정

1. 단면법

양단면 평균법	$V=\left(\dfrac{A_1+A_2}{2}\right)\times l$
중앙 단면법	$V=A_m\times l$
각주공식	$V=\dfrac{h}{3}(A_1+4A_m+A_2)$ $V=\dfrac{l}{6}(A_1+4A_m+A_2)$

2. 점고법

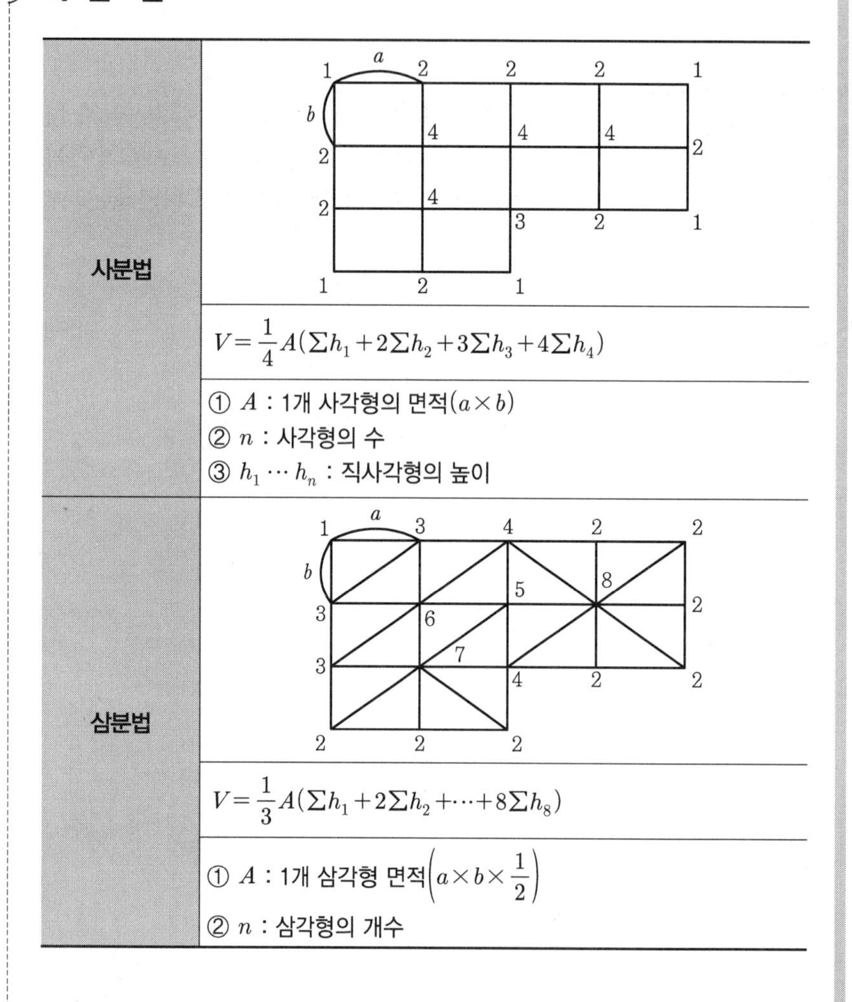

구분	내용
사분법	$V=\dfrac{1}{4}A(\Sigma h_1+2\Sigma h_2+3\Sigma h_3+4\Sigma h_4)$
	① A : 1개 사각형의 면적$(a\times b)$ ② n : 사각형의 수 ③ $h_1\cdots h_n$: 직사각형의 높이
삼분법	$V=\dfrac{1}{3}A(\Sigma h_1+2\Sigma h_2+\cdots+8\Sigma h_8)$
	① A : 1개 삼각형 면적$\left(a\times b\times\dfrac{1}{2}\right)$ ② n : 삼각형의 개수

GUIDE

• **체적 결정**

① 단면법 : 도로, 철도, 수로의 절·성토량

② 점고법 : 정지작업의 토공량 산정(넓은 지역의 택지공사)

③ 등고선법 : 저수지의 담수량 결정

• **단면법 토량 크기순**

양단면 평균법 > 각주공식 > 중앙 단면적

• **각주 공식**

① 심프슨 제1법칙 이용

② $\dfrac{d}{3}(y_1+y_n+4\Sigma y_{짝수}+2\Sigma y_{홀수})$

• **토량계산**

① 흙 쌓기 면적(성토 면적)

② 흙 깍기 면적(절토 면적)

• 점고법은 비행장이나 운동장과 같이 넓은 지형의 토지정리나 구획정리에 많이 쓰이며 주로 정지작업에 이용된다.

• **계획고(평균표고)**

$h(계획고)=\dfrac{V}{nA}$

$(A=a\times b)$

01 토량 계산공식 중 양단면의 면적차가 클 때 산출된 토량의 일반적인 대소 관계로 옳은 것은?(단, 중앙단면법 : A, 양단면평균법 : B, 각주공식 : C)

① A=C<B ② A<C=B
③ A<C<B ④ A>C>B

해설

양단평균법 > 각주공식 > 중앙단면법

02 노선 중심선에 따른 횡단측량 결과, 1km+340m 지점은 흙쌓기 면적 $50m^2$이고, 1km+360m 지점은 흙깎기 면적 $15m^2$으로 계산되었다. 양단면평균법을 사용한 두 지점 간의 토량은?

① 흙깎기 토량 $49.4m^3$ ② 흙깎기 토량 $494m^3$
③ 흙쌓기 토량 $350m^3$ ④ 흙쌓기 토량 $494m^3$

해설

$V=\frac{A_1+A_2}{2}\times l=\frac{50-15}{2}\times 20=350m^3$(흙쌓기 토량, 성토량)

03 도로공사에서 거리 20m인 성토구간의 시작단면 $A_1=72m^2$, 끝단면 $A_2=182m^2$, 중앙단면 $A_m=132m^2$이라고 할 때에 각주공식에 의한 성토량은?

① $2,540.0m^3$ ② $2,573.3m^3$
③ $2,600.0m^3$ ④ $2,606.7m^3$

해설

$V=\frac{l}{6}(A_1+4A_m+A_2)=\frac{20}{6}(72+4\times 132+182)=2,606.7m^3$

04 비행장이나 운동장과 같이 넓은 지형의 정지 공사 시에 토량을 계산하고자 할 때 적당한 방법은?

① 점고법 ② 등고선법
③ 중앙단면법 ④ 양단면평균법

해설

점고법은 넓은 지역의 정지작업의 토공량 산정에 이용한다.

05 그림과 같은 표고를 갖는 지형을 평탄하게 정지작업을 한다면 이 지역의 평균표고는?(단, 분할된 구역의 면적은 모두 동일하다.)

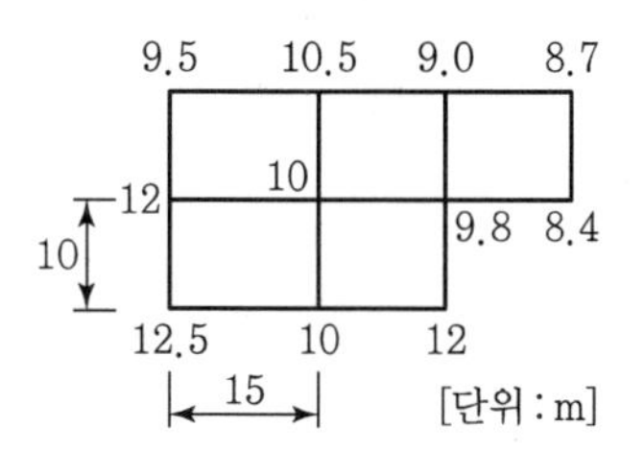

① 10.218m ② 10.916m
③ 10.188m ④ 10.175m

해설

- $V=\frac{A}{4}(\Sigma h_1+2\Sigma h_2+3\Sigma h_3+4\Sigma h_4)$
- $\Sigma h_1=(9.5+8.7+8.4+12+12.5)=51.1$
  $\Sigma h_2=(10.5+9+10+12)=41.5$
  $\Sigma h_3=9.8,\quad \Sigma h_4=10$
- $V=\frac{10\times 15}{4}(51.1+2\times 41.5+3\times 9.8+4\times 10)=7631.25m^3$

$\therefore$ 평균표고$(H)=\frac{V}{nA}=\frac{7631.25}{5\times(10\times 15)}=10.175m$

06 대상구역을 삼각형으로 분할하여 각 교점의 표고를 측량한 결과가 그림과 같을 때 토공량은?

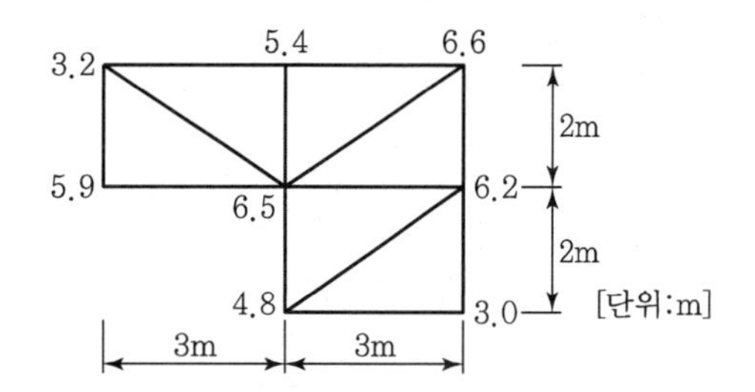

① $98m^3$ ② $100m^3$ ③ $102m^3$ ④ $104m^3$

해설

$V=\frac{1}{3}A(\Sigma h_1+2\Sigma h_2+\cdots+8\Sigma h_8)$

- $\Sigma h_1=5.9+3.0=8.9$
- $\Sigma h_2=3.2+5.4+6.6+4.8=20$
- $\Sigma h_3=6.2$, • $\Sigma h_5=6.5$

$\therefore V=\frac{\frac{1}{2}\times 2\times 3}{3}(8.9+2\times 20+3\times 6.2+5\times 6.5)=100m^3$

정답 01 ③ 02 ③ 03 ④ 04 ① 05 ④ 06 ②

3. 등고선법(지형도 이용법)

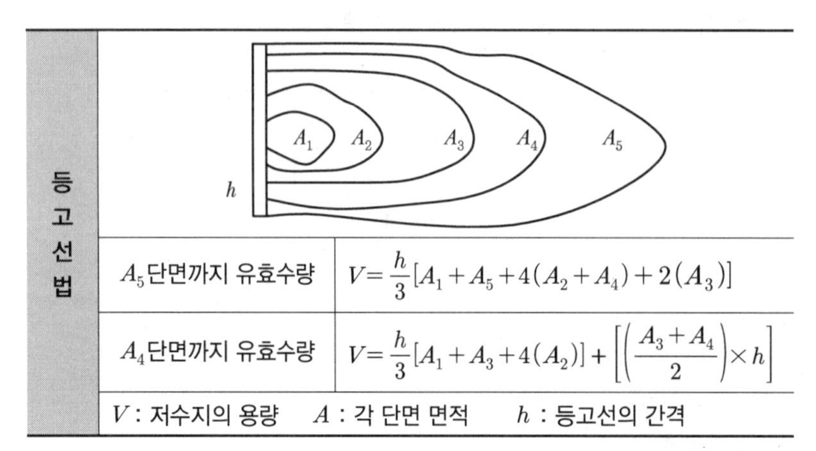

등고선법		
	(그림)	
	A_5단면까지 유효수량	$V=\frac{h}{3}[A_1+A_5+4(A_2+A_4)+2(A_3)]$
	A_4단면까지 유효수량	$V=\frac{h}{3}[A_1+A_3+4(A_2)]+\left[\left(\frac{A_3+A_4}{2}\right)\times h\right]$
	V : 저수지의 용량 A : 각 단면 면적 h : 등고선의 간격	

- **등고선법**
  ① 저수지의 담수량 결정
  ② 체적을 근사적으로 결정할 경우 편리한 방법
  ③ 심프슨 제1법칙 이용

- 마지막 면적(A_n)의 수가 짝수일 때 남은 구간은 사다리꼴 공식으로 계산하여 합산한다.

06 유토곡선(Mass Curve, 토적곡선)

1. 유토곡선(토적곡선)

유토곡선	유토곡선의 고려사항
○○토사장, 원지반, ○○토사장, A, C, D, E, F, G, H, I, J, L, M, B, 노상면, (종단면도), 유토 곡선, 기선, 평형선(유토 곡선), +2,000, +1,000, 0, −1,000, −2,000, −3,000, No.0, No.1, No.2, No.3, No.4, No.5	① 절토와 성토량 같게 ② 경사와 곡선은 가능한 적게 설치 ③ 절토는 성토를 이용할 수 있게 운반거리 고려

2. 유토곡선(토적곡선)의 특징

모식도	유토곡선의 특징
토량(+), 토량(−), A, B, C, D, E, F, 0, a, e, X기선	① 절토 : 상승부분(OA, CE) ② 성토 : 하향부분(AC, EF) ③ 절토와 성토량이 같은 부분 : OB ④ 토량의 이동이 없는 부분 : OX

- **유토곡선(토적곡선) 작성목적**
  ① 토량 배분
  ② 평균운반거리 산출
  ③ 토공기계 선정

01 저수지의 용량을 구하기 위하여 각 등고선 내 면적을 측정한 결과가 다음과 같을 때 등고선 150~200m에 의한 유효수량은?(단, $A_{150}=200\text{m}^2$, $A_{160}=900\text{m}^2$, $A_{170}=3,500\text{m}^2$, $A_{180}=8,900\text{m}^2$, $A_{190}=13,000\text{m}^2$, $A_{200}=20,000\text{m}^2$)

① 375,000m³ ② 400,000m³
③ 363,000m³ ④ 356,000m³

해설

$$V=\frac{h}{3}[A_1+A_5+4(A_2+A_4)+2(A_3)]+\left(\frac{A_5+A_6}{2}\times h\right)$$
$$=\frac{10}{3}[200+13,000+4(900+8,900)$$
$$+2(3,500)]+\left(\frac{13,000+20,000}{2}\times 10\right)=363.000\text{m}^3$$

02 그림과 같은 구릉이 있다. 표고 5m의 등고선에 쌓인 부분의 단면적이 $A_1=200\text{m}^2$, $A_2=900\text{m}^2$, $A_3=1,800\text{m}^2$, $A_4=2,900\text{m}^2$, $A_5=3,800\text{m}^2$라고 할 때의 이 구릉의 토량은?

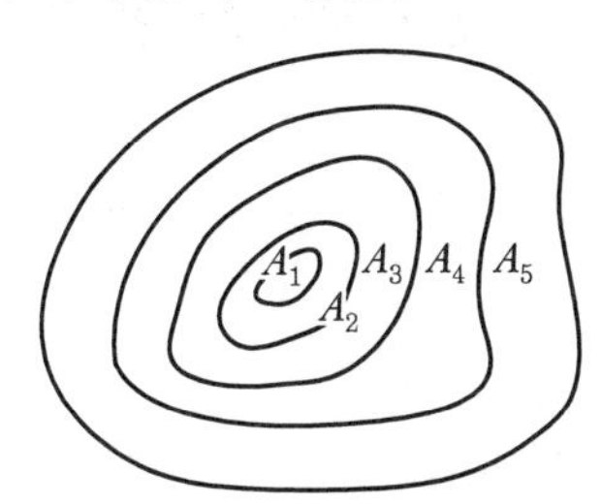

① 22,500m³ ② 11,400m³
③ 33,800m³ ④ 38,000m³

해설

등고선 토량은 심프슨 제1법칙을 적용한다.

$$\therefore\ V=\frac{h}{3}\{A_1+A_5+4(A_2+A_4)+2(A_3)\}$$
$$=\frac{5}{3}\{200+3.800+4(900+2,900)+2(1,800)\}$$
$$=38,000\text{m}^3$$

03 토공작업을 수반하는 종단면도에 계획선을 넣을 때 고려하여야 할 사항으로 옳지 않은 것은?

① 계획선은 될 수 있는 한 요구에 맞게 한다.
② 절토는 성토로 이용할 수 있도록 운반거리를 고려하여야 한다.
③ 경사와 곡선을 병설해야 하고 단조로움을 피하기 위하여 가능한 한 많이 설치한다.
④ 절토량과 성토량은 거의 같게 한다.

해설

경사와 곡선은 가능한 적게 설치한다.

04 토적곡선(Mass Curve)을 작성하는 목적으로 가장 거리가 먼 것은?

① 토량의 운반거리 산출 ② 토공기계의 선정
③ 토량의 배분 ④ 교통량 산정

해설

토적곡선의 작성목적

토량 배분, 평균운반거리 산출, 토공기계 선정

05 토적곡선을 작성하는 목적으로 거리가 먼 것은?

① 토량의 배분 ② 토량의 운반거리 산출
③ 토공기계 선정 ④ 중심선 설치

해설

토적곡선은 토량의 배분, 토공기계 선정, 토량의 운반거리 산출에 쓰인다.

06 그림과 같은 유토곡선(Mass Curve)에서 하향구간이 의미하는 것은?

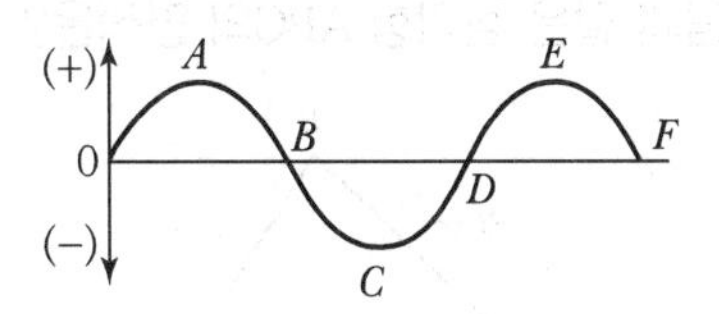

① 성토구간 ② 절토구간
③ 운반토량 ④ 운반거리

해설

유토곡선에서 상향구간은 절토구간, 하향구간은 성토구간이다.

정답 01 ③ 02 ④ 03 ③ 04 ④ 05 ④ 06 ①

01 축척이 1/600인 도면 상에서 그림과 같은 값을 얻었을 때, 삼각형의 면적은?

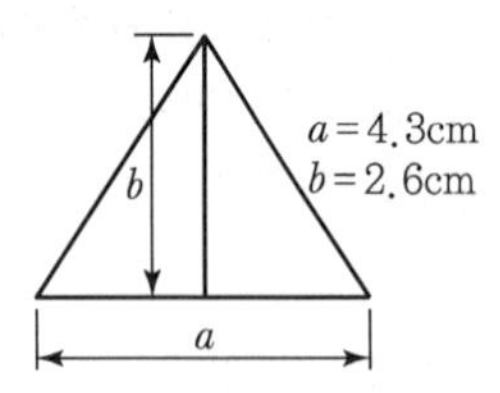

① 33.54m² ② 67.08m²
③ 101.24m² ④ 201.24m²

해설

$A=\frac{1}{2}ab=\frac{1}{2}\times 4.3\times 2.6=5.59\text{cm}^2$

$(\text{축척})^2=\frac{\text{도상면적}}{\text{실제면적}},\ \left(\frac{1}{600}\right)^2=\frac{5.59}{\text{실제면적}}$

실제면적 $=2{,}012{,}400\text{cm}^2=201.24\text{m}^2$

02 양변이 80m와 100m이고 그에 낀 각이 60°인 삼각형의 면적은?

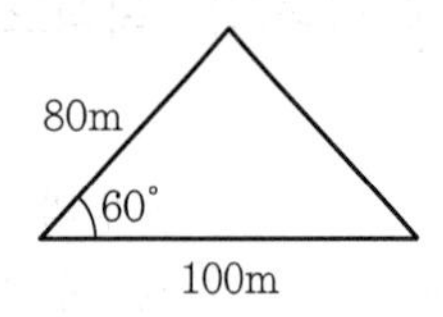

① 3,464m² ② 4,500m²
③ 4,800m² ④ 6,928m²

해설

$A=\frac{1}{2}ab\ \sin\theta=\frac{1}{2}\times 80\times 100\times \sin 60°=3{,}464\text{m}^2$

03 다음과 같은 삼각형 ABC의 면적은?

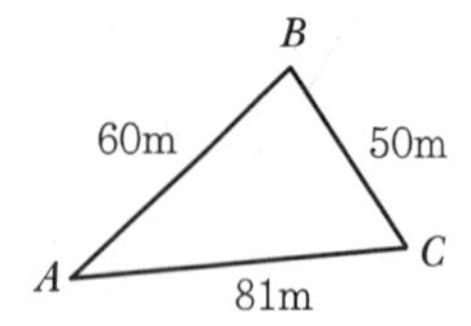

① 153.04m² ② 235.09m²
③ 1,495.57m² ④ 2,227.50m²

해설

$A=\sqrt{S(S-a)(S-b)(S-c)}$
$=\sqrt{95.5\times(95.5-60)\times(95.5-81)\times(95.5-50)}$
$=1{,}495.57\text{m}^2$

04 삼각형의 3변의 길이가 다음과 같을 때 면적을 구한 값은?(단, 3변의 길이는 $a=32$m, $b=16$m, $c=20$m이다.)

① 2,016m² ② 1,309m²
③ 201.6m² ④ 130.9m²

해설

$S=\frac{1}{2}(a+b+c)=34\text{m}$

$A=\sqrt{S(S-a)(S-b)(S-c)}$
$=130.9\text{m}^2$

05 4등 삼각점의 평균변장이 2km일 때 이 삼각형이 차지하고 있는 면적은 얼마인가?

① 4.17km² ② 5.14km²
③ 3.76km² ④ 1.73km²

해설

$S=\frac{1}{2}(2+2+2)=3(\text{km})$

$A=\sqrt{3(3-2)(3-2)(3-2)}$
$=1.732(\text{km}^2)$

06 다음 중 도면에서 곡선에 둘러싸여 있는 부분의 면적을 구하기에 가장 적합한 것은?

① 좌표법에 의한 방법
② 배횡거법에 의한 방법
③ 삼사법에 의한 방법
④ 구적기에 의한 방법

해설

㉠ 직선적 면적 계산 : 삼각형법, 좌표법, 거거법
㉡ 곡선적 면적 계산 : 구적기법, 방안법

정답 01 ④ 02 ① 03 ③ 04 ④ 05 ④ 06 ④

07 직선으로 둘러싸인 면적의 계산에 적합지 않은 방법은?

① 삼사법　② 삼변법
③ 좌표에 의한 방법　④ 구적기방법

직선으로 둘러싸인 면적의 계산에는 수치법이 적당하다.

08 그림과 같은 사각형의 면적은?

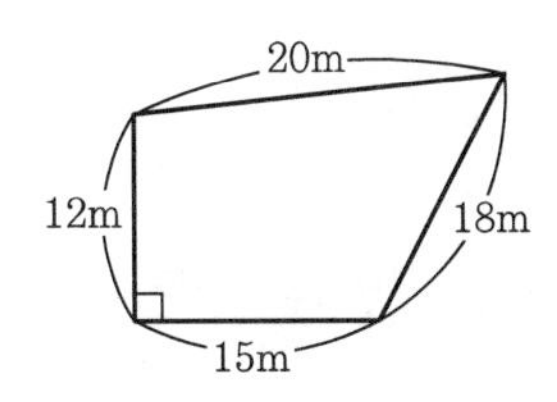

① $246.5m^2$　② $268.4m^2$
③ $275.2m^2$　④ $288.9m^2$

사각형을 두 개의 삼각형으로 구분하여 계산하면

$$A=\left(\frac{1}{2}\times 12\times 15\right)+$$
$$(\sqrt{28.6\times(28.6-20)\times(28.6-18)\times(28.6-19.2)})$$
$$=246.5m^2$$

09 도형의 면적을 구할 경우 그림에서 곡선의 AB를 2차 곡선으로 가정할 때 그 면적 ABEF를 구하는 공식은?

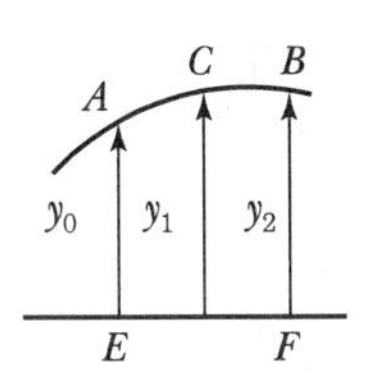

① $S=S/2(y_0+y_1+y_2)$
② $S=S/2(y_0+3y_1+y_2)$
③ $S=S/3(y_0+4y_1+y_2)$
④ $S=S/2(y_0+4y_1+y_2)$

해설

AB를 2차 곡선으로 가정한 경우이므로 Simpson 제1법칙이다.

10 지거를 5m의 등간격으로 택하고, 각 지거가 $y_1=3.8m$, $y_2=9.4m$, $y_3=11.6m$, $y_4=13.8m$, $y_5=7.4m$였다. Simpson 제1법칙의 공식으로 면적을 구한 값은?

① $156.35m^2$　② $212.67m^2$
③ $156.55m^2$　④ $212.00m^2$

해설

$$A=\frac{d}{3}\{y_0+y_n+4(y_1+y_3)+2(y_2)\}$$ 적용하면

$$A=\frac{5}{3}\{3.8+7.4+4(9.4+13.8)+2(11.6)\}$$
$$=212.00m^2$$

11 심프슨(Simpson) 제2법칙을 이용하여 다음 그림의 면적을 구한 값은?

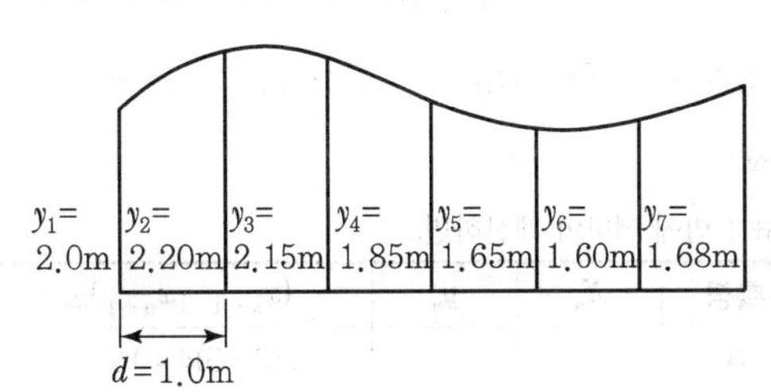

① $10.24m^2$　② $11.32m^2$
③ $11.71m^2$　④ $12.07m^2$

해설

$$A=\frac{3}{8}d\{y_1+y_7+3(y_2+y_3+y_5+y_6)+2\times y_4\}$$
$$A=\frac{3}{8}\times 1.0\{2.0+1.68+3(2.2+2.15+1.65+1.60)$$
$$+2\times 1.85\}$$
$$=11.32m^2$$

12 축척 1/1,000 단면적이 $10m^2$일 때 이것을 이용하여 1/2,000의 축척에 의한 면적을 구할 경우의 단위면적을 구한 값은?

① $60m^2$　② $40m^2$
③ $20m^2$　④ $5m^2$

정답　07 ④　08 ①　09 ③　10 ④　11 ②　12 ②

해설

$$축척 = (\frac{1}{m})^2 = \frac{도상면적}{실제면적}$$

① $(\frac{1}{1,000})^2 = \frac{x}{10\text{m}^2}$

$x = 1\times10^{-5}$

② $(\frac{1}{2,000})^2 = \frac{1\times10^{-5}}{y}$

$\therefore\ y = 40\text{m}^2$

13 다음 그림과 같은 지형의 면적은 얼마인가? (단, 단위는 m이다.)

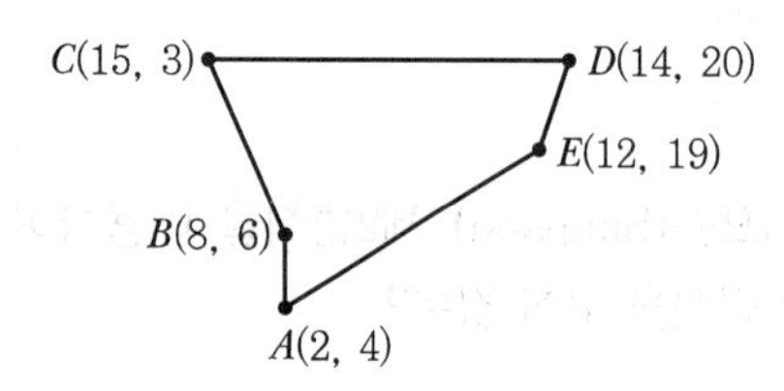

① 52m^2 ② 104m^2 ③ 156m^2 ④ 208m^2

해설

좌표 I 법에 의하여 계산하면,

측점	X_n	y_n	$(x_{n-1}-x_{n+1})y_n$
A	2	4	(12−8)4=16
B	8	6	(2−15)6=−78
C	15	3	(8−14)3=−18
D	14	20	(15−12)20=60
E	12	19	(14−2)19=228

$$\therefore\ 면적 = \frac{배면적}{2} = \frac{208}{2} = 104\text{m}^2$$

14 다음 그림과 같이 도로의 횡단면도에서 토공량을 구하기 위한 절토단면은?(단, 그림의 숫자는 0을 원점으로 하는 좌푯값(X, Y)을 m 단위로 나타낸 것이다.)

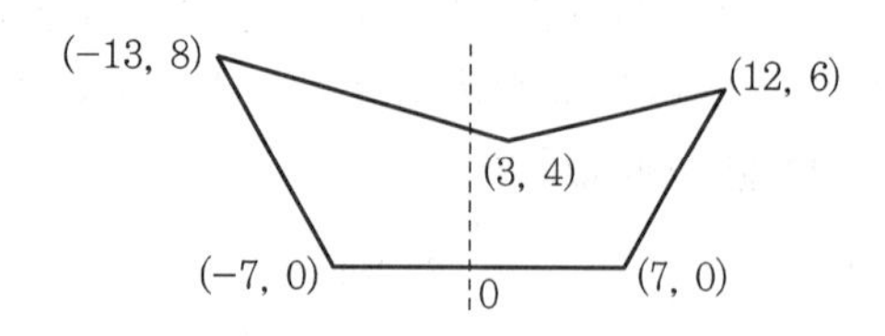

① 94.99m^2 ② 98.00m^2

③ 102.00m^2 ④ 106.00m^2

해설

좌표 II 법에 의한 불규칙 단면의 횡단면적식을 적용하면

X_n	y_n	$(x_{n-1}-x_{n+1})y_n$
−7	0	(7+13)0=0
−13	8	(−7−3)8=−80
3	4	(−13−12)4=−100
12	6	(3−7)6=−24
7	0	(12+7)0=0

$$\therefore\ 면적 = \frac{배면적}{2} = \frac{204}{2} = 102\text{m}^2$$

15 그림과 같은 단면의 면적은?

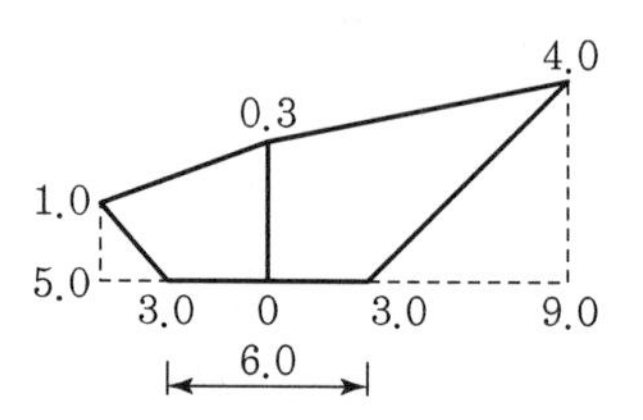

① 57m^2 ② 54m^2 ③ 28.5m^2 ④ 27m^2

해설

면적을 다음과 같이 구분하여 계산한다.

$$A_1 = \frac{1}{2}(3.0+1.0)\times(2.0+3.0) - \frac{1}{2}(2.0\times1.0) = 9.0\text{m}^2$$

$$A_2 = \frac{1}{2}(3.0+4.0)\times(3.0+6.0) - \frac{1}{2}(6.0\times4.0) = 19.5\text{m}^2$$

$$\Sigma A = A_1 + A_2 = 9.0 + 19.5 = 28.5\text{m}^2$$

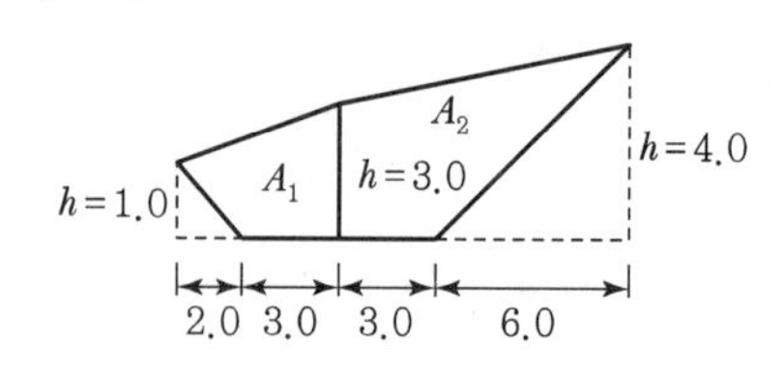

16 다음과 같은 단면에서 절토단면적은 얼마인가?

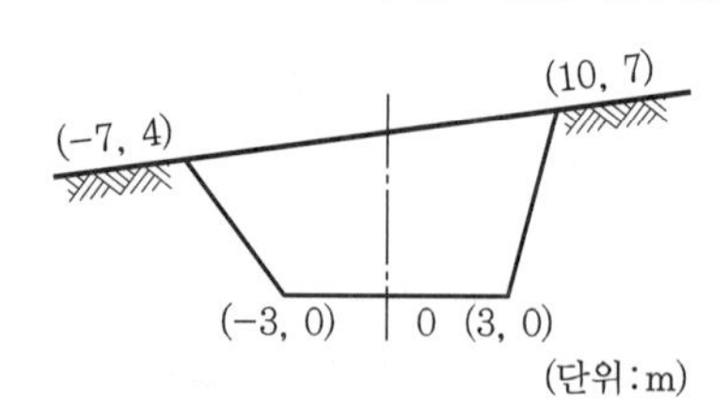

정답 13 ② 14 ③ 15 ③ 16 ③

① 141m² ② 122m²
③ 61m² ④ 57m²

해설

X_n	y_n	$(x_{n-1}-x_{n+1})y_n$
−3	0	(3+7)0=0
−7	4	(−3−10)4=−52
10	7	(−7−3)7=−70
3	0	(10+3)0=0

$\therefore$ 면적$=\frac{\text{배면적}}{2}=\frac{122}{2}=61\text{m}^2$

17 절토면의 형상이 그림과 같을 때 절토면적은?

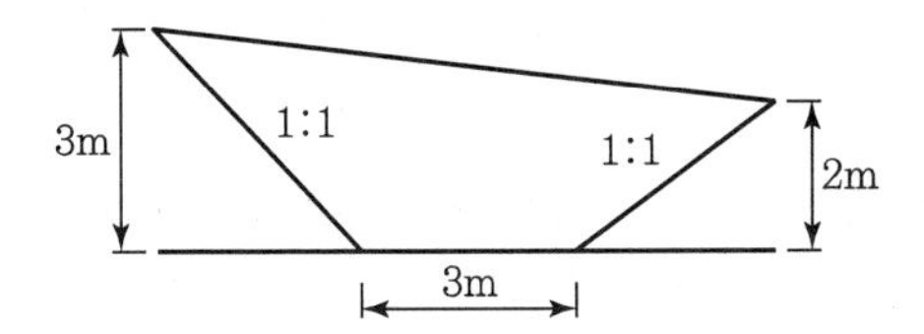

① 11.5m² ② 13.5m²
③ 15.5m² ④ 17.5m²

해설

$A=\left(\frac{2+3}{2}\times 8\right)-\left(\frac{3\times 3}{2}+\frac{2\times 2}{2}\right)=13.5\text{m}^2$

18 다음 폐합트래버스의 경 · 위거 계산에 CD 측선의 횡거를 구하여 전체의 면적을 구한 값은?

측 선	위 거	경 거	배횡거	배면적 (+)(−)
AB	+65.39	+83.57	+83.57	
BC	−34.57	+18.68	+185.82	
CD	−65.43	−40.60		
DA	+34.61	−62.65		

① 12,473.08m² ② 9,680.25m²
③ 6,236.54m² ④ 4,792.02m²

해설

CD의 배횡거=185.82+18.68−40.60=163.90
DA의 배횡거=163.90−40.60−62.65=60.65
AB 배면적=65.39×83.57=5464.64
BC 배면적=−34.57×185.82=−6423.80
CD 배면적=−65.43×163.90=−10723.98
DA 배면적=34.61×60.65=2099.10

$\therefore$ 면적$=\frac{1}{2}(5{,}464.64-6{,}423.80-10{,}723.98+2{,}099.10)$
$=4{,}792.02\text{m}^2$

19 그림과 같은 토지의 1변 BC에 평행하게 $m:n=1:3$의 비율로 분할하고자 할 경우, AB의 길이가 75m일 때 AX는 얼마나 되겠는가?

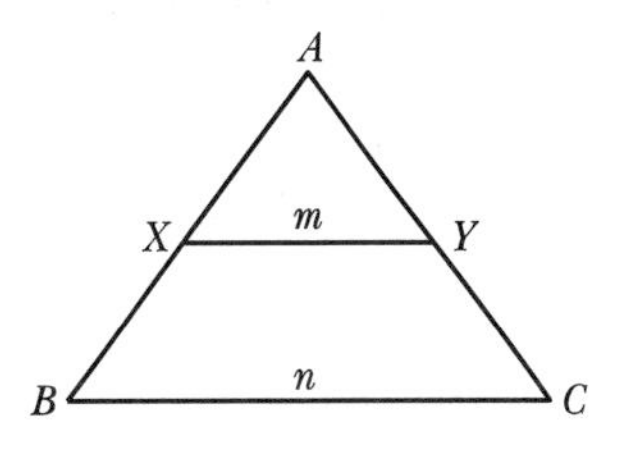

① 33.2m ② 37.5m
③ 37.8m ④ 36.7m

해설

$AX=AB\sqrt{\frac{m}{m+n}}$ $\quad\therefore AX=75\sqrt{\frac{1}{1+3}}=37.5\text{m}$

20 100m²의 정방향의 토지의 면적을 0.1m²까지 정확하게 구하자면 이에 필요한 1변의 길이는?

① 한 변의 길이를 1cm까지 정확하게 읽어야 한다.
② 한 변의 길이를 1mm까지 정확하게 읽어야 한다.
③ 한 변의 길이를 5cm까지 정확하게 읽어야 한다.
④ 한 변의 길이를 5mm까지 정확하게 읽어야 한다.

해설

$\frac{dA}{A}=2\frac{dl}{l}$ 에서

$\frac{0.1}{100}=2\times\frac{dl}{10}$

$dl=0.05\text{m}=5\text{mm}$

정답 17 ② 18 ④ 19 ② 20 ④

21 지상 $1km^2$의 면적을 지도 상에서 $4cm^2$으로 표시하기 위해서는 다음 어느 축척으로 하여야 하는가?

① 1/500 ② 1/5,000
③ 1/50,000 ④ 1/500,000

해설

$A=4cm^2=(2cm)^2$

$\therefore L=2cm$

$\frac{1}{m}=\frac{2}{100,000}=\frac{1}{50,000}$

22 축척 1/50,000의 도면 상에서 어떤 토지개량 지구의 면적을 구하였더니 $45.50cm^2$였다. 실제 면적은?

① 1,138ha ② 1,238ha
③ 1,328ha ④ 1,183ha

해설

$(\text{축척})^2=\left(\frac{1}{m}\right)^2=\frac{\text{도상면적}}{\text{실제면적}}=\left(\frac{1}{50,000}\right)^2=\frac{45.50}{\text{실제면적}}$

실제면적$=1,138\times10^4m^2$

1ha는 $10,000m^2$이므로

$\therefore$ 실제면적$=1,138ha$

23 직사각형 토지의 가로, 세로 거리를 줄자로 측정하여 각각 37.8m와 28.9m를 얻었다. 이때 줄자 30m에 대하여 +4.5cm의 오차가 있었다면 이 토지의 면적에 대한 최대오차는 약 얼마인가?

① $3.10m^2$ ② $3.28m^2$
③ $3.48m^2$ ④ $10.01m^2$

해설

㉠ 측정면적 $=37.8\times28.9=1,092.42m^2$

㉡ 실제면적$=\frac{(\text{부정길이})^2\times\text{관측면적}}{(\text{표준길이})^2}$

$=\frac{(30.045)^2\times1,092.42}{(30)^2}=1,095.70m^2$

㉢ 면적오차$=1,095.70-1,092.42=3.28m^2$

24 다음과 같은 지형의 체적을 구하는 공식은?

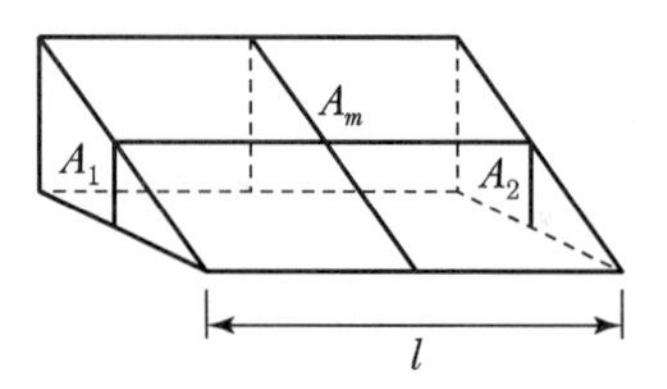

① $V=\frac{l}{3}(A_1\sqrt{A_1A_2}+A_2)$

② $V=\frac{Am}{3}(A_1+Am+A_2)$

③ $V=\frac{l}{8}(A_1+3A_2+3A+A_2)$

④ $V=\frac{l}{6}(A_1+4Am+A_2)$

25 노선의 중심말뚝(간격 20m)에 대해서 횡단측량 결과에 예정노선의 단면을 넣어서 면적을 구한 결과 단면 Ⅰ의 면적 $A_1=78m^2$, 단면 Ⅱ의 면적은 $A_2=132m^2$임을 알았다. 단면 Ⅰ－Ⅱ간의 토량은 다음 중 어느 것인가?

① $2,000m^3$ ② $2,100m^3$
③ $2,200m^3$ ④ $2,500m^3$

해설

$V=\frac{h}{2}(A_1+A_2)$

$=\frac{20}{2}(78+132)$

$=2,100m^3$

26 길이 60m, 폭 10m의 도로를 축조하기 위한 2m 높이의 성토량은?(단, 성토경사 1 : 1.5로 한다.)

① $720m^3$ ② $1,080m^3$
③ $1,200m^3$ ④ $1,560m^3$

정답 21 ③ 22 ① 23 ② 24 ④ 25 ② 26 ④

해설

$V=A\times l$ 에서

$V=\frac{10+16}{2}\times 2\times 60=1,560\text{m}^3$

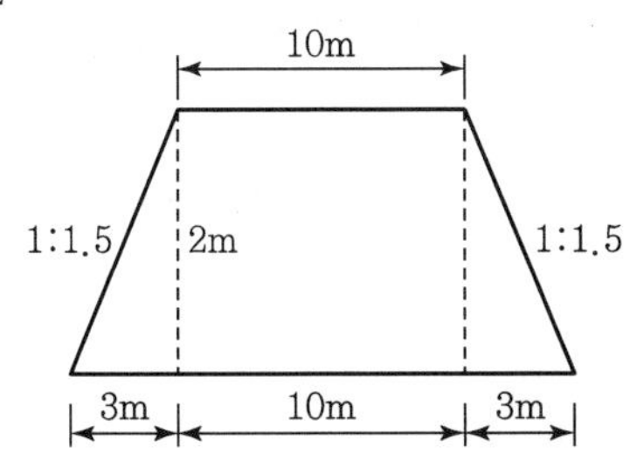

27 운동장이나 비행장과 같은 시설을 건설하기 위한 넓은 지형의 정지공사에서 토량을 계산하자면 다음 방법 중 어느 것이 적당한가?

① 점고계산법
② 양단면 평균법
③ 중앙단면법
④ 오일러 공식에 의한 방법

해설

대단위 지역의 토량계산, 토취장 및 토사장의 용량 관측 등 넓은 지역의 토공용적을 산정할 경우에는 주로 점고법이 이용된다.

28 대단위 신도시를 건설하기 위한 넓은 지형의 정지공사에서 토량을 계산하고자 할 때 가장 적당한 방법은?

① 점고법 ② 양단면 평균법
③ 비례 중앙법 ④ 각주공식에 의한 방법

해설

점고법(Volumes From Spot Height)
토공량 산정을 위한 체적 계산의 한 방법으로, 대상 지역을 삼각형 또는 사각형으로 분할하여 지반고를 관측하고 계획고와 지반고의 차이에 의해 토공량을 산정하는 방법이다. 넓은 지역의 정지, 절취, 매립 등에 주로 사용된다.

29 그림과 같은 지형의 토량을 구하시오.

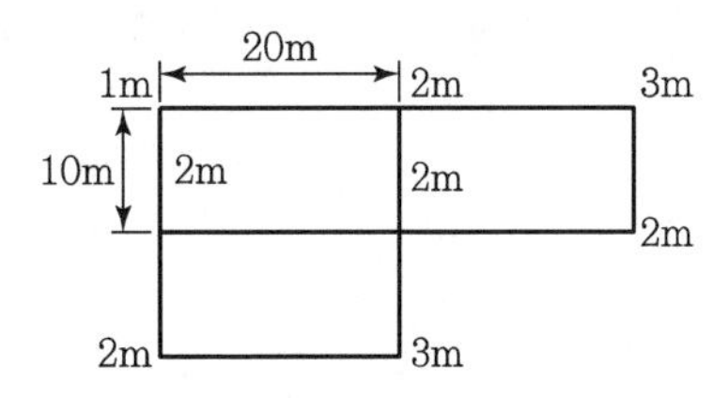

① $1,235\text{m}^3$ ② $1,240\text{m}^3$
③ $1,250\text{m}^3$ ④ $1,260\text{m}^3$

해설

$V=\frac{A}{4}(\Sigma h_1+2\Sigma h_2+3\Sigma h_3+4\Sigma h_4)$

$=\frac{10\times 20}{4}\{(1+2+3+2+3)+2(2+2)+3(2)\}$

$=1,250\text{m}^3$

30 다음 그림에서 각 점의 수치는 표고이다. 표고는 36m로 정지할 때 절토량은 다음 어느 것인가?

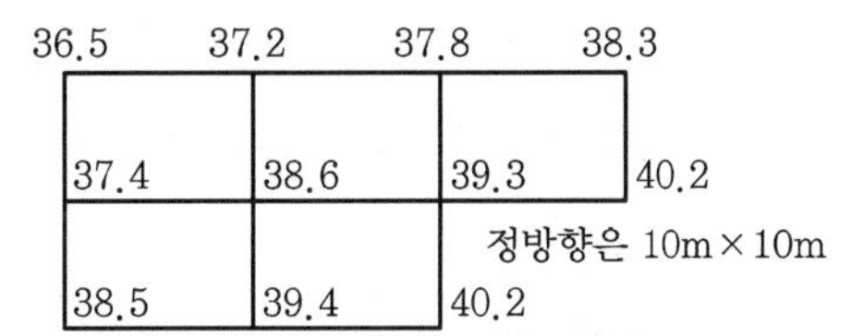

① $1,260\text{m}^3$ ② $1,240\text{m}^3$
③ $1,250\text{m}^3$ ④ $1,270\text{m}^3$

해설

기준 표고 36m와 지반고의 차이로 절토량을 산출한다.

$V=\frac{A}{4}(\Sigma h_1+2\Sigma h_2+3\Sigma h_3+4\Sigma h_4)$

$=1,240\text{m}^3$

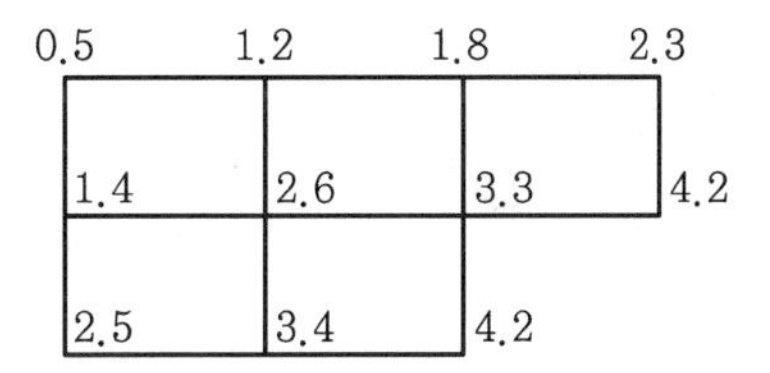

정답 27 ① 28 ① 29 ③ 30 ②

31 각 사각형 부지에서 꼭짓점의 표고는 다음 그림과 같다. 절토량과 성토량이 같도록 정지하려면 시공기준고는?

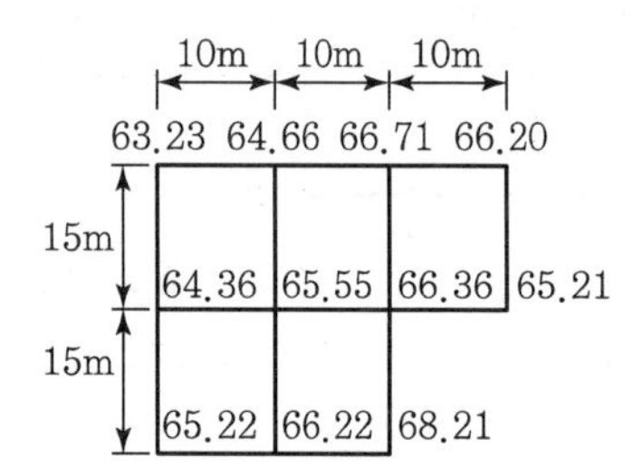

① 63.26m　② 65.66m
③ 67.46m　④ 64.76m

해설

$V=\frac{A}{4}(\Sigma h_1+2\Sigma h_2+3\Sigma h_3+4\Sigma h_4)=49,246.88\text{m}^3$

$V_0=nAh$에서

$\therefore\ h=\frac{V_0}{nA}=\frac{49,246.88}{5\times15\times10}=65.66\text{m}$

32 다음 그림과 같은 지역의 토공량은?

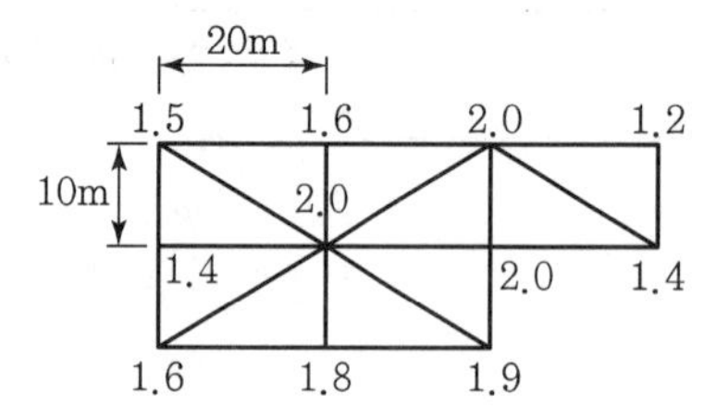

① 893.33m³　② 1,786.66m³
③ 2,660.00m³　④ 1,072.00m³

해설

$V=\frac{A}{3}(\Sigma h_1+2\Sigma h_2+\ldots+8\Sigma h_8)$

$=33.33(1.2+22.4+6+8+16)$

$\fallingdotseq 1,786.66\text{m}^3$

33 10m 간격으로 등고선으로 표시되어 있는 구릉지에서 구적기로 면적을 구하여 $A_0=100\text{m}^2$, $A_1=570\text{m}^2$, $A_2=1,480\text{m}^2$, $A_3=4,320\text{m}^2$, $A_4=8,350\text{m}^2$를 얻었을 때 등고선법에 의한 체적은?

① 130,233.3m³　② 131,233.3m³
③ 103,233.3m³　④ 113,233.3m³

해설

각주공식을 이용하면

$V=\frac{h}{3}\{A_0+A_4+4(A_1+A_3)+2(A_2)\}$

$=\frac{10}{3}(100+8,350+19,560+2,960)$

$=103,233.3\text{m}^3$

34 다음 그림에서 댐의 저수면 높이를 110m로 할 때 저수량은 약 얼마인가?(단, 80m 등고선 내의 면적 900m², 90m 등고선 내의 면적 1,200m², 100m 등고선 내의 면적 2,500m², 110m 등고선 내의 면적 4,300m², 120m 등고선 내의 면적 6,200m²)

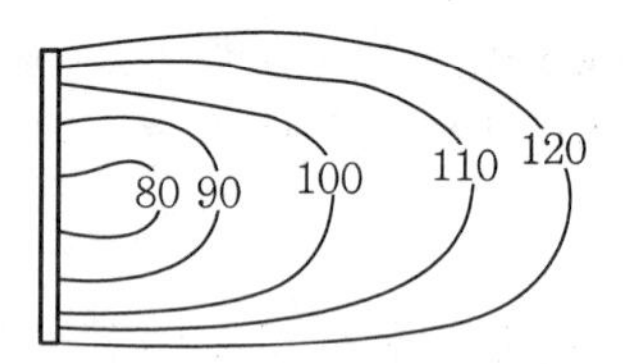

① 53,000m³　② 62,000m³
③ 93,000m³　④ 113,700m³

해설

80m에서 100m까지는 각주공식, 100m와 110m 사이는 양단면평균법을 적용한다.

$V=\frac{d}{3}(A_1+4A_2+A_3)+\frac{d}{2}(A_3+A_4)$

$=61,333.333\text{m}^3$

정답　31 ②　32 ②　33 ③　34 ②

35 종단면도를 이용하여 유토곡선(Mass Curve)을 작성하는 목적과 가장 거리가 먼 것은?

① 토량의 배분 ② 토량의 운반거리 산출
③ 토공기계의 결정 ④ 교통로 확보

해설

유토곡선을 작성하는 목적은 토량의 배분, 운반거리 산출, 토공기계의 결정 등이다.

36 그림과 같은 유토곡선(Mass Curve)에서 하향구간이 의미하는 것은?

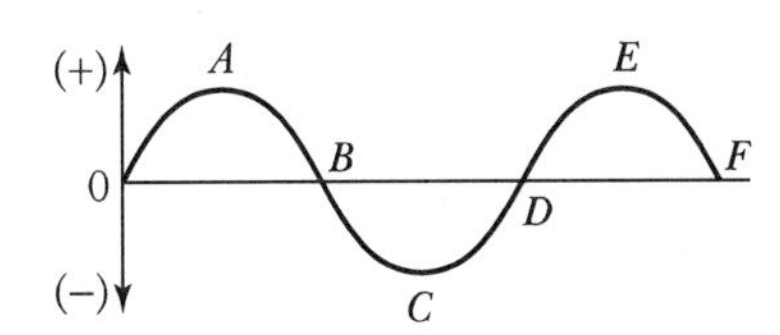

① 성토구간 ② 절토구간
③ 운반토량 ④ 운반거리

해설

- 절토 : 상승 부분(OA, CE)
- 성토 : 하향 부분(AC, EF)

37 그림과 같은 삼각형의 정점 A, B, C의 좌표가 A(50, 20), B(20, 50), C(70, 70)일 때, 정점 A를 지나며 △ABC의 넓이를 $m : n = 4 : 3$으로 분할하는 P점의 좌표는?(단, 좌표의 단위는 m이다.)

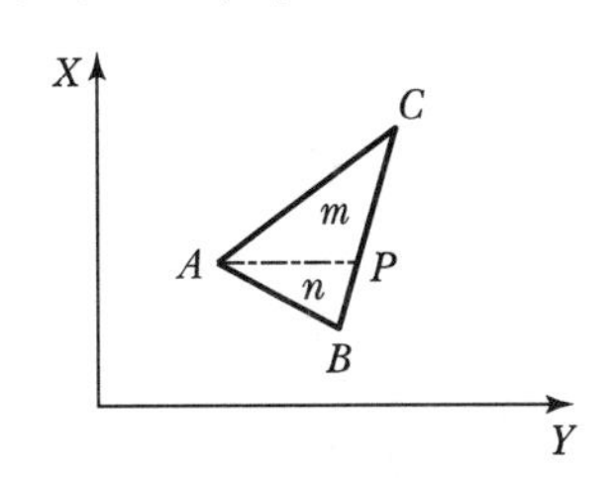

① (58.6, 41.4) ② (41.4, 58.6)
③ (50.6, 63.4) ④ (50.4, 65.6)

해설

㉠ ABC면적

	x	y	$(x_{i-1}-x_{i+1})y_i$
A	50	20	(70−20)20 = 1,000
B	20	50	(50−80)50 = −1,000
C	70	70	(20−50)70 = −2,100

$\Sigma = -2,100$

$\therefore A = \left| \frac{-2,100}{2} \right| = 1,050$

㉡ ABP면적

	x	y	$(x_{i-1}-x_{i+1})y_i$
A	50	20	$(x_p-20)20 = 20x_p - 400$
B	20	50	$(50-x_p)50 = 2,500 - 50x_p$
P	x_p	y_p	$(20-50)y_p = -30y_p$

$\Sigma = 20x_p - 400 + 2,500 = 50x_p - 30y_p$

$= -2,100 \times \frac{3}{7}$

$= -30x_p - 30y_p = -3,000$ ··· ①

㉢ APC면적

	x	y	$(x_{i-1}-x_{i+1})y_i$
A	50	20	$(70-x_p)20 = 1,400 - 20x_p$
P	x_p	y_p	$(50-70)y_p = -20y_p$
C	70	70	$(x_p-50)70 = 70x_p - 3,500$

$\Sigma = 1,400 - 20x_p - 20y_p + 70x_p - 3,500$

$= -2,100 \times \frac{4}{7}$

$= 50x_p - 20y_p = 900$ ··· ②

식 ①과 ②를 이원일차 연립방정식으로 풀면

$-30x_p - 30y_p = -3,000$ ··· ①

$50x_p - 20y_p = 900$ ··· ②

$\therefore X_p = 41.4$

$Y_p = 58.6$

정답 35 ④ 36 ① 37 ②

CHAPTER 09

노선측량

01 노선측량

1. 노선측량의 순서

① 노선선정	• 현지답사 • 도상계획(1/50,000 지형도)
② 계획 및 조사측량	• 지형도 작성(중심선 측량) • 개략노선 선정(예측)
③ 실시설계 측량	• 지형도 작성 • 중심선 선정, 중심선 설치(도상) • 다각측량 • 고저측량
④ 세부측량	• 평면도(종 1/500 ~1/100) • 종단면도(종1/100, 횡1/500 ~1/100)
⑤ 용지측량	• 횡단면도에 계획 단면을 기입 • 용지폭을 정하고 용지도 작성
⑥ 공사측량	• 중심말뚝의 검측 • 가인조점 설치

2. 곡선의 분류

곡선의 분류

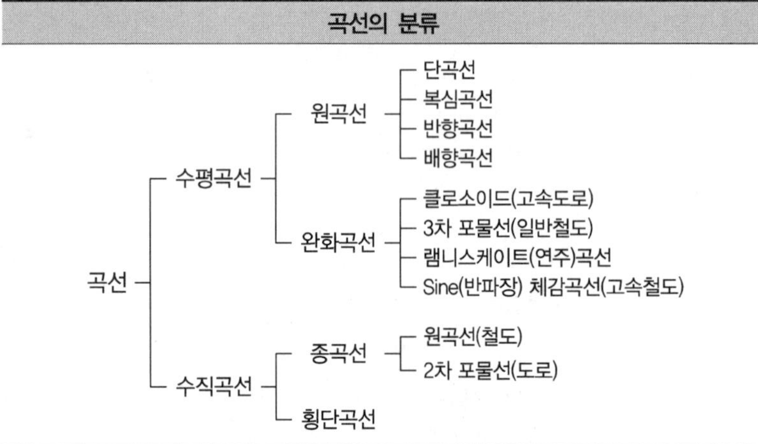

단곡선	복심곡선	반향곡선
R, R	R_1, R_2	R_2, R_2, R_1, R_1
반경 R이 일정한 한 개의 원호	중심이 동일 방향에 있는 연속곡선	중심이 서로 반대 방향에 있는 연속곡선

GUIDE

• **노선측량 정의**

도로, 철도 등의 부설에 따른 교통로 측량, 상하수도의 관 매설에 따른 측량 등 폭이 좁고 길이가 긴 구역의 측량을 총칭

• **노선선정 시 고려사항**

① 건설비, 유지비가 적게 드는 노선
② 기존 시설물의 이전 비용 등을 고려
③ 가급적 급경사 노선은 피하는 게 좋다.
④ 절토와 성토의 균형을 이뤄 토공량이 적게 한다.
⑤ 복심곡선과 반향곡선은 가급적 피한다.

• **노선선정 시 중요한 요소**

수송량, 경제성, 시공성, 안전성

• **종단면도 기입사항**

① 추가거리 ② 지반고
③ 계획고 ④ 절토고
⑤ 성토고 ⑥ 경사도

• **종단면도**

① 노선의 경사도를 파악한다.
② 종단측량 실시 후 횡단측량을 한다.
③ 종단측량은 횡단측량보다 높은 정확도가 요구된다.
④ 종단도를 보면 노선의 형태를 알 수 있으나 횡단도를 보면 알 수 없다.
⑤ 종단도의 횡축척과 종축척은 서로 다르게 잡는다.

• **수평곡선**

노선의 방향을 바꾸기 위해 설치

• **수직곡선**

곡선의 경사를 바꾸기 위해 설치

01 노선측량의 순서로 옳은 것은?

① 도상 계획 – 예측 – 실측 – 공사 측량
② 예측 – 도상 계획 – 실측 – 공사 측량
③ 도상 계획 – 실측 – 예측 – 공사 측량
④ 예측 – 공사 측량 – 도상 계획 – 실측

해설

노선측량의 순서
노선 선정 → 계획 및 조사측량 → 실시설계측량 → 세부측량 → 용지측량 → 공사측량

02 노선측량에서 실시설계측량에 해당하지 않는 것은?

① 중심선 설치　　② 용지측량
③ 지형도 작성　　④ 다각측량

해설

실시설계측량
- 지형도 작성
- 중심선 선정, 중심선 설치(도상)
- 다각측량
- 고저측량

03 노선측량에서 노선을 선정할 때 유의해야 할 사항으로 옳지 않은 것은?

① 배수가 잘 되는 곳으로 한다.
② 노선 선정 시 가급적 직선이 좋다.
③ 절토 및 성토의 운반거리를 가급적 짧게 한다.
④ 가급적 성토구간이 길고, 토공량이 많아야 한다.

해설

- 노선 선정 시 가능한 직선, 경사는 완만하게 한다.
- 절 · 성토량이 같고 절토의 운반거리를 짧게 한다.
- 배수가 잘되는 곳을 선정한다.

04 노선 선정 시 고려해야 할 사항에 대한 설명으로 옳지 않은 것은?

① 건설비 · 유지비가 적게 드는 노선이어야 한다.
② 절토와 성토의 균형을 이루어 토공량이 적게 한다.
③ 기존 시설물을 이전시켜서라도 노선은 직선으로 하여야 한다.
④ 가급적 급경사 노선은 피하는 것이 좋다.

05 노선의 곡선에서 수평곡선으로 사용하지 않는 곡선은?

① 복곡선　　② 단곡선
③ 2차 포물선　　④ 반향곡선

해설

2차 포물선은 수직곡선이다.

06 종단측량과 횡단측량에 관한 설명으로 틀린 것은?

① 종단도를 보면 노선의 형태를 알 수 있으나 횡단도를 보면 알 수 없다.
② 종단측량은 횡단측량보다 높은 정확도가 요구된다.
③ 종단도의 횡축척과 종축척은 서로 다르게 잡는 것이 일반적이다.
④ 횡단측량은 노선의 종단측량에 앞서 실시한다.

해설

종단측량 후 횡단측량을 한다.

07 노선의 종단측량 결과는 종단면도에 표시하고 그 내용을 기록하게 된다. 이때 포함되지 않는 내용은?

① 지반고와 계획고의 차
② 측점의 추가거리
③ 계획선의 경사
④ 용지 폭

해설

용지 폭은 종단면도 기재사항에 포함되지 않는다.

정답 01 ① 02 ② 03 ④ 04 ③ 05 ③ 06 ④ 07 ④

02 수평곡선

1. 원곡선(단곡선) 명칭

기호	명칭	위치	모식도
BC	곡선의 시점	A	
EC	곡선의 종점	B	
IP	교점	IP	
I	교각	I	
TL	접선길이	A−IP	
R	곡선 반지름	R	
CL	곡선길이	AHB	
E(SL)	외할	IP−H	
M	중앙종거	M	
C(L)	현장	AB	
δ	편각	δ	

2. 원곡선(단곡선) 공식

기호	명칭	식
BC	곡선의 시점	$(BC) = IP - TL$
EC	곡선의 종점	$(EC) = BC + CL$
TL	접선길이	$(TL) = R\ \tan\frac{I}{2}$
CL	곡선길이	$(CL) = RI\frac{\pi}{180}$ (R 이 안 주어지면 외할을 이용)
M	중앙종거	$(M) = R\left(1 - \cos\frac{I}{2}\right)$
C(L)	현의 길이(장현)	$(C) = 2R\ \sin\frac{I}{2}$
E(SL)	외할	$(E) = R\left(\sec\frac{I}{2} - 1\right)$
δ	편각	$(\delta) = \frac{l}{2R} \times \frac{180°}{\pi}$

GUIDE

- **원곡선 설치 시 발생오차**
  ① 각과 거리관측의 오차
  ② 토털스테이션과 데오돌라이트의 조정 불량
  ③ 토털스테이션과 데오돌라이트의 수평, 중심 맞추기 불량

- No.5 + 3m = 103m
  (말뚝간격 20m)

- **접선길이(TL)**

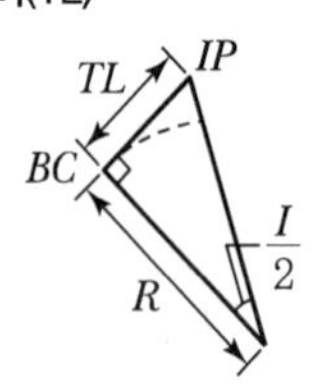

$(TL) = R\ \tan\frac{I}{2}$

- **곡선길이(CL)**

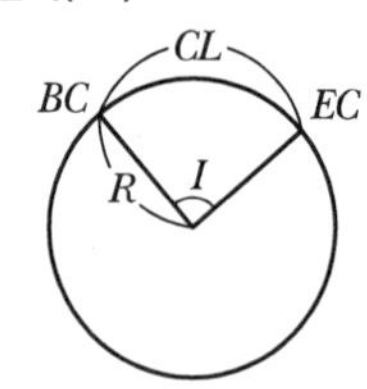

$2\pi R : CL = 360° : I$

$CL = \frac{\pi}{180°} \cdot R \cdot I$

01 반지름 150m의 단곡선을 설치하기 위하여 교각을 측정한 값이 57°36′일 때 접선장(TL)과 곡선장(CL)은?

① 접선장=82.46m, 곡선장=150.80m
② 접선장=82.46m, 곡선장=75.40m
③ 접선장=236.36m, 곡선장=75.40m
④ 접선장=236.36m, 곡선장=150.80m

해설

- 접선장 $=R\tan\frac{I}{2}=150\times\tan\frac{57°\,36'}{2}=82.46\text{m}$
- 곡선장 $=RI\frac{\pi}{180°}=150\times 57°\,36'\times\frac{\pi}{180°}=150.80\text{m}$

02 교점(IP)의 위치가 기점으로부터 추가거리 325.18m이고, 곡선반지름(R) 200m, 교각(I) 41°00′인 단곡선을 편각법으로 설치하고자 할 때, 곡선시점(BC)의 위치는?(단, 중심말뚝 간격은 20m이다.)

① No.3+14.777m ② No.4+5.223m
③ No.12+10.403m ④ No.13+9.596m

해설

$\overline{BC}$거리=IP−TL

=325.18−74.777=250.403m=No.12+10.403m

$\left(TL=R\tan\frac{I}{2}=200\times\tan\frac{41°}{2}=74.777\text{m}\right)$

03 곡선 설치에서 교각이 35°, 원곡선 반지름이 500m일 때 도로 기점으로부터 곡선 시점까지의 거리가 315.45m이면 도로 기점으로부터 곡선 종점까지의 거리는?

① 593.38m ② 596.88m
③ 620.88m ④ 625.36m

해설

- CL(곡선장) $=\frac{\pi}{180}RI=\frac{\pi}{180}\times 500\times 35°=305.43\text{m}$
- EC 거리=BC 거리+CL=315.45+305.43=620.88m

04 교각 $I=60°$, 반지름 $R=200$m인 단곡선의 중앙종거는?

① 26.8m ② 30.9m ③ 100.0m ④ 115.5m

해설

$$M=R\left(1-\cos\frac{I}{2}\right)=200\left(1-\cos\frac{60°}{2}\right)=26.8\text{m}$$

05 노선측량에서 단곡선 설치 시 필요한 교각 $I=$ 95°30′, 곡선 반지름 $R=300$m일 때 장현(Long Chord ; L)은?

① 222.065m ② 298.619m
③ 444.121m ④ 597.238m

해설

장현 길이$(C)=2R\sin\frac{I}{2}=2\times 300\times\sin\frac{95°30'}{2}=444.131\text{m}$

06 반지름 R=200m인 원곡선을 설치하고자 한다. 도로의 시점으로부터 1243.27m 거리에 교점(IP)이 있고 그림과 같이 ∠A와 ∠B를 관측하였을 때 원곡선 시점(BC)의 위치는?(단, 도로의 중심점 간격은 20m이다.)

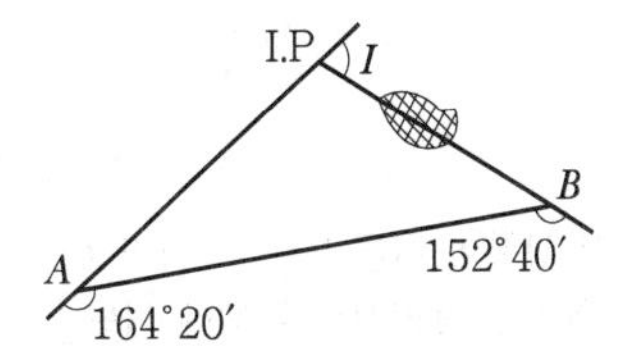

① No. 3+1.22m ② No. 3+18.78m
③ No. 58+4.49m ④ No. 58+15.51m

해설

- ∠A=180°−164° 20′=15° 40′
- ∠B=180°−152° 40′=27° 20′
- ∠IP=180°−(15° 40′+27° 20′)=137°
- $\text{TL}=\text{R}\tan\frac{I}{2}=200\times\tan\frac{43°}{2}=78.78\text{m}$

  (I=∠A+∠B=43°)
- $\overline{\text{BC}}$거리=IP−TL=1243.27−78.78=1,164.49m

∴ 1,164.49=No. 58+4.49m

정답 01 ① 02 ③ 03 ③ 04 ① 05 ③ 06 ③

3. 호와 현길이의 차이 및 중앙종거와 곡률반경의 관계

구분	내용	그림
호와 현길이의 차	$l-C=\dfrac{l^3}{24R^2}$ ① l : 호 길이 ② C : 현 길이(장현)	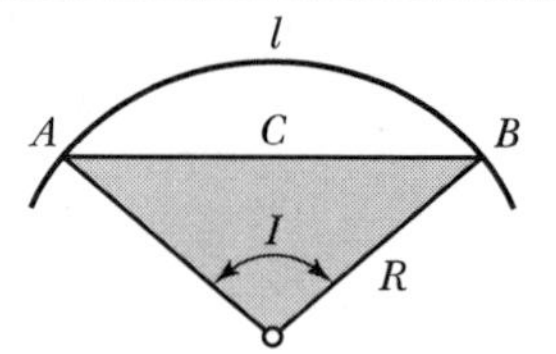
중앙종거와 곡률반경의 관계	$R=\dfrac{C^2}{8M}$ $R^2-(C/2)^2=(R-M)^2$ $\therefore R=\dfrac{C^2}{8M}+\dfrac{M}{2}$ (M이 C보다 작으면 $\dfrac{M}{2}$ 무시)	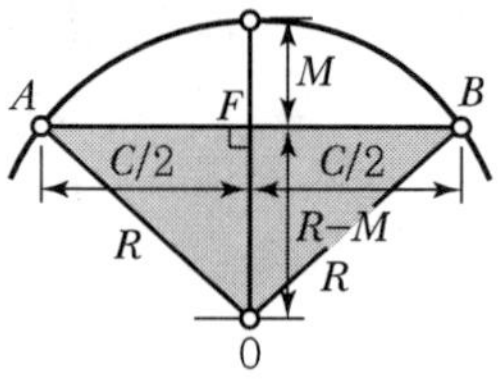

4. 원곡선의 종류

구분	내용
복심곡선	① 반지름이 다른 두 개의 원곡선이 한 개의 공통접선을 갖고 접선의 같은 쪽에서 연결하는 곡선(중심이 동일방향) ② t_1+t_2 $=R_1\tan\dfrac{\Delta_1}{2}+R_2\tan\dfrac{\Delta_2}{2}$ 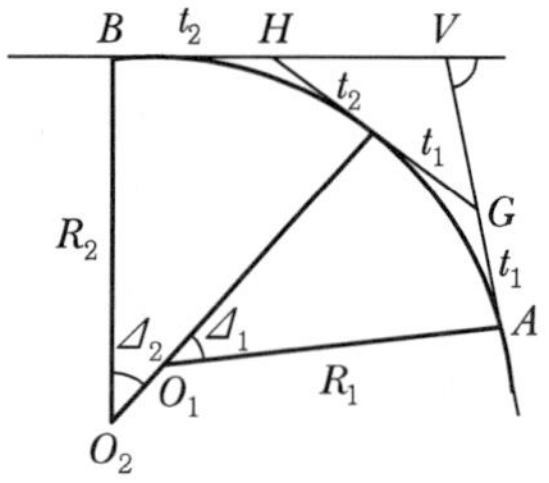
반향곡선	① 반지름이 다른 두 원곡선이 1개의 공통접선의 양쪽에 서로 곡선 중심을 가지고 연결한 곡선 ② 각각의 원곡선이 반대방향으로 원의 중심을 갖도록 설계(중심이 서로 반대방향) 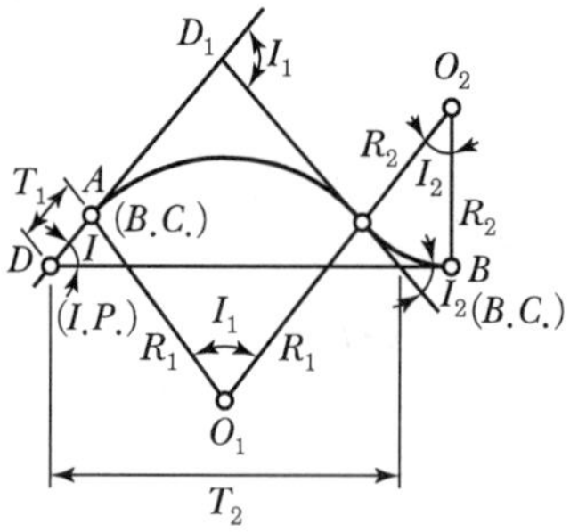
배향곡선	① 반향곡선을 연속시켜 머리핀 형태를 형성 ② swich back(철도) 적합 ③ 복곡선과 반향곡선의 조합 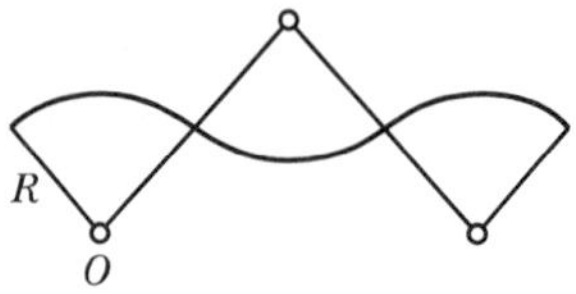

GUIDE

- 소지측량과 대지측량의 정도

① 정밀도$=\dfrac{d-l}{l}=\dfrac{1}{12}\left(\dfrac{l}{R}\right)^2$

② 거리오차$=(d-l)=\dfrac{1}{12}\times\dfrac{l^3}{R^2}$

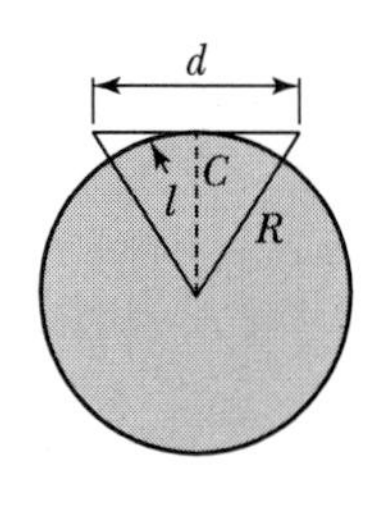

- 수평곡선(원곡선)

① 단곡선
② 복심곡선
③ 반향곡선
④ 배향곡선

- 고속주행을 하기 위해서는 복심, 반향곡선을 피하고 단곡선으로 설치하는 것이 유리하다.

01 원곡선에서 장현 L과 그 중앙 종거 M을 관측하여 반지름 R을 구하는 식으로 옳은 것은?

① $\frac{L^2}{8M}$ ② $\frac{L^2}{4M}$ ③ $\frac{L^2}{2M}$ ④ $\frac{L^2}{M}$

해설

중앙종거와 곡률반경$\left(R=\frac{C^2}{8M}\right)$

(장현이 L이면 $R=\frac{L^2}{8M}$)

02 곡선 반지름 $R=300$m, 곡선 길이 $L=20$m인 경우 현과 호의 길이의 차는?

① 0.2cm ② 0.4cm ③ 2cm ④ 4cm

해설

- 교각($I°$)

  곡선장(CL)$=RI°\frac{\pi}{180}$

  $I°=\frac{CL}{R}\cdot\frac{180°}{\pi}=\frac{20}{300}\cdot\frac{180°}{\pi}=3°49'11''$
- 현장$=2R\sin\frac{I}{2}=2\times300\times\sin\frac{3°49'11''}{2}=19.996$m
- 호와 현의 길이차 : 20m−19.996m=0.004m=0.4cm

03 노선측량에서 평면곡선으로 공통 접선의 반대 방향에 반지름(R)의 중심을 갖는 곡선 형태는?

① 복심곡선 ② 포물선곡선
③ 반향곡선 ④ 횡단곡선

해설

- 복심곡선 : 반지름이 다른 두 개의 원곡선이 한 개의 공통접선을 갖고 접선의 같은 쪽에서 연결
- 반향곡선 : 각각의 원곡선이 반대방향으로 원의 중심을 갖도록 설계
- 배향곡선 : 반향곡선을 연속시켜 머리핀 형태를 형성 swich back(철도)적합

04 그림과 같은 복곡선에서 t_1+t_2의 값은?

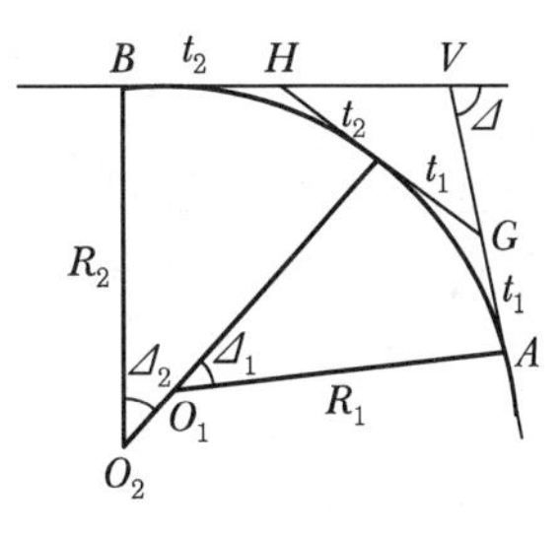

① $R_1(\tan\Delta_1+\tan\Delta_2)$
② $R_2(\tan\Delta_1+\tan\Delta_2)$
③ $R_1\tan\Delta_1+R_2\tan\Delta_2$
④ $R_1\tan\frac{\Delta_1}{2}+R_2\tan\frac{\Delta_2}{2}$

해설

- 접선장($T.L$)$=R\tan\frac{I}{2}$
- $t_1=R_1\tan\frac{\Delta_1}{2}$, $t_2=R_2\tan\frac{\Delta_2}{2}$
- $t_1+t_2=R_1\tan\frac{\Delta_1}{2}+R_2\tan\frac{\Delta_2}{2}$

05 그림과 같은 반지름=50m인 원곡선을 설치하고자 할 때 접선거리 $\overline{AI}$ 상에 있는 $\overline{HC}$의 거리는?(단, 교각=60°, $\alpha=20°$, $\angle AHC=90°$)

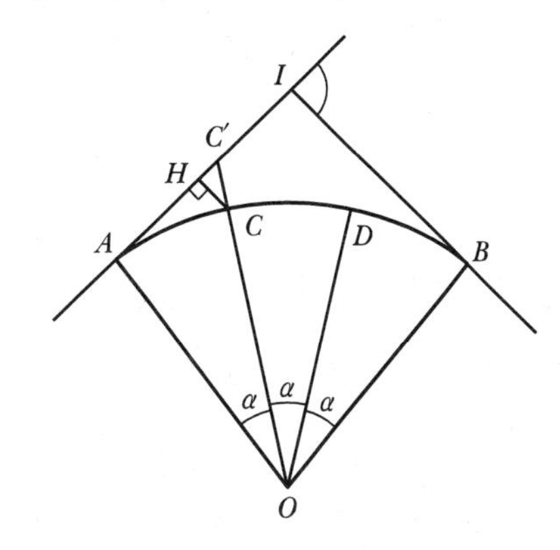

① 0.19m ② 1.98m ③ 3.02m ④ 3.24m

해설

- $\cos\alpha=\frac{OA}{C'O}$ $\therefore C'O=\frac{OA}{\cos\alpha}=\frac{50}{\cos 20°}=53.21$m
- $CC'=C'O-R=53.21-50=3.21$m
- $\cos\alpha=\frac{HC}{C'C}$
- $HC=C'C\cos\alpha=3.21\times\cos 20°=3.02$m

정답 01 ① 02 ② 03 ③ 04 ④ 05 ③

03 단곡선의 설치

1. 편각에 의한 단곡선 설치

특징	모식도
① 철도, 도로 등의 곡선설치에 가장 일반적으로 널리 사용 ② 다른 방법에 비해 정확하다. ③ 반지름이 작을 때 오차가 발생 ④ 중심 말뚝은 20m마다 설치	

20m 편각	$\delta_{20} = \dfrac{20}{2R} \times \dfrac{180°}{\pi}$	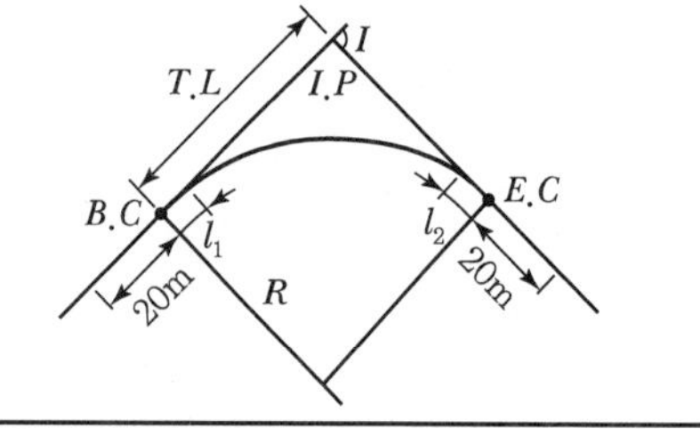
시단현 편각	$\delta_{\ell_1} = \dfrac{l_1}{2R} \times \dfrac{180°}{\pi}$	
종단현 편각	$\delta_{\ell_2} = \dfrac{l_2}{2R} \times \dfrac{180°}{\pi}$	

2. 중앙종거법에 의한 단곡선 설치

중앙종거 식	모식도	중앙종거법 특징
① $M_1 = R\left(1-\cos\dfrac{I}{2}\right)$ ② $M_2 = R\left(1-\cos\dfrac{I}{4}\right)$ ③ $M_3 = R\left(1-\cos\dfrac{I}{8}\right)$		① 기설곡선의 검사에 이용 ② 반경이 작은 시가지의 곡선 설치에 이용 ③ 1/4법 ④ 중심말뚝을 20m마다 설치할 수 있다.

3. 접선에 대한 지거법 및 접선 편거 현 편거에 의한 방법

접선에 대한 지거법(좌표법)	접선편거와 현 편거법
양접선에 지거를 내려 곡선을 설치하는 방법으로 터널 내의 곡선설치와 산림지에서 벌채량을 줄일 경우에 적당한 방법	트랜싯을 사용하지 못할 때 pole과 tape만으로 설치하는 방법, 곡률이 큰 지방도로 및 농로에 많이 사용(정도 낮다.)

GUIDE

- l_1(시단현)

  곡선시점(BC)에서 바로 앞 말뚝까지의 거리(20m 이하)

- l_2(종단현)

  곡선종점(EC)에서 바로 전 말뚝까지의 거리(20m 이하)

- **편각법**
  - ① δ_{ℓ_1} : 시단편각
  - ② δ_{20} : 20m 편각
  - ③ δ_{ℓ_2} : 종단편각
  - ④ l_1 : 시단현
  - ⑤ l_2 : 종단현

- **접선에 대한 지거법(좌표법)**
  - ① $y = \dfrac{x^2}{2R}$
  - ② 평면곡선 및 종단곡선의 설치요소를 동시에 위치 시킬 수 없다.

- **접선편거(t_1)=** $\dfrac{l^2}{2R}$

- **현 편거(d)=** $\dfrac{l^2}{R}$

01 교각이 60°, 곡선반경이 200m인 단곡선 설치에서 노선 시작점에서 교점(IP)까지의 추가거리가 210.60m일 때 시단현의 길이는?(단, 중심말뚝의 간격은 20m이다.)

① 3.26m ② 4.87m ③ 6.24m ④ 15.13m

해설

- $TL = R\tan\frac{I}{2} = 200 \times \tan\frac{60°}{2} = 115.47$
- BC거리 $= IP$거리 $- TL = 210.60 - 115.47 = 95.13$
- 시단현 길이$(l_1) = 20 - 15.13 = 4.87\text{m}$

02 반지름 500m인 단곡선에서 시단현 15m에 대한 편각은?

① 0°51′34″ ② 1°4′27″
③ 1°13′33″ ④ 1°17′42″

해설

편각$(\delta) = \frac{l}{2R} \times \frac{180°}{\pi} = \frac{15}{2 \times 500} \times \frac{180°}{\pi} = 0°\,51'\,34''$

03 도로시점에서 교점까지의 추가거리가 546.42m이고, 교각이 45°일 때 곡선반지름 300m인 단곡선에서 시단현의 편각 δ_1의 값은?(단, 중심말뚝 간격은 20m이다.)

① 0°15′38″ ② 1°41′21″
③ 1°42′13″ ④ 1°54′35″

해설

- $TL = R\tan\frac{I}{2} = 300 \times \tan\frac{45°}{2} = 124.26\text{m}$
- $\overline{BC}$ 거리 $= IP - TL = 546.42 - 124.26 = 422.16\text{m}$
- 시단현 길이$(l_1) = 440 - 422.16 = 17.84\text{m}$
- 시단편각$(\delta_1) = \frac{l_1}{2R} \times \frac{180°}{\pi} = \frac{17.84}{2 \times 300} \times \frac{180°}{\pi} = 1°42'13''$

04 교점$(I.P)$까지의 누가거리가 355m인 곡선부에 반지름(R)이 100m인 원곡선을 편각법에 의해 삽입하고자 한다. 이때 20m에 대한 호와 현길이의 차이에서 발생하는 편각(δ)의 차이는?

① 약 20″ ② 약 34″ ③ 약 46″ ④ 약 55″

해설

- 현과 호의 길이차 $\left(\frac{L^3}{24R^2}\right) = \frac{20^3}{24 \times 100^2} = 0.033\text{m}$
- 편각 $\delta = \frac{L}{2R} \times \frac{180°}{\pi} = \frac{0.033}{2 \times 100} \times \frac{180°}{\pi} = 34.03''$

05 도로의 단곡선 설치에서 교각 $I = 60°$, 곡선반지름 $R = 150\text{m}$이며, 곡선시점 BC는 NO.8 + 17m(20m × 8 + 17m)일 때 종단현에 대한 편각은?

① 0°12′45″ ② 2°41′21″
③ 2°57′54″ ④ 3°15′23″

해설

- $CL = R \cdot I \cdot \frac{\pi}{180} = 150 \times 60 \times \frac{\pi}{180} = 157.08\text{m}$
- $EC = BC + CL = (20 \times 8 + 17) + 157.08 = 334.08\text{m}$
- 종단현$(l_2) = 334.08 - 320 = 14.08\text{m}$
- 종단현의 편각$(\delta_2) = \frac{l_2}{2R} \times \frac{180°}{\pi} = \frac{14.08}{2 \times 150} \times \frac{180°}{\pi}$
  $= 2°41'21''$

06 접선과 현이 이루는 각을 이용하여 곡선을 설치하는 방법으로 정확도가 비교적 높아 단곡선 설치에 가장 널리 사용되고 있는 방법은?

① 지거설치법 ② 중앙종거법
③ 편각설치법 ④ 현편거법

07 노선측량에서 제1중앙종거(M_o)는 제3중앙종거(M_2)의 약 몇 배인가?

① 2배 ② 4배 ③ 8배 ④ 16배

해설

$$M_0 : M_2 = R\left(1 - \cos\frac{I}{2}\right) : R\left(1 - \cos\frac{I}{8}\right)$$
$$= \left(1 - \cos\frac{I}{2}\right) : \left(1 - \cos\frac{I}{8}\right)$$
$$= \left(1 - \cos\frac{60}{2}\right) : \left(1 - \cos\frac{60}{8}\right)$$
$$= 16 : 1$$

정답 01 ② 02 ① 03 ③ 04 ② 05 ② 06 ③ 07 ④

4. 장애물이 있는 경우의 단곡선 설치

교점(IP) 부근에 장애물이 있는 경우	관련식
	① $I=\alpha+\beta$ ② $CP=\dfrac{\sin\beta}{\sin I}\times l$ $\because\ \sin(180°-I)=\sin I$ ③ $DP=\dfrac{\sin\alpha}{\sin I}\times l$ ④ $AC=TL-CP$ $=R\tan\dfrac{\alpha+\beta}{2}-\dfrac{\sin\beta}{\sin(\alpha+\beta)}\times l$ ⑤ $BD=TL-DP$ $=R\tan\dfrac{\alpha+\beta}{2}-\dfrac{\sin\alpha}{\sin(\alpha+\beta)}\times l$

GUIDE

• **교점(IP) 부근에 장애물이 있는 경우**
교각 I의 직접 측정이 불가능시, 양 접선상의 임의의 점 C, D에서 α, β, l를 측정하여 sine법칙 적용

5. 노선변경

접선의 위치 및 방향이 변하지 않는 경우 신곡선 반경(R_N)

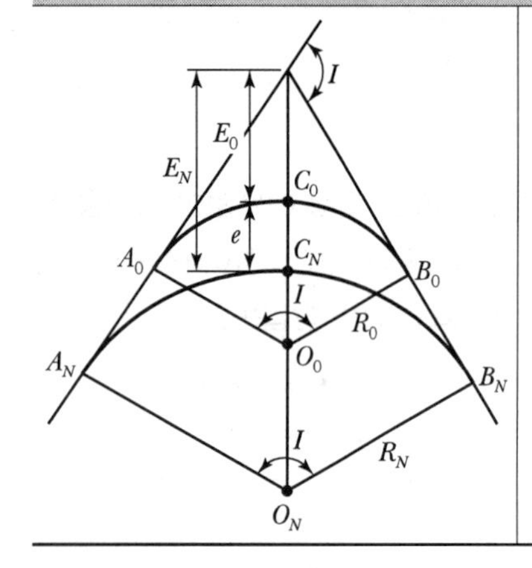

$$E_N=E_0+e$$

$$R_N\left(\sec\frac{I}{2}-1\right)=R_0\left(\sec\frac{I}{2}-1\right)+e$$

$$\therefore\ R_N=R_0+\frac{e}{\left(\sec\dfrac{I}{2}-1\right)}$$

• R_0 : 구곡선의 반경
R_N : 신곡선의 반경
e : 호의 중심점 이동량

• $\sec 30°=\dfrac{1}{\cos 30°}$

6. 종횡단 측량

종단측량	횡단측량
① 종단측량 → 종단면도	① 횡단측량 → 횡단면도
② 종단면도 → 종축척 $\dfrac{1}{1,000}$(소축척)	② 횡단면도 → 횡축척 $\dfrac{1}{250}$ 이상(대축척)
③ 노선의 경사도 확인	③ 말뚝기준, 거리와 지반고 결정

01 그림과 같이 AC 및 BD선 사이에 곡선을 설치하고자 한다. 그런데 그 교점에 장애물이 있어 교각을 측정하지 못했기 때문에 ∠ACD, ∠CDB 및 CD의 거리를 측정하여 다음의 결과를 얻었다. ∠ACD =150°, ∠CDB=90°, CD=200m, 곡선반지름 300m라 하면 C점부터 곡선의 시점까지의 거리는?

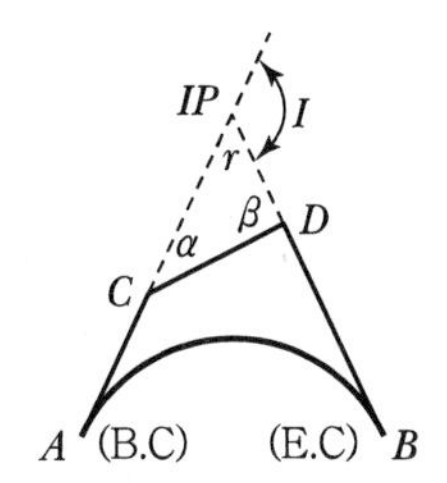

① 298.58m
② 275.78m
③ 265.78m
④ 288.68m

해설

CD=200m, ∠ACD=150° ∠CDB=90°에서 α, β, γ를 구하여 I를 구한다.

$\alpha=30°$, $\beta=90°$, $\gamma=60°$

그러므로 교각(I)는 120°이다.

$$T.L=R\tan\frac{I}{2}=300\times\tan\frac{120°}{2}=519.6\text{m}$$

sine법칙에 의하여 $\overline{CP}$를 구하면

$$\frac{200}{\sin 60°}=\frac{\overline{CP}}{\sin 90°}$$

$\therefore\ \overline{CP}=230.94\text{m}$

그러므로

$\overline{AC}=T.L-\overline{CP}=519.6-230.94 ≒ 288.67\text{m}$

02 도로를 계수하여 구곡선의 중앙에 있어서 10m만큼 곡선을 내측으로 옮기고자 한다. 신곡선의 반경을 구하라.(단, 구곡선의 곡선반경은 100m이고 그 교각안 60° 로 하며 접선방향은 변하지 않는 것으로 한다.)

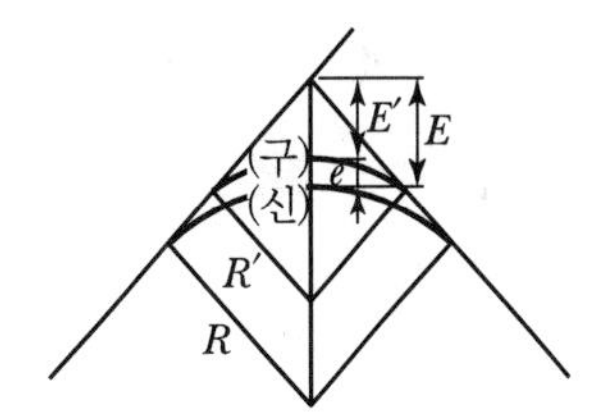

① 138.26m
② 194.65m
③ 150.50m
④ 164.64m

해설

$E=E'+e$

$$R\left(\sec\frac{I}{2}-1\right)=R'\left(\sec\frac{I}{2}-1\right)+e$$

$$R=R'+\frac{e}{\sec\frac{I}{2}-1}$$

$$=100+\frac{10}{\sec 30°-1}$$

$=164.64\text{m}$

03 종단 및 횡단측량에 대한 설명으로 옳은 것은?

① 종단도의 종축척과 횡축척은 일반적으로 같게 한다.
② 노선의 경사도 형태를 알려면 종단도를 보면 된다.
③ 횡단측량은 종단측량보다 높은 정확도가 요구된다.
④ 노선의 횡단측량을 종단측량보다 먼저 실시하여 횡단도를 작성한다.

해설

- 보통 종축척은 1/1,000, 횡축척은 1/250 이상
- 종단측량은 횡단측량보다 높은 정밀도를 요구한다.
- 종단측량은 횡단측량보다 먼저 실시한다.

정답 01 ④ 02 ④ 03 ②

04 완화곡선

1. 완화곡선 정의

완화곡선의 특징	완화곡선
① 차량이 직선부에서 곡선부로 접어들 때 급격한 원심력을 감소시키기 위해 직선부와 원곡선 사이에 설치 ② 완화곡선의 접선은 시점에서는 직선에, 종점에서는 원호에 접한다. ③ 완화곡선의 반지름은 시작점에서 무한대 종점에서는 원곡선의 반지름과 같다.	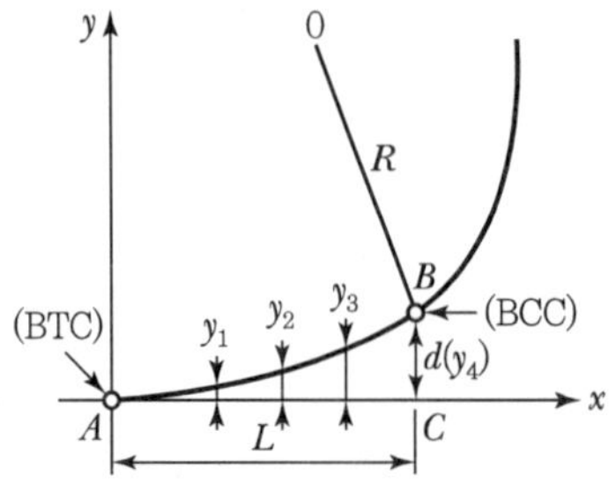 y, 0, R, B, (BTC), y_1, y_2, y_3, (BCC), $d(y_4)$, x, A, L, C

- 완화곡선의 시작점에서 캔트는 0이다.
- 완화곡선의 곡률은 곡선의 어느 부분에서도 그 값은 다르다.
- 완화곡선의 곡선반경 감소율은 캔트의 증가율과 같다.

2. 완화곡선의 요소

캔트(Cant, 고도), 편물매	슬랙(Slack), 확폭
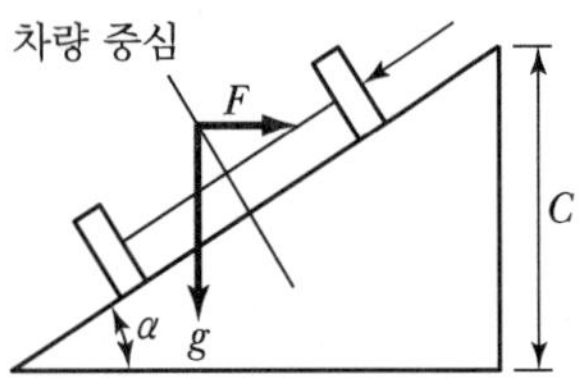 차량 중심, F, C, α, g	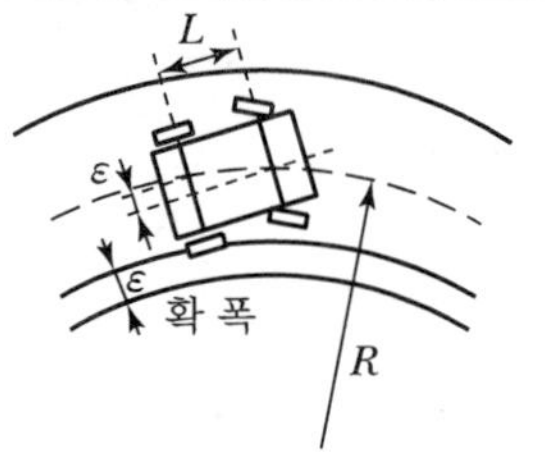 L, ε, ε, 확 폭, R
곡선부를 통과하는 차량이 원심력에 의해 탈선하는 것을 방지하기 위해 바깥쪽 노면을 안쪽 노면보다 높이는 정도	차량이 곡선 위를 주행할 때 그림과 같이 뒷바퀴가 앞바퀴보다 안쪽을 통과하게 되므로 차선 너비를 넓혀야 하는데 이를 확폭이라 한다.
캔트$(C) = \frac{V^2 S}{gR}$	슬랙$(\varepsilon) = \frac{L^2}{2R}$

- **캔트(Cant, 도로에서는 편물매, 철도에서는 고도)**
  ① C : 캔트
  ② S : 궤간
  ③ V : 속도(m/sec)
  ④ R : 반경
  ⑤ g : 중력 가속도(9.8m/s^2)
- **슬랙(확폭)**
  ① ε : 확폭량
  ② R : 반경
  ③ L : 차량 앞바퀴에서 뒷바퀴까지의 거리
- **완화곡선의 길이**
  $L = \frac{N \cdot C}{1{,}000}$ (N : 상수)

3. 완화곡선의 종류

완화곡선의 종류	사용	모식도
클로소이드	고속도로	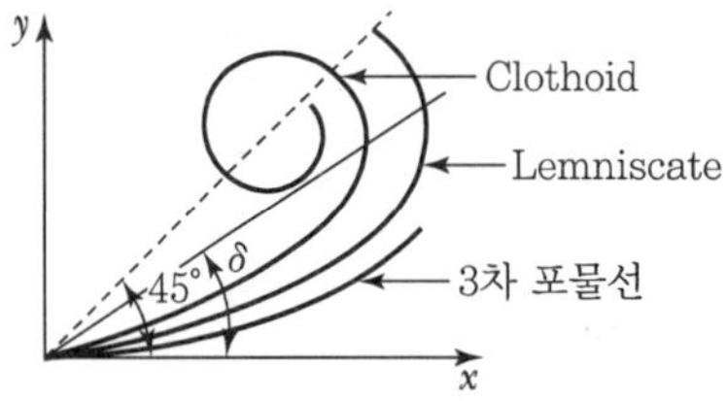 y, Clothoid, Lemniscate, 45°, δ, 3차 포물선, x
램니스케이트 (연주곡선)	인터체인지 램프에 이용	
3차 포물선	일반철도	
반파장 sine곡선	고속철도	

- 극각이 45°일 때 곡률이 가장 큰 곡선은 클로소이드 곡선이다.
- 램니스케이트는 곡률반경이 동경 S에 반비례하여 변화하는 곡선이다.

01 노선측량의 완화곡선에 대한 설명 중 옳지 않는 것은?

① 완화곡선의 접선은 시점에서 원호에, 종점에서 직선에 접한다.
② 완화곡선의 반지름은 시점에서 무한대, 종점에서 원곡선 R로 한다.
③ 클로소이드의 조합형식에는 S형, 복합형, 기본형 등이 있다.
④ 모든 클로소이드는 닮은꼴이며, 클로소이드 요소는 길이의 단위를 가진 것과 단위가 없는 것이 있다.

해설

완화곡선의 접선은 시점에서는 직선, 종점에서는 원호에 접한다.

02 완화곡선 중 주로 고속도로에 사용되는 것은?

① 3차 포물선
② 클로소이드(Clothoid) 곡선
③ 반파장 사인(Sine) 체감곡선
④ 렘니스케이트(Lemniscate) 곡선

03 다음 중 완화곡선의 종류가 아닌 것은?

① 램니스케이트 곡선　② 배향곡선
③ 클로소이드 곡선　④ 반파장 체감곡선

해설

배향곡선은 원곡선에 해당된다.

04 완화곡선 설치에 관한 설명으로 옳지 않은 것은?

① 완화곡선의 반지름은 무한대로부터 시작하여 점차 감소되고 소요의 원곡선에 연결된다.
② 완화곡선의 접선은 시점에서 직선에 접하고 종점에서 원호에 접한다.
③ 완화곡선의 시점에서 캔트는 0이고 소요의 원곡선에 도달하면 어느 높이에 달한다.
④ 완화곡선의 곡률은 곡선의 어느 부분에서도 그 값이 같다.

05 캔트(Cant) 계산에서 반지름을 모두 2배로 증가시키면 캔트는?

① 1/2로 감소한다.　② 2배로 증가한다.
③ 4배로 증가한다.　④ 8배로 증가한다.

해설

- 캔트(C)$=\dfrac{V^2 S}{gR}$
- 반지름을 2배로 하면 캔트(C)는 $\dfrac{1}{2}$배가 된다.

06 도로설계에 있어서 곡선의 반지름과 설계속도가 모두 2배가 되면 캔트(Cant)의 크기는 몇 배가 되는가?

① 2배　② 4배　③ 6배　④ 8배

해설

- 캔트(C)$=\dfrac{V^2 S}{gR}$,　• R이 2배이면 $C=\dfrac{1}{2}$배
- V가 2배이면 $C=4$배
- R과 V가 2배이면 캔트(C)=2배이다.

07 곡선반경이 400m인 원곡선상을 70km/hr로 주행하려고 할 때 Cant는?(단, 궤간 $b=1.065$m임)

① 73mm　② 83mm　③ 93mm　④ 103mm

해설

$$\text{캔트}(C)=\frac{V^2 S}{gR}=\frac{\left(70\times 1{,}000\times \dfrac{1}{3{,}600}\right)^2\times 1.065}{9.8\times 400}$$
$$=0.103\text{m}=103\text{mm}$$

08 확폭량이 S인 노선에서 노선의 곡선 반지름(R)을 두 배로 하면 확폭량(S′)은?

① $S'=\dfrac{1}{4}S$　② $S'=\dfrac{1}{2}S$
③ $S'=2S$　④ $S'=4S$

해설

확폭=슬랙(Slack)$=\dfrac{L^2}{2R}$ → R이 2배이면 확폭은 $\dfrac{1}{2}$이 된다.

정답　01 ①　02 ②　03 ②　04 ④　05 ①　06 ①　07 ④　08 ②

05 클로소이드 곡선

1. 클로소이드 곡선의 정의

클로소이드 곡선의 정의	모식도
① 곡률이 곡선장에 비례하는 곡선 ② 차의 앞바퀴의 회전속도를 일정하게 유지할 경우 이 차가 그리는 운동 궤적	

2. 클로소이드 곡선의 기본식

클로소이드 곡선의 기본식	모식도
① $\frac{1}{R}=C\cdot L$ ② $\frac{1}{C}=A^2$(양변의 차원을 일치) $\therefore A^2=RL$ (A : 클로소이드 매개변수, m)	

3. 클로소이드 곡선의 성질

성질	기본식
① 클로소이드는 나선의 일종이다. ② 모든 클로소이드는 닮은꼴이다. ③ 길이의 단위가 있는 것도 있고 없는 것도 있다. ④ 도로에 주로 이용되며 접선각(τ)은 30°가 적당하다.	$A^2=RL=\frac{L^2}{2\tau}$
⑤ 매개변수(A)가 클수록 반경과 길이가 증가되므로 곡선은 완만해진다.(매개변수를 바꾸면 다른 클로소이드를 만들 수 있다.) ⑥ 클로소이드 곡률은 곡선장에 비례 ⑦ 기본형 : 직선 – 완화곡선 – 단곡선	A : 매개변수 R : 곡률반경 L : 완화곡선 길이 τ : 접선각

GUIDE

• **곡률**

곡선반경의 역수$\left(\frac{1}{R}\right)$

• 매개변수를 A^2으로 쓰는 이유는 양변의 차원(단위)을 일치시키기 위해서임

• **단위클로소이드**

① 매개변수$(A)=1$

② $A^2=R\times L=1$

• 곡선길이가 일정할 때 곡선 반지름이 크면 접선각은 작아진다.

• **기본형**

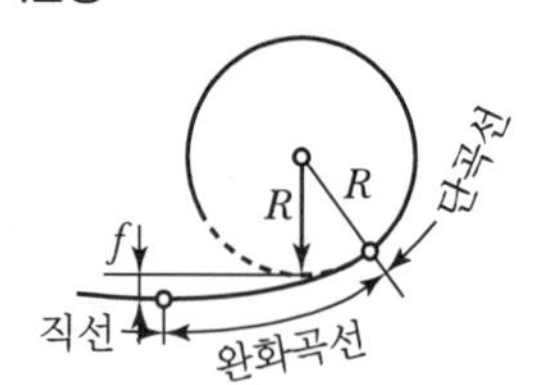

01 노선측량에 관한 설명 중 잘못된 것은?

① 노선측량이란 수평곡선, 종곡선, 완화곡선 등을 계산하고 측설하는 측량이다.
② 곡률이 곡선 길이에 반비례하는 곡선을 클로소이드 곡선이라 한다.
③ 완화곡선에 연한 곡선반지름의 감소율은 캔트의 증가율과 같다.
④ 완화곡선의 반지름은 시점에서 무한대이고 종점에서는 원곡선의 반지름이 된다.

해설

클로소이드 곡선
- 곡률이 곡선장에 비례하는 곡선
- 차의 앞바퀴의 회전속도를 일정하게 유지할 경우 이 차가 그리는 운동 궤적

02 클로소이드 곡선에 대한 설명으로 틀린 것은?

① 곡률이 곡선의 길이에 반비례하는 곡선이다.
② 단위클로소이드란 매개변수 A가 1인 클로소이드이다.
③ 모든 클로소이드는 닮은꼴이다.
④ 클로소이드에서 매개변수 A가 정해지면 클로소이드의 크기가 정해진다.

해설

클로소이드 곡선은 곡률은 곡선의 길이에 비례한다.

03 클로소이드 곡선(Clothoid Curve)에 대한 설명으로 옳지 않은 것은?

① 고속도로에 널리 이용된다.
② 곡률이 곡선의 길이에 비례한다.
③ 완화곡선(緩和曲線)의 일종이다.
④ 클로소이드 요소는 모두 단위를 갖지 않는다.

해설

클로소이드는 길이의 단위를 가진 것과 단위가 없는 것이 있다.

04 곡선반지름 $R=250\text{m}$, 곡선길이 $L=40\text{m}$인 클로소이드에서 매개변수 A는?

① 20m ② 50m ③ 100m ④ 120m

해설

- $A^2=R\cdot L$
- $A=\sqrt{RL}=\sqrt{250\times40}=100\text{m}$

05 클로소이드 곡선에서 R=450m, 매개변수 A=300m일 때 곡선의 시점으로부터 100m 지점의 곡률반경은?

① 450m ② 900m ③ 1,350m ④ 1,800m

해설

- $A^2=R\cdot L$
- $R=\dfrac{A^2}{L}=\dfrac{300^2}{100}=900\text{m}$

06 클로소이드의 기본식은 $A^2=RL$을 사용한다. 이때 매개변수(Parameter) A값을 A^2으로 쓰는 이유는?

① 클로소이드의 나선형을 2차 곡선 형태로 구성하기 위하여
② 도로에서의 완화곡선(클로소이드)은 2차원이기 때문에
③ 양 변의 차원(Dimension)을 일치시키기 위하여
④ A값의 단위가 2차원이기 때문에

해설

이유는 양변의 차원을 일치시키기 위하여 매개변수 A값을 A^2로 한다.

07 클로소이드 매개변수(Parameter) A가 커질 경우에 대한 설명으로 옳은 것은?

① 곡선이 완만해진다.
② 자동차의 고속 주행이 어려워진다.
③ 곡선이 급커브가 된다.
④ 접선각(τ)이 비례하여 커진다.

해설

매개변수(A)가 클수록 반경과 길이가 증가되므로 곡선은 완만해진다.

정답 01 ② 02 ① 03 ④ 04 ③ 05 ② 06 ③ 07 ①

4. 클로소이드 계산

클로소이드 시점과 교점 간 거리(D)	클로소이드 표를 이용한 X좌표, Y좌표	
$D=(R+\Delta R)\tan\frac{I}{2}+X_M$	X좌표	$X=A\cdot x$
	Y좌표	$Y=A\cdot y$
① R : 반지름 ② ΔR : 이정량 ③ I : 교각 ④ X_M : 원곡선 중심좌표	① $A=\sqrt{RL}$ (매개변수) ② x : 단위클로소이드 x값 ③ y : 단위클로소이드 y값	

• 클로소이드 곡선

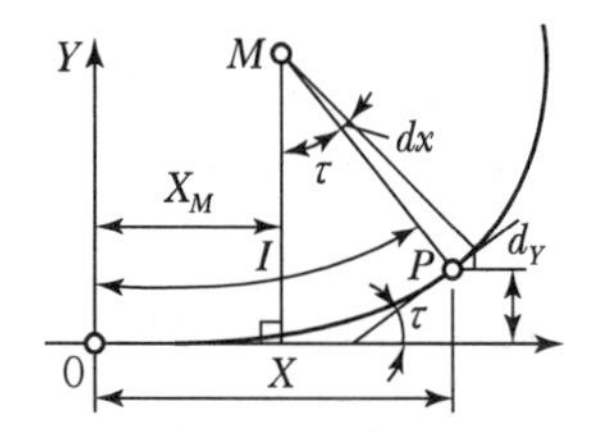

06 종단곡선

1. 원곡선에 의한 종단곡선 설치(철도에 주로 사용)

모식도	식
	① 접선 길이(l)= $\frac{R}{2}(m-n)$ ② 종곡선 길이(L)= $R(m-n)$ 여기서, m, n : 종간 경사(‰) (상향 경사(+), 하향 경사(−)) ③ 종거(y)= $\frac{x^2}{2R}$

2. 2차 포물선에 의한 종단곡선 설치(도로에 주로 사용)

모식도	식
	① 종곡선 길이(L)= $\frac{m-n}{3.6}V^2$ 여기서, V : 속도(km/h) ② 종거(y)= $\frac{(m-n)}{2L}x^2$ 여기서, y : 종거 x : 횡거 ③ 계획고(H)= $H'-y$ $(H'=H_0+mx)$

GUIDE

• 종단곡선(수직곡선)

① 노선의 경사가 변하는 곳에서 차량이 원활하게 달릴 수 있게 하고 운전자의 시야를 넓히기 위해 설치하는 곡선

② 일반적으로 원곡선 또는 2차 포물선 이용

• 종단곡선의 구배는 지형의 상황, 주변 지장물 등의 한계가 있는 경우 1% 정도 증감이 가능하다.

• H' : x만큼 떨어진 P'점의 표고(지반고)

• H : x만큼 떨어진 P점의 표고(계획고)

01 $R=80\text{m}$, $L=20\text{m}$인 클로소이드의 종점 좌표를 단위클로소이드 표에서 찾아보니 $x=0.499219$, $y=0.020810$이었다면 실제 X, Y좌표는?

① $X=19.969\text{m}$, $Y=0.832\text{m}$
② $X=9.984\text{m}$, $Y=0.416\text{m}$
③ $X=39.936\text{m}$, $Y=1.665\text{m}$
④ $X=798.750\text{m}$, $Y=33.296\text{m}$

해설

- $A=\sqrt{RL}=\sqrt{80\times20}=40$
- $X=A\cdot x=40\times0.499219=19.969\text{m}$
  $Y=A\cdot y=40\times0.020810=0.832\text{m}$

02 교각$(I)=52°50'$, 곡선반경$(R)=300\text{m}$인 기본형 대칭 클로소이드를 설치할 경우 클로소이드의 시점과 교점$(I.P)$ 간의 거리(D)는 얼마인가?(단, 원곡선은 중심(M)의 X좌표$(X_M)=37.480\text{m}$, 이정량$(\Delta R)=0.781\text{m}$이다.)

① 148.03m ② 149.42m
③ 185.51m ④ 186.90m

해설

$$w=(R+\Delta R)\tan\frac{I}{2}$$
$$=(300+0.781)\tan26°25'$$
$$=300.781\times0.49677=149.419\text{m}$$
$$D=w+X_M=149.419+37.480$$
$$=186.899\text{m}$$

03 원곡선에 의한 종단곡선설치에서 상향 경사 2%, 하향 경사 3% 사이에 곡선반지름 $R=200\text{m}$로 설치할 때, 종단 곡선의 길이는?

① 5m ② 10m
③ 15m ④ 20m

해설

원곡선에서 종곡선의 길이
$L=R(m-n)=200(0.02+0.03)=10\text{m}$

04 다음 그림과 같은 종단곡선을 설치하려고 한다면 B점의 계획고?(단, 종단곡선은 포물선이고, A점의 계획고는 78.63m이다.)

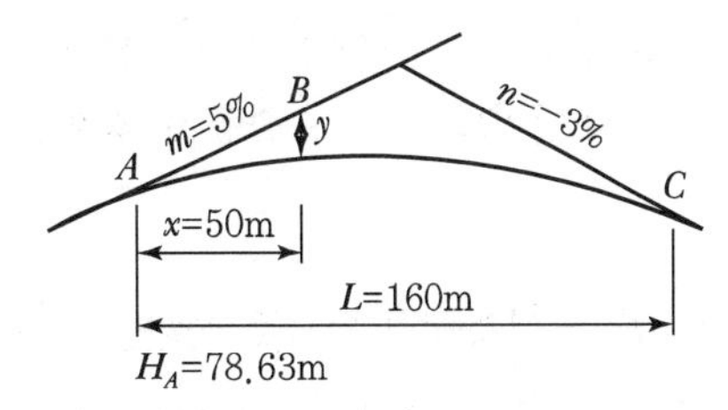

① 70.65m ② 80.51m
③ 86.42m ④ 91.44m

해설

- B점 지반고 $H_B=H_A+(\text{구배}\times\text{추가거리})$
  $=78.63+(0.05\times50)=81.13\text{m}$
- 종거 $y=\dfrac{(m-n)}{2L}x^2=\dfrac{0.05-(-0.03)}{2\times160}\times50^2=0.625\text{m}$

$\therefore$ B점 계획고$=H_B-y=81.13-0.625=80.51\text{m}$

05 종단곡선에 대한 설명으로 옳지 않은 것은?

① 철도에서는 원곡선을, 도로에서는 2차 포물선을 주로 사용한다.
② 종단경사는 환경적, 경제적 측면에서 허용할 수 있는 범위 내에서 최대한 완만하게 한다.
③ 설계속도와 지형 조건에 따라 종단경사의 기준값이 제시되어 있다.
④ 지형의 상황, 주변 지장물 등의 한계가 있는 경우 10% 정도 증감이 가능하다.

해설

차도의 종단경사는 도로의 기능별 구분, 지형 상황과 설계속도에 따라 정해진 비율 이하로 해야 한다. 다만, 지형 상황, 주변 지장물 및 경제성을 고려하여 필요하다고 인정되는 경우에는 1% 정도 증감이 가능하다.

정답 01 ① 02 ④ 03 ② 04 ② 05 ④

CHAPTER 09 실 / 전 / 문 / 제

01 노선측량에서 노선선정을 할 때 가장 중요한 것은?

① 곡선의 과소　② 건설비와 측량비
③ 곡선 설치의 난이도　④ 수송량 및 경제성

02 다음 중 노선측량의 순서로 적당한 것은?

① 노선선정－계획조사측량－실시설계측량－세부측량－용지측량－공사측량
② 노선선정－계획조사측량－실시설계측량－용지측량－세부측량－공사측량
③ 계획조사측량－노선선정－실시설계측량－세부측량－공사측량－용지측량
④ 계획조사측량－노선선정－실시설계측량－공사측량－세부측량－용지측량

해설

노선측량의 순서
노선 선정 → 계획 및 조사측량 → 실시설계측량 → 세부측량 → 용지측량 → 공사측량

03 노선 선정 시 고려해야 할 사항에 대한 설명으로 옳지 않은 것은?

① 건설비 · 유지비가 적게 드는 노선이어야 한다.
② 절토를 성토보다 많게 해야 한다.
③ 기존 시설물의 이전 비용 등을 고려한다.
④ 가급적 급경사 노선은 피하는 것이 좋다.

해설

절토와 성토는 균형을 이뤄야 한다.

04 노선측량에서 곡선을 설치하려면 다음 요소들을 알아야 한다. 이 중 가장 중요한 요소는?

① 곡률반경(R)　② 접선장(TL)
③ 곡선장(CL)　④ 교각(I)

해설

곡선을 설치하려면 먼저 교각(I)을 결정한 후 R을 결정하고 I와 R의 함수인 TL, CL, $E(SL)$, M 등을 결정한다.

05 단곡선 설치에 있어서 호길이와 현길이의 차를 구하는 식 중 맞는 것은?

① $\dfrac{C^3}{12R^2}$　② $\dfrac{C}{12R^2}$
③ $\dfrac{C^3}{24R^2}$　④ $\dfrac{C^2}{24R^2}$

해설

$C-l=\dfrac{C^3}{24R^2}$

06 곡선 반지름 $R=300\text{m}$, 곡선 길이 $L=20\text{m}$인 경우 현과 호의 길이 차는?

① 0.2cm　② 0.4cm
③ 2cm　④ 4cm

해설

$$L-l=\frac{L^3}{24R^2}=\frac{20^3}{24\times300^2}$$
$$=0.0037\text{m}$$
$$=0.4\text{cm}$$

07 중앙종거와 곡률반경의 관계를 바르게 나타낸 것은?

① $\dfrac{L^2}{4M}$　② $\dfrac{L^2}{8M}$
③ $\dfrac{L^2}{2M}$　④ $\dfrac{L^2}{M}$

해설

$R=\dfrac{L^2}{8M}+\dfrac{M}{2}$

∴ M이 작을 경우에는 $\dfrac{M}{2}$을 무시할 수 있다.

정답　01 ④　02 ①　03 ②　04 ④　05 ③　06 ②　07 ②

08 단곡선 설치에서 가장 널리 사용하면서 편리한 방법은 어느 것인가?

① 편각설치법
② 장현에서의 종거에 의한 설치법
③ 지거설치법
④ 접선에 대한 지거법

해설

단곡선 설치 방법
㉠ 편각법 : 가장 널리 이용, 정확하다.
㉡ 중앙종거법 : 반경이 적은 도심지 곡선 설치 및 기설곡선 검정에 이용
㉢ 지거법 : 터널 및 산림지역의 채벌량을 줄일 경우 적당
㉣ 접선편거 및 현편거 : 정도가 낮다, 폴과 줄자만으로 곡선설치, 지방도 곡선 설치에 이용

09 단곡선을 설치하려고 한다. $R=500$m, $I=60°$일 때 접선길이(TL)와 곡선길이(CL)는?

	TL	CL
①	288.68m	523.50m
②	298.68m	533.50m
③	308.68m	543.50m
④	318.68m	533.50m

해설

$$TL = R\tan\frac{I}{2} = 500\times\tan\frac{60°}{2} = 288.68\text{m}$$

$$CL = RI\frac{\pi}{180}$$

$$= 500\times60\times\frac{\pi}{180} = 523.50\text{m}$$

10 교각 $I=90°$, 곡선반경 $R=150$m인 단곡선의 교점 IP의 추가 거리는 1,139.25m일 때 곡선의 시점 BC의 추가거리는?

① 1,289.25m ② 1,023.18m
③ 1,245.32m ④ 989.25m

해설

BC 위치=총연장$-T.L$

$$TL = R\tan\frac{I}{2} = 150\times\tan\frac{90°}{2} = 150\text{m}$$

그러므로

$BC = IP - TL = 1,139.25 - 150 = 989.25$m

11 원곡선에 있어서 교각(I)이 60°, 반지름(R)이 100m, BC=No. 5+5m일 때 곡선의 종점(EC)까지의 거리는?(단, 말뚝 중심간격은 10m이다.)

① 49.7m ② 154.7m
③ 159.7m ④ 209.7m

해설

EC 위치$=BC+CL$

$BC=(10\times5)+5=55$m

$$CL = RI\frac{\pi}{180} = 104.7\text{m}$$

그러므로, $EC=55+104.7=159.7$m

12 도로의 단곡선 계산에서 노선기점으로부터 교점까지의 추가거리와 교각을 알고 있을 때 곡선시점의 위치를 구하기 위해 계산되어야 하는 요소는?

① 접선장(TL) ② 곡선장(CL)
③ 중앙종거(M) ④ 접선에 대한 지거(Y)

해설

곡선시점(BC)=총거리(IP)$-$접선장(TL)

13 원곡선에서 교각이 30°이고 곡선 반지름이 500m이며 시곡점의 추가거리가 150m일 때, 종곡점의 추가거리는?

① 404.675m ② 411.799m
③ 426.743m ④ 430.451m

해설

$$EC = BC + CL = 150 + \left(500\times30\times\frac{\pi}{180}\right)$$

$$= 411.799\text{m}$$

정답 08 ① 09 ① 10 ④ 11 ③ 12 ① 13 ②

14 교점(IP)의 위치가 기점으로부터 400m, 곡선 반지름 $R=200\text{m}$, 교각 $I=90°$인 원곡선에서 기점으로부터 곡선시점(BC)의 거리는?

① 180m ② 190m
③ 200m ④ 600m

해설

$TL=R\tan\frac{I}{2}=200\text{m}$

BC=총길이 $-TL=400-200=200\text{m}$

15 노선측량에서 단곡선 설치 시 필요한 교각 $I=95°30'$, 곡선 반지름 $R=300\text{m}$일 때 장현(Long Chord : L)은?

① 222.065m ② 298.619m
③ 444.131m ④ 597.238m

해설

$L(C)=2R\sin\frac{I}{2}=2\times300\times\sin\frac{95°30'}{2}=444.131\text{m}$

16 노선측량에서 노선기점으로부터 곡선시점까지의 추가거리가 2,315.25m이다. 교각이 60°, 곡률반경이 200m라면 노선기점으로부터 곡선의 종점까지의 총 거리는?

① 1,867.81m ② 2,105.81m
③ 2,199.69m ④ 2,524.69m

해설

노선기점부터 곡선종점까지의 총 거리(EC)
=노선기점부터 곡선시점까지 거리(BC) + CL
=2,315.25 + 209.44 = 2,524.69m

($CL=RI\frac{\pi}{180}=209.44\text{m}$)

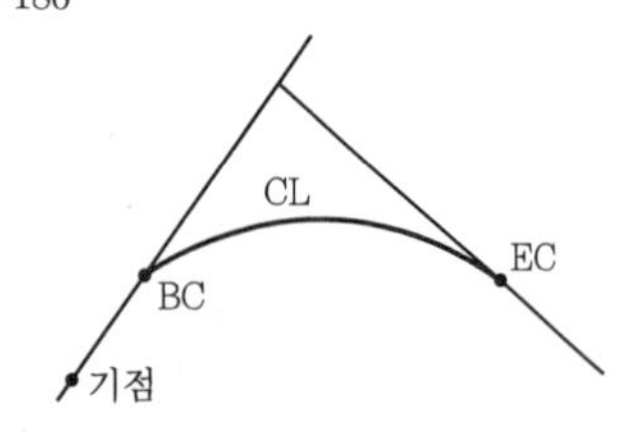

17 반지름 $R=200\text{m}$인 원곡선을 설치하고자 한다. 도로의 시점으로부터 1,243.27m 거리에 교점(IP)이 있고 그림과 같이 $\angle A$와 $\angle B$를 관측하였을 때 원곡선 시점(BC)의 위치는?(단, 도로의 중심점 간격은 20m이며, $\angle ACD=164°20'$, $\angle BDC=152°40'$이다.)

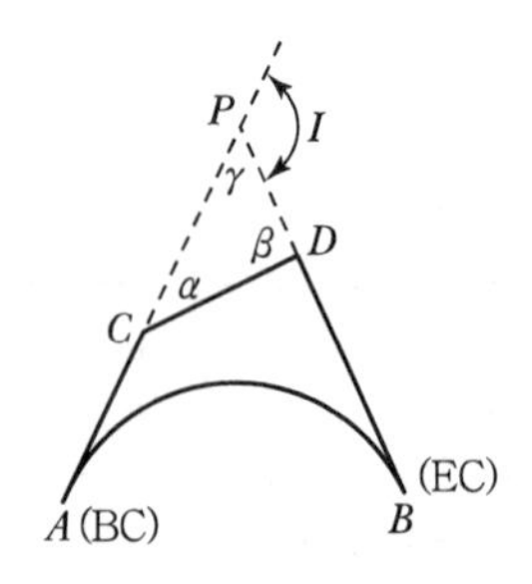

① No.3+1.22m ② No.3+18.78m
③ No.58+4.49m ④ No.58+15.51m

해설

$\alpha=180°-164°20'=15°40'$
$\beta=180°-152°40'=27°20'$
$I=\alpha+\beta=43°$
$TL=R\tan\frac{I}{2}=200\times\tan\frac{43°}{2}=78.78\text{m}$
BC=총 거리 $-TL$=1,243.27 − 78.78 = 1,164.49m
∴ No.58 + 4.49m

18 도로의 단곡선 설치에서 교각 $I=60°$, 곡선 반지름 $R=150\text{m}$이며, 곡선시점 BC는 No.8 + 17m(20m × 8 + 17m)일 때 종단현에 대한 편각은?

① 0°02′45″ ② 2°41′21″
③ 2°57′54″ ④ 3°15′23″

해설

$CL=R\cdot L\cdot\frac{\pi}{180}=157.08\text{m}$
$EC=BC+CL=177+157.08$
$=\text{No.}16+14.08\text{m}$
$\delta_2=\frac{l_2}{2R}\times\frac{180}{\pi}=\frac{14.08}{2\times150}\times\frac{180}{\pi}=2°41'21''$

정답 14 ③ 15 ③ 16 ④ 17 ③ 18 ②

19 교각 I는 60°, 곡선반지름 R이 200m, 노선의 시작점에서 IP점까지 추가거리가 210.60m일 때 시단현의 편각은?(단, 중심말뚝 간격은 20m이다.)

① 41′51″　② 51′51″
③ 31′51″　④ 21′51″

$TL = R\tan\frac{I}{2} = 115.47\text{m}$

$BC =$ 총 연장 $- TL = 210.60 - 115.47\text{m}$
$= 95.13\text{m} = \text{No.}4 + 15.13\text{m}$

시단현길이 $= 20 - 15.13 = 4.87\text{m}$

시단현편각 $= \frac{l_1}{2R} \times \frac{180}{\pi} = \frac{4.87}{2 \times 200} \times \frac{180}{\pi}$
$≒ 41'51''$

20 그림에서 AD, BD 간에 단곡선을 설치할 때 ∠ADB의 2등분선상의 C점을 곡선의 중점으로 선택하였을 때 이 곡선의 접선길이를 구한 값은?(단, DC = 10.0m, I = 80°21′이다.)

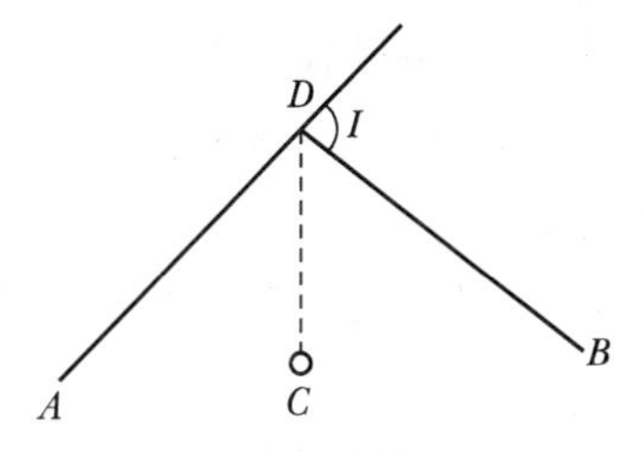

① 34.0m　② 32.4m
③ 27.3m　④ 15.3m

해설

$\text{DC} = SL =$ 외할 $= R\left(\sec\frac{I}{2} - 1\right)$

$\therefore R = \frac{S.L}{\sec\frac{I}{2} - 1} = 32.39\text{m}$

$TL = R\tan\frac{I}{2}$
$= 32.39 \times \tan\frac{80°21'}{2}$
$≒ 27.35\text{m}$

21 그림과 같이 원곡선을 설치할 때 교점(P)에 장애물이 있어 $\angle ACD = 150°$, $\angle CDB = 90°$ 및 CD의 거리 400m를 관측하였다. C점으로부터 곡선시점(A)까지의 거리는?(단, 곡선의 반지름은 500m이다.)

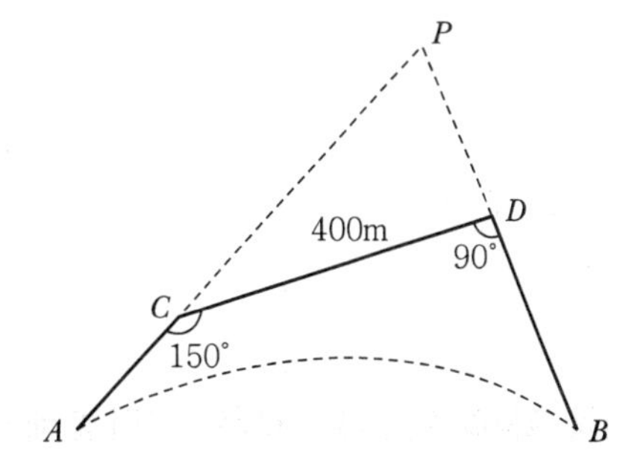

① 404.15m　② 425.88m
③ 453.15m　④ 461.88m

해설

- $TL = R \cdot \tan\frac{I}{2} = 500 \times \tan\frac{120}{2} = 866.025$
- CP
  $\frac{CP}{\sin 90} = \frac{400}{\sin 60}$
  $\therefore CP = 461.880$
- AC
  $AC = TL - CP = 866.025 - 461.880 = 404.15\text{m}$

22 도로를 계수하여 구곡선의 중앙에 있어서 10m만큼 곡선을 내측으로 옮기고자 할 때 신곡선의 반경은?(단, 구곡선의 곡선반경은 100m이고 그 교각은 60°로 하며 접선방향은 변하지 않는 것으로 한다.)

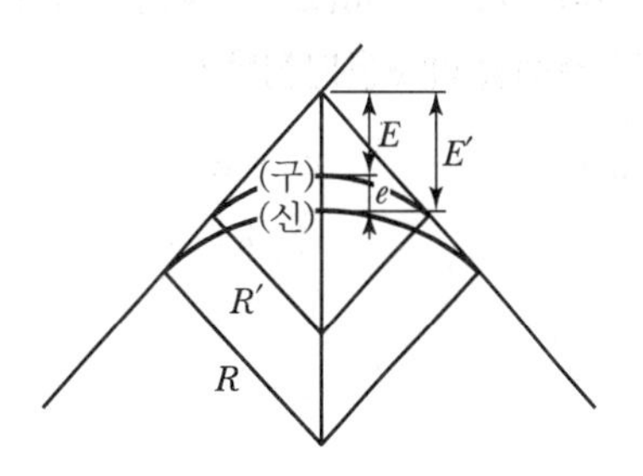

정답　19 ①　20 ③　21 ①　22 ④

① 138.26m　② 194.65m
③ 150.50m　④ 164.64m

해설

$E' = E + e$

$R'\left(\sec\frac{I}{2}-1\right) = R\left(\sec\frac{I}{2}-1\right)+e$

$R' = R + \frac{e}{\sec\frac{I}{2}-1}$

$= 100 + \frac{10}{\sec 30° - 1}$

$= 164.64\text{m}$

23 다음 그림과 같은 경우 M은 M'의 몇 배인가?

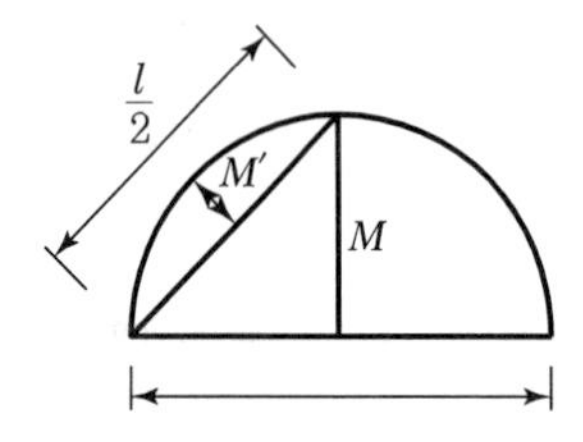

① 2배　② 3배
③ 4배　④ 5배

해설

$M : M' = R\left(1-\cos\frac{I}{2}\right) : R\left(1-\cos\frac{I}{4}\right)$

$= \left(1-\cos\frac{I}{2}\right) : \left(1-\cos\frac{I}{4}\right)$

$= \left(1-\cos\frac{60°}{2}\right) : \left(1-\cos\frac{60°}{4}\right) = 4 : 1$

∴ M은 M'의 4배

24 I=60°, R=200m일 때 중앙종거법에 의해 원곡선을 측정할 때 8등분점은?

① 26.8m　② 6.82m
③ 1.71m　④ 3.27m

해설

중앙종거법에 의한 8등분점은 $M = R\left(1-\cos\frac{I}{8}\right)$이다.

$M = R\left(1-\cos\frac{I}{8}\right) = 200 \times \left(1-\cos\frac{60°}{8}\right)$

$= 1.71\text{m}$

25 노선측량에서 제1중앙종거(M)는 제3중앙종거(M')의 약 몇 배인가?

① 2배　② 4배
③ 8배　④ 16배

해설

$M : M' = R\left(1-\cos\frac{I}{2}\right) : R\left(1-\cos\frac{I}{8}\right)$

$= \left(1-\cos\frac{I}{2}\right) : \left(1-\cos\frac{I}{8}\right)$

$= \left(1-\cos\frac{60}{2}\right) : \left(1-\cos\frac{60}{8}\right)$

$= 16 : 1$

∴ M은 M'의 16배

26 다음 설명 중 옳지 않은 것은?

① 완화곡선의 반지름은 시점에서 무한대, 종점에서 원곡선 R로 한다.
② 클로소이드의 형식에는 S형, 복잡형, 기본형 등이 있다.
③ 완화곡선의 접선은 시점에서 원호에, 종점에서 직선에 접한다.
④ 모든 클로소이드는 닮은 꼴이며 클로소이드 요소는 길이의 단위를 가진 것과 단위가 없는 것이 있다.

해설

완화곡선은 시점에서는 직선에, 종점에서는 원곡선 반경에 접한다.

정답　23 ③　24 ③　25 ④　26 ③

27 다음 글은 완화곡선에 사용하는 클로소이드에 대한 설명이다. 틀린 것은?

① 클로소이드는 곡률이 곡선장에 비례하여 한결같이 증대하는 곡선이다.
② 단위 클로소이드의 각 요소는 모두 무차원이다.
③ 클로소이드의 종점의 좌표는 x, y는 그 점의 접선각(I)의 함수로 표시된다.
④ 곡선장(L)과 파라메타(A)가 일정할 때 이정량(ΔR)을 변화시킴으로써 임의 반경의 원주선에 접속시킬 수 있다.

해설
단위가 있는 것도 있고 없는 것도 있다.

28 클로소이드 곡선의 설명 중 옳지 않은 것은?

① 곡률이 곡선의 길이에 비례한다.
② 고속도로의 곡선설계에 적합하다.
③ 철도의 종단곡선 설치에 효과적이다.
④ 일종의 완화곡선으로 3차 포물선보다 곡선반경이 작다.

29 다음 중에서 고속도로에 주로 사용되는 곡선의 종류가 아닌 것은?

① 클로소이드 ② 원곡선
③ 2차 포물선 ④ 3차 포물선

해설
3차 포물선은 주로 철도에서 사용되는 완화곡선이다.

30 우리나라의 노선측량에서 일반 철도에 주로 이용되는 완화곡선은?

① 2차 포물선
② 3차 포물선
③ 렘니스케이트(Lemniscate)
④ 클로소이드(Clothoid)

해설
철도에서 사용하는 완화곡선은 3차 포물선이다.

31 다음의 완화곡선에 대한 설명 중 옳지 않은 것은?

① 완화곡선의 접선은 시점에서 원호에, 종점에서 직선에 접한다.
② 곡선의 반지름은 완화곡선의 시점에서 무한대, 종점에서 원곡선의 반지름으로 된다.
③ 종점의 캔트는 원곡선의 캔트와 같다.
④ 완화곡선에 연한 곡선반경의 감소율은 캔트의 증가율과 같다.

해설
완화곡선은 시점에서는 직선에, 종점에서는 원곡선반경에 접한다.

32 철도에 완화곡선을 설치하고자 할 때 캔트(Cant)의 크기 결정과 직접적인 관계가 없는 것은?

① 레일 간격 ② 곡률반경
③ 원곡선의 교각 ④ 주행 속도

해설
$C=\dfrac{SV^2}{gR}$
여기서, S : 레일 간격, V : 주행 속도
R : 곡률반경, g : 중력가속도

33 캔트(Cant)의 계산에 있어서 속도를 4배, 반지름을 2배로 할 경우 캔트(Cant)는 몇 배가 되는가?

① 2배 ② 4배
③ 6배 ④ 8배

해설
$C=\dfrac{SV^2}{gR}$이므로
속도(V)를 4배, 반지름(R)을 2배로 할 경우 캔트는 8배가 된다.

정답 27 ② 28 ③ 29 ④ 30 ② 31 ① 32 ③ 33 ④

34 다음 완화곡선에 대한 설명 중 잘못된 것은?

① 완화곡선의 곡선반지름(R)은 시점에서 무한대이다.
② 완화곡선의 접선은 시점에서 직선에 접한다.
③ 완화곡선의 종점에 있는 캔트(Cant)는 원곡선의 캔트(Cant)와 같다.
④ 완화곡선의 길이(L)는 도로폭에 따라 결정된다.

해설

$A^2 = RL$에서 완화곡선 길이는 반경(R)과 매개변수(A)에 의해서 결정된다.

35 캔트(Cant)의 계산에서 속도 및 반지름을 2배로 하면 캔트는 몇 배가 되는가?

① 2배 ② 4배
③ 8배 ④ 16배

해설

$C = \dfrac{V^2 S}{gR}$ 에서 속도 · 반지름을 증가시키면 캔트는 2배 증가한다.

36 노선에 있어서 곡선의 반경만이 2배로 증가하면 캔트(Cant)의 크기는?

① $\dfrac{1}{\sqrt{2}}$로 줄어든다. ② $\dfrac{1}{2}$로 줄어든다.
③ $\dfrac{1}{2^2}$로 줄어든다. ④ 2배로 증가한다.

해설

$C = \dfrac{SV^2}{gR}$ 에서 반경이 2배 증가하면 캔트는 $\dfrac{1}{2}$로 줄어든다.

37 도로측량에서 원곡선을 설치할 때 중심선의 반지름이 400m이고, 차량 전면에서 뒤축까지 거리가 12m일 때, 곡선부에 설치하는 확폭(Slack Widening)의 양은 얼마인가?

① 0.03m ② 0.18m
③ 0.36m ④ 0.72m

해설

$\varepsilon(\text{확폭}) = \dfrac{L^2}{2R} = \dfrac{12^2}{2 \times 400} = 0.18\text{m}$

38 클로소이드의 매개변수 $A = 60\text{m}$ 인 클로소이드 곡선상의 시점으로부터 곡선길이(L)가 30m일 때 반지름(R)은?

① 60m ② 90m
③ 120m ④ 150m

해설

$A^2 = RL$에서 $R = \dfrac{A^2}{L} = \dfrac{60^2}{30} = 120\text{m}$

39 클로소이드 매개변수(Parameter) A가 커질 경우에 대한 설명으로 옳은 것은?

① 곡선이 완만해진다.
② 자동차의 고속 주행이 어려워진다.
③ 곡선이 급커브가 된다.
④ 접선각(τ)도 비례하여 커진다.

해설

$A^2 = RL$이므로 매개변수가 커지면 반경과 길이가 증가되므로 곡선이 완만해진다.

40 클로소이드 곡선에 대한 설명으로 틀린 것은?

① 곡률이 곡선의 길이에 비례하는 곡선이다.
② 단위 클로소이드란 매개변수 A가 1인 클로소이드이다.
③ 클로소이드는 닮은 꼴인 것과 닮은 꼴이 아닌 것 두 가지가 있다.
④ 클로소이드에서 매개변수 A가 정해지면 클로소이드의 크기가 정해진다.

해설

클로소이드의 일반적 성질
㉠ 클로소이드는 나선의 일종이다.

정답 34 ④ 35 ① 36 ② 37 ② 38 ③ 39 ① 40 ③

㉡ 모든 클로소이드는 닮은 꼴이다.
㉢ 단위가 있는 것도 있고 없는 것도 있다.
㉣ 접선각(γ)은 30°가 적당하다.

41 다음 중 Clothoid 곡선을 바르게 설명한 것은?

① 차량이 직선부에서 곡선부로 방향을 바꾸면 반지름이 달라지는 것을 말한다.
② 차량이 곡선부에서 직선부로 방향을 바꾸면 반지름이 달라지는 것을 말한다.
③ 곡률이 곡선장에 반비례하는 곡선을 말한다.
④ 곡률이 곡선장에 비례하는 곡선을 말한다.

해설

클로소이드(Clothoid)란 곡률$\left(\frac{1}{\rho}\right)$이 곡선장에 비례하는 곡선을 말한다.

42 $A=60$인 Clothoid 곡선상의 시점 KA에서 곡선길이 30m의 반지름은?

① 60m ② 120m
③ 90m ④ 150m

해설

$R=\frac{A^2}{L}=\frac{60^2}{30}=120\text{m}$

43 곡선반경을 설치할 때 캔트와 슬랙을 취함에 있어서 캔트와 관계가 없는 것은?

① 속도 ② 반경
③ 도로폭 ④ 교각

44 다음 중 Slack(확폭)에 관한 확폭량의 식으로 맞는 것은?

① $\frac{L}{2R}$ ② $\frac{L^3}{2R^2}$
③ $\frac{L}{2R^2}$ ④ $\frac{L^2}{2R}$

해설

차량이 곡선 위를 주행할 때 뒷바퀴가 앞바퀴보다 안쪽을 통과하게 되므로 차선 너비를 넓혀야 하는데 이를 확폭(Slack)이라 한다.

$\varepsilon=\frac{L^2}{2R}$

45 교각(I)=52°50′, 곡선반경(R)=300m인 기본형 대칭 클로소이드를 설치할 경우 클로소이드의 시점과 교점(IP) 간의 거리(D)는 얼마인가?(단, 원곡선은 중심(M)의 X좌표(X_M)=37.480m, 이정량(ΔR)=0.781m이다.)

① 148.03m ② 149.42m
③ 185.51m ④ 186.90m

해설

$w=(R+\Delta R)\tan\frac{I}{2}$
$=(300+0.781)\tan 26°25'$
$=300.781\times 0.49677=149.419\text{m}$
$D=w+X_M=149.419+37.480$
$=186.899\text{m}$

46 $R=80\text{m}$, $L=20\text{m}$인 클로소이드의 종점 좌표를 단위 클로소이드표에서 찾아보니 $x=0.499219$, $y=0.020810$였다면 실제 X, Y 좌표는?

① $X=19.969\text{m}$, $Y=0.832\text{m}$
② $X=9.984\text{m}$, $Y=0.416\text{m}$
③ $X=39.936\text{m}$, $Y=1.665\text{m}$
④ $X=29.109\text{m}$, $Y=1.218\text{m}$

해설

$A=\sqrt{RL}=\sqrt{80\times 20}=40$
$X=A\cdot x=40\times 0.499219=19.969\text{m}$
$Y=A\cdot y=40\times 0.020810=0.832\text{m}$

정답 41 ④ 42 ② 43 ④ 44 ④ 45 ④ 46 ①

47 원곡선에 의한 종단곡선설치에서 상향 경사 2%, 하향 경사 3% 사이에 곡선반지름 $R=200$m로 설치할 때, 종단 곡선의 길이는?

① 5m ② 10m
③ 15m ④ 20m

해설

원곡선에서 종곡선의 길이
$L=R(m-n)=200(0.02+0.03)=10\text{m}$

정답 47 ②

CHAPTER 10

하천측량

01 하천측량

1. 하천측량의 정의 및 순서

하천측량의 정의	측량 순서
① 하천의 형상, 수위, 단면, 구배 등을 관측하여 하천의 평면도, 종횡단면도를 작성 ② 유속, 유량, 기타 구조물을 조사하여 각종 수공설계, 시공에 필요한 자료를 얻기 위한 측량	① 도상조사 ② 자료조사 ③ 현지조사 ④ 평면측량 ⑤ 고저(수준)측량 ⑥ 유량측량 ⑦ 기타측량

2. 하천측량 분류

평면측량	수준(고저)측량	유량측량
① 골조측량(삼각, 다각) ② 세부측량(평판) ③ 평면도 작성	① 종, 횡단 측량 ② 심천측량 (횡단면도 제작)	① 고저(수위)관측 ② 유속관측 ③ 심천측량(유량계산)

3. 평면측량의 범위

하천 단면도 모식도

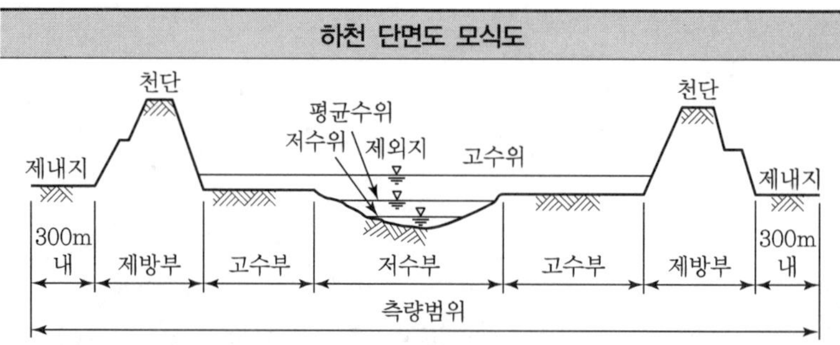

구분	평면측량 범위
유제부	제외지 전부와 제내지의 300m 이내
무제부	홍수가 영향을 주는 구역보다 약간 넓게(100m) 측량 (홍수 시 물이 흐르는 맨 옆에서 100m까지)
하천공사	하구에서 상류의 홍수피해가 미치는 지점까지
사방공사	수원지까지

GUIDE

• **하천측량**
① 하천공작물 설계
② 시공에 필요한 자료를 얻기 위함

• **심천측량**
하천의 수심 및 유수 부분의 하저 상황을 조사하고 횡단면도를 제작하는 측량

• **고저측량**
① 종단측량
② 횡단측량
③ 심천측량

• **제내지**
제방에 의해 보호를 받는 구역

• **제외지**
제방에 의해 보호를 받지 않는 구역

• **사방공사**
산사태, 토양의 침식작용 등을 방지하기 위해 실시하는 공사

01 하천측량을 실시하는 주목적은 어디에 있는가?

① 하천의 수위, 기울기, 단면을 알기 위함
② 하천 공작물의 설계, 시공에 필요한 자료를 얻기 위함
③ 평면도, 종단면도를 작성하기 위함
④ 유속 등을 관측하여 하천의 성질을 알기 위함

해설

하천측량의 목적
- 하천공작물 설계
- 시공에 필요한 자료를 얻기 위함

02 하천측량에 대한 설명으로 옳지 않은 것은?

① 평균유속 계산식은 $V_m = V_{0.6}$, $V_m = \frac{1}{2}(V_{0.2} + V_{0.8})$, $V_m = \frac{1}{4}(V_{0.2} + 2V_{0.6} + V_{0.8})$ 등이 있다.
② 하천기울기(I)를 이용한 유량을 구하기 위한 유속은 $V_m = C\sqrt{RI}$, $V_m = \frac{1}{n}R^{\frac{2}{3}}I^{\frac{1}{2}}$ 공식을 이용하여 구한다.
③ 유량관측에 이용되는 부자는 표면부자, 2중부자, 봉부자 등이 있다.
④ 하천측량의 일반적인 작업 순서는 도상조사, 현지조사, 자료조사, 유량측량, 지형측량, 기타의 측량 순으로 한다.

해설

하천측량 순서
도상조사 → 자료조사 → 현지조사 → 평면측량 → 고저측량 → 유량측량

03 하천의 수심 및 유수부분의 하저상황을 조사하고 횡단면도를 제작하는 측량은?

① 평면측량 ② 심천측량
③ 수준측량 ④ 유량측량

해설

심천측량은 하천의 수심 및 유수 부분의 하저 상황을 조사하고 횡단면도를 제작하는 측량이다.

04 하천측량의 고저측량에 해당되지 않는 것은?

① 종단측량 ② 유량관측
③ 횡단측량 ④ 심천측량

해설

고저측량
- 종단측량 • 횡단측량 • 심천측량

05 하천측량의 고저측량에 해당하지 않는 것은?

① 거리표 설치 ② 유속관측
③ 종 · 횡단측량 ④ 심천측량

06 하천측량에서 평면측량의 일반적인 측량 범위로 가장 적합한 것은?

① 유제부에서 제외지를 제외한 제내지 300m 이내, 무제부에서는 홍수가 영향을 주는 구역보다 약간 좁게 한다.
② 유제부에서 제외지 및 제내지 300m 이내, 무제부에서는 홍수가 영향을 주는 구역보다 약간 넓게 한다.
③ 유제부에서 제외지를 제외한 제내지 20m 이내, 무제부에서는 홍수가 영향을 주는 구역보다 약간 좁게 한다.
④ 유제부에서 제외지 및 제내지 20m 이내, 무제부에서는 홍수가 영향을 주는 구역보다 약간 넓게 한다.

해설

- 유제부 : 제외지 전부와 제내지 300m 정도
- 무제부 : 홍수 시 영향이 있는 구역보다 약간 넓게(약100m 정도)

07 하천의 종단측량에서 4km 왕복측량에 대한 허용오차가 C라고 하면 8km 왕복측량의 허용오차는?

① $\frac{C}{2}$ ② $\sqrt{2}C$ ③ $2C$ ④ $4C$

해설

$C : a\sqrt{4} = x : a\sqrt{8}$ $\therefore x = \sqrt{2}C$

정답 01 ② 02 ④ 03 ② 04 ② 05 ② 06 ② 07 ②

02 평면측량 및 고저측량

1. 골조측량

삼각측량	다각측량
① 2~3km마다 삼각점 설치 ② 망은 소삼각망으로 구성 ③ 하천 합류점은 사변망 ④ 삼각망은 단열삼각망 (망 사이의 각 30°~120°)	① 다각망은 결합다각형 ② 결합 traverse의 폐합오차는 3′ 이내, 폐합비 1/1,000 이내 ③ 다각망은 약 300m마다 설치

GUIDE

• 단열삼각망

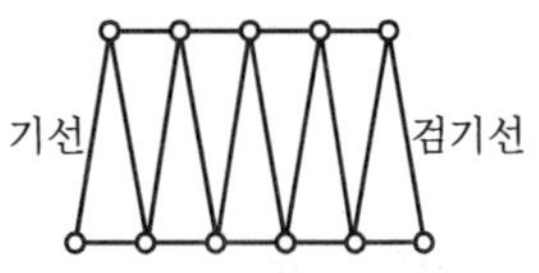

① 폭이 좁고 먼 거리의 두 점 간 위치 결정
② 하천측량이나 노선측량에 적당

• 결합 트래버스

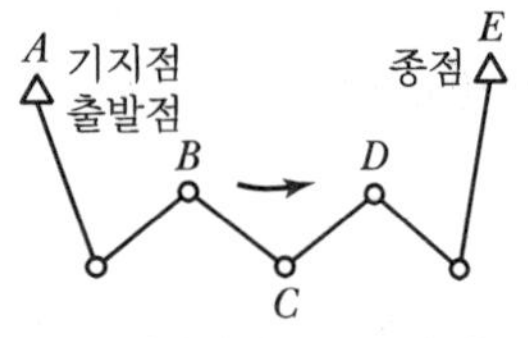

① 한 기지점에서 다른 기지점으로 결합
② 정밀도가 높은 측량에 이용된다.

2. 세부측량

세부측량 대상	수애선의 측량
① 하천형태 ② 제방 ③ 다리 ④ 방파제 ⑤ 수애선	① 수애선 : 하천과 하안의 경계선, 평수위에 의해 결정 ② 평수위 : 어떤 기간 동안 관측한 수위 가운데 1/2은 그 수위보다 높고, 다른 1/2은 낮은 수위

3. 고저측량

구분	내용
수준기표 (Bench Mark)	① 양안 5km마다 설치(견고한 장소) ② 수위 관측소에는 필히 설치(고저기준점)
종단측량	4km 왕복에서 유조부 10mm, 무조부 15mm, 급류부 20mm의 오차 허용(거리는 $\frac{1}{1,000}$, 높이는 $\frac{1}{100}$ 의 축척으로 작성)
횡단측량	① 보통 좌안을 따라 거리표를 기준으로 한다. ② 200m마다 거리표를 기준으로 관측
수심측량	① 측간 : 비교적 수심이 얕은 장소(6m) 이하 ② 음향 측심기 : 수심이 깊고, 유속이 큰 장소 (30m 관측 시 0.5% 오차)
거리표	① 하구 또는 하천의 합류점에서의 위치를 표시하는 것 ② 하천의 중심에 직각방향, 양안의 제방법선에 설치 ③ 하구, 간천의 합류점에 설치한 기점에서 하천의 중심을 따라 200m 간격으로 설치 ④ 실제로 하천의 중심을 따라 설치하는 것이 곤란하므로 좌안을 따라 200m 간격으로 설치

• 측간

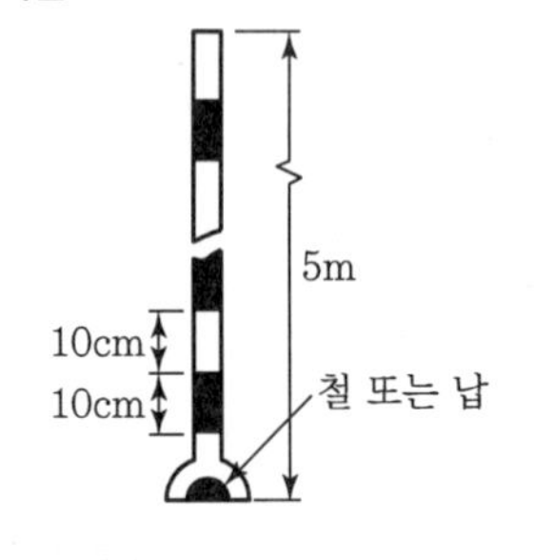

• 고저측량
① 종단측량
② 횡단측량
③ 심천측량

예 / 상 / 문 / 제

01 하천측량을 실시할 경우 수애선의 기준은?

① 고수위 ② 평수위
③ 갈수위 ④ 홍수위

해설

수애선은 하천과 하안의 경계선이며 평수위에 의해 결정된다.

02 다음 하천측량의 설명 중 틀린 것은?

① 고저측량에 기준이 되는 고저기준점은 양안 약 20km마다 설치한다.
② 고저측량의 거리표는 하천 중심에 직각방향으로 양안의 제방 법선에 설치한다.
③ 측심측량은 하천의 수심 및 유수 부분의 하저상황을 조사하고 횡단면도를 제작하는 측량이다.
④ 횡단측량은 200m마다의 거리표를 기준으로 선상의 고저를 측량하는 것으로 지면이 평탄한 경우에도 5~10m 간격으로 관측한다.

해설

- 수준기표는 양안 5km마다 암반 등에 설치 (수위 관측소에는 필히 설치)
- 삼각점은 2~3km마다 설치한다. (삼각망은 단열 삼각망)

03 하천측량에 관한 설명으로 옳지 않은 것은?

① 홍수 유속의 측정에 알맞은 것은 막대기 부자이다.
② 심천측량을 하여 지형을 표시하는 방법에는 점고법이 이용된다.
③ 횡단측량은 1km마다의 거리표를 기준으로 하며 우안을 기준으로 한다.
④ 무제부에서의 측량범위는 홍수가 영향을 주는 구역보다 약간 넓게 한다.

해설

- 보통 좌안을 따라 거리표를 기준으로 한다.
- 200m마다 거리표를 기준으로 관측

04 하천측량에 대한 설명 중 옳지 않은 것은?

① 하천측량 시 처음에 할 일은 도상조사로서 유로상황, 지역면적, 지형지물, 토지이용상황 등을 조사하여야 한다.
② 심천측량은 하천의 수심 및 유수 부분의 하저사항을 조사하고 횡단면도를 제작하는 측량을 말한다.
③ 하천측량에서 수준측량을 할 때의 거리표는 하천 중심의 평행방향으로 설치한다.
④ 수위관측소의 위치는 지천의 합류점 및 분류점으로서 수위의 변화가 없는 곳이 적당하다.

해설

거리표는 하천 중심의 직각방향으로 설치한다.

05 다음 중 하천 평면 측량에 해당되지 않는 것은?

① 삼각 측량 ② 트래버스 측량
③ 지형 측량 ④ 심천 측량

해설

하천 평면 측량은 삼각 측량, 트래버스 측량, 세부(지형) 측량 등이며, 심천(수심) 측량은 수준 측량에 속한다.

06 하천 측량에서 가장 많이 쓰여지는 삼각망은?

① 교호 삼각망 ② 사변쇄망
③ 유심 삼각망 ④ 단열 삼각망

해설

하천, 노선 등 길고 좁은 지역에서는 단열 삼각망이 널리 쓰인다.

07 하천 측량 시 평면 측량 중 삼각 측량에서 삼각점은 몇 km마다 설치하는가?

① 1~2km ② 2~3km
③ 3~4km ④ 4~5km

해설

하천 평면 측량에서 감각점은 기본삼각점으로부터 정하는 것을 원칙으로 하며, 삼각점은 2~3km마다 1점씩 양안에 배치한다.

정답 01 ② 02 ① 03 ③ 04 ③ 05 ④ 06 ④ 07 ②

03 심천측량 및 수위 관측소

1. 심천측량

특징	공식	모식도
A점에 트랜싯 설치 (전방교회법)	① $\overline{BP_1} = AB\tan\alpha_1$ ② $\overline{BP_2} = AB\tan\alpha_2$	
P점에 육분의 설치 (후방교회법)	① $\overline{BP_1} = AB\cot\beta_1$ ② $\overline{BP_2} = AB\cot\beta_2$	

2. 양수표(수위 관측소) 설치장소

양수표(수위 관측소) 설치장소
① 상하류 약 100m 정도의 직선인 장소
② 수류방향이 일정한 장소
③ 수위가 교각이나 기타 구조물에 의해 영향을 받지 않는 장소
④ 유실, 세굴, 이동, 파손의 위험이 없는 장소
⑤ 쉽게 수위를 관측할 수 있는 장소
⑥ 합류점이나 분류점에서 수위의 변화가 생기지 않는 장소
⑦ 수면구배가 급하거나 완만하지 않은 지점

3. 하천의 수위

구분	내용
평수위	① 어느 기간의 수위 중 이것보다 높은 수위와 낮은 수위의 관측수가 똑 같은 수위 ② 1년을 통해 185일은 이보다 저하하지 않는 수위 ③ 수애선의 기준
저수위	1년을 통해 275일은 이보다 저하하지 않는 수위
갈수위	1년을 통해 355일은 이보다 저하하지 않는 수위

GUIDE

• **심천측량**
하천의 수심 및 유수 부분의 하저상황을 조사하고 횡단면도를 제작하는 측량

• **양수표**

• **평수위**
하천측량에서 수애선을 결정하는 수위

• **수애선**
하천경계의 기준

예 / 상 / 문 / 제

01 양수표의 설치장소로 적합하지 않은 곳은?

① 상 · 하류 최소 300m 정도가 곡선인 장소
② 교각이나 구조물에 의한 수위변동이 없는 장소
③ 홍수 시 유실 또는 이동이 없는 장소
④ 지천의 합류점에서 상당히 상류에 위치한 장소

해설

양수표 설치장소는 상하류 약 100m 정도의 직선인 장소

02 하천의 수위표 설치 장소로 적당하지 않은 곳은?

① 상 · 하류가 곡선으로 연결되어 유속이 크지 않은 곳
② 수위가 교각 등의 영향을 받지 않은 곳
③ 홍수 시 쉽게 양수표가 유실되지 않는 곳
④ 하상과 하안이 세굴이나 퇴적되지 않는 곳

해설

수위표의 설치 장소는 상 · 하류의 약 100m 정도는 직선이고 유속의 크기가 크지 않아야 한다.

03 양수표 설치장소 선정을 위한 고려사항에 대한 설명으로 옳지 않은 것은?

① 지천의 합류점으로 지천에 의한 수위 변화가 뚜렷한 곳
② 홍수 시에도 양수표를 쉽게 읽을 수 있는 곳
③ 세굴과 퇴적이 생기지 않는 곳
④ 유속의 변화가 심하지 않은 곳

해설

양수표는 지천의 합류, 분류점에서 수위 변화가 없는 곳에 설치한다.

04 수위관측소의 설치장소 선정 시 고려하여야 할 사항에 대한 설명으로 옳지 않은 것은?

① 수위가 교각이나 기타구조물에 의한 영향을 받지 않는 장소일 것
② 홍수 때는 관측소가 유실, 이동 및 파손될 염려가 없는 장소일 것
③ 잔류, 역류 및 저수가 풍부한 장소일 것
④ 하상과 하안이 안전하고 퇴적이 생기지 않는 장소일 것

해설

수위관측소는 잔류 및 역류가 적고 수위가 급변하지 않는 곳에 설치한다.

05 양수표의 설치 장소로 적합하지 않은 곳은?

① 상 · 하류 최소 50m 정도의 곡선인 장소
② 홍수 시 유실 또는 이동의 염려가 없는 장소
③ 수위가 교각 및 그 밖의 구조물에 의해 영향을 받지 않는 장소
④ 평상시는 물론 홍수 때에도 쉽게 양수표를 읽을 수 있는 장소

해설

양수표(수위 관측소)는 상하류의 약 100m 정도는 직선이고 유속이 크지 않아야 한다.

06 하천측량에서 수애선이 기준이 되는 수위는?

① 갈수위 ② 평수위
③ 저수위 ④ 고수위

해설

수애선은 하천경계의 기준이며 평균 평수위를 기준으로 한다.

07 수애선을 나타내는 수위로서 어느 기간의 수위 중 이것보다 높은 수위와 낮은 수위의 관측 수가 같은 수위는?

① 평수위 ② 평균수위
③ 지정수위 ④ 평균최고수위

해설

㉠ 평수위 : 어느 기간 동안 이 수위보다 높은 수위와 낮은 수위의 관측 횟수가 같은 수위
㉡ 평균수위 : 어느 기간 동안 수위의 값을 누계 내 관측 수로 나눈 수위

정답 01 ① 02 ① 03 ① 04 ③ 05 ① 06 ② 07 ①

04 유속관측

1. 부자(Float)에 의한 방법

구분	내용	모식도
표면부자	① 답사나 홍수 시 급하게 유속을 관측할 때 편리한 방법 ② 나무코르크, 병 등을 이용하여 수면유속을 관측	
이중부자	① 표면에다 수중부자를 연결한 것 ② 수중부자는 수면에서 6/10(6할) 되는 깊이로 한다.	수면 와이어 수중부자 이중부자
봉부자	① 봉부자는 가벼운 대나무나 목판을 이용 ② 전수심에 걸쳐 유속의 작용을 받으므로 비교적 평균유속을 받는 편	봉부자

2. 평균유속을 구하는 방법

구분	내용	모식도
1점법	$V_m = V_{0.6}$	유속, 수면, H, 0.8H, 0.6H, 0.4H, 0.2H, 수심 H, $V_{0.2}$, $V_{0.4}$, $V_{0.6}$, $V_{0.8}$, 수저, (평균유속), V_m
	수면으로부터 수심 0.6H 되는 곳의 유속을 평균유속(V_m)	
2점법	$V_m = \frac{1}{2}(V_{0.2} + V_{0.8})$	
	수심 0.2H, 0.8H 되는 곳의 유속을 평균유속(V_m)	
3점법	$V_m = \frac{1}{4}(V_{0.2} + 2V_{0.6} + V_{0.8})$	수면, 수심, 역풍, 무풍, 순풍, 0.2, 0.4, 0.6, 0.8, 수저, (하천단면의 유속 분포)
	수심 0.2H, 0.6H, 0.8H 되는 곳의 유속을 평균유속(V_m)	
4점법	$V_m = \frac{1}{5}\left\{(V_{0.2} + V_{0.4} + V_{0.6} + V_{0.8}) + \frac{1}{2}\left(V_{0.2} + \frac{V_{0.8}}{2}\right)\right\}$	
	수심 1.0m 내외의 장소에서 적당	

GUIDE

• 부자에 의한 유속관측

① 유속관측의 유하거리는 하천 폭의 2~3배 정도
② 큰 하천 : 100~200m
③ 작은 하천 : 20~50m

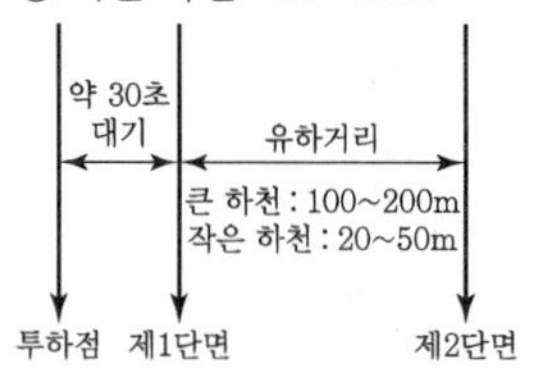

• 위어(Weir)

유량 관측을 위한 장치(장비가 아님)

• 유량

① $Q = A \cdot V$
② 평균유속(V) = 실제유속(m/s) × 유속계수

• 음파의 속도

$V = 2\frac{L}{t}$(m/sec)

01 하폭이 큰 하천의 홍수 시 표면유속 측정에 가장 적합한 방법은?

① 표면부자에 의한 측정 ② 수중부자에 의한 측정
③ 막대부자에 의한 측정 ④ 유속계에 의한 측정

해설

표면부자는 홍수 시 급하게 표면유속을 관측할 때 사용

02 홍수 시 급하게 유속관측을 필요로 하는 경우에 편리하여 주로 이용하는 방법은?

① 이중부자 ② 프라이스(Price)식 유속계
③ 표면부자 ④ 스크류(Screw)형 유속계

해설

표면부자는 홍수 시 급하게 표면유속을 관측할 때 사용한다.

03 부자(Float)에 의해 유속을 측정하고자 한다. 측정지점 제1단면과 제2단면 간의 거리로 가장 적합한 것은?(단, 큰 하천의 경우)

① 1~5m ② 20~50m
③ 100~200m ④ 500~1,000m

해설

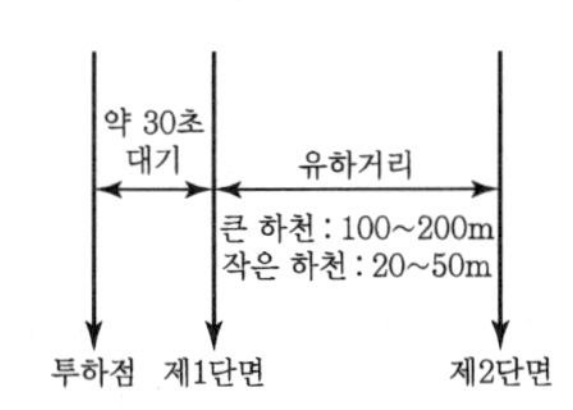

- 유속관측의 유하거리는 하천폭의 2~3배 정도
- 큰 하천 : 100~200m
- 작은 하천 : 20~50m

04 하천의 평균유속을 구할 때 횡단면의 연직선 내에서 1점법으로 가장 적합한 것은?

① 수면에서 수심의 8/10 되는 곳
② 수면에서 수심의 6/10 되는 곳
③ 수면에서 수심의 4/10 되는 곳
④ 수면에서 수심의 2/10 되는 곳

해설

하천의 평균유속

- 1점법 $V_m = V_{0.6}$
- 2점법 $V_m = \frac{1}{2}(V_{0.2} + V_{0.8})$
- 3점법 $V_m = \frac{1}{2}(V_{0.2} + 2V_{0.6} + V_{0.8})$

05 하천에서 2점법으로 평균유속을 구할 경우 관측하여야 할 두 지점의 위치는?

① 수면으로부터 수심의 $\frac{1}{5}$, $\frac{3}{5}$ 지점

② 수면으로부터 수심의 $\frac{1}{5}$, $\frac{4}{5}$ 지점

③ 수면으로부터 수심의 $\frac{2}{5}$, $\frac{3}{5}$ 지점

④ 수면으로부터 수심의 $\frac{2}{5}$, $\frac{4}{5}$ 지점

06 수심이 h인 하천의 평균 유속을 구하기 위하여 수면으로부터 $0.2h$, $0.6h$, $0.8h$가 되는 깊이에서 유속을 측량한 결과 초당 0.8m, 1.5m, 1.0m였다. 3점법에 의한 평균유속은?

① 0.9m/s ② 1.0m/s
③ 1.1m/s ④ 1.2m/s

해설

$$3점법(V_m) = \frac{V_{0.2} + 2V_{0.6} + V_{0.8}}{4} = \frac{0.8 + 2 \times 1.5 + 1.0}{4} = 1.2\text{m/s}$$

07 해저지형측량에서 수심이 6,000m이고 발사음이 약 10초 후에 수신되었다면 음파의 속도는?

① 300m/s ② 600m/s
③ 1,000m/s ④ 1,200m/s

해설

음파의 속도(왕복거리)

$$V = \frac{2L}{t} = \frac{12,000}{10} = 1,200\text{m/s}$$

정답 01 ① 02 ③ 03 ③ 04 ② 05 ② 06 ④ 07 ④

01 하천측량을 실시하는 주목적은?

① 하천 공작물의 계획, 설계, 시공에 필요한 자료를 얻기 위하여
② 하천의 수위, 구배, 단면을 알기 위하여
③ 평면도, 종단면도를 작성하기 위해
④ 하천공사와 공비를 산출하기 위해

해설

하천측량은 하천의 형상, 수위, 단면, 구배 등을 관측하여 하천의 평면도, 종횡단면도를 작성함과 동시에 유속, 유량, 기타 구조물을 조사하여 각종 수공설계, 시공에 필요한 자료를 얻기 위한 것이다.

02 다음 하천측량의 설명 중 틀린 것은?

① 고저측량에 기준이 되는 고저기준점은 양안 약 20km마다 설치한다.
② 고저측량의 거리표는 하천 중심에 직각 방향으로 양안의 제방 법견에 설치한다.
③ 측심측량은 하천의 수심 및 유수 부분의 하저 상황을 조사하고 횡단면도를 제작하는 측량이다.
④ 횡단측량은 200m마다의 거리표를 기준으로 선상의 고저를 측량하는 것으로 지면이 평탄한 경우에도 5~10m 간격으로 관측한다.

해설

고저측량에 기준이 되는 고저기준점은 양안 5km마다 설치한다.

03 하천의 삼각측량에서 가장 많이 쓰이는 삼각망의 형성 방법은?

① 단열 삼각형쇄 ② 사변형쇄
③ 유심 다각형쇄 ④ 격자망쇄

해설

폭이 좁고 길이가 긴 노선, 하천측량에서는 단열 삼각형쇄가 많이 이용된다.

04 수애선을 나타내는 수위로서 어느 기간 동안의 수위 중 이것보다 높은 수위와 낮은 수위의 관측수위의 관측수가 같은 수위는?

① 평수위 ② 평균수위
③ 지정수위 ④ 평균최고수위

해설

평수위(Ordinary Water Level ; OWL)
하천의 수위 중에서 어떤 기간에 관측한 수위 중 이것보다 높은 수위와 낮은 수위의 관측 횟수가 같은 수위를 평수위라 한다.

05 하천측량을 실시할 경우 수애선의 기준은?

① 고수위 ② 평수위
③ 갈수위 ④ 홍수위

해설

수애선은 평수위로 나타낸다.

06 하천측량에서 평면측량의 범위는?

① 유제부에서 제내 300m 이내, 무제부에서는 홍수가 영향을 주는 구역보다 약간 넓게 한다.
② 유제부에서 제내 200m 이내, 무제부에서는 홍수가 영향을 주는 구역보다 약간 좁게 한다.
③ 유제부에서 제내 200m 이내, 무제부에서는 홍수가 영향을 주는 구역보다 약간 넓게 한다.
④ 유제부에서 제내 300m 이내, 무제부에서는 홍수가 영향을 주는 구역보다 약간 좁게 한다.

해설

평면측량 범위
㉠ 무제부 : 홍수가 영향을 주는 구역보다 약간 넓게 즉 홍수 시에 물이 흐르는 맨 옆에서 100m까지
㉡ 유제부 : 제외지 전부와 제내지의 300m 이내

정답 01 ① 02 ① 03 ① 04 ① 05 ② 06 ①

07 하천측량 작업을 크게 나눈 3종류에 해당되지 않는 측량은?

① 심천측량　② 유량측량
③ 수준측량　④ 평판측량

해설

하천측량 순서
평면측량 → 수준측량(심천측량) → 유량측량

08 다음은 하천측량에서 표지를 설치하는 요령에 대하여 설명하였다. 이 중 옳지 않은 것은?

① 거리표는 하천의 한쪽 하안에 따라 하구 또는 합류점에서 100m 또는 200m마다 설치한다.
② 대안의 거리표는 이미 설치된 거리표의 점마다 하천 중심에 직각 방향으로 설치한다.
③ 거리표는 1km마다 표석을 설치하고 그 중간에는 나무 말뚝을 사용한다.
④ 양안 2km마다 BM(수준점)을 설치한다.

해설

수준점의 설치는 하천 양안의 5km마다 측설한다.

09 하천측량에서 고저측량에 해당하지 않는 것은?

① 거리표 설치　② 유속관측
③ 종 · 횡단측량　④ 심천측량

10 종단측량 및 하천구배측량에서 수준측량의 오차 허용범위를 설명한 것 중 옳은 것은?

① 4km 왕복에서 유조부는 10mm, 무조부는 15mm를 넘지 않아야 한다.
② 4km 왕복에서 유조부는 15mm, 무조부는 20mm를 넘지 않아야 한다.
③ 4km 왕복에서 유조부는 15mm, 무조부는 10mm를 넘지 않아야 한다.
④ 4km 왕복에서 유조부는 20mm, 무조부는 15mm를 넘지 않아야 한다.

해설

하천 수준측량의 허용오차
4km 왕복 시
㉠ 유조부 : 10mm
㉡ 무조부 : 15mm
㉢ 급류부 : 20mm

11 어떤 하천 BC선에 연하여 심천측량을 실시할 때 B점에서 CB에 직각으로 AB = 96m의 기선을 잡았다. 지금 배 P위에서 육분의(Sextant)로 ∠APB를 측정한 값이 43°30′이다. BP의 거리가 100m가 될 때 P의 위치는?

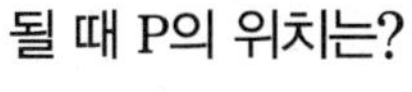

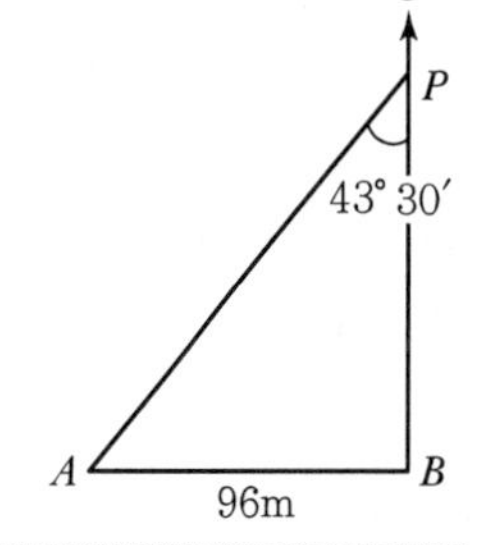

① B방향으로 8.90m
② C방향으로 8.90m
③ C방향으로 1.16m
④ B방향으로 1.16m

해설

$\tan 43°30' = \dfrac{\overline{AB}}{\overline{BP}}$ 에서

$\overline{BP} = \dfrac{\overline{AB}}{\tan 43°30'} = \dfrac{96}{\tan 43°30'}$

$= 101.16\text{m}$

BP의 거리가 100m가 될 때 P의 위치는 1.16m만큼 차이가 있다.
∴ B방향으로 1.16m

12 수심이 6m 이상이고 유속이 크지 않을 때 사용되는 하천 깊이 측량용 기구는 다음 어느 것인가?

① 측간　② 측추
③ 음향 측심기　④ 수압 측심기

해설

- 측간 : 6m 이내
- 측추 : 6m 이상(유속이 크지 않을 때)
- 음향 측심기 : 유속이 크고, 깊은 곳

정답　07 ④　08 ④　09 ②　10 ①　11 ④　12 ②

13 하천의 수면구배를 정하기 위해 100m의 간격으로 동시 수위를 측정하여 다음 결과를 얻었다. 이 결과로부터 구한 이 구간의 평균수면 구배는?

측 점	표 고
1	73.63
2	73.45
3	73.23
4	73.02
5	72.83

① 1/750 ② 1/1,000
③ 1/500 ④ 1/1,250

해설

평균수면 구배 $= \dfrac{H}{D} = \dfrac{73.63 - 72.83}{400} = \dfrac{1}{500}$

14 하천측량에 대한 설명 중 옳지 않은 것은?

① 수위관측소의 위치는 지천의 합류점 및 분류점으로서 수위의 변화가 일어나기 쉬운 곳이 적당하다.
② 하천측량에서 수준측량을 실시할 때 거리표는 하천의 중심에 직각방향으로 설치한다.
③ 심천측량은 하천의 수심 및 유수부분의 하저상황을 조사하고 횡단면도를 제작하는 측량을 말한다.
④ 하천측량 시 처음에 할 일은 도상조사로서 유로상황, 지역면적, 지형지물 및 토지이용상황 등을 조사하여야 한다.

해설

수위관측소의 위치는 합류점이나 분류점에서 수위의 변화가 생기지 않는 장소일 것

15 하천의 수위관측소의 설치장소로 적당하지 않은 것은?

① 하상과 하안이 안전한 곳
② 홍수 시에도 양수량을 쉽게 알아볼 수 있는 곳
③ 수위가 구조물의 영향을 받지 않는 곳
④ 수위의 변화가 크게 발생하여 그 변화가 명확한 곳

해설

수위의 변화가 일정하며 쉽게 수위를 관측할 수 있는 장소

16 유속측량 장소의 선정 시 고려하여야 할 사항으로 옳지 않은 것은?

① 직류부로서 흐름과 하상경사가 일정하여야 한다.
② 수위 변화에 횡단형상이 급변하지 않아야 한다.
③ 가급적 수위의 변화가 많은 곳이어야 한다.
④ 관측 장소의 상 · 하류의 유로가 일정한 단면을 갖고 있으며 관측이 편리하여야 한다.

해설

수위관측소의 설치는 가급적 수위 변화가 적은 곳이어야 한다.

17 하천 수위관측소의 설치장소로 옳지 않은 곳은 어느 것인가?

① 수위가 교각이나 구조물에 의한 영향을 받지 않는 곳일 것
② 홍수 시에도 양수량을 쉽게 볼 수 있는 곳일 것
③ 잔류, 역류 및 저수위가 많은 곳일 것
④ 하상과 하안이 안전하고 퇴적이 생기지 않는 곳일 것

해설

수위관측소의 설치는 잔류, 역류가 없는 곳이 적당하다.

18 홍수 시 급히 유속관측을 할 때 알맞는 방법은?

① Price식 유속계 ② Screw형 유속계
③ 이중부자 ④ 표면부자

해설

표면부자는 홍수 시 급히 유속을 관측할 때 편리한 방법이다.

정답 13 ③ 14 ① 15 ④ 16 ③ 17 ③ 18 ④

19 홍수 시 유속측정에 가장 알맞은 것은?

① 봉부자 ② 이중부자
③ 유속부자 ④ 표면부자

20 그림과 같이 봉부자로 유속을 측정하고자 한다. 상하류 횡단면이 유하거리 200m, 유하시간은 1분 40초일 때 유속은 얼마인가?

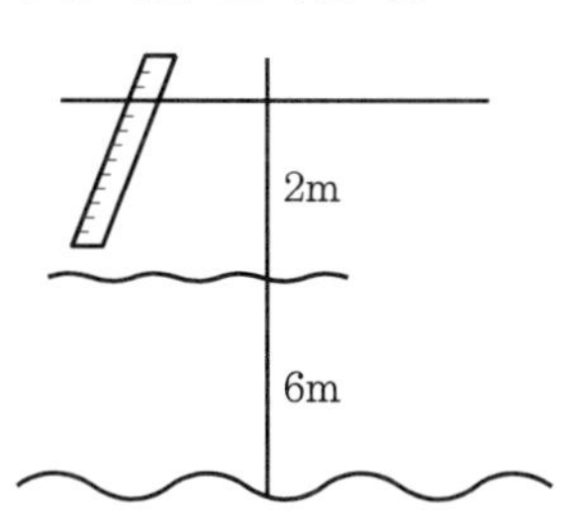

① 1.2m/sec ② 1.9m/sec
③ 2.0m/sec ④ 3.2m/sec

해설

V=m/sec=200/100=2.0m/sec

21 그림과 같이 표면부자를 작은 하천 수면에 띄워 A점을 출발하여 B점을 통과할 때 소요시간이 1분 50초였다면 이 하천의 평균유속은 얼마인가? (단, 평균유속을 구하기 위한 계수는 0.8로 한다.)

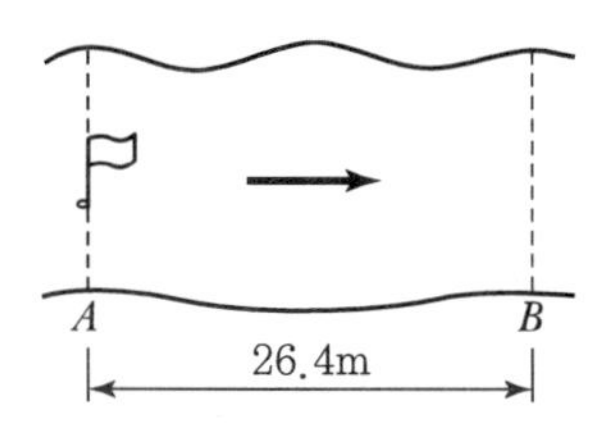

① 0.09m/sec ② 0.19m/sec
③ 0.24m/sec ④ 0.36m/sec

해설

실제유속(V_s) = m/sec
= 26.4/110 = 0.24m/sec
$V_m = 0.8V_s = 0.19$m/sec

22 평균유속 측정법 중 3점법이란?

① 수면에서 0.2, 0.6, 0.8 깊이의 점의 유속을 측정
② 수면에서 0.2, 0.4, 0.6 깊이의 점의 유속을 측정
③ 수면에서 0.2, 0.4, 0.8 깊이의 점의 유속을 측정
④ 수면에서 0.2, 0.5, 0.8 깊이의 점의 유속을 측정

23 하천에서 2점법으로 평균유속을 구할 경우 관측하여야 할 두 지점의 위치는?

① 수면으로부터 수심의 $\frac{1}{5}$, $\frac{3}{5}$ 지점
② 수면으로부터 수심의 $\frac{1}{5}$, $\frac{4}{5}$ 지점
③ 수면으로부터 수심의 $\frac{2}{5}$, $\frac{3}{5}$ 지점
④ 수면으로부터 수심의 $\frac{2}{5}$, $\frac{4}{5}$ 지점

24 하천의 평균유속을 구하기 위하여 수면으로부터 2/10, 6/10, 8/10 되는 곳의 유속을 측정하였더니 0.54m/sec, 0.67m/sec, 0.59m/sec이었다. 이때 3점법에 의하여 산출한 평균유속은 얼마인가?

① 0.52m/sec ② 0.565m/sec
③ 0.605m/sec ④ 0.618m/sec

해설

3점법 : $V_m = \frac{1}{4}(0.54 + 2 \times 0.67 + 0.59)$
$= 0.618$m/s

정답 19 ④ 20 ③ 21 ② 22 ① 23 ② 24 ④

25 수심 h인 하천의 유속을 측정하기 위해 수면에서 0.2h, 0.6h, 0.8h의 깊이에서 각 점의 유속이 각각 0.98m/sec, 0.72m/sec, 0.56m/sec일 때 평균 유속은?

① 0.753m/sec ② 0.745m/sec
③ 0.737m/sec ④ 0.720m/sec

해설

$$V_m = \frac{1}{4}(V_{0.2} + 2V_{0.6} + V_{0.8})$$
$$= \frac{1}{4}(0.98 + 2 \times 0.72 + 0.56)$$
$$= 0.745\text{m/sec}$$

정답 25 ②

GNSS

01 위성항법 시스템

1. 항법위성

위성항법 시스템
① GNSS(Global Navigation Satellite System : 범지구적 위성항법시스템)
② GPS(미국)+GLONASS(러시아)+Galileo(유럽)+Compass(중국)
③ 인공위성을 이용한 위치를 결정하는 체계(다양한 항법위성을 이용한 3차원 측위방법)
④ 정확한 위치를 알고 있는 위성에서 발사한 전파를 수신하고 관측점까지의 소요시간을 관측하여 관측점의 3차원 위치를 결정하는 체계(후방교회법)
⑤ 지구질량 중심을 원점으로 하는 3차원 직교 좌표 체계를 사용한다.

2. GPS

GPS	모식도
① GPS(Global Positioning System) ② GNSS 위성을 통해 기상이나 시간의 제약 없이 3차원 위치정보를 취득	

3. GPS(GNSS)의 구성

우주부문	제어부문	사용자부문
① 24개의 위성과 3개 보조위성으로 구성(12시간 주기) ② 3차원 후방교회법 ③ 사용좌표계는 WGS84 ④ 궤도는 원궤도 ⑤ 높이 20,180km	① 위성의 신호상태를 점검 ② 궤도위치에 대한 정보를 모니터링 ③ GPS 시간 결정 ④ 항법메시지 갱신	① 위성에서 전송되는 신호정보를 이용 수신기의 정확한 위치와 속도를 결정하고 활용 ② GPS 수신기와 사용자로 구성

4. WGS 84 좌표계

설명	WGS 84 좌표계
지구질량 중심을 원점으로 하는 3차원 직교 좌표계	

GUIDE

• 위성항법 시스템

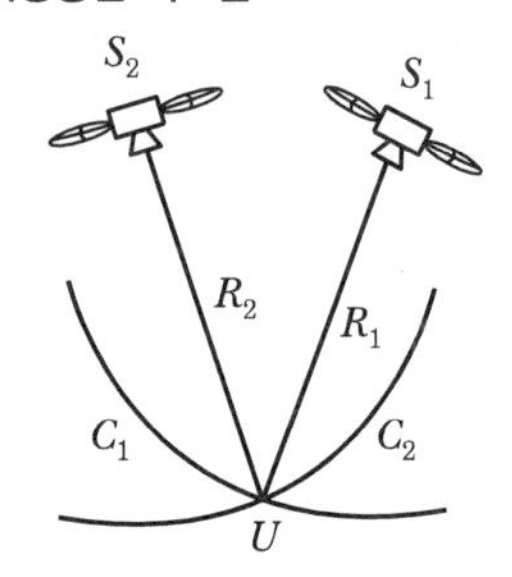

• 위치 결정 원리
① 코드방식
② 반송파 관측방식

• GNSS(위성측위 시스템)
① GPS
② GLONASS
③ Galileo
④ Compass
⑤ QZSS

01 GPS 위성체계에서 이용하는 지구질량 중심을 원점으로 하는 좌표계는?

① 천문 좌표계 ② TUM 좌표계
③ WGS84 좌표계 ④ UPS 좌표계

해설

GPS 위성에 사용되는 좌표계는 지구질량 중심 좌표계인 WGS84이다.

02 범세계적 위치결정체계(GPS)에 대한 설명 중 옳지 않은 것은?

① 기상에 관계없이 위치결정이 가능하다.
② NNSS의 발전형으로 관측소요시간 및 정확도를 향상시킨 체계이다.
③ 우주 부분, 제어 부분, 사용자 부분으로 구성되어 있다.
④ 사용되는 좌표계는 WGS72이다.

해설

GPS에서 사용되는 좌표계는 WGS 84 좌표이다.

03 다음 중 위성 측위 시스템(GNSS)이 아닌 것은?

① GPS ② GLONASS
③ EDM ④ Galileo

해설

EMD은 전자파를 이용한 거리측정기구

04 다음 중 GPS의 궤도는?

① 원궤도 ② 극궤도
③ 타원궤도 ④ 정지궤도

해설

GPS의 궤도는 원궤도이다.

05 GPS측량에서 사용자의 위치결정은 어떤 방법을 이용하는가?

① 후방교회법 ② 전방교회법
③ 측방교회법 ④ 도플러효과

해설

정확한 위치를 알고 있는 위성에서 발사한 전파를 수신하고 관측점까지의 소요시간을 관측하여 관측점의 3차원 위치를 결정하는 체계(후방교회법)

06 범세계 위치 결정체계(GPS)에 대한 설명 중 틀린 것은?

① 관측점의 위치는 정확한 위치를 알고 있는 위성에서 발사한 전파의 소요시간을 관측함으로써 결정한다.
② GPS 위성은 약 20,000KM의 고도에서 24시간 주기로 운행한다.
③ 우주 부분, 제어 부분, 사용자 부분으로 구성되어 있다.
④ GPS 위성은 1547.42MHz의 주파수를 가진 L1과 1227.60MHz의 주파수를 가진 L2 신호를 전송한다.

해설

GPS 위성은 20,180km 고도와 약 12시간 주기로 운행한다.

07 범세계 위치 결정체계(GPS)의 체계구성에 해당하지 않는 것은?

① 사용자부문 ② 우주부문
③ 제어부문 ④ 신호부문

해설

GPS 구성은 우주부문, 제어부문, 사용자부문으로 이루어진다.

08 GPS 구성 부문 중 위성의 신호 상태를 점검하고, 궤도 위치에 대한 정보를 모니터링 하는 임무를 수행하는 부분은?

① 우주부문 ② 제어부문
③ 사용자부문 ④ 위성부문

해설

제어부문 : 위성의 신호상태를 점검, 궤도위치에 대한 정보를 모니터링

정답 01 ③ 02 ④ 03 ③ 04 ① 05 ① 06 ② 07 ④ 08 ②

02 GPS(GNSS) 신호 및 측위개념

1. GPS(GNSS) 위성신호

PRN 코드	P－코드(10.23MHz	C/A－코드(1.023MHz)
	M－코드(10.23MHz)	
반송파	L_1(1,575.42MHz)	L_1C(1,575.42MHz)
	L_2(1,227.60MHz)	L_2C(1,227.60MHz)
	L_5(1,176.45MHz)	
항법 메시지	① GPS 위성의 궤도, 시간, 시스템의 변수값 포함 ② C/A 코드와 함께 L1파에 실려서 전송	

• GPS 위성신호

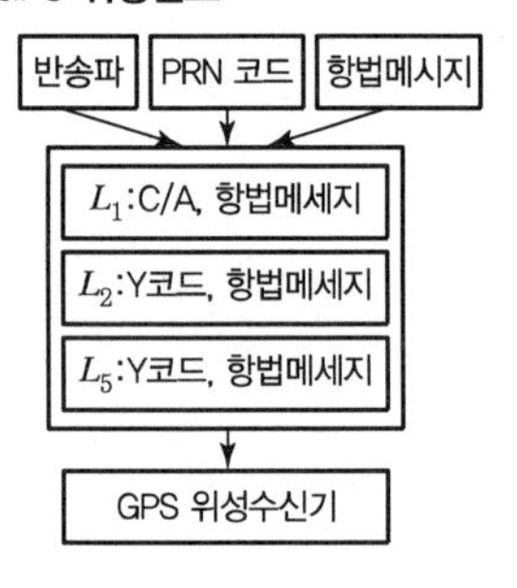

2. GPS(GNSS) 측위개념

모식도	측위개념
위성(기지점) 전파 위치계산정보 방송 (위성의 X, Y, Z, T, 궤도정보 등) GPS 수신기(미지점)	GPS 수신기는 4개의 위성신호를 수신하면 4차방정식을 자동 생성하여 미지점에 대한 X, Y, Z, T값을 결정한다.(후방교회법)

• GNSS 위성을 이용한 측위계산에서 3차원 위치를 구하기 위한 최소 위성의 수는 4개이다.

• RINEX

GNSS 데이터의 교환 등에 필요한 공통적인 형식으로 원시데이터에서 측량에 필요한 데이터를 추출하여 보기 쉽게 표현한 것

3. GPS(GNSS)의 고도

모식도	높이의 기준	
GPS H h N 지형 지오이드 타원체 해양	수준측량	① 인천만 평균해수면 (지오이드) ② H(정표고)
	GPS	① 타원체를 기준 ② h(타원체고)
정표고(H)＝타원체고(h)－지오이드고(N)		

01 GPS 측량에서 이용하지 않는 위성신호는?

① L_1 반송파 ② L_2 반송파
③ L_4 반송파 ④ L_5 반송파

해설

GPS위성 신호
- PRN 코드(P코드, M코드)
- 반송파(L_1, L_2, L_5)
- 항법메시지(c/A 코드)

02 GPS 측량으로 측점의 표고를 구하였더니 89.123m였다. 이 지점의 지오이드 높이가 40.150m 라면 실제 표고(정표고)는?

① 129.273m ② 48.973m
③ 69.048m ④ 89.123m

해설

실제표고(정표고) = 타원체고 − 지오이드고
= 89.123 − 40.150 = 48.973m

03 GPS시스템에서 획득될 수 없는 정보는?

① 정확한 위치
② 정확한 시간
③ 정확한 수신기의 무게
④ 정확한 기선의 길이

해설

수신기의 무게와 GPS 취득 정보와는 무관

04 GPS 신호체계에서 1227.60 MHz의 주파수와 관계가 깊은 것은?

① L_1 대 ② L_2 대
③ P코드 ④ C/A코드

해설

- L_1 대 : 1575.42 MHz
- L_2 대 : 1227.60 MHz

05 GPS 위성과 수신기 간의 거리를 측정할 수 있는 재원과 관계가 먼것은?

① P code ② C/Acode
③ L 1 carrier ④ E 1

해설

GPS 위성신호
- PRN 코드(P코드, M코드)
- 반송파(L_1, L_2, L_5)
- 항법메시지(c/A 코드)

06 GPS 위성측량에 관한 다음의 설명 중 잘못된 것은?

① SA 방법의 해제로 절대측위의 정확도가 향상되었다.
② 위성시계의 오차가 없다면 3대의 위성신호를 사용하여도 위치결정이 가능하다.
③ GPS 위성은 위성마다 각각 자기의 코드신호를 전송한다.
④ 위성과 수신기 간의 거리측정의 정확도는 C/A 코드를 사용하거나 L 1 반송파를 사용하거나 차이가 없다.

해설

C/A 코드를 사용하여 위치결정을 하는 것보다 L_1 반송파를 사용하는 것이 더 정밀하다.

07 GNSS 데이터의 교환 등에 필요한 공통적인 형식으로 원시데이터에서 측량에 필요한 데이터를 추출하여 보기 쉽게 표현한 것은?

① Bernese ② RINEX
③ Ambiguity ④ Binary

해설

RINEX의 설명이다.

정답 01 ③ 02 ② 03 ③ 04 ② 05 ④ 06 ④ 07 ②

03 GNSS 측량방법

1. 단독위치 결정

모식도	측위 개념
GPS위성 C, GPS위성 B, GPS위성 A, GPS위성 D, 측위점	① GPS 수신기 1대로 위치 측정 ② 정밀도는 매우 떨어짐

2. DGPS

모식도	측위 개념
Real-Time, RTK(Raw Data), 기준점, 송신, 수신, 측정지점	좌표를 알고있는 기지점에 수신기를 설치하고(보정자료 생성) 동시에 미지점에 다른 수신기를 설치하여 고정점에서 생성된 보정자료를 이용해 미지점의 관측자료를 보정함으로써 높은 정확도를 확보하는 방법

3. 후처리 상대위치결정(정지측량, 정적관측)

모식도	측위 개념
기지점, 최초기선, 미지점, 기지점, 미지점, 미지점	① 정확도가 가장 높아 측지측량에 주로 이용 ② 2대 이상의 고성능 수신기를 이용 ③ Static 측량

4. 실시간 위치결정(이동측량, RTK)

모식도	측위 개념
Rover, Base, D, Radio	광범위한 관측점의 좌표들을 1~2cm의 정밀도로 빠른 시간 내에 관측값을 얻기 위해 개발된 기법 (Kinematic 방법)

GUIDE

- GPS(GNSS) 특징
  ① 고정밀도 측량 가능
  ② 장거리 측량 이용
  ③ 관측점 간 시통 불필요
  ④ 날씨에 영향을 안받음
  ⑤ 야간관측 가능
  ⑥ 지구질량 중심을 원점 (WGS84 좌표계)
  ⑦ 3차원 공간계측 가능
  ⑧ 해안지역의 장대교량공사 중 교각의 정밀 위치 시공에 가장 유리

- DGPS는 보다 정밀한 데이터를 얻기 위해 두 수신기가 가지는 공통의 오차를 서로 상쇄하는 기술이다.

- VRS(가상 기지국)

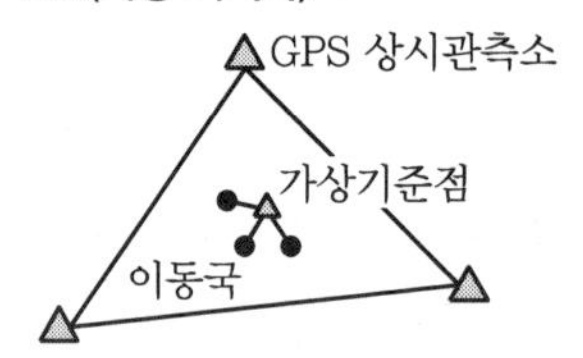

① Network RTK GPS측량
② 3점 이상의 상시관측소에서 관측되는 위치 오차량을 보간
③ 보정데이터를 이동국 GPS로 송신하여 관측값을 보정
④ 1대의 수신기만으로 고정밀 RTK 측량을 수행
⑤ 망 조정이 필요 없다.

예 / 상 / 문 / 제

01 다음의 GPS 현장 관측방법 중에서 일반적으로 정확도가 가장 높은 관측방법은?

① 정적관측법
② 동적관측법
③ 실시간동적관측법
④ 의사동적관측법

해설

후처리로 상대위치를 결정하는 정적 관측이 정확도가 가장 높아 측지측량에 이용된다.

02 좌표를 알고 있는 기지점에 고정용 수신기를 설치하여 보정자료를 생성하고 동시에 미지점에 또 다른 수신기를 설치하여 고정점에서 생성된 보정자료를 이용해 미지점의 관측자료를 보정함으로써 높은 정확도를 확보하는 GPS측위 방법은?

① KINEMATIC ② STATIC
③ SPOT ④ DGPS

해설

DGPS
- 기지점에 수신기 설치
- 보정자료 생성
- 미지점의 관측자료 보정

03 해안지역의 장대교량 공사 중 교각의 정밀 위치 시공에 가장 유리한 측량방법은?

① 레이저측량
② GPS측량
③ 토털스테이션을 이용한 지상측량
④ 레벨측량

04 범지구 측위제도(GPS)에 의한 측량, 조사의 특징이 아닌 것은?

① 정확하게 거리가 측정된다.
② 이동체에 탑재하여 속도 측정도 가능하다.
③ 전리층의 전파오차, 대류권의 전파오차 등을 수정할 수 있다.
④ 우천시에는 능률이 저하되는 경우도 있다.

해설

GPS는 전천후 측량 체계(날씨에 영향을 안받음)

05 단독측위, DGPS, RTK-GPS 등에 관한 설명으로 옳지 않은 것은?

① 단독측위 시 많은 수의 위성을 동시에 관측할 때 위성의 궤도정보에 대한 오차는 측위결과에 영향이 없다.
② DGPS는 신점과 기지점에서 동시에 관측을 실시하여 양 점에서 관측한 정보를 모두 해석함으로써 신점의 위치를 결정한다
③ RTK-GPS는 위성신호 중 반송파 신호를 해석하기 때문에 코드신호를 해석하여 사용하는 DGPS보다 정확도가 높다.
④ RTK-GPS는 공공측량 시 3, 4급 기준점 측량에 적용할 수 있다.

해설

위성의 궤도정보에 대한 오차는 측위결과에 영향을 미친다.

06 GNSS 측량에 대한 설명으로 틀린 것은?

① 다양한 항법위성을 이용한 3차원 측위방법으로 GPS, GLONASS, Galileo 등이 있다.
② VRS 측위는 수신기 1대를 이용한 절대 측위방법이다.
③ 지구질량중심을 원점으로 하는 3차원 직교좌표체계를 사용한다.
④ 정지측량, 신속정지측량, 이동측량 등으로 측위방법을 구분할 수 있다.

해설

VRS(가상 기지국) 측위는 수신기 1대를 이용한 이동측위(RTK) 방법이다.

정답 01 ① 02 ④ 03 ② 04 ④ 05 ① 06 ②

04 GPS(GNSS) 오차

1. 구조적 오차

위성에서 발생하는 오차	위성궤도오차	위성의 항행메시지에 의한 예상 궤도와 실제궤도의 불일치가 원인
	위성시계오차	위성에 장착된 정밀한 원자시계의 미세한 오차
대기권 전파지연 오차	전리층 오차	대기권의 영향은 대기권을 통과할 때 수증기 굴절이 발생하기 때문에 GPS위성 신호를 지연시킨다.(전리층 지연오차를 제거하기 위해서 다중주파수를 채택)
	대류권 오차	
수신기 오차	다중경로오차 (Multipath)	수신기 주변의 건물 등의 지형지물로 인해 위성으로부터 온 신호가 굴절, 반사되어 발생
	사이클 슬립 (Cycle slip)	수신기에서 위성의 신호를 받다가 순간적으로 신호가 끊어져 발생하는 오차

2. 위성의 기하학적 배치에 따른 오차(DOP)

DOP의 특징	① DOP는 위성의 기하학적 분포에 따른 오차이다. ② 일반적으로 위성들 간의 공간이 더 크면 위치 정밀도가 높아진다. ③ DOP를 이용하여 실제 측량 전에 위성측량의 정확도를 예측할 수 있다. ④ DOP 값이 클수록 정확도가 좋지 않은 상태이다. ⑤ RDOP(상대정밀도 저하율)은 상대측위와 관련이 없다.
DOP의 종류	① PDOP(Position DOP) : 3차원 위치결정의 정밀도 ② HDOP(Horizontal DOP) : 수평방향의 정밀도 ③ VDOP(Vertical DOP) : 높이의 정밀도 ④ TDOP(Time DOP) : 시간의 정밀도 ⑤ GDOP(Geometrical DOP) : 기하학적 정밀도 ⑥ RDOP(Relative DOP) : 상대정밀도 저하율

3. 고의적 오차

AS	군사목적의 P-코드를 적의 교란으로부터 방지하기 위해 암호화
SA	① 미국방성이 정책적 판단에 의해 고의로 오차를 증가 ② 2000년 5월 1일부로 해제(더 이상 영향을 미치지 않는다.)

GUIDE

• 전리층 대류권의 굴절

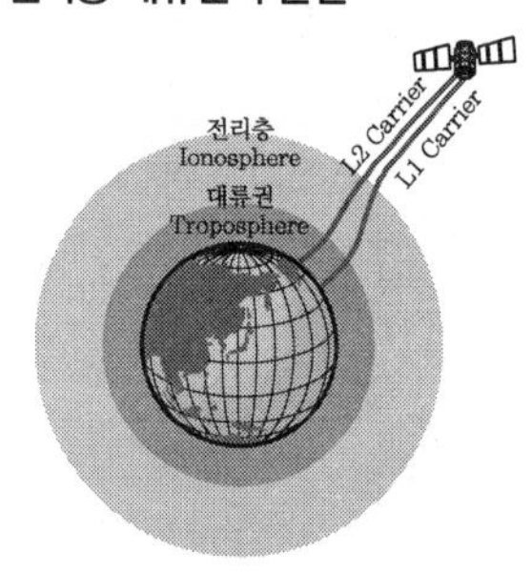

• Multipath(다중경로오차)

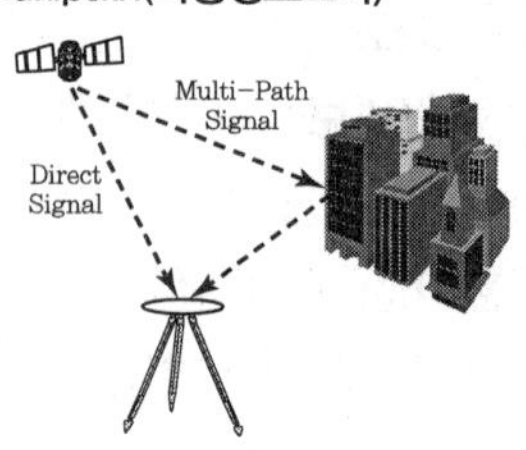

• 사이클 슬립(주파단절) 원인
① 낮은 위성의 고도각
② 낮은 신호강도
③ 높은 신호잡음
④ 상공시계 불량

• DOP
① Dilution Of Precision
② 정밀도 저하율
③ DOP의 수치는 낮을수록 위성의 기하학적 배치가 좋은 것을 의미

• DOP 정밀도
DOP×단위 관측정확도

• AS
anti spoofing

• SA
selective availability

01 그림과 같이 이동국을 중심으로 반경 60km 위치에 3곳의 GPS 상시관측소가 설치되어 있는 경우 이동국에서 가장 높은 정확도를 기대할 수 있는 GPS 측량방법은?(단 관측조건은 동일하다.)

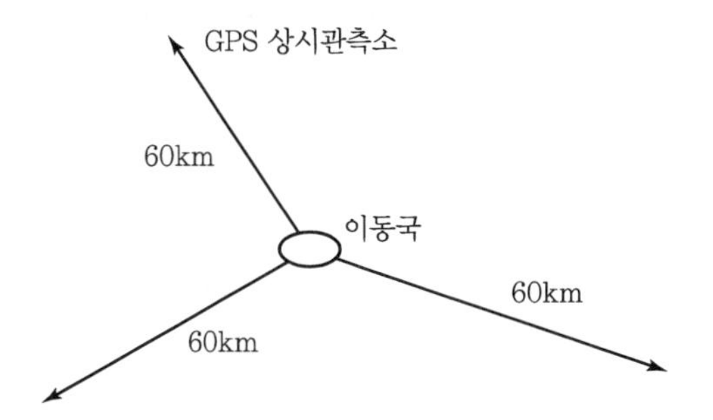

① 임의 GPS 상시관측소를 고정국으로 하여 L1 반송파를 이용한 상대측위를 실시한다.
② 임의 GPS 상시관측소를 고정국으로 하여 DGPS측위를 실시한다.
③ 임의 GPS 상시관측소를 고정국으로 하여 실시간 동적측위(RTK)를 실시한다.
④ 가상 기준점 측위시스템(VRS ; Virtual Reference System)을 활용한다.

해설

기지국과 이동국 사이의 거리가 60km의 장거리이므로 GPS 상시관측소를 고정국으로 관측하는 상대측위로는 높은 정확도를 기대할 수 없다. 가상의 기지국(VRS)을 설치하여 활용하는 것이 이동국에서 가장 높은 정확도를 기대할 수 있다.

02 GPS 위성측량에 대한 설명으로 옳은 것은?

① GPS를 이용하여 취득한 높이는 지반고이다.
② GPS에서 사용하고 있는 기준타원체는 GRS80 타원체이다.
③ 대기 내 수증기는 GPS 위성신호를 지연시킨다.
④ VRS 측량에서는 망조정이 필요하다.

해설

- GPS에서 취득한 높이는 타원체고
- GPS는 WGS84 타원체
- 가상기준점인 VRS는 망조정이 필요없다.

03 GPS측량에 있어 사이클 슬립(주파단절)의 주된 원인은?

① 위성의 높은 고도각　② 상공 시계의 불량
③ 낮은 신호 잡음　④ 높은 신호 강도

해설

사이클 슬립의 주요원인
- 위성의 낮은 고도각 때문에 발생
- 낮은 신호강도 때문에 발생
- 높은 신호잡음 때문에 발생
- 상공 시계의 불량으로 인해 발생

04 다음 중 위성의 기하학적 배치 상태에 따른 정밀도 저하율을 뜻하는 것은?

① 멀티패스(Multipath)
② DOP
③ 사이클 슬립(Cycle Slip)
④ S/A

해설

DOP
- Dilution Of Precision
- 정밀도 저하율
- DOP의 수치는 낮을수록 위성의 기하학적 배치가 좋은 것을 의미

05 위성측량의 DOP(Dilution of Precision)에 관한 설명으로 옳지 않은 것은?

① DOP는 위성의 기하학적 분포에 따른 오차이다.
② 일반적으로 위성들 간의 공간이 더 크면 위치정밀도가 낮아진다.
③ DOP를 이용하여 실제 측량 전에 위성측량의 정확도를 예측할 수 있다.
④ DOP 값이 클수록 정확도가 좋지 않은 상태이다.

해설

위성들 간의 공간이 더 크면 위치정밀도가 높아진다.

정답　01 ④　02 ③　03 ②　04 ②　05 ②

06 최근 GNSS 측량의 의사거리 결정에 영향을 주는 오차와 거리가 먼 것은?

① 위성의 궤도 오차
② 위성의 시계 오차
③ 위성의 기하학적 위치에 따른 오차
④ SA(Selective Availability) 오차

해설

SA는 2000년 5월 해제되어 영향을 미치지 않는다.

07 GNSS 측량에 대한 설명으로 옳지 않은 것은?

① 상대측위법을 이용하면 절대측위보다 높은 측위정확도의 확보가 가능하다.
② GNSS 측량을 위해서는 최소 4개의 가시위성(Visible Satellite)이 필요하다.
③ GNSS 측량을 통해 수신기의 좌표뿐만 아니라 시계 오차도 계산할 수 있다.
④ 위성의 고도각(Elevation Angle)이 낮은 경우 상대적으로 높은 측위정확도의 확보가 가능하다.

해설

위성의 고도각이 낮으면 측위정확도가 낮아진다.

정답 06 ④ 07 ④

01 인공위성과 관측점 간의 거리를 알 수 있는 원리는?

① 다각법 ② 음향관측법
③ 세차운동의 원리 ④ 도플러효과

해설
도플러효과는 관측자로부터 멀어지는경우에는 적색 쪽으로 이동한 위치에서 나타나며, 관측자에게 접근한 경우 청색 쪽으로 이동한 위치에 나타난다.

02 GPS의 위치 결정방법 중 절대관측방법(1점 측위)과 관계가 없는 것은?

① 지구상에 있는 사용자의 위치를 관측하는 방법이다.
② GPS의 가장 일반적이고 기초적인 응용단계이다.
③ VLBI의 보완 또는 대체가 가능하다.
④ 선박, 자동차, 항공기 등에 주로 이용된다.

해설
VLBI의 보완 또는 대체가 가능한 측위방법은 상대측위이다.

03 GPS의 응용 분야와 관계가 적은 곳은?

① 측지측량 분야
② 차량 분야
③ 잠수함의 위치 결정 분야
④ 레저 · 스포츠 분야

해설
GPS측량은 수중에서는 관측이 불가능하다.

04 GPS측량 시 고려해야 할 사항이 아닌 것은?

① 정지측량 시 4개 이상, RTK측량 시는 5개 이상의 위성이 관측되어야 한다.
② 가능하면 15° 이상의 임계고도각을 유지하여야 한다.
③ DOP 수치가 3 이하인 경우는 관측을 하지 않는 것이 좋다.
④ 철탑이나 대형 구조물, 고압선 직하 지점은 회피하여야 한다.

해설
DOP 수치가 7~10 이상인 경우는 오차가 크므로 관측을 하지 않는 것이 좋다.

05 다음 중 위성의 반송파 신호를 이용하여 측량하는 방법이 아닌 것은?

① 단독측위
② 정지측위(Static Survey)
③ 이동측위(Kinematic Survey)
④ RTK측위

해설
단독측위방법은 위성의 C/A코드를 이용하여 관측한다.

06 정밀측지를 위하여 GPS측량을 이용하고자 할 때 가장 거리가 먼 것은?

① 반송파 위상관측
② 동시에 4개 이상의 위성신호수신과 위성의 양호한 기하학적 배치상태 고려
③ 코드측정방식에 의한 절대관측
④ 관측점을 주위로 한 정육면체의 위성 배치

해설
코드측정방식은 신속하나 정확도는 반송파방식에 비하여 낮다.

07 GPS측량의 정밀도 저하율(DOP)에 대한 설명 중 관계가 없는 것은?

① 수신기와 위성 간의 각이 작아질수록 가장 좋은 배치상태이다.
② 위성의 가장 좋은 배치상태를 1로 하며 10 이상인 경우는 좋은 조건이 아니다.
③ DOP에는 GDOP, PDOP, HDOP 등이 있다.
④ 가장 이상적으로 오차를 줄일 수 있는 기하 형태는 수신기를 정점으로 정사면체일 때이다.

해설
DOP는 관측위성들이 이루는 정사면체의 체적이 최대일 때 가장 정확도가 좋다.

정답 01 ④ 02 ③ 03 ③ 04 ③ 05 ① 06 ③ 07 ①

08 DOP에 대한 설명 중 적당하지 않은 것은?

① 수치가 작을수록 정확하며 지표에서 가장 좋은 배치상태일 때를 1로 한다.
② 수신기를 가운데 두고 4개의 위성이 정사면체를 이룰 때, 즉 최대체적일 때 GDOP, PDOP 등이 최소가 된다.
③ DOP 상태가 좋지 않을 때는 정밀측량을 피하는 것이 좋다.
④ DOP 수치가 클 때는 DGPS방법에 의해 정확도를 향상할 수 있다.

해설
DOP 수치가 클 때는 정밀측량을 피하는 것이 좋다.

09 다음 문장은 GPS측량에 의한 높이값과 수준측량에 의한 높이값과의 관계를 설명한 내용이다. 아래의 단어 조합 중 ( ) 안의 빈칸에 가장 적당한 것은?

> GPS측량에 의해 결정되는 좌표는 지구의 중심을 원점으로 하는 3차원 직교좌표이므로 이 좌표의 높이값은 ( )에 해당되며, 레벨에 의해 직접수준측량으로 구해진 높이값은 ( )가 된다. 이 ( )는 ( )로부터 측정되는 높이값이므로 GPS측량과 수준측량을 동일 관측점에서 실시하게 되면 그 지점의 ( )를 알 수 있게 된다.

① 타원체고 – 지오이드고 – 지오이드고 – 비고 – 타원체고
② 지오이드고 – 타원체고 – 타원체고 – 비고 – 표고
③ 타원체고 – 표고 – 표고 – 지오이드고 – 지오이드
④ 타원체고 – 표고 – 표고 – 지오이드 – 지오이드고

해설
- 타원체고 : 타원체면에서 지표면까지 높이
- 정표고 : 지오이드면에서 지표면까지 높이
- 지오이드고 : 타원체고와 정표고의 차

10 다음의 RTK–GPS에 의한 지형측량방법의 설명 중 옳지 않은 것은?

① RTK–GPS에 의한 지형측량 시 기준점과 관측점 간의 시통이 양호한 경우에는 상공시계의 확보가 필요 없다.
② RTK–GPS에 의한 지형측량 시 기준점과 관측점 간에는 관측데이터를 전송하기 위한 통신장치가 필요하다.
③ RTK–GPS에 의한 지형측량 시 관측점의 위치가 즉시 결정되기 때문에 현장에서 휴대용 PC상에 측정결과를 표시하여 확인하는 것이 가능하다.
④ RTK–GPS에 의한 지형측량 시 RTK–GPS로 구한 타원체고에 대하여는 지오이드고를 보정하여 지오이드면부터의 높이로 변환하는 것이 필요하다.

해설
GPS관측에 있어 상공시계 확보는 필수적 요소이다.

11 GPS측량의 특징에 대한 설명 중 틀린 것은?

① GPS에 사용되는 좌표체계의 원점은 지구타원체 중심이다.
② 날씨, 관측점에서 시통 등에 관계없이 측량할 수 있는 전천후 체계이다.
③ 고정밀도 측량이 가능하다.
④ 위성을 추적할 수 있는 공간이 확보되어야만 한다.

해설
GPS에서 사용되는 WGS 84 좌표계의 원점은 지구질량 중심이다.

12 GPS 수신기에 의해 구해지는 높이값은?

① 지오이드고
② 표고
③ 비고
④ 타원체고

해설
GPS수신기에 의해 구해지는 높이는 WGS 84 타원체에 의한 타원체고이다.

정답 08 ④ 09 ④ 10 ① 11 ① 12 ④

13 GPS측량에 대한 기술 중 맞지 않는 것은?

① 인공위성의 전파를 수신하여 위치를 결정하는 시스템이다.
② 우천 시에도 위치 결정이 가능하다.
③ 수신점의 높이를 결정하는 데 이용될 수 있다.
④ 2점 이상 관측 시 수신점 간 시통이 되지 않으면 위치를 결정할 수 없다.

해설
수신점 간의 시통은 위치 결정에 영향을 주지 않는다(장애물의 영향을 받지 않음).

14 다음 중 가장 정확하게 위치를 결정할 수 있는 자료처리법은?

① 코드를 이용한 단독측위
② 코드를 이용한 상대측위
③ 반송파를 이용한 단독측위
④ 반송파를 이용한 상대측위

해설
코드측정방식은 신속하나 정확도는 반송파 방식보다 낮으며 단독측위보다는 상대측위가 정확도가 높다.

15 다음의 GPS 오차원인 중 L_1신호와 L_2신호의 굴절 비율의 상이함을 이용하여 L_1/L_2의 선형 조합을 통해 보정이 가능한 것은?

① 전리층 지연오차
② 위성시계오차
③ GPS 안테나의 구심오차
④ 다중전파경로(멀티패스)

해설
GPS측량에서는 L_1, L_2파의 선형조합을 통해 전리층 지연오차 등을 산정하여 보정할 수 있다.

16 다음 중 GPS 활용 분야로 적합하지 않은 것은?

① 차량항법 ② 수심측량
③ 구조물 모니터링 ④ 국가기준점 결정

해설
GPS측량은 수중측량이 불가능하다.

17 위성의 배치에 따른 정확도의 영향을 DOP라는 수치로 나타낸다. 다음 설명 중 틀린 것은?

① GDOP : 중력 정확도 저하율
② HDOP : 수평 정확도 저하율
③ VDOP : 수직 정확도 저하율
④ TDOP : 시각 정확도 저하율

해설
DOP(정밀도 저하율)
• GDOP : 기하학적 정밀도 저하율
• PDOP : 위치 정밀도 저하율
• RDOP : 상대 정밀도 저하율

18 GPS에서 두 개의 주파수를 사용하는 이유는?

① 전리층의 효과를 제거(보정)하기 위해
② 대류권의 효과를 제거(보정)하기 위해
③ 시계오차를 제거(보정)하기 위해
④ 다중 반사를 제거(보정)하기 위해

해설
2주파 수신기를 사용할 경우 GPS신호가 전리층을 지나며 발생하는 전파지연에 따른 오차 보정이 가능하다.

19 GNSS(Global Navigational Satellite System) 위성과 관련 없는 것은?

① GPS ② KH-11
③ GLONASS ④ Galileo

해설
GNSS 위성군
GPS(미국), GLONASS(러시아), Galileo(유럽연합)

정답 13 ④ 14 ④ 15 ① 16 ② 17 ① 18 ① 19 ②

20 GPS로부터 획득할 수 있는 정보와 거리가 먼 것은?

① 공간상 한 점의 위치 ② 지각의 변동
③ 해수면의 온도 ④ 정확한 시간

해설
GPS로 취득할 수 있는 정보
4차원정보(X, Y, Z, T)

21 도심지와 같이 장애물이 많은 경우 특히 증대되는 GPS 관측오차는?

① 다중경로오차 ② 궤도오차
③ 시계오차 ④ 대기오차

해설
GPS 관측 시 도심지에서는 고층빌딩에 반사된 GPS 신호가 수신되는 다중경로오차가 발생하게 된다.

22 기준국을 고정하여 기계를 설치하고 이동국으로 측량하며 모뎀을 이용하여 실시간으로 좌표를 얻음으로써 현황측량 등에 이용하는 GPS측량기법은 무엇인가?

① DGPS ② RTK
③ 절대측위 ④ 정지측위

해설
RTK(Real Time Kinematic)
GPS를 이용한 실시간 이동 위치관측으로 GPS 반송파를 사용한 정밀 이동 위치관측방식이다.

23 GPS 관측기술 중 GPS 상시관측소를 활용하여 실시간으로 높은 정확도의 3차원 위치를 결정할 수 있는 측량방법은?

① 실시간 Point Positioning 측량
② 실시간 DGPS 측량
③ 실시간 VRS 측량
④ 실시간 RTK 측량

해설
가상기지국(Virtual Reference Stations ; VRS)
위치기반서비스를 하기 위해 GPS 위성 수신방식과 GPS 기지국으로부터 얻은 정보를 통합하여 임의의 지점에서 단말기 또는 휴대폰을 통하여 그 지점에서 정보를 얻기 위한 가상의 기지국이다.

24 GPS에 의한 위치결정에 있어서 가장 중요한 관측요소로 옳은 것은?

① 위성과 수신기 사이의 거리
② 위성신호의 전송데이터 양
③ 위성과 수신기 사이의 각
④ 위성과 수신기 안테나 길이

해설
GPS(Global Positioning System)는 인공위성을 이용한 세계위치 결정체계로 정확한 위치를 알고 있는 위성에서 발사한 전파를 수신하여 관측점까지 소요시간을 관측함으로써 관측점의 위치를 구하는 체계이다.

25 GNSS측량 시 측위 정확도에 영향을 주지 않는 것은?

① 기선 길이
② 수신기의 안테나 높이
③ 가시위성(Visible Satellite) 개수
④ 위성의 기하학적 배치

해설
GNSS측량 시 측위 정확도에 영향을 미치는 주요 요인
- 위성궤도정보(위성의 개수와 배치현황)
- 전리층과 대류권 전파 지연
- 안테나의 위상 특성
- 수신기 내부오차와 방해파
- 기선 길이

26 GNSS(Global Navigation Satellite System) 측량에 대한 설명으로 옳지 않은 것은?

① GNSS측량은 관측 가능한 기상 및 시간의 제약이 매우 적다.

정답 20 ③ 21 ① 22 ② 23 ③ 24 ① 25 ② 26 ③

② 도심지 내 GNSS측량에서는 멀티패스에 주의해야 한다.
③ GNSS측량에서는 3차원 좌푯값을 직접 얻기 때문에 안테나 높이를 관측할 필요가 없다.
④ GNSS측량에서는 수신점 간의 시통이 없어도 기선벡터(거리와방향)를 구할 수 있으므로 시통을 염려할 필요가 없다.

해설

GNSS는 알고 있는 위성에서 발사한 전파를 수신하여 관측점까지의 소요시간을 관측함으로써 관측점에 위치를 구하는 것으로 이때 수신하는 관측점의 위치는 관측점에서 안테나를 세운 높이이므로 안테나의 높이를 정확하게 관측하여야 한다.

27 어떤 지점에서 GNSS측량을 실시한 결과 타원체고가 153.8m, 정표고가 53.7m였다면 이 지점의 지오이드고는?

① 100.1m ② 160.2m
③ 207.5m ④ 241.3m

해설

h(타원체고)$=H$(정표고)$+N$(지오이드고)
$\therefore\ N=h-H=153.8-53.7=100.1\text{m}$

28 GNSS 활용분야로 가장 거리가 먼 것은?

① 수심해저 지형도 판독 기기로 활용
② 차량용 내비게이션 시스템에 활용
③ 등산, 캠핑 등의 여가선용에 활용
④ 유도무기, 정밀폭격, 정찰 등 군사용으로 활용

해설

GNSS는 해저에 전달되지 못하므로 활용될 수 없다.

29 통합기준점 GNSS 관측에 대한 설명으로 옳은 것은?

① 연속관측시간의 표준은 12시간으로 한다.
② GNSS 위성은 고도각 10° 이상을 사용한다.
③ 데이터 취득간격은 60초를 표준으로 한다.
④ GNSS 관측은 정적 간섭 측위방식으로 실시한다.

해설

통합기준점 GNSS 관측은 연속관측시간의 표준을 8시간, 고도각은 15° 이상, 데이터 취득간격은 30초를 표준으로 하며, 정적 간섭 측위방식으로 실시한다.

30 연속적으로 측정한 일련의 GNSS 관측(또는 관측단위)을 무엇이라고 하는가?

① 단독측위 ② Session
③ DGPS ④ PDOP

해설

Session
당해 측량을 위하여 일정한 관측간격을 두고 동시에 GNSS 측량을 실시하는 단위작업을 말한다.

31 GNSS 시스템 및 좌표계에 대한 설명으로 옳지 않은 것은?

① GNSS 시스템은 우주부문, 제어부문 및 사용자 부문으로 구성된다.
② WGS 84 타원체의 요소와 GRS 80 타원체의 요소는 완전히 일치한다.
③ WGS 84 기준계는 지구질량 중심을 원점으로 한다.
④ GPS 제어국(Control Station)은 주제어국(Master Control Station)과 감시국(Monitor Station)으로 구성되어 있다.

해설

WGS 84 타원체의 요소와 GRS 80 타원체의 요소는 거의 일치한다.

정답 27 ① 28 ① 29 ④ 30 ② 31 ②

CHAPTER 12

기준점측량

01 기준점측량

1. 국가기준점측량

국가기준점측량의 정의	국가기준점
국가기준점체계에 따라 위성기준점, 통합기준점, 삼각점, 수준점, 중력점에 대하여 지리학적 경위도, 직각좌표, 높이 및 중력값 등을 정하기 위하여 실시하는 측량	우주측지기준점, 위성기준점, 측량기준점

2. 우주측지기준점(측지 VLBI)

측지 VLBI	활용
수십억 광년 떨어진 준성(Quasar)에서 방사되는 전파가 지구상의 전파망원경(안테나)에 도달하는 시간 차이를 해석하여 위치좌표를 고정밀도로 산출	① 국가기준점 정확도 향상 ② 국가 간 장거리 측량 ③ 대륙 간 지각변동 정밀관측 ④ 지진 등 자연재해 예방

3. 위성기준점

위성기준점(GNSS 상시관측소)
① 위성기준점(GNSS 상시관측소)은 위성측량 서비스를 제공 ② GNSS 위성 신호를 24시간 수신하여 위치정보를 결정할 수 있도록 지원 ③ 1995년부터 전국에 60개 위성기준점을 설치 ④ GNSS 상시관측소를 통합하여 국가 GNSS 데이터 원스톱 서비스 제공

4. 통합기준점

통합기준점(삼각점, 수준점, 중력점)
① 통합기준점은 개별적(삼각점, 수준점, 중력점 등)으로 설치 · 관리되어온 국가기준점 기능을 통합하여 편의성 등 측량능률을 극대화하기 위해 구축한 새로운 기준점 ② 같은 위치에서 GNSS측량(평면), 직접수준측량(수직), 상대중력측량(중력) 성과를 제공하기 위해 2007년 시범사업을 통해 통합기준점 설치를 시작 ③ 현재 전국 3~5km 간격으로 주요 지점에 5,500점을 설치하여 관리

GUIDE

• 측량기준점

① 통합기준점
② 삼각점
③ 수준점
④ 중력점
⑤ 지자기점

• VLBI

Very Long Baseline Interferometer

• GNSS측량

① 인공위성측량
② 인공위성으로부터 수신된 전파를 토대로 관측점의 3차원 위치(경도, 위도, 높이)를 결정하는 측량
③ 지구의 중심을 원점으로 하는 전세계 공통의 3차원 직교좌표계
④ GNSS수신기를 이용하여 삼각점의 지구중심직교좌표, 지리학적 경위도, 직각좌표 및 타원체고를 결정하기 위한 측량

• 통합기준점 측량성과

① 경 · 위도
② 평면직각좌표(X, Y)
③ 높이(표고, 타원체고)
④ 중력
⑤ 방위각

01 국가기준점체계에 따라 위성기준점, 통합기준점, 삼각점, 수준점, 중력점에 대하여 지리학적 경위도, 직각좌표, 높이 및 중력값 등을 정하기 위하여 실시하는 측량은?

① 국가삼각점측량 ② 측지삼각점측량
③ 국가기준점측량 ④ 측지기준점측량

해설
국가기준점에 관한 설명이다.

02 국가기준점이 아닌 것은?

① 절대좌표기준점 ② 우주측지기준점
③ 위성기준점 ④ 측량기준점

해설
국가기준점은 우주측지기준점, 위성기준점, 측량기준점 등이 있다.

03 측량기준점의 종류가 아닌 것은?

① 삼각점 ② 지적점
③ 통합기준점 ④ 지자기점

해설
측량기준점은 통합기준점, 삼각점, 수준점, 중력점, 지자기점 등이 있다.

04 준성(Quasar)에서 방사되는 전파가 지구상의 전파망원경(안테나)에 도달하는 시간 차이를 해석하여 위치좌표를 고정밀도로 산출하는 측량기법은?

① GNSS ② EDM
③ Totalstation ④ VLBI

해설
VLBI에 관한 설명이다.

05 우주측지기준점의 활용이 아닌 것은?

① 지진 등 자연재해 예방
② 평면직각좌표 결정
③ 국가기준점 정확도 향상
④ 대륙 간 지각변동 정밀관측

해설
우주측지기준점과 평면직각좌표와는 상관이 없다.

06 통합기준점의 측량성과가 아닌 것은?

① 경거와 위거 ② 중력
③ 타원체고 ④ 방위각

해설
통합기준점의 측량성과는 경도와 위도이다.

정답 01 ③ 02 ① 03 ② 04 ④ 05 ② 06 ①

5. 삼각점

삼각점
① 삼각측량은 지구상의 수평위치(좌표)를 결정하는 측량 ② 국토지리정보원에서는 정밀측지망의 골격을 마련하기 위하여 16,000여 점의 1~4등 삼각점을 광파측정기를 이용하여 삼변측량방식으로 1975년부터 시작 ③ 이후 측위 시스템인 GPS의 등장으로 1997년부터 GPS측량기를 사용하여 전체 삼각점을 재정비한 후 전국 망조정하여 성과고시 · 관리하고 있다.

GUIDE

- **삼각점 측량성과**
  ① 경 · 위도
  ② 평면직각좌표(X, Y)

6. 수준점

수준점
① 수준측량은 높이의 정보를 구하는 측량 ② 높이의 기준은 인천 앞바다의 평균해수면(표고 : 0m)을 기준으로 측량하여 결정하며 이를 해발(표고)이라 부른다. ③ 인천앞바다의 평균해수면에서 지상의 고정점(대한민국수준원점 높이값 : 26.6871m)을 정해 설치해 놓고 국토높이를 결정하는 필수측량

- **수준점 측량성과**
  높이(표고)

7. 중력점

중력점
① 중력값의 분포나 시간에 따른 변화를 정밀하게 구하기 위해 실시 ② 중력가속도의 크기를 측정 ③ 관측된 성과는 중력도 작성에 이용되는 것과 동시에 지구의 형상(지오이드)에 관한 연구나, 지진예지, 화산분화 예지 등의 지각 활동에 관한 연구에 필요한 기초 자료가 된다.

- **중력점 측량성과**
  중력값

8. 지자기점

중력점
① 지자기 3요소(편각, 복각, 전자력)를 측정하여 측정지역에 대한 지자기의 지리적 분포와 그 경년변화를 조사, 분석하는 측량 ② 국가기본도의 자침편차 자료와 지하자원 탐사, 지각 내부 구조연구 및 지구물리학의 기초자료를 제공

- **지자기점 측량성과**
  ① 편각
  ② 복각
  ③ 전자력

01 삼각점에 대한 설명 중 틀린 것은?

① 삼각점을 결정하는 삼각측량은 지구상의 수평위치와 수직위치를 결정하는 측량이다.
② 국토지리정보원에서는 정밀측지망의 골격을 마련하기 위하여 삼변측량방식으로 측량하였다.
③ 1997년부터 GPS측량기를 사용하여 전체 삼각점을 재정비한 후 전국 망조정하여 성과고시 · 관리하고 있다.
④ 삼각점들은 경위도원점을 기준으로 경위도를 정한다.

해설

삼각측량은 지구상의 수평위치(좌표)를 결정하는 측량이다.

02 삼각점의 측량 성과는?

① 높이(표고) ② 중력값
③ 경도, 위도 ④ 지자기점

해설

삼각점측량 성과
- 경 · 위도
- 평면직각좌표(X,Y)

03 대한민국 수준원점 높이값은?

① 20.6265m ② 26.6871m
③ 28.6542m ④ 29.6871m

해설

인천 앞바다의 평균해수면에서 지상의 고정점(대한민국수준원점 높이값 : 26.6871m)을 정해 설치해 놓고 국토높이를 결정하는 측량을 수준측량이라 한다.

04 지자기점 측량성과가 아닌 것은?

① 편각
② 복각
③ 전자력(수평분력)
④ 연직분력

해설

지자기점 측량성과
- 편각
- 복각
- 전자력(수평분력)

정답 01 ① 02 ① 03 ② 04 ④

부록 1

과년도 출제문제

01 평탄한 지역에서 A측점에 기계를 세우고 15km 떨어져 있는 B측점을 관측하려고 할 때에 B측점에 표척의 최소높이는?(단, 지구의 곡률반지름 =6,370km, 빛의 굴절은 무시)

① 7.85m ② 10.85m
③ 15.66m ④ 17.66m

구차$=\dfrac{D^2}{2R}=\dfrac{15^2}{2\times 6,370}=0.01766\text{km}=17.66\text{m}$

02 하천측량에서 수애선이 기준이 되는 수위는?

① 갈수위 ② 평수위
③ 저수위 ④ 고수위

종류	기준수위
수애선(하천측량) 해안선(지형도) 해도수심	평수위 최고 고저면 최저 저조면

03 장애물로 인하여 접근하기 어려운 2점 P, Q를 간접거리측량한 결과 그림과 같다. $\overline{AB}$의 거리가 216.90m일 때 PQ의 거리는?

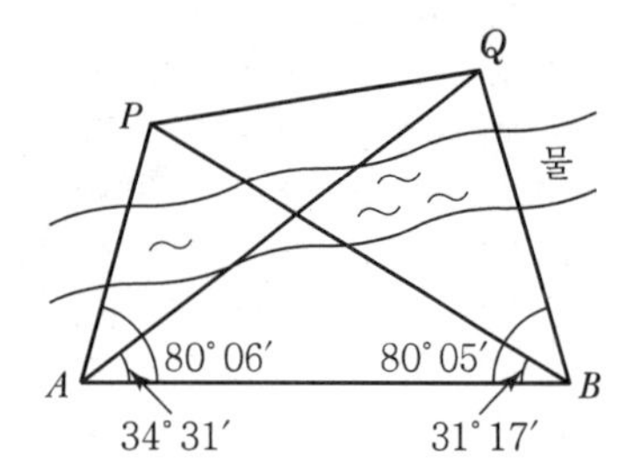

① 120.96m
② 142.29m
③ 173.39m
④ 194.22m

해설

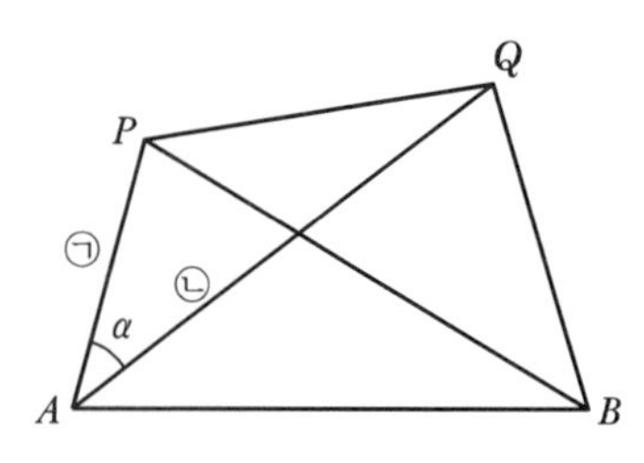

- $\overline{PQ}=\sqrt{㉠^2+㉡^2-2\times ㉠\times ㉡\cos\alpha}$
- ㉠ : $\dfrac{㉠}{\sin 31°17'}=\dfrac{216.90}{\sin 68°37'}$, ㉠$=120.956$
- ㉡ : $\dfrac{㉡}{\sin 80°05'}=\dfrac{216.90}{\sin 65°24'}$, ㉡$=234.988$

∴ $\overline{PQ}=173.39\text{m}$

04 수준측량에서 수준 노선의 거리와 무게(경중률)의 관계로 옳은 것은?

① 노선거리에 비례한다.
② 노선거리에 반비례한다.
③ 노선거리의 제곱근에 비례한다.
④ 노선거리의 제곱근에 반비례한다.

해설

구분	조건	관계
경중률	노선거리 횟수 오차^2	반비례 비례 반비례

05 교점(IP)까지의 누가거리가 355m인 곡선부에 반지름(R)이 100m인 원곡선을 편각법에 의해 삽입하고자 한다. 이때 20m에 대한 호와 현 길이의 차이에서 발생하는 편각(δ)의 차이는?

① 약 20″ ② 약 34″
③ 약 46″ ④ 약 55″

해설

$\delta=\dfrac{l}{2R}\times\dfrac{180}{\pi}$

- l(호와 현 길이의 차이)$=\dfrac{L^3}{24R^2}=\dfrac{20^3}{24\times 100^2}=0.033$
- $\delta=\dfrac{0.033}{2\times 100}\times\dfrac{180}{\pi}=34''$

정답 01 ④ 02 ② 03 ③ 04 ② 05 ②

06 촬영고도 3,000m에서 초점거리 15cm인 카메라로 촬영했을 때 유효모델 면적은?(단, 사진크기는 23cm×23cm, 종중복 60%, 횡중복 30%)

① 4.72km² ② 5.25km²
③ 5.92km² ④ 6.37km²

해설
출제기준에서 제외된 문제

07 사진상의 연직점에 대한 설명으로 옳은 것은?

① 대물렌즈의 중심을 말한다.
② 렌즈의 중심으로부터 사진면에 내린 수선의 발이다.
③ 렌즈의 중심으로부터 지면에 내린 수선의 연장선과 사진면과의 교점이다.
④ 사진면에 직교되는 광선과 연직선이 만나는 점이다.

해설
출제기준에서 제외된 문제

08 수평각관측법 중 가장 정확한 값을 얻을 수 있는 방법으로 1등 삼각측량에 이용되는 방법은?

① 조합각 관측법 ② 방향각법
③ 배각법 ④ 단각법

해설
각관측법(조합각 관측법)
• 수평각 각관측 방법 중 가장 정확한 각을 얻을 수 있다.
• 1등 삼각측량에 이용

09 GPS 위성측량에 대한 설명으로 옳은 것은?

① GPS를 이용하여 취득한 높이는 지반고이다.
② GPS에서 사용하고 있는 기준타원체는 GRS80 타원체이다.
③ 대기 내 수증기는 GPS 위성 신호를 지연시킨다.
④ VRS 측량에서는 망조정이 필요하다.

해설
① GPS를 이용하여 취득한 높이는 타원체고이다.
② GPS에서 사용하는 기준 타원체는 WGS-84
③ VRS(가상기준점 방식) 측량은 현장 캘리브레이션이 필요 없다.

10 클로소이드 곡선에 대한 설명으로 틀린 것은?

① 곡률이 곡선의 길이에 반비례하는 곡선이다.
② 단위클로소이드란 매개변수 A가 1인 클로소이드이다.
③ 모든 클로소이드는 닮은꼴이다.
④ 클로소이드에서 매개변수 A가 정해지면 클로소이드의 크기가 정해진다.

해설
클로소이드 곡선

정의	성질
곡률이 곡선장에 비례하는 곡선	• 클로소이드는 나선의 일종 • 모든 클로소이드는 닮은꼴이다. • 단위가 있는 것도 있고 없는 것도 있다. • 도로에 주로 이용, 접선각(τ)은 30°가 적당 • $A^2 = R \cdot L$

11 지형도 작성을 위한 방법과 거리가 먼 것은?

① 탄성파 측량을 이용하는 방법
② 토털스테이션 측량을 이용하는 방법
③ 항공사진 측량을 이용하는 방법
④ 인공위성 영상을 이용하는 방법

해설
지형도 작성방법
• 평판 측량을 이용하는 방법
• 항공사진 측량을 이용하는 방법
• 수치지형 모델에 의한 방법
• 기존 지도를 이용하는 방법

정답 06 ③ 07 ③ 08 ① 09 ③ 10 ① 11 ①

12 트래버스 측점 A의 좌표가 (200, 200)이고, AB 측선의 길이가 50m일 때 B점의 좌표는?(단, AB의 방위각은 195° 이고, 좌표의 단위는 m이다.)

① (248.3, 187.1) ② (248.3, 212.9)
③ (151.7, 187.1) ④ (151.7, 212.9)

해설

- $x_B = x_A + \overline{AB}\cos AB$ 방위각
  $= 200 + 50\cos 195° = 151.7$
- $y_B = y_A + \overline{AB}\sin AB$ 방위각
  $= 200 + 50\sin 195° = 187.1$

13 전자파거리측량기로 거리를 측량할 때 발생되는 관측오차에 대한 설명으로 옳은 것은?

① 모든 관측오차는 거리에 비례한다.
② 모든 관측오차는 거리에 비례하지 않는다.
③ 거리에 비례하는 오차와 비례하지 않는 오차가 있다.
④ 거리가 어떤 길이 이상으로 커지면 관측오차가 상쇄되어 길이에 대한 영향이 없어진다.

해설

EDM 거리에 비례하는 오차	EDM 거리에 반비례하는 오차
① 광속도 오차 ② 광변조 주파수 오차 ③ 굴절률 오차	① 위상차 관측 오차 ② 기계정수, 반사경 오차

14 수준측량에서 전시와 후시의 시준거리를 같게 하면 소거가 가능한 오차가 아닌 것은?

① 관측자의 시차에 의한 오차
② 정준이 불안정하여 생기는 오차
③ 기포관축과 시준축이 평행되지 않았을 때 생기는 오차
④ 지구의 곡률에 의하여 생기는 오차

해설

전시, 후시 거리를 같게 하면 소거되는 오차
- 지구의 곡률에 의한 오차(구차)
- 광선의 굴절오차(기차)
- 시준축 오차

15 100m²인 정사각형 토지의 면적을 0.1m²까지 정확하게 구하고자 한다면 이에 필요한 거리관측의 정확도는?

① 1/2,000 ② 1/1,000
③ 1/500 ④ 1/300

해설

- $\dfrac{1}{m} = \dfrac{\Delta l}{l}$
- $2 \cdot \dfrac{\Delta l}{l} = \dfrac{\Delta A}{A}$
- $\Delta l = \dfrac{\Delta A}{A} \times \dfrac{l}{2} = \dfrac{0.1}{100} \times \dfrac{10}{2} = 5 \times 10^{-3}$

$\therefore \dfrac{1}{m} = \dfrac{\Delta l}{l} = \dfrac{5 \times 10^{-3}}{10} = \dfrac{1}{2{,}000}$

16 트래버스 ABCD에서 각 측선에 대한 위거와 경거값이 아래 표와 같을 때, 측선 BC의 배횡거는?

측선	위거(m)	경거(m)
AB	+75.39	+81.57
BC	−33.57	+18.78
CD	−61.43	−45.60
DA	+44.61	−52.65

① 81.57m ② 155.10m
③ 163.14m ④ 181.92m

해설

측선	위거	경거	배횡거
AB	75.39	81.57	81.57
BC	−33.57	18.78	181.92
CD	−61.43	−45.60	155.1
DA	44.61	−52.65	56.85

임의측선 배횡거 = 전측선 배횡거 + 전측선 경거 + 그측선 경거

정답 12 ③ 13 ③ 14 ① 15 ① 16 ④

17 30m에 대하여 3mm 늘어나 있는 줄자로써 정사각형의 지역을 측정한 결과 80,000m²였다면 실제의 면적은?

① 80,016m²　　② 80,008m²
③ 79,984m²　　④ 79,992m²

해설

실제면적＝관측면적± ΔA(면적오차)

- $\Delta A = 2 \cdot \frac{\Delta l}{l} \cdot A = 2 \times \frac{0.003}{30} \times 80,000 = 16$

∴ 실제면적＝80,000＋16＝80,016m²
(늘어난 줄자 ＋, 줄어든 줄자 －)

18 지성선에 관한 설명으로 옳지 않은 것은?

① 지성선은 지표면이 다수의 평면으로 구성되었다고 할 때, 평면간 접합부, 즉 접선을 말하며 지세선이라고도 한다.
② 철(凸)선을 능선 또는 분수선이라 한다.
③ 경사변환선이란 동일 방향의 경사면에서 경사의 크기가 다른 두 면의 접합선이다.
④ 요(凹)선은 지표의 경사가 최대로 되는 방향을 표시한 선으로 유하선이라고 한다.

해설

지성선의 종류

구분	내용
凸선 (철선, 능선)	• 능선은 지표면의 가장 높은 곳을 연결한 선(V형) • 빗물이 좌우로 흐르게 되므로 분수선이라고도 함
凹선 (요선, 합수선)	• 합수선은 지표면의 가장 낮은 곳을 연결한 선(A형) • 빗물이 합쳐지므로 계곡선이라고도 함
경사변환선	• 동일 방향 경사면에서 경사의 크기가 다른 두 면의 교선
최대경사선	• 지표 경사면의 최대경사각 방향을 보여주는 선 • 등고선에 직각으로 교차하며, 유하선이라고도 함

19 항공 LIDAR 자료의 특성에 대한 설명으로 옳은 것은?

① 시간, 계절 및 기상에 관계없이 언제든지 관측이 가능하다.
② 적외선 파장은 물에 잘 흡수되므로 수면에 반사된 자료는 신뢰성이 매우 높다.
③ 사진 촬영을 동시에 진행할 수 없으므로 자료 판독이 어렵다.
④ 산림지역에서 지표면의 관측이 가능하다.

해설

출제기준에서 제외된 문제

20 원곡선의 주요점에 대한 좌표가 다음과 같을 때 이 원곡선의 교각(I)은?

- 교점(IP)의 좌표 : X＝1,150.0m, Y＝2,300.0m
- 곡선시점(BC)의 좌표 : X＝1,000.0m, Y＝2,100.0m
- 곡선종점(EC)의 좌표 : X＝1,000.0m, Y＝2,500.0m

① 90°00′00″　　② 73°44′24″
③ 53°07′48″　　④ 36°52′12″

해설

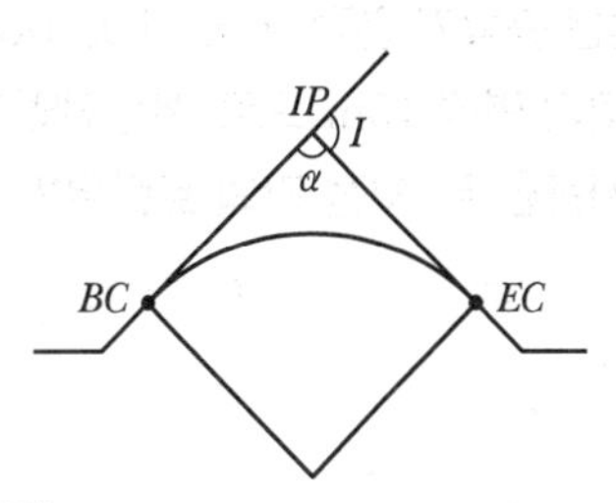

- 교각(I)＝180－α
- $\alpha = \tan^{-1}\left(\frac{2,100-2,300}{1,000-1,150}\right) - \tan^{-1}\left(\frac{2,500-2,300}{1,000-1,150}\right)$
  $= 233°07'48.37'' - 126°52'11.63''$
  $= 106°15'36.74''$

∴ $I = 180 - 106°15'36.74'' = 73°44'23.26''$

정답　17 ①　18 ④　19 ④　20 ②

2015년 토목산업기사 제1회 측량학 기출문제

01 노선의 길이가 2.5km인 결합트래버스 측량에서 폐합비를 1/2,500로 제한할 때 허용되는 최대 폐합차는?

① 0.2m ② 0.4m
③ 0.5m ④ 1.0m

해설

$\frac{1}{2,500}=\frac{x}{2,500}$ $\therefore x=1\text{m}$

02 반지름 35km 이내 지역을 평면으로 가정하여 측량했을 경우 거리관측값의 정밀도는?(단, 지구반지름은 6,370km이다.)

① 약 $\frac{1}{10^4}$ ② 약 $\frac{1}{10^5}$
③ 약 $\frac{1}{10^6}$ ④ 약 $\frac{1}{10^7}$

해설

정도	평면으로 볼 수 있는 반지름
$1/10^6$	11km
$1/10^5$	35km

03 노선 중심선에 따른 횡단측량 결과, 1km+340m 지점은 흙쌓기 면적 50m^2이고, 1km+360m 지점은 흙깎기 면적 15m^2으로 계산되었다. 양단면 평균법을 사용한 두 지점 간의 토량은?

① 흙깎기 토량 49.4m^3 ② 흙깎기 토량 494m^3
③ 흙쌓기 토량 350m^3 ④ 흙쌓기 토량 494m^3

해설

$$A=\left(\frac{A_1+A_2}{2}\right)\times l=\left(\frac{50+(-15)}{2}\right)\times 20=350\text{m}^3$$

04 클로소이드의 기본식은 $A^2=R\cdot L$을 사용한다. 이때 매개변수(Parameter) A값을 A^2으로 쓰는 이유는?

① 클로소이드의 나선형을 2차 곡선 형태로 구성하기 위하여
② 도로에서의 완화곡선(클로소이드)은 2차원이기 때문에
③ 양변의 차원(Dimension)을 일치시키기 위하여
④ A값의 단위가 2차원이기 때문에

해설

양변의 차원(단위)을 일치시키기 위해 A값을 A^2으로 사용한다.

05 하천측량에서 평균유속을 구하기 위한 방법에 대한 설명으로 옳지 않은 것은?(단, 수면에서 수심의 20%, 40%, 60%, 80% 되는 곳의 유속을 각각 $V_{0.2}$, $V_{0.4}$, $V_{0.6}$, $V_{0.8}$이라 한다.)

① 1점법은 $V_{0.6}$을 평균유속으로 취하는 방법이다.
② 2점법은 $V_{0.2}$, $V_{0.6}$을 산술평균하여 평균유속으로 취하는 방법이다.
③ 3점법은 $\frac{1}{4}(V_{0.2}+2V_{0.6}+V_{0.8})$로 계산하여 평균유속을 취하는 방법이다.
④ 4점법은 $\frac{1}{5}\left\{(V_{0.2}+V_{0.4}+V_{0.6}+V_{0.8})+\frac{1}{2}\left(V_{0.2}+\frac{V_{0.8}}{2}\right)\right\}$로 계산하여 평균유속을 취하는 방법이다.

해설

구분	내용	모식도
1점법	$V_m=V_{0.6}$	유속, 수면, $V_{0.2}$, $V_{0.4}$, $V_{0.6}$, $V_{0.8}$, 수심 H, 수저, V_m
	수면으로부터 수심 0.6H 되는 곳의 유속을 평균유속으로 한다.	
2점법	$V_m=\frac{1}{2}(V_{0.2}+V_{0.8})$	
	수심 0.2H, 0.8H 되는 곳의 유속을 평균유속으로 한다.	
3점법	$V_m=\frac{1}{4}(V_{0.2}+2V_{0.6}+V_{0.8})$	
	수심 0.2H, 0.6H, 0.8H 되는 곳의 유속을 평균유속으로 한다.	
4점법	$V_m=\frac{1}{5}\left\{(V_{0.2}+V_{0.4}+V_{0.6}+V_{0.8})+\frac{1}{2}\left(V_{0.2}+\frac{V_{0.8}}{2}\right)\right\}$	

정답 01 ④ 02 ② 03 ③ 04 ③ 05 ②

06 트래버스측량을 한 전체 연장이 2.5km이고 위거오차가 +0.48m, 경거오차가 −0.36m였다면 폐합비는?

① 1/1,167　② 1/2,167
③ 1/3,167　④ 1/4,167

해설

$$폐합비=\frac{E}{\Sigma l}=\frac{\sqrt{위거오차^2+경거오차^2}}{\Sigma l}$$

$$=\frac{\sqrt{0.48^2+0.36^2}}{2,500}=\frac{1}{4,167}$$

07 $R=80$m, L$=20$m인 클로소이드의 종점 좌표를 단위클로소이드 표에서 찾아보니 $x=0.499219$, $y=0.020810$이었다면 실제 X, Y좌표는?

① $X=19.969$m, $Y=0.832$m
② $X=9.984$m, $Y=0.416$m
③ $X=39.936$m, $Y=1.665$m
④ $X=798.750$m, $Y=33.296$m

해설

$$\begin{cases} X=A\cdot x \\ Y=A\cdot y \end{cases}$$

$A=\sqrt{R\cdot L}=\sqrt{80\times 20}=40$

$\therefore\ X=40\times 0.499219=19.969$

$Y=40\times 0.020810=0.832$

08 방대한 지역의 측량에 적합하며 동일 측점 수에 대하여 포괄면적이 가장 넓은 삼각망은?

① 유심 삼각망　② 사변형 삼각망
③ 단열 삼각망　④ 복합 삼각망

해설

종류	특징
단열 삼각망	폭이 좁고 거리가 먼 지역(노선, 하천, 터널)
유심 삼각망	농지측량 등 방대한 지역의 측량에 적합
사변형 삼각망	시가지와 같은 정밀도가 높은 기선 삼각망에 사용

09 한 변이 36m인 정삼각형($\triangle ABC$)의 면적을 BC변에 평행한 선($\overline{de}$)으로 면적비 $m:n=1:1$로 분할하기 위한 $\overline{Ad}$의 거리는?

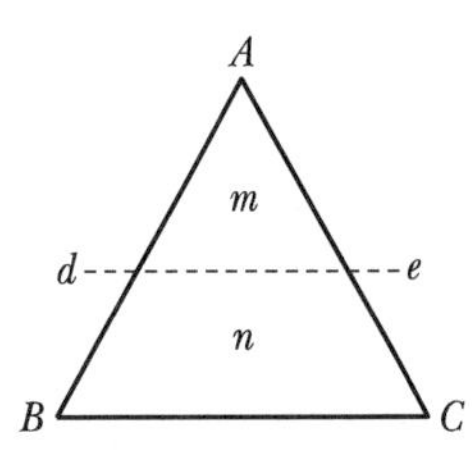

① 18.0m　② 21.0m
③ 25.5m　④ 27.5m

해설

$$\overline{Ad}=\overline{AB}\times\sqrt{\frac{m}{m+n}}=36\times\sqrt{\frac{1}{2}}=25.5\text{m}$$

10 사변형 삼각망은 보통 어느 측량에 사용되는가?

① 하천 조사측량을 하기 위한 골조측량
② 광대한 지역의 지형도를 작성하기 위한 골조측량
③ 복잡한 지형측량을 하기 위한 골조측량
④ 시가지와 같은 정밀을 필요로 하는 골조측량

11 교점(IP)의 위치가 기점으로부터 추가거리 325.18m이고, 곡선반지름(R) 200m, 교각(I) 41°00′인 단곡선을 편각법으로 설치하고자 할 때, 곡선시점(BC)의 위치는?(단, 중심말뚝 간격은 20m이다.)

① No.3+14.777m
② No.4+5.223m
③ No.12+10.403m
④ No.13+9.596m

해설

$$BC=IP-TL=IP-\left(R\cdot\tan\frac{I}{2}\right)$$

$$=325.18-\left(200\times\tan\frac{41°}{2}\right)$$

$$=250.403\text{m}=\text{No.}12+10.403\text{m}$$

정답　06 ④　07 ①　08 ①　09 ③　10 ④　11 ③

12 평판을 설치할 때 오차에 가장 큰 영향을 주는 것은?

① 방향 맞추기(표정) ② 중심 맞추기(구심)
③ 수평 맞추기(정준) ④ 높이 맞추기(표고)

출제기준에서 제외된 문제

13 입체시에 의한 과고감에 대한 설명으로 옳지 않은 것은?

① 촬영기선이 긴 경우가 짧은 경우보다 커진다.
② 입체시를 할 경우 눈의 높이가 낮은 경우가 높은 경우보다 커진다.
③ 촬영고도가 낮은 경우가 높은 경우보다 커진다.
④ 초점거리가 짧은 경우가 긴 경우보다 커진다.

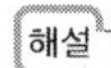

출제기준에서 제외된 문제

14 축척이 1 : 25,000인 지형도 1매를 1 : 5,000 축척으로 재편집할 때 제작되는 지형도의 매 수는?

① 25매 ② 20매
③ 15매 ④ 10매

해설

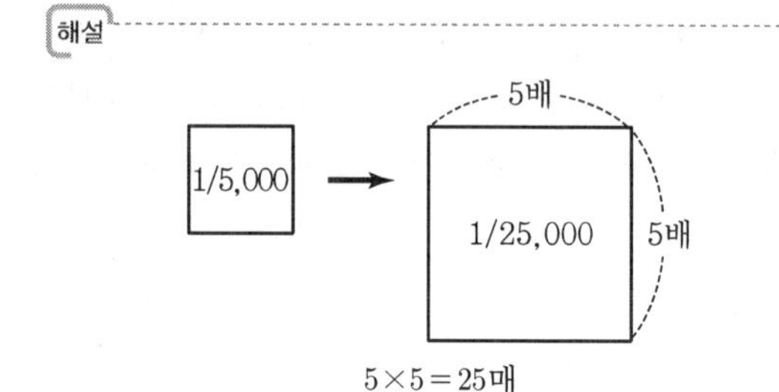

15 지형측량방법 중 기준점 측량에 해당되지 않는 것은?

① 수준측량 ② 삼각측량
③ 트래버스측량 ④ 스타디아측량

해설

기준점(골격) 측량
- 삼각측량
- 다각(트래버스) 측량
- 수준측량

16 비행고도 4,600m에서 초점거리 184mm 사진기로 촬영한 수직항공사진에서 길이 150m 교량은 얼마의 크기로 표현되는가?

① 6.0mm ② 7.5mm
③ 8.0mm ④ 8.5mm

해설

출제기준에서 제외된 문제

17 평야지대의 어느 한 측점에서 중간 장애물이 없는 21km 떨어진 어떤 측점을 시준할 때 어떤 측점에 세울 측표의 최소 높이는 얼마 이상이어야 하는가?(단, 기차는 무시하고, 지구곡률반지름은 6,370km이다.)

① 5m ② 15m
③ 25m ④ 35m

해설

구차 $= \frac{D^2}{2R} = \frac{21^2}{2 \times 6,370} = 0.035\text{km} = 35\text{m}$

18 캔트(Cant)의 크기가 C인 곡선에서 곡선반지름과 설계속도를 모두 2배로 하면 새로운 캔트의 크기는?

① $\frac{1}{2}C$ ② $2C$
③ $4C$ ④ $8C$

해설

캔트$(C) = \frac{V^2 S}{gR}$, $\frac{2^2}{2} \cdot \frac{V^2 S}{gR} = 2C$

정답 12 ① 13 ② 14 ① 15 ④ 16 ① 17 ④ 18 ②

19 어떤 노선을 수준측량하여 기고식 야장을 작성하였다. 측점 1, 2, 3, 4의 지반고 값으로 틀린 것은?

[단위 : m]

측점	후시	전시		기계고	지반고
		이기점	중간점		
0	3.121			126.688	123.567
1			2.586		
2	2.428	4.065			
3			0.664		
4		2.321			

① 측점 1 : 124.102m ② 측점 2 : 122.623m
③ 측점 3 : 124.384m ④ 측점 4 : 122.730m

해설

측점	후시	전시		기계고	지반고
		이기점	중간점		
0	3.121			126.688	123.567
1			2.586		124.102
2	2.428	4.065		125.051	122.623
3			0.664		124.387
4		2.321			122.730

㉠ 기계고 = 지반고 + 후시
㉡ 지반고 = 가계고 − 전시

20 수준측량에서 담장 PQ가 있어, P점에서 표척을 QP 방향으로 거꾸로 세워 아래 그림과 같은 결과를 얻었다. A점의 표고 $H_A = 51.25\text{m}$일 때 B점의 표고는?

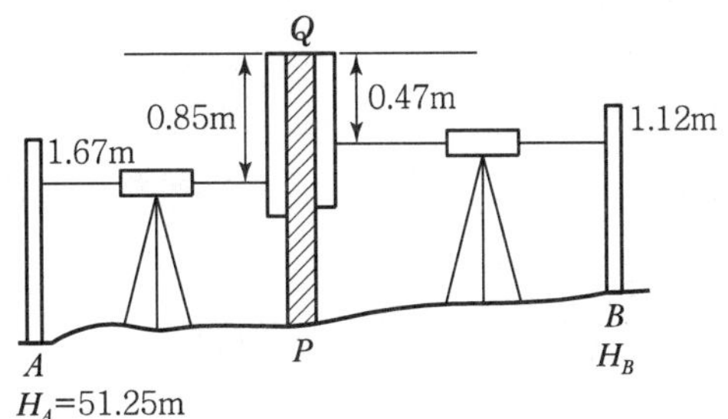

① 50.32m ② 52.18m
③ 53.30m ④ 55.36m

해설

$H_B = H_A + 1.67 + 0.85 - 0.47 - 1.12$
$= 52.18\text{m}$

정답 19 ③ 20 ②

01 완화곡선에 대한 설명으로 옳지 않은 것은?

① 모든 클로소이드(Clothoid)는 닮은 꼴이며 클로소이드 요소는 길이의 단위를 가진 것과 단위가 없는 것이 있다.
② 완화곡선의 접선은 시점에서 원호에, 종점에서 직선에 접한다.
③ 완화곡선의 반지름은 그 시점에서 무한대, 종점에서는 원곡선의 반지름과 같다.
④ 완화곡선에 연한 곡선반지름의 감소율은 캔트(Cant)의 증가율과 같다.

해설

완화곡선의 접선은 시작점(시점)에서 직선에, 종점에서는 원호에 접한다.

02 그림과 같은 삼각형을 직선 AP로 분할하여 m : n = 3 : 7의 면적비율로 나누기 위한 BP의 거리는?(단, BC의 거리=500m)

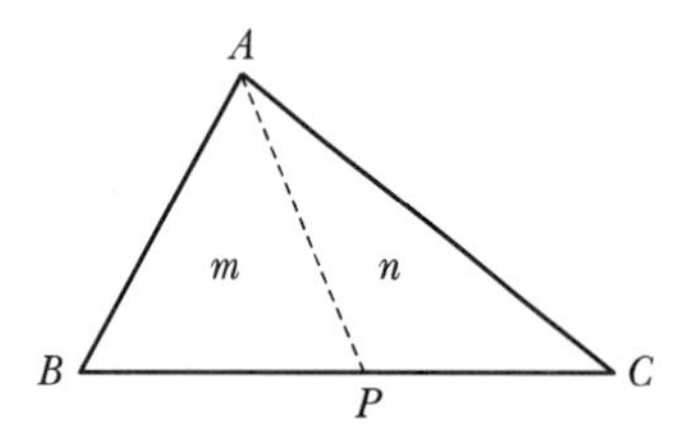

① 100m ② 150m
③ 200m ④ 250m

해설

$\overline{BP}=\overline{BC}\times\dfrac{m}{m+n}=500\times\dfrac{3}{3+7}=150\text{m}$

03 토량 계산공식 중 양단면의 면적차가 클 때 산출된 토량의 일반적인 대소 관계로 옳은 것은?(단, 중앙단면법 : A, 양단면평균법 : B, 각주공식 : C)

① A=C<B ② A<C=B
③ A<C<B ④ A>C>B

해설

계산값의 크기
- 양단평균법 > 각주공식 > 중앙단면법
- 각주공식이 가장 정확

04 조정계산이 완료된 조정각 및 기선으로부터 처음 신설하는 삼각점의 위치를 구하는 계산 순서로 가장 적합한 것은?

① 편심조정계산 → 삼각형계산(변, 방향각) → 경위도계산 → 좌표조정계산 → 표고계산
② 편심조정계산 → 삼각형계산(변, 방향각) → 좌표조정계산 → 표고계산 → 경위도계산
③ 삼각형계산(변, 방향각) → 편심조정계산 → 표고계산 → 경위도계산 → 좌표조정계산
④ 삼각형계산(변, 방향각) → 편심조정계산 → 표고계산 → 좌표조정계산 → 경위도계산

05 기선 $D=30\text{m}$, 수평각 $\alpha=80°$, $\beta=70°$, 연직각 $V=40°$를 관측하였다면 높이 H는?(단, A, B, C 점은 동일 평면임)

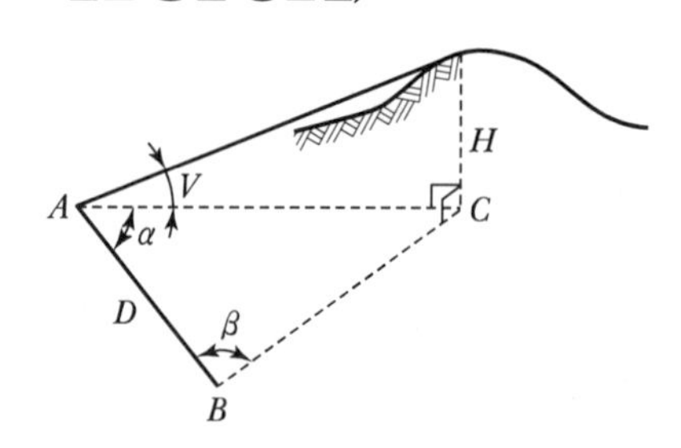

① 31.54m ② 32.42m
③ 47.31m ④ 55.32m

해설

㉠ $\dfrac{30}{\sin30°}=\dfrac{\overline{AC}}{\sin70°}$, $\overline{AC}=56.38\text{m}$
㉡ $H=\overline{AC}\tan V=56.38\tan40°=47.31\text{m}$

정답 01 ② 02 ② 03 ③ 04 ② 05 ③

06 축척 1 : 1,000의 지형측량에서 등고선을 그리기 위한 측점에 높이의 오차가 50cm였다. 그 지점의 경사각이 1° 일 때 그 지점을 지나는 등고선의 도상오차는?

① 2.86cm ② 3.86cm
③ 4.86cm ④ 5.86cm

해설

㉠ $\tan\theta = \frac{H}{D}$, $D = H \times \frac{1}{\tan\theta} = 0.5 \times \frac{1}{\tan 1°} = 28.64\text{m}$

㉡ 축척 $= \frac{1}{m} = \frac{\text{도상거리}}{\text{실제거리}}$

$\therefore$ 도상거리 $= \frac{1}{m} \times$ 실제거리 $= \frac{1}{1,000} \times 28.64$
$= 0.02864\text{m} = 2.86\text{cm}$

07 평균표고 730m인 지형에서 $\overline{AB}$측선의 수평거리를 측정한 결과 5,000m였다면 평균해수면에서의 환산거리는?(단, 지구의 반지름은 6,370km)

① 5,000.57m ② 5,000.66m
③ 4,999.34m ④ 4,999.43m

해설

평균해수면으로 환산한 거리$(D) = L - C_h$

㉠ C_h(평균해수면 보정)$= -\frac{HL}{R} = -\frac{730 \times 5,000}{6,370 \times 10^3} = -0.573\text{m}$

㉡ $D = L - C_h = 5,000 - 0.573 = 4,999.43\text{m}$

08 A점에서 관측을 시작하여 A점으로 폐합시킨 폐합 트래버스 측량에서 다음과 같은 측량결과를 얻었다. 이때 측선 AB의 배횡거는?

측선	위거(m)	경거(m)
AB	15.5	25.6
BC	−35.8	32.2
CA	20.3	−57.8

① 0m ② 25.6m
③ 57.8m ④ 83.4m

해설

배횡거

㉠ 첫 측선의 배횡거=첫 측선의 경거

㉡ AB측선의 배횡거$=AB$측선의 경거$=25.6$
(임의측선 배횡거=전 측선의 배횡거+전 측선의 경거+그 측선의 경거)

09 세부도화 시 한 모델을 이루는 좌우사진에서 나오는 광속이 촬영면상에 이루는 종시차를 소거하여 목표 지형지물의 상대위치를 맞추는 작업을 무엇이라 하는가?

① 접합표정 ② 상호표정
③ 절대표정 ④ 내부표정

해설

출제기준에서 제외된 문제

10 다각측량에서 어떤 폐합다각망을 측량하여 위거 및 경거의 오차를 구하였다. 거리와 각을 유사한 정밀도로 관측하였다면 위거 및 경거의 폐합오차를 배분하는 방법으로 가장 적당한 것은?

① 각 위거 및 경거에 등분배한다.
② 위거 및 경거의 크기에 비례하여 배분한다.
③ 측선의 길이에 비례하여 분배한다.
④ 위거 및 경거의 절대값의 총합에 대한 위거 및 경거의 크기에 비례하여 배분한다.

해설

컴퍼스 법칙

㉠ 각정밀도=거리정밀도

㉡ (위거, 경거)조정량$= \frac{\text{그 측선거리}}{\text{전체거리}} \times$(위거, 경거) 오차

㉢ 오차 배분은 각 변 측선길이에 비례하여 배분

정답 06 ① 07 ④ 08 ② 09 ② 10 ③

11 노선측량에서 단곡선의 설치방법에 대한 설명으로 옳지 않은 것은?

① 중앙종거를 이용한 설치방법은 터널 속이나 삼림지대에서 벌목량이 많을 때 사용하면 편리하다.
② 편각설치법은 비교적 높은 정확도로 인해 고속도로나 철도에 사용할 수 있다.
③ 접선편거와 현편거에 의하여 설치하는 방법은 줄자만을 사용하여 원곡선을 설치할 수 있다.
④ 장현에 대한 종거와 횡거에 의하는 방법은 곡률반지름이 짧은 곡선일 때 편리하다.

해설

- 중앙종거법 : 기설 곡선의 검사(1/4법)
- 접선에서 지거를 이용하는 방법 : 터널, 산림지에서 벌채량을 줄일 때 적합

12 거리측량의 정확도가 $\frac{1}{10,000}$ 일 때 같은 정확도를 가지는 각 관측오차는?

① 18.6″ ② 19.6″
③ 20.6″ ④ 21.6″

해설

정확도(정밀도)$=\frac{1}{m}=\frac{\Delta l}{l}=\frac{\theta''}{\rho''}$

$\therefore\ \theta''=\frac{1}{m}\times\rho''=\frac{1}{10,000}\times 206,265''=20.63''$

13 GPS 측량에서 이용하지 않는 위성신호는?

① L_1 반송파 ② L_2 반송파
③ L_4 반송파 ④ L_5 반송파

해설

GPS 위성신호

PRN 코드	P-코드(10.23MHz)	C/A-코드(1.023MHz)
	M-코드(10.23MHz)	
반송파	L_1(1,575.42MHz)	L_1C(1,575.42MHz)
	L_2(1,227.60MHz)	L_2C(1,227.60MHz)
	L_5(1,176.45MHz)	
항법 메시지	• GPS 위성의 궤도, 시간, 시스템의 변수값 포함 • C/A 코드와 함께 L_1 파에 실려서 전송	

14 사진의 크기 23cm×18cm, 초점거리 30cm, 촬영고도 6,000m일 때 이 사진의 포괄면적은?

① 16.6km² ② 14.4km²
③ 24.4km² ④ 26.6km²

해설

㉠ 축척$=\frac{1}{m}=\frac{f}{H}=\frac{0.3}{6,000}=\frac{1}{20,000}$

㉡ 포괄면적$=ma_1\times ma_2$
$=(20,000\times0.23)\times(20,000\times0.18)$
$=16,560,000\text{m}^2=16.56\text{km}^2$

15 등고선에 관한 설명으로 옳지 않은 것은?

① 높이가 다른 등고선은 절대 교차하지 않는다.
② 등고선 간의 최단거리 방향은 최급경사 방향을 나타낸다.
③ 지도의 도면 내에서 폐합되는 경우 등고선의 내부에는 산꼭대기 또는 분지가 있다.
④ 동일한 경사의 지표에서 등고선 간의 수평거리는 같다.

해설

등고선은 동굴이나 절벽에서는 교차한다.

16 삼변측량에 관한 설명 중 틀린 것은?

① 관측요소는 변의 길이뿐이다.
② 관측값에 비하여 조건식이 적은 단점이 있다.
③ 삼각형의 내각을 구하기 위해 Cosine 제2법칙을 이용한다.
④ 반각공식을 이용하여 각으로부터 변을 구하여 수직위치를 구한다.

해설

반각공식은 변을 이용하여 각을 구하는 공식

정답 11 ① 12 ③ 13 ③ 14 ① 15 ① 16 ④

17 GIS 기반의 지능형 교통정보시스템(ITS)에 관한 설명으로 가장 거리가 먼 것은?

① 고도의 정보처리기술을 이용하여 교통운용에 적용한 것으로 운전자, 차량, 신호체계 등 매순간의 교통상황에 따른 대응책을 제시하는 것
② 도심 및 교통수요의 통제와 조정을 통하여 교통량을 노선별로 적절히 분산시키고 지체 시간을 줄여 도로의 효율성을 증대시키는 것
③ 버스, 지하철, 자전거 등 대중교통을 효율적으로 운행관리하며 운행상태를 파악하여 대중교통의 운영과 운영사의 수익을 목적으로 하는 체계
④ 운전자의 운전행위를 도와주는 것으로 주행 중 차량 간격, 차선위반여부 등의 안전운행에 관한 체계

해설

교통정보시스템(ITS)은 운영사의 수익과는 무관하다.

18 캔트(Cant)의 계산에서 속도 및 반지름을 2배로 하면 캔트는 몇 배가 되는가?

① 2배　　② 4배
③ 8배　　④ 16배

해설

㉠ 캔트(C)$=\dfrac{V^2S}{gR}$
㉡ 속도와 반지름이 2배이면 캔트(C)는 2배가 된다.

19 하천의 수위관측소 설치를 위한 장소로 적합하지 않은 것은?

① 상하류의 길이가 약 100m 정도는 직선인 곳
② 홍수 시 관측소가 유실 및 파손될 염려가 없는 곳
③ 수위표를 쉽게 읽을 수 있는 곳
④ 합류나 분류에 의해 수위가 민감하게 변화하여 다양한 수위의 관측이 가능한 곳

해설

하천의 수위관측소는 지천의 합류, 분류점에서 수위 변화가 없는 곳에 설치

20 평야지대에서 어느 한 측점에서 중간 장애물이 없는 26km 떨어진 어떤 측점을 시준할 때 어떤 측점에 세울 표척의 최소 높이는?(단, 기차상수는 0.14이고 지구곡률반지름은 6,370km이다.)

① 16m　　② 26m
③ 36m　　④ 46m

해설

양차$=\dfrac{D^2(1-k)}{2R}=\dfrac{26^2(1-0.14)}{2\times 6{,}370}=0.0456\text{km}=46\text{m}$

정답　17 ③　18 ①　19 ④　20 ④

2015년 토목산업기사 제2회 측량학 기출문제

01 측량에서 관측된 값에 포함되어 있는 오차를 조정하기 위해 최소제곱법을 이용하게 되는데 이를 통하여 처리되는 오차는?

① 과실 ② 정오차
③ 우연오차 ④ 기계적 오차

해설

우연(부정)오차
- 원인을 알 수 없으며 제거할 수 없다.
- 최소제곱법으로 처리가 가능하다.

02 초점거리 150mm의 사진기로 해면으로부터 2,000m 상공에서 촬영한 어느 산정의 사진 축척이 1 : 10,000일 때 이 산정의 높이는?

① 300m ② 500m
③ 800m ④ 1,200m

해설

출제기준에서 제외된 문제

03 하천의 연직선 내의 평균유속을 구할 때 3점법을 사용하는 경우, 평균유속(V_m)을 구하는 식은? (단, V_n : 수면으로부터 수심의 n에 해당되는 지점의 관측유속)

① $V_m = \frac{1}{2}(V_{0.2} + V_{0.8})$

② $V_m = \frac{1}{3}(V_{0.2} + V_{0.6} + V_{0.8})$

③ $V_m = \frac{1}{4}(V_{0.2} + V_{0.6} + 2V_{0.8})$

④ $V_m = \frac{1}{4}(V_{0.2} + 2V_{0.6} + V_{0.8})$

해설

㉠ 1점법(V_m)= $V_{0.6}$

㉡ 2점법(V_m)= $\frac{V_{0.2} + V_{0.8}}{2}$

㉢ 3점법(V_m)= $\frac{V_{0.2} + 2V_{0.6} + V_{0.8}}{4}$

04 토공작업을 수반하는 종단면도에 계획선을 넣을 때 고려하여야 할 사항으로 옳지 않은 것은?

① 계획선은 될 수 있는 한 요구에 맞게 한다.
② 절토는 성토로 이용할 수 있도록 운반거리를 고려하여야 한다.
③ 경사와 곡선을 병설해야 하고 단조로움을 피하기 위하여 가능한 한 많이 설치한다.
④ 절토량과 성토량은 거의 같게 한다.

해설

경사와 곡선은 가급적 병행하지 않는 것이 좋다.

05 사진판독의 요소와 거리가 먼 것은?

① 색조, 모양 ② 질감, 크기
③ 과고감, 상호위치관계 ④ 촬영고도, 화면거리

해설

출제기준에서 제외된 문제

06 축척 1 : 1,000의 도면에서 면적을 측정한 결과 5cm²였다. 이 도면이 전체적으로 1% 신장되어 있었다면 실제면적은?

① $510m^2$ ② $505m^2$
③ $495m^2$ ④ $490m^2$

해설

실제면적 = 면적(A)±ΔA

㉠ 면적(A)

$$축척 = \left(\frac{1}{1,000}\right)^2 = \frac{5}{100^2 \times A}$$

$\therefore$ 면적(A) = $500m^2$

㉡ ΔA

$$\frac{\Delta A}{A} = 2\frac{\Delta l}{l},\ \Delta A = 2 \times \frac{\Delta l}{l} \times A$$

$$= 2 \times \frac{1}{100} \times 500 = 10m^2$$

$\therefore$ 실제면적 = 500 − 10 = $490m^2$

정답 01 ③ 02 ② 03 ④ 04 ③ 05 ④ 06 ④

07 타원체에 관한 설명으로 옳은 것은?

① 어느 지역의 측량좌표계의 기준이 되는 지구타원체를 준거타원체(또는 기준타원체)라 한다.
② 실제 지구와 가장 가까운 회전타원체를 지구타원체라 하며, 실제 지구의 모양과 같이 굴곡이 있는 곡면이다.
③ 타원의 주축을 중심으로 회전하여 생긴 지구물리학적 형상을 회전타원체라 한다.
④ 준거타원체는 지오이드와 일치한다.

해설

- 지구타원체는 굴곡이 없는 곡면이다.
- 회전타원체는 타원을 중심으로 회전한 기하학적 형상이다.
- 준거타원체는 지오이드와 거의 일치한다.

08 삼각망 중 조건식이 가장 많아 가장 높은 정확도를 얻을 수 있는 것은?

① 단열삼각망　　② 사변형삼각망
③ 유심다각망　　④ 트래버스망

해설

삼각망의 정밀도 순서
사변형 > 유심 > 단열

09 축척 1 : 2,500의 도면에 등고선 간격을 2m로 할 때 육안으로 식별할 수 있는 등고선과 등고선 사이의 최소거리가 0.4mm라 하면 등고선으로 표시할 수 있는 최대 경사각은?

① 52.1°　　② 63.4°
③ 72.8°　　④ 81.6°

해설

최대경사각은

$$\tan\theta = \frac{H}{D},\ \theta = \tan^{-1}\left(\frac{2}{0.4\times 2{,}500\times 10^{-3}}\right) = 63°26'05.82''$$

10 체적계산에 있어서 양 단면의 면적이 $A_1 = 80\text{m}^2$, $A_2 = 40\text{m}^2$, 중간 단면적 $A_m = 70\text{m}^2$이다. A_1, A_2 단면 사이의 거리가 30m이면 체적은? (단, 각주공식 사용)

① $2{,}000\text{m}^3$　　② $2{,}060\text{m}^3$
③ $2{,}460\text{m}^3$　　④ $2{,}640\text{m}^3$

해설

$$\text{각주공식}(V) = \frac{l/2}{3}(A_1 + 4A_m + A_2)$$
$$= \frac{30}{6}[80 + (4\times 70) + 40] = 2{,}000\text{m}^3$$

11 노선측량에서 평면곡선으로 공통 접선의 반대방향에 반지름(R)의 중심을 갖는 곡선 형태는?

① 복심곡선　　② 포물선곡선
③ 반향곡선　　④ 횡단곡선

해설

단곡선	복심곡선	반향곡선
O, R, R	O_2, O_1, R_1, R_2	O_2, R_2, R_1, O_1

12 우리나라의 축척 1 : 50,000 지형도에 있어서 등고선의 주곡선 간격은?

① 5m　　② 10m
③ 20m　　④ 100m

해설

등고선 간격

구분	1 : 5,000	1 : 10,000	1 : 25,000	1 : 50,000
주곡선	5m	5m	10m	20m
계곡선	25m	25m	50m	100m
간곡선	2.5m	2.5m	5m	10m
조곡선	1.25m	1.25m	2.5m	5m

정답　07 ①　08 ②　09 ②　10 ①　11 ③　12 ③

13 교각 $I=90°$, 곡선반지름 $R=200\text{m}$인 단곡선에서 노선기점으로부터 교점까지의 거리가 520m일 때 노선기점으로부터 곡선시점까지의 거리는?

① 280m ② 320m
③ 390m ④ 420m

해설

BC거리$=IP-TL$접선장

㉠ $TL=R\cdot\tan\frac{I}{2}=200\times\tan\frac{90°}{2}=200\text{m}$

㉡ $BC=IP-TL=520-200=320\text{m}$

14 그림과 같은 터널의 천장에 대한 수준측량 결과에서 C점의 지반고는?(단, $b_1=2.324\text{m}$, $f_1=3.246\text{m}$, $b_2=2.787\text{m}$, $f_2=2.938\text{m}$, A점 지반고$=32.243\text{m}$)

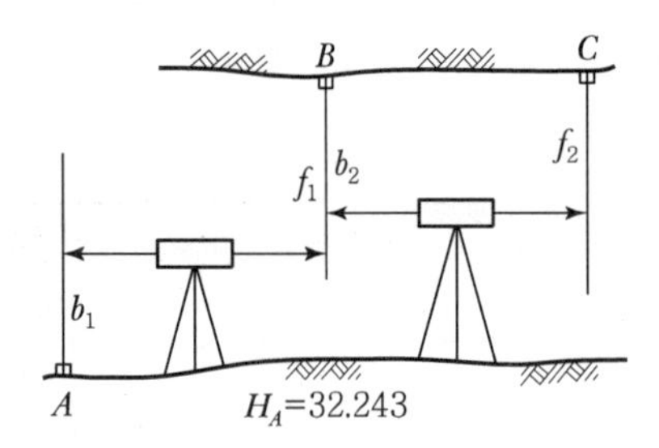

① 31.170m ② 32.088m
③ 33.316m ④ 37.964m

해설

$H_c=H_A+b_1+f_1-b_2+f_2$
$=32.243+2.324+3.246-2.787+2.938=37.964\text{m}$

15 삼각측량을 위한 삼각점의 위치선정에 있어서 피해야 할 장소로서 중요도가 가장 적은 것은?

① 편심관측을 하여야 하는 곳
② 나무를 벌목하여야 하는 곳
③ 습지와 같은 연약지반인 곳
④ 측표의 높이를 높게 설치하여야 되는 곳

해설

편심관측을 해야 하는 곳은 편심 관측을 하면 되기 때문에 피해야 할 장소로서 중요도가 적다.

16 그림과 같은 결합 트래버스의 관측 오차를 구하는 공식은?(단, $[\alpha]=\alpha_1+\alpha_2+\cdots\cdots+\alpha_{n-1}+\alpha_n$)

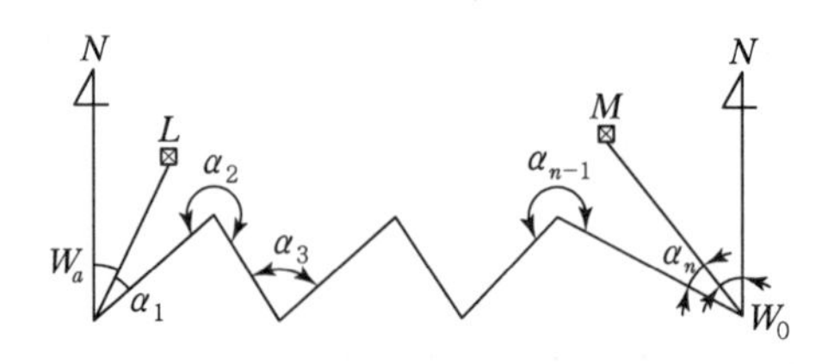

① $(W_a-W_b)+[\alpha]-180°(n+1)$
② $(W_a-W_b)+[\alpha]-180°(n-1)$
③ $(W_a-W_b)+[\alpha]-180°(n-2)$
④ $(W_a-W_b)+[\alpha]-180°(n-3)$

해설

모식도	결합 트래버스 오차(E_α)
L, N, α_1, α_2, A, W_a, α_{n-1}, α_n, N, W_b, M, B	$E_\alpha=\omega_a+\Sigma\alpha-180°(n+1)-\omega_b$
L, N, α_1, α_2, A, W_a, α_{n-1}, α_n, M, N, B, W_b	$E_\alpha=\omega_a+\Sigma\alpha-180°(n-1)-\omega_b$
N, W_a, L, α_2, α_1, A, α_{n-1}, α_n, N, W_b, M, B	$E_\alpha=\omega_a+\Sigma\alpha-180°(n-1)-\omega_b$
N, W_a, L, α_2, α_1, A, α_{n-1}, α_n, M, N, B, W_b	$E_\alpha=\omega_a+\Sigma\alpha-180°(n-3)-\omega_b$

정답 13 ② 14 ④ 15 ① 16 ④

17 캔트(Cant) 계산에서 속도 및 반지름을 모두 2배로 증가시키면 캔트는?

① 1/2로 감소한다. ② 2배로 증가한다.
③ 4배로 증가한다. ④ 8배로 증가한다.

해설

㉠ 캔트$(C)=\dfrac{V^2S}{gR}$

㉡ 속도(V)와 반지름(R)을 2배로 하면 캔트(C)는 2배가 된다.

18 방위각 260°의 역방위는 얼마인가?

① N80°E ② N80°W
③ S80°E ④ S80°W

해설

• 방위는 S80°W
• 역방위는 N80°E

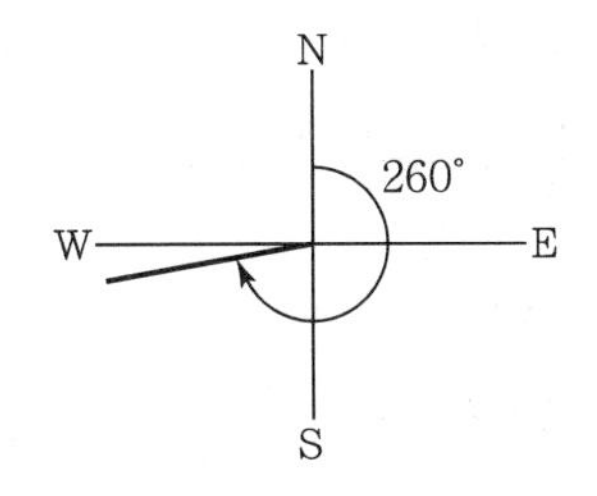

19 아래와 같은 수준측량 성과에서 측점 4의 지반고는?

단위 : m

측점	후시	기계고	전시		지반고
			이기점	중간점	
1	1.500				100
2				2.300	
3	1.200		2.600		
4			1.400		
계					

① 98.7m ② 98.9m
③ 100.1m ④ 100.3m

해설

• 측점 1 지반고=100m
• 측점 2 지반고=101.5−2.3=99.2m
• 측점 3 지반고=101.5−2.6=98.9m
• 측점 4 지반고=100.1−1.4=98.7m

20 트래버스측량에서 발생된 폐합오차를 조정하는 방법 중의 하나인 컴퍼스 법칙(Compass Rule)의 오차배분방법에 대한 설명으로 옳은 것은?

① 트래버스 내각의 크기에 비례하여 배분한다.
② 트래버스 외각의 크기에 비례하여 배분한다.
③ 각 변의 위·경거에 비례하여 배분한다.
④ 각 변의 측선길이에 비례하여 배분한다.

해설

컴퍼스 법칙

㉠ 각정밀도=거리정밀도

㉡ (위거, 경거)조정량$=\dfrac{\text{조정할 측선거리}}{\text{전체거리}}\times$(위거, 경거)오차

정답 17 ② 18 ① 19 ① 20 ④

2015년 토목기사 제4회 측량학 기출문제

01 축척 1 : 25,000의 수치지형도에서 경사가 10%인 등경사 지형의 주곡선 간 도상거리는?

① 2mm ② 4mm
③ 6mm ④ 8mm

해설

㉠ $\frac{1}{25,000}$ 지도의 주곡선 간격(H)= 10m

㉡ 경사(i)= $\frac{H}{D}$= 10%, $D=H\div 10\%=10\div 0.1=100$

㉢ 축척= $\frac{1}{2,500}=\frac{x}{100}$

∴ 도상수평거리(x)= 0.004m = 4mm

02 직사각형 두 변의 길이를 $\frac{1}{200}$ 정확도로 관측하여 면적을 구할 때 산출된 면적의 정확도는?

① $\frac{1}{50}$ ② $\frac{1}{100}$
③ $\frac{1}{200}$ ④ $\frac{1}{400}$

해설

$$\frac{\Delta A}{A}=2\frac{\Delta l}{l}=2\times\frac{1}{200}=\frac{1}{100}$$

03 축척 1 : 5,000 수치지형도의 주곡선 간격으로 옳은 것은?

① 5m ② 10m
③ 15m ④ 20m

해설

등고선 간격

구분	1 : 5,000	1 : 10,000	1 : 25,000	1 : 50,000
주곡선	5m	5m	10m	20m
계곡선	25m	25m	50m	100m
간곡선	2.5m	2.5m	5m	10m
조곡선	1.25m	1.25m	2.5m	5m

04 초점거리 210mm인 카메라를 사용하여 사진 크기 18cm×18cm로 평탄한 지역을 촬영한 항공사진에서 주점기선장이 70mm였다. 이 항공사진의 축척이 1 : 20,000이었다면 비고 200m에 대한 시차차는?

① 2.2mm ② 3.3mm
③ 4.4mm ④ 5.5mm

해설

출제기준에서 제외된 문제

05 곡선반지름 R, 교각 I인 단곡선을 설치할 때 사용되는 공식으로 틀린 것은?

① $T.L.=R\tan\frac{I}{2}$ ② $C.L.=\frac{\pi}{180°}RI°$
③ $E=R\left(\sec\frac{I}{2}-1\right)$ ④ $M=R\left(1-\sin\frac{I}{2}\right)$

해설

중앙종거(M)= $R\left(1-\cos\frac{I}{2}\right)$

06 축척에 대한 설명 중 옳은 것은?

① 축척 1 : 500 도면에서의 면적은 실제면적의 1/1,000이다.
② 축척 1 : 600 도면을 축척 1 : 200으로 확대했을 때 도면의 크기는 3배가 된다.
③ 축척 1 : 300 도면에서의 면적은 실제면적의 1/9,000이다.
④ 축척 1 : 500 도면을 축척 1 : 1,000으로 축소했을 때 도면의 크기는 1/4이 된다.

해설

㉠ 축척이 $\left(\frac{1}{m}\right)$이면 실제면적은 $\left(\frac{1}{m}\right)^2$ 이다.

㉡ 축척 $\frac{1}{500}$을 $\frac{1}{1,000}$로 축소했을 때 도면의 면적은 1/4이다.

정답 01 ② 02 ② 03 ① 04 ② 05 ④ 06 ④

07 노선측량에서 실시설계측량에 해당하지 않는 것은?

① 중심선 설치　② 용지측량
③ 지형도 작성　④ 다각측량

해설

실시설계측량
- 지형도 작성
- 중심선 선정, 설치
- 다각측량
- 고저측량

08 트래버스측량에서 관측값의 계산은 편리하나 한번 오차가 생기면 그 영향이 끝까지 미치는 각관측 방법은?

① 교각법　② 편각법
③ 협각법　④ 방위각법

해설

방위각법
직접 관측되어 편리하나 오차 발생 시 그 영향이 끝까지 미친다.

09 2,000m의 거리를 50m씩 끊어서 40회 관측하였다. 관측결과 오차가 ±0.14m였고, 40회 관측의 정밀도가 동일하다면, 50m 거리 관측의 오차는?

① ±0.022m　② ±0.019m
③ ±0.016m　④ ±0.013m

해설

$0.14 = a\sqrt{40}$
$x = a\sqrt{1}$
$\therefore\ x = \pm 0.022\text{m}$

10 직접고저측량을 실시한 결과가 그림과 같을 때, A점의 표고가 10m라면 C점의 표고는?(단, 그림은 개략도로 실제 치수와 다를 수 있음)

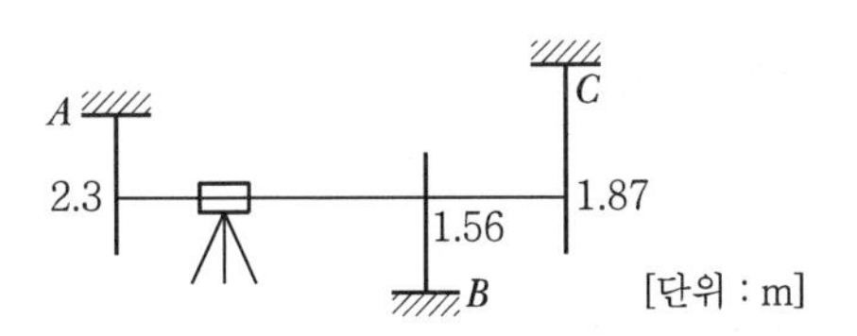

① 9.57m　② 9.66m
③ 10.57m　④ 10.66m

해설

$H_c = H_A(10) - 2.3 + 1.87 = 9.57\text{m}$

11 항공 LIDAR 자료의 활용 분야로 틀린 것은?

① 도로 및 단지 설계　② 골프장 설계
③ 지하수 탐사　④ 연안 수심 DB 구축

해설

출제기준에서 제외된 문제

12 도로의 종단곡선으로 주로 사용되는 곡선은?

① 2차 포물선　② 3차 포물선
③ 클로소이드　④ 렘니스케이트

해설

- 도로 : 2차 포물선
- 철도 : 원곡선

13 지구 표면의 거리 35km까지를 평면으로 간주했다면 허용정밀도는 약 얼마인가?(단, 지구의 반지름은 6,370km이다.)

① 1/300,000　② 1/400,000
③ 1/500,000　④ 1/600,000

해설

$$\text{정도}\left(\frac{\Delta l}{l}\right) = \frac{l^2}{12R^2} = \frac{35^2}{12 \times 6{,}370^2} \fallingdotseq \frac{1}{400{,}000}$$

정답　07 ②　08 ④　09 ①　10 ①　11 ③　12 ①　13 ②

14 다음 중 지상기준점 측량방법으로 틀린 것은?

① 항공사진삼각측량에 의한 방법
② 토털스테이션에 의한 방법
③ 지상레이더에 의한 방법
④ GPS에 의한 방법

해설

지상기준점 측량
- 항공삼각측량
- GPS
- T/S
- 관성측량

15 다음 중 물리학적 측지학에 해당되는 것은?

① 탄성파 관측 ② 면적 및 부피 계산
③ 구과량 계산 ④ 3차원 위치 결정

해설

구분	기하학적 측지학	물리학적 측지학
대상	1. 길이 및 시 결정 2. 수평위치 결정 3. 높이 결정 4. 측지학의 3차원 위치 결정 5. 천문측량 6. 위성측지 7. 하해측지 8. 면적/체적의 산정 9. 지도제작 10. 사진측정	1. 지구의 형상해석 2. 중력 측정 3. 지자기 측정 4. 탄성파 측정 5. 지구의 극운동/자전운동 6. 지각변동/균형 7. 지구의 열 8. 대륙의 부동 9. 해양의 조류 10. 지구의 조석

16 수준망의 관측 결과가 표와 같을 때, 정확도가 가장 높은 것은?

구분	총 거리(km)	폐합오차(mm)
Ⅰ	25	±20
Ⅱ	16	±18
Ⅲ	12	±15
Ⅳ	8	±13

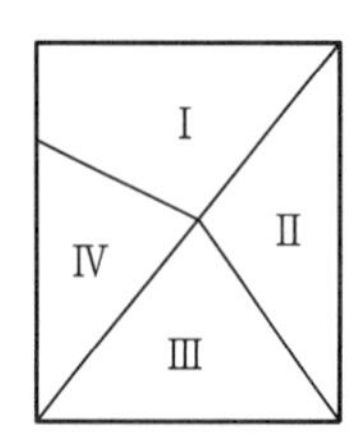

① Ⅰ ② Ⅱ
③ Ⅲ ④ Ⅳ

해설

㉠ Ⅰ구간오차 : $\delta_{\text{I}} = \frac{\pm 20}{\sqrt{25}} = \pm 4$

㉡ Ⅱ구간오차 : $\delta_{\text{II}} = \frac{\pm 18}{\sqrt{16}} = \pm 4.5$

㉢ Ⅲ구간오차 : $\delta_{\text{III}} = \frac{\pm 15}{\sqrt{12}} = \pm 4.33$

㉣ Ⅳ구간오차 : $\delta_{\text{IV}} = \frac{\pm 13}{\sqrt{8}} = \pm 4.596$

∴ 오차가 가장 적은 Ⅰ구간의 정확도가 가장 높다.

17 좌표를 알고 있는 기지점에 고정용 수신기를 설치하여 보정자료를 생성하고 동시에 미지점에 또 다른 수신기를 설치하여 고정점에서 생성된 보정자료를 이용해 미지점의 관측자료를 보정함으로써 높은 정확도를 확보하는 GPS측위 방법은?

① KINEMATIC ② STATIC
③ SPOT ④ DGPS

해설

DGPS
- GPS의 보정기술
- 고정용 수신기에서 보정자료를 생성하여 미지점의 관측자료를 보정함으로써 정확도를 높이는 방법

18 그림에서 두 각이 ∠AOB = 15°32′18.9″ ± 5″, ∠BOC = 67°17′45″ ± 15″로 표시될 때 두 각의 합 ∠AOC는?

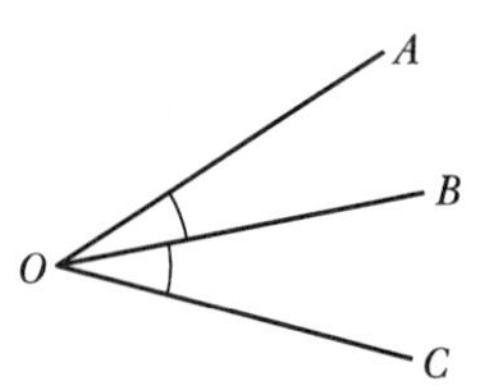

① 82°50′3.9″±5.5″ ② 82°50′3.9″±10.1″
③ 82°50′3.9″±15.4″ ④ 82°50′3.9″±15.8″

정답 14 ③ 15 ① 16 ① 17 ④ 18 ④

해설

㉠ 오차전파법칙$(E)=\pm\sqrt{m_1^2+m_2^2}=\pm\sqrt{5^2+15^2}=\pm 15.8''$

㉡ $\angle AOC=15°32'18.9''+67°17'45''\pm 15.8''$
$=82°50'3.9''\pm 15.8''$

19 수심이 h인 하천의 평균 유속을 구하기 위하여 수면으로부터 $0.2h$, $0.6h$, $0.8h$가 되는 깊이에서 유속을 측량한 결과 초당 0.8m, 1.5m, 1.0m였다. 3점법에 의한 평균 유속은?

① 0.9m/s ② 1.0m/s
③ 1.1m/s ④ 1.2m/s

해설

3점법

$$V_m=\frac{V_{0.2}+2V_{0.6}+V_{0.8}}{4}=\frac{0.8+(2\times 1.5)+1.0}{4}$$
$$=1.2\text{m/s}$$

20 190km/h인 항공기에서 초점거리 153mm인 카메라로 시가지를 촬영한 항공사진이 있다. 사진상에서 허용흔들림량 0.01mm, 최장 노출시간 $\frac{1}{250}$초, 사진크기 23cm×23cm일 때, 연직점으로부터 7cm 떨어진 위치에 있는 건물의 실제 높이가 120m라면 이 건물의 기복변위는?

① 1.4mm ② 2.0mm
③ 2.6mm ④ 3.4mm

해설

출제기준에서 제외된 문제

정답 19 ④ 20 ③

01 그림에서 B점의 지반고는?(단, H_A =39.695m)

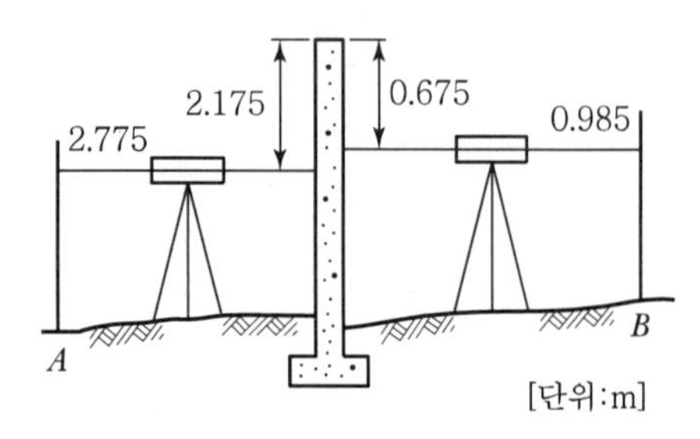

① 39.405m ② 39.985m
③ 42.985m ④ 46.305m

해설

$H_B = H_A(39.695) + 2.775 + 2.175 - 0.675 - 0.985$
$= 42.985\text{m}$

02 완화곡선 중 주로 고속도로에 사용되는 것은?

① 3차 포물선
② 클로소이드(Clothoid) 곡선
③ 반파장 사인(Sine) 체감곡선
④ 렘니스케이트(Lemniscate) 곡선

해설

- 도로 : 클로소이드 곡선
- 철도 : 3차 포물선
- 시가철도 : 렘니스케이트 곡선
- 고속철도 : 반파장 sin곡선

03 기초터파기 공사를 하기 위해 가로, 세로, 깊이를 줄자로 관측하여 다음과 같은 결과를 얻었다. 토공량과 여기에 포함된 오차는?

가로 40±0.05m, 세로 20±0.03m, 깊이 15±0.02m

① 6,000±28.4m³ ② 6,000±48.9m³
③ 12,000±28.4m³ ④ 12,000±48.9m³

해설

㉠ $V = a \times b \times c = 40 \times 20 \times 15 = 12{,}000\text{m}^3$

㉡ $\Delta V^2 = \left(\frac{\partial V}{\partial a}\right)^2 \times \Delta a^2 + \left(\frac{\partial V}{\partial b}\right)^2 \times \Delta b^2 + \left(\frac{\partial V}{\partial c}\right)^2 \times \Delta c^2$
$= (bc)^2 \times \Delta a^2 + (ac)^2 \times \Delta b^2 + (ab)^2 \times \Delta c^2$
$= (20 \times 15)^2 \times 0.05^2 + (40 \times 15)^2 \times 0.03^2 + (40 \times 20)^2 \times 0.02^2 = 805\text{m}^3$

$\therefore \Delta V = \sqrt{805} = \pm 28.4\text{m}^3$

따라서 $V + \Delta V = 12{,}000 \pm 28.4\text{m}^3$

04 수준측량에서 전시와 후시의 거리를 같게 하여도 제거되지 않는 오차는?

① 시준선과 기포관축이 평행하지 않을 때 생기는 오차
② 표척 눈금의 읽음오차
③ 광선의 굴절오차
④ 지구곡률 오차

해설

전후시거리를 같게 하면 제거되는 오차

- 시준축오차(시준선과 기포관축이 평행하지 않은 오차)
- 구차(지구가 곡률이기 때문에 생기는 오차)
- 기차(광선의 굴절에 따른 오차)

05 축척 1 : 1,200 지형도 상에서 면적을 측정하는데 축척을 1 : 1,000으로 잘못 알고 면적을 산출한 결과 12,000m²를 얻었다면 정확한 면적은?

① 8,333m² ② 12,368m²
③ 15,806m² ④ 17,280m²

해설

㉠ $\left(\frac{1}{1{,}000}\right)^2 = \frac{x}{12{,}000}$

$\therefore x = 0.012\text{m}$

㉡ $\left(\frac{1}{1{,}200}\right)^2 = \frac{0.012}{\text{실제면적}}$

$\therefore$ 실제면적 $= 17{,}280\text{m}^2$

정답 01 ③ 02 ② 03 ③ 04 ② 05 ④

06 지형도를 작성할 때 지형 표현을 위한 원칙과 거리가 먼 것은?

① 기복을 알기 쉽게 할 것
② 표현을 간결하게 할 것
③ 정량적 계획을 엄밀하게 할 것
④ 기호 및 도식을 많이 넣어 세밀하게 할 것

해설

지형도 작성 3대 원칙
- 기복을 알기 쉽게 할 것
- 표현을 간결하게 할 것
- 정량적 계획을 엄밀하게 할 것

07 경중률에 대한 설명으로 틀린 것은?

① 관측횟수에 비례한다.
② 관측거리에 반비례한다.
③ 관측값의 오차에 비례한다.
④ 사용기계의 정밀도에 비례한다.

해설

- 경중률은 관측횟수에 비례
- 경중률은 노선거리에 반비례
- 경중률은 평균제곱근오차(표준편차)의 제곱에 반비례

08 폐합다각측량에서 거리 관측보다 각 관측 정밀도가 높을 때 오차를 배분하는 방법으로 옳은 것은?

① 해당 측선 길이에 비례하여 배분한다.
② 해당 측선 길이에 반비례하여 배분한다.
③ 해당 측선의 위, 경거의 크기에 비례하여 배분한다.
④ 해당 측선의 위, 경거의 크기에 반비례하여 배분한다.

해설

트랜싯 법칙
㉠ 각의 정밀도 > 거리의 정밀도
㉡ 오차조정 $= \dfrac{\text{조정할 측선 위거(경거)}}{\text{위거(경거) 절대값}} \times$ 위거(경거) 오차

09 평균유속 관측방법 중 3점법을 사용하기 위한 관측 유속으로 짝지어진 것은?(단, h는 전체 수심)

① 수면에서 $0.1h$, $0.4h$, $0.9h$ 지점의 유속
② 수면에서 $0.1h$, $0.4h$, $0.8h$ 지점의 유속
③ 수면에서 $0.2h$, $0.4h$, $0.8h$ 지점의 유속
④ 수면에서 $0.2h$, $0.6h$, $0.8h$ 지점의 유속

해설

3점법

$$V_m = \frac{V_{0.2} + 2V_{0.6} + V_{0.8}}{4}$$

10 촬영고도 3,000m에서 초점거리 15cm의 카메라로 평지를 촬영한 밀착사진의 크기가 23cm×23cm이고 종중복도가 57%, 횡중복도가 30%일 때 이 연직사진의 유효 모델 면적은?

① 5.4km^2　② 6.4km^2
③ 7.4km^2　④ 8.4km^2

해설

출제기준에서 제외된 문제

11 A점에서 출발하여 다시 A점에 되돌아오는 다각측량을 실시하여 위거오차 20cm, 경거오차 30cm가 발생하였다. 전 측선길이가 800m일 때 다각측량의 정밀도는?

① $\dfrac{1}{1,000}$　② $\dfrac{1}{1,730}$
③ $\dfrac{1}{2,220}$　④ $\dfrac{1}{2,630}$

해설

$$\text{정밀도(폐합비)} = \frac{1}{m} = \frac{\varepsilon(\text{폐합오차})}{\Sigma L} = \frac{\sqrt{0.2^2 + 0.3^2}}{800} = \frac{1}{2,220}$$

정답　06 ④　07 ③　08 ③　09 ④　10 ②　11 ③

12 그림과 같이 A점에서 B점에 대하여 장애물이 있어 시준을 못하고 B′점을 시준하였다. 이때 B점의 방향각 T_B를 구하기 위한 보정각(x)을 구하는 식으로 옳은 것은?(단, $e < 1.0$m, $p = 206,265''$, $S=$ 4km)

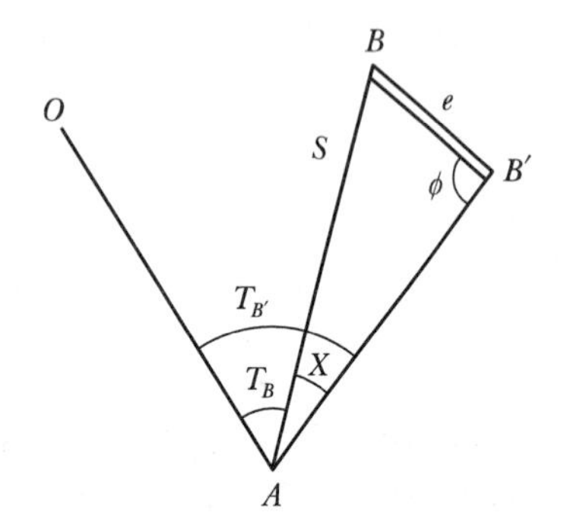

① $x = \rho \dfrac{e}{S} \sin\phi$ ② $x = \rho \dfrac{e}{S} \cos\phi$

③ $x = \rho \dfrac{S}{e} \sin\phi$ ④ $x = \rho \dfrac{S}{e} \cos\phi$

해설

$\dfrac{e}{\sin x} = \dfrac{s}{\sin\phi}$

$x = \sin^{-1}\left(\dfrac{e}{S}\sin\phi\right) = \rho''\left(\dfrac{e}{S}\sin\phi\right)$

13 원곡선에서 장현 L과 그 중앙 종거 M을 관측하여 반지름 R을 구하는 식으로 옳은 것은?

① $\dfrac{L^2}{8M}$ ② $\dfrac{L^2}{4M}$

③ $\dfrac{L^2}{2M}$ ④ $\dfrac{L^2}{M}$

해설

$R = \dfrac{L^2}{8M} + \dfrac{M}{2}$(무시)

$\therefore R = \dfrac{L^2}{8M}$

14 교점(IP)의 위치가 기점으로부터 143.25m일 때 곡선반지름 150m, 교각 58°14′24″인 단곡선을 설치하고자 한다면 곡선시점의 위치는?(단, 중심말뚝 간격 20m)

① No.2+3.25
② No.2+19.69
③ No.3+9.69
④ No.4+3.56

해설

㉠ $TL = R\tan\dfrac{I}{2} = 150 \times \tan\dfrac{58°14'24''}{2} = 83.56\text{m}$

㉡ BC(곡선시점) $= IP - TL = 143.25 - 83.56 = 59.69\text{m}$

㉢ BC측점번호 = No.2 + 19.69m

15 평판을 설치할 때 고려하여야 할 조건과 거리가 먼 것은?

① 수평 맞추기
② 교회 맞추기
③ 중심 맞추기
④ 방향 맞추기

해설

출제기준에서 제외된 문제

16 등고선에 관한 설명으로 틀린 것은?

① 간곡선은 계곡선보다 가는 실선으로 나타낸다.
② 주곡선 간격이 10m이면 간곡선 간격은 5m이다.
③ 계곡선은 주곡선보다 굵은 실선으로 나타낸다.
④ 계곡선 간격은 주곡선 간격의 5배이다.

해설

간곡선은 파선으로 표기한다.

정답 12 ① 13 ① 14 ② 15 ② 16 ①

17 사진측량의 특징에 대한 설명으로 옳지 않은 것은?

① 기상의 영향을 받지 않고 전천후 측량을 수행할 수 있다.
② 광범위한 지역에 대한 동시 측량이 가능하다.
③ 정성적 측량이 가능하다.
④ 축척 변경이 용이하다.

해설

출제기준에서 제외된 문제

18 철도에 완화곡선을 설치하고자 할 때 캔트(Cant)의 크기 결정과 직접적인 관계가 없는 것은?

① 레일간격　② 곡선반지름
③ 원곡선의 교각　④ 주행속도

해설

캔트$(C)=\dfrac{V^2S}{gR}$

여기서, V : 속도
S : 궤간
R : 곡률반경

19 어떤 측선의 길이를 3군으로 나누어 관측하여 표와 같은 결과를 얻었을 때, 측선 길이의 최확값은?

관측군	관측값(m)	측정횟수
I	100.350	2
II	100.340	5
III	100.353	3

① 100.344m　② 100.346m
③ 100.348m　④ 100.350m

해설

㉠ 경중률(횟수에 비례)
$P_1 : P_2 : P_3 = 2 : 5 : 3$

㉡ 최확값$=\dfrac{P_1l_1+P_2l_2+P_3l_3}{P_1+P_2+P_3}$
$=100+\dfrac{(2\times0.35)+(5\times0.34)+(3\times0.353)}{2+5+3}$
$=100.346\text{m}$

20 삼각측량에서 B점의 좌표 $X_B=50.000\text{m}$, $Y_B=200.000\text{m}$, BC의 길이 25.478m, BC의 방위각 77°11′56″일 때 C점의 좌표는?

① $X_C=55.645\text{m}$, $Y_C=175.155\text{m}$
② $X_C=55.645\text{m}$, $Y_C=224.845\text{m}$
③ $X_C=74.845\text{m}$, $Y_C=194.355\text{m}$
④ $X_C=74.845\text{m}$, $Y_C=205.645\text{m}$

해설

㉠ $X_C=X_B+\overline{BC}\cos\alpha$
$=50+25.478\cos77°11'56''=55.645\text{m}$

㉡ $Y_C=Y_B+\overline{BC}\sin\alpha$
$=200+25.478\sin77°11'56''=224.845\text{m}$

정답　17 ①　18 ③　19 ②　20 ②

01 종단면도에 표기하여야 하는 사항으로 거리가 먼 것은?

① 흙깎기 토량과 흙쌓기 토량
② 거리 및 누가거리
③ 지반고 및 계획고
④ 경사도

해설

종단면도 기입사항

• 지반고	• 성토고
• 절토고	• 계획고
• 추가거리	• 경사도

02 그림과 같은 복곡선(Compound Curve)에서 관계식으로 틀린 것은?

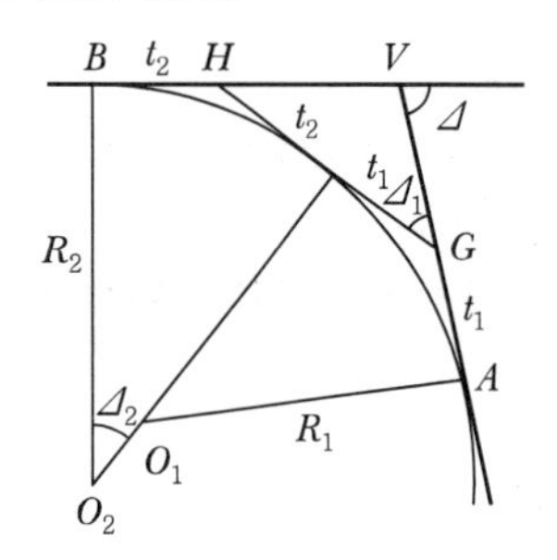

① $\Delta_1 = \Delta - \Delta_2$

② $t_2 = R_2 \tan\dfrac{\Delta_2}{2}$

③ $VG = (\sin\Delta_2)\left(\dfrac{GH}{\sin\Delta}\right)$

④ $VB = (\sin\Delta_2)\left(\dfrac{GH}{\sin\Delta}\right) + t_2$

해설

복곡선 관계식

㉠ $\Delta = \Delta_1 + \Delta_2 \quad \therefore \Delta_1 = \Delta - \Delta_2$

㉡ $t_2 = R_2 \tan\dfrac{\Delta_2}{Z}$, $t_1 = R_1 \tan\dfrac{\Delta_1}{Z}$

㉢ $\dfrac{VG}{\sin\Delta_2} = \dfrac{GH}{\sin\Delta} \quad \therefore VG = \dfrac{\sin\Delta_2}{\sin\Delta} \times GH$

㉣ $VB = VH + t_2$

$\left(\dfrac{GH}{\sin\Delta} = \dfrac{VH}{\sin\Delta} \quad \therefore VH = \dfrac{\sin\Delta_1}{\sin\Delta} \times GH\right)$

$= \left(\dfrac{\sin\Delta_1}{\sin\Delta} \times GH\right) + t_2$

03 지구의 곡률에 의하여 발생하는 오차를 $1/10^6$까지 허용한다면 평면으로 가정할 수 있는 최대 반지름은?(단, 지구곡률반지름 $R = 6,370\text{km}$)

① 약 5km
② 약 11km
③ 약 22km
④ 약 110km

해설

정도	$1/10^6$	$1/10^5$
평면간주 반지름	11km	35km

04 3차 중첩 내삽법(Cubic Convolution)에 대한 설명으로 옳은 것은?

① 계산된 좌표를 기준으로 가까운 3개의 화소값의 평균을 취한다.
② 영상분류와 같이 원영상의 화소값과 통계치가 중요한 작업에 많이 사용된다.
③ 계산이 비교적 빠르며 출력영상이 가장 매끄럽게 나온다.
④ 보정 전 자료와 통계치 및 특성의 손상이 많다.

해설

출제기준에서 제외된 문제

정답 01 ① 02 ④ 03 ② 04 ④

05 그림과 같은 유토곡선(Mass Curve)에서 하향 구간이 의미하는 것은?

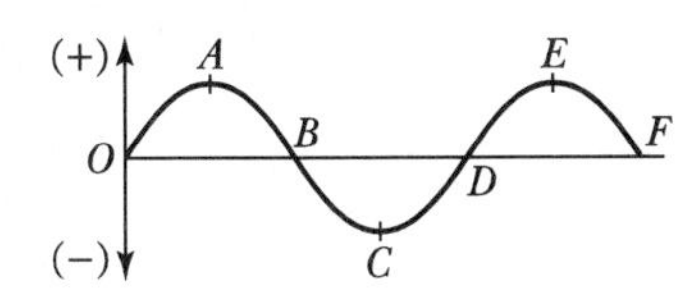

① 성토구간 ② 절토구간
③ 운반토량 ④ 운반거리

해설

유토곡선(토적곡선, Mass Curve)
- 상향구간(OA, CE) → 절토구간
- 하향구간(AC, EF) → 성토구간

06 높이 2,774m인 산의 정상에 위치한 저수지의 가장 긴 변의 거리를 관측한 결과 1,950m였다면 평균해수면으로 환산한 거리는?(단, 지구반지름 $R=$ 6,377km)

① 1,949.152m ② 1,950.849m
③ −0.848m ④ +0.848m

해설

평균 해수면으로 환산한 거리$(L_0)=L-C_h$

㉠ C_h (표고보정량) $=-\frac{H \cdot L}{R}$

$=-\frac{2774\times1950}{6.377\times10^3}=-0.848\text{m}$

㉡ $L_0=L-C_h=1,950-0.848=1,949.152\text{m}$

07 축척 1 : 2,000 도면 상의 면적을 축척 1 : 1,000으로 잘못 알고 면적을 관측하여 24,000m² 를 얻었다면 실제 면적은?

① 6,000m² ② 12,000m²
③ 48,000m² ④ 96,000m²

해설

㉠ $\left(\frac{1}{1,000}\right)^2=\left(\frac{x}{24,000}\right)$, $x=0.024$

㉡ $\left(\frac{1}{2,000}\right)^2=\left(\frac{0.024}{y}\right)$, $y=96,000\text{m}^2$

08 그림과 같이 수준측량을 실시하였다. A점의 표고는 300m이고, B와 C구간은 교호수준측량을 실시하였다면, D점의 표고는?(표고차, A → B : +1.233m, B → C : +0.726m, C → B : −0.720m, C → D : −0.926m)

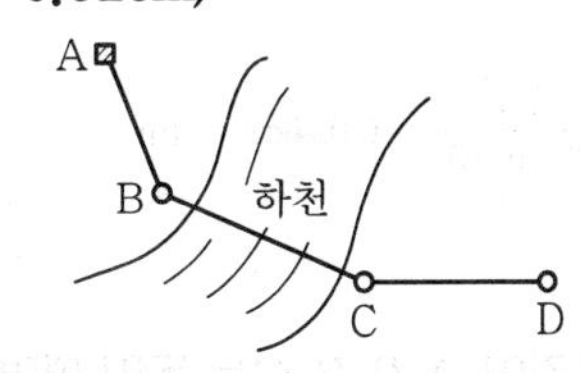

① 300.310m ② 301.030m
③ 302.153m ④ 302.882m

해설

㉠ $H_B=H_A+h_{AB}=300+1.233=301.233\text{m}$

㉡ $H_C=H_B+h_{BC}=301.233+0.723=301.956\text{m}$

$\left(h_{BC}=\frac{0.726+0.720}{2}=0.723\right)$

㉢ $H_D=H_C+h_{CD}=301.956+(-0.926)=301.030\text{m}$

09 촬영고도 1,000m로부터 초점거리 15cm의 카메라로 촬영한 중복도 60%인 2장의 사진이 있다. 각각의 사진에서 주점기선장을 측정한 결과 124mm와 132mm였다면 비고 60m인 굴뚝의 시차차는?

① 8.0mm ② 7.9mm
③ 7.7mm ④ 7.4mm

해설

출제기준에서 제외된 문제

정답 05 ① 06 ① 07 ④ 08 ② 09 ③

10 지표면상의 A, B 간의 거리가 7.1km라고 하면 B점에서 A점을 시준할 때 필요한 측표(표척)의 최소 높이로 옳은 것은?(단, 지구의 반지름은 6,370km이고, 대기의 굴절에 의한 요인은 무시한다.)

① 1m ② 2m
③ 3m ④ 4m

해설

구차$=\dfrac{D^2}{2R}=\dfrac{7.1^2}{2\times6,370}=0.004\text{km}=4\text{m}$

11 그림과 같이 $\triangle P_1P_2C$는 동일 평면 상에서 $\alpha_1=62°08'$, $\alpha_2=56°27'$, $B=60.00$m이고 연직각 $\nu_1=20°46'$일 때 C로부터 P까지의 높이 H는?

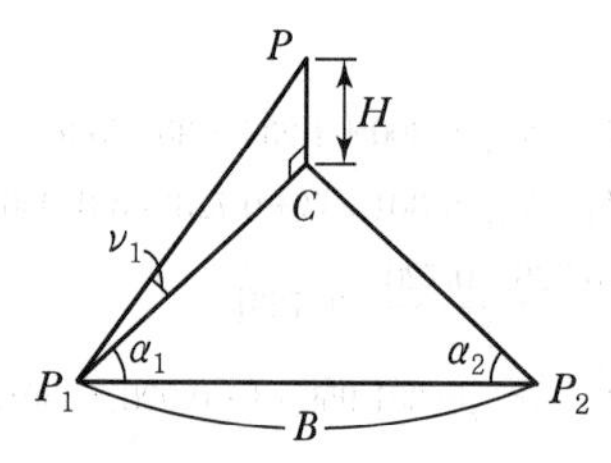

① 24.23m ② 22.90m
③ 21.59m ④ 20.58m

해설

$\tan V_1=\dfrac{H}{\overline{P_1C}}\quad \therefore H=\overline{P_1C}\times\tan V_1$

㉠ $\dfrac{B}{\sin C}=\dfrac{\overline{P_1C}}{\sin\alpha_2}$

$\therefore \overline{P_1C}=\dfrac{\sin\alpha_2}{\sin C}\times B=\dfrac{\sin56°27'}{\sin61°25'}\times60=56.94$

$(\angle C=180°-(\alpha_1+\alpha_2)=180-(62°08'+56°27')=61°25')$

㉡ $H=\overline{P_1C}\times\tan V_1=56.94\times\tan20°46'=21.59\text{m}$

12 확폭량이 S인 노선에서 노선의 곡선 반지름(R)을 두 배로 하면 확폭량(S')은?

① $S'=\dfrac{1}{4}S$ ② $S'=\dfrac{1}{2}S$
③ $S'=2S$ ④ $S'=4S$

해설

- 확폭량$=\dfrac{L^2}{2R}$(R : 반경, L : 차량 앞바퀴에서 뒷바퀴까지 거리)
- 확폭량은 곡선반경(R)에 반비례$\left(S'=\dfrac{1}{2}\cdot S\right)$

13 다각측량을 위한 수평각 측정방법 중 어느 측선의 바로 앞 측선의 연장선과 이루는 각을 측정하여 각을 측정하는 방법은?

① 편각법 ② 교각법
③ 방위각법 ④ 전진법

해설

편각법
앞 측선의 연장선과 이루는 각을 관측하는 방법

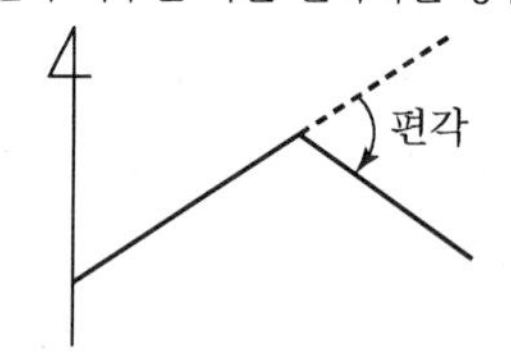

14 수준측량과 관련된 용어에 대한 설명으로 틀린 것은?

① 수준면(Level Surface)은 각 점들이 중력방향에 직각으로 이루어진 곡면이다.
② 지구곡률을 고려하지 않는 범위에서는 수준면(Level Surface)을 평면으로 간주한다.
③ 지구의 중심을 포함한 평면과 수준면이 교차하는 선이 수준선(Level Line)이다.
④ 어느 지점의 표고(Elevation)라 함은 그 지역 기준 타원체로부터의 수직거리를 말한다.

정답 10 ④ 11 ③ 12 ② 13 ① 14 ④

해설

어느 지점에서 표고라 함은 평균해수면으로부터의 수직거리

15 하천에서 2점법으로 평균유속을 구할 경우 관측하여야 할 두 지점의 위치는?

① 수면으로부터 수심의 $\frac{1}{5}$, $\frac{3}{5}$ 지점

② 수면으로부터 수심의 $\frac{1}{5}$, $\frac{4}{5}$ 지점

③ 수면으로부터 수심의 $\frac{2}{5}$, $\frac{3}{5}$ 지점

④ 수면으로부터 수심의 $\frac{2}{5}$, $\frac{4}{5}$ 지점

해설

평균유속

㉠ 1점법 : $V_m = V_{0.6}$

㉡ 2점법 : $V_m = \frac{V_{0.2} + V_{0.8}}{2}$

㉢ 3점법 : $V_m = \frac{V_{0.2} + 2V_{0.6} + V_{0.8}}{4}$

㉣ 2점법은 수면으로부터 수심 0.2H, 0.8H 되는 곳의 평균유속을 구하는 방법

$\left(\frac{2}{10}H = \frac{1}{5}H,\ \frac{8}{10}H = \frac{4}{5}H\right)$

16 직사각형의 두 변의 길이를 $\frac{1}{100}$ 정밀도로 관측하여 면적을 산출할 경우 산출된 면적의 정밀도는?

① $\frac{1}{50}$　② $\frac{1}{100}$

③ $\frac{1}{200}$　④ $\frac{1}{300}$

해설

$\frac{\Delta A}{A} = 2\times\frac{\Delta l}{l} = 2\times\frac{1}{100} = \frac{1}{50}$

17 삼각측량을 위한 삼각망 중에서 유심다각망에 대한 설명으로 틀린 것은?

① 농지측량에 많이 사용된다.

② 방대한 지역의 측량에 적합하다.

③ 삼각망 중에서 정확도가 가장 높다.

④ 동일 측점 수에 비하여 포함면적이 가장 넓다.

해설

삼각망 정밀도 순서

사변형 > 유심 > 단열

18 사진측량의 특수 3점에 대한 설명으로 옳은 것은?

① 사진 상에서 등각점을 구하는 것이 가장 쉽다.

② 사진의 경사각이 0°인 경우에는 특수 3점이 일치한다.

③ 기복변위는 주점에서 0이며 연직점에서 최대이다.

④ 카메라 경사에 의한 사선방향의 변위는 등각점에서 최대이다.

해설

출제기준에서 제외된 문제

19 등경사인 지성선 상에 있는 A, B표고가 각각 43m, 63m이고 $\overline{AB}$의 수평거리는 80m이다. 45m, 50m 등고선과 지성선 $\overline{AB}$의 교점을 각각 C, D라고 할 때 $\overline{AC}$의 도상길이는?(단, 도상축척은 1 : 1000이다.)

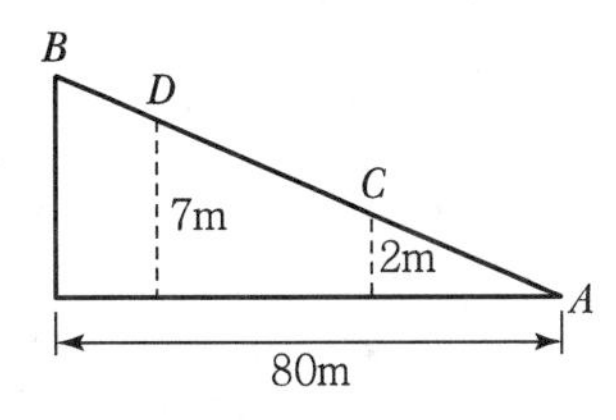

① 2cm　② 4cm

③ 8cm　④ 12cm

정답 15 ② 16 ① 17 ③ 18 ② 19 ③

해설

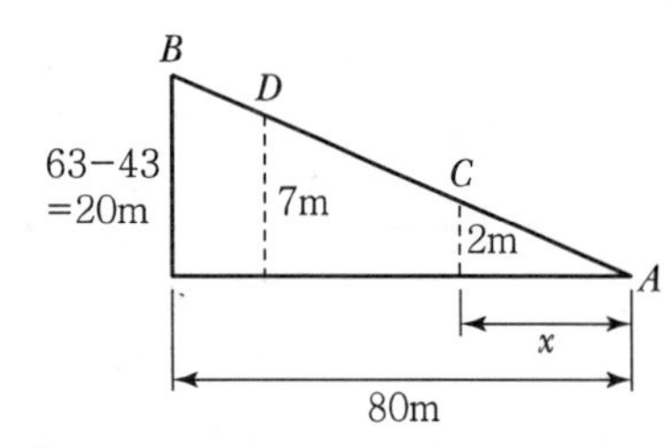

㉠ $\frac{20}{80}=\frac{2}{x}$, $x=8\text{m}$

㉡ 축척$\left(\frac{1}{m}=\frac{\text{도상거리}}{\text{실제거리}}\right)$

$\frac{1}{100}=\frac{\text{도상거리}}{8\text{m}}$

∴ $\overline{AC}$ 도상거리$=0.08\text{m}=8\text{cm}$

20 트래버스측량에 관한 일반적인 사항에 대한 설명으로 옳지 않은 것은?

① 트래버스 종류 중 결합트래버스는 가장 높은 정확도를 얻을 수 있다.

② 각관측 방법 중 방위각법은 한번 오차가 발생하면 그 영향은 끝까지 미친다.

③ 폐합오차 조정방법 중 컴퍼스법칙은 각관측의 정밀도가 거리관측의 정밀도보다 높을 때 실시한다.

④ 폐합트래버스에서 편각의 총합은 반드시 360°가 되어야 한다.

해설

폐합오차의 조정방법

㉠ 컴퍼스 법칙 : 각 관측의 정도=거리관측의 정도

㉡ 트랜싯 법칙 : 각 관측의 정도>거리관측의 정도

정답 20 ③

2016년 토목산업기사 제1회 측량학 기출문제

01 GPS 위성의 기하학적 배치상태에 따른 정밀도 저하율을 뜻하는 것은?

① 다중경로(Multipath)
② DOP
③ A/S
④ 사이클 슬립(Cycle Slip)

해설
DOP(정밀도 저하율)는 위성들의 상대적인 기하학적 배치상태를 표시한다.

02 두 점 간의 고저차를 레벨에 의하여 직접 관측할 때 정확도를 향상시키는 방법이 아닌 것은?

① 표척을 수직으로 유지한다.
② 전시와 후시의 거리를 가능한 한 같게 한다.
③ 최소 가시거리가 허용되는 한 시준거리를 짧게 한다.
④ 기계가 침하되거나 교통에 방해가 되지 않는 견고한 지반을 택한다.

해설
수준측량에서 레벨과 표척과의 거리는 일반적으로 60m 정도가 적당하다. 시준거리를 짧게 하면 오차가 증가하여 정확도가 떨어진다.

03 측선 $\overline{AB}$를 기선으로 삼각측량을 실시한 결과가 다음과 같을 때 측선 $\overline{AC}$의 방위각은?

- A의 좌표(200.000m, 224.210m)
  B의 좌표(100.000m, 100.000m)
- $\angle A = 37°\ 51'\ 41''$, $\angle B = 41°\ 41'\ 38''$, $\angle C = 100°\ 26'\ 41''$

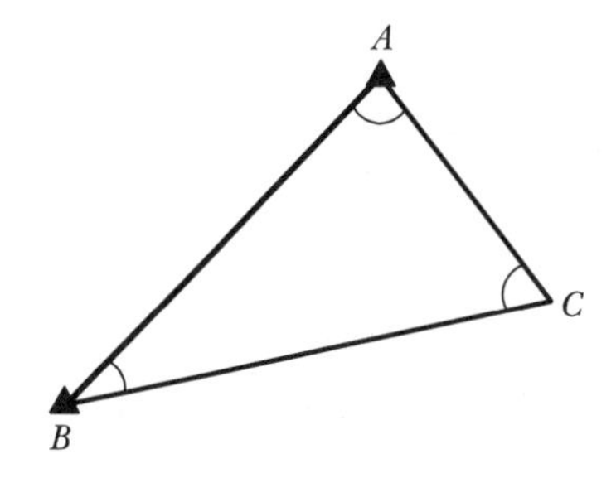

① 0°58′33″ ② 76°41′55″
③ 180°58′33″ ④ 193°18′05″

해설

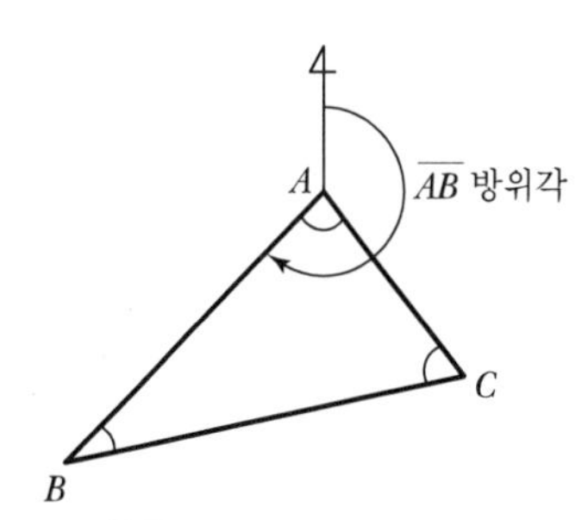

㉠ $\overline{AC}$ 방위각 = $\overline{AB}$ 방위각 − ∠A
㉡ $\overline{AB}$ 방위각

$$= \tan^{-1}\left(\frac{Y_B - Y_A}{X_B - X_A}\right)$$

$$= \tan^{-1}\left(\frac{100 - 224.21}{100 - 200}\right) = 51°09'46''$$

∴ $\overline{AB}$ 방위각 = 51°09′46″ + 180° = 231°09′46″
㉢ $\overline{AC}$ 방위각 = 231°09′46″ − 37°51′41″ = 193°18′05″

04 정확도가 가장 높으나 조정이 복잡하고 시간과 비용이 많이 요구되는 삼각망은?

① 단열 삼각망 ② 개방형 삼각망
③ 유심 삼각망 ④ 사변형 삼각망

해설
삼각망의 정밀도 순서
사변형 삼각망 > 유심 삼각망 > 단열 삼각망

05 항공사진측량에서 사진지표로 구할 수 있는 것은?

① 주점 ② 표정점
③ 연직점 ④ 부점

해설
출제기준에서 제외된 문제

정답 01 ② 02 ③ 03 ④ 04 ④ 05 ①

06 축척 1 : 1,000에서의 면적을 관측하였더니 도상면적이 3cm²였다. 그런데 이 도면 전체가 가로, 세로 모두 1%씩 수축되어 있었다면 실제면적은?

① 29.4m² ② 30.6m²
③ 294m² ④ 306m²

해설

㉠ 실제면적 $= A + \Delta A$

㉡ ΔA

$$\frac{\Delta A}{A} = 2 \cdot \frac{\Delta l}{l},\ \Delta A = 2 \cdot \frac{\Delta l}{l} \cdot A = 2 \times \frac{1}{100} \times 300 = 6$$

㉢ 실제면적 $= 300 + 6 = 306\text{m}^2$

07 50m의 줄자를 이용하여 관측한 거리가 165m였다. 관측 후 표준 줄자와 비교하니 2cm 늘어난 줄자였다면, 실제의 거리는?

① 164.934m ② 165.006m
③ 165.066m ④ 165.122m

해설

$$\text{실제길이} = L + L\frac{\Delta l}{l} = 165 + \left(165 \times \frac{0.02}{50}\right) = 165.066\text{m}$$

08 그림과 같은 지형도에서 저수지(빗금 친 부분)의 집수면적을 나타내는 경계선으로 가장 적합한 것은?

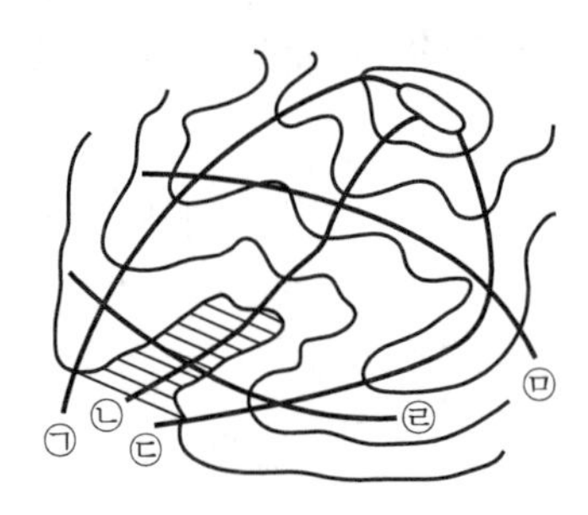

① ㉠과 ㉢ 사이 ② ㉠과 ㉡ 사이
③ ㉡와 ㉢ 사이 ④ ㉣와 ㉤ 사이

해설

집수 면적을 나타내는 경계선으로는 능선을 연결한 ㉠과 ㉢ 사이가 적합

09 원곡선 설치에 이용되는 식으로 틀린 것은? (단, R : 곡선반지름, I : 교각[단위 : 도(°)])

① 접선길이 $TL = R\tan\frac{I}{2}$

② 곡선길이 $CL = \frac{\pi}{180°}RI$

③ 중앙종거 $M = R\left(\cos\frac{I}{2} - 1\right)$

④ 외할 $E = R\left(\sec\frac{I}{2} - 1\right)$

해설

$$\text{중앙종거}(M) = R\left(1 - \cos\frac{I}{2}\right)$$

10 1 : 50,000 지형도에서 표고 521.6m인 A점과 표고 317.3m인 B점 사이에 주곡선의 개수는?

① 7개 ② 11개
③ 21개 ④ 41개

해설

- 1 : 50,000 지형도에서 주곡선의 간격은 20m
- 320~520m 구간에서 계곡선 2개를 제외하고 주곡선의 개수는 11개이다[13개 − 2개(계곡선)].

11 수준측량에서 사용되는 용어에 대한 설명으로 틀린 것은?

① 전시란 표고를 구하려는 점에 세운 표척의 눈금을 읽는 것을 말한다.
② 후시란 미지점에 세운 표척의 눈금을 읽는 것을 말한다.
③ 이기점이란 전시와 후시의 연결점이다.
④ 중간점이란 전시만을 취하는 점이다.

정답 06 ④ 07 ③ 08 ① 09 ③ 10 ② 11 ②

해설

후시란 기지점에 세운 표척의 눈금을 의미한다.

12 종단 및 횡단측량에 대한 설명으로 옳은 것은?

① 종단도의 종축척과 횡축척은 일반적으로 같게 한다.
② 일반적으로 횡단측량은 종단측량보다 높은 정확도가 요구된다.
③ 노선의 경사도 형태를 알려면 종단도를 보면 된다.
④ 노선의 횡단측량을 종단측량보다 먼저 실시하여 횡단도를 작성한다.

해설

- 종단도의 종축척 = 소축척
  종단도의 횡축척 = 대축척
- 종단측량의 정확도 > 횡단측량의 정확도
- 종단면도 표기사항 : 성토고, 절토고, 지반고, 계획고, 누가거리, 경사도
- 종단측량 후 횡단측량을 실시하여 횡단도를 작성한다.

13 트래버스 측량에서 각 관측 결과가 허용오차 이내일 경우 오차처리 방법으로 옳은 것은?

① 각 관측 정확도가 같을 때는 각의 크기에 관계없이 등분배한다.
② 각 관측 경중률에 관계없이 등분배한다.
③ 변 길이에 비례하여 배분한다.
④ 각의 크기에 비례하여 배분한다.

해설

각 관측의 정도가 같고 관측결과가 허용오차 이내일 경우 오차는 등배분한다.

14 종단면도를 이용하여 유토곡선(Mass Curve)을 작성하는 목적과 가장 거리가 먼 것은?

① 토량의 배분　② 교통로 확보
③ 토공장비의 선정　④ 토량의 운반거리 산출

해설

유토곡선을 작성하는 목적
- 평균 운반거리 산출
- 토량배분
- 토공기계 산정

15 노선측량의 순서로 옳은 것은?

① 도상계획 – 예측 – 실측 – 공사측량
② 예측 – 도상계획 – 실측 – 공사측량
③ 도상계획 – 실측 – 예측 – 공사측량
④ 예측 – 공사측량 – 도상계획 – 실측

해설

노선측량의 순서
도상계획 – 지형측량(예측) – 중심선측량 – 종 · 횡단측량 – 공사측량

16 A, B 두 사람이 어느 2점 간의 고저측량을 하여 다음과 같은 결과를 얻었다면 2점 간의 고저차에 대한 최확값은?

- A의 관측값 : 38.65±0.03m
- B의 관측값 : 38.58±0.02m

① 38.58m　② 38.60m
③ 38.62m　④ 38.63m

해설

$$\text{최확값} = \frac{P_1 l_1 + P_2 l_2 + P_3 l_3}{P_1 + P_2 + P_3} = \frac{(1\times 38.65) + (2.25\times 38.58)}{1+2.25} = 38.60\text{m}$$

$$\left(P_1 : P_2 = \frac{1}{3^2} : \frac{1}{2^2} = 1 : 2.25\right)$$

정답　12 ③　13 ①　14 ②　15 ①　16 ②

17 초점거리 20cm인 카메라로 비행고도 6,500m에서 표고 500m인 지점을 촬영한 사진의 축척은?

① 1 : 25,000 ② 1 : 30,000
③ 1 : 35,000 ④ 1 : 40,000

해설

$$축척=\frac{1}{m}=\frac{f}{H-h}=\frac{0.20}{6500-500}=\frac{1}{30,000}$$

18 도로기점으로부터 교점까지의 거리가 850.15m이고, 접선장이 125.15m일 때 시단현의 길이는?(단, 중심말뚝 간격은 20m이다.)

① 5.15m ② 10.15m
③ 15.00m ④ 20.00m

해설

㉠ BC = IP − TL(접선장)
= 850.15 − 125.15 = 725.00m(No.36+5m)
㉡ 시단현 길이(l_1) = 20m − BC거리
= 20 − 5 = 15m

19 다각측량에서 경거, 위거를 계산해야 하는 이유로서 거리가 먼 것은?

① 오차 및 정밀도 계산 ② 좌표계산
③ 오차배분 ④ 표고계산

해설

평면위치를 구하는 트래버스 측량에서 위거와 경거는 표고(수직위치)계산과는 전혀 상관이 없다.

20 하천단면의 유속 측정에서 수면으로부터의 깊이가 0.2h, 0.4h, 0.6h, 0.8h인 지점의 유속이 각각 0.562m/s, 0.512m/s, 0.497m/s, 0.364m/s일 때 평균유속이 0.480m/s이었다. 이 평균유속을 구한 방법은?(단, h : 하천의 수심)

① 1점법 ② 2점법
③ 3점법 ④ 4점법

해설

3점법

$$V_m=\frac{V_{0.2}+2V_{0.6}+V_{0.8}}{4}$$
$$=\frac{0.562+(2\times0.497)+0.364}{4}=0.480\text{m/sec}$$

정답 17 ② 18 ③ 19 ④ 20 ③

01 사진측량의 입체시에 대한 설명으로 틀린 것은?

① 2매의 사진이 입체감을 나타내기 위해서는 사진축척이 거의 같고 촬영한 카메라의 광축이 거의 동일 평면 내에 있어야 한다.
② 여색입체사진이 오른쪽은 적색, 왼쪽은 청색으로 인쇄되었을 때 오른쪽에 청색, 왼쪽에 적색의 안경으로 보아야 바른 입체시가 된다.
③ 렌즈의 초점거리가 길 때가 짧을 때보다 입체상이 더 높게 보인다.
④ 입체시 과정에서 본래의 고저가 반대가 되는 현상을 역입체시라고 한다.

해설

출제기준에서 제외된 문제

02 다음 설명 중 틀린 것은?

① 측지학이란 지구 내부의 특성, 지구의 형상 및 운동을 결정하는 측량과 지구표면상 모든 점들 간의 상호위치 관계를 산정하는 측량을 위한 학문이다.
② 측지측량은 지구의 곡률을 고려한 정밀측량이다.
③ 지각변동의 관측, 항로 등의 측량은 평면측량으로 한다.
④ 측지학의 구분은 물리측지학과 기하측지학으로 크게 나눌 수 있다.

해설

지각변동의 관측, 항로 등의 측량 → 측지측량

03 GPS 구성 부문 중 위성의 신호 상태를 점검하고, 궤도 위치에 대한 정보를 모니터링하는 임무를 수행하는 부문은?

① 우주부문 ② 제어부문
③ 사용자부문 ④ 개발부문

해설

제어부문
- 위성에서 송신되는 신호의 품질점검
- 위성궤도의 추적
- 위성에 탑재된 기기의 동작상태 점검 및 각종 제어 작업 수행

04 표고 $h=326.42$m인 지대에 설치한 기선의 길이가 $L=500$m일 때 평균해면상의 보정량은? (단, 지구 반지름 $R=6,367$km이다.)

① −0.0156m ② −0.0256m
③ −0.0356m ④ −0.0456m

해설

$$\text{평균해수면(표고) 보정량}=-\frac{H\cdot L}{R}=-\frac{326.42\times 500}{6,367\times 10^3}=-0.0256\text{m}$$

05 지오이드(Geoid)에 대한 설명으로 옳은 것은?

① 육지와 해양의 지형면을 말한다.
② 육지 및 해저의 요철(凹凸)을 평균한 매끈한 곡면이다.
③ 회전타원체와 같은 것으로 지구의 형상이 되는 곡면이다.
④ 평균해수면을 육지 내부까지 연장했을 때의 가상적인 곡면이다.

해설

평균해수면을 육지까지 연장한 가상의 곡선을 지오이드라 한다.

06 GNSS 위성측량시스템으로 틀린 것은?

① GPS ② GSIS
③ QZSS ④ GALILEO

해설

GNSS(위성측위 시스템) 종류
- GPS
- GLONASS
- GALILEO
- COMPASS
- QZSS

정답 01 ③ 02 ③ 03 ② 04 ② 05 ④ 06 ②

07 삼각측량에서 시간과 경비가 많이 소요되나 가장 정밀한 측량성과를 얻을 수 있는 삼각망은?

① 유심망　② 단삼각형
③ 단열삼각망　④ 사변형망

해설

사변형망
- 기선삼각망에 이용한다.
- 조건식수가 가장 많아 정밀도가 높다.
- 시간과 경비가 많이 소요된다.

08 수평 및 수직거리를 동일한 정확도로 관측하여 육면체의 체적을 3,000m³로 구하였다. 체적계산의 오차를 0.6m³ 이하로 하기 위한 수평 및 수직거리 관측의 최대 허용 정확도는?

① $\frac{1}{15,000}$　② $\frac{1}{20,000}$
③ $\frac{1}{25,000}$　④ $\frac{1}{30,000}$

해설

$\frac{\Delta V}{V}=3\frac{\Delta l}{l}$, $\frac{0.6}{3,000}=3\cdot\frac{\Delta l}{l}$　$\therefore \frac{\Delta l}{l}=\frac{1}{15,000}$

09 축척 1 : 5,000의 지형도 제작에서 등고선 위치오차가 ±0.3mm, 높이 관측오차가 ±0.2mm로 하면 등고선 간격은 최소한 얼마 이상으로 하여야 하는가?

① 1.5m　② 2.0m
③ 2.5m　④ 3.0m

해설

등고선 간격(h)

$\frac{1}{5,000}=\frac{dh}{h}$　$\therefore h=5,000\times0.2=1,000\text{mm}=1\text{m}$ 이상

10 클로소이드 곡선에 관한 설명으로 옳은 것은?

① 곡선반지름 R, 곡선길이 L, 매개변수 A와의 관계식은 $RL=A$이다.
② 곡선반지름에 비례하여 곡선길이가 증가하는 곡선이다.
③ 곡선길이가 일정할 때 곡선반지름이 커지면 접선각은 작아진다.
④ 곡선반지름과 곡선길이가 매개변수 A의 1/2인 점($R=L=A/2$)을 클로소이드 특성점이라고 한다.

해설

- $A^2=RL$
- 클로소이드 곡률은 곡선장에 비례$\left(R\propto\frac{1}{L}\right)$
- 곡선반지름이 크면 접선각은 작아진다.

11 지형도의 이용법에 해당되지 않는 것은?

① 저수량 및 토공량 산정
② 유역면적의 도상 측정
③ 간접적인 지적도 작성
④ 등경사선 관측

해설

지형도의 이용 분야
- 단면도 제작
- 유역면적 산정
- 저수량 및 토공량 산정
- 등경사선 관측

12 수면으로부터 수심(H)의 0.2H, 0.4H, 0.6H, 0.8H 지점의 유속($V_{0.2}$, $V_{0.4}$, $V_{0.6}$, $V_{0.8}$)을 관측하여 평균유속을 구하는 공식으로 옳지 않은 것은?

① $V=V_{0.6}$
② $V=\frac{1}{2}(V_{0.2}+V_{0.8})$
③ $V=\frac{1}{3}(V_{0.2}+V_{0.6}+V_{0.8})$
④ $V=\frac{1}{4}(V_{0.2}+2V_{0.6}+V_{0.8})$

정답　07 ④　08 ①　09 ①　10 ③　11 ③　12 ③

해설

평균유속을 구하는 방법

㉠ 1점법(V_m)$= V_{0.6}$

㉡ 2점법(V_m)$= \dfrac{V_{0.2} + V_{0.8}}{2}$

㉢ 3점법(V_m)$= \dfrac{V_{0.2} + 2V_{0.6} + V_{0.8}}{4}$

㉣ 4점법(V_m)

$= \dfrac{1}{5}\left\{(V_{0.2} + V_{0.4} + V_{0.6} + V_{0.8}) + \dfrac{1}{2}\left(V_{0.2} + \dfrac{V_{0.8}}{2}\right)\right\}$

13 직사각형 토지를 줄자로 측정한 결과가 가로 37.8m, 세로 28.9m이었다. 이 줄자는 표준길이 30m당 4.7cm가 늘어 있었다면 이 토지의 면적 최대 오차는?

① $0.03m^2$ ② $0.36m^2$
③ $3.42m^2$ ④ $3.53m^2$

해설

면적최대오차＝실제면적－측정면적

㉠ 측정면적$= 37.8 \times 28.9 = 1{,}092.42m^2$

㉡ 실제면적$= \left(L_1 + L_1\dfrac{\Delta l}{l}\right) \times \left(L_2 + L_2\dfrac{\Delta l}{l}\right)$

$= \left(37.8 + 37.8 \times \dfrac{0.047}{30}\right) \times \left(28.9 + 28.9 \times \dfrac{0.047}{30}\right)$

$= 1{,}095.84m^2$

∴ 면적최대오차$= 1{,}095.84 - 1{,}092.42 = 3.42m^2$

14 그림과 같이 2회 관측한 ∠AOB의 크기는 21°36′28″, 3회 관측한 ∠BOC는 63°18′45″ 6회 관측한 ∠AOC는 84°54′37″일 때 ∠AOC의 최확값은?

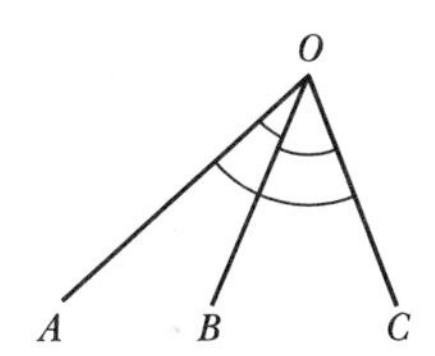

① 84°54′25″ ② 84°54′31″
③ 84°54′43″ ④ 84°54′49″

해설

㉠ 오차

(∠AOB＋∠BOC)－∠AOC＝36″

∴ ∠AOB, ∠BOC는 (－)조정, ∠AOC는 (＋)조정

㉡ 조건부 최확값인 경우 관측횟수에 반비례

$P_1 : P_2 : P_3 = \dfrac{1}{2} : \dfrac{1}{3} : \dfrac{1}{6} = 3 : 2 : 1$

㉢ ∠AOC 조정량$= \dfrac{1}{3+2+1} \times 36 = 6''$

㉣ ∠AOC 최확값

84°54′37″＋0°0′6″＝84°54′43″

15 그림과 같은 반지름이 50m인 원곡선을 설치하고자 할 때 접선거리 $\overline{AI}$ 상에 있는 $\overline{HC}$의 거리는?(단, 교각＝60°, α＝20°, ∠AHC＝90°)

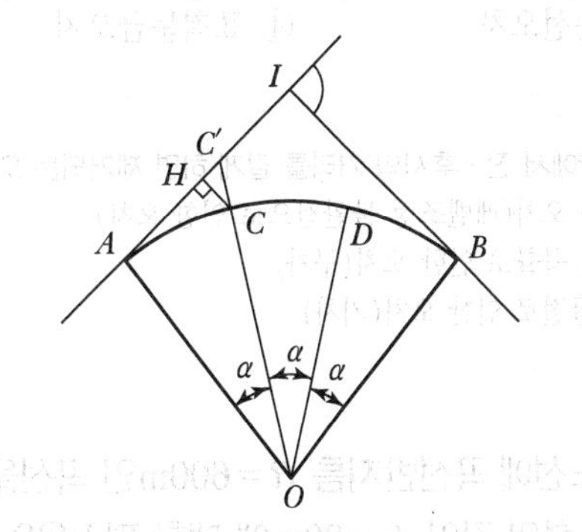

① 0.19m ② 1.98m
③ 3.02m ④ 3.24m

해설

$\cos\alpha = \dfrac{\overline{HC}}{\overline{CC'}}$ ∴ $\overline{HC} = \overline{CC'}\cos\alpha$

㉠ $\overline{CC'} = \overline{OC'} - R = 53.21 - 50 = 3.21m$

$\left(\overline{OC'} = \dfrac{\overline{AO}}{\cos\alpha} = \dfrac{50}{\cos 20} = 53.21\right)$

㉡ $\overline{HC} = \overline{CC'} \cdot \cos\alpha = 3.21 \times \cos 20° = 3.02m$

정답 13 ③ 14 ③ 15 ③

16 항공사진상에 굴뚝의 윗부분이 주점으로부터 80mm 떨어져 나타났으며 굴뚝의 길이는 10mm였다. 실제 굴뚝의 높이가 70m라면 이 사진의 촬영고도는?

① 490m　　② 560m
③ 630m　　④ 700m

출제기준에서 제외된 문제

17 수준측량에서 전·후시의 거리를 같게 취해도 제거되지 않는 오차는?

① 지구곡률오차　　② 대기굴절오차
③ 시준선오차　　④ 표척눈금오차

해설

수준측량에서 전·후시의 거리를 같게 하면 제거되는 오차
- 시준축 오차(레벨조정 불완전으로 인한 오차)
- 지구의 곡률로 인한 오차(구차)
- 빛의 굴절로 인한 오차(기차)

18 노선에 곡선반지름 $R=600\text{m}$인 곡선을 설치할 때, 현의 길이 $L=20\text{m}$에 대한 편각은?

① 54′18″　　② 55′18″
③ 56′18″　　④ 57′18″

해설

$$\delta_{20}=\frac{l}{2R}\times\frac{180}{\pi}=\frac{20}{2\times600}\times\frac{180}{\pi}=57'18''$$

19 거리 2.0km에 대한 양차는?(단, 굴절계수 K는 0.14, 지구의 반지름은 6,370km이다.)

① 0.27m　　② 0.29m
③ 0.31m　　④ 0.33m

해설

$$\text{양차}=\frac{D^2(1-k)}{2R}=\frac{2{,}000^2(1-0.14)}{2\times6{,}370\times10^3}=0.27\text{m}$$

20 다각측량에서 토털스테이션의 구심오차에 관한 설명으로 옳은 것은?

① 도상의 측점과 지상의 측점이 동일 연직선 상에 있지 않음으로써 발생한다.
② 시준선이 수평분도원의 중심을 통과하지 않음으로써 발생한다.
③ 편심량의 크기에 반비례한다.
④ 정반관측으로 소거된다.

지상점과 기계중심점이 동일 연직선 상에 있지 않기 때문에 발생하는 오차를 구심오차라 한다.

정답　16 ②　17 ④　18 ④　19 ①　20 ①

01 촬영고도 700m에서 촬영한 사진 상에 굴뚝의 윗부분이 주점으로부터 72mm 떨어져 나타나 있으며, 굴뚝의 변위가 6.98mm일 때 굴뚝의 높이는?

① 33.93m ② 36.10m
③ 67.86m ④ 72.20m

해설

출제기준에서 제외된 문제

02 A점 좌표(X_A =212.32m, Y_A =113.33m), B점 좌표(X_B=313.38m, Y_B=12.27m), $\overline{AP}$ 방위각 T_{AP}=80°일 때 ∠PAB(=θ)의 값은?

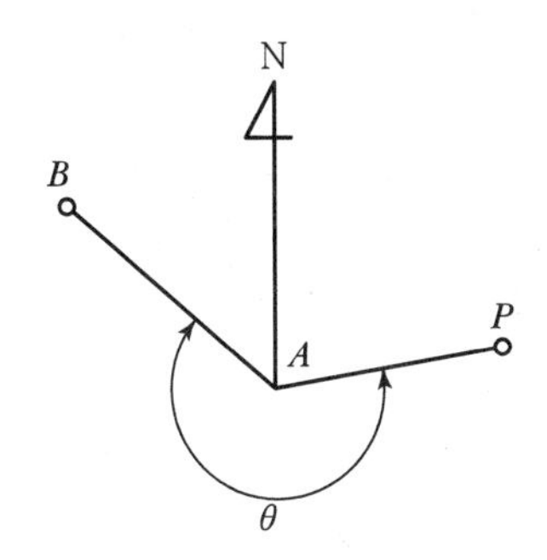

① 235° ② 325°
③ 135° ④ 115°

해설

∠PAB = $\overline{AB}$방위각 − $\overline{AP}$방위각

㉠ $\overline{AB}$방위각 $= \tan^{-1}\left(\dfrac{Y_B - Y_A}{X_B - X_A}\right)$

$= \tan^{-1}\left(\dfrac{12.27 - 113.33}{313.38 - 212.32}\right) = 45°$(4상한)

∴ $\overline{AB}$방위각 $= 360° - 45° = 315°$

㉡ $\overline{AP}$방위각 $= 80°$

∴ ∠PAB $= 315° - 80° = 235°$

03 매개변수(A)가 90m인 클로소이드 곡선 상의 시점에서 곡선길이(L)가 30m일 때 곡선의 반지름(R)은?

① 120m ② 150m
③ 270m ④ 300m

해설

$A^2 = R \cdot L$

$R = \dfrac{A^2}{L} = \dfrac{90^2}{30} = 270\text{m}$

04 삼각점 표석에서 반석과 주석에 관한 내용 중 틀린 것은?

① 반석과 주석의 재질은 주로 금속을 이용한다.
② 반석과 주석의 십자선 중심은 동일 연직선 상에 있다.
③ 반석과 주석의 설치를 위해 인조점을 설치한다.
④ 반석과 주석의 두부상면은 서로 수평이 되도록 설치한다.

해설

반석 및 주석의 재질은 경암 또는 합성수지를 이용한다.

05 국토지리정보원에서 발행하는 1 : 50,000 지형도 1매에 포함되는 지역의 범위는?

① 위도 10′, 경도 10′
② 위도 10′, 경도 15′
③ 위도 15′, 경도 10′
④ 위도 15′, 경도 15′

해설

축척	1/50,000	1/25,000	1/5,000
도각 크기	15′×15′	7′30″×7′30″	1′30″×1′30″

06 평판측량방법 중 측량지역 내에 장애물이 없어 시준이 용이한 소지역에 주로 사용하는 방법으로 평판을 한 번 세워서 방향과 거리를 관측하여 여러 점들의 위치를 결정할 수 있는 방법은?

① 편각법 ② 교회법
③ 전진법 ④ 방사법

해설

출제기준에서 제외된 문제

정답 01 ③ 02 ① 03 ③ 04 ① 05 ④ 06 ④

07 도로의 단곡선 계산에서 노선기점으로부터 교점까지의 추가거리와 교각을 알고 있을 때 곡선시점의 위치를 구하기 위해서 계산되어야 하는 요소는?

① 접선장(TL) ② 곡선장(CL)
③ 중앙종거(M) ④ 접선에 대한 지거(Y)

해설

BC(곡선시점) = IP(교점) − TL(접선장)

08 지상고도 3,000m의 비행기 위에서 초점거리 150mm인 사진기로 촬영한 항공사진에서 길이가 30m인 교량의 길이는?

① 1.3mm ② 2.3mm
③ 1.5mm ④ 2.5mm

해설

$$축척 = \frac{1}{n} = \frac{f}{H} = \frac{도상거리}{실제거리}$$

$$\frac{0.15}{3000} = \frac{도상거리}{30},\ 도상거리 = 0.0015\text{m} = 1.5\text{mm}$$

09 다음 중 물리학적 측지학에 속하지 않는 것은?

① 지구의 극운동 및 자전운동
② 지구의 형상해석
③ 하해 측량
④ 지구조석측량

해설

기하학적 측지학	물리학적 측지학
① 측지학적 3차원 위치결정	① 지구 형상해석
② 길이 및 시의 결정	② 중력 측량
③ 수평 위치 결정	③ 지자기 측량
④ 높이의 결정	④ 탄성파 측량
⑤ 천문측량	⑤ 대륙의 부동
⑥ 위성측량	⑥ 지구의 극운동과 자전운동
⑦ 해양측량	⑦ 지각의 변동 및 균형
⑧ 면 · 체적 결정	⑧ 지구의 열
⑨ 지도제작	⑨ 지구조석

10 수평각을 관측하는 경우, 조정 불완전으로 인한 오차를 최소로 하기 위한 방법으로 가장 좋은 것은?

① 관측방법을 바꾸어 가면서 관측한다.
② 여러 번 반복 관측하여 평균값을 구한다.
③ 정 · 반위 관측을 실시하여 평균한다.
④ 관측값을 수학적인 방법을 이용하여 조정한다.

해설

망원경을 정·반위 관측하면 트랜싯의 기계오차를 제거할 수 있다.

11 완화곡선 설치에 관한 설명으로 옳지 않은 것은?

① 완화곡선의 반지름은 무한대로부터 시작하여 점차 감소되고 종점에서 원곡선의 반지름과 같게 된다.
② 완화곡선의 접선은 시점에서 직선에 접하고 종점에서 원호에 접한다.
③ 완화곡선의 시점에서 캔트는 0이고 소요의 원곡선에 도달하면 어느 높이에 달한다.
④ 완화곡선의 곡률은 곡선 전체에서 동일한 값으로 유지된다.

해설

완화곡선의 성질

- 완화곡선의 반지름은 그 시작점에서 무한대이고, 종점에서는 원곡선의 반지름과 같다.
- 완화곡선의 접선은 시점에서는 직선에, 종점에서는 원호에 접한다.
- 완화곡선에 연한 곡선반경의 감소율은 캔트의 증가율과 같다.
- 완화곡선에서 곡률은 일정하지 않다.

정답 07 ① 08 ③ 09 ③ 10 ③ 11 ④

12 레벨 측량에서 레벨을 세우는 횟수를 짝수로 하여 소거할 수 있는 오차는?

① 망원경의 시준축과 수준기축이 평행하지 않아 생기는 오차
② 표척의 눈금이 부정확하여 생기는 오차
③ 표척의 이음매가 부정확하여 생기는 오차
④ 표척의 0(Zero) 눈금의 오차

해설

표척의 영(0) 눈금오차를 소거하는 방법
- 표척은 1, 2개를 쓴다.
- 출발점에 세운 표척은 도착점에 세운다.

13 그림과 같은 표고를 갖는 지형을 평탄하게 정지작업을 하였을 때 평균표고는?

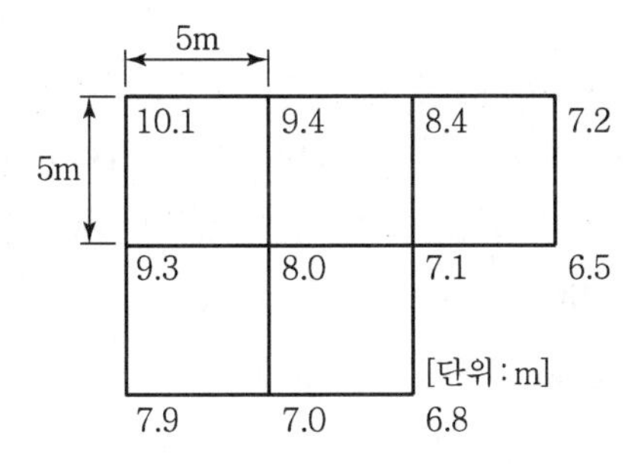

① 7.973m
② 8.000m
③ 8.027m
④ 8.104m

해설

$$V = \frac{A}{4}(\Sigma h_1 + 2\Sigma h_2 + 3\Sigma h_3 + 4\Sigma h_4)$$

$$= \frac{5\times5}{4}\{38.5 + (2\times34.1) + (3\times7.1) + (4\times8.0)\} = 1,000\text{m}^3$$

$$h = \frac{V}{n\cdot A} = \frac{1,000}{5\times(5\times5)} = 8.0\text{m}$$

14 삼각망 조정의 조건에 대한 설명으로 옳지 않은 것은?

① 1점 주위에 있는 각의 합은 180°이다.
② 검기선의 측정한 방위각과 계산된 방위각이 동일하다.
③ 임의 한 변의 길이는 계산경로가 달라도 일치한다.
④ 검기선은 측정한 길이와 계산된 길이가 동일하다.

해설

각관측 3조건
㉠ 각조건 : 삼각망 중 각각 삼각형 내각의 합은 180°가 되어야 한다.
㉡ 점조건 : 한 측점 주위에 있는 모든 각의 총합은 360°가 되어야 한다.
㉢ 변조건 : 삼각망 중 임의 한 변의 길이는 계산 순서에 관계없이 동일해야 한다.

15 수위관측소의 위치 선정 시 고려사항으로 옳지 않은 것은?

① 평시에는 홍수 때보다 수위표를 쉽게 읽을 수 있는 곳
② 지천의 합류점 및 분류점으로 수위의 변화가 뚜렷한 곳
③ 하안과 하상이 안전하고 세굴이나 퇴적이 없는 곳
④ 유속의 크기가 크지 않고 흐름이 직선인 곳

해설

수위관측소의 위치는 합류점에서 수위의 변화가 생기지 않는 장소이어야 한다.

16 동일 지점 간 거리 관측을 3회, 5회, 7회 실시하여 최확값을 구하고자 할 때 각 관측값에 대한 보정값의 비(3회 : 5회 : 7회)로 옳은 것은?

① $\frac{1}{3^2} : \frac{1}{5^2} : \frac{1}{7^2}$　② $\frac{1}{3} : \frac{1}{5} : \frac{1}{7}$
③ 3 : 5 : 7　④ $3^2 : 5^2 : 7^2$

해설

경중률(P)은 노선거리에 반비례

$$P_1 : P_2 : P_3 = \frac{1}{3} : \frac{1}{5} : \frac{1}{7}$$

정답　12 ④　13 ②　14 ①　15 ②　16 ②

17 교호수준 측량을 실시하여 다음의 결과를 얻었다. A점의 표고가 25.020m일 때 B점의 표고는? (단, $a_1=2.42$m, $a_2=0.68$m, $b_1=3.88$m, $b_2=2.11$m)

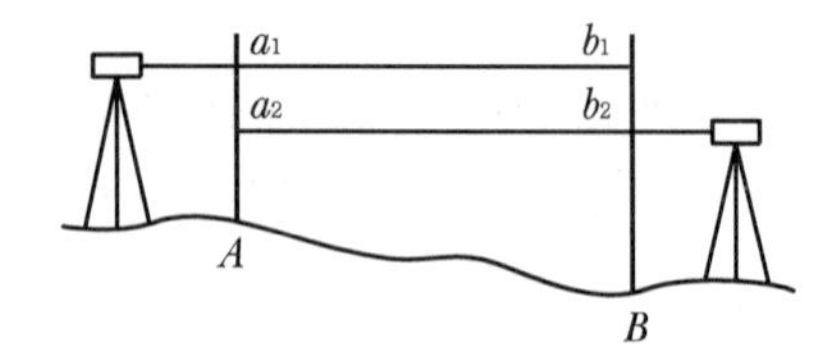

① 23.065m ② 23.575m
③ 26.465m ④ 26.975m

해설

㉠ $H_B=H_A+\Delta h$

㉡ $\Delta h=\dfrac{(a_1-b_1)+(a_2-b_2)}{2}$

$=\dfrac{(2.42-3.88)+(0.68-2.11)}{2}=-1.445\text{m}$

∴ $H_B=25.020+(-1.445)=23.575\text{m}$

18 그림과 같이 △ABC의 토지를 한 변 $\overline{BC}$에 평행한 $\overline{DE}$로 분할하여 면적의 비율이 △ADE : □BCED=2 : 3이 되게 하려고 한다면 $\overline{AD}$의 길이는?(단, $\overline{AB}$의 길이는 50m)

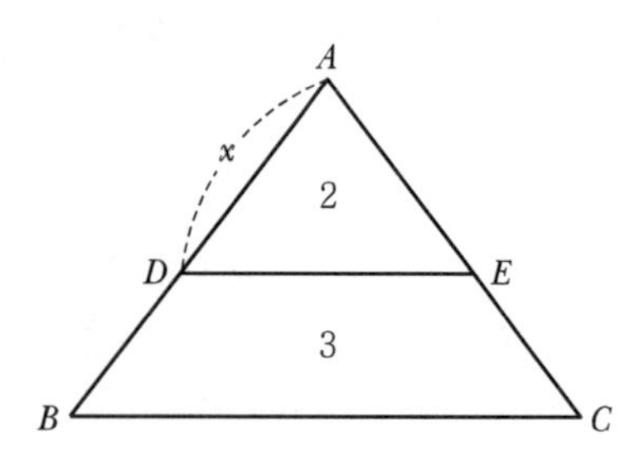

① 32.52m ② 31.62m
③ 30m ④ 20m

해설

$\overline{AD}=\overline{AB}\times\sqrt{\dfrac{m}{m+n}}$

$=50\times\sqrt{\dfrac{2}{2+3}}=31.62\text{m}$

19 축척 1 : 25,000 지형도에서 5% 경사의 노선을 선정하려면 등고선(주곡선) 사이에 취해야 할 도상거리는?

① 8mm ② 12mm
③ 16mm ④ 20mm

해설

㉠ 경사$(i)=\dfrac{h}{D}\times100$, $D=\dfrac{100}{i}\times h$

㉡ 1/25,000에서 주곡선의 간격은 10m

㉢ $D=\dfrac{100}{i}\times h=\dfrac{100}{5}\times10=200\text{m}$

∴ 도상거리는

$\dfrac{1}{25,000}=\dfrac{\text{도상거리}}{200}$,

도상거리$=\dfrac{200}{25,000}=0.008\text{m}=8\text{mm}$

20 곡선 설치에서 교각이 35°, 원곡선 반지름이 500m일 때 도로 기점으로부터 곡선 시점까지의 거리가 315.45m이면 도로 기점으로부터 곡선 종점까지의 거리는?

① 593.38m ② 596.88m
③ 620.88m ④ 625.36m

해설

㉠ CL(곡선장)$=R\cdot I\cdot\dfrac{\pi}{180}=500\times35\times\dfrac{\pi}{180}=305.43\text{m}$

㉡ EC(곡선종점)$=BC+CL$

$=315.45+305.43=620.88\text{m}$

정답 17 ② 18 ② 19 ① 20 ③

01 초점거리 20cm인 카메라로 경사 30°로 촬영된 사진상에서 주점 m과 등각점 j와의 거리는?

① 33.6mm ② 43.6mm
③ 53.6mm ④ 63.66mm

해설
출제기준에서 제외된 문제

02 하천측량에 대한 설명 중 옳지 않은 것은?

① 하천측량 시 처음에 할 일은 도상조사로서 유로상황, 지역면적, 지형지물, 토지이용 상황 등을 조사하여야 한다.
② 심천측량은 하천의 수심 및 유수부분의 하저사항을 조사하고 횡단면도를 제작하는 측량을 말한다.
③ 하천측량에서 수준측량을 할 때의 거리표는 하천의 중심에 직각방향으로 설치한다.
④ 수위관측소의 위치는 지천의 합류점 및 분류점으로서 수위의 변화가 뚜렷한 곳이 적당하다.

해설
수위관측소의 위치는 합류점이나 분류점에서 수위의 변화가 생기지 않는 장소이어야 한다.

03 등고선의 성질에 대한 설명으로 옳지 않은 것은?

① 동일 등고선 상의 모든 점은 기준면으로부터 같은 높이에 있다.
② 지표면의 경사가 같을 때는 등고선의 간격은 같고 평행하다.
③ 등고선은 도면 내 또는 밖에서 반드시 폐합한다.
④ 높이가 다른 두 등고선은 절대로 교차하지 않는다.

해설
높이가 다른 두 등고선은 동굴이나 절벽을 제외하고는 교차하지 않는다.

04 수준측량에 관한 설명으로 옳은 것은?

① 수준측량에서는 빛의 굴절에 의하여 물체가 실제로 위치하고 있는 곳보다 더욱 낮게 보인다.
② 삼각수준측량은 토털스테이션을 사용하여 연직각과 거리를 동시에 관측하므로 레벨측량보다 정확도가 높다.
③ 수평한 시준선을 얻기 위해서는 시준선과 기포관축은 서로 나란하여야 한다.
④ 수준측량의 시준 오차를 줄이기 위하여 기준점과의 구심 작업에 신중을 기울여야 한다.

해설
수평한 시준선을 얻기 위해서는 시준선과 기포관축이 평행하여야 한다.

05 수준측량에서 발생할 수 있는 정오차에 해당하는 것은?

① 표척을 잘못 뽑아 발생되는 읽음오차
② 광선의 굴절에 의한 오차
③ 관측자의 시력 불완전에 의한 오차
④ 태양의 광선, 바람, 습도 및 온도의 순간 변화에 의해 발생되는 오차

해설

수준측량의 정오차	수준측량의 부정오차
• 온도 변화에 대한 표척의 신축 • 지구 곡률에 의한 오차(구차) • 광선 굴절에 의한 오차(기차) • 표척 눈금에 의한 오차 • 표척을 연직으로 세우지 않을 때 경사오차	• 대물경의 출입에 의한 오차 • 일광 직사로 인한 오차(기상변화) • 기포관의 둔감 • 진동, 지진에 의한 오차 • 십자선의 굵기 및 시차(시준 불완전, 야장기록 오기)

정답 01 ③ 02 ④ 03 ④ 04 ③ 05 ②

06 완화곡선에 대한 설명으로 틀린 것은?

① 단위 클로소이드란 매개 변수 A가 1인, 즉 $R \times L = 1$의 관계에 있는 클로소이드다.
② 완화곡선의 접선은 시점에서 직선에, 종점에서 원호에 접한다.
③ 클로소이드의 형식 중 S형은 복심곡선 사이에 클로소이드를 삽입한 것이다.
④ 캔트(Cant)는 원심력 때문에 발생하는 불리한 점을 제거하기 위해 두는 편경사이다.

해설

클로소이드의 형식 중 S형은 반향곡선 사이에 2개의 클로소이드를 삽입한 것이다.

07 그림과 같은 도로 횡단면도의 단면적은?(단, 0을 원점으로 하는 좌표(x, y)의 단위 : [m])

단위 : [m]

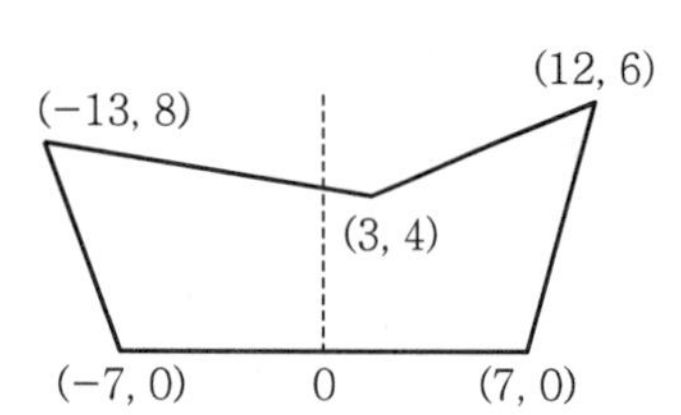

① 94m^2 ② 98m^2
③ 102m^2 ④ 106m^2

해설

측점	X	Y	$(x_{n-1}-x_{n+1})y_n$
A	−7	0	$[7-(-13)]\times 0=0$
B	−13	8	$[(-7)-3]\times 8=-80$
C	3	4	$[(-13)-12]\times 4=-100$
D	12	6	$[3-7]\times 6=-24$
E	7	0	$[12-(-7)]\times 0=0$
계			204

$\therefore A=\frac{204}{2}=102\text{m}^2$

08 지리정보시스템(GIS) 데이터의 형식 중에서 벡터형식의 객체자료 유형이 아닌 것은?

① 격자(Cell) ② 점(Point)
③ 선(Line) ④ 면(Polygon)

해설

출제기준에서 제외된 문제

09 평탄지를 1 : 25,000으로 촬영한 수직사진이 있다. 이때의 초점거리 10cm, 사진의 크기 23×23cm, 종중복도 60%, 횡중복도 30%일 때 기선고도비는?

① 0.92 ② 1.09
③ 1.21 ④ 1.43

해설

출제기준에서 제외된 문제

10 대단위 신도시를 건설하기 위한 넓은 지형의 정지공사에서 토량을 계산하고자 할 때 가장 적당한 방법은?

① 점고법 ② 비례중앙법
③ 양단면 평균법 ④ 각주공식에 의한 방법

해설

점고법은 주로 정지작업에 이용되며 넓은 지형의 토지정리나 구획정리에 많이 쓰인다.

11 표준길이보다 5mm가 늘어나 있는 50m 강철줄자로 250×250m인 정사각형 토지를 측량하였다면 이 토지의 실제면적은?

① $62,487.50\text{m}^2$
② $62,493.75\text{m}^2$
③ $62,506.25\text{m}^2$
④ $62,512.50\text{m}^2$

정답 06 ③ 07 ③ 08 ① 09 ① 10 ① 11 ④

해설

$$실제면적=\left(L_1+L_1\frac{\Delta l}{l}\right)\times\left(L_2+L_2\frac{\Delta l}{l}\right)$$
$$=\left(250+250\times\frac{0.005}{50}\right)\times\left(250+250\times\frac{0.005}{50}\right)$$
$$=62,512.50\text{m}^2$$

12 정확도 1/5,000을 요구하는 50m 거리 측량에서 경사거리를 측정하여도 허용되는 두 점 간의 최대 높이차는?

① 1.0m ② 1.5m
③ 2.0m ④ 2.5m

해설

㉠ 경사보정량(수평거리와 경사거리의 차) $=\dfrac{h^2}{2L}$

㉡ 정확도 $=\dfrac{\Delta l}{l}=\dfrac{h^2/2L}{L}=\dfrac{h^2}{2L^2}$

$\therefore\ \dfrac{1}{5,000}=\dfrac{h^2}{2L^2},\ h=\sqrt{\dfrac{2\times 50^2}{5,000}}=1\text{m}$

13 A와 B의 좌표가 다음과 같을 때 측선 $\overline{AB}$의 방위각은?

A점의 좌표 = (179,847.1m, 76,614.3m)
B점의 좌표 = (179,964.5m, 76,625.1m)

① 5°23′15″ ② 185°15′23″
③ 185°23′15″ ④ 5°15′22″

해설

$$\overline{AB}방위각=\tan^{-1}\left(\frac{Y_B-Y_A}{X_B-X_A}\right)$$
$$=\tan^{-1}\left(\frac{76,625.1-76,614.3}{179,964.5-179,847.1}\right)=5°15'22''$$

14 어느 각을 관측한 결과가 다음과 같을 때, 최확값은?(단, 괄호 안의 숫자는 경중률)

73°40′12″(2), 73°40′10″(1)
73°40′15″(2), 73°40′18″(1)
73°40′09″(1), 73°40′16″(2)
73°40′14″(4), 73°40′13″(3)

① 73°40′10.2″ ② 73°40′11.6″
③ 73°40′13.7″ ④ 73°40′15.1″

해설

㉠ 경중률(관측횟수에 비례)

$P_1:P_2:P_3:P_4:P_5:P_6:P_7:P_8=2:2:1:4:1:1:2:3$

㉡ 최확값 $\left(\dfrac{P_1l_1+P_2l_2+P_3l_3}{P_1+P_2:P_3}\right)$

$$73°40'+\frac{12''\times2+15''\times2+9''\times1+14''\times4+10''\times1+18''\times1\times16''\times2+13''\times3}{2+2+1+4+1+1+2+3}$$

$=73°40'13.7''$

15 단곡선 설치에 있어서 교각 $I=60°$, 반지름 $R=200\text{m}$, 곡선의 시점 BC=No.8+15m일 때 종단현에 대한 편각은?(단, 중심말뚝의 간격은 20m이다.)

① 0°38′10″ ② 0°42′58″
③ 1°16′20″ ④ 2°51′53″

해설

종단현 편각$(\delta_{l2})=\dfrac{l_2}{2R}\times\dfrac{180}{\pi}$

㉠ CL(곡선장) $=\text{R}\cdot\text{I}\cdot\dfrac{\pi}{180}=200\times60\times\dfrac{\pi}{180}=209.44\text{m}$

㉡ EC(곡선종점) = BC(곡선시점) + CL(곡선장)
= 175 + 209.44
= 384.44m(No.19 + 4.44m)

㉢ l_2(종단현) = 4.44m

$\therefore\ \delta_{l2}=\dfrac{l_2}{2R}\times\dfrac{180}{\pi}=\dfrac{4.44}{2\times200}\times\dfrac{180}{\pi}=0°38'10''$

정답 12 ① 13 ④ 14 ③ 15 ①

16 지형을 표시하는 방법 중에서 짧은 선으로 지표의 기복을 나타내는 방법은?

① 점고법　② 영선법
③ 단채법　④ 등고선법

해설

지형표시법

자연적 도법	부호적 도법
• 음영법 : 그림자로 지표의 기복을 표시	• 점고법 • 등고선법 • 채색법
• 영선법 : 짧은 선으로 지표의 기복을 표시	

17 수심이 H인 하천의 유속을 3점법에 의해 관측할 때, 관측 위치로 옳은 것은?

① 수면에서 0.1H, 0.5H, 0.9H가 되는 지점
② 수면에서 0.2H, 0.6H, 0.8H가 되는 지점
③ 수면에서 0.3H, 0.5H, 0.7H가 되는 지점
④ 수면에서 0.4H, 0.5H, 0.9H가 되는 지점

해설

3점법

$$V_m = \frac{V_{0.2} + 2V_{0.6} + V_{0.8}}{4}$$

18 GNSS 측량에 대한 설명으로 옳지 않은 것은?

① 3차원 공간 계측이 가능하다.
② 기상의 영향을 거의 받지 않으며 야간에도 측량이 가능하다.
③ Bessel 타원체를 기준으로 경위도 좌표를 수집하기 때문에 좌표정밀도가 높다.
④ 기선 결정의 경우 두 측점 간의 시통에 관계가 없다.

해설

GNSS 측량의 기준이 되는 좌표계는 세계 측지 기준계이다(GPS는 WGS 84 좌표계).

19 완화곡선 중 클로소이드에 대한 설명으로 틀린 것은?

① 클로소이드는 나선의 일종이다.
② 매개변수를 바꾸면 다른 무수한 클로소이드를 만들 수 있다.
③ 모든 클로소이드는 닮은꼴이다.
④ 클로소이드 요소는 모두 길이의 단위를 갖는다.

해설

클로소이드 곡선의 성질

- 클로소이드 요소는 길이의 단위를 가진 것과 단위가 없는 것 등이 있다.
- 클로소이드는 나선의 일종이다.
- 모든 클로소이드는 닮은꼴이다.
- 길이의 단위가 있는 것도 있고 없는 것도 있다.
- 도로에 주로 이용되며 접선각(τ)은 30°가 적당하다.
- 매개변수(A)가 클수록 반경과 길이가 증가되므로 곡선은 완만해진다.(매개변수를 바꾸면 다른 클로소이드를 만들 수 있다.)
- 클로소이드 곡률은 곡선장에 비례한다.

20 삼각측량을 위한 기준점 성과표에 기록되는 내용이 아닌 것은?

① 점번호　② 천문경위도
③ 평면직각좌표 및 표고　④ 도엽명칭

해설

기준점(삼각점) 성과표 주요 내용

- 삼각점 번호(도엽명칭, 등급)
- 경·위도
- 평면직각좌표
- 삼각점의 표고
- 방향과(방위각)

정답 16 ② 17 ② 18 ③ 19 ④ 20 ②

01 곡선부에서 차량의 뒷바퀴가 앞바퀴보다 안쪽으로 주행하는 현상을 보완하기 위해 설치하는 것은?

① 길어깨(Shoulder) ② 확폭(Slack)
③ 편경사(Cant) ④ 차폭(Width)

캔트(Cant), 편물매	슬랙(Slack), 확폭
차량 중심, F, α, g	L, ε, 확폭, R
곡선부를 통과하는 차량이 원심력에 의해 탈선하는 것을 방지하기 위해 바깥쪽 노면을 안쪽 노면보다 높이는 정도	차량이 곡선위를 주행할 때 그림과 같이 뒷바퀴가 앞바퀴보다 안쪽을 통과하게 되므로 차선 너비를 넓혀야 하는데 이를 확폭이라 한다.
$C=\dfrac{V^2S}{gR}$	$\varepsilon=\dfrac{L^2}{2R}$

02 깊이가 10m인 하천의 평균유속을 구하기 위해 유속측량을 하여 다음의 결과를 얻었다. 3점법에 의한 평균유속은?(단, V_m : 수면에서부터 수심의 m인 곳의 유속)

- $V_{0.0}$ = 5m/s • $V_{0.2}$ = 6m/s • $V_{0.4}$ = 5m/s
- $V_{0.6}$ = 4m/s • $V_{0.8}$ = 3m/s

① 4.17m/s ② 4.25m/s
③ 4.75m/s ④ 4.83m/s

해설

3점법

$$V_m=\frac{V_{0.2}+2V_{0.6}+V_{0.8}}{4}=\frac{6+(2\times4)+3}{4}=4.25\text{m/s}$$

03 클로소이드 매개변수(Parameter) A가 커질 경우에 대한 설명으로 옳은 것은?

① 자동차의 고속주행에 유리하다.
② 접선각(τ)이 비례하여 커진다.
③ 곡선반지름이 작아진다.
④ 곡선이 급커브가 된다.

해설

㉠ $A^2=R\cdot L$
㉡ A(매개변수)가 커지면 R(곡선반지름), L(곡선길이) 증가한다.
∴ 자동차의 고속주행에 유리하다.

04 어느 지역의 측량 결과가 그림과 같다면 이 지역의 전체 토량은?(단, 각 구역의 크기는 같다.)

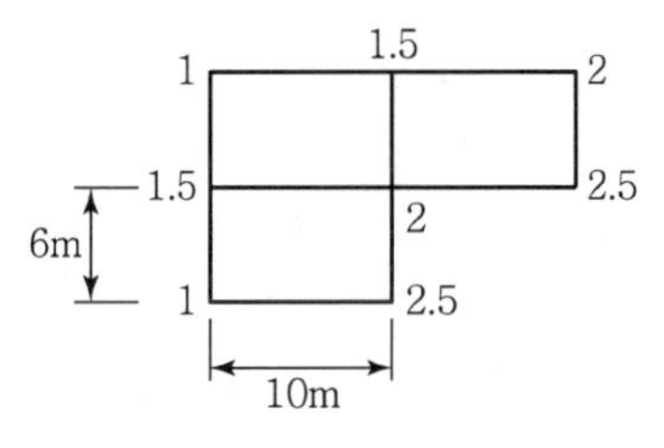

(표고의 단위 : m)

① 200m³ ② 253m³
③ 315m³ ④ 353m³

해설

점고법

$$V=\frac{V}{4}(\Sigma h_1+2\Sigma h_2+3\Sigma h_3+4\Sigma h_4)$$
$$=\frac{6\times10}{4}(9+(2\times3)+(3\times2))=315\text{m}^3$$

05 건설공사 및 도시계획 등의 일반측량에서는 변장 2.5km 이상의 삼각측량을 별도로 실시하지 않고 국가기본삼각점의 성과를 이용하는 것이 좋은 이유로 가장 거리가 먼 것은?

① 정확도의 확보 ② 측량 경비의 절감
③ 측량 성과의 기준 통일 ④ 측량 시간의 예측 가능

정답 01 ② 02 ② 03 ① 04 ③ 05 ④

해설

기존 삼각점 성과를 이용하는 이유
- 측량의 정확도 확보
- 측량 경비의 절감
- 측량 성과의 기준 통일

06 평판측량 방법 중 기지점에 평판을 세워 미지점에 대한 방향선만을 그어 미지점의 위치를 결정할 수 있는 방법은?

① 전진법 ② 방사법
③ 승강법 ④ 교회법

해설

출제기준에서 제외된 문제

07 지구 전체를 경도 6°씩 60개의 횡대로 나누고, 위도 8°씩 20개(남위 80°~북위 84°)의 횡대로 나타내는 좌표계는?

① UPS 좌표계 ② 평면직각 좌표계
③ UTM 좌표계 ④ WGS 84 좌표계

해설

UTM 좌표계 특징
- 경도의 원점은 중앙자오선
- 위도의 원점은 적도
- 중앙자오선의 축척계수는 0.9996(중앙자오선에 대해서 횡메카토르투영)
- 좌표계 간격은 경도 6°, 위도 8°
- 종대(자오선)는 6°간격 60등분(경도 180도에서 동쪽으로)
- 횡대(적도)는 8°간격 20등분

08 종중복도가 60%인 단 촬영경로로 촬영한 사진의 지상 유효면적은?(단, 촬영고도 3,000m, 초점거리 150mm, 사진크기 210mm×210mm)

① 15.089km^2 ② 10.584km^2
③ 7.056km^2 ④ 5.889km^2

해설

출제기준에서 제외된 문제

09 촬영고도 6,000m에서 촬영한 항공사진에서 주점기선 길이가 10cm이고, 굴뚝의 시차차가 1.5mm였다면 이 굴뚝의 높이는?

① 80m ② 90m
③ 100m ④ 110m

해설

출제기준에서 제외된 문제

10 직각좌표 상에서 각 점의 (x, y)좌표가 A(−4, 0), B(−8, 6), C(9, 8), D(4, 0)인 4점으로 둘러싸인 다각형의 면적은?(단, 좌표의 단위는 m이다.)

① 87m^2 ② 100m^2
③ 174m^2 ④ 192m^2

해설

측점	X_n	y_n	$(x_{n-1})-(x_{n+1})y_n$
A	−4	0	$[4-(-8)]\times 0=0$
B	−8	6	$(-4-9)\times 6=-78$
C	9	8	$(-8-4)\times 8=-96$
D	4	0	$(9-4)\times 0=0$

$\therefore$ 면적$=\dfrac{\text{배면적}}{2}=\dfrac{|-174|}{2}=87\text{m}^2$

11 완화곡선에 대한 설명 중 옳지 않은 것은?

① 완화곡선의 접선은 시점에서 원호에, 종점에서 직선에 접한다.
② 곡선의 반지름은 완화곡선의 시점에서 무한대, 종점에서 원곡선의 반지름으로 된다.
③ 완화곡선에 연한 곡선반경의 감소율은 캔트의 증가율과 같다.
④ 종점의 캔트는 원곡선의 캔트와 같다.

정답 06 ④ 07 ③ 08 ③ 09 ② 10 ① 11 ①

해설

완화곡선의 성질
- 노선 직선부와 원곡선 사이에 설치
- 완화곡선의 접선은 시점에서는 직선에, 종점에서는 원호에 접한다.
- 완화곡선의 반지름은 시작점에서 무한대 종점에서는 원곡선의 반지름과 같다.
- 완화곡선에 연한 곡선반경의 감소율은 캔트의 증가율과 같다.

12 1 : 25,000 지형도 상에서 산정에서 산자락의 어느 지점까지의 수평거리를 측정하니 48mm였다. 산정의 표고는 492m, 측정 지점의 표고는 12m일 때 두 지점 간의 경사는?

① $\frac{1}{2.5}$ ② $\frac{1}{4}$

③ $\frac{1}{9.2}$ ④ $\frac{1}{10}$

해설

㉠ 축척$=\frac{1}{25000}=\frac{48}{\text{실제거리}}$

㉡ 실제거리$(D)=25{,}000\times 48\text{mm}$
$=1{,}200{,}000\text{mm}=1{,}200\text{m}$

㉢ 높이(h)

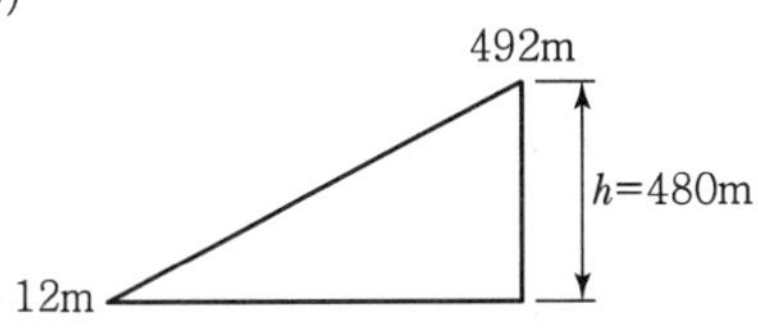

㉣ 경사$(i)=\frac{h}{D}=\frac{480}{1{,}200}=\frac{1}{2.5}$

13 그림과 같이 0점에서 같은 정확도로 각을 관측하여 오차를 계산한 결과 $x_3-(x_1+x_2)=-36''$의 식을 얻었을 때 관측값 x_1, x_2, x_3에 대한 보정값 V_1, V_2, V_3는?

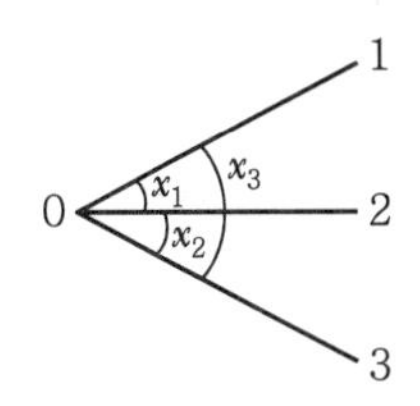

① $V_1=-9''$, $V_2=-9''$, $V_3=+18''$
② $V_1=-12''$, $V_2=-12''$, $V_3=+12''$
③ $V_1=+9''$, $V_2=+9''$, $V_3=-18''$
④ $V_1=+12''$, $V_2=+12''$, $V_3=-12''$

해설

㉠ $x_3-(x_1+x_2)=-36''$

㉡ 조정량$=\frac{36''}{3}=12''$

㉢ V_1, V_2에는 $-12''$씩, V_3에는 $+12''$

14 갑, 을 두 사람이 A, B 두 점 간의 고저차를 구하기 위하여 서로 다른 표척으로 왕복측량한 결과가 갑은 38.994m±0.008m, 을은 39.003m ±0.004m일 때, 두 점 간 고저차의 최확값은?

① 38.995m ② 38.999m
③ 39.001m ④ 39.003m

해설

㉠ 경중률(오차의 제곱에 반비례)
$P_1:P_2=\frac{1}{8^2}:\frac{1}{4^2}=1:4$

㉡ 최확값$=\frac{P_1l_1+P_2l_2}{P_1+P_2}$
$=\frac{1\times 38.994+4\times 39.003}{1+4}=39.001\text{m}$

15 그림과 같이 원곡선을 설치하고자 할 때 교점(P)에 장애물이 있어 $\angle ACD=150°$, $\angle CDB=90°$ 및 $\overline{CD}$의 거리 400m를 관측하였다. C점으로부터 곡선 시점 A까지의 거리는?(단, 곡선의 반지름은 500m로 한다.)

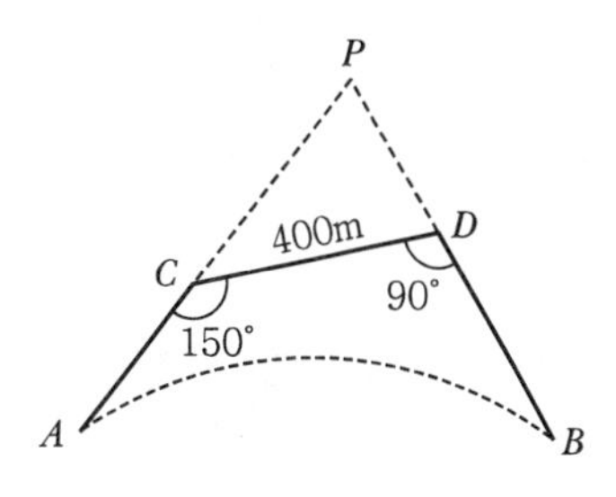

정답 12 ① 13 ② 14 ③ 15 ①

① 404.15m ② 425.88m
③ 453.15m ④ 461.88m

해설

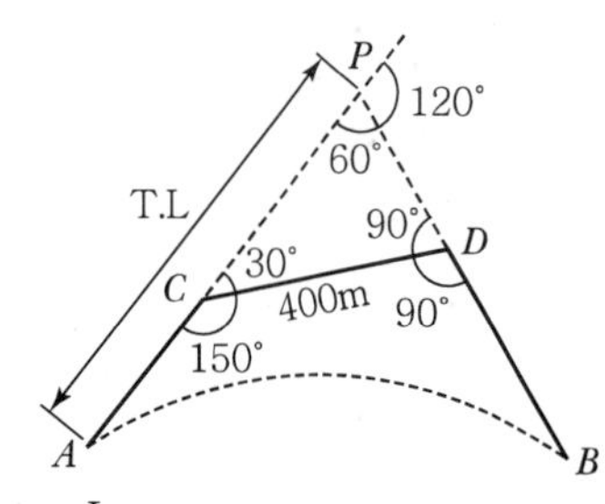

㉠ $TL = R\tan\frac{I}{2}$

$= 500 \times \tan\frac{120°}{2} = 866.03m$

㉡ $\overline{CP}$

$\frac{\overline{CP}}{\sin 90°} = \frac{400}{\sin 60°}$

㉢ $\overline{CA} = TL - \overline{CP}$

$= 866.03 - 461.88 = 404.15m$

$\therefore \overline{CP} = 461.88m$

16 수준측량에서 전시와 후시의 시준거리를 같게 함으로써 소거할 수 있는 오차는?

① 시준축이 기포관축과 평행하지 않기 때문에 발생하는 오차
② 표척을 연직방향으로 세우지 않아 발생하는 오차
③ 표척 눈금의 오독으로 발생하는 오차
④ 시차에 의해 발생하는 오차

해설

수준 측량에서 전·후시 거리를 같게 취하면 제거되는 오차
- 시준축 오차(시준선이 기포관축과 평행하지 않은 오차)
- 지구 곡률 오차(구차)
- 빛의 굴절 오차(기차)

17 등고선의 성질에 대한 설명으로 옳은 것은?

① 도면 내에서 등고선이 폐합되는 경우 동굴이나 절벽을 나타낸다.
② 동일 경사에서의 등고선 간의 간격은 높은 곳에서 좁아지고 낮은 곳에서는 넓어진다.
③ 등고선은 능선 또는 계곡선과 직각으로 만난다.
④ 높이가 다른 두 등고선은 산정이나 분지를 제외하고는 교차하지 않는다.

해설

등고선은 능선(분수선), 계곡선(합수선)과 직각으로 교차

18 A점으로부터 폐합 다각측량을 실시하여 A점으로 되돌아 왔을 때 위거와 경거의 오차는 각각 20cm, 25cm이었다. 모든 측선 길이의 합이 832.12m이라 할 때 다각측량의 폐합비는?

① 약 1/2,200 ② 약 1/2,600
③ 약 1/3,300 ④ 약 1/4,200

해설

㉠ 폐합오차$= \sqrt{(\text{위거오차})^2 + (\text{경거오차})^2}$

$= \sqrt{(0.20)^2 + (0.25)^2} = 0.32m$

㉡ 폐합비$= \frac{\text{폐합오차}}{\text{전거리}} = \frac{0.32}{832.12} = \frac{1}{2,600}$

19 3km의 거리를 30m의 줄자로 측정하였을 때 1회 측정의 부정오차가 ±4mm이었다면 전체 거리에 대한 부정오차는?

① ±13mm ② ±40mm
③ ±130mm ④ ±400mm

해설

부정오차$= a\sqrt{n} = \pm 4\sqrt{100} = \pm 40mm$

$(n = \frac{3,000}{30} = 100\text{회})$

정답 16 ① 17 ③ 18 ② 19 ②

20 그림과 같은 단열삼각망의 조정각이 $\alpha_1 = 40°$, $\beta_1 = 60°$, $\gamma_1 = 80°$, $\alpha_2 = 50°$, $\beta_2 = 30°$, $\gamma_2 = 100°$일 때, $\overline{CD}$ 의 길이는?(단, $\overline{AB}$기선 길이 600m이다.)

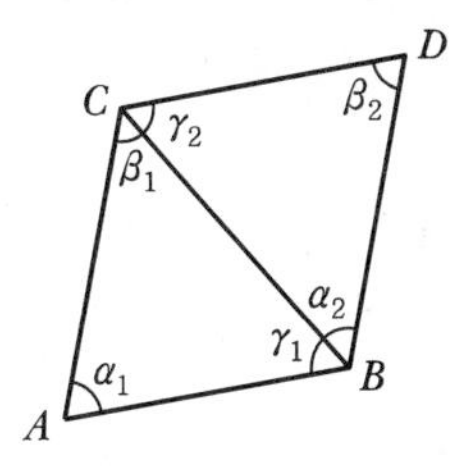

① 323.4m ② 400.7m

③ 568.6m ④ 682.3m

해설

㉠ $\dfrac{\overline{AB}}{\sin\beta_1} = \dfrac{\overline{BC}}{\sin\alpha}$

$\therefore \overline{BC} = \dfrac{\sin 40°}{\sin 60°} \times 600 = 445.34\text{m}$

㉡ $\dfrac{\overline{BC}}{\sin\beta_2} = \dfrac{\overline{CD}}{\sin\alpha_2}$

$\therefore \overline{CD} = \dfrac{\sin 50°}{\sin 30°} \times 445.34 = 682.3\text{m}$

정답 20 ④

01 노선측량에서 교각이 32°15′00″, 곡선 반지름이 600m일 때의 곡선장(CL)은?

① 355.52m ② 337.72m
③ 328.75m ④ 315.35m

해설

$$곡선장(CL) = R \cdot I \cdot \frac{\pi}{180}$$
$$= 600 \times 32°15'00'' \times \frac{\pi}{180}$$
$$= 337.72\text{m}$$

02 삼각형 A, B, C의 내각을 측정하여 다음과 같은 결과를 얻었다. 오차를 보정한 각 B의 최확값은?

- ∠A=59°59′27″(1회 관측)
- ∠B=60°00′11″(2회 관측)
- ∠C=59°59′49″(3회 관측)

① 60°00′20″ ② 60°00′22″
③ 60°00′33″ ④ 60°00′44″

해설

각 B의 최확값
㉠ 오차
$180° - (59°59'27'' + 60°00'11'' + 59°59'49'') = 33''$
㉡ 조건부 관측 시 관측 횟수가 다를 경우 경중률
$A : B : C = \frac{1}{1} : \frac{1}{2} : \frac{1}{3} = 6 : 3 : 2$
㉢ 조정량
$\frac{조정할\ 각의\ 경중률}{경중률의\ 합} \times 오차 = \frac{3}{11} \times 33 = 9''$
㉣ 각 B의 최확값 $= 60°00'11'' + 9''$
$= 60°00'20''$

03 답사나 홍수 등 급하게 유속관측을 필요로 하는 경우에 편리하여 주로 이용하는 방법은?

① 이중부자
② 표면부자
③ 스크루(Screw)형 유속계
④ 프라이스(Price)식 유속계

해설

유속관측(부자에 의한 방법)
㉠ 표면부자
- 답사, 홍수 시 급한 유속을 관측할 때 편리
- 나무 코르크, 병 등을 이용하여 수면 유속을 관측

㉡ 이중부자
- 표면에다 수중부자를 연결한 것
- 수면에서 6/10 되는 깊이

04 완화곡선에 대한 설명으로 옳지 않은 것은?

① 완화곡선의 곡선 반지름은 시점에서 무한대, 종점에서 원곡선의 반지름 R로 된다.
② 클로소이드의 형식에는 S형, 복합형, 기본형 등이 있다.
③ 완화곡선의 접선은 시점에서 원호에, 종점에서 직선에 접한다.
④ 모든 클로소이드는 닮은꼴이며 클로소이드 요소에는 길이의 단위를 가진 것과 단위가 없는 것이 있다.

해설

완화곡선의 특징
- 완화곡선의 반지름은 시작점에서 무한대, 종점에서는 원곡선의 반지름(R)이 된다.
- 완화곡선의 접선은 시작점에서 직선, 종점에서는 원호에 접한다.

05 촬영고도 800m의 연직사진에서 높이 20m에 대한 시차차의 크기는?(단, 초점거리는 21cm, 사진크기는 23×23cm, 종중복도는 60%이다.)

① 0.8mm ② 1.3mm
③ 1.8mm ④ 2.3mm

해설

출제기준에서 제외된 문제

정답 01 ② 02 ① 03 ② 04 ③ 05 ④

06 한 변의 길이가 10m인 정사각형 토지를 축척 1 : 600 도상에서 관측한 결과, 도상의 변 관측오차가 0.2mm씩 발생하였다면 실제면적에 대한 오차 비율(%)은?

① 1.2% ② 2.4%
③ 4.8% ④ 6.0%

해설

실제면적에 대한 오차 비율(%)

$\frac{\Delta A}{A}=2\frac{\Delta l}{l}$ (%)

㉠ $l=10$ m

㉡ Δl

- $\frac{1}{m}=\frac{\text{도상거리}}{\text{실제거리}}=\frac{\text{도상관측오차}}{\text{실제측정오차}}$
- $\frac{1}{600}=\frac{0.2}{\Delta l}$

$\Delta l=120$ mm $=0.12$ m

㉢ $\frac{\Delta A}{A}=2\cdot\frac{\Delta l}{l}=2\times\frac{0.12}{10}$

$=0.024=2.4\%$

07 지구의 형상에 대한 설명으로 틀린 것은?

① 회전타원체는 지구의 형상을 수학적으로 정의한 것이고, 어느 하나의 국가에 기준으로 채택한 타원체를 기준타원체라 한다.
② 지오이드는 물리적인 형상을 고려하여 만든 불규칙한 곡면이며, 높이 측정의 기준이 된다.
③ 지오이드 상에서 중력 포텐셜의 크기는 중력 이상에 의하여 달라진다.
④ 임의 지점에서 회전타원체에 내린 법선이 적도면과 만나는 각도를 측지위도라 한다.

해설

지오이드는 등 포텐셜면이다(지오이드 상에서 중력포텐셜의 크기는 모두 같다).

08 그림과 같은 수준망을 각각의 환(I~IV)에 따라 폐합 오차를 구한 결과가 표와 같다. 폐합오차의 한계가 $\pm1.0\sqrt{S}$cm 일 때 우선적으로 재관측할 필요가 있는 노선은?(단, S : 거리[km])

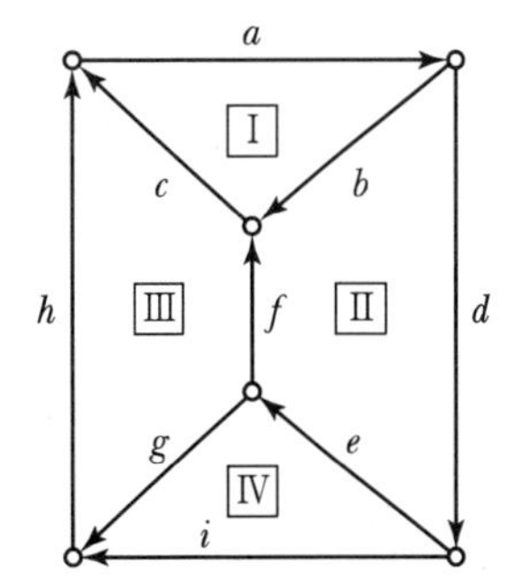

노선	a	b	c	d	e	f	g	h	i
거리(m)	4.1	2.2	2.4	6.0	3.6	4.0	2.2	2.3	3.5

환	I	II	III	IV	외주
폐합오차(m)	−0.017	0.048	−0.026	−0.083	−0.031

① e노선 ② f노선
③ g노선 ④ h노선

해설

㉠ 각 노선의 길이

Ⅰ $=a+b+c=8.7$

Ⅱ $=b+d+e+f=15.8$

Ⅲ $=c+F+g+H=10.9$

Ⅳ $=e+g+i=9.3$

외주 $=a+d+i+h=15.9$

㉡ 각 노선의 오차 한계

Ⅰ $=\pm1.0\sqrt{8.7}=\pm2.95$cm

Ⅱ $=\pm1.0\sqrt{15.8}=\pm3.98$cm

Ⅲ $=\pm1.0\sqrt{10.9}=\pm3.30$cm

Ⅳ $=\pm1.0\sqrt{9.3}=\pm3.05$cm

외주 $=\pm1.0\sqrt{15.9}=\pm3.99$cm

㉢ 여기서 Ⅱ와 Ⅳ 노선의 폐합 오차가 오차 한계보다 크므로 공통으로 속한 'e' 노선을 우선적으로 재측한다.

정답 06 ② 07 ③ 08 ①

09 하천의 유속측정결과, 수면으로부터 깊이의 2/10, 4/10, 6/10, 8/10 되는 곳의 유속(m/s)이 각각 0.662, 0.552, 0.442, 0.332이었다면 3점법에 의한 평균유속은?

① 0.4603m/s ② 0.4695m/s
③ 0.5245m/s ④ 0.5337m/s

해설

3점법

$$V_m = \frac{1}{4}(V_{0.2} + 2V_{0.6} + V_{0.8})$$
$$= \frac{1}{4}\{0.662 + (2 \times 0.442) + 0.332\}$$
$$= 0.4695\text{m/s}$$

10 25cm×25cm인 항공사진에서 주점기선의 길이가 10cm일 때 이 항공사진의 중복도는?

① 40% ② 50%
③ 60% ④ 70%

해설

출제기준에서 제외된 문제

11 토털스테이션으로 각을 측정할 때 기계의 중심과 측점이 일치하지 않아 0.5mm의 오차가 발생하였다면 각 관측 오차를 2″ 이하로 하기 위한 변의 최소 길이는?

① 82.501m ② 51.566m
③ 8.250m ④ 5.157m

해설

$$\frac{\Delta l}{l} = \frac{\theta''}{\rho''}(206265'')$$
$$\frac{0.5}{l} = \frac{2}{206265}$$
$$\therefore\ l = 51566.25\text{ mm} = 51.566\text{m}$$

12 토적곡선(Mass Curve)을 작성하는 목적으로 가장 거리가 먼 것은?

① 토량의 운반거리 산출 ② 토공기계의 선정
③ 토량의 배분 ④ 교통량 산정

해설

토적곡선(Mass Curve, 유토곡선) 작성 목적
- 토량 분배
- 평균운반거리 산출
- 토공기계 산정

13 등고선의 성질에 대한 설명으로 옳지 않은 것은?

① 등고선은 분수선(능선)과 평행하다.
② 등고선은 도면 내·외에서 폐합하는 폐곡선이다.
③ 지도의 도면 내에서 폐합하는 경우 등고선의 내부에는 산꼭대기 또는 분지가 있다.
④ 절벽에서 등고선이 서로 만날 수 있다.

해설

등고선은 분수선과 직각으로 교차한다.

14 노선 설치 방법 중 좌표법에 의한 설치방법에 대한 설명으로 틀린 것은?

① 토털스테이션, GPS 등과 같은 장비를 이용하여 측점을 위치시킬 수 있다.
② 좌표법에 의한 노선의 설치는 다른 방법보다 지형의 굴곡이나 시통 등의 문제가 적다.
③ 좌표법은 평면곡선 및 종단곡선의 설치 요소를 동시에 위치시킬 수 있다.
④ 평면적인 위치의 측설을 수행하고 지형표고를 관측하여 종단면도를 작성할 수 있다.

해설

좌표법은 평면곡선 및 종단곡선의 설치요소를 동시에 위치시킬 수 없다.

정답 09 ② 10 ③ 11 ② 12 ④ 13 ① 14 ③

15 삼각수준측량에서 정밀도 10^{-5}의 수준차를 허용할 경우 지구곡률을 고려하지 않아도 되는 최대 시준거리는?(단, 지구곡률반지름 $R=6,370$km이고, 빛의 굴절계수는 무시)

① 35m ② 64m
③ 70m ④ 127m

해설

$$\frac{1}{10^5}=\frac{D^2/2R}{D}=\frac{D}{2R}$$

$$\therefore D=\frac{2R}{10^5}=\frac{2\times 6,370\times 10^3}{10^5}=127.4\text{m}$$

16 국토지리정보원에서 발급하는 기준점 성과표의 내용으로 틀린 것은?

① 삼각점이 위치한 평면좌표계의 원점을 알 수 있다.
② 삼각점 위치를 결정한 관측방법을 알 수 있다.
③ 삼각점의 경도, 위도, 직각좌표를 알 수 있다.
④ 삼각점의 표고를 알 수 있다.

해설

기준점 성과표 기재사항
- 삼각점 번호
- 경위도 좌표값
- 평면직각 좌표 및 표고
- 수준원점
- 도엽명칭 및 번호
- 진북방향각 등

17 다음 설명 중 옳지 않은 것은?

① 측지학적 3차원 위치결정이란 경도, 위도 및 높이를 산정하는 것이다.
② 측지학에서 면적이란 일반적으로 지표면의 경계선을 어떤 기준면에 투영하였을 때의 면적을 말한다.
③ 해양측지는 해양상의 위치 및 수심의 결정, 해저지질조사 등을 목적으로 한다.
④ 원격탐사는 피사체와의 직접 접촉에 의해 획득한 정보를 이용하여 정량적 해석을 하는 기법이다.

해설

원격탐사(RS)
- 지표 대상물에서 반사, 방사된 전자 스팩트럼을 측정
- 정량적, 정성적 해석

18 다음 중 다각측량의 순서로 가장 적합한 것은?

① 계획 → 답사 → 선점 → 조표 → 관측
② 계획 → 선점 → 답사 → 조표 → 관측
③ 계획 → 선점 → 답사 → 관측 → 조표
④ 계획 → 답사 → 선점 → 관측 → 조표

해설

다각 측량의 순서
계획－답사－선점－조표－관측－계산

19 측점 M의 표고를 구하기 위하여 수준점 A, B, C로부터 수준측량을 실시하여 표와 같은 결과를 얻었다면 M의 표고는?

측점	표고(m)	관측방향	고저차(m)	노선길이
A	11.03	A→M	+2.10	2km
B	13.60	B→M	−0.30	4km
C	11.64	C→M	+1.45	1km

① 13.09m ② 13.13m
③ 13.17m ④ 13.22m

해설

M의 표고(최확값)

㉠ $P_M=\frac{P_AH_A+P_BH_B+P_CH_C}{P_A+P_B+P_C}$

㉡ $H_A=11.03+2.10=13.13$
$H_B=13.60-0.30=13.30$
$H_C=11.64+1.45=13.09$

㉢ $P_A:P_B:P_C=\frac{1}{2}:\frac{1}{4}:\frac{1}{1}=4:2:8$

$$\therefore P_M=\frac{13.13\times 4+13.30\times 2+13.09\times 8}{4+2+8}=13.13\text{m}$$

정답 15 ④ 16 ② 17 ④ 18 ① 19 ②

20 지성선에 해당하지 않는 것은?

① 구조선 ② 능선
③ 계곡선 ④ 경사변환선

해설

凸선 (철선, 능선)	• 지표면의 가장 높은 곳을 연결한 선(V형) • 빗물이 좌우로 흐르게 되므로 분수선이라고도 함
凹선 (요선, 합수선)	• 지표면의 가장 낮은 곳을 연결한 선(A형) • 빗물이 합쳐지므로 계곡선이라고도 함
경사 변환선	• 동일 방향 경사면에서 경사의 크기가 다른 두 면의 교선
최대 경사선	• 동일 방향 경사면에서 경사의 크기가 다른 두 면의 교선 • 등고선에 직각으로 교차하며 유하선(물이 흐름)이라고 함

정답 20 ①

01 초점거리 120mm, 비행고도 2,500m로 촬영한 연직사진에서 비고 300m인 작은 산의 축척은?

① 약 1/17,500 ② 약 1/18,400
③ 약 1/35,000 ④ 약 1/45,000

해설

출제기준에서 제외된 문제

02 도로설계에 있어서 캔트(Cant)의 크기가 C인 곡선의 반지름과 설계속도를 모두 2배로 증가시키면 새로운 캔트의 크기는?

① 2C ② 4C
③ C/2 ④ C/4

해설

㉠ 캔트(C) $= \dfrac{V^2 S}{gR}$
㉡ $R = V = 2$
㉢ $\dfrac{4}{2} \cdot \dfrac{V^2 S}{gR} = 2 \cdot \dfrac{V^2 S}{gR} = 2C$

03 축척 1 : 1,000의 지형도를 이용하여 축척 1 : 5,000 지형도를 제작하려고 한다. 1 : 5,000 지형도 1장의 제작을 위해서는 1 : 1,000 지형도 몇 장이 필요한가?

① 5매 ② 10매
③ 20매 ④ 25매

해설

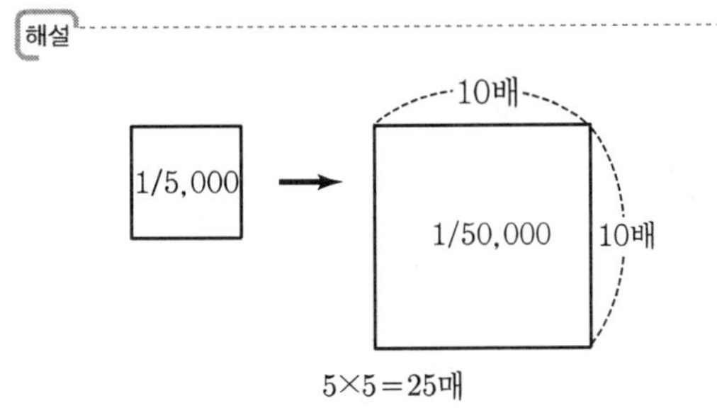

04 다음 표는 폐합트레버스 위거, 경거의 계산 결과이다. 면적을 구하기 위한 CD측선의 배횡거는?

측선	위거(m)	경거(m)
AB	+67.21	+89.35
BC	−42.12	+23.45
CD	−69.11	−45.22
DA	+44.02	−67.58

① 360.15m ② 311.23m
③ 202.15m ④ 180.38m

해설

측선	위거(m)	경거(m)	배횡거
AB	+67.21	+89.35	89.35
BC	−42.12	+23.45	202.15
CD	−69.11	−45.22	180.38
DA	+44.02	−67.58	67.58

㉠ 제1측선의 배횡거 = 제1측선의 경거
㉡ 임의 측선 배횡거
= 전 측선 배횡거 + 앞 측선 경거 + 그 측선 경거

05 매개변수 A = 60m인 클로소이드의 곡선길이가 30m일 때 종점에서의 곡선반지름은?

① 60m ② 90m
③ 120m ④ 150m

해설

$A^2 = R \cdot L$

$R = \dfrac{A^2}{L} = \dfrac{60^2}{30} = 120\text{ m}$

06 하천측량 중 유속의 관측을 위하여 2점법을 사용할 때 필요한 유속은?

① 수면에서 수심의 20%와 60%인 곳의 유속
② 수면에서 수심의 20%와 80%인 곳의 유속
③ 수면에서 수심의 40%와 60%인 곳의 유속
④ 수면에서 수심의 40%와 80%인 곳의 유속

정답 01 ② 02 ① 03 ④ 04 ④ 05 ③ 06 ②

해설

하천측량 평균유속

㉠ 1점법 : $V_m = V_{0.6}$

㉡ 2점법 : $V_m = \frac{1}{2}(V_{0.2} + V_{0.8})$

㉢ 3점법 : $V_m = \frac{1}{4}(V_{0.2} + 2V_{0.6} + V_{0.8})$

07 그림과 같은 지역의 토공량은?(단, 각 구역의 크기는 동일하다.)

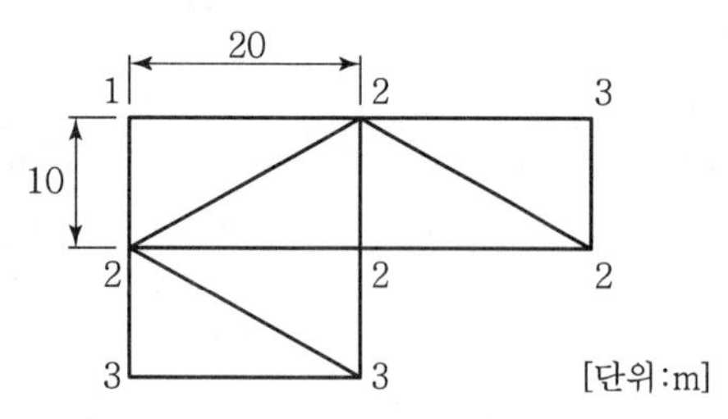

① 600m³　　② 1,200m³

③ 1,300m³　　④ 2,600m³

해설

$V = \frac{A}{3}[\Sigma h_1 + 2\Sigma h_2 + 3\Sigma h_3 + 4\Sigma h_4 + \cdots]$

$= \frac{(10\times 20)/2}{3}[(1+3+3)+2(2+3)+3(2)+4(2+2)]$

$= 1,300\ \text{m}^3$

08 거리측량에서 발생하는 오차 중에서 착오(과오)에 해당되는 것은?

① 줄자의 눈금이 표준자와 다를 때

② 줄자의 눈금을 잘못 읽었을 때

③ 관측 시 줄자의 온도가 표준온도와 다를 때

④ 관측 시 장력이 표준장력과 다를 때

해설

① 줄자의 눈금이 표준자와 다를 때 → 정오차

② 줄자의 눈금을 잘못 읽었을 때 → 착오

③ 관측 시 줄자의 온도가 표준온도와 다를 때 → 정오차

④ 관측 시 장력이 표준장력과 다를 때 → 정오차

09 디지털카메라로 촬영한 항공사진측량의 일반적인 특징에 대한 설명으로 옳은 것은?

① 기상 상태에 관계없이 측량이 가능하다.

② 넓은 지역을 촬영한 사진은 정사투영이다.

③ 다양한 목적에 따라 축척 변경이 용이하다.

④ 기계 조작이 간단하고 현장에서 측량이 잘못된 곳을 발견하기 쉽다.

해설

출제기준에서 제외된 문제

10 어떤 경사진 터널 내에서 수준측량을 실시하여 그림과 같은 결과를 얻었다. $a=1.15$m, $b=1.56$m, 경사거리(S)=31.69m, 연직각 $\alpha=+17°47'$일 때 두 측점 간의 고저차는?

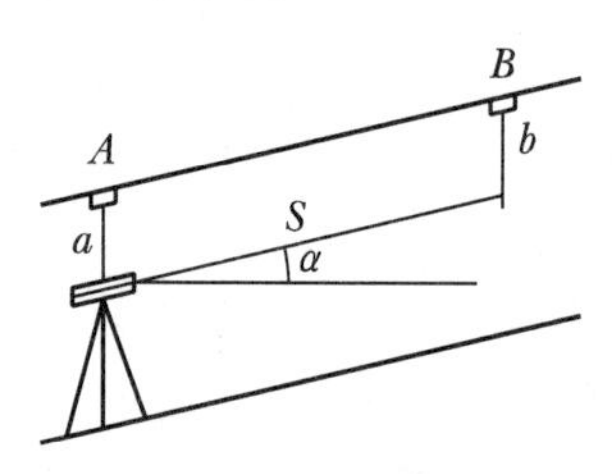

① 5.3m　　② 8.04m

③ 10.09m　　④ 12.43m

해설

$\Delta H = -a + S\sin\alpha + b$

$= -1.15 + 31.69\sin 17°47' + 1.56$

$= 10.09$m

11 축척 1 : 600으로 평판측량을 할 때 앨리데이드의 외심 거리 24mm에 의하여 생기는도상허용오차는?

① 0.04mm　　② 0.08mm

③ 0.4mm　　④ 0.8mm

해설

출제기준에서 제외된 문제

정답　07 ③　08 ②　09 ③　10 ③　11 ①

12 표고 236.42m의 평탄지에서 거리 500m를 평균 해면상의 값으로 보정하려고 할 때, 보정량은?(단, 지구 반지름은 6,370km로 한다.)

① −1.656cm ② −1.756cm
③ −1.856cm ④ −1.956cm

해설

평균 해수면(표고) 보정량$=-\dfrac{H\times L}{R}=-\dfrac{236.42\times500}{6,370\times10^3}$
$=-0.01856\text{ m}=-1.856\text{ cm}$

13 트래버스 측량의 일반적인 순서로 옳은 것은?

① 선점 → 조표 → 수평각 및 거리 관측 → 답사 → 계산
② 선점 → 조표 → 답사 → 수평각 및 거리 관측 → 계산
③ 답사 → 선점 → 조표 → 수평각 및 거리 관측 → 계산
④ 답사 → 조표 → 선점 → 수평각 및 거리 관측 → 계산

해설

다각(트래버스) 측량 순서
계획 → 답사 → 선점 → 조표 → 방위각 관측 → 수평각 및 거리관측 → 계산

14 삼각점 C에 기계를 세울 수 없어 B에 기계를 설치하여 $T'=31°15'40''$를 얻었다면 T는?(단, $e=2.5$m, $\phi=295°20'$, $S_1=1.5$km, $S_2=2.0$km)

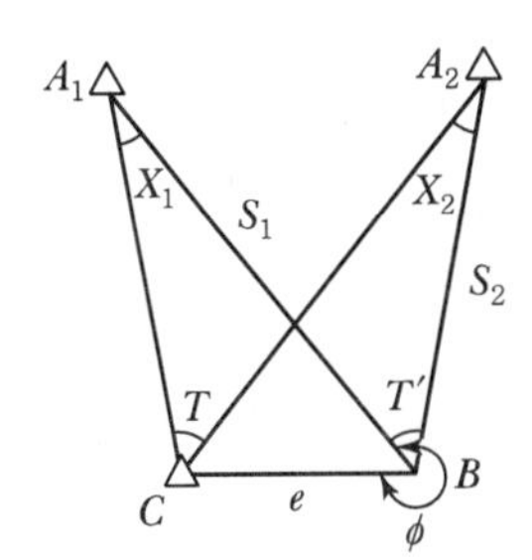

① 31°14′45″
② 31°13′54″
③ 30°14′45″
④ 30°07′42″

해설

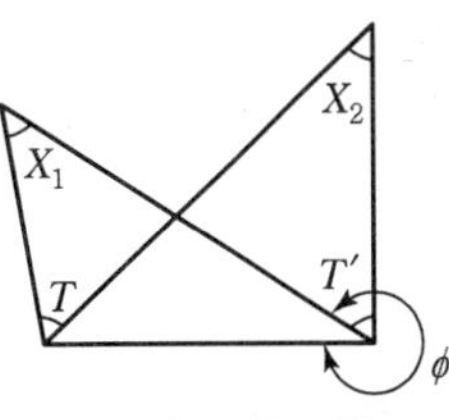

$T=T'+X_2-X_1$

㉠ X_1

$\dfrac{2.5}{\sin X_1}=\dfrac{1,500}{\sin(360-295°20')}$

$X_1=\sin^{-1}\left[\dfrac{2.5}{1,500}\sin(360-295°20')\right]$

$=5'10.72''$

㉡ X_2

$\dfrac{2.5}{\sin X_2}=\dfrac{2,000}{\sin(360°-295°20'+31°15'40'')}$

$X_2=\sin^{-1}\left[\dfrac{2.5}{2,000}\sin(360-295°20'+31°15'40'')\right]$

$=4'16.45''$

$\therefore\ T=T'+X_2-X_1$

$=31°15'40''+4'16.45''-5'10.72''$

$=31°14'45''$

15 지형도의 등고선 간격을 결정하는 데 고려하여야 할 사항과 거리가 먼 것은?

① 지형 ② 축척
③ 측량목적 ④ 측량거리

해설

등고선 간격 결정 시 고려사항
- 지도사용 목적
- 지도의 축척
- 지형의 형태(상태)
- 시간비용

정답 12 ③ 13 ③ 14 ① 15 ④

16 토지의 면적계산에 사용되는 심프슨의 제1법칙은 그림과 같은 포물선 AMB의 면적(빗금친 부분)을 사각형 $ABCD$면적의 얼마로 보고 유도한 공식인가?

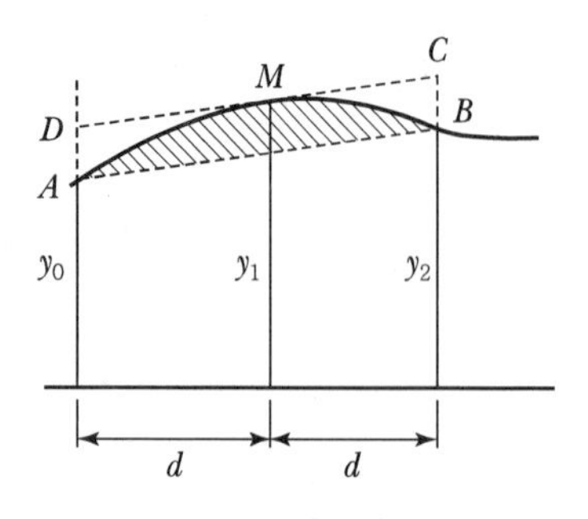

① 1/2　② 2/3
③ 3/4　④ 3/8

해설

심프슨 제1법칙

$A=\frac{2}{3}d[y_1+y_n+4짝+2홀]$

17 500m의 거리를 50m의 줄자로 관측하였다. 줄자의 1회 관측에 의한 오차가 ±0.01m라면 전체 거리 관측값의 오차는?

① ±0.03m　② ±0.05m
③ ±0.08m　④ ±0.10m

해설

부정오차 $=a\sqrt{n}$

$=0.01\sqrt{500/50}=\pm0.03\text{m}$

18 수준측량 용어 중 지반고를 구하려고 할 때 기지점에 세운 표척의 읽음을 의미하는 것은?

① 전시　② 후시
③ 표고　④ 기계고

해설

- 전시(FS) : 표고를 구하려는 점에 세운 표척의 읽음값
- 후시(BS) : 기지점에 세운 표척의 읽음값

19 노선측량에서 노선을 선정할 때 유의해야 할 사항으로 옳지 않은 것은?

① 배수가 잘 되는 곳으로 한다.
② 노선 선정 시 가급적 직선이 좋다.
③ 절토 및 성토의 운반거리를 가급적 짧게 한다.
④ 가급적 성토 구간이 길고, 토공량이 많아야 한다.

해설

절토와 성토의 균형을 이뤄 토공량이 적게 한다.

20 우리나라의 노선측량에서 고속도로에 주로 이용되는 완화곡선은?

① 클로소이드 곡선　② 렘니스케이트 곡선
③ 2차 포물선　④ 3차 포물선

해설

완화곡선

- 클로소이드 – 고속도로
- 렘니스케이트 – 시가철도
- 3차 포물선 – 철도

정답　16 ②　17 ①　18 ②　19 ④　20 ①

2017년 토목기사 제2회 측량학 기출문제

01 측량의 분류에 대한 설명으로 옳은 것은?

① 측량 구역이 상대적으로 협소하여 지구의 곡률을 고려하지 않아도 되는 측량을 측지측량이라 한다.
② 측량정확도에 따라 평면기준점측량과 고저기준점측량으로 구분한다.
③ 구면 삼각법을 적용하는 측량과 평면 삼각법을 적용하는 측량과의 근본적인 차이는 삼각형의 내각의 합이다.
④ 측량법에는 기본측량과 공공측량의 두 가지로만 측량을 분류한다.

해설

- 지구의 곡률을 고려하지 않아도 되는 측량을 평면측량이라 한다.
- 측량 위치에 따라 평면기준점측량과 고저기준점측량으로 구분한다.
- 구면 삼각법에서 삼각형 내각의 합 : 180°+구과량
  평면 삼각법에서 삼각형 내각의 합 : 180°
- 법에 따른 분류(기본측량, 공공측량, 일반측량, 지적측량 등)

02 수준측량에서 시준거리를 같게 함으로써 소거할 수 있는 오차에 대한 설명으로 틀린 것은?

① 기포관축과 시준선이 평행하지 않을 때 생기는 시준선 오차를 소거할 수 있다.
② 시준거리를 같게 함으로써 지구곡률오차를 소거할 수 있다.
③ 표척 시준시 초점나사를 조정할 필요가 없으므로 이로 인한 오차인 시준오차를 줄일 수 있다.
④ 표척의 눈금 부정확으로 인한 오차를 소거할 수 있다.

해설

등거리 관측(시준거리를 같게)으로 제거되는 오차

- 시준축오차(기포관축과 시준축이 평행되지 않은 오차)
- 지구곡률오차(구차)
- 빛의 굴절로 인한 오차(기차)

03 UTM 좌표에 대한 설명으로 옳지 않은 것은?

① 중앙 자오선의 축척 계수는 0.9996이다.
② 좌표계는 경도 6°, 위도 8° 간격으로 나눈다.
③ 우리나라는 40구역(ZONE)과 43구역(ZONE)에 위치하고 있다.
④ 경도의 원점은 중앙자오선에 있으며 위도의 원점은 적도상에 있다.

해설

우리나라는 51구역(ZONE)과 52구역(ZONE)에 위치하고 있다.

04 1,600m²의 정사각형 토지 면적을 0.5m²까지 정확하게 구하기 위해서 필요한 변길이의 최대 허용오차는?

① 2.25mm ② 6.25mm
③ 10.25mm ④ 12.25mm

해설

$\frac{\Delta A}{A}=2\frac{\Delta l}{l}$, $\frac{0.5}{1600}=2\cdot\frac{x}{40}$, $x=6.25$ mm

05 도로공사에서 거리 20m인 성토구간에 대하여 시작 단면 $A_1=72\text{m}^2$, 끝 단면 $A_2=182\text{m}^2$, 중앙 단면 $A_m=132\text{m}^2$라고 할 때 각주공식에 의한 성토량은?

① 2,540.0m³ ② 2,573.3m³
③ 2,600.0m³ ④ 2,606.7m³

해설

$$\text{각주공식}(V)=\frac{h}{3}(A_1+4A_m+A_2)=\frac{10}{3}(72+4\times132+182)=2{,}606.7\text{m}^3$$

정답 01 ③ 02 ④ 03 ③ 04 ② 05 ④

06 도로 기점으로부터 교점(IP)까지의 추가거리가 400m, 곡선 반지름 $R=200$m, 교각 $I=90°$인 원곡선을 설치할 경우, 곡선시점(BC)은?(단, 중심말뚝거리＝20m)

① No.9 ② No.9＋10m
③ No.10 ④ No.10＋10m

해설

$$BC = IP - TL$$
$$= 400 - \left(200 \times \tan\frac{90}{2}\right)$$
$$= 200\text{m}$$
$\therefore$ 200m＝No.10

07 곡선설치에서 교각 $I=60°$, 반지름 $R=150$m일 때 접선장($T.L$)은?

① 100.0m ② 86.6m
③ 76.8m ④ 38.6m

해설

$$TL = R \times \tan\frac{I}{2} = 150 \times \tan\frac{60°}{2}$$
$$= 86.6\text{ m}$$

08 수평각 관측 방법에서 그림과 같이 각을 관측하는 방법은?

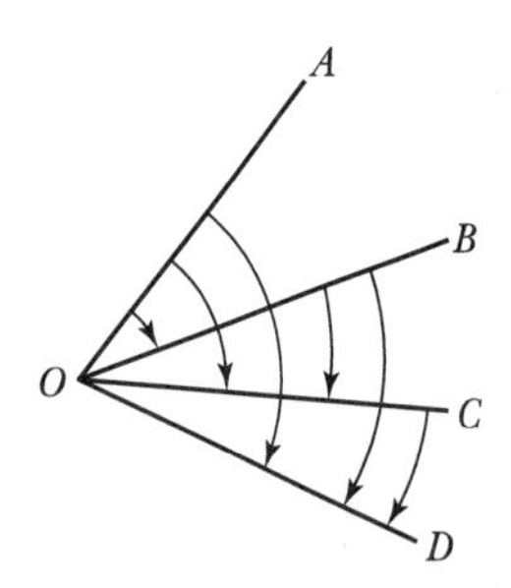

① 방향각 관측법 ② 반복 관측법
③ 배각 관측법 ④ 조합각 관측법

해설

각 관측법(조합각 관측법)
- 가장 정확한 값을 얻을 수 있다.
- 1등 삼각 측량에 이용
- 측각 총수$=\frac{1}{2}S(S-1)$

09 수치지형도(Digital Map)에 대한 설명으로 틀린 것은?

① 우리나라는 축척 1 : 5000 수치지형도를 국토기본도로 한다.
② 주로 필지정보와 표고자료, 수계정보 등을 얻을 수 있다.
③ 일반적으로 항공사진측량에 의해 구축된다.
④ 축척별 포함 사항이 다르다.

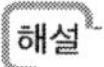
해설

출제기준에서 제외된 문제

10 수준측량의 야장기입방법 중 가장 간단한 방법으로 전시(BS)와 후시(FS)만 있으면 되는 방법은?

① 고차식 ② 교호식
③ 기고식 ④ 승강식

해설

1. 고차식
   - 가장 간단한 방법
   - 전시(FS)와 후시(BS)만 있으면 된다.
2. 기고식
   중간점이 많은 경우 편리

정답 06 ③ 07 ② 08 ④ 09 ② 10 ①

11 수면으로부터 수심의 $\frac{2}{10}$, $\frac{4}{10}$, $\frac{6}{10}$, $\frac{8}{10}$인 곳에서 유속을 측정한 결과가 각각 1.2m/s, 1.0m/s, 0.7m/s, 0.3m/s이었다면 평균 유속은? (단, 4점법 이용)

① 1.095m/s ② 1.005m/s
③ 0.895m/s ④ 0.775m/s

해설

4점법

$$V_m = \frac{1}{5}\left\{(V_{0.2}+V_{0.4}+V_{0.6}+V_{0.8})+\frac{1}{2}\left(V_{0.2}+\frac{V_{0.8}}{2}\right)\right\}$$
$$=\frac{1}{5}\left\{(1.2+1.0+0.7+0.3)+\frac{1}{2}\left(1.2+\frac{0.3}{2}\right)\right\}$$
$$=0.775\text{m/s}$$

12 삼각망 조정에 관한 설명으로 옳지 않은 것은?

① 임의 한 변의 길이는 계산경로에 따라 달라질 수 있다.
② 검기선은 측정한 길이와 계산된 길이가 동일하다.
③ 1점 주위에 있는 각의 합은 360°이다.
④ 삼각형의 내각의 합은 180°이다.

해설

① 변조점 : 임의 한 변의 길이는 계산순서에 관계없이 동일하다.

13 비고 65m의 구릉지에 의한 최대 기복변위는?(단, 사진기의 초점거리 15cm, 사진의 크기 23cm×23cm, 축척 1 : 20000이다.)

① 0.14cm ② 0.35cm
③ 0.64cm ④ 0.82cm

해설

출제기준에서 제외된 문제

14 클로소이드 곡선(Cothoid Curve)에 대한 설명으로 옳지 않은 것은?

① 고속도로에 널리 이용된다.
② 곡률이 곡선의 길이에 비례한다.
③ 완화곡선(緩和曲線)의 일종이다.
④ 클로소이드 요소는 모두 단위를 갖지 않는다.

해설

클로소이드 요소는 단위가 있는 것도 있고 단위가 없는 것도 있다.

15 항공사진측량의 입체시에 대한 설명으로 옳은 것은?

① 다른 조건이 동일할 때 초점거리가 긴 사진기에 의한 입체상이 짧은 사진기의 입체상보다 높게 보인다.
② 한 쌍의 입체사진은 촬영코스 방향과 중복도만 유지하면 두 사진의 축척이 30% 정도 달라도 무관하다.
③ 다른 조건이 동일할 때 기선의 길이를 길게 하는 것이 짧은 경우보다 과고감이 크게 된다.
④ 입체상의 변화는 기선고도비에 영향을 받지 않는다.

해설

출제기준에서 제외된 문제

16 측점 A에 각관측 장비를 세우고 50m 떨어져 있는 측점 B를 시준하여 각을 관측할 때, 측선 AB에 직각방향으로 3cm의 오차가 있었다면 이로 인한 각관측 오차는?

① 0°1′13″ ② 0°1′22″
③ 0°2′04″ ④ 0°2′45″

해설

$$\frac{\Delta l}{l}=\frac{\theta''}{\rho''},\ \frac{0.03}{50}=\frac{\theta''}{206265''}$$
$$\therefore\ \theta''=2'03.76''$$

정답 11 ④ 12 ① 13 ② 14 ④ 15 ③ 16 ③

17 직접법으로 등고선을 측정하기 위하여 A점에 레벨을 세우고 기계고 1.5m를 얻었다. 70m 등고선 상의 P점을 구하기 위한 표척(Staff)의 관측값은? (단, A점 표고는 71.6m이다.)

① 1.0m ② 2.3m
③ 3.1m ④ 3.8m

해설

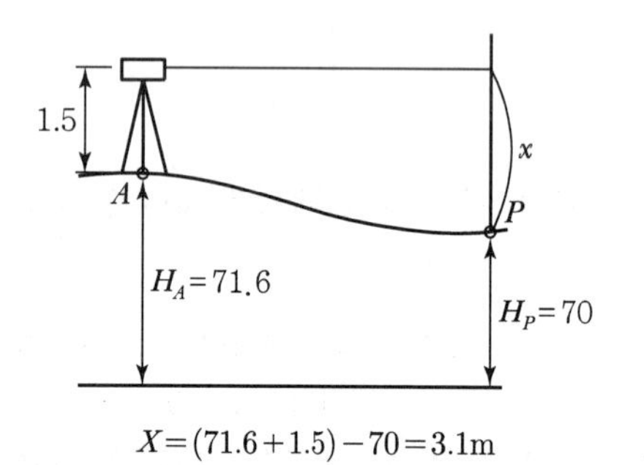

$X=(71.6+1.5)-70=3.1\text{m}$

18 하천에서 수애선 결정에 관계되는 수위는?

① 갈수위(DWL)
② 최저수위(HWL)
③ 평균최저수위(NLWL)
④ 평수위(OWL)

해설

평수위(OWL)
- 하천에서 수애선 결정에 관계되는 수위
- 어떤 기간 동안 관측한 수위 가운데 1/2은 그 수위보다 높고, 다른 1/2은 낮은 수위

19 20m 줄자로 두 지점의 거리를 측정한 결과가 320m였다. 1회 측정마다 ±3mm의 우연오차가 발생한다면 두 지점 간의 우연오차는?

① ±12mm ② ±14mm
③ ±24mm ④ ±48mm

해설

우연오차 $=a\sqrt{n}=3\sqrt{\dfrac{320}{20}}=\pm12\text{mm}$

20 시가지에서 5개의 측점으로 폐합 트래버스를 구성하여 내각을 측정한 결과, 각관측 오차가 30″이었다. 각관측의 경중률이 동일할 때 각오차의 처리방법은?(단, 시가지의 허용오차 범위 $=20''\sqrt{n}\sim30''\sqrt{n}$)

① 재측량한다.
② 각의 크기에 관계없이 등배분한다.
③ 각의 크기에 비례하여 배분한다.
④ 각의 크기에 반비례하여 배분한다.

해설

㉠ 오차의 허용범위
$20''\sqrt{5}\sim30''\sqrt{5}=44.7''\sim67.1''$
㉡ 각 관측오차(30″) < 허용범위
㉢ 관측오차를 등배분 조정

정답 17 ③ 18 ④ 19 ① 20 ②

01 항공사진의 특수 3점이 하나로 일치되는 사진은?

① 경사사진 ② 파노라마사진
③ 근사 수직사진 ④ 엄밀 수직사진

해설

출제기준에서 제외된 문제

02 교호수준측량의 결과가 그림과 같을 때, A점의 표고가 55.423m라면 B점의 표고는?

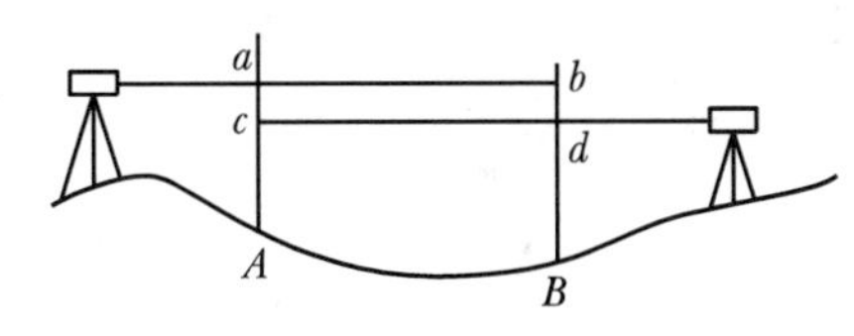

[$a=2.665$m, $b=3.965$m, $c=0.530$m, $d=1.816$m]

① 52.930m ② 53.281m
③ 54.130m ④ 54.137m

해설

㉠ $\Delta h=\frac{(a-b)+(c-d)}{2}$
$=\frac{(2.665-3.965)+(0.530-1.816)}{2}=-1.293\text{m}$

㉡ $H_B=H_A+\Delta h=55.423-1.293=54.130\text{m}$

03 축척 1 : 5,000 지형도(30cm×30cm)를 기초로 하여 축척이 1 : 50,000인 지형도(30cm×30cm)를 제작하기 위해 필요한 축척 1 : 5,000 지형도의 매수는?

① 50매 ② 100매
③ 150매 ④ 200매

해설

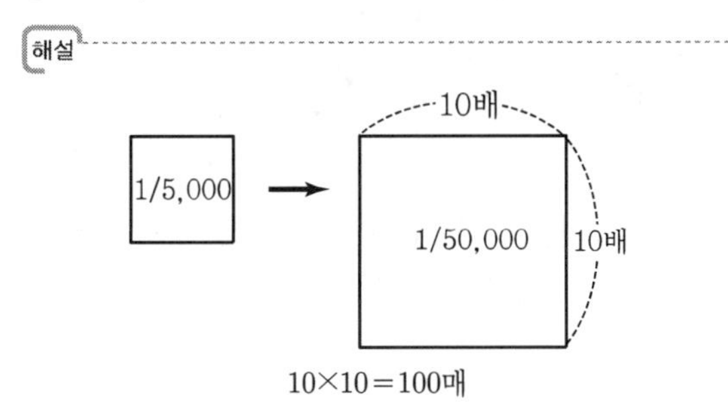

04 수준측량에서 전시와 후시의 시준거리를 같게 하여 소거할 수 있는 기계오차로 가장 적합한 것은?

① 거리의 부등에서 생기는 시준선의 대기 중 굴절에서 생긴 오차
② 기포관축과 시준선이 평행하지 않기 때문에 생긴 오차
③ 온도 변화에 따른 기포관의 수축팽창에 의한 오차
④ 지구의 곡률에 의해서 생긴 오차

해설

전시와 후시의 거리를 같게 하면 제거되는 오차
- 시준축 오차(기포관축과 시준축이 평행되지 않은 오차)
- 구차(지구곡률로 인한 오차)
- 기차(빛의 굴절로 인한 오차)

05 기준면으로부터 촬영고도 4,000m에서 종중복도 60%로 촬영한 사진 2장의 기선장이 99mm, 철탑의 최상단과 최하단의 시차차가 2mm였다면 철탑의 높이는?(단, 카메라 초점거리=150mm)

① 80.8m ② 82.5m
③ 89.2m ④ 92.4m

해설

출제기준에서 제외된 문제

06 다음 중 삼각점의 기준점 성과표가 제공하지 않는 성과는?

① 직각좌표 ② 경위도
③ 중력 ④ 표고

해설

삼각점(기준점) 성과표 기재사항
- 삼각점 번호
- 경위도 좌표값
- 평면직각 좌표 및 표고
- 수준원점
- 도엽명칭 및 번호
- 진북방향각 등

정답 01 ④ 02 ③ 03 ② 04 ② 05 ① 06 ③

07 클로소이드에 대한 설명으로 옳은 것은?

① 설계속도에 대한 교통량 산정곡선이다.
② 주로 고속도로에 사용되는 완화곡선이다.
③ 도로 단면에 대한 캔트의 크기를 결정하기 위한 곡선이다.
④ 곡선길이에 대한 확폭량 결정을 위한 곡선이다.

해설

클로소이드 곡선
- 곡률이 곡선장에 비례하는 곡선
- 차의 앞바퀴의 회전속도를 일정하게 유지할 경우 이 차가 그리는 운동궤적
- 고속도로에 사용되는 완화곡선

08 삼각형 3변의 길이가 25.0m, 40.8m, 50.6m일 때 면적은?

① 431.87m^2 ② 495.25m^2
③ 505.49m^2 ④ 551.27m^2

해설

㉠ $S=\dfrac{a+b+c}{2}=\dfrac{25+40.8+50.6}{2}=58.2$

㉡ $A=\sqrt{S(S-a)(S-b)(S-c)}$
$=\sqrt{58.2(58.2-25)(58.2-40.8)(58.2-50.6)}$
$=505.49\text{m}^2$

09 50m의 줄자를 사용하여 길이 1,250m를 관측할 경우, 줄자에 의한 거리측량 오차를 50m에 대하여 ±5mm라고 가정한다면 전체 길이의 거리 측정에서 생기는 오차는?

① ±20mm ② ±25mm
③ ±30mm ④ ±35mm

해설

거리측정오차 $=a\sqrt{n}=5\sqrt{\dfrac{1,250}{50}}=\pm25\text{mm}$

10 측지학에 대한 설명으로 틀린 것은?

① 평면위치의 결정이란 기준타원체의 법선이 타원체 표면과 만나는 점의 좌표, 즉 경도 및 위도를 정하는 것이다.
② 높이의 결정은 평균해수면을 기준으로 하는 것으로 직접 수준측량 또는 간접 수준측량에 의해 결정한다.
③ 천체의 고도, 방위각 및 시각을 관측하여 관측지점의 지리학적 경위도 및 방위를 구하는 것을 천문측량이 한다.
④ 지상으로부터 발사 또는 방사된 전자파를 인공위성으로 흡수하여 해석함으로써 지구자원 및 환경을 해결할 수 있는 것을 위성측량이라 한다.

해설

원격탐사(R/S)
- 지표 대상물에서 반사, 방사된 전자 스펙트럼을 측정
- 지구자원 및 환경조사

11 노선의 횡단측량에서 No.1+15m 측점의 절토 단면적이 100m^2, No.2 측점의 절토 단면적이 40m^2일 때 두 측점 사이의 절토량은?(단, 중심말뚝 간격=20m)

① 350m^3 ② 700m^3
③ $1,200\text{m}^3$ ④ $1,400\text{m}^3$

해설

$V=\left(\dfrac{A_1+A_2}{2}\right)l$
$=\left(\dfrac{100+40}{2}\right)\times5=350\text{m}^3$

12 원곡선을 설치하기 위한 노선측량에서 그림과 같이 장애물로 인하여 임의의 점 C, D에서 관측한 결과가 $\angle ACD=140°$, $\angle BDC=120°$, $\overline{CD}=350\text{m}$였다면 $\overline{AC}$의 거리는?(단, 곡선반지름 $R=500\text{m}$, $A=$곡선시점)

정답 07 ② 08 ③ 09 ② 10 ④ 11 ① 12 ①

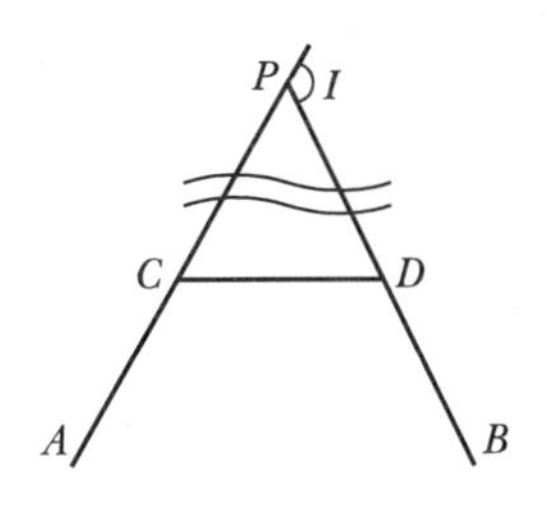

① 288.1m ② 288.8m
③ 296.2m ④ 297.8m

13 클로소이드 매개변수 $A=60$m이고 곡선길이 $L=50$m인 클로소이드의 곡률반지름 R은?

① 41.7m ② 54.8m
③ 72.0m ④ 100.0m

해설

$A^2=RL$

$\therefore\ R=\frac{A^2}{L}=\frac{60^2}{50}=72\text{m}$

14 그림은 편각법에 의한 트래버스 측량 결과이다. DE 측선의 방위각은?(단, $\angle A=48°50'40''$, $\angle B=43°30'30''$, $\angle C=46°50'00''$, $\angle D=60°12'45''$)

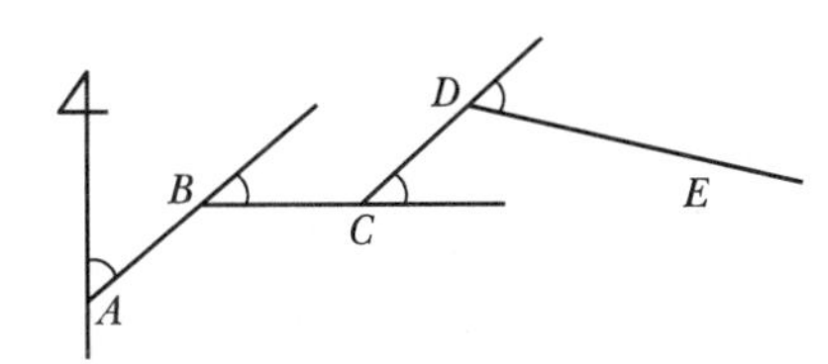

① 139°11′10″ ② 96°31′10″
③ 92°21′10″ ④ 105°43′55″

해설

DE 측선의 방위각

㉠ AB 측선의 방위각 $=48°50'40''$

㉡ BC 측선의 방위각
$=48°50'40''+180°-(180°-43°30'30'')$
$=92°21'10''$

㉢ CD 측선의 방위각
$=92°21'10''-180°+(180°-46°50'00'')$
$=45°31'10''$

㉣ DE 측선의 방위각
$=45°31'10''+180°-(180°-60°12'45'')$
$=105°43'55''$

15 수애선을 나타내는 수위로서 어느 기간 동안의 수위 중 이것보다 높은 수위와 낮은 수위의 관측수가 같은 수위는?

① 평수위 ② 평균수위
③ 지정수위 ④ 평균최고수위

해설

평수위

㉠ 어느 기간의 수위 중 이것보다 높은 수위와 낮은 수위의 관측수가 똑같은 수위

㉡ 1년을 통해 185일은 이보다 저하하지 않는 수위

16 축척 1 : 200으로 평판측량을 할 때, 앨리데이드의 외심거리 30mm에 의해 생기는 도상 외심오차는?

① 0.06mm ② 0.15mm
③ 0.18mm ④ 0.30mm

해설

출제기준에서 제외된 문제

17 폐합 트래버스에서 전 측선의 길이가 900m이고 폐합비가 1/9,000일 때, 도상 폐합오차는?(단, 도면의 축척 1 : 500)

① 0.2mm ② 0.3mm
③ 0.4mm ④ 0.5mm

정답 13 ③ 14 ④ 15 ① 16 ② 17 ①

해설

㉠ 축척$=\frac{1}{500}=\frac{x}{900}$, $x=1.8$ m

㉡ 폐합비$=\frac{1}{9,000}=\frac{\text{도상 폐합오차}}{1.8}$

∴ 도상 폐합오차$=2\times10^{-4}$m$=0.2$mm

18 도상에 표고를 숫자로 나타내는 방법으로 하천, 항만, 해안측량 등에서 수심측량을 하여 고저를 나타내는 경우에 주로 사용되는 것은?

① 음영법 ② 등고선법
③ 영선법 ④ 점고법

해설

점고법
- 도상에 표고를 숫자로 나타냄
- 하천, 항만, 해양측량 등에서 수심측량을 하여 지형을 표시하는 방법

19 트래버스 측량의 종류 중 가장 정확도가 높은 방법은?

① 폐합트래버스 ② 개방트래버스
③ 결합트래버스 ④ 종합트래버스

해설

트래버스 정밀도 순서
결합트래버스 > 폐합트래버스 > 개방트래버스

20 표는 도로 중심선을 따라 20m 간격으로 종단측량을 실시한 결과이다. No.1의 계획고를 52m로 하고 −2%의 기울기로 설계한다면 No.5에서의 성토고 또는 절토고는?

측점	No.1	No.2	No.3	No.4	No.5
지반고(m)	54.50	54.75	53.30	53.12	52.18

① 성토고 1.78m ② 성토고 2.18m
③ 절토고 1.78m ④ 절토고 2.18m

해설

지반고 − 계획고 = ⊕절토고, ⊖성토고

㉠ No.5 지반고$=52.18$ m

㉡ No.5 계획고$=52-(0.02\times80)=50.4$m

∴ $52.18-50.4=1.78$(절토고)

정답 18 ④ 19 ③ 20 ③

2017년 토목기사 제4회 측량학 기출문제

01 측점 A에 토털스테이션을 정치하고 B점에 설치한 프리즘을 관측하였다. 이때 기계고 1.7m, 고저각 +15°, 시준고 3.5m, 경사거리가 2,000m이었다면, 두 측점의 고저차는?

① 495.838m ② 515.838m
③ 535.838m ④ 555.838m

해설

$H_B = H_A + \Delta h = H_A + I + h - S$

$\therefore \Delta h = I + h - S$

$= 1.7 + (2{,}000\sin 15°) - 3.5 = 515.838\text{m}$

02 100m²의 정사각형 토지면적을 0.2m²까지 정확하게 계산하기 위한 한 변의 최대허용오차는?

① 2mm ② 4mm
③ 5mm ④ 10mm

해설

$2 \cdot \frac{\Delta l}{l} = \frac{\Delta A}{A}$

$2 \cdot \frac{\Delta l}{10} = \frac{0.2}{100}$

$\therefore \Delta l = 0.01\text{m} = 10\text{mm}$

03 트래버스 측량의 결과로 위거오차 0.4m, 경거오차 0.3m를 얻었다. 총 측선의 길이가 1,500m이었다면 폐합비는?

① 1/2,000 ② 1/3,000
③ 1/4,000 ④ 1/5,000

해설

$\text{폐합비} = \frac{1}{m} = \frac{\sqrt{\text{위거오차}^2 + \text{경거오차}^2}}{\Sigma l}$

$= \frac{\sqrt{0.4^2 + 0.3^2}}{1{,}500} = \frac{1}{3{,}000}$

04 측량에 있어 미지값을 관측할 경우에 나타나는 오차와 관련된 설명으로 틀린 것은?

① 경중률은 분산에 반비례한다.
② 경중률은 반복 관측일 경우 각 관측값 간의 편차를 의미한다.
③ 일반적으로 큰 오차가 생길 확률은 작은 오차가 생길 확률보다 매우 작다.
④ 표준편차는 각과 거리가 같은 1차원의 경우에 대한 정밀도의 척도이다.

해설

경중률은 관측값의 신뢰도를 나타내는 척도를 의미한다. 관측값 간의 편차는 표준편차(평균제곱근 오차)이다.

05 도면에서 곡선에 둘러싸여 있는 부분의 면적을 구하기에 가장 적합한 방법은?

① 좌표법에 의한 방법
② 배횡거법에 의한 방법
③ 삼사법에 의한 방법
④ 구적기에 의한 방법

해설

경계선이 직선으로 둘러싸인 지역	경계선이 곡선으로 둘러싸인 지역
• 삼각형법(삼사법, 삼변법) • 배횡거법 • 좌표법	• 지거법(심프슨 법칙) • 방안법(투사지법) • 구적기법

06 하천측량에 대한 설명으로 옳지 않은 것은?

① 수위관측소의 위치는 지천의 합류점 및 분류점으로서 수위의 변화가 일어나기 쉬운 곳이 적당하다.
② 하천측량에서 수준측량을 할 때의 거리표는 하천의 중심에 직각 방향으로 설치한다.
③ 심천측량은 하천의 수심 및 유수부분의 하저상황을 조사하고 횡단면도를 제작하는 측량을 말한다.
④ 하천측량 시 처음에 할 일은 도상 조사로서 유로 상황, 지역면적, 지형, 토지이용 상황 등을 조사하여야 한다.

해설

수위관측소는 수위의 변화가 생기지 않는 장소에 설치한다.

정답 01 ② 02 ④ 03 ② 04 ② 05 ④ 06 ①

07 캔트가 C인 노선에서 설계속도와 반지름을 모두 2배로 할 경우, 새로운 캔트 C'는?

① $\frac{C}{2}$ ② $\frac{C}{4}$
③ $2C$ ④ $4C$

해설

캔트$(C)=\frac{V^2S}{gR}=\frac{4V^2S}{2gR}=2C$

08 그림과 같은 수준환에서 직접수준측량에 의하여 표와 같은 결과를 얻었다. D점의 표고는?(단, A점의 표고는 20m, 경중률은 동일)

구분	거리(km)	표고(m)
$A\rightarrow B$	3	B=12.401
$B\rightarrow C$	2	C=11.275
$C\rightarrow D$	1	D=9.780
$D\rightarrow A$	2.5	A=20.044

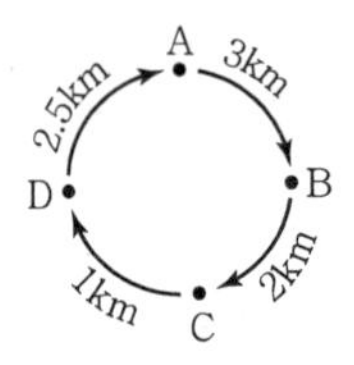

① 6.877m ② 8.327m
③ 9.749m ④ 10.586m

해설

- 폐합오차$=20-20.044=-0.044$
- D점 조정량$=\frac{\text{추가거리}}{\text{전체거리}}\times$폐합오차
  $=\frac{6}{8.5}\times(-0.044)=-0.031$

$\therefore$ D점의 표고$=9.780-0.031=9.749$m

09 지형측량에서 등고선의 성질에 대한 설명으로 옳지 않은 것은?

① 등고선은 절대 교차하지 않는다.
② 등고선은 지표의 최대 경사선 방향과 직교한다.
③ 동일 등고선 상에 있는 모든 점은 같은 높이이다.
④ 등고선 간의 최단거리의 방향은 그 지표면의 최대경사의 방향을 가리킨다.

해설

등고선은 동굴과 절벽에서는 교차한다.

10 지오이드(Geoid)에 대한 설명 중 옳지 않은 것은?

① 평균해수면을 육지까지 연장한 가상적인 곡면을 지오이드라 하며 이것은 지구타원체와 일치한다.
② 지오이드는 중력장의 등퍼텐셜면으로 볼 수 있다.
③ 실제로 지오이드면은 굴곡이 심하므로 측지측량의 기준으로 채택하기 어렵다.
④ 지구타원체의 법선과 지오이드의 법선 간의 차이를 연직선 편차라 한다.

해설

지오이드는 지구타원체와 일치하지 않는다.

11 노선측량으로 곡선을 설치할 때에 교각(I) 60°, 외선 길이(E) 30m로 단곡선을 설치할 경우 곡선반지름(R)은?

① 103.7m ② 120.7m
③ 150.9m ④ 193.9m

해설

외할$(E)=R\left(\sec\frac{I}{2}-1\right)$

$30=R\left(\sec\frac{60°}{2}-1\right)$

$\therefore\ R=193.9$m

12 홍수 때 급히 유속을 측정하기에 가장 알맞은 것은?

① 봉부자 ② 이중부자
③ 수중부자 ④ 표면부자

해설

표면부자는 답사나 홍수 시 급히 유속을 관측할 때 편리한 방법(나무코르크, 병)

정답 07 ③ 08 ③ 09 ① 10 ① 11 ④ 12 ④

13 트래버스 측량의 각 관측방법 중 방위각법에 대한 설명으로 틀린 것은?

① 진북을 기준으로 어느 측선까지 시계 방향으로 측정하는 방법이다.
② 험준하고 복잡한 지역에서는 적합하지 않다.
③ 각이 독립적으로 관측되므로 오차 발생 시 개별 각의 오차는 이후의 측량에 영향이 없다.
④ 각 관측값의 계산과 제도가 편리하고 신속히 관측할 수 있다.

해설

③ 교각법에 대한 설명이다.

14 삼각측량과 삼변측량에 대한 설명으로 틀린 것은?

① 삼변측량은 변 길이를 관측하여 삼각점의 위치를 구하는 측량이다.
② 삼각측량의 삼각망 중 가장 정확도가 높은 망은 사변형삼각망이다.
③ 삼각점의 선점 시 기계나 측표가 동요할 수 있는 습지나 하상은 피한다.
④ 삼각점의 등급을 정하는 주된 목적은 표석설치를 편리하게 하기 위함이다.

해설

삼각점은 각 관측 정확도에 따라 1등부터 4등까지 4등급으로 분류

15 수준측량의 부정오차에 해당되는 것은?

① 기포의 순간 이동에 의한 오차
② 기계의 불완전 조정에 의한 오차
③ 지구곡률에 의한 오차
④ 빛의 굴절에 의한 오차

해설

수준측량에서 부정오차는 오차의 제거가 불가능한 기계 내부오차이다.

16 촬영고도 3,000m에서 초점거리 153mm의 카메라를 사용하여 고도 600m의 평지를 촬영할 경우의 사진축척은?

① $\frac{1}{14,865}$　　② $\frac{1}{15,686}$
③ $\frac{1}{16,766}$　　④ $\frac{1}{17,568}$

해설

출제기준에서 제외된 문제

17 표고 300m의 지역($800km^2$)을 촬영고도 3,300m에서 초점거리 152mm의 카메라로 촬영했을 때 필요한 사진매수는?(단, 사진크기 23cm×23cm, 종중복도 60%, 횡중복도 30%, 안전율 30%임)

① 139매　　② 140매
③ 181매　　④ 281매

해설

출제기준에서 제외된 문제

18 GNSS 측량에 대한 설명으로 틀린 것은?

① 다양한 항법위성을 이용한 3차원 측위방법으로 GPS, GLONASS, Galileo 등이 있다.
② VRS 측위는 수신기 1대를 이용한 절대측위방법이다.
③ 지구질량중심을 원점으로 하는 3차원 직교좌표체계를 사용한다.
④ 정지측량, 신속정지측량, 이동측량 등으로 측위방법을 구분할 수 있다.

해설

VRS(가상 기지국) 측위는 수신기 1대를 이용한 이동측위(RTK) 방법이다.

정답　13 ③　14 ④　15 ①　16 ②　17 ③　18 ②

19 노선측량에 관한 설명으로 옳은 것은?

① 일반적으로 단곡선 설치 시 가장 많이 이용하는 방법은 지거법이다.
② 곡률이 곡선길이에 비례하는 곡선을 클로소이드곡선이라 한다.
③ 완화곡선의 접선은 시점에서 원호에, 종점에서 직선에 접한다.
④ 완화곡선의 반지름은 종점에서 무한대이고 시점에서는 원곡선의 반지름이 된다.

해설

- 단곡선 설치 시 가장 많이 이용하는 방법은 편각법이다.
- 곡률이 곡선장에 비례하는 곡선을 클로소이드 곡선이라 한다.
- 완화곡선의 접선은 시점에서 직선, 종점에서 원호에 접한다.
- 완화곡선의 반지름은 시점에서 무한대, 종점에서는 원곡선의 반지름이 된다.

20 지형측량의 순서로 옳은 것은?

① 측량계획 → 골조측량 → 측량원도 작성 → 세부측량
② 측량계획 → 세부측량 → 측량원도 작성 → 골조측량
③ 측량계획 → 측량원도 작성 – 골조측량 → 세부측량
④ 측량계획 → 골조측량 → 세부측량 → 측량원도 작성

해설

지형 측량 작업 순서
측량계획 → 탐사 및 선점 → 기준점(골조) 측량 → 세부 측량 → 측량원도 → 지도 편집

정답 19 ② 20 ④

2017년 토목산업기사 제4회 측량학 기출문제

01 등고선의 특성에 대한 설명으로 틀린 것은?

① 등고선은 분수선과 직교하고 계곡선과는 평행하다.
② 동굴이나 절벽에서는 교차할 수 있다.
③ 동일 등고선 상의 모든 점은 표고가 같다.
④ 등고선은 도면 내외에서 폐합하는 폐곡선이다.

해설

능선, 계곡선, 최대경사선은 등고선과 직교한다.

02 수준측량에 관한 설명으로 옳지 않은 것은?

① 전 · 후시의 표척 간 거리는 등거리로 하는 것이 좋다.
② 왕복관측을 대신하여 2대의 기계로 동일 표척을 관측하는 것이 좋다.
③ 왕복관측 도중에 관측자를 바꾸지 않는 것이 좋다.
④ 표척을 앞뒤로 서서히 움직여 최소 눈금을 읽는 것이 좋다.

해설

수준 측량은 왕복관측이 원칙

03 토적곡선(Mass Curve)을 작성하는 목적으로 옳지 않은 것은?

① 토량의 운반거리 산출
② 토공기계 선정
③ 토량의 배분
④ 중심선 설치

해설

토적곡선(유토곡선)

- 토량 배분
- 평균 운반거리 산출
- 토공기계 선정

04 삼각측량을 통해 단일삼각망의 내각을 측정하여 다음과 같은 각을 얻었다. 각 내각의 최확값은?

$\angle A = 32°13'29''$, $\angle B = 55°32'19''$, $\angle C = 92°14'30''$

① $\angle A = 32°13'24''$, $\angle B = 55°32'12''$, $\angle C = 92°14'24''$
② $\angle A = 32°13'23''$, $\angle B = 55°32'12''$, $\angle C = 92°14'25''$
③ $\angle A = 32°13'23''$, $\angle B = 55°32'13''$, $\angle C = 92°14'24''$
④ $\angle A = 32°13'24''$, $\angle B = 55°32'13''$, $\angle C = 92°14'23''$

해설

㉠ 오차 $= 180° - (32°13'29'' + 55°32'19'' + 92°14'30'') = -18''$
㉡ 조정

$$\angle A = 32°13'29'' - \frac{18''}{3} = 32°13'23''$$

$$\angle B = 55°32'19'' - \frac{18''}{3} = 55°32'13''$$

$$\angle C = 92°14'30'' - \frac{18''}{3} = 92°14'24''$$

05 축척 1 : 50,000 지형도에서 A점에서 B점까지의 도상거리가 50mm이고, A점의 표고가 200m, B점의 표고가 10m라고 할 때 이 사면의 경사는?

① 1/18.4　② 1/20.5
③ 1/22.3　④ 1/13.2

해설

경사 $= \frac{H}{D}$

- $H = 200 - 10 = 190\text{m}$
- $\frac{1}{50{,}000} = \frac{0.05}{D}$　$\therefore D = 2{,}500\text{m}$

$\therefore$ 경사 $= \frac{H}{D} = \frac{190}{2{,}500} = \frac{1}{13.2}$

06 교점(IP)은 도로의 기점에서 187.94m의 위치에 있고 곡선반지름 250m, 교각 43°57′20″인 단곡선의 접선길이는?

① 87.046m　② 100.894m
③ 288.834m　④ 350.447m

정답　01 ①　02 ②　03 ④　04 ③　05 ④　06 ②

해설

접선길이(TL) $= R \cdot \tan\frac{I}{2} = 250 \times \tan\frac{43°57'20''}{2} = 100.894\text{m}$

07 노선의 완화곡선으로써 3차 포물선이 주로 사용되는 곳은?

① 고속도로　② 일반철도
③ 시가지전철　④ 일반도로

해설

- 클로소이드 – 고속도로
- 램니스케이트 – 시가철도
- 3차 포물선 – 일반철도

08 터널 양 끝단의 기준점 A, B를 포함해서 트래버스측량 및 수준측량을 실시한 결과가 아래와 같을 때, AB 간의 경사거리는?

- 기준점 A의 (X, Y, H)
  (330,123.45m, 250,243.89m, 100.12m)
- 기준점 B의 (X, Y, H)
  (330,342.12m, 250,567.34m, 120.08m)

① 290.94m　② 390.94m
③ 490.94m　④ 590.94m

해설

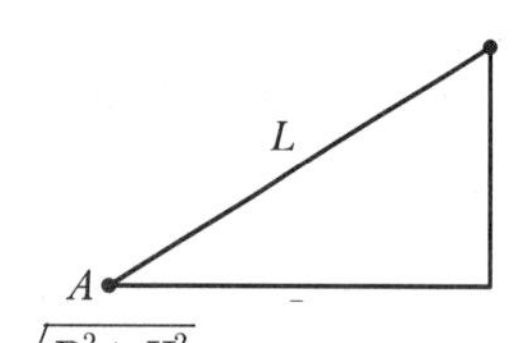

경사거리(L) $= \sqrt{D^2 + H^2}$

$\sqrt{O^2 + O^2}$

- $D(\overline{AB}) = \sqrt{(250,243.89 - 250,567.34)^2 + (330,123.45 - 330,342.12)^2}$
  $= 390.43\text{m}$
- $H = 120.08 - 100.12 = 19.96\text{m}$

$\therefore\ L = \sqrt{D^2 + H^2} = \sqrt{390.43^2 + 19.96^2} = 390.94\text{m}$

09 장애물로 인하여 P, Q점에서 관측이 불가능하여 간접측량한 결과 AB=225.85m였다면 이때 PQ의 거리는?(단, $\angle PAB$=79°36′, $\angle QAB$=35°31′, $\angle PBA$=34°17′, $\angle QBA$=82°05′)

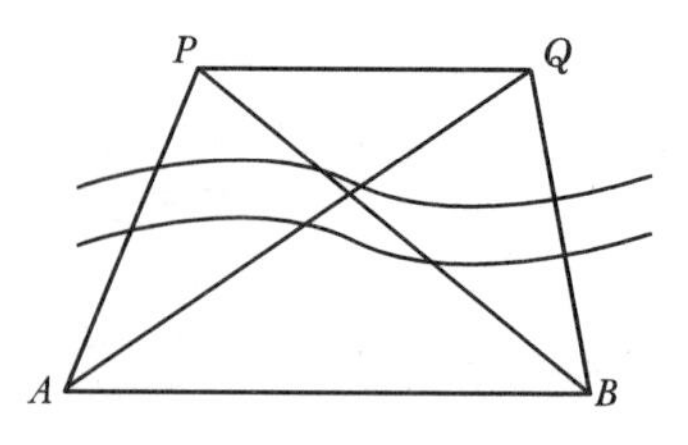

① 179.46m　② 177.98m
③ 178.65m　④ 180.61m

해설

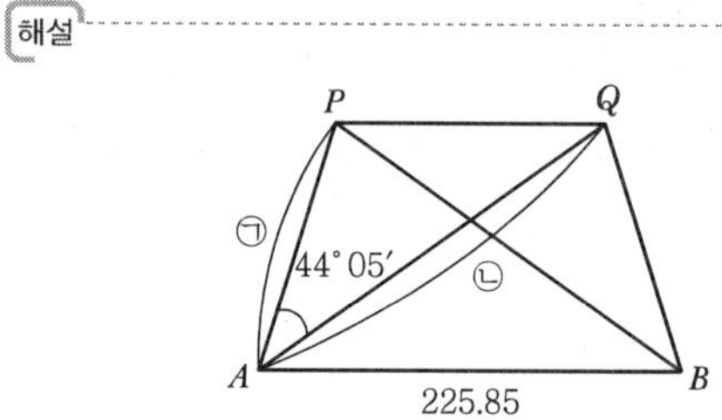

- $\frac{㉠}{\sin 34°17'} = \frac{225.85}{\sin 66°07'}$, ㉠ $= 139.132\text{m}$
- $\frac{㉡}{\sin 82°05'} = \frac{225.85}{\sin 62°24'}$, ㉡ $= 252.422\text{m}$
- $\overline{PQ} = \sqrt{139.132^2 + 252.422^2 - 2 \times 139.132 \times 252.422 \times \cos 44°05}$
  $= 180.61\text{m}$

10 BM에서 P점까지의 고저를 관측하는 데 10km인 A코스, 12km인 B코스로 각각 수준측량하여 A코스의 결과 표고는 62.324m, B코스의 결과 표고는 62.341m였다. P점 표고의 최확값은?

① 62.341m　② 62.338m
③ 62.332m　④ 62.324m

해설

- 경중률 : $\frac{1}{10} : \frac{1}{12} = 6 : 5$
- 최확값 : $\frac{P_1L_1 + P_2L_2}{P_1 + P_2} = \frac{6 \times 62.324 + 5 \times 62.341}{6 + 5} = 62.332\text{m}$

정답　07 ②　08 ②　09 ④　10 ③

11 동일한 구역을 같은 카메라로 촬영할 때 비행고도를 1,000m에서 2,000m로 높인다고 가정하면 1,000m 촬영에서 100장의 사진이 필요하다고 할 때, 2,000m 촬영에서 필요한 사진은 약 몇 장인가?

① 400장　② 200장
③ 50장　④ 25장

해설
출제기준에서 제외된 문제

12 지오이드에 대한 설명으로 옳은 것은?

① 육지 및 해저의 굴곡을 평균값으로 정한 면이다.
② 평균해수면을 육지 내부까지 연장했을 때의 가상적인 곡면이다.
③ 육지와 해양의 지평면을 말한다.
④ 회전타원체와 같은 것으로 지구형상이 되는 곡면이다.

해설
지오이드
- 정지된 평균해수면을 육지까지 연장한 가상적인 곡면
- 중력에 의해 정해진 평균해수면을 기준한 면

13 도로의 노선측량에서 종단면도에 나타나지 않는 항목은?

① 각 관측점에서의 계획고
② 각 관측점의 기점으로부터의 누적거리
③ 지반고와 계획고에 대한 성토, 절토량
④ 각 관측점의 지반고

해설
종단면도 기입 사항
- 추가거리
- 지반고, 계획고
- 성토고, 절토고

14 하천측량을 실시할 경우 수애선의 기준이 되는 것은?

① 고수위　② 평수위
③ 갈수위　④ 홍수위

해설
수애선은 하천경계의 기준이며 (평균) 평수위를 기준으로 한다.

15 시간과 경비가 많이 들고 조건식 수가 많아 조정이 복잡하지만 정확도가 높은 삼각망은?

① 단열삼각망　② 유심삼각망
③ 사변형 삼각망　④ 단삼각망

해설
정밀도 순서
사변형 삼각망 > 유심삼각망 > 단열삼각망

16 유속측량 장소의 선정 시 고려하여야 할 사항으로 옳지 않은 것은?

① 가급적 수위의 변화가 뚜렷한 곳이어야 한다.
② 직류부로서 흐름과 하상경사가 일정하여야 한다.
③ 수위 변화에 횡단 형상이 급변하지 않아야 한다.
④ 관측 장소의 상·하류의 유로가 일정한 단면을 갖고 있으며 관측이 편리하여야 한다.

해설
수위 관측소는 수위 변화가 있는 곳은 피한다.

17 도로와 철도의 노선 선정 시 고려해야 할 사항에 대한 설명으로 옳지 않은 것은?

① 성토를 절토보다 많게 해야 한다.
② 가급적 급경사 노선은 피하는 것이 좋다.
③ 기존 시설물의 이전비용 등을 고려한다.
④ 건설비·유지비가 적게 드는 노선이어야 한다.

해설
절토와 성토의 균형을 이뤄 토공량이 적게 한다.

정답　11 ④　12 ②　13 ③　14 ②　15 ③　16 ①　17 ①

18 초점길이 150mm인 카메라로 촬영고도 3,000m에서 촬영하였다. 이때의 촬영기선길이가 1,920m라면 종중복도는?(단, 사진의 크기 23cm×23cm)

① 50% ② 58%
③ 60% ④ 65%

해설

- 축척$=\dfrac{1}{m}=\dfrac{f}{H}=\dfrac{0.150}{3,000}=\dfrac{1}{20,000}$
- 촬영기선 길이(B)$=ma\left(1-\dfrac{P}{100}\right)$

  $1,920=20,000\times0.23\left(1-\dfrac{P}{100}\right)$

  ∴ P(종중복도) =약 58%

19 그림과 같은 지역의 면적은?

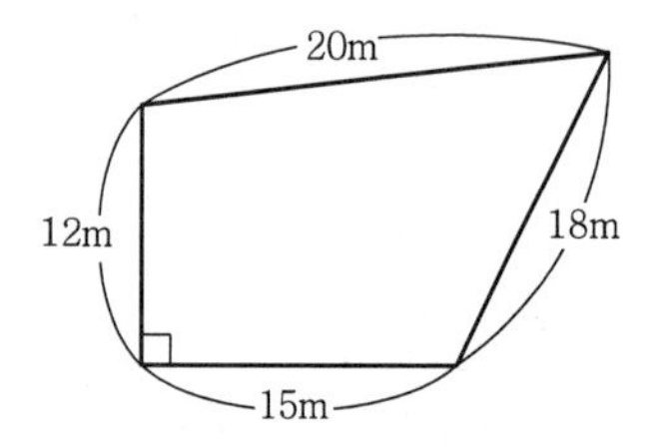

① 246.5m^2 ② 268.4m^2
③ 275.2m^2 ④ 288.9m^2

해설

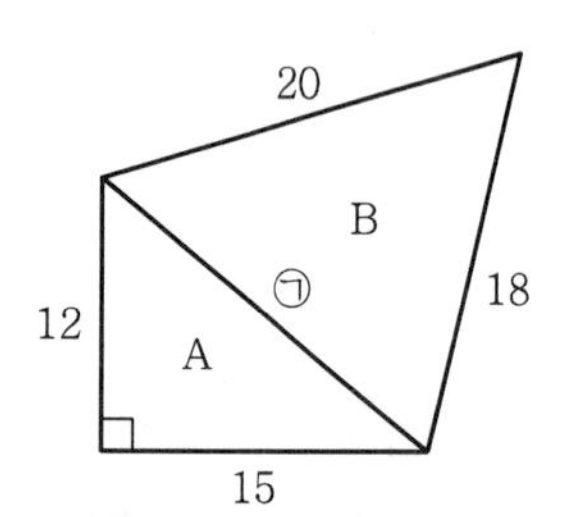

- ㉠ 거리$=\sqrt{12^2+15^2}=19.21\text{m}$
- 면적$=A+B$

  $=\left(\dfrac{12\times15}{2}\right)+\sqrt{\begin{matrix}28.605(28.605-19.21)\\(28.605-20)(28.605-18)\end{matrix}}$

  $=246.5\text{m}^2$

20 1회 관측에서 ±3mm의 우연오차가 발생하였다. 10회 관측하였을 때의 우연오차는?

① ±3.3mm ② ±0.3mm
③ ±9.5mm ④ ±30.2mm

해설

$3:\sqrt{1}t=x:\sqrt{10}$

$x=\pm9.5\text{mm}$

정답 18 ② 19 ① 20 ③

01 직사각형의 가로, 세로의 거리가 그림과 같다. 면적 A의 표현으로 가장 적절한 것은?

75m±0.003m | A | 100m±0.008m

① $7,500m^2 \pm 0.67m^2$
② $7,500m^2 \pm 0.41m^2$
③ $7,500.9m^2 \pm 0.67m^2$
④ $7,500.9m^2 \pm 0.41m^2$

해설

$A \pm \Delta A = (75 \times 100) \pm \sqrt{(75 \times 0.008)^2 + (100 \times 0.003)^2}$
$= 7,500m^2 \pm 0.67m^2$

02 하천측량을 실시하는 주목적에 대한 설명으로 가장 적합한 것은?

① 하천 개수공사나 공작물의 설계, 시공에 필요한 자료를 얻기 위하여
② 유속 등을 관측하여 하천의 성질을 알기 위하여
③ 하천의 수위, 기울기, 단면을 알기 위하여
④ 평면도, 종단면도를 작성하기 위하여

해설

하천측량을 실시하는 목적은 시공에 필요한 자료를 얻기 위함이다.

03 30m당 0.03m가 짧은 줄자를 사용하여 정사각형 토지의 한 변을 측정한 결과 150m이었다면 면적에 대한 오차는?

① $41m^2$ ② $43m^2$
③ $45m^2$ ④ $47m^2$

해설

$2\frac{\Delta l}{l} = \frac{\Delta A}{A}$

$2\frac{0.03}{30} = \frac{\Delta A}{150 \times 150}$

$\therefore \Delta A = 45m^2$

04 지반의 높이를 비교할 때 사용하는 기준면은?

① 표고(elevation)
② 수준면(level surface)
③ 수평면(horizontal plane)
④ 평균해수면(mean sea level)

해설

평균해수면은 높이의 기준이 되는 면이다.

05 클로소이드 곡선에서 곡선 반지름(R)=450m, 매개변수(A)=300m일 때 곡선길이(L)는?

① 100m ② 150m
③ 200m ④ 250m

해설

매개변수$(A^2) = RL$

$L = \frac{A^2}{R} = \frac{300^2}{450} = 200m$

06 등고선의 성질에 대한 설명으로 옳지 않은 것은?

① 등고선은 도면 내외에서 폐합하는 폐곡선이다.
② 등고선은 분수선과 직각으로 만난다.
③ 동굴 지형에서 등고선은 서로 만날 수 있다.
④ 등고선의 간격은 경사가 급할수록 넓어진다.

해설

등고선의 간격은 경사가 급할수록 좁아진다.

07 축척 1 : 25,000 지형도에서 거리가 6.73cm인 두 점 사이의 거리를 다른 축척의 지형도에서 측정한 결과 11.21cm이었다면 이 지형도의 축척은 약 얼마인가?

① 1 : 20,000 ② 1 : 18,000
③ 1 : 15,000 ④ 1 : 13,000

정답 01 ① 02 ① 03 ③ 04 ④ 05 ③ 06 ④ 07 ③

해설

$\frac{1}{25,000}=\frac{6.73\text{cm}\times10^{-2}}{\text{실제거리}}$, 따라서 실제거리=1,682.5m

$\frac{1}{m}=\frac{11.21\text{cm}\times10^{-2}}{1,682.5\text{m}}$

$\therefore$ 축척$\left(\frac{1}{m}\right)=\frac{1}{15,000}$

08 트래버스측량(다각측량)에 관한 설명으로 옳지 않은 것은?

① 트래버스 중 가장 정밀도가 높은 것은 결합 트래버스로서 오차점검이 가능하다.
② 폐합 오차 조정에서 각과 거리측량의 정확도가 비슷한 경우 트랜싯 법칙으로 조정하는 것이 좋다.
③ 오차의 배분은 각 관측의 정확도가 같을 경우 각의 대소에 관계없이 등분하여 배분한다.
④ 폐합 트래버스에서 편각을 관측하면 편각의 총합은 언제나 360°가 되어야 한다.

해설

트랜싯 법칙 : 각의 정확도 > 거리의 정확도

09 수심 H인 하천의 유속측정에서 수면으로부터 깊이 0.2H, 0.6H, 0.8H인 점의 유속이 각각 0.663m/s, 0.532m/s, 0.467m/s이었다면 3점법에 의한 평균유속은?

① 0.565m/s ② 0.554m/s
③ 0.549m/s ④ 0.543m/s

해설

3점법

$$V_m=\frac{V_{0.2}+2V_{0.6}+V_{0.8}}{4}=\frac{0.663+(2\times0.532)+0.467}{4}=0.549\text{m/s}$$

10 교점($I.P$)은 도로 기점에서 500m의 위치에 있고 교각 $I=36°$일 때 외선길이(외할)=5.00m라면 시단현의 길이는?(단, 중심말뚝거리는 20m이다.)

① 10.43m ② 11.57m
③ 12.36m ④ 13.25m

해설

$$BC=IP-TL=500-\left(R\tan\frac{I}{2}\right)=500-\left(97.159\tan\frac{36°}{2}\right)=468.43\text{m}$$

$$\left[E=R\left(\sec\frac{I}{2}-1\right),\ 5=R\left(\sec\frac{36°}{2}-1\right),\ \therefore R=97.159\text{m}\right]$$

$\therefore$ 시단현은 $480-468.43=11.57\text{m}$

11 사진측량의 특징에 대한 설명으로 옳지 않은 것은?

① 기상조건에 상관없이 측량이 가능하다.
② 정량적 관측이 가능하다.
③ 측량의 정확도가 균일하다.
④ 정성적 관측이 가능하다.

해설

출제기준에서 제외된 문제

12 단일삼각형에 대해 삼각측량을 수행한 결과 내각이 $\alpha=54°25'32''$, $\beta=68°43'23''$, $\gamma=56°51'14''$이었다면 β의 각 조건에 의한 조정량은?

① $-4''$ ② $-3''$
③ $+4''$ ④ $+3''$

해설

$(\alpha+\beta+\gamma)-180°=9''/3$

$\therefore$ β의 조정량은 : $-3''$

정답 08 ② 09 ③ 10 ② 11 ① 12 ②

13 그림과 같이 4개의 수준점 A, B, C, D에서 각각 1km, 2km, 3km, 4km 떨어진 P점의 표고를 직접 수준 측량한 결과가 다음과 같을 때 P점의 최확값은?

- A→P = 125.762m
- B→P = 125.750m
- C→P = 125.755m
- D→P = 125.771m

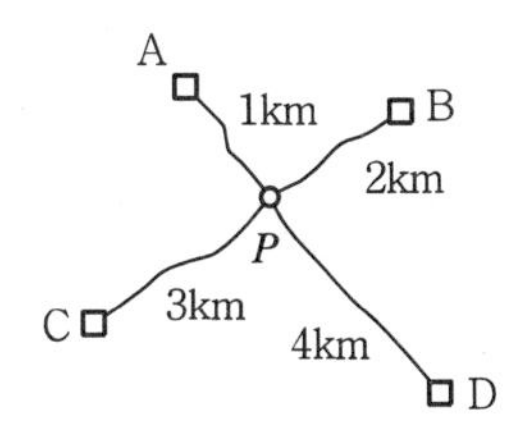

① 125.755m ② 125.759m
③ 125.762m ④ 125.765m

해설

$$\text{최확값} = \frac{(125.762\times12)+(125.750\times6)+(125.755\times4)+(125.771\times3)}{12+6+4+3} = 125.759\text{m}$$

14 GNSS 관측성과로 틀린 것은?

① 지오이드 모델 ② 경도와 위도
③ 지구중심좌표 ④ 타원체고

해설

지오이드 모델은 중력측량을 통해 얻어진다.

15 삼각망의 종류 중 유심삼각망에 대한 설명으로 옳은 것은?

① 삼각망 가운데 가장 간단한 형태이며 측량의 정확도를 얻기 위한 조건이 부족하므로 특수한 경우 외에는 사용하지 않는다.
② 가장 높은 정확도를 얻을 수 있으나 조정이 복잡하고, 포함된 면적이 작으며 특히 기선을 확대할 때 주로 사용한다.
③ 거리에 비하여 측점수가 가장 적으므로 측량이 간단하며 조건식의 수가 적어 정확도가 낮다.
④ 광대한 지역의 측량에 적합하며 정확도가 비교적 높은 편이다.

해설

- 삼각망 가운데 가장 간단한 형태는 단열삼각망이다.
- 삼각망의 정확도 순서 : 사변형삼각망 > 유심삼각망 > 단열삼각망

16 다음은 폐합 트래버스 측량성과이다. 측선 CD의 배횡거는?

측선	위거(m)	경거(m)
AB	65.39	83.57
BC	−34.57	19.68
CD	−65.43	−40.60
DA	34.61	−62.65

① 60.25m ② 115.90m
③ 135.45m ④ 165.90m

해설

측선	위거(m)	경거(m)	배횡거
AB	65.39	83.57	83.57
BC	−34.57	19.68	186.82
CD	−65.43	−40.60	165.90
DA	34.61	−62.65	62.65

17 어떤 횡단면의 도상면적이 40.5cm²이었다. 가로 축척이 1 : 20, 세로 축척이 1 : 60이었다면 실제면적은?

① 48.6m^2 ② 33.75m^2
③ 4.86m^2 ④ 3.375m^2

해설

$$\frac{1}{m_1}\times\frac{1}{m_2}=\frac{\text{도상면적}}{\text{실제면적}}$$

$$\frac{1}{20}\times\frac{1}{60}=\frac{40.5\text{cm}^2}{\text{실제면적}}\quad \therefore \text{ 실제면적} = 48{,}600\text{cm}^2 = 4.86\text{m}^2$$

정답 13 ② 14 ① 15 ④ 16 ④ 17 ③

18 동일한 지역을 같은 조건에서 촬영할 때, 비행고도만을 2배로 높게 하여 촬영할 경우 전체 사진 매수는?

① 사진 매수는 1/2만큼 늘어난다.
② 사진 매수는 1/2만큼 줄어든다.
③ 사진 매수는 1/4만큼 늘어난다.
④ 사진 매수는 1/4만큼 줄어든다.

해설

출제기준에서 제외된 문제

19 중심말뚝의 간격이 20m인 도로구간에서 각 지점에 대한 횡단면적을 표시한 결과가 그림과 같을 때, 각주공식에 의한 전체 토공량은?

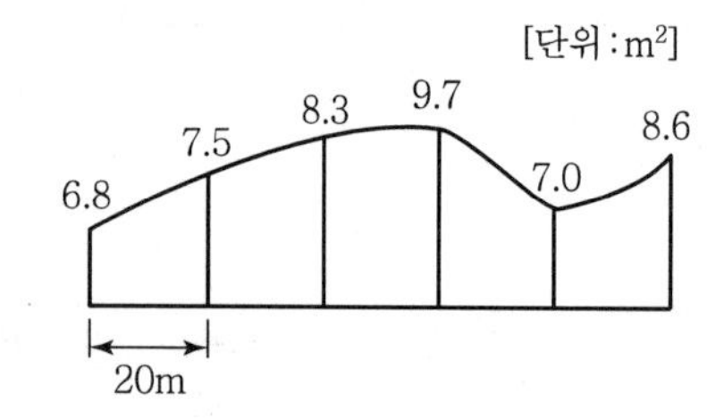

① $156m^3$
② $672m^3$
③ $817m^3$
④ $920m^3$

해설

심프슨 제1법칙+양단면 평균법

$$V=\frac{1}{3}\times 20[6.8+7.5+4(7.5+9.7)+2(8.3)]+\left(\frac{7+8.6}{2}\times 20\right)$$
$$=820m^3$$

20 노선측량에 대한 용어 설명 중 옳지 않은 것은?

① 교점－방향이 변하는 두 직선이 교차하는 점
② 중심말뚝－노선의 시점, 종점 및 교점에 설치하는 말뚝
③ 복심곡선－반지름이 서로 다른 두 개 또는 그 이상의 원호가 연결된 곡선으로 공통접선의 같은 쪽에 원호의 중심이 있는 곡선
④ 완화곡선－고속으로 이동하는 차량이 직선부에서 곡선부로 진입할 때 차량의 원심력을 완화하기 위해 설치하는 곡선

해설

중심말뚝은 노선상 20m마다 설치한다.

정답 18 ④ 19 ③ 20 ②

2018년 토목산업기사 제1회 측량학 기출문제

01 1 : 5,000 축척 지형도를 이용하여 1 : 25,000 축척 지형도 1매를 편집하고자 한다면, 필요한 1 : 5,000 축척 지형도의 총매수는?

① 25매 ② 20매
③ 15매 ④ 10매

해설
가로(5배)×세로(5배)=25매

02 그림과 같이 표면 부자를 하천 수면에 띄워 A점을 출발하여 B점을 통과할 때 소요시간이 1분 40초였다면 하천의 평균 유속은?(단, 평균 유속을 구하기 위한 계수는 0.8로 한다.)

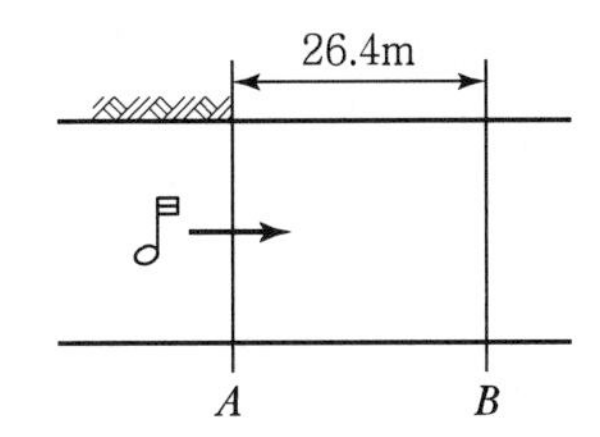

① 0.09m/sec ② 0.19m/sec
③ 0.21m/sec ④ 0.36m/sec

해설
$\frac{26.4}{100} \times 0.8 = 0.21\text{m/sec}$

03 지상 100m×100m의 면적을 4cm²로 나타내기 위한 도면의 축척은?

① 1 : 250 ② 1 : 500
③ 1 : 2,500 ④ 1 : 5,000

해설
$\left(\frac{1}{m}\right)^2 = \frac{4}{100 \times 100} \times \frac{1}{100^2} = \frac{1}{5,000}$

04 클로소이드 곡선에 대한 설명으로 옳은 것은?

① 곡선의 반지름 R, 곡선길이 L, 매개변수 A의 사이에는 $RL = A^2$의 관계가 성립한다.
② 곡선의 반지름에 비례하여 곡선길이가 증가하는 곡선이다.
③ 곡선길이가 일정할 때 곡선의 반지름이 크면 접선각도 커진다.
④ 곡선 반지름과 곡선길이가 같은 점을 동경이라 한다.

해설
클로소이드 곡선
- 곡선의 반지름에 반비례하여 곡선길이가 감소하는 곡선
- 곡선길이가 일정할 때 곡선의 반지름이 크면 접선각도 작아진다.
- 곡선 반지름과 곡선길이가 같은 점을 특성점이라 한다.

05 폐합다각형의 관측결과 위거오차 −0.005m, 경거오차 −0.042m, 관측길이 327m의 성과를 얻었다면 폐합비는?

① $\frac{1}{20}$ ② $\frac{1}{330}$
③ $\frac{1}{770}$ ④ $\frac{1}{7,730}$

해설
$\frac{1}{m} = \frac{\sqrt{(0.005^2 + 0.0042^2)}}{327} = \frac{1}{7,730}$

06 토공작업을 수반하는 종단면도에 계획선을 넣을 때 고려하여야 할 사항으로 옳지 않은 것은?

① 계획선은 필요와 요구에 맞게 한다.
② 절토는 성토로 이용할 수 있도록 운반거리를 고려해야 한다.
③ 단조로움을 피하기 위하여 경사와 곡선을 병설하여 가능한 한 많이 설치한다.
④ 절토량과 성토량은 거의 같게 한다.

해설
종단면도에 계획선을 넣을 때 경사와 곡선은 가능한 한 피한다.

정답 01 ① 02 ③ 03 ④ 04 ① 05 ④ 06 ③

07 등고선의 성질에 대한 설명으로 옳지 않은 것은?

① 어느 지점의 최대경사 방향은 등고선과 평행한 방향이다.
② 경사가 급한 지역은 등고선 간격이 좁다.
③ 동일 등고선 위의 지점들은 높이가 같다.
④ 계곡선(합수선)은 등고선과 직교한다.

해설

최대경사 방향은 등고선과 직각으로 교차한다.

08 그림과 같은 개방 트래버스에서 CD측선의 방위는?

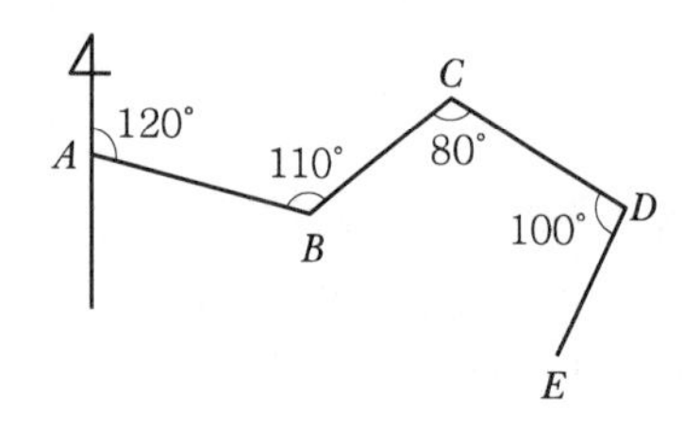

① N50°W ② S30°E
③ S50°W ④ N30°E

해설

- BC 방위각 $=50°$
- CD 방위각 $=50°+180°-80°=150°$

∴ CD 측선의 방위는 S30°E

09 비행고도 3km에서 초점거리 15cm인 사진기로 항공사진을 촬영하였다면, 길이 40m 교량의 사진상 길이는?

① 0.2cm ② 0.4cm
③ 0.6cm ④ 0.8cm

해설

출제기준에서 제외된 문제

10 GNSS 위성을 이용한 측위에 측점의 3차원적 위치를 구하기 위하여 수신이 필요한 최소 위성의 수는?

① 2 ② 4
③ 6 ④ 8

해설

위성측량에서 3차원 위치를 구하기 위한 위성수는 4개이다.

11 하천 양안의 고저차를 관측할 때 교호수준측량을 하는 가장 주된 이유는?

① 개인오차를 제거하기 위하여
② 기계오차(시준축 오차)를 제거하기 위하여
③ 과실에 의한 오차를 제거하기 위하여
④ 우연오차를 제거하기 위하여

해설

교호수준측량의 목적

- 시준축 오차(기계오차) 제거
- 시준선의 편심오차 제거
- 수평축 오차 제거

12 그림과 같은 삼각형의 꼭짓점 A, B, C의 좌표가 A(50, 20), B(20, 50), C(70, 70)일 때, A를 지나며 $\triangle ABC$의 넓이를 $m:n=4:3$으로 분할하는 P점의 좌표는?(단, 좌표의 단위는 m이다.)

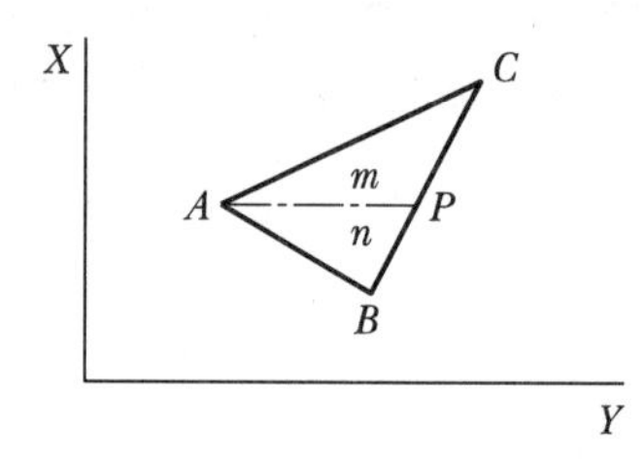

① (58.6, 41.4) ② (41.4, 58.6)
③ (50.6, 63.4) ④ (50.4, 65.6)

정답 07 ① 08 ② 09 ① 10 ② 11 ② 12 ②

해설

㉠

측점	X	Y	$(x_{i-1}-x_{i+1})y_i$
A	50	20	(70−20)20=1,000
B	20	50	(50−70)50=−1,000
C	70	70	(20−50)70=−2,100
			2A=2,100, A=1,050

㉡

측점	X	Y	$(x_{i-1}-x_{i+1})y_i$
A	50	20	$(x_P-70)20=20x_P-1{,}400$
C	70	70	$(50-x_P)70=3{,}500-70x_P$
P	x_P	y_P	$(70-50)y_P=20y_P$
			$-50x_P+20y_P=-900$

㉢

측점	X	Y	$(x_{i-1}-x_{i+1})y_i$
A	50	20	$(20-x_P)20=400-20x_P$
P	x_P	y_P	$(50-20)y_P=30y_P$
B	20	50	$(x_P-50)50=50x_P-2{,}500$
			$30x_P+30y_P=3{,}000$

$-50x_P+20y_P=-900$

$30x_P+30y_P=3{,}000$

두 식을 연립방정식으로 풀면 $x_P=41{,}4$, $y_P=58.6$

13 그림에서 A, B 사이에 단곡선을 설치하기 위하여 $\angle ADB$의 2등분선상의 C점을 곡선의 중점으로 선택하였다면 곡선의 접선 길이는?(단, $DC=20\text{m}$, $I=80°20'$이다.)

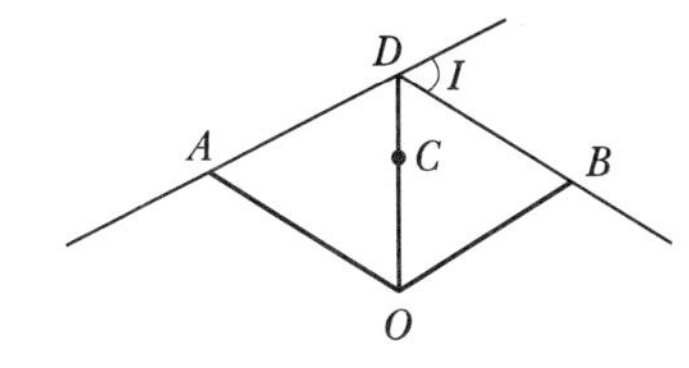

① 64.80m　② 54.70m
③ 32.40m　④ 27.34m

해설

$$TL=R\tan\frac{I}{2}=64.137\tan\frac{80°20'}{2}=54.70\text{m}$$

$$\left[20=R\left(\sec\frac{80°20'}{2}-1\right),\ \therefore R=64.137\text{m}\right]$$

14 30m당 ±1.0mm의 오차가 발생하는 줄자를 사용하여 480m의 기선을 측정하였다면 총오차는?

① ±3.0mm　② ±3.5mm
③ ±4.0mm　④ ±4.5mm

해설

$$\text{부정오차}=\pm a\sqrt{n}=\pm 1\sqrt{\left(\frac{480}{30}\right)}=\pm 4$$

15 직접수준측량을 하여 그림과 같은 결과를 얻었을 때 B점의 표고는?(단, A점의 표고는 100m이고 단위는 m이다.)

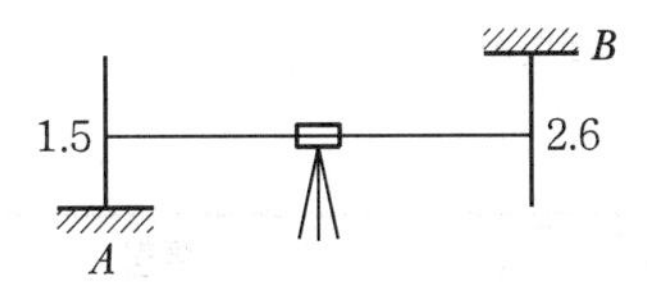

① 101.1m　② 101.5m
③ 104.1m　④ 105.2m

해설

$$H_B=100+1.5+2.6=104.1\text{m}$$

16 그림과 같이 2개의 직선구간과 1개의 원곡선 부분으로 이루어진 노선을 계획할 때, 직선구간 AB의 거리 및 방위각이 700m, 80°이고, CD의 거리 및 방위각은 1,000m, 110°이었다. 원곡선의 반지름이 500m라면, A점으로부터 D점까지의 노선 거리는?

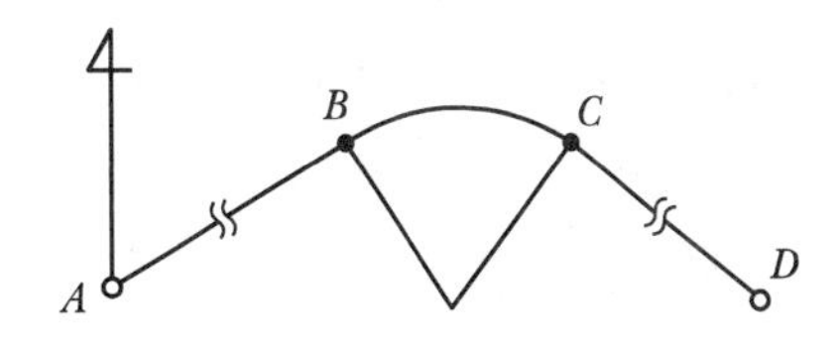

① 1,830.8m　② 1,874.4m
③ 1,961.8m　④ 2,048.9m

정답　13 ②　14 ③　15 ③　16 ③

해설

A점에서 D점까지의 노선거리는

$700+CL+1,000=700+500\times30°\times\frac{\pi}{180°}=1,961.8\text{m}$

$(I=110°-80°=30°)$

17 유심삼각망에 관한 설명으로 옳은 것은?

① 삼각망 중 가장 정밀도가 높다.
② 대규모 농지, 단지 등 방대한 지역의 측량에 적합하다.
③ 기선을 확대하기 위한 기선삼각망측량에 주로 사용된다.
④ 하천, 철도, 도로와 같이 측량 구역의 폭이 좁고 긴 지형에 적합하다.

해설

종류	특징
단열삼각망	• 폭이 좁고 거리가 먼 지역에 적합(노선, 하천, 터널측량) • 조건식이 적어 정도가 낮다.
유심삼각망	• 방대한 지역의 측량에 적합(대규모 농지, 단지) • 동일 측점수에 비해 표면적(포괄면적)이 넓다.
사변형삼각망	• 기선 삼각망에 이용(정밀도가 필요한 시가지) • 정밀도가 가장 높다.(조건식이 가장 많기 때문)

18 수심 h인 하천의 유속측정에서 수면으로부터 $0.2h$, $0.6h$, $0.8h$의 유속이 각각 0.625m/sec, 0.564m/sec, 0.382m/sec일 때 3점법에 의한 평균유속은?

① 0.498m/sec ② 0.505m/sec
③ 0.511m/sec ④ 0.533m/sec

해설

$$V_m=\frac{1}{4}(V_{0.2}+2V_{0.6}+V_{0.8})$$
$$=\frac{1}{4}(0.625+2\times0.564+0.382)$$
$$=0.533$$

19 삼각측량을 실시하려고 할 때, 가장 정밀한 방법으로 각을 측정할 수 있는 방법은?

① 단각법 ② 배각법
③ 방향각법 ④ 각관측법

해설

각관측법(조합각 관측법)
수평각 각 관측 방법 중 가장 정확한 값을 얻을 수 있는 방법(1등 삼각측량에 이용)

• 측각총수 $=\frac{1}{2}S(S-1)$
• S : 측선 수

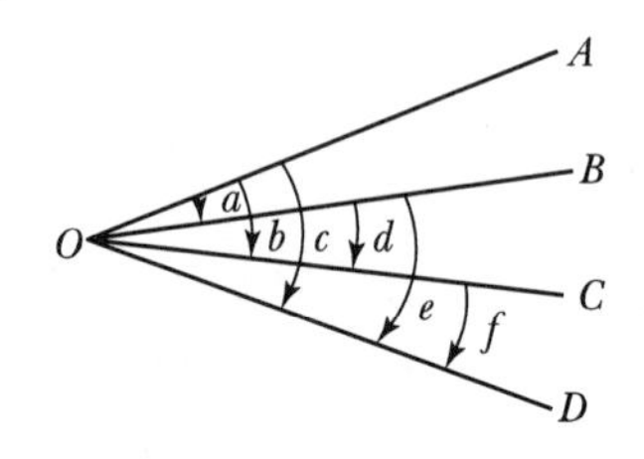

20 항공삼각측량에 대한 설명으로 옳은 것은?

① 항공연직사진으로 세부 측량이 기준이 될 사진망을 짜는 것을 말한다.
② 항공사진측량 중 정밀도가 높은 사진측량을 말한다.
③ 정밀도화기로 사진모델을 연결시켜 도화작업을 하는 것을 말한다.
④ 지상기준점을 기준으로 사진좌표나 모델좌표를 측정하여 측지좌표로 환산하는 측량이다.

해설

출제기준에서 제외된 문제

정답 17 ② 18 ④ 19 ④ 20 ④

01 지형의 토공량 산정 방법이 아닌 것은?

① 각주공식　② 양단면 평균법
③ 중앙단면법　④ 삼변법

해설

삼변법은 삼각형의 면적을 구하는 방법이다.

02 그림에서 $\overline{AB}$= 500m, $\angle a=71°33'54''$, $\angle b_1=36°52'12''$, $\angle b_2=39°05'38''$, $\angle c=85°36'05''$를 관측하였을 때 $\overline{BC}$의 거리는?

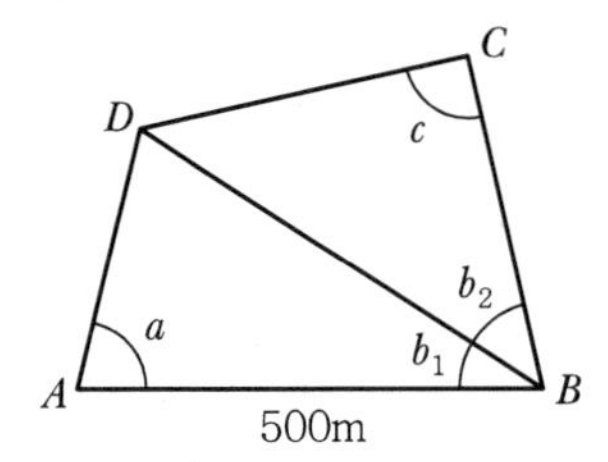

① 391mm　② 412mm
③ 422mm　④ 427mm

해설

$$\frac{BC}{\sin(180°-\angle c+\angle b_2)}=\frac{DB}{\sin\angle c}$$

$$\frac{BC}{\sin(180°-85°36'05''+39°05'38'')}=\frac{DB}{\sin 85°36'05''}$$

$\therefore\ BC=412\text{m}$

$$\left(\frac{DB}{\sin 71°33'54''}=\frac{500}{\sin\angle ADB}\right)$$

03 비행고도 6,000m에서 초점거리 15cm인 사진기로 수직항공사진을 획득하였다. 길이가 50m인 교량의 사진상의 길이는?

① 0.55mm　② 1.25mm
③ 3.60mm　④ 4.20mm

해설

출제기준에서 제외된 문제

04 구하고자 하는 미지점에 평판을 세우고 3개의 기지점을 이용하여 도상에서 그 위치를 결정하는 방법은?

① 방사법　② 계선법
③ 전방교회법　④ 후방교회법

해설

출제기준에서 제외된 문제

05 클로소이드(clothoid)의 매개변수(A)가 60m, 곡선길이(L)가 30m일 때 반지름(R)은?

① 60m　② 90m
③ 120m　④ 150m

해설

매개변수$(A^2)=RL$

$$L=\frac{A^2}{R}=\frac{60^2}{30}=120\text{m}$$

06 하천측량에 대한 설명으로 틀린 것은?

① 제방중심선 및 종단측량은 레벨을 사용하여 직접수준측량 방식으로 실시한다.
② 심천측량은 하천의 수심 및 유수부분의 하저상황을 조사하고 횡단면도를 제작하는 측량이다.
③ 하천의 수위경계선인 수애선은 평균수위를 기준으로 한다.
④ 수위 관측은 지천의 합류점이나 분류점 등 수위 변화가 생기지 않는 곳을 선택한다.

해설

하천의 수위경계선인 수애선은 평수위를 기준으로 한다.

정답　01 ④　02 ②　03 ②　04 ④　05 ③　06 ③

07 지형의 표시법에서 자연적 도법에 해당하는 것은?

① 점고법 ② 등고선법
③ 영선법 ④ 채색법

해설

지형의 표시법

자연적 도법		부호적 도법		
음영법	영선법	점고법	등고선법	채색법

08 도로 설계시에 단곡선의 외할(E)은 10m, 교각은 60°일 때, 접선장($T.L$)은?

① 42.4m ② 37.3m
③ 32.4m ④ 27.3m

해설

$$TL = R\tan\frac{I}{2} = 65\times\tan\frac{60°}{2} \fallingdotseq 37.3\text{m}$$

$$\left[E = R\left(\sec\frac{I}{2}-1\right),\ 10 = R\left(\sec\frac{60°}{2}-1\right),\ \therefore R = 65\text{m}\right]$$

09 레벨을 이용하여 표고가 53.85m인 A점에 세운 표척을 시준하여 1.34m를 얻었다. 표고 50m의 등고선을 측정하려면 시준하여야 할 표척의 높이는?

① 3.51m ② 4.11m
③ 5.19m ④ 6.25m

해설

표척의 높이는 $x = 53.85 + 1.34 - 50 = 5.19\text{m}$

10 다각측량에 관한 설명 중 옳지 않은 것은?

① 각과 거리를 측정하여 점의 위치를 결정한다.
② 근거리이고 조건식이 많아 삼각측량에서 구한 위치보다 정확도가 높다.
③ 선로와 같이 좁고 긴 지역의 측량에 편리하다.
④ 삼각측량에 비해 시가지 또는 복잡한 장애물이 있는 곳의 측량에 적합하다.

해설

다각측량은 삼각측량보다 정확도가 떨어진다.

11 기지의 삼각점을 이용하여 새로운 도근점들을 매설하고자 할 때 결합 트래버스측량(다각측량)의 순서는?

① 도상계획 → 답사 및 선점 → 조표 → 거리관측 → 각관측 → 거리 및 각의 오차 분배 → 좌표계산 및 측점전개
② 도상계획 → 조표 → 답사 및 선점 → 각관측 → 거리관측 → 거리 및 각의 오차 분배 → 좌표계산 및 측점전개
③ 답사 및 선점 → 도상계획 → 조표 → 각관측 → 거리관측 → 거리 및 각의 오차 분배 → 좌표계산 및 측점전개
④ 답사 및 선점 → 조표 → 도상계획 → 거리관측 → 각관측 → 좌표계산 및 측점전개 → 거리 및 각의 오차 분배

해설

다각측량 순서
계획 → 답사 및 선점 → 조표 → 관측

12 완화곡선에 대한 설명으로 옳지 않은 것은?

① 완화곡선은 모든 부분에서 곡률이 동일하지 않다.
② 완화곡선의 반지름은 무한대에서 시작한 후 점차 감소되어 원곡선의 반지름과 같게 된다.
③ 완화곡선의 접선은 시점에서 원호에 접한다.
④ 완화곡선에 연한 곡선 반지름의 감소율은 캔트의 증가율과 같다.

해설

완화곡선의 접선은 시점에서는 직선에 접하고 종점에서는 원호에 접한다.

정답 07 ③ 08 ② 09 ③ 10 ② 11 ① 12 ③

13 축척 1 : 600인 지도상의 면적을 축척 1 : 500으로 계산하여 38.675m²을 얻었다면 실제면적은?

① 26.858m²　　② 32.229m²
③ 46.410m²　　④ 55.692m²

해설

$\left(\frac{1}{500}\right)^2 = \frac{x}{38.675}$, $\therefore x = 0.0001547\text{m}^2$

$\left(\frac{1}{600}\right)^2 = \frac{x}{\text{실제면적}}$, ∴ 실제면적 $= 55.692\text{m}^2$

14 A, B 두 점 간의 거리를 관측하기 위하여 그림과 같이 세 구간으로 나누어 측량하였다. 측선 $\overline{AB}$의 거리는?(단, Ⅰ : 10m±0.01m, Ⅱ : 20m±0.03m, Ⅲ : 30m±0.05m이다.)

A — Ⅰ — Ⅱ — Ⅲ — B

① 60m±0.09m　　② 30m±0.06m
③ 60m±0.06m　　④ 30m±0.09m

AB거리 $= A \pm \Delta A = 60\text{m} \pm 0.06\text{m}$

- $A = L_1 + L_2 + L_3 = 10 + 20 + 30 = 60\text{m}$
- $\Delta A = \sqrt{(\Delta L_1^2 + \Delta L_2^2 + \Delta L_3^2)}$
  $= \sqrt{0.01^2 + 0.03^2 + 0.05^2} = 0.06\text{m}$

15 그림과 같은 터널 내 수준측량의 관측결과에서 A점의 지반고가 20.32m일 때 C점의 지반고는?(단, 관측값의 단위는 m이다.)

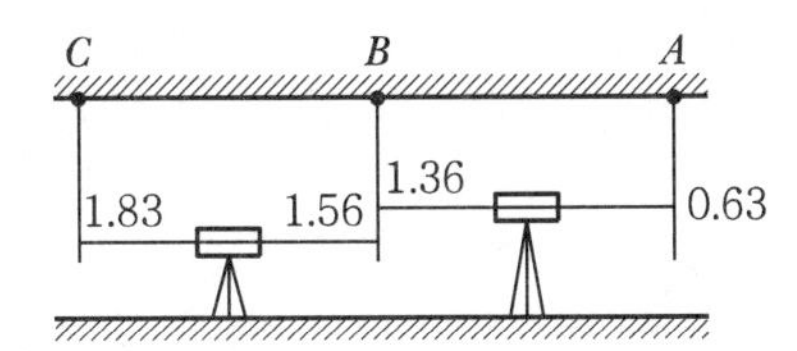

① 21.32m　　② 21.49m
③ 16.32m　　④ 16.49m

해설

$H_C = H_A(20.32) - 0.63 + 1.36 - 1.56 + 1.83 = 21.32\text{m}$

16 그림의 다각측량 성과를 이용한 C점의 좌표는?(단, $\overline{AB} = \overline{BC} = 100\text{m}$이고, 좌표 단위는 m이다.)

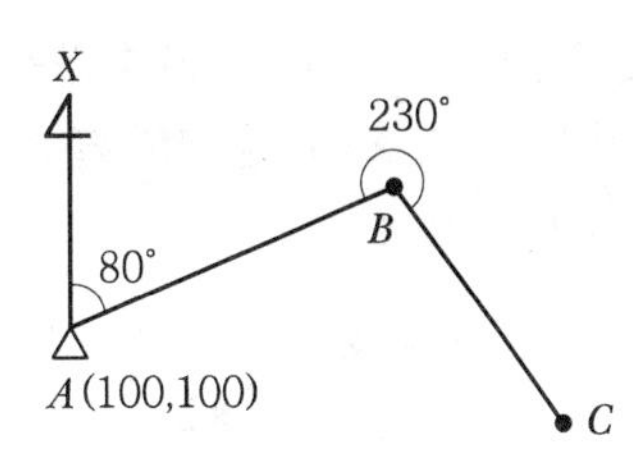

① X=48.27m, Y=256.28m
② X=53.08m, Y=275.08m
③ X=62.31m, Y=281.31m
④ X=69.49m, Y=287.49m

해설

- C점의 좌표를 구하기 위해 먼저 B점의 좌표를 구하면
  $X_B = X_A + AB\cos AB = 100 + 100 \times \cos 80° = 117.365\text{m}$
  $Y_B = Y_A + AB\sin AB = 100 + 100 \times \sin 80° = 198.481\text{m}$
- 따라서 C점의 좌표는
  $X_C = X_B + BC\cos BC = 117.365 + 100 \times \cos 130° = 53.08\text{m}$
  $Y_C = Y_B + BC\sin BC = 198.481 + 100 \times \sin 130° = 275.08\text{m}$

17 A, B, C, D 네 사람이 각각 거리 8km, 12.5km, 18km, 24.5km의 구간을 왕복 수준측량하여 폐합차를 7mm, 8mm, 10mm, 12mm 얻었다면 4명 중에서 가장 정밀한 측량을 실시한 사람은?

① A　　② B
③ C　　④ D

해설

$E = a\sqrt{n}$에서 1회 관측오차는 $a = \frac{E}{\sqrt{n}}$이다.

1회 관측오차(a)가 제일 적은 사람은

$B\left(a = \frac{E}{\sqrt{n}} = \frac{8}{\sqrt{25}} = 1.6\right)$이다.

정답　13 ④　14 ③　15 ①　16 ②　17 ②

18 항공사진의 특수3점에 해당되지 않는 것은?

① 주점 ② 연직점
③ 등각점 ④ 표정점

출제기준에서 제외된 문제

19 수준점 A, B, C에서 수준측량을 하여 P점의 표고를 얻었다. 관측거리를 경중률로 사용한 P점 표고의 최확값은?

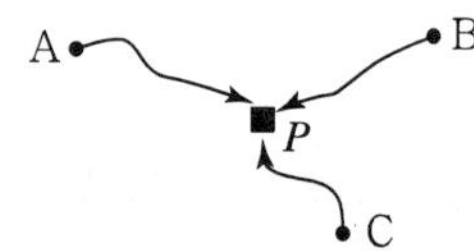

노선	P점 표고값	노선거리
$A\to P$	57.583m	2km
$B\to P$	57.700m	3km
$C\to P$	57.680m	4km

① 57.641m ② 57.649m
③ 57.654m ④ 57.706m

P점 표고의 최확값은

- 경중률은 $\dfrac{1}{2}:\dfrac{1}{3}:\dfrac{1}{4}=6:4:3$
- P점의 최확값은 $\dfrac{P_1l_1+P_2l_2+P_3l_3}{P_1+P_2+P_3}$

$$=\frac{6\times57.583+4\times57.700+3\times57.680}{6+4+3}=57.641\text{m}$$

20 지구상에서 50km 떨어진 두 점의 거리를 지구곡률을 고려하지 않은 평면측량으로 수행한 경우의 거리오차는?(단, 지구의 반지름은 6,370km이다.)

① 0.257m ② 0.138m
③ 0.069m ④ 0.005m

해설

$$\text{거리오차}(d-l)=\frac{1}{12}\left(\frac{l^3}{R^2}\right)$$

$$=\frac{1}{12}\left(\frac{50^3}{6{,}370^2}\right)=0.257\text{m}$$

정답 18 ④ 19 ① 20 ①

2018년 토목산업기사 제2회 측량학 기출문제

01 곡선부를 주행하는 차의 뒷바퀴가 앞바퀴보다 항상 안쪽을 지나게 되므로 직선부보다 도로폭을 크게 해주는 것은?

① 편경사 ② 길 어깨
③ 확폭 ④ 측구

해설

캔트(Cant), 편물매	슬랙(Slack), 확폭
곡선부를 통과하는 차량이 원심력에 의해 탈선하는 것을 방지하기 위해 바깥쪽 노면을 안쪽 노면보다 높이는 정도	차량이 곡선위를 주행할 때 뒷바퀴가 앞바퀴보다 안쪽을 통과하게 되므로 차선 너비를 넓혀야 하는데 이를 확폭이라 한다.
$C=\dfrac{V^2S}{gR}$	$\varepsilon=\dfrac{L^2}{2R}$

02 하천의 수위관측소의 설치장소로 적당하지 않은 것은?

① 하상과 하안이 안전한 곳
② 수위가 구조물의 영향을 받지 않는 곳
③ 홍수 시에도 수위를 쉽게 알아볼 수 있는 곳
④ 수위의 변화가 크게 발생하여 그 변화가 뚜렷한 곳

해설

양수표(수위관측소) 설치장소
- 상하류 약 100m 정도의 직선인 장소
- 수류방향이 일정한 장소
- 수위가 교각이나 기타 구조물에 의해 영향을 받지 않는 장소
- 유실, 세굴, 이동, 파손의 위험이 없는 장소
- 쉽게 수위를 관측할 수 있는 장소
- 합류점이나 분류점에서 수위의 변화가 생기지 않는 장소
- 수면구배가 급하거나 완만하지 않는 지점

03 원곡선에 의한 종곡선 설치에서 상향기울기 4.5/1,000와 하향기울기 35/1,000의 종단선형에 반지름 3,000m의 원곡선을 설치할 때, 종단곡선의 길이(L)는?

① 240.5m ② 150.2m
③ 118.5m ④ 60.2m

해설

종단곡선 길이$(L)=R(m+n)$

$$=3,000\left(\frac{4.5}{1,000}+\frac{35}{1,000}\right)=118.5\text{m}$$

04 캔트(C)인 원곡선에서 곡선반지름을 3배로 하면 변화된 캔트(C')는?

① $\dfrac{C}{9}$ ② $\dfrac{C}{3}$
③ $3C$ ④ $9C$

해설

$$\text{캔트}(C')=\frac{V^2S}{g\cdot 3R}=\frac{1}{3}\times\frac{V^2S}{gR}=\frac{1}{3}C$$

05 수준측량에서 사용되는 기고식 야장 기입 방법에 대한 설명으로 틀린 것은?

① 종·횡단 수준측량과 같이 후시보다 전시가 많을 때 편리하다.
② 승강식보다 기입사항이 많고 상세하여 중간점이 많을 때에는 시간이 많이 걸린다.
③ 중간시가 많은 경우 편리한 방법이나 그 점에 대한 검산을 할 수가 없다.
④ 지반고에 후시를 더하여 기계고를 얻고, 다른점의 전시를 빼면 그 지점에 지반고를 얻는다.

해설

기고식은 중간점이 많을 때 편리한 방법이다.

06 교각이 60°, 교점까지의 추가거리가 356.21m, 곡선시점까지의 추가거리가 183.00m이면 단곡선의 곡선 반지름은?

① 616.97m ② 300.01m
③ 205.66m ④ 100.00m

정답 01 ③ 02 ④ 03 ③ 04 ② 05 ② 06 ②

해설

곡선시점부터 추가거리$(BC) = IP - TL\left(R\tan\frac{60°}{2}\right)$

$183.00 = 356.21 - \left(R\tan\frac{60°}{2}\right)$

$\therefore R = 300.01\text{m}$

07 측지측량 용어에 대한 설명 중 옳지 않은 것은?

① 지오이드란 평균해수면을 육지부분까지 연장한 가상곡면으로 요철이 없는 미끈한 타원체이다.
② 연직선편차는 연직선과 기준타원체 법선 사이의 각을 의미한다.
③ 구과량은 구면삼각형의 면적에 비례한다.
④ 기준타원체는 수평위치를 나타내는 기준면이다.

해설

지오이드는 요철이 있다.

08 삼각망 중 정확도가 가장 높은 삼각망은?

① 단열삼각망　② 단삼각망
③ 유심삼각망　④ 사변형삼각망

해설

삼각망 정확도 순서
사변형삼각망 〉 유심삼각망 〉 단열삼각망

09 P점의 좌표가 $X_P = -1{,}000\text{m}$, $Y_P = 2{,}000\text{m}$이고 PQ의 거리가 1,500m, PQ의 방위각이 120°일 때 Q점의 좌표는?

① $X_Q = -1{,}750\text{m}$, $Y_Q = +3{,}299\text{m}$
② $X_Q = +1{,}750\text{m}$, $Y_Q = +3{,}299\text{m}$
③ $X_Q = +1{,}750\text{m}$, $Y_Q = -3{,}299\text{m}$
④ $X_Q = -1{,}750\text{m}$, $Y_Q = -3{,}299\text{m}$

해설

- $X_{미지점} = X_{기지점} +$ 위거
  $X_Q = X_P +$ 위거 $= X_P + (PQ\cos PQ$방위각$)$
  $= -1{,}000 + (1{,}500\cos 120°) = -1{,}750\text{m}$
- $Y_{미지점} = Y_{기지점} +$ 경거
  $Y_Q = Y_P +$ 경거 $= Y_P + (PQ\sin PQ$방위각$)$
  $= 2{,}000 + (1{,}500\sin 120°) = 3{,}299\text{m}$

10 그림과 같은 지역을 표고 190m 높이로 성토하여 정지하려 한다. 양단면평균법에 의한 토공량은?(단, 160m 이하의 부피는 생략한다.)

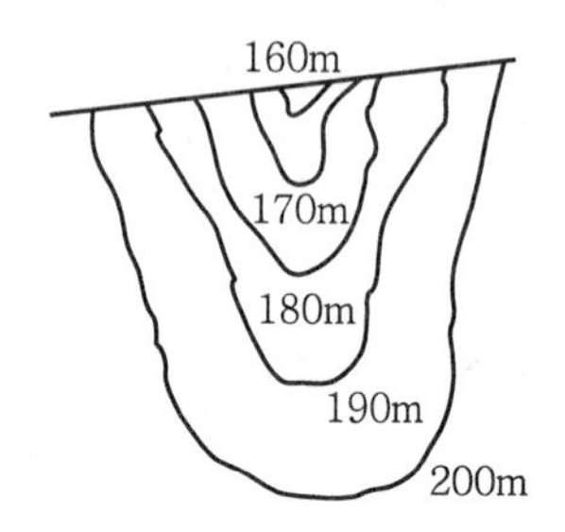

- 160m : 300m²　• 170m : 900m²
- 180m : 1,800m²　• 190m : 3,500m²
- 200m : 8,000m²

① $103{,}500\text{m}^3$　② $74{,}000\text{m}^3$
③ $46{,}000\text{m}^3$　④ $29{,}000\text{m}^3$

해설

양단면 평균법 $(V) = \left(\frac{A_1 + A_2}{2}\right) \times l$

$\therefore (V) = \left(\frac{300+900}{2} + \frac{900+1{,}800}{2} + \frac{1{,}800+3{,}500}{2}\right) \times 10$

$= 46{,}000\text{m}^3$

11 삼각점 A에 기계를 세웠을 때, 삼각점 B가 보이지 않아 P를 관측하여 $T' = 65°42'39''$의 결과를 얻었다면 $T = \angle DAB$는?(단, $S = 2\text{km}$, $e = 40\text{cm}$, $\phi = 256°40'$)

정답　07 ①　08 ④　09 ①　10 ③　11 ③

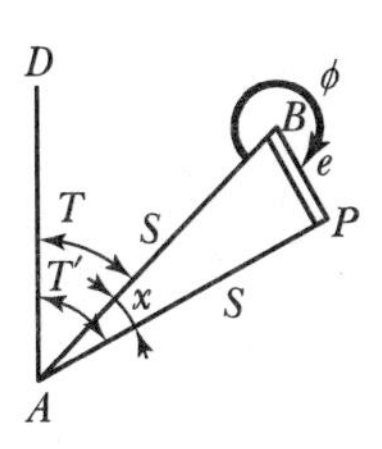

① 65°39′58″　② 65°40′20″
③ 65°41′59″　④ 65°42′20″

해설

- $\frac{e}{\sin x} = \frac{s}{\sin(360-\phi)}$

$x = \sin^{-1}\left(\frac{0.4}{2,000} \times \sin(360° - 256°40')\right)$

$= 40.1''$

- $T = T' - x = 65°42'39'' - 0°0'40.1'' = 65°41'59''$

12 초점거리 153mm의 카메라로 고도 800m에서 촬영한 수직사진 1장에 찍히는 실제면적은?(단, 사진의 크기는 23cm×23cm이다.)

① 1.446km^2　② 1.840km^2
③ 5.228km^2　④ 5.290km^2

해설

출제기준에서 제외된 문제

13 1km^2의 면적이 도면상에서 4cm^2일 때의 축척은?

① 1 : 2,500　② 1 : 5,000
③ 1 : 25,000　④ 1 : 50,000

해설

$\left(\frac{1}{M}\right)^2 = \frac{\text{도상면적}}{\text{실제면적}}$

$\frac{1}{M} = \sqrt{\left(\frac{4}{1 \times 1,000^2 \times 100^2}\right)} = \frac{1}{50,000}$

14 항공사진의 중복도에 대한 설명으로 옳지 않은 것은?

① 종중복도는 동일 촬영경로에서 30% 이하로 동일할 경우 허용될 수 있다.
② 중복도는 입체시를 위하여 촬영 진행방향으로 60%를 표준으로 한다.
③ 촬영 경로 사이의 인접코스 간 중복도는 30%를 표준으로 한다.
④ 필요에 따라 촬영 진행 방향으로 80%, 인접코스 중복을 50%까지 중복하여 촬영할 수 있다.

해설

출제기준에서 제외된 문제

15 1 : 25,000 지형도에서 표고 621.5m와 417.5m 사이에 주곡선 간격의 등고선 수는?

① 5　② 11
③ 15　④ 21

해설

주곡선 간격의 수는 $\frac{630-410}{10} - 1 = 21$개

16 거리관측의 정밀도와 각관측의 정밀도가 같다고 할 때 거리관측의 허용오차를 1/3,000로 하면 각관측의 허용오차는?

① 4″　② 41″
③ 1′9″　④ 1′23″

해설

정도 $= \frac{1}{m} = \frac{\theta''}{\rho''}$

$\therefore \frac{1}{3,000} = \frac{\theta''}{206,265''}, \ \theta'' = 1'9''$

정답　12 ①　13 ④　14 ①　15 ④　16 ③

17 A점은 30m 등고선상에 있고 B점은 40m 등고선상에 있다. AB의 경사가 25%일 때 AB 경사면의 수평거리는?

① 10m ② 20m
③ 30m ④ 40m

해설

$\frac{25}{100} = \frac{10}{D}$, $\therefore D = 40\text{m}$

18 교호수준측량을 하는 주된 이유로 옳은 것은?

① 작업속도가 빠르다.
② 관측인원을 최소화할 수 있다.
③ 전시, 후시의 거리차를 크게 둘 수 있다.
④ 굴절 오차 및 시준축 오차를 제거할 수 있다.

해설

교호수준측량으로 소거할 수 있는 오차
- 기계 오차(시준축 오차) 제거
- 구차(지구곡률 오차) 제거
- 기차(굴절 오차) 제거

19 하천의 연직선 내의 평균유속을 구하기 위한 2점법의 관측 위치로 옳은 것은?

① 수면으로부터 수심의 10%, 90% 지점
② 수면으로부터 수심의 20%, 80% 지점
③ 수면으로부터 수심이 30%, 70% 지점
④ 수면으로부터 수심의 40%, 60% 지점

해설

구분	내용	모식도
1점법	$V_m = V_{0.6}$	수면으로부터 수심 0.6H 되는 곳의 유속을 평균유속(V_m)
2점법	$V_m = \frac{1}{2}(V_{0.2} + V_{0.8})$	수심 0.2H, 0.8H 되는 곳의 유속을 평균유속(V_m)
3점법	$V_m = \frac{1}{4}(V_{0.2} + 2V_{0.6} + V_{0.8})$	수심 0.2H, 0.6H, 0.8H 되는 곳의 유속을 평균유속(V_m)

20 두 지점의 거리($\overline{AB}$)를 관측하는데, 갑은 4회 관측하고, 을은 5회 관측한 후 경중률을 고려하여 최확값을 계산할 때, 갑과 을의 경중률(갑 : 을)은?

① 4 : 5 ② 5 : 4
③ 16 : 25 ④ 25 : 16

해설

경중률은 관측횟수(N)에 비례 → $P_1 : P_2 : P_3 = N_1 : N_2 : N_3$

정답 17 ④ 18 ④ 19 ② 20 ①

01 트래버스 $ABCD$에서 각 측선에 대한 위거와 경거 값이 아래 표와 같을 때, 측선 BC의 배횡거는?

측선	위거(m)	경거(m)
AB	+75.39	+81.57
BC	−33.57	+18.78
CD	−61.43	−45.60
DA	+44.61	−52.65

① 81.57m ② 155.10m
③ 163.14m ④ 181.92m

해설

측선	위거(m)	경거(m)	배횡거(m)
AB	+75.39	+81.57	81.57
BC	−33.57	+18.78	181.92
CD	−61.43	−45.60	155.1
DA	+44.61	−52.65	56.85

02 DGPS를 적용할 경우 기지점과 미지점에서 측정한 결과로부터 공통오차를 상쇄시킬 수 있기 때문에 측량의 정확도를 높일 수 있다. 이때 상쇄되는 오차요인이 아닌 것은?

① 위성의 궤도정보오차 ② 다중경로오차
③ 전리층 신호지연 ④ 대류권 신호지연

해설

다중경로(Multipath)오차는 수신기 주변의 건물 때문에 위성 신호가 굴절 및 반사되는 오차이다.

03 사진축척이 1 : 5,000이고 종중복도가 60%일 때 촬영기선 길이는?(단, 사진크기는 23cm×23cm이다.)

① 360m ② 375m
③ 435m ④ 460m

해설

출제기준에서 제외된 문제

04 완화곡선에 대한 설명으로 옳지 않은 것은?

① 모든 클로소이드(clothoid)는 닮은꼴이며 클로소이드 요소는 길이의 단위를 가진 것과 단위가 없는 것이 있다.
② 완화곡선의 접선은 시점에서 원호에, 종점에서 직선에 접한다.
③ 완화곡선의 반지름은 그 시점에서 무한대, 종점에서는 원곡선의 반지름과 같다.
④ 완화곡선에 연한 곡선반지름의 감소율은 캔트(cant)의 증가율과 같다.

해설

완화곡선(수평곡선)의 접선은 시작점에서는 직선에, 종점에서는 곡선에 접한다.

05 삼변측량에 관한 설명 중 틀린 것은?

① 관측요소는 변의 길이뿐이다.
② 관측값에 비하여 조건식이 적은 단점이 있다.
③ 삼각형의 내각을 구하기 위해 cosine 제2법칙을 이용한다.
④ 반각공식을 이용하여 각으로부터 변을 구하여 수직위치를 구한다.

해설

삼변측량은 변으로부터 각을 구하여 수평위치를 구하는 측량이다.

06 교호수준측량에서 A점의 표고가 55.00m이고 $a_1=1.34\text{m}$, $b_1=1.14\text{m}$, $a_2=0.84\text{m}$, $b_2=0.56\text{m}$일 때 B점의 표고는?

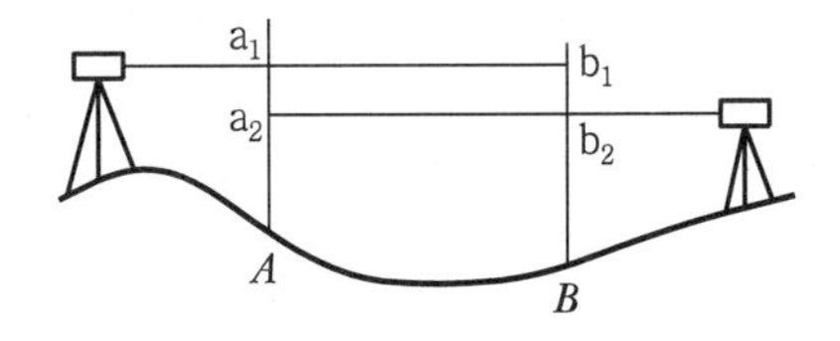

① 55.24m ② 56.48m
③ 55.22m ④ 56.42m

정답 01 ④ 02 ② 03 ④ 04 ② 05 ④ 06 ①

해설

$$H_B = H_A + \Delta h = H_A + \frac{(a_1 - b_1) + (a_2 - b_2)}{2}$$

$$= 55 + \frac{(1.34 - 1.14) + (0.84 - 0.56)}{2} = 55.24\text{m}$$

07 하천측량 시 무제부에서의 평면측량 범위는?

① 홍수가 영향을 주는 구역보다 약간 넓게
② 계획하고자 하는 지역의 전체
③ 홍수가 영향을 주는 구역까지
④ 홍수영향 구역보다 약간 좁게

해설

무제부에서 평면측량의 범위는 홍수가 영향을 주는 구역보다 약간 넓게 측량한다.

08 어떤 거리를 10회 관측하여 평균 2,403.557m의 값을 얻고 잔차의 제곱의 합 8,208mm²을 얻었다면 1회 관측의 평균 제곱근 오차는?

① ±23.7mm ② ±25.5mm
③ ±28.3mm ④ ±30.2mm

해설

1회 관측 평균 제곱근 오차

$$(\sigma) = \pm\sqrt{\frac{\Sigma V^2}{n-1}} = \pm\sqrt{\frac{8,208}{10-1}} = \pm 30.2\text{mm}$$

09 지반고(h_A)가 123.6m인 A점에 토털스테이션을 설치하여 B점의 프리즘을 관측하여, 기계고 1.5m, 관측사거리(S) 150m, 수평선으로부터의 고저각(α) 30°, 프리즘고(P_h) 1.5m를 얻었다면 B점의 지반고는?

① 198.0m ② 198.3m
③ 198.6m ④ 198.9m

해설

$$H_B = H_A(123.6) + 1.5 + (150\sin 30°) - 1.5 = 198.6\text{m}$$

10 측량성과표에 측점 A의 진북방향각은 0°06′17″이고, 측점 A에서 측점 B에 대한 평균방향각은 263°38′26″로 되어 있을 때에 측점 A에서 측점 B에 대한 역방위각은?

① 83°32′09″ ② 83°44′43″
③ 263°32′09″ ④ 263°44′43″

해설

- AB 방위각 : 263°38′26″ − 6′17″ = 263°32′09″
- AB 역방위각 : 263°32′09″ + 180° − 360° = 83°32′09″

11 수심이 h인 하천의 평균 유속을 구하기 위하여 수면으로부터 $0.2h$, $0.6h$, $0.8h$가 되는 깊이에서 유속을 측량한 결과 0.8m/s, 1.5m/s, 1.0m/s이었다. 3점법에 의한 평균 유속은?

① 0.9m/s ② 1.0m/s
③ 1.1m/s ④ 1.2m/s

해설

3점법 평균 유속

$$= \frac{V_{0.2} + (2 \times V_{0.6}) + V_{0.8}}{4} = \frac{0.8 + (2 \times 1.5) + 1.0}{4} = 1.2\text{m/s}$$

12 위성에 의한 원격탐사(Remote Sensing)의 특징으로 옳지 않은 것은?

① 항공사진측량이나 지상측량에 비해 넓은 지역의 동시측량이 가능하다.
② 동일 대상물에 대해 반복측량이 가능하다.
③ 항공사진측량을 통해 지도를 제작하는 경우보다 대축척 지도의 제작에 적합하다.
④ 여러 가지 분광 파장대에 대한 측량자료 수집이 가능하므로 다양한 주제도 작성이 용이하다.

해설

출제기준에서 제외된 문제

정답 07 ① 08 ④ 09 ③ 10 ① 11 ④ 12 ③

13 교각이 60°이고 반지름이 300m인 원곡선을 설치할 때 접선의 길이(T.L.)는?

① 81.603m ② 173.205m
③ 346.412m ④ 519.615m

해설

$$TL = R\tan\frac{I}{2} = 300 \times \tan\frac{60°}{2} = 173.205\text{m}$$

14 지상 1km²의 면적을 지도상에서 4cm²으로 표시하기 위한 축척으로 옳은 것은?

① 1 : 5,000 ② 1 : 50,000
③ 1 : 25,000 ④ 1 : 250,000

해설

$$\frac{1}{m} = \sqrt{\frac{4}{1 \times 100^2 \times 1,000^2}} = \frac{1}{50,000}$$

15 수준측량에서 레벨의 조정이 불완전하여 시준선이 기포관축과 평행하지 않을 때 생기는 오차의 소거 방법으로 옳은 것은?

① 정위, 반위로 측정하여 평균한다.
② 지반이 견고한 곳에 표척을 세운다.
③ 전시와 후시의 시준거리를 같게 한다.
④ 시작점과 종점에서의 표척을 같은 것을 사용한다.

해설

전시와 후시의 시준거리를 같게 했을 때 소거되는 오차

- 시준축 오차(시준선이 기포관축과 평행하지 않을 때 생기는 오차)
- 시준선의 편심오차
- 수평축 오차

16 $\triangle ABC$의 꼭짓점에 대한 좌푯값이 (30, 50), (20, 90), (60, 100)일 때 삼각형 토지의 면적은? (단, 좌표의 단위 : m)

① 500m² ② 750m²
③ 850m² ④ 960m²

해설

x	y	$(x_{i-1} - x_{i+1})y_i$
30	50	(60－20)50＝2,000
20	90	(30－60)90＝－2,700
60	100	(20－30)100＝－1,000
		$2A = -1,700$ $\therefore A = \frac{-1,700}{2} = 850\text{m}^2$

17 GNSS 상대측위 방법에 대한 설명으로 옳은 것은?

① 수신기 1대만을 사용하여 측위를 실시한다.
② 위성과 수신기 간의 거리는 전파의 파장 개수를 이용하여 계산할 수 있다.
③ 위상차의 계산은 단순차, 2중차, 3중차와 같은 차분기법으로는 해결하기 어렵다.
④ 전파의 위상차를 관측하는 방식이나 절대측위 방법보다 정확도가 낮다.

해설

- GNSS 상대측위는 수신기 2대를 사용하여 측위를 실시한다.
- 위상차의 계산은 차분기법으로 해결할 수 있다.
- 절대측위 방법보다 전파의 위상차를 관측하는 방법이 정확도가 높다.

18 노선 측량의 일반적인 작업 순서로 옳은 것은?

A : 종 · 횡단 측량 B : 중심선 측량
C : 공사 측량 D : 답사

① $A \rightarrow B \rightarrow D \rightarrow C$
② $D \rightarrow B \rightarrow A \rightarrow C$
③ $D \rightarrow C \rightarrow A \rightarrow B$
④ $A \rightarrow C \rightarrow D \rightarrow B$

정답 13 ② 14 ② 15 ③ 16 ③ 17 ② 18 ②

해설

노선 측량의 일반적인 작업 순서
답사(선점) → 중심선 측량 → 종, 횡단 측량 → 공사 측량

19 삼각형의 토지면적을 구하기 위해 밑변 a와 높이 h를 구하였다. 토지의 면적과 표준오차는? (단, $a=15\pm0.015$, $h=25\pm0.025$m)

① $187.5\pm0.04\text{m}^2$ ② $187.5\pm0.27\text{m}^2$
③ $375.0\pm0.27\text{m}^2$ ④ $375.0\pm0.53\text{m}^2$

해설

- $A=\dfrac{15\times25}{2}=187.5\text{m}^2$
- $\Delta A^2=\left(\dfrac{\partial A}{\partial a}\right)^2\times\Delta a^2+\left(\dfrac{\partial A}{\partial h}\right)^2\times\Delta h^2$

$=(\dfrac{25}{2})^2\times0.015^2+(\dfrac{15}{2})^2\times0.025^2$

$\therefore\ \Delta A=0.27\text{m}^2$

20 축척 1 : 5,000 수치지형도의 주곡선 간격으로 옳은 것은?

① 5m ② 10m
③ 15m ④ 20m

해설

	(1/5,000)1/10,000	1/25,000	1/50,000
주곡선	5	10	20
간곡선	2.5	5	10
조곡선	1.25	2.5	5
계곡선	25	50	100

정답 19 ② 20 ①

01 거리의 정확도 1/10,000을 요구하는 100m 거리측량에 사거리를 측정해도 수평거리로 허용되는 두 점간의 고저차 한계는?

① 0.707m ② 1.414m
③ 2.121m ④ 2.828m

해설

$$정도=\frac{1}{10,000}=\frac{오차}{거리}=\frac{\frac{h^2}{2L}}{L}=\frac{h^2}{2L^2}$$

$$h^2=\frac{2L^2}{10,000}=\frac{2\times100^2}{10,000}=2$$

$$\therefore\ h=\sqrt{2}=1.414\text{m}$$

02 삼각측량에서 사용되는 대표적인 삼각망의 종류가 아닌 것은?

① 단열삼각망 ② 귀심삼각망
③ 사변형망 ④ 유심다각망

해설

종류	특징
단열 삼각망	• 폭이 좁고 거리가 먼 지역에 적합(노선, 하천, 터널측량) • 조건식이 적어 정도가 낮다
유심 삼각망	방대한 지역의 측량에 적합(대규모 농지, 단지)
사변형 삼각망	• 기선 삼각망에 이용(정밀도가 필요한 시가지) • 정밀도가 가장 높다(조건식이 가장 많기 때문)

03 완화곡선에 대한 설명으로 틀린 것은?

① 곡률반지름이 큰 곡선에서 작은 곡선으로의 완화구간 확보를 위하여 설치한다.
② 완화곡선에 연한 곡선 반지름의 감소율은 캔트의 증가율과 동일하다.
③ 캔트를 완화곡선의 횡거에 비례하여 증가시킨 완화곡선은 클로소이드이다.
④ 완화곡선의 반지름은 시점에서 무한대이고 종점에서 원곡선의 반지름과 같아진다.

해설

클로소이드 곡선이란, 곡률$(1/R)$이 곡선장(L)에 비례하는 곡선이다.

04 측선 AB의 방위가 N50°E일 때 측선 BC의 방위는?(단, 내각 ABC=120°이다.)

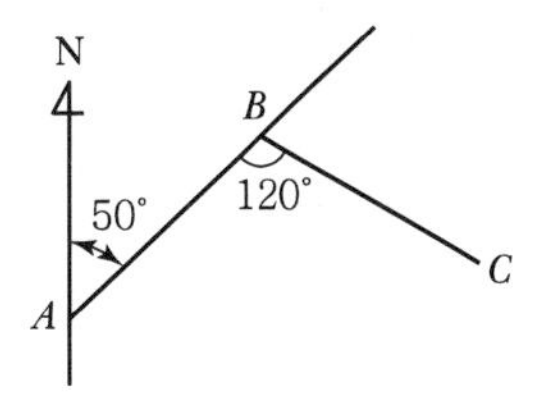

① S70°E ② N110°E
③ S60°W ④ E20°S

해설

• $\overline{AB}$ 방위각=50°
• $\overline{BC}$ 방위각=50°+180°−120°=110°
∴ $\overline{BC}$ 방위=S70°E

05 수위표의 설치장소로 적합하지 않은 곳은?

① 상 · 하류 최소 300m 정도 곡선인 장소
② 교각이나 기타 구조물에 의한 수위변동이 없는 장소
③ 홍수시 유실 또는 이동이 없는 장소
④ 지천의 합류점에서 상당히 상류에 위치한 장소

해설

양수표(수위 관측소) 설치 장소
• 상하류 약 100m 정도의 직선인 장소
• 수류방향이 일정한 장소
• 수위가 교각이나 기타 구조물에 의해 영향을 받지 않는 장소
• 유실, 세굴, 이동, 파손의 위험이 없는 장소
• 합류점이나 분류점에서 수위의 변화가 생기지 않는 장소

06 수심 H인 하천의 유속측정에서 평균유속을 구하기 위한 1점의 관측위치로 가장 적당한 수면으로부터 깊이는?

① 0.2H ② 0.4H
③ 0.6H ④ 0.8H

정답 01 ② 02 ② 03 ③ 04 ① 05 ① 06 ③

해설

구분	내용
1점법	$V_m = V_{0.6}$
2점법	$V_m = \frac{1}{2}(V_{0.2} + V_{0.8})$
3점법	$V_m = \frac{1}{4}(V_{0.2} + 2V_{0.6} + V_{0.8})$

07 그림과 같이 O점에서 같은 정확도로 각 x_1, x_2, x_3를 관측하여 $x_3-(x_1+x_2)=+45''$의 결과를 얻었다면 보정값으로 옳은 것은?

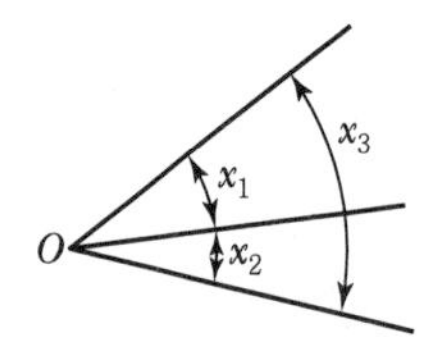

① $x_1=+15''$, $x_2=+15''$, $x_3=+15''$
② $x_1=-15''$, $x_2=-15''$, $x_3=+15''$
③ $x_1=+15''$, $x_2=+15''$, $x_3=-15''$
④ $x_1=-10''$, $x_2=-10''$, $x_3=-10''$

해설

$x_3-(x_1+x_2)=+45''$

- 보정량 $=\frac{45''}{3}=15''$
- $x_3=-15''$ 보정
- x_1, x_2는 $+15''$ 씩 보정

08 표와 같은 횡단수준측량 성과에서 우측 12m 지점의 지반고는?(단, 측점 No.10의 지반고는 100.00m이다.)

좌(m)		No	우(m)	
2.50	3.40	No.10	2.40	1.50
12.00	6.00		6.00	12.00

① 101.50m ② 102.40m
③ 102.50m ④ 103.40m

해설

$H_{우측\,12m} = H_{No.10} + 1.50 = 100 + 1.50 = 101.50m$

※ 횡단측량에서 야장기입 표현방법은 $\left(\frac{높이}{거리}\right)$

09 노선측량에서 원곡선에 의한 종단곡선을 상향기울기 5%, 하향기울기 2%인 구간에 설치하고자 할 때, 원곡선의 반지름은?(단, 곡선시점에서 곡선종점까지의 거리 = 30m)

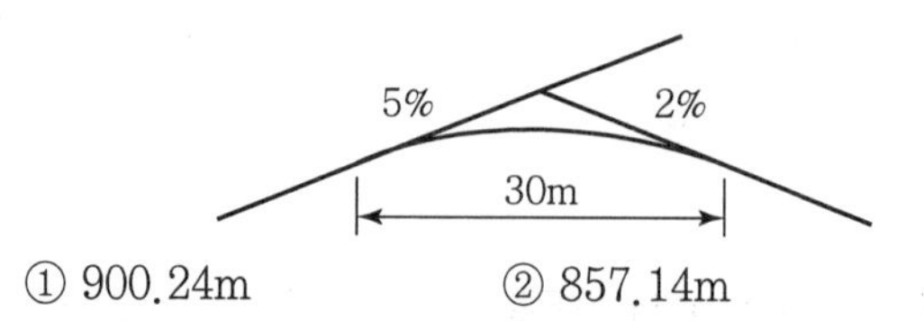

① 900.24m ② 857.14m
③ 775.20m ④ 428.57m

해설

종곡선 길이$(L) = R(m-n)$

$30 = R(0.05+0.02)$

$\therefore R = 428.57m$

10 축척 1 : 5,000의 등경사지에 위치한 A, B점의 수평거리가 270m이고, A점의 표고가 39m, B점의 표고가 27m이었다. 35m 표고의 등고선과 A점 간의 도상 거리는?

① 18mm ② 20mm
③ 22mm ④ 24mm

해설

- $270 : (270-x) = 12 : 8$
  $\therefore x = 90m$
- $\frac{1}{5,000} = \frac{도상거리}{90}$
  $\therefore$ 등고선과 A점 간의 도상거리 = 18mm

정답 07 ③ 08 ① 09 ④ 10 ①

11 종단면도를 이용하여 유토곡선(mass curve)을 작성하는 목적과 가장 거리가 먼 것은?

① 토량의 운반거리 산출
② 토공장비의 선정
③ 토량의 배분
④ 교통로 확보

해설

유토곡선 작성목적
- 토량배분
- 평균운반거리 산출
- 토공기계 선정

12 완화곡선 중 곡률이 곡선길이에 비례하는 곡선은?

① 3차 포물선
② 클로소이드(clothoid) 곡선
③ 반파장 싸인(sine) 체감곡선
④ 렘니스케이트(lemniscate) 곡선

해설

곡률($1/R$)이 곡선장(L)에 비례하는 곡선을 클로소이드 곡선이라 한다.

13 각측량 시 방향각에 6″의 오차가 발생한다면 3km 떨어진 측점의 거리오차는?

① 5.6cm ② 8.7cm
③ 10.8cm ④ 12.6cm

해설

- $\frac{\Delta l}{l} = \frac{\theta''}{\rho''}$, $\frac{\Delta l}{3,000} = \frac{6''}{206,265''}$
- $\Delta l = \frac{6}{206,265} \times 3,000 = 0.087\text{m} = 8.7\text{cm}$

14 항공사진의 특수3점이 아닌 것은?

① 표정점 ② 주점
③ 연직점 ④ 등각점

해설

출제기준에서 제외된 문제

15 접선과 현이 이루는 각을 이용하여 곡선을 설치하는 방법으로 정확도가 비교적 높은 단곡선 설치법은?

① 현편거법 ② 지거설치법
③ 중앙종거법 ④ 편각설치법

해설

편각설치법
- 철도, 도로 등의 곡선 설치에 가장 일반적
- 다른 방법에 비해 정확함
- 반지름이 작을 때 오차가 발생
- 중심 말뚝은 20m마다 설치

16 축척 1 : 5,000인 도면상에서 택지개발지구의 면적을 구하였더니 34.98cm²이었다면 실제 면적은?

① 1,749m² ② 87,450m²
③ 174,900m² ④ 8,745,000m²

해설

$$\left(\frac{1}{5,000}\right)^2 = \frac{34.98}{x \times 100^2}$$

$\therefore x = 87,450\text{m}^2$

17 다음 중 위성에 탑재된 센서의 종류가 아닌 것은?

① 초분광센서(Hyper Spectral Sensor)
② 다중분광센서(Multispectral Sensor)
③ SAR(Synthetic Aperture Rader)
④ IFOV(Instantaneous Field Of View)

해설

출제기준에서 제외된 문제

정답 11 ④ 12 ② 13 ② 14 ① 15 ④ 16 ② 17 ④

18 삼각측량에서 내각을 60°에 가깝도록 정하는 것을 원칙으로 하는 이유로 가장 타당한 것은?

① 시각적으로 보기 좋게 배열하기 위하여
② 각 점이 잘 보이도록 하기 위하여
③ 측각의 오차가 변의 길이에 미치는 영향을 최소화하기 위하여
④ 선점 작업의 효율성을 위하여

해설

표차는 각이 90°에 가까울수록 작으므로 삼각망은 정삼각형에 가깝게 구성한다. 그러면 측각의 오차가 변의 길이에 미치는 영향을 최소화시킬 수 있다.

19 우리나라의 축척 1 : 50,000 지형도에서 주곡선의 간격은?

① 5m ② 10m
③ 20m ④ 25m

해설

등고선의 간격(단위 m)

종류 \ 축척	1/5,000	1/10,000	1/25,000	1/50,000
주곡선	5	5	10	20
간곡선	2.5	2.5	5	10
조곡선	1.25	1.25	2.5	5
계곡선	25	25	50	100

20 기포관의 기포를 중앙에 있게 하여 100m 떨어져 있는 곳의 표척 높이를 읽고 기포를 중앙에서 5눈금 이동하여 표척의 눈금을 읽은 결과 그 차가 0.05m이었다면 감도는?

① 19.6″ ② 20.6″
③ 21.6″ ④ 22.6″

해설

감도$(\theta'')=\dfrac{l}{nD}\rho''=\dfrac{0.05}{5\times100}\times206,265''=20.6''$

정답 18 ③ 19 ③ 20 ②

01 항공사진의 주점에 대한 설명으로 옳지 않은 것은?

① 주점에서는 경사사진의 경우에도 경사각에 관계없이 수직사진의 축척과 같은 축척이 된다.
② 인접사진과의 주점길이가 과고감에 영향을 미친다.
③ 주점은 사진의 중심으로 경사사진에서는 연직점과 일치하지 않는다.
④ 주점은 연직점, 등각점과 함께 항공사진의 특수3점이다.

해설

출제기준에서 제외된 문제

02 철도의 궤도간격 $b=1.067$m, 곡선반지름 $R=600$m인 원곡선상을 열차가 100km/h로 주행하려고 할 때 캔트는?

① 100mm
② 140mm
③ 180mm
④ 220mm

해설

$$\text{캔트(Cant)}=\frac{V^2S}{gR}=\frac{\left(100\times1{,}000\times\frac{1}{3{,}600}\right)^2\times1.067}{9.8\times600}=0.140\text{m}=140\text{mm}$$

03 교각(I) 60°, 외선 길이(E) 15m인 단곡선을 설치할 때 곡선길이는?

① 85.2m
② 91.3m
③ 97.0m
④ 101.5m

해설

- $E=R\left(\sec\frac{I}{2}-1\right)$, $15=R\left(\sec\frac{60^\circ}{2}-1\right)$

  $\therefore R=96.96$
- $CL=R\cdot I\cdot\frac{\pi}{180}=96.96\times60\times\frac{\pi}{180}=101.5\text{m}$

04 수준측량에서 발생하는 오차에 대한 설명으로 틀린 것은?

① 기계의 조정에 의해 발생하는 오차는 전시와 후시의 거리를 같게 하여 소거할 수 있다.
② 표척의 영눈금 오차는 출발점의 표척을 도착점에서 사용하여 소거할 수 있다.
③ 측지삼각수준측량에서 곡률오차와 굴절오차는 그 양이 미소하므로 무시할 수 있다.
④ 기포의 수평조정이나 표척면의 읽기는 육안으로 한계가 있으나 이로 인한 오차는 일반적으로 허용오차 범위 안에 들 수 있다.

해설

정확도를 요구하는 측지삼각수준 측량에서는 곡률오차와 굴절오차까지 고려해야 한다.

05 일반적으로 단열삼각망으로 구성하기에 가장 적합한 것은?

① 시가지와 같이 정밀을 요하는 골조측량
② 복잡한 지형의 골조측량
③ 광대한 지역의 지형측량
④ 하천조사를 위한 골조측량

해설

단열삼각망의 특징

- 폭이 좁고 거리가 먼 지역에 적합(노선, 하천, 터널측량)
- 측량이 신속하고 경비가 적게 든다.
- 조건식이 적어 정도가 낮다.

정답 01 ① 02 ② 03 ④ 04 ③ 05 ④

06 삼각측량의 각 삼각점에 있어 모든 각의 관측 시 만족되어야 하는 조건이 아닌 것은?

① 하나의 측점을 둘러싸고 있는 각의 합은 360°가 되어야 한다.
② 삼각망 중에서 임의의 한 변의 길이는 계산의 순서에 관계없이 같아야 한다.
③ 삼각망 중 각각 삼각형 내각의 합은 180°가 되어야 한다.
④ 모든 삼각점의 포함면적은 각각 일정하여야 한다.

해설

각관측 3조건

3조건	내용
각조건	삼각망 중 3각형 내각의 합은 180°
변조건	임의의 한 변의 길이는 계산순서에 관계없이 동일
점조건	한 측점 주위에 있는 모든 각의 총합은 360°

07 초점거리 20cm의 카메라로 평지로부터 6,000m의 촬영고도로 찍은 연직 사진이 있다. 이 사진에 찍혀 있는 평균 표고 500m인 지형의 사진 축척은?

① 1 : 5,000 ② 1 : 27,500
③ 1 : 29,750 ④ 1 : 30,000

해설

출제기준에서 제외된 문제

08 수준측량의 야장 기입법에 관한 설명으로 옳지 않은 것은?

① 야장 기입법에는 고차식, 기고식, 승강식이 있다.
② 고차식은 단순히 출발점과 끝점의 표고차만 알고자 할 때 사용하는 방법이다.
③ 기고식은 계산과정에서 완전한 검산이 가능하여 정밀한 측량에 적합한 방법이다.
④ 승강식은 앞 측점의 지반고에 해당 측점의 승강을 합하여 지반고를 계산하는 방법이다.

해설

야장의 종류

구분	내용
고차식	• 가장 간단한 방법 • 전시의 합과 후시의 합의 차로서 고저차를 구하는 방법
기고식	• 가장 많이 사용하는 방법 • 중간점이 많을 때 가장 편리 • 완전한 검산을 할 수 없는 것이 결점
승강식	• 후시값과 전시값의 차가 [+]이면 승란에 기입 • 후시값과 전시값의 차가 [−]이면 강란에 기입 • 기입사항이 많고 중간점이 많을 때 시간이 많이 소요 • 완전한 검사로 정밀 측량에 적당하다.

09 위성측량의 DOP(Dilution of Precision)에 관한 설명 중 옳지 않은 것은?

① 기하학적 DOP(GDOP), 3차원위치 DOP(PDOP), 수직위치 DOP(VDOP), 평면위치 DOP(HDOP), 시간 DOP(TDOP) 등이 있다.
② DOP는 측량할 때 수신 가능한 위성의 궤도정보를 항법메시지에서 받아 계산할 수 있다.
③ 위성측량에서 DOP가 작으면 클 때보다 위성의 배치상태가 좋은 것이다.
④ 3차원위치 DOP(PDOP)는 평면 DOP(HDOP)와 수직위치 DOP(VDOP)의 합으로 나타난다.

해설

DOP

- Dilution of Precision
- 정밀도 저하율
- DOP의 수치는 낮을수록 위성의 기하학적 배치가 좋은 것을 의미
- 위성의 기하학적 배치에 따른 오차(DOP)

구분	내용
PDOP(Position DOP)	3차원위치결정의 정밀도 저하율
HDOP(Horizontal DOP)	수평방향의 정밀도 저하율
VDOP(Vertical DOP)	높이의 정밀도 저하율
TDOP(Time DOP)	시간의 정밀도 저하율
GDOP(Geometrical DOP)	기하학적 정밀도 저하율
RDOP(Relative DOP)	상대정밀도 저하율

정답 06 ④ 07 ② 08 ③ 09 ④

10 완화곡선에 대한 설명으로 옳지 않은 것은?

① 곡선반지름은 완화곡선의 시점에서 무한대, 종점에서 원곡선의 반지름으로 된다.
② 완화곡선의 접선은 시점에서 직선에, 종점에서 원호에 접한다.
③ 완화곡선에 연한 곡선반지름의 감소율은 캔트의 증가율의 2배가 된다.
④ 완화곡선 종점의 캔트는 원곡선의 캔트와 같다.

해설

완화곡선에서 곡선반지름의 감소율은 캔트의 증가율과 같다.

11 축척 1 : 500 지형도를 기초로 하여 축척 1 : 5,000의 지형도를 같은 크기로 편찬하려 한다. 축척 1 : 5,000 지형도 1장을 만들기 위한 축척 1 : 500 지형도의 매수는?

① 50매 ② 100매
③ 150매 ④ 250매

해설

10매×10매＝100매

12 거리와 각을 동일한 정밀도로 관측하여 다각측량을 하려고 한다. 이때 각 측량기의 정밀도가 10″라면 거리측량기의 정밀도는 약 얼마 정도이어야 하는가?

① 1/15,000 ② 1/18,000
③ 1/21,000 ④ 1/25,000

해설

$$\frac{1}{m}=\frac{\Delta l}{l}=\frac{\theta''}{\rho''}$$

$$\therefore \frac{1}{m}=\frac{10}{206,265}=\frac{1}{20,626}$$

13 지오이드(Geoid)에 대한 설명으로 옳은 것은?

① 육지와 해양의 지형면을 말한다.
② 육지 및 해저의 요철(凹凸)을 평균한 매끈한 곡면이다.
③ 회전타원체와 같은 것으로서 지구의 형상이 되는 곡면이다.
④ 평균해수면을 육지내부까지 연장했을 때의 가상적인 곡면이다.

해설

지오이드

- 정지된 평균 해수면을 육지까지 연장한 가상곡면(해발고도 기준)
- 중력에 의해 정해진 평균해수면을 기준한 면(수준측량 기준)
- 지오이드는 중력장의 등포텐셜면(연직선 중력방향에 직교)
- 지오이드는 위치에너지($E=mgh$)가 0이며 불규칙 지형이다.
- 지오이드는 육지에서는 회전타원체면 위에 존재하고, 바다에서는 회전타원체면 아래에 존재한다.
- 실제로 지오이드면은 굴곡이 심하므로 측량의 기준으로 채택하기 어렵다.

14 평야지대에서 어느 한 측점에서 중간 장애물이 없는 26km 떨어진 측점을 시준할 때 측점에 세울 표척의 최소 높이는?(단, 굴절계수는 0.14이고 지구곡률반지름은 6,370km이다.)

① 16m ② 26m
③ 36m ④ 46m

해설

$$\text{양차}=\frac{D^2(1-K)}{2R}=\frac{26^2(1-0.14)}{2\times 6,370}=0.0456\text{km} ≒ 46\text{m}$$

15 다각측량 결과 측점 A, B, C의 합위거, 합경거가 표와 같다면 삼각형 A, B, C의 면적은?

측점	합위거(m)	합경거(m)
A	100.0	100.0
B	400.0	100.0
C	100.0	500.0

정답 10 ③ 11 ② 12 ③ 13 ④ 14 ④ 15 ②

① 40,000m² ② 60,000m²
③ 80,000m² ④ 120,000m²

해설

	합위거(X)	합경거(Y)	$(X_{i-1}-X_{i+1})Y_i$
A	100	100	(100−400)100=−30,000
B	400	100	(100−100)100=0
C	100	500	(400−100)500=150,000

$\therefore\ 2A=120{,}000,\ A=60{,}000\text{m}^2$

16 A, B, C 세 점에서 P점의 높이를 구하기 위해 직접수준측량을 실시하였다. A, B, C점에서 구한 P점의 높이는 각각 325.13m, 325.19m, 325.02m이고 AP=BP=1km, CP=3km일 때 P점의 표고는?

① 325.08m ② 325.11m
③ 325.14m ④ 325.21m

해설

P점의 표고(최확값)

- $A : B : C=\frac{1}{1} : \frac{1}{1} : \frac{1}{3}=3 : 3 : 1$
- $H_P=\frac{P_1 l_1+P_2 l_2+P_3 l_3}{P_1+P_2+P_3}$

$=\frac{3\times325.13+3\times325.19+1\times325.02}{3+3+1}$

$=325.14\text{m}$

17 비행장이나 운동장과 같이 넓은 지형의 정지 공사 시에 토량을 계산하고자 할 때 적당한 방법은?

① 점고법 ② 등고선법
③ 중앙단면법 ④ 양단면 평균법

해설

체적 결정

- 단면법 : 도로, 철도, 수로의 절·성토량
- 점고법 : 정지작업의 토공량 산정(넓은 지역의 택지공사)
- 등고선법 : 저수지의 담수량 결정

18 방위각 265°에 대한 측선의 방위는?

① S85°W ② E85°W
③ N85°E ④ E85°N

해설

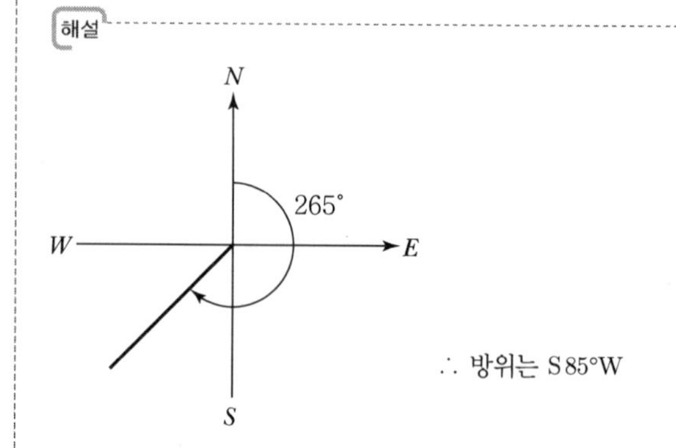

∴ 방위는 S85°W

19 100m²인 정사각형 토지의 면적을 0.1m²까지 정확하게 구현하고자 한다면 이에 필요한 거리관측의 정확도는?

① 1/2,000 ② 1/1,000
③ 1/500 ④ 1/300

해설

$2\cdot\frac{\Delta l}{l}=\frac{\Delta A}{A}$

$\frac{\Delta l}{l}=\frac{\Delta A}{A}\times\frac{1}{2}=\frac{0.1}{100}\times\frac{1}{2}=\frac{1}{2{,}000}$

20 지형측량에서 지성선(地性線)에 대한 설명으로 옳은 것은?

① 등고선이 수목에 가려져 불명확할 때 이어주는 선을 의미한다.
② 지모(地貌)의 골격이 되는 선을 의미한다.
③ 등고선에 직각방향으로 내려 그은 선을 의미한다.
④ 곡선(谷線)이 합류되는 점들을 서로 연결한 선을 의미한다.

해설

지성선

- 지모의 골격이 되는 선으로, 지표는 지성선으로 구성
- 지표면을 다수의 평면으로 이루어졌다고 볼 때 각 평면의 교선
- 철선(능선), 요선(합수선), 경사변환선, 최대경사선을 의미

정답 16 ③ 17 ① 18 ① 19 ① 20 ②

2019년 토목산업기사 제1회 측량학 기출문제

01 반지름 500m인 단곡선에서 시단현 15m에 대한 편각은?

① 0°51′34″ ② 1°4′27″
③ 1°13′33″ ④ 1°17′42″

해설

$$시단편각(\delta_{l1}) = \frac{l_1}{2R} \times \frac{180}{\pi} = \frac{15}{2 \times 500} \times \frac{180}{\pi} = 0°51'34''$$

02 다음 중 기지의 삼각점을 이용한 삼각측량의 순서로 옳은 것은?

㉠ 도상계획 ㉡ 답사 및 선점
㉢ 계산 및 성과표 작성 ㉣ 각관측
㉤ 조표

① ㉠ → ㉡ → ㉤ → ㉣ → ㉢
② ㉠ → ㉤ → ㉡ → ㉣ → ㉢
③ ㉡ → ㉠ → ㉤ → ㉣ → ㉢
④ ㉡ → ㉤ → ㉠ → ㉣ → ㉢

해설

삼각측량의 순서
도상계획 → 답사 → 선점 → 조표 → 기선측량 → 각관측 → 계산

03 지구자전축과 연직선을 기준으로 천체를 관측하여 경위도와 방위각을 결정하는 측량은?

① 지형측량
② 평판측량
③ 천문측량
④ 스타디아 측량

해설

천문측량
천체의 고도, 방위각, 시각을 관측하여 관측지점의 경위도 및 방위각을 결정하는 측량

04 A점의 표고가 179.45m이고 B점의 표고가 223.57m이면, 축척 1 : 5,000의 국가기본도에서 두 점 사이에 표시되는 주곡선 간격의 등고선 수는?

① 7개 ② 8개
③ 9개 ④ 10개

해설

$$주곡선수 = \left(\frac{220-180}{5}\right) + 1 = 9개$$

05 평면직교좌표계에서 P점의 좌표가 $x=500$m, $y=1,000$m이다. P점에서 Q점까지의 거리가 1,500m이고 PQ측선의 방위각이 240°라면 Q점의 좌표는?

① $x=-750$m, $y=-1,299$m
② $x=-750$m, $y=-299$m
③ $x=-250$m, $y=-1,299$m
④ $x=-250$m, $y=-299$m

해설

$$X_Q = X_P + \overline{PQ}\cos PQ \text{ 방위각} = 500 + 1,500\cos 240° = -250$$

$$Y_Q = Y_P + \overline{PQ}\sin PQ \text{ 방위각} = 1,000 + 1,500\sin 240° = -299$$

06 고속도로의 노선설계에 많이 이용되는 완화곡선은?

① 클로소이드 곡선 ② 3차 포물선
③ 렘니스케이트 곡선 ④ 반파장 sin 곡선

해설

완화곡선의 종류	사용	모식도
클로소이드	고속도로	
렘니스케이트 (연주곡선)	인터체인지 램프에 이용	
3차 포물선	일반철도	
반파장 sine 곡선	고속철도	

정답 01 ① 02 ① 03 ③ 04 ③ 05 ④ 06 ①

07 하천의 수위표 설치 장소로 적당하지 않은 곳은?

① 수위가 교각 등의 영향을 받지 않는 곳
② 홍수 시 쉽게 양수표가 유실되지 않는 곳
③ 상 · 하류가 곡선으로 연결되어 유속이 크지 않은 곳
④ 하상과 하안이 세굴이나 퇴적이 되지 않는 곳

해설

양수표(수위 관측소) 설치장소
- 상하류 약 100m 정도의 직선인 장소
- 수류방향이 일정한 장소
- 수유가 교각이나 기타 구조물에 의해 영향을 받지 않는 장소
- 유실, 세굴, 이동, 파손의 위험이 없는 장소
- 쉽게 수위를 관측할 수 있는 장소
- 합류점이나 분류점에서 수위의 변화가 생기지 않는 장소
- 수면구배가 급하거나 완만하지 않은 지점

08 그림과 같은 교호수준 측량의 결과에서 B점의 표고는?(단, A점의 표고는 60m이고 관측결과의 단위는 m이다.)

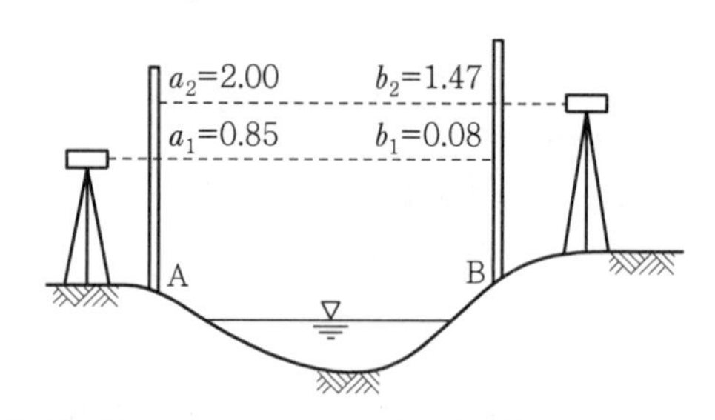

① 59.35m　　② 60.65m
③ 61.82m　　④ 61.27m

해설

$$H_B = H_A + \frac{(a_1 - b_1) + (a_2 - b_2)}{2}$$
$$= 60 + \frac{(0.85 - 0.08) + (2 - 1.47)}{2}$$
$$= 60.65\text{m}$$

09 수준측량의 야장 기입법 중 중간점(IP)이 많을 경우 가장 편리한 방법은?

① 승강식　　② 기고식
③ 횡단식　　④ 고차식

해설

구분	내용
고차식	• 야장기입 방법 중 가장 간단한 방법(BS, FS만 있으면 됨) • 전시의 합과 후시의 합의 차로서 고저차를 구하는 방법
기고식	• 가장 많이 사용하는 방법 • 중간점이 많을 때 가장 편리 • 완전한 검산을 할 수 없는 것이 결점
승강식	• 후시값과 전시값의 차가 [+]이면 승란에 기입 • 후시값과 전시값의 차가 [−]이면 강란에 기입 • 기입사항이 많고 중간점이 많을 때 시간이 많이 소요 • 계산 시 완전한 검사를 할 수 있어 정밀 측량에 적당

10 다각측량(traverse survey)의 특징에 대한 설명으로 옳지 않은 것은?

① 좁고 긴 선로측량에 편리하다.
② 다각측량을 통해 3차원(x, y, z) 정밀 위치를 결정한다.
③ 세부측량의 기준이 되는 기준점을 추가 설치할 경우에 편리하다.
④ 삼각측량에 비하여 복잡한 시가지 및 지형기복이 심해 시준이 어려운 지역의 측량에 적합하다.

해설

다각측량은 2차원(x, y) 정밀위치를 결정하는 수평측량이다.

11 삼각측량의 삼각점에서 행해지는 각관측 및 조정에 대한 설명으로 옳지 않은 것은?

① 한 측점의 둘레에 있는 모든 각의 합은 360°가 되어야 한다.
② 삼각망 중 어느 1변의 길이는 계산순서에 관계없이 동일해야 한다.
③ 삼각형 내각의 합은 180°가 되어야 한다.
④ 각관측 방법은 단측법을 사용하여야 한다.

정답　07 ③　08 ②　09 ②　10 ②　11 ④

해설

각관측 3조건

3조건	내용
각조건	삼각망 중 3각형 내각의 합은 180°
변조건	임의의 한 변의 길이는 계산순서에 관계없이 동일
점조건	한 측점 주위에 있는 모든 각의 총합은 360°

12 축척 1 : 1,200 지형도상의 지역을 축척 1 : 1,000로 잘못 보고 면적을 계산하여 10.0m²를 얻었다면 실제면적은?

① 12.5m^2　② 13.3m^2
③ 13.8m^2　④ 14.4m^2

해설

• $\left(\frac{1}{100}\right)^2 = \frac{x}{10}$

$\therefore x(\text{도상면적}) = 10^{-5}\text{m}^2$

• $\left(\frac{1}{1,200}\right)^2 = \frac{10^{-5}}{\text{실제면적}}$

$\therefore \text{실제면적} = 14.4\text{m}^2$

13 노선의 종단측량 결과는 종단면도에 표시하고 그 내용을 기록해야 한다. 이때 종단면도에 포함되지 않는 내용은?

① 지반고와 계획고의 차　② 측점의 추가거리
③ 계획선의 경사　④ 용지 폭

해설

종단면도 기입사항
- 추가거리
- 지반고
- 계획고
- 절토고
- 성토고
- 경사고

14 레벨의 조정이 불완전할 경우 오차를 소거하기 위한 가장 좋은 방법은?

① 시준 거리를 길게 한다.
② 왕복측량하여 평균을 취한다.
③ 가능한 한 거리를 짧게 측량한다.
④ 전시와 후시의 거리를 같도록 측량한다.

해설

전시와 후시의 거리를 같게 함으로써 소거되는 오차
- 시준축 오차(기포관축과 시준축이 평행하지 않은 오차)
- 지구의 곡률로 인한 오차(구차)
- 빛의 굴절로 인한 오차(구차)
- 시준 오차(표척시준 시 초점나사를 조정할 필요 없음)

15 원격탐사(Remote sensing)의 정의로 가장 적합한 것은?

① 지상에서 대상물체의 전파를 발생시켜 그 반사파를 이용하여 관측하는 것
② 센서를 이용하여 지표의 대상물에서 반사 또는 방사된 전자스펙트럼을 관측하고 이들의 자료를 이용하여 대상물이나 현상에 관한 정보를 얻는 기법
③ 물체의 고유스펙트럼을 이용하여 각각의 구성성분을 지상의 레이더망으로 수집하여 처리하는 방법
④ 지상에서 찍은 중복사진을 이용하여 항공사진 측량의 처리와 같은 방법으로 판독하는 작업

해설

출제기준에서 제외된 문제

16 양 단면의 면적이 $A_1 = 80\text{m}^2$, $A_2 = 40\text{m}^2$, 중간 단면적 $A_m = 70\text{m}^2$이다. A_1, A_2 단면 사이의 거리가 30m이면 체적은?(단, 각주공식을 사용한다.)

① $2,000\text{m}^3$
② $2,060\text{m}^3$
③ $2,460\text{m}^3$
④ $2,640\text{m}^3$

정답　12 ④　13 ④　14 ④　15 ②　16 ①

해설

$$V=\frac{h}{3}[A_1+4A_m+A_2]$$
$$=\frac{15}{3}[80+(4\times70)+40]$$
$$=2,000\text{m}^3$$

17 클로소이드의 기본식은 $A^2=R\cdot L$이다. 이때 매개변수(parameter) A값을 A^2으로 쓰는 이유는?

① 클로소이드의 나선형을 2차 곡선 형태로 구성하기 위하여
② 도로에서의 완화곡선(클로소이드)은 2차원이기 때문에
③ 양변의 차원(dimension)을 일치시키기 위하여
④ A값의 단위가 2차원이기 때문에

해설

클로소이드 곡선의 기본식

- $\frac{1}{R}=C\cdot L$
- $\frac{1}{C}=A^2$(양변의 차원을 일치)

 여기서, A : 클로소이드 매개변수(m)

$\therefore A^2=RL$

18 어떤 거리를 같은 조건으로 5회 관측한 결과가 아래와 같다면 최확값은?

•121.573m	•121.575m	•121.572m
•121.574m	•121.571m	

① 121.572m ② 121.573m
③ 121.574m ④ 121.575m

해설

최확값(경중률이 동일)

$$=\frac{121.573+121.575+121.572+121.574+121.571}{5}$$
$$=121.573\text{m}$$

19 그림은 레벨을 이용한 등고선 측량도이다. (a)에 알맞은 등고선의 높이는?

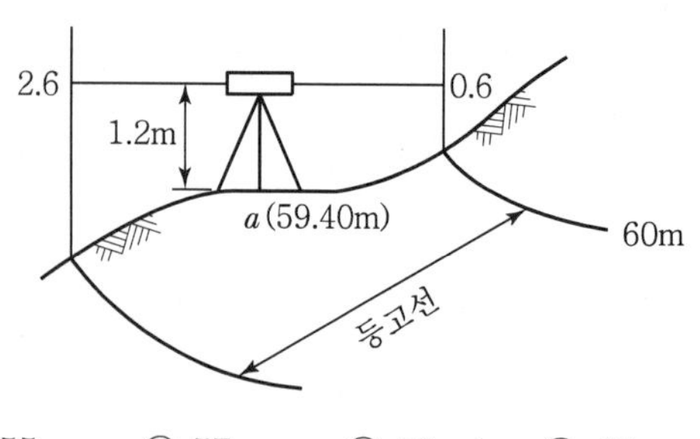

① 55m ② 57m ③ 58m ④ 59m

해설

$H_a=59.40+1.2-2.6=58\text{m}$

20 트래버스 측량에서는 각관측의 정도와 거리관측의 정도가 서로 같은 정밀도로 되어야 이상적이다. 이때 각이 30″의 정밀도로 관측되었다면 각관측과 같은 정도의 거리관측 정밀도는?

① 약 1/12,500 ② 약 1/10,000
③ 약 1/8,200 ④ 약 1/6,800

해설

$$\frac{1}{m}=\frac{\theta''}{\rho''}$$
$$\therefore \frac{1}{m}=\frac{30}{206,265}\fallingdotseq\frac{1}{6,800}$$

정답 17 ③ 18 ② 19 ③ 20 ④

01 사진측량에 대한 설명 중 틀린 것은?

① 항공사진의 축척은 카메라의 초점거리에 비례하고, 비행고도에 반비례한다.
② 촬영고도가 동일한 경우 촬영기선길이가 증가하면 중복도는 낮아진다.
③ 입체시된 영상의 과고감은 기선고도비가 클수록 커지게 된다.
④ 과고감은 지도축척과 사진축척의 불일치에 의해 나타난다.

해설

출제기준에서 제외된 문제

02 캔트(cant)의 크기가 C인 노선의 곡선 반지름을 2배로 증가시키면 새로운 캔트 C'의 크기는?

① $0.5C$　② C
③ $2C$　④ $4C$

해설

$$\text{Cant}=\frac{V^2S}{g\cdot 2R}=\frac{1}{2}\cdot\frac{V^2S}{gR}=0.5\text{Cant}$$

03 대상구역을 삼각형으로 분할하여 각 교점의 표고를 측량한 결과가 그림과 같을 때 토공량은? (단위 : m)

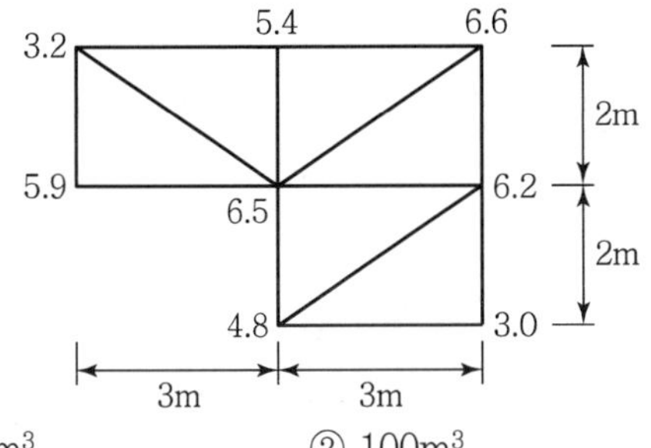

① $98m^3$　② $100m^3$
③ $102m^3$　④ $104m^3$

해설

$$V=\frac{A}{3}\left[\Sigma h_1+2\Sigma h_2+3\Sigma h_3+4\Sigma h_4+\cdots\right]$$
$$=\frac{(3\times 2)/2}{3}\left[(5.9+3)+2(3.2+5.4+6.6+4.8)+3(6.2)+5(6.5)\right]$$
$$=100$$

04 수심 h인 하천의 수면으로부터 $0.2h$, $0.6h$, $0.8h$인 곳에서 각각의 유속을 측정한 결과, 0.562m/s, 0.497m/s, 0.364m/s이었다. 3점법을 이용한 평균유속은?

① 0.45m/s　② 0.48m/s
③ 0.51m/s　④ 0.54m/s

해설

$$V_m=\frac{V_{0.2}+2V_{0.6}+V_{0.8}}{4}$$
$$=\frac{0.562+2(0.497)+0.364}{4}$$
$$=0.48\text{m/s}$$

05 그림과 같은 단면의 면적은?(단, 좌표의 단위는 m이다.)

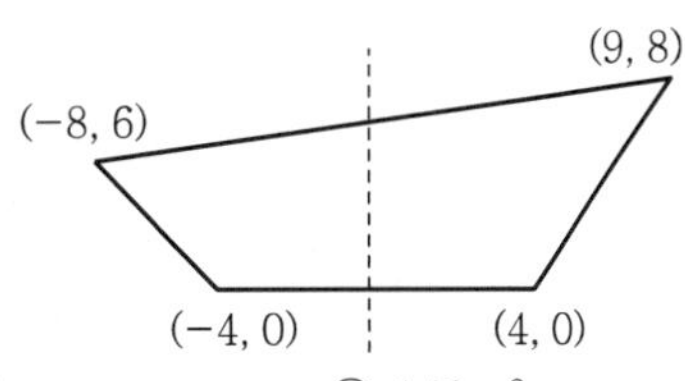

① $174m^2$　② $148m^2$
③ $104m^2$　④ $87m^2$

해설

	X	Y	$(X_{i-1}-X_{i+1})Y_i$
A	−8	6	(−4−9)·6=−78
B	9	8	(−8−4)·8=−96
C	4	0	(9+4)·0=0
D	−4	0	(4+8)·0=0

$2A=|-174|$, $A=87\text{m}^2$

정답　01 ④　02 ①　03 ②　04 ②　05 ④

06 각의 정밀도가 ±20″인 각측량기로 각을 관측할 경우, 각오차와 거리오차가 균형을 이루기 위한 줄자의 정밀도는?

① 약 1/10,000　　② 약 1/50,000
③ 약 1/100,000　　④ 약 1/500,000

해설

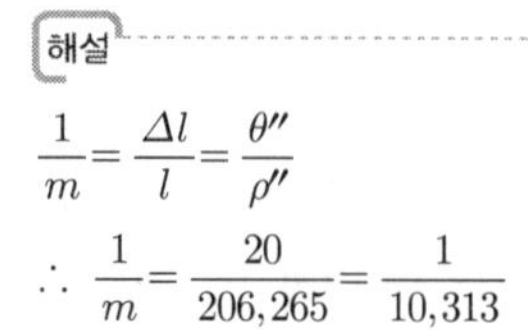

$$\frac{1}{m}=\frac{\Delta l}{l}=\frac{\theta''}{\rho''}$$

$$\therefore\ \frac{1}{m}=\frac{20}{206,265}=\frac{1}{10,313}$$

07 노선의 곡선반지름이 100m, 곡선길이가 20m일 경우 클로소이드(clothoid)의 매개변수(A)는?

① 22m　　② 40m
③ 45m　　④ 60m

해설

$A^2=R\cdot L$

$\therefore\ A=\sqrt{R\cdot L}=\sqrt{100\cdot 20}=44.7$

08 수준점 A, B, C에서 P점까지 수준측량을 한 결과가 표와 같다. 관측거리에 대한 경중률을 고려한 P점의 표고는?

측량경로	거리	P점의 표고
A→P	1km	135.487m
B→P	2km	135.563m
C→P	3km	135.603m

① 135.529m　　② 135.551m
③ 135.563m　　④ 135.570m

해설

- 경중률 → $\frac{1}{1}:\frac{1}{2}:\frac{1}{3}=6:3:2$
- P점의 표고
  → $\frac{6\times 135.487+3\times 135.563+2\times 135.603}{6+3+2}=135.529\text{m}$

09 그림과 같이 교호수준측량을 실시한 결과, $a_1=3.835\text{m}$, $b_1=4.264\text{m}$, $a_2=2.375\text{m}$, $b_2=2.812\text{m}$이었다. 이때 양안의 두 점 A와 B의 높이 차는? (단, 양안에서 시준점과 표척까지의 거리 CA=DB이다.)

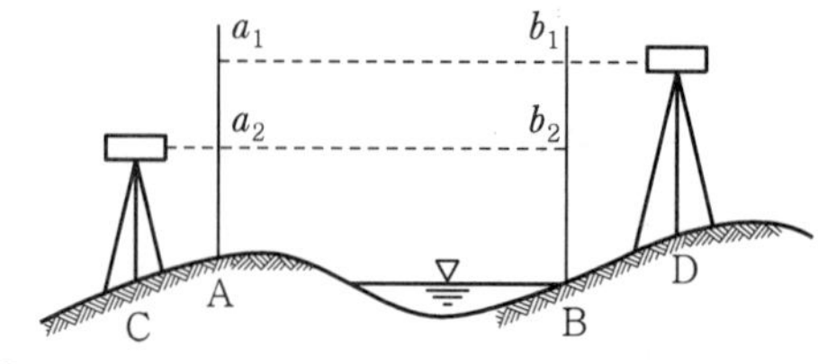

① 0.429m　　② 0.433m
③ 0.437m　　④ 0.441m

해설

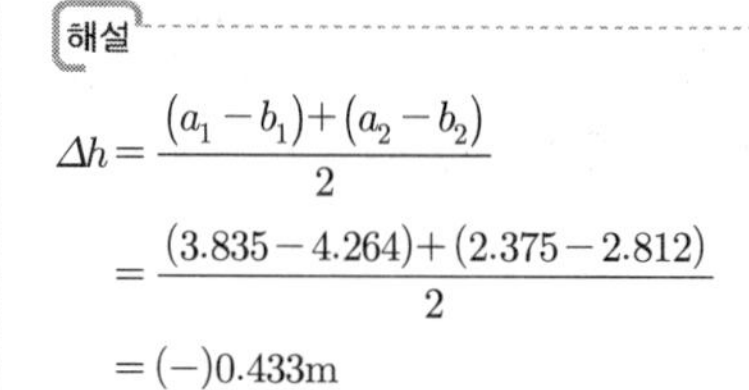

$$\Delta h=\frac{(a_1-b_1)+(a_2-b_2)}{2}$$
$$=\frac{(3.835-4.264)+(2.375-2.812)}{2}$$
$$=(-)0.433\text{m}$$

10 GNSS가 다중주파수(multi frequency)를 채택하고 있는 가장 큰 이유는?

① 데이터 취득 속도의 향상을 위해
② 대류권 지연 효과를 제거하기 위해
③ 다중경로오차를 제거하기 위해
④ 전리층 지연 효과를 제거하기 위해

해설

전리층을 통과할 때 굴절이 발생하기 때문에 전리층 지연 효과가 발생하고 다중주파수를 이용하여 제거가 가능하다.

11 트래버스측량(다각측량)의 폐합오차 조정방법 중 컴퍼스 법칙에 대한 설명으로 옳은 것은?

① 각과 거리의 정밀도가 비슷할 때 실시하는 방법이다.
② 위거와 경거의 크기에 비례하여 폐합오차를 배분한다.
③ 각 측선의 길이에 반비례하여 폐합오차를 배분한다.
④ 거리보다는 각의 정밀도가 높을 때 활용하는 방법이다.

정답　06 ①　07 ③　08 ①　09 ②　10 ④　11 ①

해설

컴퍼스 법칙
- 오차배분은 측선길이에 비례하여 실시
- 각관측과 거리관측의 정도가 같을 때 조정

트랜싯 법칙
- 오차배분은 위거, 경거에 비례하여 실시
- 각관측의 정밀도가 거리관측의 정밀도보다 높을 때 조정

12 트래버스측량(다각측량)의 종류와 그 특징으로 옳지 않은 것은?

① 결합 트래버스는 삼각점과 삼각점을 연결시킨 것으로 조정계산 정확도가 가장 높다.
② 폐합 트래버스는 한 측점에서 시작하여 다시 그 측점에 돌아오는 관측 형태이다.
③ 폐합 트래버스는 오차의 계산 및 조정이 가능하나, 정확도는 개방 트래버스보다 낮다.
④ 개방 트래버스는 임의의 한 측점에서 시작하여 다른 임의의 한 점에서 끝나는 관측 형태이다.

해설

트래버스 정확도 순서
결합 트래버스 > 폐합 트래버스 > 개방 트래버스

13 삼각망 조정계산의 경우에 하나의 삼각형에 발생한 각오차의 처리 방법은?(단, 각관측 정밀도는 동일하다.)

① 각의 크기에 관계없이 동일하게 배분한다.
② 대변의 크기에 비례하여 배분한다.
③ 각의 크기에 반비례하여 배분한다.
④ 각의 크기에 비례하여 배분한다.

해설

각을 같은 정밀도로 관측한 경우 발생하는 오차는 각의 크기에 관계없이 등배분한다.

14 종단수준측량에서 중간점을 많이 사용하는 이유로 옳은 것은?

① 중심말뚝의 간격이 20m 내외로 좁기 때문에 중심말뚝을 모두 전환점으로 사용할 경우 오차가 더욱 커질 수 있기 때문이다.
② 중간점을 많이 사용하고 기고식 야장을 작성할 경우 완전한 검산이 가능하여 종단수준측량의 정확도를 높일 수 있기 때문이다.
③ B.M.점 좌우의 많은 점을 동시에 측량하여 세밀한 종단면도를 작성하기 위해서이다.
④ 핸드레벨을 이용한 작업에 적합한 측량방법이기 때문이다.

해설

중간점이 많을 때는 기고식을 이용하며 중심말뚝을 중간점으로 사용한다. 만약 전환점(T.P.)으로 사용할 경우 오차가 더욱 커질 수 있다.

15 표고 또는 수심을 숫자로 기입하는 방법으로 하천이나 항만 등에서 수심을 표시하는 데 주로 사용되는 방법은?

① 영선법 ② 채색법
③ 음영법 ④ 점고법

해설

점고법
- 도상에 표고를 숫자로 나타냄
- 하천, 항만, 해안측량 등에서 수심측량을 하여 지형을 표시하는 방법

16 그림과 같은 유심 삼각망에서 점조건 조정식에 해당하는 것은?

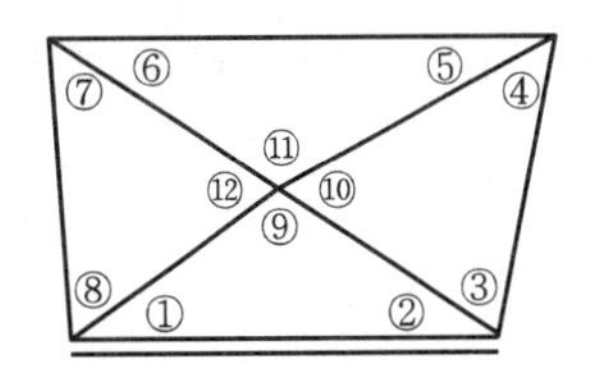

① (①+②+⑨)=180°
② (①+②)=(⑤+⑥)
③ (⑨+⑩+⑪+⑫)=360°
④ (①+②+③+④+⑤+⑥+⑦+⑧)=360°

정답 12 ③ 13 ① 14 ① 15 ④ 16 ③

해설

- 각조건
  ①+⑨+②=180°
- 점조건
  ⑨+⑩+⑪+⑫=360°

17 120m의 측선을 30m 줄자로 관측하였다. 1회 관측에 따른 우연오차가 ±3mm이었다면, 전체 거리에 대한 오차는?

① ±3mm ② ±6mm
③ ±9mm ④ ±12mm

해설

부정오차 $= a\sqrt{n} = 3\sqrt{(120/30)} = 6\text{mm}$

18 완화곡선에 대한 설명으로 틀린 것은?

① 곡선 반지름은 완화곡선의 시점에서 무한대, 종점에서 원곡선의 반지름이 된다.
② 완화곡선에 연한 곡선 반지름의 감소율은 캔트의 증가율과 같다.
③ 완화곡선의 접선은 시점에서 원호에, 종점에서 직선에 접한다.
④ 종점에 있는 캔트는 원곡선의 캔트와 같게 된다.

해설

완화곡선의 특징

- 차량이 직선부에서 곡선부로 접어들 때 급격한 원심력을 감소시키기 위해 직선부와 원곡선 사이에 설치한다.
- 완화곡선의 접선은 시점에서는 직선에, 종점에서는 원호에 접한다.
- 완화곡선의 반지름은 시작점에서 무한대, 종점에서는 원곡선의 반지름과 같다.

19 축척 1 : 500 지형도를 기초로 하여 축척 1 : 3,000 지형도를 제작하고자 한다. 축척 1 : 3,000 도면 한 장에 포함되는 축척 1 : 500 도면의 매수는?(단, 1 : 500 지형도와 1 : 3,000 지형도의 크기는 동일하다.)

① 16매 ② 25매
③ 36매 ④ 49매

해설

6매×6매=36매

20 지오이드(Geoid)에 관한 설명으로 틀린 것은?

① 중력장 이론에 의한 물리적 가상면이다.
② 지오이드면과 기준타원체면은 일치한다.
③ 지오이드는 어느 곳에서나 중력 방향과 수직을 이룬다.
④ 평균 해수면과 일치하는 등포텐셜면이다.

해설

지오이드의 특징

- 지오이드는 중력장의 등포텐셜면(연직선 중력방향에 직교)
- 지오이드는 위치에너지($E=mgh$)가 0이며 불규칙 지형이다.
- 지오이드는 육지에서는 회전타원체면 위에 존재하고, 바다에서는 회전타원체면 아래에 존재한다.
- 실제로 지오이드면은 굴곡이 심하므로 측량의 기준으로 채택하기 어렵다.(요철이 있다.)
- 지오이드면과 기준타원체면은 일치하지 않는다.

정답 17 ② 18 ③ 19 ③ 20 ②

01 캔트(cant) 계산에서 속도 및 반지름을 모두 2배로 하면 캔트는?

① 1/2로 감소한다. ② 2배로 증가한다.
③ 4배로 증가한다. ④ 8배로 증가한다.

해설

$$C=\frac{V^2S}{gR}=\frac{2^2}{2}\cdot\frac{V^2S}{gR}=2\cdot C$$

02 도로 선형계획 시 교각 25°, 반지름 300m인 원곡선과 교각 20°, 반지름 400m인 원곡선의 외선길이(E)의 차이는?

① 6.284m ② 7.284m
③ 2.113m ④ 1.113m

해설

$$E=R\left(\sec\frac{I}{2}-1\right)$$

- $E_1=300\left(\sec\frac{25°}{2}-1\right)=7.2839$
- $E_2=400\left(\sec\frac{20°}{2}-1\right)=6.1706$

$\therefore\ E_1-E_2=1.113\text{m}$

03 두 점 간의 고저차를 레벨에 의하여 직접 관측할 때 정확도를 향상시키는 방법이 아닌 것은?

① 표척을 수직으로 유지한다.
② 전시와 후시의 거리를 같게 한다.
③ 시준거리를 짧게 하여 레벨의 설치 횟수를 늘린다.
④ 기계가 침하되거나 교통에 방해가 되지 않는 견고한 지반을 택한다.

해설

시준거리는 60m 내외를 표준으로 한다.

04 두 변이 각각 82m와 73m이며, 그 사이에 낀 각이 67°인 삼각형의 면적은?

① 1,169m^2 ② 2,339m^2
③ 2,755m^2 ④ 5,510m^2

해설

$$A=\frac{a\cdot b\cdot\sin\alpha}{2}=\frac{82\times73\times\sin67°}{2}=2{,}755\text{m}^2$$

05 반지름 150m의 단곡선을 설치하기 위하여 교각을 측정한 값이 57°36′일 때 접선장과 곡선장은?

① 접선장=82.46m, 곡선장=150.80m
② 접선장=82.46m, 곡선장=75.40m
③ 접선장=236.36m, 곡선장=75.40m
④ 접선장=236.36m, 곡선장=150.80m

해설

- $TL=R\cdot\tan\frac{I}{2}=150\times\tan\frac{57°36'}{2}=82.46\text{m}$
- $CL=R\cdot I\cdot\frac{\pi}{180}=150\times57°36'\times\frac{\pi}{180}=150.80\text{m}$

06 다각측량에서는 측각의 정도와 거리의 정도가 균형을 이루어야 한다. 거리 100m에 대한 오차가 ±2mm일 때 이에 균형을 이루기 위한 측각의 최대 오차는?

① ±1″ ② ±4″
③ ±8″ ④ ±10″

해설

$$\frac{\Delta l}{l}=\frac{\theta''}{\rho''}=\frac{0.002}{100}=\frac{\theta''}{206{,}265''}$$

$\therefore\ \theta''=\pm4''$

07 GNSS 관측오차 중 주변의 구조물에 위성 신호가 반사되어 수신되는 오차를 무엇이라고 하는가?

① 다중경로 오차 ② 사이클슬립 오차
③ 수신기시계 오차 ④ 대류권 오차

정답 01 ② 02 ④ 03 ③ 04 ③ 05 ① 06 ② 07 ①

해설

수신기 오차

다중경로오차 (Multipath)	수신기 주변의 건물 등의 지형지물로 인해 위성으로부터 온 신호가 굴절, 반사되어 발생
사이클 슬립 (Cycle slip) 오차	수신기에서 위성의 신호를 받다가 순간적으로 신호가 끊어져 발생하는 오차

08 축척 1 : 5,000의 지형도에서 두 점 A, B 간의 도상거리가 24mm이었다. A점의 표고가 115m, B점의 표고가 145m이며, 두 점 간은 등경사라 할 때 120m 등고선이 통과하는 지점과 A점 간의 지상 수평거리는?

① 5m ② 20m
③ 60m ④ 100m

해설

- $\frac{1}{5,000}=\frac{0.024}{x}$ $\therefore x=120\text{m}$
- $120 : y=30 : 5$ $\therefore y=20\text{m}$

09 측지학을 물리학적 측지학과 기하학적 측지학으로 구분할 때, 물리학적 측지학에 속하는 것은?

① 면적의 산정 ② 체적의 산정
③ 수평위치의 산정 ④ 지자기 측정

해설

기하학적 측지학	물리학적 측지학
지구 및 전체 점들에 대한 상호 위치관계 결정	지구의 형상 및 운동과 내부의 특성을 해석
• 길이 및 시의 결정 • 수평위치 결정 • 높이 결정 • 측지학적 3차원 위치 결정 • 천문측량 • 위성측지 • 면적 및 체적산정	• 지구의 형상해석 • 중력 측정 • 지자기 측정 • 탄성파 측정 • 지구의 극운동/자전운동 • 지각변동/균형 • 지구의 열

10 지구의 반지름이 6,370km이며 삼각형의 구과량이 20″일 때 구면삼각형의 면적은?

① 1,934km² ② 2,934km²
③ 3,934km² ④ 4,934km²

해설

$\varepsilon''=\frac{A}{R^2}\rho''$

$\therefore A=\frac{\varepsilon'' R^2}{\rho''}=\frac{20''\times 6,370^2}{206,265''}=3,934\text{km}^2$

11 노선측량의 완화곡선에 대한 설명 중 옳지 않은 것은?

① 완화곡선의 접선은 시점에서 원호에, 종점에서 직선에 접한다.
② 완화곡선의 반지름은 시점에서 무한대, 종점에서 원곡선의 반지름(R)으로 된다.
③ 클로소이드의 조합형식에는 S형, 복합형, 기본형 등이 있다.
④ 모든 클로소이드는 닮은꼴이며, 클로소이드 요소는 길이의 단위를 가진 것과 단위가 없는 것이 있다.

해설

완화곡선의 접선은 시점에서 직선에, 종점에서는 원호에 접한다.

12 하천측량의 고저측량에 해당하지 않는 것은?

① 종단측량
② 유량관측
③ 횡단측량
④ 심천측량

해설

고저측량
- 종단측량
- 횡단측량
- 심천측량

정답 08 ② 09 ④ 10 ③ 11 ① 12 ②

13 지형도상의 등고선에 대한 설명으로 틀린 것은?

① 등고선의 간격이 일정하면 경사가 일정한 지면을 의미한다.
② 높이가 다른 두 등고선은 절벽이나 동굴의 지형에서 교차하거나 만날 수 있다.
③ 지표면의 최대경사의 방향은 등고선에 수직인 방향이다.
④ 등고선은 어느 경우라도 도면 내에서 항상 폐합된다.

해설

등고선의 성질
- 동일 등고선상의 모든 점은 같은 높이이다.
- 등고선은 도면 내·외에서 반드시 폐합하는 폐곡선이다.
- 도면 내에서 폐합하면 등고선 내부에 산꼭대기(산정) 또는 분지가 있다.
- 높이가 다른 등고선은 동굴이나 절벽을 제외하고는 교차하지 않는다.
- 최대경사의 방향은 등고선과 직각으로 교차(등고선과 최단거리)한다.
- 등고선은 경사가 급한 곳에서는 간격이 좁고 완만한 경사에서는 넓다.
- 두 쌍의 등고선의 볼록부가 상대할 때는 볼록부 고개(안부)를 표현한다.

14 삼각측량 시 삼각망 조정의 세 가지 조건이 아닌 것은?

① 각조건 ② 변조건
③ 측점조건 ④ 구과량조건

해설

각관측 3조건

3조건	내용
각조건	삼각망 중 3각형 내각의 합은 180°
변조건	임의의 한 변의 길이는 계산순서에 관계없이 동일
점조건	한 측점 주위에 있는 모든 각의 총합은 360°

15 삼각형 면적을 계산하기 위해 변길이를 관측한 결과가 그림과 같을 때, 이 삼각형의 면적은?

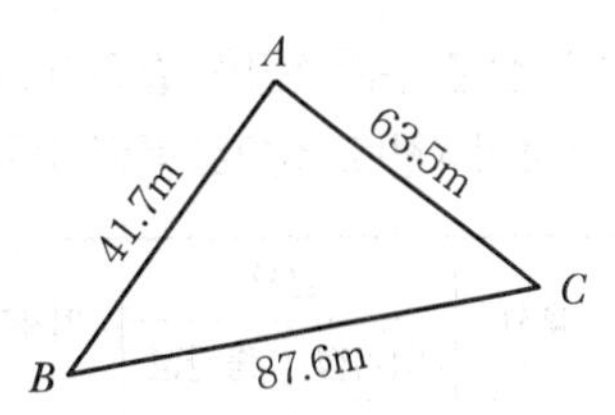

① $1,072.7m^2$ ② $1,235.6m^2$
③ $1,357.9m^2$ ④ $1,435.6m^2$

해설

- $S=\dfrac{41.7+63.5+87.6}{2}=96.4$
- $A=\sqrt{96.4(96.4-41.7)(96.4-63.5)(96.4-87.6)}$
  $=1,235.6\text{m}^2$

16 다각측량의 특징에 대한 설명으로 옳지 않은 것은?

① 삼각측량에 비하여 복잡한 시가지나 지형의 기복이 심해 시준이 어려운 지역의 측량에 적합하다.
② 도로, 수로, 철도와 같이 폭이 좁고 긴 지역의 측량에 편리하다.
③ 국가평면기준점 결정에 이용되는 측량방법이다.
④ 거리와 각을 관측하여 측점의 위치를 결정하는 측량이다.

해설

국가평면기준점 결정에 이용되는 측량은 삼각측량이다.

17 항공사진측량에서 관측되는 지형지물의 투영원리로 옳은 것은?

① 정사투영 ② 평행투영
③ 등적투영 ④ 중심투영

해설

출제기준에서 제외된 문제

정답 13 ④ 14 ④ 15 ② 16 ③ 17 ④

18 어떤 노선을 수준측량한 결과가 표와 같을 때, 측점 1, 2, 3, 4의 지반고 값으로 틀린 것은? (단위 : m)

측점	후시	전시		기계고	지반고
		이기점	중간점		
0	3.121			126.688	123.567
1			2.586		
2	2.428	4.065			
3			0.664		
4		2.321			

① 측점 1 : 124.102m
② 측점 2 : 122.623m
③ 측점 3 : 124.374m
④ 측점 4 : 122.730m

해설

- 측점 1 = 126.688 − 2.586 = 124.102m
- 측점 2 = 126.688 − 4.065 = 122.623m
- 측점 3 = 125.051 − 0.664 = 124.387m
- 측점 4 = 125.051 − 2.321 = 122.730m

19 C점의 표고를 구하기 위해 A코스에서 관측한 표고가 83.324m, B코스에서 관측한 표고가 83.341m였다면 C점의 표고는?

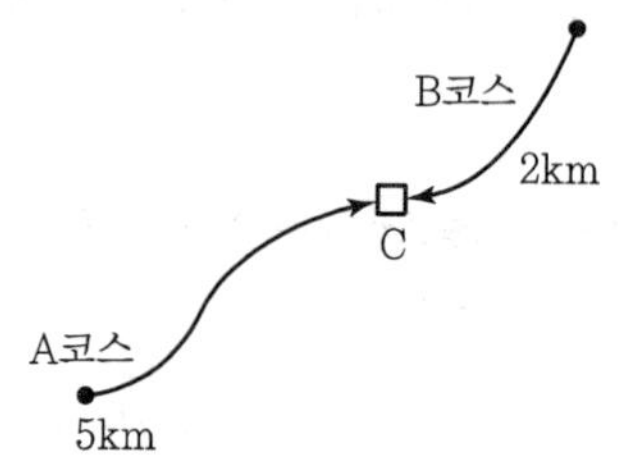

① 83.341m　　② 83.336m
③ 83.333m　　④ 83.324m

해설

$$H_C = \frac{P_A l_A + P_B l_B}{P_A + P_B} = \frac{2 \times 83.324 + 5 \times 83.341}{2+5}$$
$$= 83.336\text{m}$$

$\left(P_A : P_B = \frac{1}{5} : \frac{1}{2} = 2 : 5\right)$

20 A점에서 출발하여 다시 A점으로 되돌아오는 다각측량을 실시하여 위거오차 20cm, 경거오차 30cm가 발생하였고, 전 측선 길이가 800m라면 다각측량의 정밀도는?

① 1/1,000　　② 1/1,730
③ 1/2,220　　④ 1/2,630

해설

정밀도 $= \frac{1}{m} = \frac{\varepsilon}{\Sigma l}$

- $\varepsilon = \sqrt{\text{위거오차}^2 + \text{경거오차}^2}$
  $= \sqrt{0.2^2 + 0.3^2} = 0.361$
- $\Sigma l = 800\text{m}$

$\therefore \frac{1}{m} = \frac{0.361}{800} \fallingdotseq \frac{1}{2,220}$

정답　18 ③　19 ②　20 ③

01 1 : 50,000 지형도의 주곡선 간격은 20m이다. 지형도에서 4% 경사의 노선을 선정하고자 할 때 주곡선 사이의 도상수평거리는?

① 5mm ② 10mm
③ 15mm ④ 20mm

해설

- 경사$=\frac{H}{D}=\frac{4}{100}$
  $(H=20\text{m},\ D=500\text{m})$
- $\frac{1}{50,000}=\frac{x}{500}$
  $\therefore\ x=0.01\text{m}=10\text{mm}$

02 고속도로 공사에서 각 측점의 단면적이 표와 같을 때, 측점 10에서 측점 12까지의 토량은?(단, 양단면평균법에 의해 계산한다.)

측점	단면적(m^2)	비고
No. 10	318	측점 간의 거리=20m
No. 11	512	
No. 12	682	

① $15,120\text{m}^3$ ② $20,160\text{m}^3$
③ $20,240\text{m}^3$ ④ $30,240\text{m}^3$

해설

$$V=\left(\frac{A_1+A_2}{2}\right)\cdot l$$
$$=\left(\frac{318+512}{2}\right)\times 20+\left(\frac{512+682}{2}\right)\times 20$$
$$=20,240\text{m}^3$$

03 삼각점 C에 기계를 세울 수 없어서 2.5m를 편심하여 B에 기계를 설치하고 $T'=31°15'40''$를 얻었다면 T는?(단, $\phi=300°20'$, $S_1=2\text{km}$, $S_2=3\text{km}$)

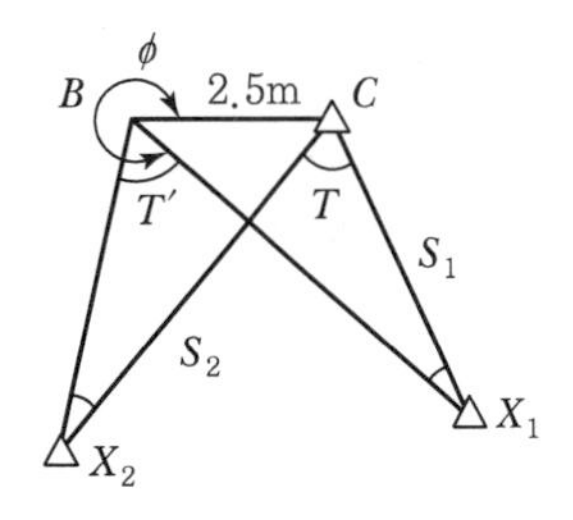

① 31°14′49″ ② 31°15′18″
③ 31°15′29″ ④ 31°15′41″

해설

- x_1
  $$\frac{2.5}{\sin x_1}=\frac{2,000}{\sin(360°-300°20')}$$
  $\therefore\ x_1=3'42.53''$
- x_2
  $$\frac{2.5}{\sin x_2}=\frac{3,000}{\sin(360°-300°20'+31°15'40'')}$$
  $\therefore\ x_2=2'51.86''$

$\therefore\ T=T'+x_2-x_1$
$=31°15'40''+2'51.86''-3'42.53''$
$=31°14'49''$

04 다각측량에서 어떤 폐합다각망을 측량하여 위거 및 경거의 오차를 구하였다. 거리와 각을 유사한 정밀도로 관측하였다면 위거 및 경거의 폐합오차를 배분하는 방법으로 가장 적합한 것은?

① 측선의 길이에 비례하여 분배한다.
② 각각의 위거 및 경거에 등분배한다.
③ 위거 및 경거의 크기에 비례하여 배분한다.
④ 위거 및 경거 절대값의 총합에 대한 위거 및 경거 크기에 비례하여 배분한다.

해설

- 거리의 정밀도=각의 정밀도
- 컴퍼스 법칙(측선거리에 비례조정)

정답 01 ② 02 ③ 03 ① 04 ①

05 승강식 야장이 표와 같이 작성되었다고 가정할 때, 성과를 검산하는 방법으로 옳은 것은?(여기서, ⓐ－ⓑ는 두 값의 차를 의미한다.)

측점	후시	전시		승(+)	강(－)	지반고
		T.P.	I.P.			
BM	0.175					㉥
No.1			0.154	…		…
No.2	1.098	1.237			…	…
No.3			0.948	…		…
No.4		1.175			…	㉦
합계	㉠	㉡	㉢	㉣	㉤	

① ㉦－㉥＝㉠－㉡＝㉣－㉤
② ㉦－㉥＝㉠－㉢＝㉣－㉤
③ ㉦－㉥＝㉠－㉣＝㉡－㉤
④ ㉦－㉥＝㉡－㉣＝㉢－㉤

해설

지반고차＝Σ(후시)－Σ(전시, T.P.)
＝Σ(승)－Σ(강)

06 100m의 측선을 20m 줄자로 관측하였다. 1회의 관측에 ＋4mm의 정오차와 ±3mm의 부정오차가 있었다면 측선의 거리는?

① 100.010±0.007m
② 100.010±0.015m
③ 100.020±0.007m
④ 100.020±0.015m

해설

실거＝관거＋정오차±부정오차
$= 100 + (0.004 \times 5) \pm 0.003\sqrt{5}$
$= 100.02 \pm 0.007\text{m}$

07 삼각수준측량에 의해 높이를 측정할 때 기지점과 미지점의 쌍방에서 연직각을 측정하여 평균하는 이유는?

① 연직축오차를 최소화하기 위하여
② 수평분도원의 편심오차를 제거하기 위하여
③ 연직분도원의 눈금오차를 제거하기 위하여
④ 공기의 밀도변화에 의한 굴절오차의 영향을 소거하기 위하여

해설

- 직시(기지점 → 미지점)
- 반시(미지점 → 기지점)
- $\frac{\text{직시}+\text{반시}}{2}$ (구차, 기차 제거)

08 시가지에서 25변형 트래버스 측량을 실시하여 2′50″의 각관측 오차가 발생하였다면 오차의 처리 방법으로 옳은 것은?(단, 시가지의 측각 허용범위＝$\pm 20''\sqrt{n} \sim 30''\sqrt{n}$, 여기서 n은 트래버스의 측점 수이다.)

① 오차가 허용오차 이상이므로 다시 관측하여야 한다.
② 변의 길이의 역수에 비례하여 배분한다.
③ 변의 길이에 비례하여 배분한다.
④ 각의 크기에 따라 배분한다.

해설

- 허용오차 한계 : $20''\sqrt{25} \sim 30''\sqrt{25}$
- 오차 : 2′50″

∴ 재관측

09 수애선의 기준이 되는 수위는?

① 평수위
② 평균수위
③ 최고수위
④ 최저수위

해설

1년을 통해 185일은 저하되지 않는 수위를 하며 수애선의 기준이 되는 수위는 평수위이다.

정답 05 ① 06 ③ 07 ④ 08 ① 09 ①

10 측점 M의 표고를 구하기 위하여 수준점 A, B, C로부터 수준측량을 실시하여 표와 같은 결과를 얻었다면 M의 표고는?

구분	표고 (m)	관측 방향	고저차 (m)	노선 길이
A	13.03	A→M	+1.10	2km
B	15.60	B→M	−1.30	4km
C	13.64	C→M	+0.45	1km

① 14.13m　② 14.17m
③ 14.22m　④ 14.30m

해설

- P

$\frac{1}{2} : \frac{1}{4} : \frac{1}{1} = 2 : 1 : 4$

- $l_1 = 13.03 + 1.10 = 14.13$

$l_2 = 15.60 - 1.30 = 14.30$

$l_3 = 13.64 + 0.45 = 14.09$

$\therefore\ H_M = \frac{P_1 l_1 + P_2 l_2 + P_3 l_3}{P_1 + P_2 + P_3} = 14.13$

11 지성선에 관한 설명으로 옳지 않은 것은?

① 철(凸)선을 능선 또는 분수선이라 한다.
② 경사변환선이란 동일 방향의 경사면에서 경사의 크기가 다른 두 면의 접합선이다.
③ 요(凹)선은 지표의 경사가 최대로 되는 방향을 표시한 선으로 유하선이라고 한다.
④ 지성선은 지표면이 다수의 평면으로 구성되었다고 할 때 평면 간 접합부, 즉 접선을 말하며 지세선이라고도 한다.

해설

요(凹)선은 지표의 경사가 최소로 되는 방향을 표시한 선이다.

12 삼각측량을 위한 기준점 성과표에 기록되는 내용이 아닌 것은?

① 점번호　② 도엽명칭
③ 천문경위도　④ 평면직각좌표

해설

삼각점(기준점) 성과표 기재사항

- 점번호
- 경위도
- 평면직각좌표 및 표고
- 수준원점
- 도엽명칭 및 번호
- 진북방향각 등

13 곡선반지름이 400m인 원곡선을 설계속도 70km/h로 하려고 할 때 캔트(cant)는?(단, 궤간 b = 1.065m)

① 73mm
② 83mm
③ 93mm
④ 103mm

해설

$$\text{Cant} = \frac{V^2 S}{gR} = \frac{\left(70 \times 1{,}000 \times \frac{1}{60 \times 60}\right)^2 \times 1.065}{9.8 \times 400}$$

$= 0.103\text{m} = 103\text{mm}$

14 축척 1 : 2,000의 도면에서 관측한 면적이 2,500m²이었다. 이때, 도면의 가로와 세로가 각각 1% 줄었다면 실제 면적은?

① 2,451m²
② 2,475m²
③ 2,525m²
④ 2,551m²

해설

실면 = 관면 ± ΔA

$= 2{,}500 + 50 = 2{,}550$

$\left(2 \cdot \frac{\Delta l}{l} = \frac{\Delta A}{A},\ \Delta A = 2 \cdot \frac{\Delta l}{l} \cdot A = 50\right)$

정답　10 ①　11 ③　12 ③　13 ④　14 ④

15 곡률이 급변하는 평면 곡선부에서의 탈선 및 심한 흔들림 등의 불안정한 주행을 막기 위해 고려하여야 하는 사항과 가장 거리가 먼 것은?

① 완화곡선　　② 종단곡선
③ 캔트　　④ 슬랙

완화곡선의 요소

캔트(Cant, 고도), 편물매	슬랙(Slack), 확폭
차량 중심, F, C, α, g	L, ε, 확폭, R
곡선부를 통과하는 차량이 원심력에 의해 탈선하는 것을 방지하기 위해 바깥쪽 노면을 안쪽 노면보다 높이는 정도	차량이 곡선 위를 주행할 때 그림과 같이 뒷바퀴가 앞바퀴보다 안쪽을 통과하게 되므로 차선 너비를 넓혀야 하는데 이를 확폭이라 한다.
캔트$(C)=\dfrac{V^2S}{gR}$	슬랙$(\varepsilon)=\dfrac{L^2}{2R}$

16 기준면으로부터 어느 측점까지의 연직 거리를 의미하는 용어는?

① 수준선(level line)
② 표고(elevation)
③ 연직선(plumb line)
④ 수평면(horizontal plane)

해설

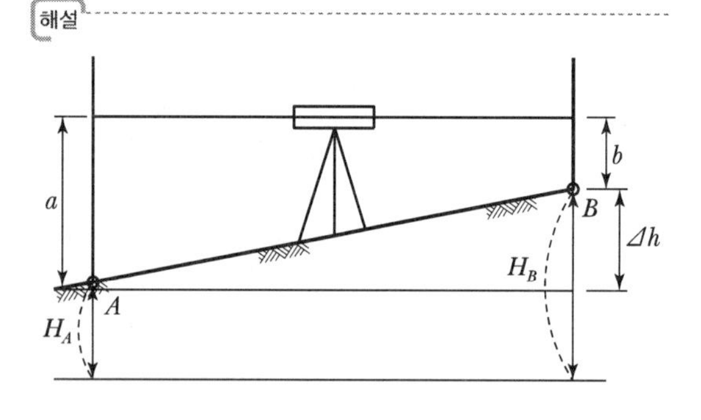

후시(BS)	기지점에 세운 표척의 읽음값(a)
전시(FS)	표고를 구하려는 점에 세운 표척의 읽음값(b)
지반고(GH)	• 기준면부터 구하는 지점의 표고$(H_A,\ H_B)$ • $H_B=H_A+a$(후시)$-b$(전시)

17 하천의 평균유속(V_m)을 구하는 방법 중 3점법으로 옳은 것은?(단, V_2, V_4, V_6, V_8은 각각 수면으로부터 수심(h)의 $0.2h$, $0.4h$, $0.6h$, $0.8h$인 곳의 유속이다.)

① $V_m=\dfrac{V_2+V_4+V_8}{3}$

② $V_m=\dfrac{V_2+V_6+V_8}{3}$

③ $V_m=\dfrac{V_2+2V_4+V_8}{4}$

④ $V_m=\dfrac{V_2+2V_6+V_8}{4}$

해설

구분	내용
1점법	$V_m=V_{0.6}$ 수면으로부터 수심 0.6H 되는 곳의 유속을 평균유속(V_m)
2점법	$V_m=\dfrac{1}{2}(V_{0.2}+V_{0.8})$ 수심 0.2H, 0.8H 되는 곳의 유속을 평균유속(V_m)
3점법	$V_m=\dfrac{1}{4}(V_{0.2}+2V_{0.6}+V_{0.8})$ 수심 0.2H, 0.6H, 0.8H 되는 곳의 유속을 평균유속(V_m)

18 어느 각을 10번 관측하여 52°12′을 2번, 52°13′을 4번, 52°14′을 4번 얻었다면 관측한 각의 최확값은?

① 52°12′45″　　② 52°13′00″
③ 52°13′12″　　④ 52°13′45″

정답　15 ②　16 ②　17 ④　18 ③

해설

$$최확값=\frac{2\times52°12'+4\times52°13'+4\times52°14'}{2+4+4}$$
$$=52°13'12''$$

19 방위각 153°20′25″에 대한 방위는?

① E63°20′25″S ② E26°39′35″S
③ S26°39′35″E ④ S63°20′25″E

해설

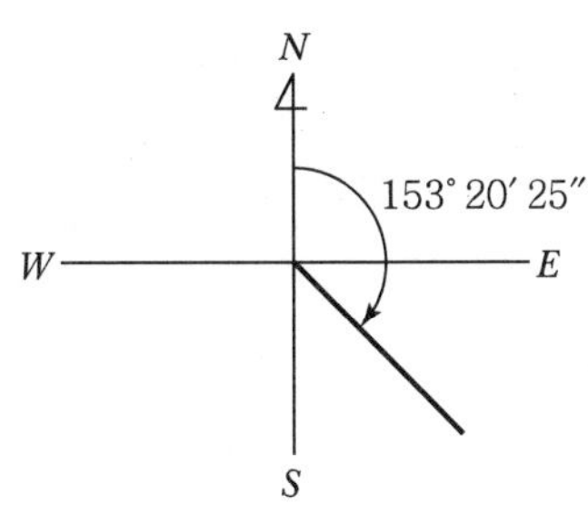

∴ 방위는 S(180°−153°20′25″)E
S26°39′35″E

20 완화곡선 중 클로소이드에 대한 설명으로 옳지 않은 것은?(단, R : 곡선반지름, L : 곡선길이)

① 클로소이드는 곡률이 곡선길이에 비례하여 증가하는 곡선이다.
② 클로소이드는 나선의 일종이며 모든 클로소이드는 닮은꼴이다.
③ 클로소이드의 종점 좌표 x, y는 그 점의 접선각의 함수로 표시된다.
④ 클로소이드에서 접선각 τ를 라디안으로 표시하면 $\tau=\frac{R}{2L}$이 된다.

해설

$A^2=RL=\frac{L^2}{2\tau}$

$RL\cdot 2\tau=L^2$

$\therefore\ \tau=\frac{L^2}{2RL}=\frac{L}{2R}$

정답 19 ③ 20 ④

2019년 토목산업기사 제4회 측량학 기출문제

01 측량지역의 대소에 의한 측량의 분류에 있어서 지구의 곡률로부터 거리오차에 따른 정확도를 $1/10^7$까지 허용한다면 반지름 몇 km 이내를 평면으로 간주하여 측량할 수 있는가?(단, 지구의 곡률반지름은 6,372km이다.)

① 3.49km ② 6.98km
③ 11.03km ④ 22.07km

해설

$$정도=\frac{1}{12}\left(\frac{l}{R}\right)^2$$

$$\frac{1}{10^7}=\frac{1}{12}\left(\frac{l}{6,372}\right)^2$$

l(직경)$=7$km

∴ 반경은 약 3.5km

02 지형도를 작성할 때 지형표현을 위한 원칙과 거리가 먼 것은?

① 기복을 알기 쉽게 할 것
② 표현을 간결하게 할 것
③ 정량적 계획을 엄밀하게 할 것
④ 기호 및 도식은 많이 넣어 세밀하게 할 것

해설

지형도 작성 3대 원칙
- 기복을 알기 쉽게 할 것
- 표현을 간결하게 할 것
- 정량적 계획을 엄밀하게 할 것

03 수준측량에서 도로의 종단측량과 같이 중간시가 많은 경우에 현장에서 주로 사용하는 야장기입법은?

① 기고식
② 고차식
③ 승강식
④ 회귀식

해설

- 고차식 : 가장 간단한 방법
- 기고식 : 가장 많이 사용하는 방법으로 중간점이 많을 때 편리
- 승강식 : 정밀측량에 적당하며, 시간이 많이 소요

04 $\overline{AB}$ 측선의 방위각이 50°30′이고 그림과 같이 각관측을 실시하였다. $\overline{CD}$ 측선의 방위각은?

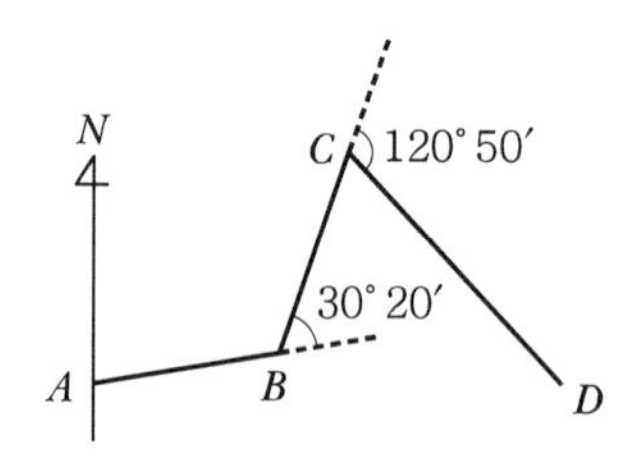

① 139°00′
② 141°00′
③ 151°40′
④ 201°40′

해설

- AB 측선 방위각 : 50°30′
- BC 측선 방위각 : 50°30′ − 30°20′ = 20°10′
- CD 측선 방위각 : 20°10′ + 120°50′ = 141°0′0″

05 삼각점 표석에서 반석과 주석에 관한 내용 중 틀린 것은?

① 반석과 주석의 재질은 주로 금속을 이용한다.
② 반석과 주석의 십자선 중심은 동일 연직선상에 있다.
③ 반석과 주석의 설치를 위해 인조점을 설치한다.
④ 반석과 주석의 두부상면은 서로 수평이 되도록 설치한다.

해설

반석과 주석의 재질은 주로 화강암을 이용한다.

정답 01 ① 02 ④ 03 ① 04 ② 05 ①

06 그림과 같은 도로의 횡단면도에서 AB의 수평거리는?

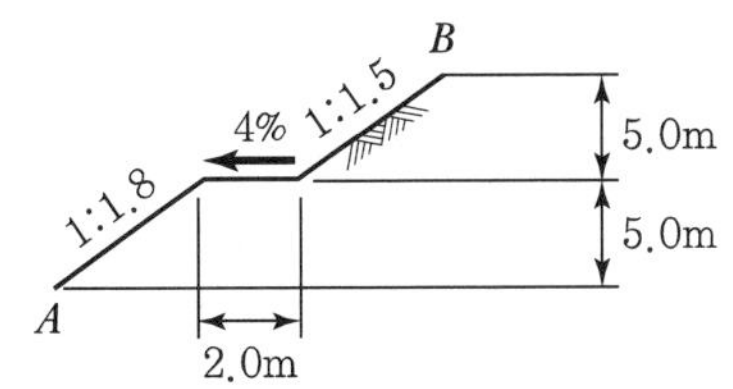

① 8.1m ② 12.3m
③ 14.3m ④ 18.5m

(1.8×5)+2+(1.5×5)=18.5m

07 표고 100m인 촬영기준면을 초점거리 150mm 카메라로 사진축척 1 : 20,000의 사진을 얻기 위한 촬영비행고도는?

① 1,333m ② 2,900m
③ 3,000m ④ 3,100m

해설

출제기준에서 제외된 문제

08 다음 조건에 따른 C점의 높이 최확값은?

- A점에서 관측한 C점의 높이 : 243.43m
- B점에서 관측한 C점의 높이 : 243.31m
- A~C의 거리 : 5km
- B~C의 거리 : 10km

① 243.35m ② 243.37m
③ 243.39m ④ 243.41m

해설

$P_1 : P_2 = \frac{1}{5} : \frac{1}{10} = 2 : 1$

$C최확값 = \frac{(243.43 \times 2) + (243.31 \times 1)}{2+1}$

$= 243.39\text{m}$

09 수준측량에서 전시와 후시의 시준거리를 같게 하여 소거할 수 있는 오차는?

① 표척의 눈금읽기 오차
② 표척의 침하에 의한 오차
③ 표척의 눈금 조정 부정확에 의한 오차
④ 시준선과 기포관축이 평행하지 않기 때문에 발생되는 오차

해설

전후시 거리를 같게 취함으로써 제거되는 오차
- 시준축오차(기포관축과 시준선이 평행하지 않은 오차)
- 구차
- 기차

10 종단 및 횡단측량에 대한 설명으로 옳은 것은?

① 종단도의 종축척과 횡축척은 일반적으로 같게 한다.
② 노선의 경사도 형태를 알려면 종단도를 보면 된다.
③ 횡단측량은 종단측량보다 높은 정확도가 요구된다.
④ 노선의 횡단측량을 종단측량보다 먼저 실시하여 횡단도를 작성한다.

해설

- 보통 종축척은 1/1,000, 횡축척은 1/250 이상
- 종단측량은 횡단측량보다 높은 정밀도를 요구한다.
- 종단측량은 횡단측량보다 먼저 실시한다.

11 그림의 등고선에서 AB의 수평거리가 40m일 때 AB의 기울기는?

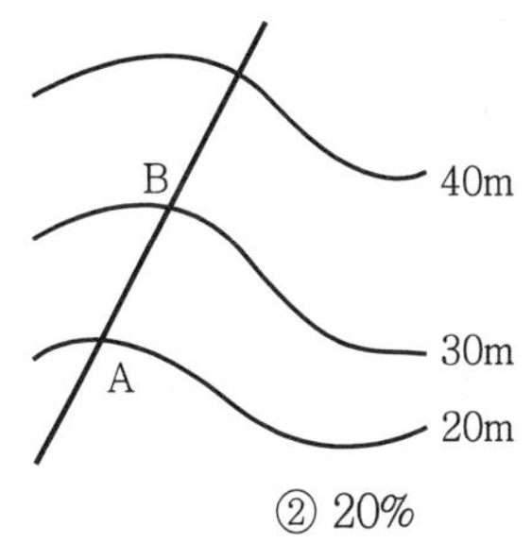

① 10% ② 20%
③ 25% ④ 30%

정답 06 ④ 07 ④ 08 ③ 09 ④ 10 ② 11 ③

해설

$$AB기울기 = \frac{H}{D} = \frac{30-20}{40} \times 100 = 25\%$$

12 편각법에 의하여 원곡선을 설치하고자 한다. 곡선 반지름이 500m, 시단현이 12.3m일 때 시단현의 편각은?

① 36′27″　② 39′42″
③ 42′17″　④ 43′43″

해설

$$\delta_{l_1} = \frac{l_1}{2R} \times \frac{180}{\pi} = \frac{12.3}{2 \times 500} \times \frac{180}{\pi} = 42'17''$$

13 축척 1 : 1,000에서의 면적을 측정하였더니 도상면적이 3cm²이었다. 그런데 이 도면 전체가 가로, 세로 모두 1%씩 수축되어 있었다면 실제면적은?

① 29.4m²
② 30.6m²
③ 294m²
④ 306m²

해설

실제면적 = 관측면적 ± ΔA

- 관측면적

$$\left(\frac{1}{1000}\right)^2 = \frac{3\text{cm}^2}{x}$$

∴ 관측면적(x) = 300m²

- ΔA

$$2\frac{\Delta l}{l} = \frac{\Delta A}{A}$$

$$\Delta A = 2 \cdot \frac{\Delta l}{l} \cdot A = 2 \times \frac{1}{100} \times 300 = 6\text{m}^2$$

∴ 실제면적 = 관측면적 + ΔA = 300 + 6 = 306m²

14 어느 지역의 측량 결과가 그림과 같다면 이 지역의 전체 토량은?(단, 각 구역의 크기는 같다.)

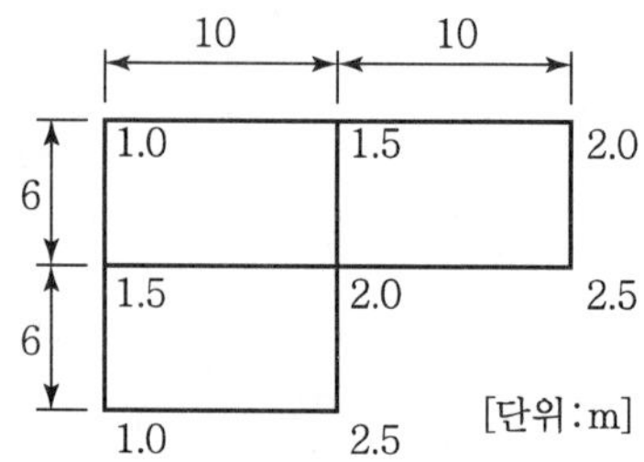

① 200m³　② 253m³
③ 315m³　④ 353m³

해설

$$V = \frac{a \cdot b}{4}\left[\Sigma h_1 + 2\Sigma h_2 + 3\Sigma h_3\right]$$

$$= \frac{10 \times 6}{4}\left[(1+2+2.5+2.5+1) + 2(1.5+1.5) + 3(2)\right]$$

$$= 315\text{m}^2$$

15 하천의 평균유속을 구할 때 횡단면의 연직선 내에서 일점법으로 가장 적합한 관측 위치는?

① 수면에서 수심의 2/10 되는 곳
② 수면에서 수심의 4/10 되는 곳
③ 수면에서 수심의 6/10 되는 곳
④ 수면에서 수심의 8/10 되는 곳

해설

- 1점법 : $V_m = V_{0.6}$
- 2점법 : $V_m = \frac{1}{2}(V_{0.6} + V_{0.8})$
- 3점법 : $V_m = \frac{1}{4}(V_{0.2} + 2V_{0.6} + V_{0.8})$

정답　12 ③　13 ④　14 ③　15 ③

16 산지에서 동일한 각관측의 정확도로 폐합 트래버스를 관측한 결과, 관측점수(n)가 11개, 각관측 오차가 1′15″이었다면 오차의 배분 방법으로 옳은 것은?(단, 산지의 오차한계는 $\pm 90'' \sqrt{n}$을 적용한다.)

① 오차가 오차한계보다 크므로 재관측하여야 한다.
② 각의 크기에 상관없이 등분하여 배분한다.
③ 각의 크기에 반비례하여 배분한다.
④ 각의 크기에 비례하여 배분한다.

해설

- 오차의 허용범위 : $90''\sqrt{n} = 90''\sqrt{11} = 298''$
- 오차 : 1′15″(75″)

∴ 허용범위 이내이므로 등배분한다.

17 매개변수 $A = 100$m인 클로소이드 곡선길이 $L = 50$m에 대한 반지름은?

① 20m ② 150m
③ 200m ④ 500m

해설

$A^2 = RL,\ R = \dfrac{A^2}{L} = \dfrac{100^2}{50} = 200\text{m}$

18 위성의 배치상태에 따른 GNSS의 오차 중 단독측위(독립측위)와 관련이 없는 것은?

① GDOP ② RDOP
③ PDOP ④ TDOP

해설

RDOP는 상대정밀도 저하율이다.

19 지구전체를 경도는 6°씩 60개로 나누고, 위도는 8°씩 20개(남위 80°~북위 84°)로 나누어 나타내는 좌표계는?

① UPS 좌표계 ② UTM 좌표계
③ 평면직각 좌표계 ④ WGS 84 좌표계

해설

UTM 좌표계 특징

- 경도의 원점은 중앙자오선
- 위도의 원점은 적도
- 중앙자오선의 축척계수는 0.9996(중앙자오선에 대해서 횡메카토르투영)
- 좌표계 간격은 경도 6°, 위도 8°
- 종대(자오선)는 6°간격 60등분(경도 180도에서 동쪽으로)
- 횡대(적도)는 8°간격 20등분

20 그림과 같은 관측값을 보정한 ∠AOC는?

- ∠AOB = 23°45′30″(1회 관측)
- ∠BOC = 46°33′20″(2회 관측)
- ∠AOC = 70°19′11″(4회 관측)

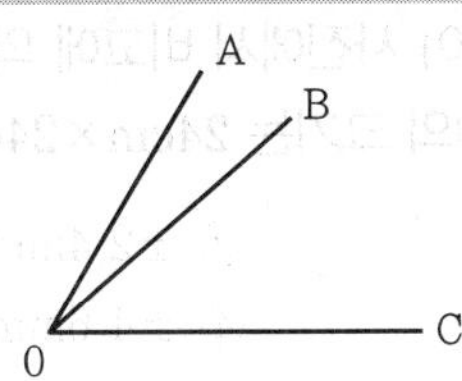

① 70°19′08″ ② 70°19′10″
③ 70°19′11″ ④ 70°19′18″

해설

- 오차 = (23°45′30″ + 46°33′20″) − 70°19′11″ = −21″
- 경중률 = $\dfrac{1}{1} : \dfrac{1}{2} : \dfrac{1}{4} = 4 : 2 : 1$
- 조정량 = $\dfrac{1}{7} \times -21'' = -3''$

∠AOC = 70°19′11″ − 3″ = 70°19′08″

정답 16 ② 17 ③ 18 ② 19 ② 20 ①

01 지형도의 이용법에 해당되지 않는 것은?

① 저수량 및 토공량 산정
② 유역면적의 도상 측정
③ 직접적인 지적도 작성
④ 등경사선 관측

해설

지형도의 이용법
- 저수량 및 토공량 산정
- 유역면적의 도상 측정
- 등경사선 관측

02 초점거리 210mm의 카메라로 지면의 비고가 15m인 구릉지에서 촬영한 연직사진의 축척이 1 : 5,000이었다. 이 사진에서 비고에 의한 최대 변위량은?(단, 사진의 크기는 24cm×24cm이다.)

① ±1.2mm ② ±2.4mm
③ ±3.8mm ④ ±4.6mm

해설

출제기준에서 제외된 문제

03 지표상 P점에서 9km 떨어진 Q점을 관측할 때 Q점에 세워야 할 측표의 최소 높이는?(단, 지구 반지름 R=6,370km이고, P, Q점은 수평면상에 존재한다.)

① 10.2m ② 6.4m
③ 2.5m ④ 0.6m

해설

최소 높이(구차) $= \dfrac{D^2}{2R} = \dfrac{9^2}{2\times 6{,}370} = 6.4\times 10^{-3}\text{km}$
$= 6.4\text{m}$

04 한 측선의 자오선(종축)과 이루는 각이 60°00′이고 계산된 측선의 위거가 −60m, 경거가 −103.92m일 때 이 측선의 방위와 거리는?

① 방위=S60°00′E, 거리=130m
② 방위=N60°00′E, 거리=130m
③ 방위=N60°00′W, 거리=120m
④ 방위=S60°00′W, 거리=120m

해설

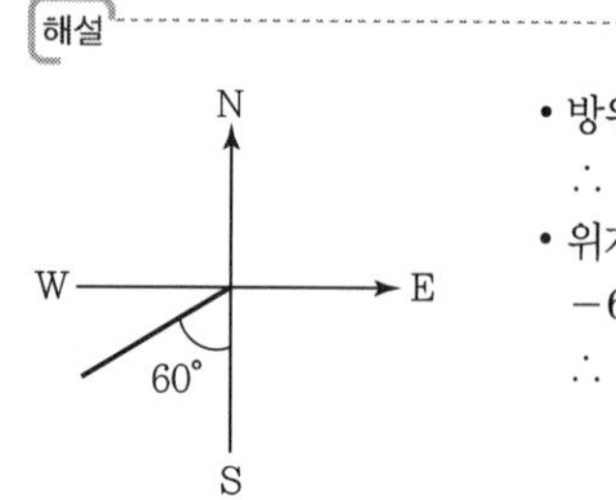

- 방위각 240°
  ∴ 방위 S60°W
- 위거 $= S\times\cos\alpha$
  $-60 = S\times\cos 240°$
  ∴ S(거리)=120m

05 그림과 같은 토지의 $\overline{BC}$에 평행한 $\overline{XY}$로 $m : n = 1 : 2.5$의 비율로 면적을 분할하고자 한다. $\overline{AB}$=35m일 때 $\overline{AX}$는?

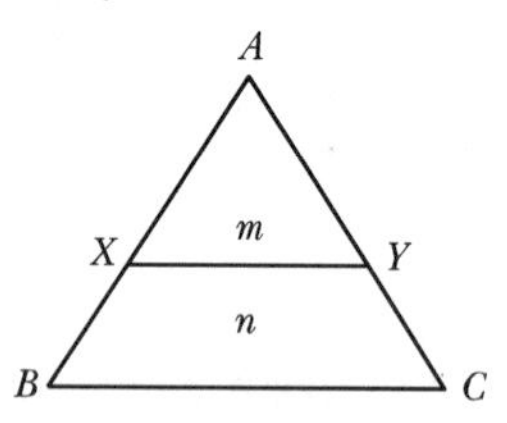

① 17.7m ② 18.1m
③ 18.7m ④ 19.1m

해설

$AX = AB\times\sqrt{\dfrac{m}{m+n}} = 35\times\sqrt{\dfrac{1}{1+2.5}} = 18.7\text{m}$

06 종중복도 60%, 횡중복도 20%일 때 촬영종기선의 길이와 촬영횡기선 길이의 비는?

① 1 : 2 ② 1 : 3
③ 2 : 3 ④ 3 : 1

해설

출제기준에서 제외된 문제

정답 01 ③ 02 ② 03 ② 04 ④ 05 ③ 06 ①

07 종단곡선에 대한 설명으로 옳지 않은 것은?

① 철도에서는 원곡선을, 도로에서는 2차 포물선을 주로 사용한다.
② 종단경사는 환경적, 경제적 측면에서 허용할 수 있는 범위 내에서 최대한 완만하게 한다.
③ 설계속도와 지형 조건에 따라 종단경사의 기준값이 제시되어 있다.
④ 지형의 상황, 주변 지장물 등의 한계가 있는 경우 10% 정도 증감이 가능하다.

해설

지형의 상황, 주변 지장물 등의 한계가 있는 경우 1% 증감이 가능하다.

08 삼각측량을 위한 삼각망 중에서 유심다각망에 대한 설명으로 틀린 것은?

① 농지측량에 많이 사용된다.
② 방대한 지역의 측량에 적합하다.
③ 삼각망 중에서 정확도가 가장 높다.
④ 동일측점 수에 비하여 포함면적이 가장 넓다.

해설

삼각망 중에서 사변형 삼각망이 정확도가 가장 높다.

09 토량 계산공식 중 양단면의 면적차가 클 때 산출된 토량의 일반적인 대소 관계로 옳은 것은?(단, 중앙단면법 : A, 양단면평균법 : B, 각주공식 : C)

① $A=C<B$　　② $A<C=B$
③ $A<C<B$　　④ $A>C>B$

해설

중앙 단면법(A)<각주공식(C)<양단면 평균법

10 트래버스 측량에서 거리 관측의 오차가 관측거리 100m에 대하여 ± 1.0mm인 경우 이에 상응하는 각관측 오차는?

① $\pm 1.1''$　　② $\pm 2.1''$
③ $\pm 3.1''$　　④ $\pm 4.1''$

해설

$$\frac{\Delta l}{l}=\frac{\theta''}{\rho''},\ \frac{1\times 10^{-3}}{100}=\frac{\theta''}{206,265''}$$

$\therefore\ \theta''=\pm 2.1''$

11 위성측량의 DOP(Dilution of Precision)에 관한 설명으로 옳지 않은 것은?

① DOP는 위성의 기하학적 분포에 따른 오차이다.
② 일반적으로 위성들 간의 공간이 더 크면 위치정밀도가 낮아진다.
③ DOP를 이용하여 실제 측량 전에 위성측량의 정확도를 예측할 수 있다.
④ DOP 값이 클수록 정확도가 좋지 않은 상태이다.

해설

위성들 간의 공간이 더 크면 위치정밀도가 높아진다.

12 종단점법에 의한 등고선 관측방법을 사용하는 가장 적당한 경우는?

① 정확한 토량을 산출할 때
② 지형이 복잡할 때
③ 비교적 소축척으로 산지 등의 지형측량을 행할 때
④ 정밀한 등고선을 구하려 할 때

해설

등고선 간접 관측법
- 방안법(점고법)
- 종단점법(소축척, 산지 등의 지형측량)
- 횡단점법(노선측량)

13 삼변측량에서 $\triangle ABC$에서 세 변의 길이가 $a=1,200.00$m, $b=1,600.00$m, $c=1,442.22$m라면 변 c의 대각인 $\angle C$는?

① 45°　　② 60°
③ 75°　　④ 90°

정답　07 ④　08 ③　09 ③　10 ②　11 ②　12 ③　13 ②

해설

$$\angle c = \cos^{-1}\frac{a^2+b^2-c^2}{2ab} = \cos^{-1}\frac{1,200^2+1,600^2-1,442.22^2}{2\times1,200\times1,600}$$
$$=60°$$

14 그림과 같이 수준측량을 실시하였다. A점의 표고는 300m이고, B와 C구간은 교호수준측량을 실시하였다면, D점의 표고는?(단, 표고차 : $A\rightarrow B=+1.233$m, $B\rightarrow C=+0.726$m, $C\rightarrow B=-0.720$m, $C\rightarrow D=-0.926$m)

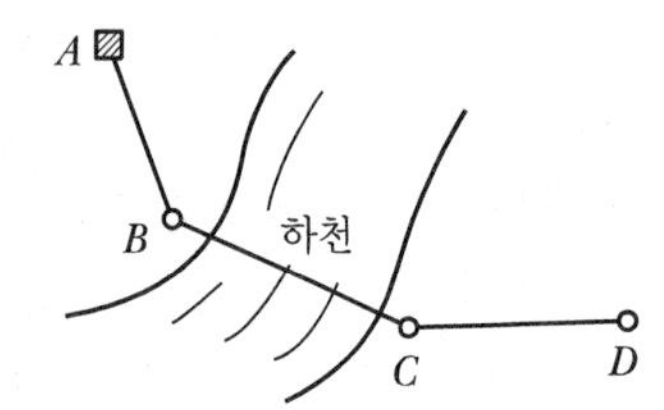

① 300.310m　② 301.030m
③ 302.153m　④ 302.882m

해설

$$H_D=H_A+\Delta h_{AB}+\Delta h_{BC}+\Delta h_{CD}$$
$$=300+1.233+\left(\frac{0.726+0.720}{2}\right)-0.926$$
$$=301.03\text{m}$$

15 트래버스 측량에서 선점 시 주의하여야 할 사항이 아닌 것은?

① 트래버스의 노선은 가능한 한 폐합 또는 결합이 되게 한다.
② 결합 트래버스의 출발점과 결합점 간의 거리는 가능한 한 단거리로 한다.
③ 거리측량과 각측량의 정확도가 균형을 이루게 한다.
④ 측점 간 거리는 다양하게 선점하여 부정오차를 소거한다.

해설

선점은 최소화하여 오차를 줄인다.

16 중력이상에 대한 설명으로 옳지 않은 것은?

① 중력이상에 의해 지표면 밑의 상태를 추정할 수 있다.
② 중력이상에 대한 취급은 물리학적 측지학에 속한다.
③ 중력이상이 양(+)이면 그 지점 부근에 무거운 물질이 있는 것으로 추정할 수 있다.
④ 중력식에 의한 계산값에서 실측값을 뺀 것이 중력이상이다.

해설

중력이상＝실측값－계산값

17 아래 종단수준측량의 야장에서 ㉠, ㉡, ㉢에 들어갈 값으로 옳은 것은?

(단위 : m)

측점	후시	기계고	전시		지반고
			전환점	이기점	
BM	0.175	㉠			37.133
No. 1				0.154	
No. 2				1.569	
No. 3				1.143	
No. 4	1.098	㉡	1.237		㉢
No. 5				0.948	
No. 6				1.175	

① ㉠ : 37.308, ㉡ : 37.169 ㉢ : 36.071
② ㉠ : 37.308, ㉡ : 36.071 ㉢ : 37.169
③ ㉠ : 36.958, ㉡ : 35.860 ㉢ : 37.097
④ ㉠ : 36.958, ㉡ : 37.097 ㉢ : 35.860

해설

㉠ 37.133＋0.175＝37.308
㉡ 36.071＋1.098＝37.169
㉢ 37.308－1.237＝36.071

18 캔트(Cant)의 계산에서 속도 및 반지름을 2배로 하면 캔트는 몇 배가 되는가?

① 2배　② 4배
③ 8배　④ 16배

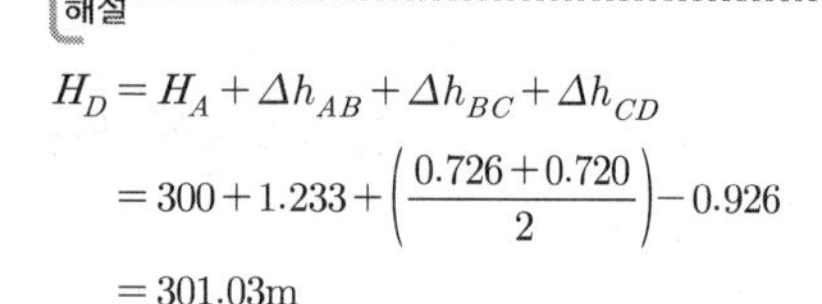

정답　14 ②　15 ④　16 ④　17 ①　18 ①

해설

$$C = \frac{V^2 S}{gR} = \frac{2^2}{2} = 2$$

19 종단측량과 횡단측량에 관한 설명으로 틀린 것은?

① 종단도를 보면 노선의 형태를 알 수 있으나 횡단도를 보면 알 수 없다.
② 종단측량은 횡단측량보다 높은 정확도가 요구된다.
③ 종단도의 횡축척과 종축척은 서로 다르게 잡는 것이 일반적이다.
④ 횡단측량은 노선의 종단측량에 앞서 실시한다.

해설

종단측량 후 횡단측량을 실시한다.

20 노선측량에서 단곡선의 설치방법에 대한 설명으로 옳지 않은 것은?

① 중앙종거를 이용한 설치방법은 터널 속이나 삼림지대에서 벌목량이 많을 때 사용하면 편리하다.
② 편각설치법은 비교적 높은 정확도로 인해 고속도로나 철도에 사용할 수 있다.
③ 접선편거와 현편거에 의하여 설치하는 방법은 줄자만을 사용하여 원곡선을 설치할 수 있다.
④ 장현에 대한 종거와 횡거에 의하는 방법은 곡률반지름이 짧은 곡선일 때 편리하다.

해설

접선에서 지거를 이용한 방법은 산림지에서 벌목량이 많을 때 사용한다.

정답 19 ④ 20 ①

01 경사가 일정한 경사지에서 두 점 간의 경사거리를 관측하여 150m를 얻었다. 두 점 간의 고저차가 20m이었다면 수평거리는?

① 148.3m ② 148.5m
③ 148.7m ④ 148.9m

해설

$D=\sqrt{L^2-H^2}=\sqrt{150^2-20^2}=148.7\text{m}$

02 폐합 트래버스측량을 실시하여 각 측선의 경거, 위거를 계산한 결과, 측선 34의 자료가 없었다. 측선 34의 방위각은?(단, 폐합오차는 없는 것으로 가정한다.)

측선	위거(m)		경거(m)	
	N	S	E	W
12		2.33		8.55
23	17.87			7.03
34				
41		30.19	5.97	

① 64°10′44″ ② 33°15′50″
③ 244°10′44″ ④ 115°49′14″

해설

측선 34 방위각 $=\tan^{-1}\left(\dfrac{9.61}{14.65}\right)=33°15'50''$

03 50m에 대해 20mm 늘어나 있는 줄자로 정사각형의 토지를 측량한 결과, 면적이 62,500m²이었다면 실제 면적은?

① 62,450m² ② 62,475m²
③ 62,525m² ④ 62,550m²

해설

- ΔA

$2\cdot\dfrac{\Delta l}{l}=\dfrac{\Delta A}{A}$

$2\cdot\dfrac{0.02}{50}=\dfrac{\Delta A}{62{,}500},\ \Delta A=50$

- 실제 면적 = 관측면적 + ΔA

$=62{,}500+50=62{,}550\text{m}^2$

04 측선 AB를 기준으로 하여 C방향의 협각을 관측하였더니 257°36′37″이었다. 그런데 B점에 편위가 있어 그림과 같이 실제 관측한 점이 B'이었다면 정확한 협각은?(단, BB'=20cm, $\angle B'BA$ = 150°, AB'=2km)

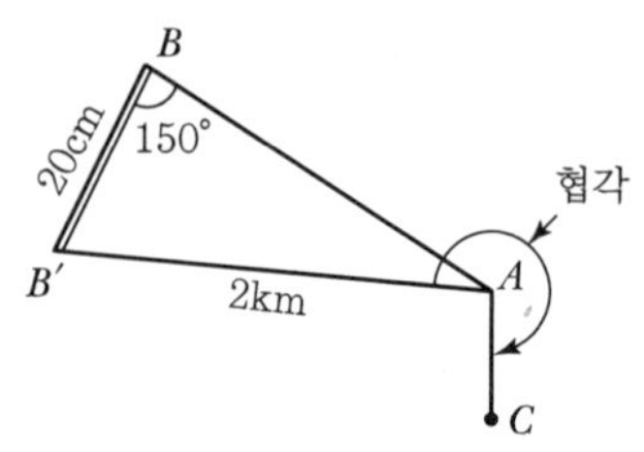

① 257°36′17″ ② 257°36′27″
③ 257°36′37″ ④ 257°36′47″

해설

협각 $=257°36'37''-\angle BAB'$

- $\angle BAB'$

$\dfrac{2{,}000}{\sin 150}=\dfrac{0.2}{\sin\angle BAB'}$ ∴ $\angle BAB'=10.31''$

∴ 협각 $=257°36'37''-10.31''=257°36'27''$

05 하천의 종단측량에서 4km 왕복측량에 대한 허용오차가 C라고 하면 8km 왕복측량의 허용오차는?

① $\dfrac{C}{2}$ ② $\sqrt{2}\,C$
③ $2C$ ④ $4C$

해설

$C : a\sqrt{4}=x : a\sqrt{8}$ ∴ x(허용오차) $=\sqrt{2}\,C$

06 최소제곱법의 원리를 이용하여 처리할 수 있는 오차는?

① 정오차 ② 우연오차
③ 착오 ④ 물리적 오차

정답 01 ③ 02 ② 03 ④ 04 ② 05 ② 06 ②

해설

우연오차(부정오차, 상차)는 최소제곱법의 원리를 이용하여 조정할 수 있다.

07 그림과 같이 원곡선을 설치할 때 교점(P)에 장애물이 있어 $\angle ACD = 150°$, $\angle CDB = 90°$ 및 CD의 거리 400m를 관측하였다. C점으로부터 곡선시점(A)까지의 거리는?(단, 곡선의 반지름은 500m이다.)

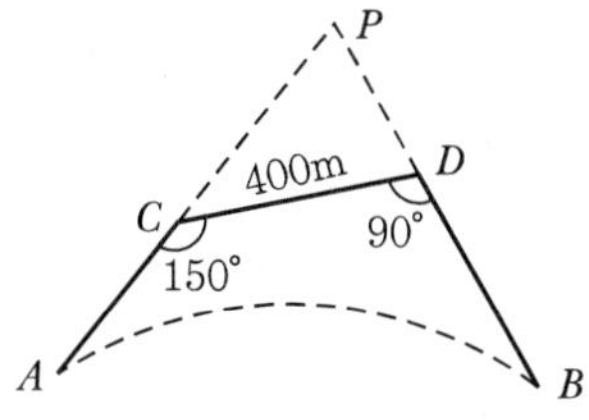

① 404.15m ② 425.88m
③ 453.15m ④ 461.88m

해설

$\overline{CA} = TL - \overline{CP}$

- $TL = R \cdot \tan\frac{I}{2} = 500 \times \tan\frac{120}{2} = 866.025$
- $\overline{CP}$

  $\frac{\overline{CP}}{\sin 90} = \frac{400}{\sin 60}$, $\overline{CP} = 461.880$

$\therefore$ $\overline{CA} = 866.025 - 461.880 = 404.15\text{m}$

08 수준측량의 오차 최소화 방법으로 틀린 것은?

① 표척의 영점오차는 기계의 설치 횟수를 짝수로 세워 오차를 최소화한다.
② 시차는 망원경의 접안경 및 대물경을 명확히 조절한다.
③ 눈금오차는 기준자와 비교하여 보정값을 정하고 온도에 대한 온도보정도 실시한다.
④ 표척 기울기에 대한 오차는 표척을 앞뒤로 흔들 때의 최댓값을 읽음으로 최소화한다.

해설

표척 기울기에 대한 오차는 표척을 앞뒤로 흔들 때의 최솟값을 읽음으로 최소화한다.

09 원곡선의 설치에서 교각이 35°, 원곡선 반지름이 500m일 때 도로 기점으로부터 곡선시점까지의 거리가 315.45m이면 도로 기점으로부터 곡선종점 까지의 거리는?

① 593.38m ② 596.88m
③ 620.88m ④ 625.36m

해설

$EC = BC + CL$

- $BC = IP - TL = 315.45$
- $CL = R \cdot I \cdot \frac{\pi}{180} = 500 \times 35 \times \frac{\pi}{180} = 305.433$

$\therefore$ $EC = 315.45 + 305.433 = 620.88\text{m}$

10 매개변수(A)가 90m인 클로소이드 곡선에서 곡선길이(L)가 30m일 때 곡선의 반지름(R)은?

① 120m ② 150m
③ 270m ④ 300m

해설

$A^2 = RL$, $R = \frac{A^2}{L} = \frac{90^2}{30} = 270\text{m}$

11 삼각점으로부터 출발하여 다른 삼각점에 결합시키는 형태로써 측량결과의 검사가 가능하며 높은 정확도의 다각측량이 가능한 트래버스의 형태는?

① 결합 트래버스 ② 개방 트래버스
③ 폐합 트래버스 ④ 기지 트래버스

해설

트래버스의 정밀도

결합 트래버스 > 폐합 트래버스 > 개방 트래버스

정답 07 ① 08 ④ 09 ③ 10 ③ 11 ①

12 삼각점을 선점할 때의 유의사항에 대한 설명으로 틀린 것은?

① 정삼각형에 가깝도록 할 것
② 영구 보존할 수 있는 지점을 택할 것
③ 지반은 가급적 연약한 곳으로 선정할 것
④ 후속작업에 편리한 지점일 것

해설
삼각점 선점 시 영구 보존할 수 있는 단단한 곳으로 선점한다.

13 수심 H인 하천에서 수면으로부터 수심이 $0.2H$, $0.4H$, $0.6H$, $0.8H$인 지점의 유속이 각각 0.562m/s, 0.497m/s, 0.429m/s, 0.364m/s일 때 평균유속을 구한 것이 0.463m/s이었다면 평균유속을 구한 방법으로 옳은 것은?

① 1점법　② 2점법
③ 3점법　④ 4점법

해설

$$2점법=\frac{V_{0.2}+V_{0.8}}{2}=\frac{0.562+0.364}{2}=0.463\text{m/s}$$

14 측량결과 그림과 같은 지역의 면적은?

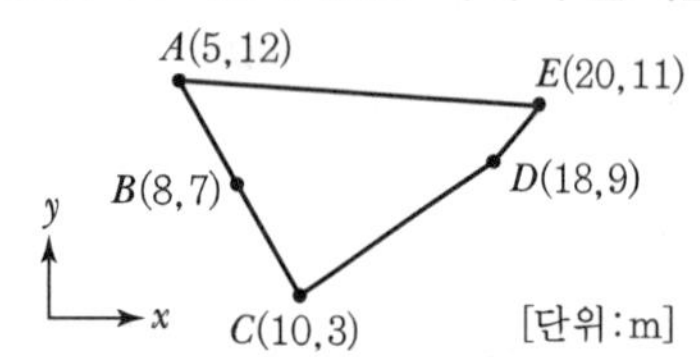

① 66m²　② 80m²
③ 132m²　④ 160m²

해설

측점	X	Y	$(x_{i-1}-x_{i+1})y_i$
A	5	12	(20−8)12=144
B	8	7	(5−10)7=−35
C	10	3	(8−18)3=−30
D	18	9	(10−20)9=−90
E	20	11	(18−5)11=143

$\therefore\ 2A=132,\quad A=66\text{m}^2$

15 어느 측선의 방위가 S60°W이고, 측선길이가 200m일 때 경거는?

① 173.2m　② 100m
③ −100m　④ −173.20m

해설
$경거=S\times\sin\theta=200\times\sin240=-173.20\text{m}$

16 갑, 을 두 사람이 A, B 두 점 간의 고저차를 구하기 위하여 왕복 수준 측량한 결과가 갑은 38.994m±0.008m, 을은 39.003m±0.004m일 때, 두 점 간 고저차의 최확값은?

① 38.995m　② 38.999m
③ 39.001m　④ 39.003m

해설
- $\dfrac{1}{0.008^2} : \dfrac{1}{0.004^2}=1:4$
- $최확값=\dfrac{(1\times38.994)+(4\times39.003)}{1+4}=39.001\text{m}$

17 30m 줄자의 길이를 표준자와 비교하여 검증하였더니 30.03m이었다면 이 줄자를 사용하여 관측 후 계산한 면적의 정밀도는?

① $\dfrac{1}{50}$　② $\dfrac{1}{100}$
③ $\dfrac{1}{500}$　④ $\dfrac{1}{1,000}$

해설
$2\cdot\dfrac{\Delta l}{l}=\dfrac{\Delta A}{A},\quad 2\cdot\dfrac{0.03}{30}=\dfrac{1}{500}$

18 초점길이가 210mm인 카메라를 사용하여 비고 600m인 지점을 사진축척 1 : 20,000으로 촬영한 수직사진의 촬영고도는?

① 1,200m　② 2,400m
③ 3,600m　④ 4,800m

정답　12 ③　13 ②　14 ①　15 ④　16 ③　17 ③　18 ④

해설

출제기준에서 제외된 문제

19 노선측량에서 노선선정을 할 때 가장 중요한 요소는?

① 곡선의 대소(大小)　　② 수송량 및 경제성
③ 곡선설치의 난이도　　④ 공사기일

해설

노선선정 시 가장 중요한 요소는 경제성이다.

20 지형을 보다 자세하게 표현하기 위해 다양한 크기의 삼각망을 이용하여 수치지형을 표현하는 모델은?

① TIN　　② DEM
③ DSM　　④ DTM

해설

출제기준에서 제외된 문제

정답　19 ②　20 ①

01 그림과 같이 $\widehat{A_O B_O}$의 노선을 $e=10\text{m}$만큼 이동하여 내측으로 노선을 설치하고자 한다. 새로운 반지름 R_N은?(단, $R_O=200\text{m}$, $I=60°$)

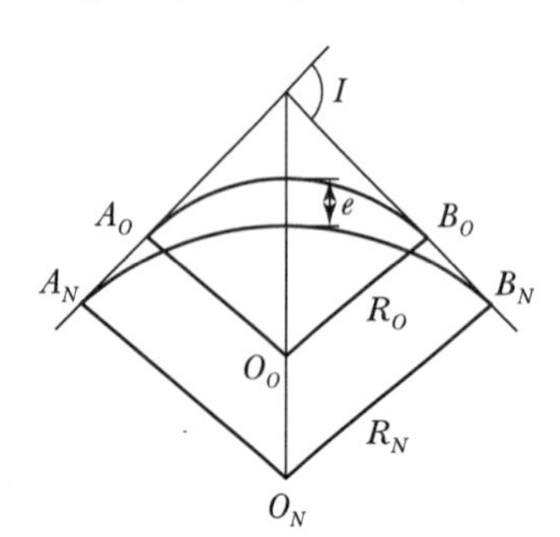

① 217.64m　② 238.26m
③ 250.50m　④ 264.64m

해설

$E_N = E_o + e$

$R_N\left(\sec\frac{I}{2}-1\right) = R_o\left(\sec\frac{I}{2}-1\right)+e$

$\therefore\ R_N = R_o + \dfrac{e}{\sec\frac{I}{2}-1} = 200 + \dfrac{10}{\sec\frac{60}{2}-1}$

$= 264.64\text{m}$

02 하천측량에 대한 설명으로 옳지 않은 것은?

① 수위관측소 위치는 지천의 합류점 및 분류점으로서 수위의 변화가 일어나기 쉬운 곳이 적당하다.
② 하천측량에서 수준측량을 할 때의 거리표는 하천의 중심에 직각 방향으로 설치한다.
③ 심천측량은 하천의 수심 및 유수부분의 하저 상황을 조사하고 횡단면도를 제작하는 측량을 말한다.
④ 하천측량 시 처음에 할 일은 도상 조사로서 유로 상황, 지역면적, 지형, 토지이용 상황 등을 조사하여야 한다.

해설

수위관측소 위치는 수위의 변화가 일어나기 쉬운 곳은 피한다.

03 그림과 같이 곡선반지름 $R=500\text{m}$인 단곡선을 설치할 때 교점에 장애물이 있어 $\angle ACD=150°$, $\angle CDB=90°$, $CD=100\text{m}$를 관측하였다. 이때 C점으로부터 곡선의 시점까지의 거리는?

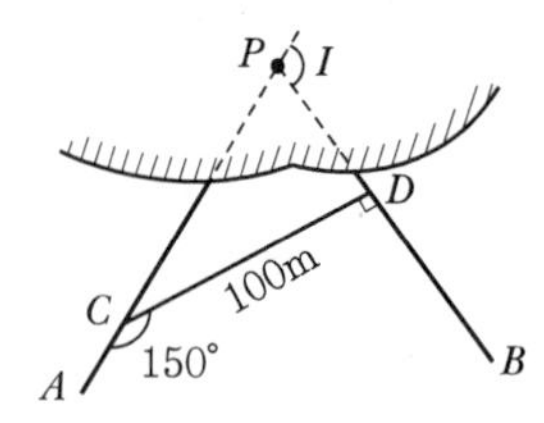

① 530.27m　② 657.04m
③ 750.56m　④ 796.09m

해설

$AC = TL - CP$

- $TL = R\tan\frac{I}{2} = 500\cdot\tan\frac{120}{2} = 866.025\text{m}$
- $\dfrac{CP}{\sin 90} = \dfrac{100}{\sin 60}$,　$\therefore\ CP = 115.470\text{m}$

따라서 $AC = 866.025 - 115.470 = 750.56\text{m}$

04 그림의 다각망에서 C점의 좌표는?(단, $\overline{AB}=\overline{BC}=100\text{m}$이다.)

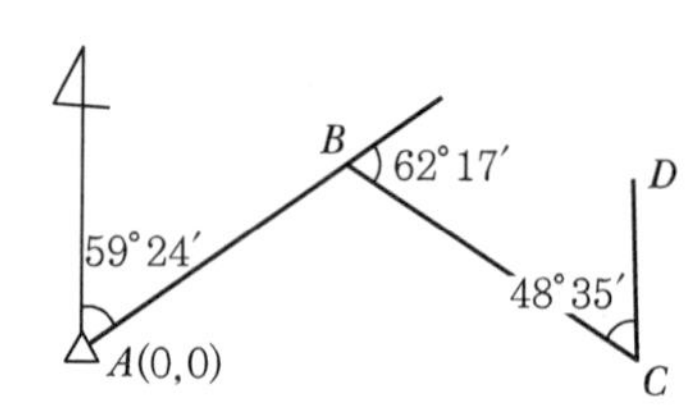

① $X_C=-5.31\text{m}$, $Y_C=160.45\text{m}$
② $X_C=-1.62\text{m}$, $Y_C=171.17\text{m}$
③ $X_C=-10.27\text{m}$, $Y_C=89.25\text{m}$
④ $X_c=50.90\text{m}$, $Y_c=86.07\text{m}$

해설

$X_B = X_A + AB\cos AB$ 방위각 $= 0 + 100\cos 59°24' = 50.904$
$Y_B = Y_A + AB\sin AB$ 방위각 $= 0 + 100\sin 59°24' = 86.074$

$X_C = X_B + BC\cos BC$ 방위각 $= 50.904 + 100\cos 121°41'$
$= -1.62\text{m}$
$Y_C = Y_B + BC\sin BC$ 방위각 $= 86.074 + 100\sin 121°41'$
$= 171.17\text{m}$

정답　01 ④　02 ①　03 ③　04 ②

05 각관측 방법 중 배각법에 관한 설명으로 옳지 않은 것은?

① 방향각법에 비하여 읽기 오차의 영향을 적게 받는다.
② 수평각 관측법 중 가장 정확한 방법으로 정밀한 삼각측량에 주로 이용된다.
③ 시준할 때의 오차를 줄일 수 있고 최소 눈금 미만의 정밀한 관측값을 얻을 수 있다.
④ 1개의 각을 2회 이상 반복 관측하여 관측한 각도의 평균을 구하는 방법이다.

해설

각관측법은 수평각 관측법 중 가장 정확한 방법으로 정밀한 삼각측량에 주로 이용된다.

06 수준측량에서 시준거리를 같게 함으로써 소거할 수 있는 오차에 대한 설명으로 틀린 것은?

① 기포관축과 시준선이 평행하지 않을 때 생기는 시준선 오차를 소거할 수 있다.
② 지구곡률오차를 소거할 수 있다.
③ 표척 시준 시 초점나사를 조정할 필요가 없으므로 이로 인한 오차인 시준오차를 줄일 수 있다.
④ 표척의 눈금 부정확으로 인한 오차를 소거할 수 있다.

해설

시준거리를 같게 함으로써 소거할 수 있는 오차
• 시준오차 • 구차 • 기차

07 삼각측량을 위한 삼각점의 위치선정에 있어서 피해야 할 장소와 가장 거리가 먼 것은?

① 측표를 높게 설치해야 되는 곳
② 나무의 벌목면적이 큰 곳
③ 편심관측을 해야 되는 곳
④ 습지 또는 하상인 곳

해설

편심관측을 해야 되는 곳은 삼각점의 위치선정에 있어서 피해야 할 장소와 가장 거리가 멀다.

08 폐합다각측량을 실시하여 위거오차 30cm, 경거오차 40cm를 얻었다. 다각측량의 전체 길이가 500m라면 다각형의 폐합비는?

① $\frac{1}{100}$ ② $\frac{1}{125}$
③ $\frac{1}{1,000}$ ④ $\frac{1}{1,250}$

해설

폐합비 $= \frac{E}{\Sigma l}$

$\therefore \frac{\sqrt{0.3^2+0.4^2}}{500} = \frac{1}{1,000}$

09 직접고저측량을 실시한 결과가 그림과 같을 때, A점의 표고가 10m라면 C점의 표고는?(단, 그림은 개략도로 실제 치수와 다를 수 있음)

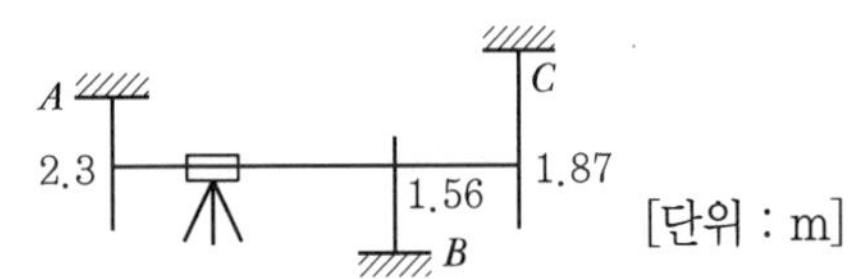

① 9.57m ② 9.66m
③ 10.57m ④ 10.66m

해설

$H_C = 10 - 2.3 + 1.87 = 9.57\text{m}$

10 하천측량에서 유속관측에 대한 설명으로 옳지 않은 것은?

① 유속계에 의한 평균유속 계산식은 1점법, 2점법, 3점법 등이 있다.
② 하천기울기(I)를 이용하여 유속을 구하는 식에는 Chezy식과 Manning식 등이 있다.
③ 유속관측을 위해 이용되는 부자는 표면부자, 2중부자, 봉부자 등이 있다.
④ 위어(Weir)는 유량관측을 위해 직접적으로 유속을 관측하는 장비이다.

해설

위어(Weir)는 유속을 관측하는 장치이다.

정답 05 ② 06 ④ 07 ③ 08 ③ 09 ① 10 ④

11 직사각형의 두 변의 길이를 $\frac{1}{100}$ 정밀도로 관측하여 면적을 산출할 경우 산출된 면적의 정밀도는?

① $\frac{1}{50}$ ② $\frac{1}{100}$
③ $\frac{1}{200}$ ④ $\frac{1}{300}$

해설

$\frac{\Delta A}{A}=2\cdot\frac{\Delta l}{l}=2\cdot\frac{1}{100}=\frac{1}{50}$

12 전자파거리측량기로 거리를 측량할 때 발생되는 관측오차에 대한 설명으로 옳은 것은?

① 모든 관측오차는 거리에 비례한다.
② 모든 관측오차는 거리에 비례하지 않는다.
③ 거리에 비례하는 오차와 비례하지 않는 오차가 있다.
④ 거리가 어떤 길이 이상으로 커지면 관측오차가 상쇄되어 길이에 대한 영향이 없어진다.

해설

전자파거리측정기
㉠ 거리에 비례하는 오차
- 광속도 오차
- 주파수 오차
- 굴절률 오차

㉡ 거리에 비례하지 않는 오차
위상차 오차

13 토적곡선(Mass Curve)을 작성하는 목적으로 가장 거리가 먼 것은?

① 토량의 배분 ② 교통량 산정
③ 토공기계의 선정 ④ 토량의 운반거리 산출

해설

토적곡선 목적
- 토공기계의 선정
- 토량의 운반거리 산출
- 토량의 배분

14 지반의 높이를 비교할 때 사용하는 기준면은?

① 표고(Elevation)
② 수준면(Level Surface)
③ 수평면(Horizontal Plane)
④ 평균해수면(Mean Sea Level)

해설

높이의 기준이 되는 면은 평균해수면이다.

15 축척 1 : 50,000 지형도상에서 주곡선 간의 도상길이가 1cm이었다면 이 지형의 경사는?

① 4% ② 5%
③ 6% ④ 10%

해설

경사$\left(\frac{H}{D}\right)$
- $H=20\text{m}$
- $\frac{1}{50,000}=\frac{0.01}{D}$ $\therefore D=500$

$\therefore$ 경사$=\frac{20}{500}\times100=4\%$

16 노선설치에서 곡선반지름 R, 교각 I인 단곡선을 설치할 때 곡선의 중앙종거(M)를 구하는 식으로 옳은 것은?

① $M=R\left(\sec\frac{I}{2}-1\right)$
② $M=R\tan\frac{I}{2}$
③ $M=2R\sin\frac{I}{2}$
④ $M=R\left(1-\cos\frac{I}{2}\right)$

해설

중앙종거$(M)=R\left(1-\cos\frac{I}{2}\right)$

정답 11 ① 12 ③ 13 ② 14 ④ 15 ① 16 ④

17 다음 우리나라에서 사용되고 있는 좌표계에 대한 설명 중 옳지 않은 것은?

> 우리나라의 평면직각좌표는 ㉠ 4개의 평면직각좌표계(서부, 중부, 동부, 동해)를 사용하고 있다. 각 좌표계의 ㉡ 원점은 위도 38°선과 경도 125°, 127°, 129°, 131° 선의 교점에 위치하며, ㉢ 투영법은 TM(Transverse Mercator)을 사용한다. 좌표의 음수 표기를 방지하기 위해 ㉣ 횡좌표에 200,000m, 종좌표에 500,000m를 가산한 가좌표를 사용한다.

① ㉠ ② ㉡
③ ㉢ ④ ㉣

해설

좌표의 음수 표기를 방지하기 위해 횡좌표에 200,000m, 종좌표에 600,000m를 가산한다.

18 그림과 같은 편심측량에서 ∠ABC는?(단, $\overline{AB}=2.0$km, $\overline{BC}=1.5$km, $e=0.5$m, $t=54°30'$, $\rho=300°30'$)

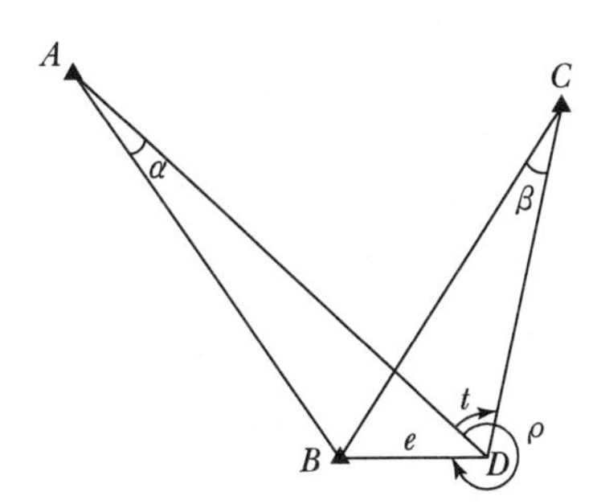

① 54°28′45″ ② 54°30′19″
③ 54°31′58″ ④ 54°33′14″

해설

$\angle ABC = t + \beta - \alpha$

- β

$\dfrac{0.5}{\sin\beta} = \dfrac{1,500}{\sin 114°}$, $\beta = 1'02.81''$

- α

$\dfrac{0.5}{\sin\alpha} = \dfrac{2,000}{\sin(360° - 300°30')}$, $\alpha = 44.43''$

$\therefore\ \angle ABC = 54°30' + 1'02.81'' - 44.43''$
$= 54°30'19''$

19 지형의 표시방법 중 하천, 항만, 해안측량 등에서 심천측량을 할 때 측점에 숫자로 기입하여 고저를 표시하는 방법은?

① 점고법 ② 음영법
③ 연선법 ④ 등고선법

해설

점고법에 대한 설명이다.

20 다각측량에서 거리관측 및 각관측의 정밀도는 균형을 고려해야 한다. 거리관측의 허용오차가 ± 1/10,000이라고 할 때, 각관측의 허용오차는?

① ±20″ ② ±10″
③ ±5″ ④ ±1′

해설

정도$\left(\dfrac{1}{m}\right) = \dfrac{\Delta l}{l} = \dfrac{\theta''}{\rho''}$

$\dfrac{1}{10,000} = \dfrac{\theta''}{206,265''}$ $\therefore \theta'' = 20''$

정답 17 ④ 18 ② 19 ① 20 ①

2020년 토목산업기사 제3회 측량학 기출문제

01 수평각 측정법 중에서 가장 정확한 값을 얻을 수 있는 방법은?

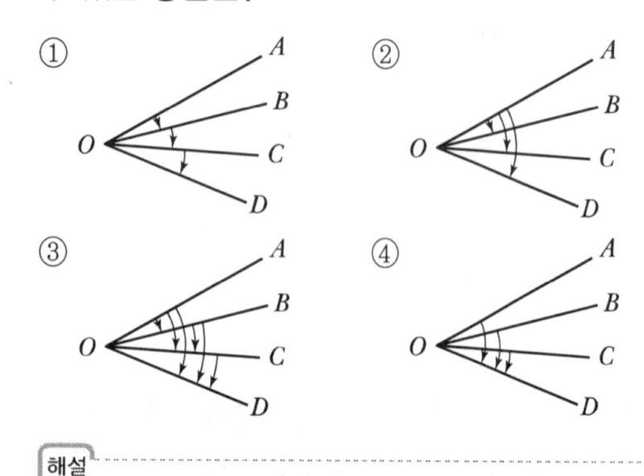

해설

수평각 측정법 중 가장 정확한 방법은 각관측법이다.

02 수준측량 장비인 레벨의 기포관이 구비해야 할 조건으로 가장 거리가 먼 것은?

① 유리관의 질은 오랜 시간이 흘러도 내부액체의 영향을 받지 않을 것
② 유리관의 곡률반지름이 중앙부위로 갈수록 작아질 것
③ 동일 경사에 대해서는 기포의 이동이 동일할 것
④ 기포의 이동이 민감할 것

해설

레벨의 기포관이 구비해야 할 조건

- 기포관 곡률반경이 일정하고 커야 함
- 기포 이동 민감(표면장력, 점착력이 작아야 함)
- 우리관이 변질되지 않아야 함

03 완화곡선에 대한 설명으로 옳지 않은 것은?

① 완화곡선의 곡선반지름(R)은 시점에서 무한대이다.
② 완화곡선의 접선은 시점에서 직선에 접한다.
③ 완화곡선의 종점에 있는 캔트(Cant)는 원곡선의 캔트(Cant)와 같다.
④ 완화곡선의 길이(L)는 도로폭에 따라 결정된다.

해설

완화곡선의 길이$(L)=\dfrac{NC}{1,000}$

여기서, N : 완화곡선 정수, C : 캔트

04 우리나라의 노선측량에서 고속도로에 주로 이용되는 완화곡선은?

① 렘니스케이트 곡선
② 클로소이드 곡선
③ 2차 포물선
④ 3차 포물선

해설

- 고속도로 : 클로소이드 곡선
- 인터체인지램프 : 렘니스케이트 곡선
- 철도 : 3차 포물선

05 지상고도 2,000m의 비행기 위에서 초점거리 152.7mm의 사진기로 촬영한 수직항공사진에서 길이 50m인 교량의 사진상의 길이는?

① 2.6mm ② 3.8mm
③ 26mm ④ 38mm

해설

출제기준에서 제외된 문제

06 항공사진측량의 특징에 대한 설명으로 틀린 것은?

① 분업에 의해 작업하므로 능률적이다.
② 정밀도가 대체로 균일하며 상대오차가 양호하다.
③ 축척 변경이 용이하다.
④ 대축척 측량일수록 경제적이다.

해설

출제기준에서 제외된 문제

정답 01 ③ 02 ② 03 ④ 04 ② 05 ② 06 ④

07 노선의 횡단측량에서 No.1+15m 측점의 절토 단면적이 100m², No.2 측점의 절토 단면적이 40m²일 때 두 측점 사이의 절토량은?(단, 중심말뚝 간격=20m)

① 350m³ ② 700m³
③ 1,200m³ ④ 1,400m³

해설

$$V=\left(\frac{A_1+A_2}{2}\right)l=\left(\frac{100+40}{2}\right)5=350\text{m}^3$$

08 교점(IP)의 위치가 기점으로부터 200.12m, 곡선반지름 200m, 교각 45°00′인 단곡선의 시단현의 길이는?(단, 측점 간 거리는 20m로 한다.)

① 2.72m ② 2.84m
③ 17.16m ④ 17.28m

해설

- $BC=IP-TL=200.12-\left(200\times\tan\frac{45}{2}\right)=117.28$
- $l_1=120-117.28=2.72\text{m}$

09 기지점 A로부터 기지점 B에 결합하는 트래버스측량을 실시하여 X좌표의 결합오차 +0.15m, Y좌표의 결합오차 +0.20m를 얻었다면 이 측량의 결합비는?(단, 전체 노선거리는 2,750m이다.)

① $\frac{1}{18,330}$ ② $\frac{1}{13,750}$
③ $\frac{1}{12,000}$ ④ $\frac{1}{11,000}$

해설

$$\text{결합비(폐합비)}=\frac{E}{\Sigma l}=\frac{\sqrt{0.15^2+0.20^2}}{2,750}=\frac{1}{11,000}$$

10 등고선의 성질에 대한 설명으로 틀린 것은?

① 등고선은 도면 내·외에서 반드시 폐합한다.
② 최대 경사방향은 등고선과 직각방향으로 교차한다.
③ 등고선은 급경사지에서는 간격이 넓어지며, 완경사지에서는 간격이 좁아진다.
④ 등고선은 경사가 같은 곳에서는 간격이 같다.

해설

등고선의 간격은 급경사지에서 좁고, 완경사지에서는 넓어진다.

11 폐합 트래버스측량에서 각관측의 정밀도가 거리관측의 정밀도보다 높을 때 오차를 배분하는 방법으로 옳은 것은?

① 해당 측선길이에 비례하여 배분한다.
② 해당 측선길이에 반비례하여 배분한다.
③ 해당 측선의 위거와 경거의 크기에 비례하여 배분한다.
④ 해당 측선의 위거와 경거의 크기에 반비례하여 배분한다.

해설

트랜싯 법칙
- 각의 정밀도 > 거리의 정밀도
- 위거(경거)조정량

$$=\frac{\text{그 측선까지 위거(경거)}}{\Sigma\text{위거(경거)}}\times\text{위거(경거)오차}$$

12 측선 $\overline{AB}$의 관측거리가 100m일 때, 다음 중 B점의 $X(N)$좌푯값이 가장 큰 경우는?(단, A의 좌표 $X_A=0\text{m}$, $Y_A=0\text{m}$)

① $\overline{AB}$의 방위각(α)=30°
② $\overline{AB}$의 방위각(α)=60°
③ $\overline{AB}$의 방위각(α)=90°
④ $\overline{AB}$의 방위각(α)=120°

해설

- $X_B=X_A+\overline{AB}\cos AB$
- $\cos 30°=0.866$

정답 07 ① 08 ① 09 ④ 10 ③ 11 ③ 12 ①

13 축척 1 : 50,000 지도상에서 4cm²인 영역의 지상에서 실제면적은?

① 1km^2　② 2km^2
③ 100km^2　④ 200km^2

해설

$\left(\frac{1}{50,000}\right)^2 = \frac{4\text{cm}^2}{x\text{km}^2} \times \frac{1}{100^2} \times \frac{1}{1,000^2}$

∴ 실제면적$(A) = 1\text{km}^2$

14 그림과 같이 A점에서 편심점 B'점을 시준하여 T_B'를 관측했을 때 B점의 방향각 T_B를 구하기 위한 보정량 x의 크기를 구하는 식으로 옳은 것은?

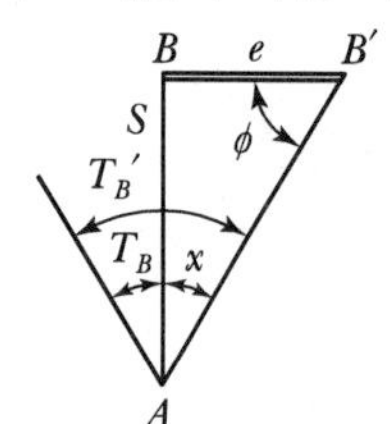

① $\rho'' \frac{e\sin\phi}{S}$　② $\rho'' \frac{e\cos\phi}{S}$
③ $\rho'' \frac{S\sin\phi}{e}$　④ $\rho'' \frac{S\cos\phi}{e}$

해설

$\frac{e}{\sin x} = \frac{S}{\sin\phi}$,　∴ $x = \sin^{-1}\left(\frac{e}{S}\sin\phi\right)$

※ $\sin^{-1} = \rho''$

15 축척 1 : 5,000 지형도(30cm×30cm)를 기초로 하여 축척이 1 : 50,000인 지형도(30cm×30cm)를 제작하기 위해 필요한 1 : 5,000 지형도의 수는?

① 50장　② 100장
③ 150장　④ 200장

해설

10×10=100장

16 기하학적 측지학에 속하지 않는 것은?

① 측지학적 3차원 위치의 결정
② 면적 및 체적의 산정
③ 길이 및 시(時)의 결정
④ 지구의 극운동과 자전운동

해설

지구의 극운동과 자전운동은 물리학적 측지학이다.

17 교호수준측량에서 A점의 표고가 60.00m일 때, $a_1 = 0.75$m, $b_1 = 0.55$m, $a_2 = 1.45$m, $b_2 = 1.24$m이면 B점의 표고는?

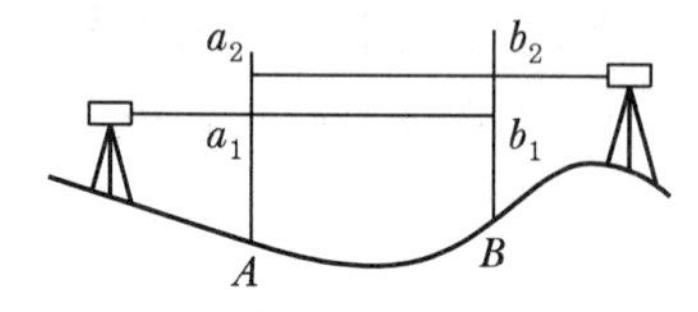

① 60.205m　② 60.210m
③ 60.215m　④ 60.200m

해설

$H_B = H_A + \Delta h$

$= 60 + \frac{(0.75-0.55)+(1.45-1.24)}{2}$

$= 60.205$

18 곡선반지름이 200m인 단곡선을 설치하기 위하여 그림과 같이 교각 I를 관측할 수 없어 $\angle AA'B'$, $\angle BB'A'$의 두 각을 관측하여 각각 141°40′과 90°20′의 값을 얻었다. 교각 I는?(단, A : 곡선시점, B : 곡선종점)

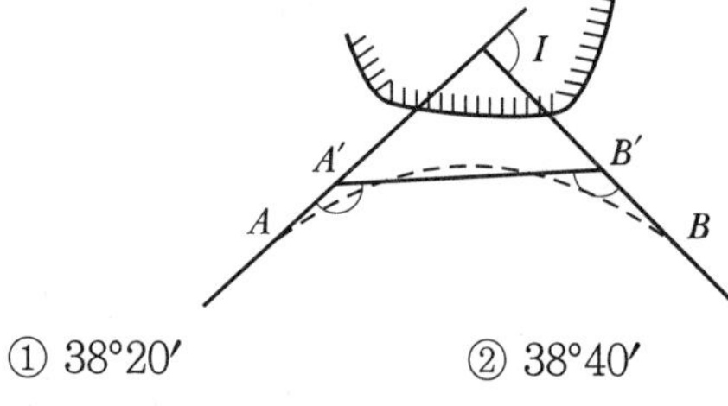

① 38°20′　② 38°40′
③ 89°40′　④ 128°00′

정답　13 ①　14 ①　15 ②　16 ④　17 ①　18 ④

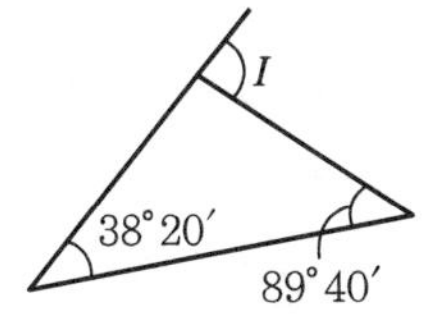

$I = 180° - 52° = 128°$

19 거리측량의 허용정밀도를 $\frac{1}{10^5}$이라 할 때, 반지름 몇 km까지를 평면으로 볼 수 있는가?(단, 지구반지름 $r = 6,400$km이다.)

① 11km ② 22km
③ 35km ④ 70km

정도 $\frac{1}{10^5}$일 때 평면측량과 대지측량의 한계는 반경 35km이다.

20 수준측량에서 전시와 후시의 시준거리를 같게 하여 소거할 수 있는 오차는?

① 표척 눈금의 오독으로 발생하는 오차
② 표척을 연직방향으로 세우지 않아 발생하는 오차
③ 시준축이 기포관축과 평행하지 않기 때문에 발생하는 오차
④ 시차(조준의 불완전)에 의해 발생하는 오차

해설

전시와 후시의 시준거리를 같게 하여 소거하는 오차
- 시준축 오차
- 구차
- 기차

정답 19 ③ 20 ③

01 지형측량의 순서로 옳은 것은?

① 측량계획 – 골조측량 – 측량원도 작성 – 세부측량
② 측량계획 – 세부측량 – 측량원도 작성 – 골조측량
③ 측량계획 – 측량원도 작성 – 골조측량 – 세부측량
④ 측량계획 – 골조측량 – 세부측량 – 측량원도 작성

해설

골격(골조)측량 후 세부측량을 한다.

02 항공사진의 특수 3점이 아닌 것은?

① 주점 ② 보조점
③ 연직점 ④ 등각점

해설

출제기준에서 제외된 문제

03 수준측량에서 전시와 후시의 거리를 같게 하여 소거할 수 있는 오차가 아닌 것은?

① 지구의 곡률에 의해 생기는 오차
② 기포관축과 시준축이 평행되지 않기 때문에 생기는 오차
③ 시준선상에 생기는 빛의 굴절에 의한 오차
④ 표척의 조정 불완전으로 인해 생기는 오차

해설

교호수준측량으로 소거할 수 있는 오차

- 기계 오차(시준축 오차) 제거(오차가 가장 크다.)
- 구차(지구곡률오차) 제거$\left(구차=\dfrac{D^2}{2R}\right)$
- 기차(굴절오차) 제거$\left(기차=\dfrac{-KD^2}{2R}\right)$

04 노선측량의 일반적인 작업 순서로 옳은 것은?

A : 종 · 횡단측량 B : 중심선측량
C : 공사측량 D : 답사

① A → B → D → C ② A → C → D → B
③ D → B → A → C ④ D → C → A → B

해설

노선측량의 순서

㉠ 노선선정(현지답사) ㉡ 계획 및 조사측량(중심선측량)
㉢ 실시설계 측량 ㉣ 세부측량(종 · 횡단측량)
㉤ 용지측량 ㉥ 공사측량

05 수준망의 관측 결과가 표와 같을 때, 관측의 정확도가 가장 높은 것은?

구분	총거리 (km)	폐합오차 (mm)
Ⅰ	25	±20
Ⅱ	16	±18
Ⅲ	12	±15
Ⅳ	8	±13

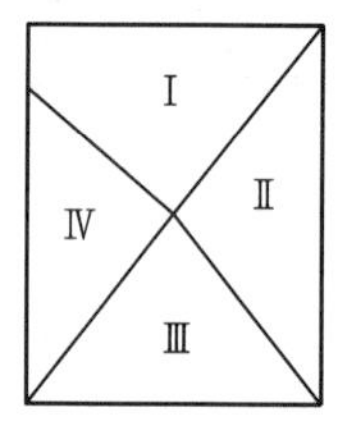

① Ⅰ ② Ⅱ
③ Ⅲ ④ Ⅳ

해설

- Ⅰ구간 : $C=\dfrac{\pm 20}{\sqrt{25}}=\pm 4$
- Ⅱ구간 : $C=\dfrac{\pm 18}{\sqrt{16}}=\pm 4.5$
- Ⅲ구간 : $C=\dfrac{\pm 15}{\sqrt{12}}=\pm 4.33$
- Ⅳ구간 : $C=\dfrac{\pm 13}{\sqrt{8}}=\pm 4.596$

∴ Ⅰ구간의 정확도가 가장 높다.

06 수평각 관측을 할 때 망원경의 정위, 반위로 관측하여 평균하여도 소거되지 않는 오차는?

① 수평축 오차 ② 시준축 오차
③ 연직축 오차 ④ 편심오차

해설

망원경을 정위와 반위로 관측한 값을 평균하면 소거할 수 있는 오차

- 시준축 오차
- 수평축 오차
- 시준선의 편심오차(외심오차)

정답 01 ④ 02 ② 03 ④ 04 ③ 05 ① 06 ③

07 트래버스측량의 일반적인 사항에 대한 설명으로 옳지 않은 것은?

① 트래버스 종류 중 결합트래버스는 가장 높은 정확도를 얻을 수 있다.
② 각관측 방법 중 방위각법은 한번 오차가 발생하면 그 영향은 끝까지 미친다.
③ 폐합오차 조정방법 중 컴퍼스법칙은 각관측의 정밀도가 거리관측의 정밀도보다 높을 때 실시한다.
④ 폐합트래버스에서 편각의 총합은 반드시 360°가 되어야 한다.

해설

컴퍼스법칙 : 각관측 정밀도=거리관측 정밀도

08 축척 1 : 1,500 지도상의 면적을 축척 1 : 1,000으로 잘못 관측한 결과가 10,000m²이었다면 실제면적은?

① $4,444m^2$　② $6,667m^2$
③ $15,000m^2$　④ $22,500m^2$

해설

- $\left(\frac{1}{1,000}\right)^2 = \frac{\text{도상면적}}{10,000}$ $\therefore$ 도상면적$=0.01\text{m}$
- $\left(\frac{1}{1,500}\right)^2 = \frac{0.01}{\text{실제면적}}$ $\therefore$ 실제면적$=22,500\text{m}^2$

09 도로의 노선측량에서 반지름(R) 200m인 원곡선을 설치할 때, 도로의 기점으로부터 교점(IP)까지의 추가거리가 423.26m, 교각(I)가 42°20′일 때 시단현의 편각은?(단, 중심말뚝간격은 20m이다.)

① 0°50′00″　② 2°01′52″
③ 2°03′11″　④ 2°51′47″

해설

① $BC = IP - \left(R\tan\frac{I}{2}\right)$

$= 423.26 - \left(200 \times \tan\frac{42°20'}{2}\right) = 345.819\text{m}$

$\therefore\ l_1 = 360 - 345.819 = 14.181\text{m}$

② $\delta_{l_1} = \frac{l_1}{2R} \times \frac{180}{\pi} = 2°01'52''$

10 폐합트래버스 $ABCD$에서 각 측선의 경거, 위거가 표와 같을 때, $\overline{AD}$ 측선의 방위각은?

측선	위거		경거	
	+	−	+	−
AB	50		50	
BC		30	60	
CD		70		60
DA				

① 133°　② 135°
③ 137°　④ 145°

해설

$\overline{AD}$ 측선의 방위각$=\tan^{-1}\left(\frac{50-0}{-50-0}\right) = -45°$

$\therefore\ 180 - 45 = 135°$

11 초점거리가 210mm인 사진기로 촬영한 항공사진의 기선고도비는?(단, 사진크기는 23cm×23cm, 축척은 1 : 10,000, 종중복도 60%이다.)

① 0.32　② 0.44
③ 0.52　④ 0.61

해설

출제기준에서 제외된 문제

12 GNSS 데이터의 교환 등에 필요한 공통적인 형식으로 원시데이터에서 측량에 필요한 데이터를 추출하여 보기 쉽게 표현한 것은?

① Bernese
② RINEX
③ Ambiguity
④ Binary

정답　07 ③　08 ④　09 ②　10 ②　11 ②　12 ②

해설

RINEX
GNSS 데이터의 교환 등에 필요한 공통적인 형식으로 원시 데이터에서 측량에 필요한 데이터를 추출하여 보기 쉽게 표현한 것

13 교호수준측량을 한 결과로 $a_1=0.472\text{m}$, $a_2=2.656\text{m}$, $b_1=2.106\text{m}$, $b_2=3.895\text{m}$를 얻었다. A점의 표고가 66.204m일 때 B점의 표고는?

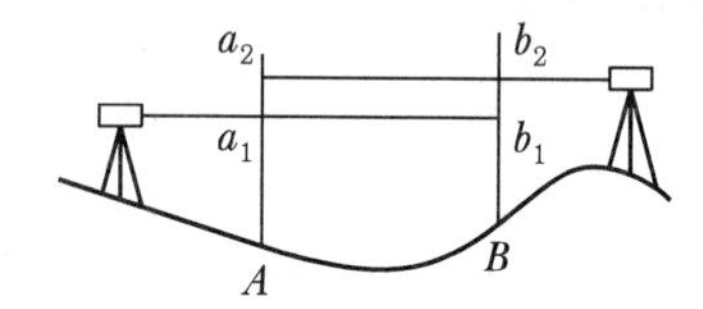

① 64.130m
② 64.768m
③ 65.238m
④ 67.641m

해설

$$H_B=H_A+\frac{(a_1-b_1)+(a_2-b_2)}{2}$$
$$=66.204+\frac{(0.472-2.106)+(2.656-3.895)}{2}$$
$$=64.768\text{m}$$

14 2,000m의 거리를 50m씩 끊어서 40회 관측하였다. 관측결과 총오차가 ±0.14m이었고, 40회 관측의 정밀도가 동일하다면, 50m 거리관측의 오차는?

① ±0.022m
② ±0.019m
③ ±0.016m
④ ±0.013m

해설

$0.14=a\sqrt{\frac{2,000}{50}}$ $\quad\therefore\ a=0.022$

15 구면 삼각형의 성질에 대한 설명으로 틀린 것은?

① 구면 삼각형의 내각의 합은 180°보다 크다.
② 2점 간 거리가 구면상에서는 대원의 호길이가 된다.
③ 구면 삼각형의 한 변은 다른 두 변위 합보다는 작고 차보다는 크다.
④ 구과량은 구 반지름의 제곱에 비례하고 구면 삼각형의 면적에 반비례한다.

해설

구과량$=\frac{A}{R^2}\rho''$
(면적에 비례, 반지름 제곱에 반비례)

16 그림과 같은 횡단면의 면적은?

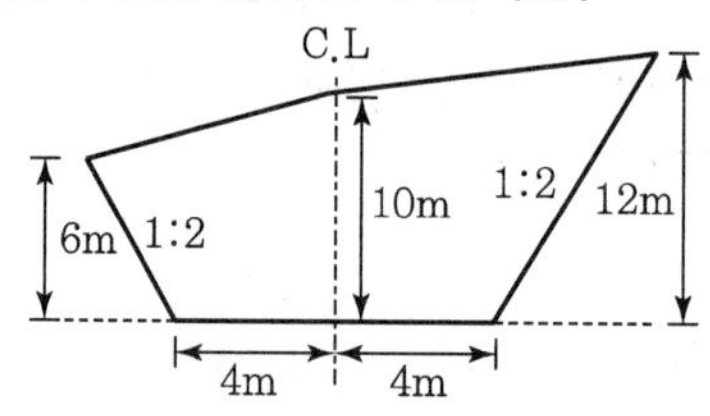

① 196m² ② 204m²
③ 216m² ④ 256m²

해설

X	Y	$(x_{i-1}-x_{i+1})y_i$
4	0	(−4−28)0=0
28	12	(4−0)12=48
0	10	(28+16)10=440
−16	6	(0+4)6=24
−4	0	(−16−4)0=0

$2A=512 \quad \therefore\ A=256\text{m}^2$

17 30m에 대하여 3mm 늘어나 있는 줄자로써 정사각형의 지역을 측정한 결과 80,000m²이었다면 실제의 면적은?

① 80,016m² ② 80,008m²
③ 79,984m² ④ 79,992m²

정답 13 ② 14 ① 15 ④ 16 ④ 17 ①

해설

- $L_o = L + \left(\dfrac{\Delta l}{l} \cdot L\right)$

$= 282.84 + \left(\dfrac{0.003}{30} \times 282.84\right)$

$= 282.868$

- $A = L_o^2 = (282.868)^2 = 80,016\text{m}^2$

18 삼변측량을 실시하여 길이가 각각 $a = 1,200\text{m}$, $b = 1,300\text{m}$, $c = 1,500\text{m}$이었다면 $\angle ACB$는?

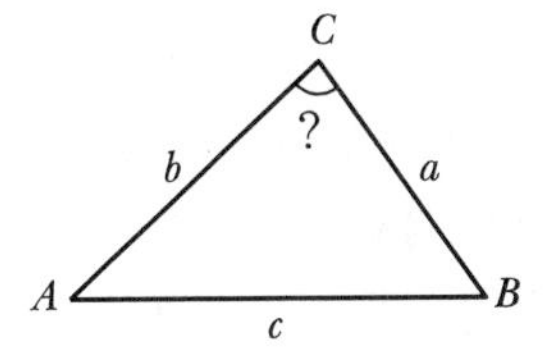

① 73°31′02″　② 73°33′02″
③ 73°35′02″　④ 73°37′02″

해설

$\angle C = \cos^{-1}\left(\dfrac{a^2 + b^2 - c^2}{2ab}\right)$

$= \cos^{-1}\left(\dfrac{1,200^2 + 1,300^2 - 1,500^2}{2 \times 1,200 \times 1,300}\right)$

$= 73°37'02''$

19 GPS 위성측량에 대한 설명으로 옳은 것은?

① GPS를 이용하여 취득한 높이는 지반고이다.
② GPS에서 사용하고 있는 기준타원체는 GRS80 타원체이다.
③ 대기 내 수증기는 GPS 위성신호를 지연시킨다.
④ GPS 측량은 별도의 후처리 없이 관측값을 직접 사용할 수 있다.

해설

① GPS를 이용하여 취득한 높이는 타원체고이다.
② GPS의 기준타원체는 WGS−84 타원체이다.
④ GPS 측량은 후처리 후 관측값을 사용한다.

20 완화곡선에 대한 설명으로 옳지 않은 것은?

① 완화곡선의 접선은 시점에서 원호에, 종점에서 직선에 접한다.
② 완화곡선에 연한 곡선반지름의 감소율은 캔트(Cant)의 증가율과 같다.
③ 완화곡선의 반지름은 그 시점에서 무한대, 종점에서는 원곡선의 반지름과 같다.
④ 모든 클로소이드(Clothoid)는 닮은꼴이며 클로소이드 요소는 길이의 단위를 가진 것과 단위가 없는 것이 있다.

해설

완화곡선의 접선은 시점에서 직선에, 종점에서 원호에 접한다.

정답　18 ④　19 ③　20 ①

01 삼각망 조정에 관한 설명으로 옳지 않은 것은?

① 임의의 한 변의 길이는 계산경로에 따라 달라질 수 있다.
② 검기선은 측정한 길이와 계사된 길이가 동일하다.
③ 1점 주위에 있는 각의 합은 360°이다.
④ 삼각형의 내각의 합은 180°이다.

해설

각관측 3조건

3조건	내용
각조건	삼각망 중 3각형 내각의 합은 180°
변조건	임의 한 변의 길이는 계산순서에 관계없이 동일
점조건	한 측점 주위에 있는 모든 각의 총합은 360°

02 삼각측량과 삼변측량에 대한 설명으로 틀린 것은?

① 삼변측량은 변 길이를 관측하여 삼각점의 위치를 구하는 측량이다.
② 삼각측량의 삼각망 중 가장 정확도가 높은 망은 사변형삼각망이다.
③ 삼각점의 선점 시 기계나 측표가 동요할 수 있는 습지나 하상은 피한다.
④ 삼각점의 등급을 정하는 주된 목적은 표석설치를 편리하게 하기 위함이다.

해설

삼각점은 각 관측 정확도에 따라 등급을 정한다.

03 그림과 같은 유토곡선(Mass Curve)에서 하향구간이 의미하는 것은?

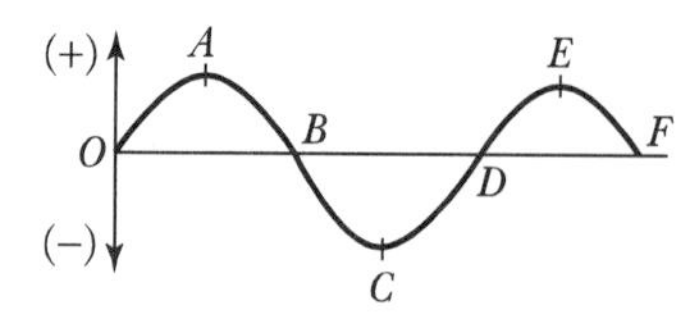

① 성토구간 ② 절토구간
③ 운반토량 ④ 운반거리

해설

유토곡선에서 상향구간은 절토구간, 하향구간은 성토구간이다.

04 조정계산이 완료된 조정각 및 기선으로부터 처음 신설하는 삼각점의 위치를 구하는 계산순서로 가장 적합한 것은?

① 편심조정 계산 → 삼각형 계산(변, 방향각) → 경위도 결정 → 좌표조정 계산 → 표고 계산
② 편심조정 계산 → 삼각형 계산(변, 방향각) → 좌표조정 계산 → 표고 계산 → 경위도 결정
③ 삼각형 계산(변, 방향각) → 편심조정 계산 → 표고 계산 → 경위도 결정 → 좌표조정 계산
④ 삼각형 계산(변, 방향각) → 편심조정 계산 → 표고 계산 → 좌표조정 계산 → 경위도 결정

해설

삼각형 계산 → 좌표조정 계산 → 표고 계산 → 경위도 결정

05 기지점의 지반고가 100m이고, 기지점에 대한 후시는 2.75m, 미지점에 대한 전시가 1.40m일 때 미지점의 지반고는?

① 98.65m ② 101.35m
③ 102.75m ④ 104.15m

해설

$H_{미지점} = H_{지반고} + 후시 - 전시$
$= 100 + 2.75 - 1.40 = 101.35\text{m}$

06 어느 두 지점 사이의 거리를 A, B, C, D 4명의 사람이 각각 10회 관측한 결과가 다음과 같다면 가장 신뢰성이 낮은 관측자는?

- A : 165.864±0.002m
- B : 165.867±0.006m
- C : 165.862±0.007m
- D : 165.864±0.004m

① A ② B
③ C ④ D

정답 01 ① 02 ④ 03 ① 04 ② 05 ② 06 ③

해설

A : B : C : D $= \frac{1}{4} : \frac{1}{36} : \frac{1}{49} : \frac{1}{16}$

∴ C가 신뢰성이 가장 낮다.

07 레벨의 불완전 조정에 의하여 발생한 오차를 최소화하는 가장 좋은 방법은?

① 왕복 2회 측정하여 그 평균을 취한다.
② 기포를 항상 중앙에 오게 한다.
③ 시준선의 거리를 짧게 한다.
④ 전시, 후시의 표척거리를 같게 한다.

해설

전후시 표척거리를 같게 하면 제거되는 오차

- 시준축오차(레벨의 불완전 오차)
- 구차, 기차

08 원곡선에 대한 설명으로 틀린 것은?

① 원곡선을 설치하기 위한 기본요소는 반지름(R)과 교각(I)이다.
② 접선길이는 곡선반지름에 비례한다.
③ 원곡선은 평면곡선과 수직곡선으로 모두 사용할 수 있다.
④ 고속도로와 같이 고속의 원활한 주행을 위해서는 복심곡선 또는 반향곡선을 주로 사용한다.

해설

고속의 원활한 주행을 위해서는 완화(클로소이드) 곡선을 사용한다.

09 트래버스 측량에서 1회 각관측의 오차가 ±10″라면 30개의 측점에서 1회씩 각관측하였을 때의 총 각관측 오차는?

① ±15″　　② ±17″
③ ±55″　　④ ±70″

해설

총 각관측 오차 $= a\sqrt{n} = 10\sqrt{30} = \pm 55''$

10 노선측량에서 단곡선 설치 시 필요한 교각이 95°30′, 곡선반지름이 200m일 때 장현(L)의 길이는?

① 296.087m　　② 302.619m
③ 417.131m　　④ 597.238m

해설

$$L(C) = 2R\sin\frac{I}{2} = 2\times200\times\sin\left(\frac{95°30'}{2}\right) = 296.087\text{m}$$

11 등고선에 관한 설명으로 옳지 않은 것은?

① 높이가 다른 등고선은 절대 교차하지 않는다.
② 등고선 간의 최단거리 방향은 최대경사 방향을 나타낸다.
③ 지도의 도면 내에서 폐합되는 경우에 등고선의 내부에는 산꼭대기 또는 분지가 있다.
④ 동일한 경사의 지표에서 등고선 간의 간격은 같다.

해설

등고선은 동굴이나 절벽에서 교차한다.

12 설계속도 80km/h의 고속도로에서 클로소이드 곡선의 곡선반지름이 360m, 완화곡선길이가 40m일 때 클로소이드 매개변수 A는?

① 100m　　② 120m
③ 140m　　④ 150m

해설

$A^2 = R \cdot L$

∴ $A = \sqrt{R \cdot L} = \sqrt{(360\times40)} = 120\text{m}$

정답 07 ④ 08 ④ 09 ③ 10 ① 11 ① 12 ②

13 교호수준측량의 결과가 아래와 같고, A점의 표고가 10m일 때 B점의 표고는?

- 레벨 P에서 $A \rightarrow B$ 관측 표고차 : -1.256m
- 레벨 Q에서 $B \rightarrow A$ 관측 표고차 : +1.238m

① 8.753m ② 9.753m
③ 11.238m ④ 11.247m

해설

$$H_B = H_A + \Delta h = 10 + \left(\frac{-1.256 - 1.238}{2}\right) = 8.753\text{m}$$

14 직사각형 토지의 면적을 산출하기 위해 두 변 a, b의 거리를 관측한 결과가 $a = 48.25 \pm 0.04$m, $b = 23.42 \pm 0.02$m이었다면 면적의 정밀도($\triangle A / A$)는?

① $\frac{1}{420}$ ② $\frac{1}{630}$
③ $\frac{1}{840}$ ④ $\frac{1}{1,080}$

해설

$$\frac{\Delta A}{A} = \frac{\sqrt{(48.25 \times 0.02)^2 + (23.42 \times 0.04)^2}}{(48.25 \times 23.42)} = \frac{1}{840}$$

15 각관측 장비의 수평축이 연직축과 직교하지 않기 때문에 발생하는 측각오차를 최소화하는 방법으로 옳은 것은?

① 직교에 대한 편차를 구하여 더한다.
② 배각법을 사용한다.
③ 방향각법을 사용한다.
④ 망원경의 정 · 반위로 측정하여 평균한다.

해설

정반 평균으로 제거되는 오차
- 시준축오차
- 시준선의 편심오차(외심오차)
- 수평축오차

16 원격탐사(Remote Sensing)의 정의로 옳은 것은?

① 지상에서 대상 물체에 전파를 발생시켜 그 반사파를 이용하여 측정하는 방법
② 센서를 이용하여 지표의 대상물에서 반사 또는 방사된 전자 스펙트럼을 측정하고 이들의 자료를 이용하여 대상물이나 현상에 관한 정보를 얻는 기법
③ 우주에 산재해 있는 물체의 고유스펙트럼을 이용하여 각각의 구성 성분을 지상의 레이더망으로 수집하여 처리하는 방법
④ 우주선에서 찍은 중복된 사진을 이용하여 지상에서 항공사진의 처리와 같은 방법으로 판독하는 작업

해설

출제기준에서 제외된 문제

17 초점거리 153mm, 사진크기 23cm×23cm인 카메라를 사용하여 동서 14km, 남북 7km, 평균표고 250m인 거의 평탄한 지역을 축척 1 : 5,000으로 촬영하고자 할 때, 필요한 모델 수는?(단, 종중복도=60%, 횡중복도=30%)

① 81 ② 240
③ 279 ④ 961

해설

출제기준에서 제외된 문제

정답 13 ① 14 ③ 15 ④ 16 ② 17 ③

18 그림과 같이 한 점 O에서 A, B, C 방향의 각 관측을 실시한 결과가 다음과 같을 때 $\angle BOC$의 최확값은?

- $\angle AOB$ 2회 관측 결과 40°30′25″
  3회 관측 결과 40°30′20″
- $\angle AOC$ 6회 관측 결과 85°30′20″
  4회 관측 결과 85°30′25″

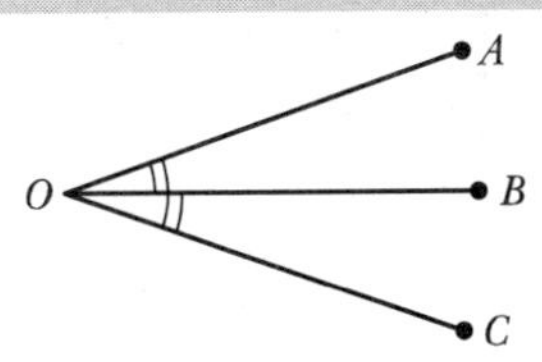

① 45°00′05″ ② 45°00′02″
③ 45°00′03″ ④ 45°00′00″

해설

$\angle BOC = \angle AOC - \angle AOB$

- $\angle AOC = \dfrac{6\times 85°30'20'' + 4\times 85°30'25''}{10}$
  $= 85°30'22''$
- $\angle AOB = \dfrac{2\times 40°30'25'' + 3\times 40°30'20''}{5}$
  $= 40°30'22''$

$\therefore\ \angle BOC = 85°30'22'' - 40°30'22'' = 45°00'00''$

19 측지학에 관한 설명 중 옳지 않은 것은?

① 측지학이란 지구 내부의 특성, 지구의 형상, 지구 표면의 상호 위치관계를 결정하는 학문이다.
② 물리학적 측지학은 중력측정, 지자기측정 등을 포함한다.
③ 기하학적 측지학에는 천문측량, 위성측량, 높이의 결정 등이 있다.
④ 측지측량이란 지구의 곡률을 고려하지 않는 측량으로 11km 이내를 평면으로 취급한다.

해설

측지(대지)측량은 지구의 곡률을 고려해 반경 11km 이상, 면적 약 400km^2 이상의 대상을 측량한다.

20 해도와 같은 지도에 이용되며, 주로 하천이나 항만 등의 심천측량을 한 결과를 표시하는 방법으로 가장 적당한 것은?

① 채색법 ② 영선법
③ 점고법 ④ 음영법

해설

점고법
- 도상에 표고를 숫자로 나타냄
- 하천, 항만, 해안측량 등에서 수심측량을 하여 지형을 표시하는 방법

정답 18 ④ 19 ④ 20 ③

01 수로조사에서 간출지의 높이와 수심의 기준이 되는 것은?

① 약최고고저면 ② 평균중등수위면
③ 수애면 ④ 약최저저조면

해설

- 해안선 기준 : 약최고고조면
- 수심 기준 : 약최저저조면

02 그림과 같이 각 격자의 크기가 10m×10m로 동일한 지역의 전체 토량은?

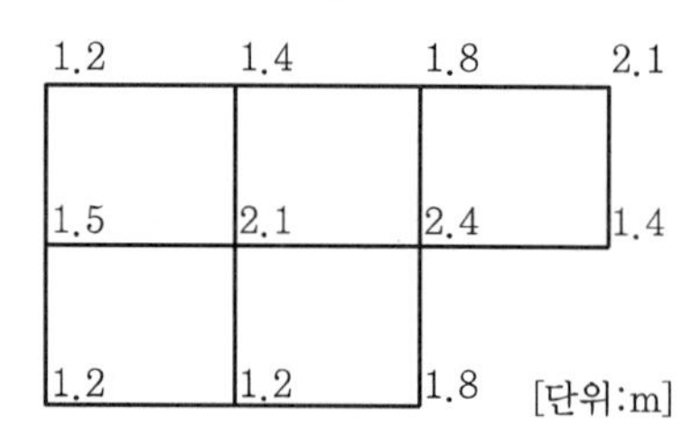

① 877.5m³ ② 893.6m³
③ 913.7m³ ④ 926.1m³

해설

$$V=\frac{10\times10}{4}[(1.2+2.1+1.4+1.2+1.8)+2(1.4+1.8+1.5+1.2)+3\times2.4+4\times2.1]$$
$$=877.5\text{m}^3$$

03 동일 구간에 대해 3개의 관측군으로 나누어 거리관측을 실시한 결과가 표와 같을 때, 이 구간의 최확값은?

관측군	관측값(m)	관측횟수
1	50.362	5
2	50.348	2
3	50.359	3

① 50.354m ② 50.356m
③ 50.358m ④ 50.362m

해설

$$\text{최확값}=\frac{P_1l_1+P_2l_2+P_3l_3}{P_1+P_2+P_3}$$
$$=\frac{50.362\times5+50.348\times2+50.359\times3}{5+2+3}$$
$$=50.358\text{m}$$

04 클로소이드 곡선(Clothoid Curve)에 대한 설명으로 옳지 않은 것은?

① 고속도로에 널리 이용된다.
② 곡률이 곡선의 길이에 비례한다.
③ 완화곡선의 일종이다.
④ 클로소이드 요소는 모두 단위를 갖지 않는다.

해설

클로소이드 요소는 단위가 있는 것도 있고 없는 것도 있다.

05 표척이 앞으로 3° 기울어져 있는 표척의 읽음값이 3.645m이었다면 높이의 보정량은?

① 5mm ② −5mm
③ 10mm ④ −10mm

해설

$$\text{높이의 오차}=3.645-(3.645\cos3^\circ)$$
$$=5\text{mm}(\text{오차})$$

∴ 높이의 보정량은 −5mm

06 최근 GNSS 측량의 의사거리 결정에 영향을 주는 오차와 거리가 먼 것은?

① 위성의 궤도오차
② 위성의 시계오차
③ 위성의 기하학적 위치에 따른 오차
④ SA(Selective Availability) 오차

해설

SA 오차는 2000년 5월 해제되었다.

정답 01 ④ 02 ① 03 ③ 04 ④ 05 ② 06 ④

07 평탄한 지역에서 9개 측선으로 구성된 다각측량에서 2′의 각관측 오차가 발생하였다면 오차의 처리 방법으로 옳은 것은?(단, 허용오차는 $60''\sqrt{N}$로 가정한다.)

① 오차가 크므로 다시 관측한다.
② 측선의 거리에 비례하여 배분한다.
③ 관측각의 크기에 역비례하여 배분한다.
④ 관측각에 같은 크기로 배분한다.

해설

- 오차의 한계는 $60''\sqrt{n} = 60''\sqrt{9} = 180''$
- 오차는 $2'(120'')$

∴ 보정은 등배분(같은 크기로)

08 도로의 단곡선 설치에서 교각이 60°, 반지름이 150m이며, 곡선시점이 No.8+17m(20m×8+17m)일 때 종단현에 대한 편각은?

① 0°02′45″ ② 2°41′21″
③ 2°57′54″ ④ 3°15′23″

해설

$$\delta_{l_2} = \frac{l_2}{2R} \times \frac{180}{\pi} = \frac{14.08}{2\times150} \times \frac{180}{\pi} = 2°41'21''$$

$$\left(EC = BC + CL = 177 + RI\frac{\pi}{180} = 334.08 \quad \therefore\ l_2 = 14.08\right)$$

09 표고가 300m인 평지에서 삼각망의 기선을 측정한 결과 600m이었다. 이 기선에 대하여 평균해수면상의 거리로 보정할 때 보정량은?(단, 지구반지름 $R = 6,370$km)

① +2.83cm ② +2.42cm
③ −2.42cm ④ −2.83cm

해설

$$\text{평균해수면 보정} = -\frac{HL}{R} = -\frac{300\times600}{6,370\times10^3} = -2.83\text{cm}$$

10 수치지형도(Digital Map)에 대한 설명으로 틀린 것은?

① 우리나라는 축척 1 : 5,000 수치지형도를 국토기본도로 한다.
② 주로 필지정보와 표고자료, 수계정보 등을 얻을 수 있다.
③ 일반적으로 항공사진측량에 의해 구축된다.
④ 축척별 포함 사항이 다르다.

해설

출제기준에서 제외된 문제

11 등고선의 성질에 대한 설명으로 옳지 않은 것은?

① 등고선은 분수선(능선)과 평행하다.
② 등고선은 도면 내 · 외에서 폐합하는 폐곡선이다.
③ 지도의 도면 내에서 등고선이 폐합하는 경우에 등고선의 내부에는 산꼭대기 또는 분지가 있다.
④ 절벽에서 등고선은 서로 만날 수 있다.

해설

등고선은 지성선(능선, 계곡선, 최대경사선)과 직각으로 교차한다.

12 트래버스 측량의 작업순서로 알맞은 것은?

① 선점－계획－답사－조표－관측
② 계획－답사－선점－조표－관측
③ 답사－계획－조표－선점－관측
④ 조표－답사－계획－선점－관측

해설

트래버스 측량의 순서

계획 → 답사 → 선점 → 조표 → 방위각 관측 → 수평각 및 거리 관측 → 계산

정답 07 ④ 08 ② 09 ④ 10 ② 11 ① 12 ②

13 지오이드(Geoid)에 대한 설명으로 옳지 않은 것은?

① 평균해수면을 육지까지 연장시켜 지구 전체를 둘러싼 곡면이다.
② 지오이드면은 등포텐셜면으로 중력방향은 이 면에 수직이다.
③ 지표 위 모든 점의 위치를 결정하기 위해 수학적으로 정의된 타원체이다.
④ 실제로 지오이드면은 굴곡이 심하므로 측지측량의 기준으로 채택하기 어렵다.

해설

지오이드의 특징

- 지오이드는 중력장의 등포텐셜면(연직선 중력방향에 직교)
- 지오이드는 위치에너지($E=mgh$)가 0이며 불규칙 지형이다.
- 지오이드는 육지에서는 회전타원체면 위에 존재하고, 바다에서는 회전타원체면 아래에 존재한다.
- 실제로 지오이드면은 굴곡이 심하므로 측량의 기준으로 채택하기 어렵다.(요철이 있다.)

14 장애물로 인하여 접근하기 어려운 2점 P, Q를 간접거리 측량한 결과가 그림과 같다. $\overline{AB}$의 거리가 216.90m일 때 $\overline{PQ}$의 거리는?

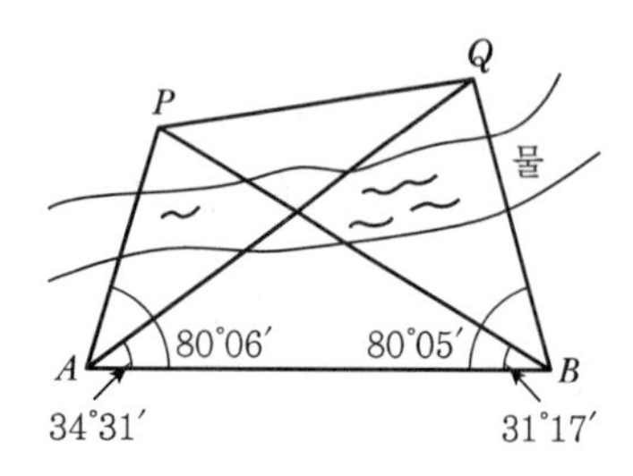

① 120.96m ② 142.29m
③ 173.39m ④ 194.22m

해설

- $\dfrac{\overline{AP}}{\sin 31°17'} = \dfrac{216.90}{\sin 68°37'}$ $\therefore \overline{AP} = 20.96\text{m}$
- $\dfrac{\overline{AQ}}{\sin 80°05'} = \dfrac{216.90}{\sin 65°24'}$ $\therefore \overline{AQ} = 234.99\text{m}$
- $\overline{PQ} = \sqrt{\overline{AP}^2 + \overline{AQ}^2 + 2\cdot\overline{AP}\cdot\overline{AQ}\cdot\cos\angle PAQ}$
  $= \sqrt{120.96^2 + 234.99^2 + 2\times 120.96\times 234.99\cos 45°35'}$
  $= 173.39\text{m}$

15 수준측량야장에서 측점 3의 지반고는?

[단위 : m]

측점	후시	전시		지반고
		T.P	I.P	
1	0.95			10.00
2			1.03	
3	0.90	0.36		
4			0.96	
5		1.05		

① 10.59m ② 10.46m
③ 9.92m ④ 9.56m

해설

$H_3 = H_1 + BS - TP = 10 + 0.95 - 0.36$
$= 10.59$

16 다각측량의 특징에 대한 설명으로 옳지 않은 것은?

① 삼각점으로부터 좁은 지역의 세부측량 기준점을 측설하는 경우에 편리하다.
② 삼각측량에 비해 복잡한 시가지나 지형의 기복이 심한 지역에는 알맞지 않다.
③ 하천이나 도로 또는 수로 등의 좁고 긴 지역의 측량에 편리하다.
④ 다각측량의 종류에는 개방, 폐합, 결합형 등이 있다.

해설

트래버스 측량의 특징

- 삼각점이 멀리 배치되어 있는 좁은 지역에 세부 측량의 기준이 되는 도근점을 추가 설치할 때 편리
- 복잡한 시가지나 지형의 기복이 심하여 시준이 어려운 지역의 측량에 적합
- 선로와 같이 좁고 긴 곳의 측량에 편리(도로, 수로, 철도 등)
- 거리와 각을 관측하여 도식해법에 의해 점의 위치를 결정할 때 편리
- 삼각측량과 같이 높은 정도를 요하지 않는 골조측량에 이용

정답 13 ③ 14 ③ 15 ① 16 ②

17 항공사진 측량에서 사진상에 나타난 두 점 A, B의 거리를 측정하였더니 208mm이었으며, 지상좌표는 아래와 같았다면 사진축척(S)은? (단, X_A =205,346.39m, Y_A =10,793.16m, X_B =205,100.11m, Y_B =11,587.87m)

① S=1 : 3,000　② S=1 : 4,000
③ S=1 : 5,000　④ S=1 : 6,000

해설

$$축척=\frac{1}{m}=\frac{f}{H}=\frac{도상거리}{실제거리}=\frac{0.208}{831.996}$$

$$\therefore 사진축척=\frac{1}{4,000}$$

18 그림과 같은 수준망에서 높이차의 정확도가 가장 낮은 것으로 추정되는 노선은?(단, 수준환의 거리 Ⅰ=4km, Ⅱ=3km, Ⅲ=2.4km, Ⅳ(㉯㉲㉱)=6km)

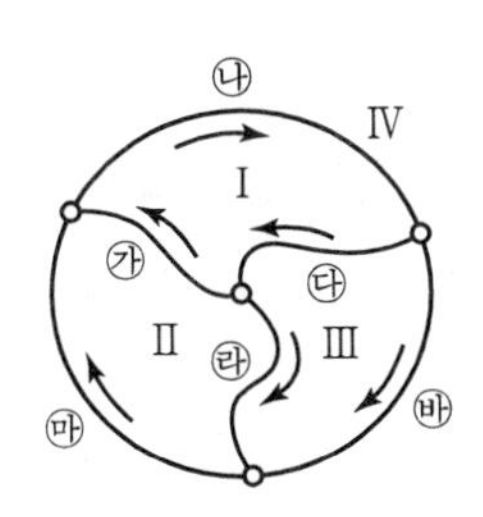

노선	높이차(m)
㉮	+3.600
㉯	+1.385
㉰	−5.023
㉱	+1.105
㉲	+2.523
㉳	−3.912

① ㉮　② ㉯
③ ㉰　④ ㉱

해설

- Ⅰ 노선=㉮+㉯+㉰
  =3.6+1.385−5.023=−0.037m
- Ⅱ 노선=㉱+㉲−㉮
  =1.105+2.523−3.6=+0.028m
- Ⅲ 노선=㉰+㉱−㉳
  =−5.023+1.105−(−3.912)=−0.006m

1km당 오차를 계산하면

$$\frac{0.037}{\sqrt{4}} : \frac{0.028}{\sqrt{3}} : \frac{0.006}{\sqrt{2.4}} =0.0185 : 0.016 : 0.004$$

∴ 폐합오차 결과를 볼 때 Ⅰ 노선과 Ⅱ 노선의 성과가 나쁘게 나타나므로 Ⅰ, Ⅱ 노선에 공통으로 포함된 ㉮가 정확도가 가장 낮다고 추정

19 도로의 곡선부에서 확폭량(Slack)을 구하는 식으로 옳은 것은?(단, L : 차량 앞면에서 차량의 뒤축까지의 거리, R=차선 중심선의 반지름)

① $\frac{L}{2R^2}$　② $\frac{L^2}{2R^2}$
③ $\frac{L^2}{2R}$　④ $\frac{L}{2R}$

해설

완화곡선의 요소

캔트	슬랙(확폭)
$C=\frac{V^2 S}{gR}$	$S=\frac{L^2}{2R}$

20 표준길이에 비하여 2cm 늘어난 50m 줄자로 사각형 토지의 길이를 측정하여 면적을 구하였을 때, 그 면적이 88m²이었다면 토지의 실제 면적은?

① 87.30m²　② 87.93m²
③ 88.07m²　④ 88.71m²

해설

$$실제면적=관측면적\pm\Delta A$$
$$=88+\left(2\times\frac{0.02}{50}\times 88\right)$$
$$=88.07\text{m}^2$$
$$\left(\Delta A=2\times\frac{\Delta l}{l}A\right)$$

정답　17 ②　18 ①　19 ③　20 ③

01 하천의 심천(측심)측량에 관한 설명으로 틀린 것은?

① 심천측량은 하천의 수면으로부터 하저까지 깊이를 구하는 측량으로 횡단측량과 같이 행한다.
② 측심간(Rod)에 의한 심천측량은 보통 수심 5m 정도의 얕은 곳에 사용한다.
③ 측심추(Lead)로 관측이 불가능한 깊은 곳은 음향측심기를 사용한다.
④ 심천측량은 수위가 높은 장마철에 하는 것이 효과적이다.

해설

심천측량은 횡단면도를 제작하기 위해 수심을 관측하는 측량이며 장마철은 피해야 한다.

02 트래버스측량의 각 관측방법 중 방위각법에 대한 설명으로 틀린 것은?

① 진북을 기준으로 어느 측선까지 시계방향으로 측정하는 방법이다.
② 방위각법에는 반전법과 부전법이 있다.
③ 각이 독립적으로 관측되므로 오차 발생 시, 개별 각의 오차는 이후의 측량에 영향이 없다.
④ 각 관측값의 계산과 제도가 편리하고 신속히 관측할 수 있다.

해설

㉠ 방위각법의 특징
- 방위각은 진북을 기준으로 시계방향으로 관측하는 방법
- 각 관측값 계산과 제도가 편리
- 험준하고 복잡한 지역은 부적합
- 한 번 오차가 발생하게 되면 계속 영향을 미침

㉡ 교각법의 특징
- 반복법을 사용, 측각 정도를 높임
- 각 측점마다 독립하여 측각하기 때문에 다른 각에 영향을 주지 않음

03 종단 및 횡단 수준측량에서 중간점이 많은 경우에 가장 편리한 야장기입법은?

① 고차식 ② 승강식
③ 기고식 ④ 간접식

해설

기고식은 중간점이 많은 경우 사용하는 반면, 승강식은 중간점이 많은 경우 계산이 복잡하고 시간과 비용이 많이 소요된다.

04 일반적으로 단열삼각망으로 구성하기에 가장 적합한 것은?

① 시가지와 같이 정밀을 요하는 골조측량
② 복잡한 지형의 골조측량
③ 광대한 지역의 지형측량
④ 하천조사를 위한 골조측량

해설

단열삼각망은 노선, 하천측량과 같이 폭이 좁고 긴 지역에 이용하며 조건식이 적어 정밀도가 낮다.

05 GNSS 측량에 대한 설명으로 옳지 않은 것은?

① 상대측위기법을 이용하면 절대측위보다 높은 측위정확도의 확보가 가능하다.
② GNSS 측량을 위해서는 최소 4개의 가시위성(Visible Satellite)이 필요하다.
③ GNSS 측량을 통해 수신기의 좌표뿐만 아니라 시계오차도 계산할 수 있다.
④ 위성의 고도각(Elevation Angle)이 낮은 경우 상대적으로 높은 측위정확도의 확보가 가능하다.

해설

사이클 슬립의 주요 원인(측위 정확도가 떨어짐)
- 위성의 낮은 고도각 때문에 발생
- 낮은 신호강도 때문에 발생
- 높은 신호잡음 때문에 발생
- 상공 시계의 불량으로 인해 발생

정답 01 ④ 02 ③ 03 ③ 04 ④ 05 ④

06 축척 1 : 5,000인 지형도에서 AB 사이의 수평거리가 2cm이면 AB의 경사는?

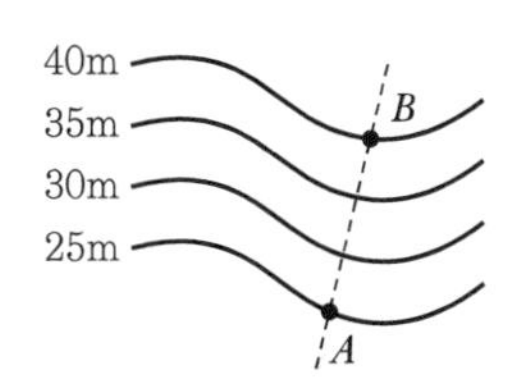

① 10% ② 15%
③ 20% ④ 25%

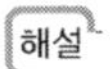

AB 경사 $= \frac{H}{D} \times 100 = \frac{(40-25)}{100} \times 100 = 15\%$

$\left(\frac{1}{5,000} = \frac{0.02}{D},\ D = 100\text{m} \right)$

07 A, B 두 점에서 교호수준측량을 실시하여 다음의 결과를 얻었다. A점의 표고가 67.104m일 때 B점의 표고는?(단, $a_1 = 3.756$m, $a_2 = 1.572$m, $b_1 = 4.995$m, $b_2 = 3.209$m)

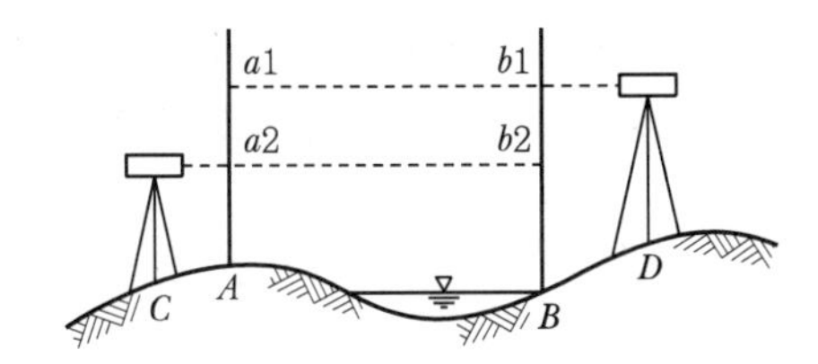

① 64.668m ② 65.666m
③ 68.542m ④ 69.089m

해설

$$H_B = H_A + \Delta h = H_A = \frac{(a_1 - b_1) + (a_2 - b_2)}{2}$$

$$= 67.104 + \frac{(3.756 - 4.995) + (1.572 - 3.209)}{2} = 65.666\text{m}$$

08 폐합 트래버스에서 위거의 합이 -0.17m, 경거의 합이 0.22m이고, 전 측선의 거리의 합이 252m일 때 폐합비는?

① 1/900 ② 1/1,000
③ 1/1,100 ④ 1/1,200

해설

폐합비 $= \frac{E}{\Sigma l} = \frac{\sqrt{-0.17^2 + 0.22^2}}{252} = \frac{1}{906}$

09 토털스테이션으로 각을 측정할 때 기계의 중심과 측점이 일치하지 않아 0.5mm의 오차가 발생하였다면 각 관측 오차를 2″ 이하로 하기 위한 관측변의 최소 길이는?

① 82.51m ② 51.57m
③ 8.25m ④ 5.16m

해설

정밀도 $= \frac{1}{m} = \frac{\Delta l}{l} = \frac{\theta''}{\rho''}$

$\frac{0.5 \times 10^{-3}}{l} = \frac{2}{206,265}$

$\therefore\ l = 51.57\text{m}$

10 상차라고도 하며 그 크기와 방향(부호)이 불규칙적으로 발생하고 확률론에 의해 추정할 수 있는 오차는?

① 착오 ② 정오차
③ 개인오차 ④ 우연오차

해설

부정오차(우연오차)
- 예측할 수 없이 발생
- 확률론에 의해 추정
- 오차의 표현 : ±
- 조정방법 : 최소제곱법

11 평면측량에서 거리의 허용오차를 1/500,000까지 허용한다면 지구를 평면으로 볼 수 있는 한계는 몇 km인가?(단, 지구의 곡률반지름은 6,370km이다.)

① 22.07km ② 31.2km
③ 2,207km ④ 3,121km

정답 06 ② 07 ② 08 ① 09 ② 10 ④ 11 ②

해설

$$\text{정도} = \frac{1}{12}\left(\frac{l}{R}\right)^2$$

$$\frac{1}{500,000} = \frac{1}{12}\left(\frac{l}{6,370}\right)^2$$

$\therefore\ l = 31.2\text{km}$

12 수준측량과 관련된 용어에 대한 설명으로 틀린 것은?

① 수준면(Level Surface)은 각 점들이 중력방향에 직각으로 이루어진 곡면이다.
② 어느 지점의 표고(Elevation)라 함은 그 지역기준타원체로부터의 수직거리를 말한다.
③ 지구곡률을 고려하지 않는 범위에서는 수준면(Level Surface)을 평면으로 간주한다.
④ 지구의 중심을 포함한 평면과 수준면이 교차하는 선이 수준선(Level Line)이다.

해설

표고는 인천만의 평균해수면으로부터의 수직거리를 말한다.

13 축척 1 : 20,000인 항공사진에서 굴뚝의 변위가 2.0mm이고, 연직점에서 10cm 떨어져 나타났다면 굴뚝의 높이는?(단, 촬영 카메라의 초점거리 =15cm)

① 15m ② 30m
③ 60m ④ 80m

해설

$$\Delta h = \frac{h}{H} \cdot r,\ 0.002 = \frac{h}{3,000} \times 0.1 \ \therefore\ h = 60\text{m}$$

$$\left(\frac{1}{20,000} = \frac{f}{H},\ \frac{1}{20,000} = \frac{0.15}{H},\ \therefore\ H = 3,000\text{m}\right)$$

14 대단위 신도시를 건설하기 위한 넓은 지형의 정지공사에서 토량을 계산하고자 할 때 가장 적합한 방법은?

① 점고법
② 비례 중앙법
③ 양단면 평균법
④ 각주공식에 의한 방법

해설

체적 결정

- 단면법 : 도로, 철도, 수로의 절 · 성토량
- 점고법 : 정지작업의 토공량 산정(넓은 지역의 택지공사)
- 등고선법 : 저수지의 담수량 결정

15 곡선반지름이 500m인 단곡선의 종단현이 15.343m라면 종단현에 대한 편각은?

① 0°31′37″ ② 0°43′19″
③ 0°52′45″ ④ 1°04′26″

해설

$$\delta_{l_2} = \frac{l_2}{2R} \times \frac{180}{\pi} = \frac{15.343}{2 \times 500} \times \frac{180}{\pi} = 0°52'45''$$

16 축척 1 : 500 도상에서 3변의 길이가 각각 20.5cm, 32.4cm, 28.5cm인 삼각형 지형의 실제 면적은?

① 40.70m² ② 288.53m²
③ 6,924.15m² ④ 7,213.26m²

해설

- $S = \frac{a+b+c}{2} = \frac{20.5+32.4+28.5}{2} = 40.7\text{m}$
- $A = \sqrt{S(S-a)(S-b)(S-c)}$
  $= \sqrt{40.7(40.7-20.5)(40.7-32.4)(40.7-28.5)}$
  $= 7,213.26\text{m}^2$

17 지형의 표시법에서 자연적 도법에 해당하는 것은?

① 점고법 ② 등고선법
③ 영선법 ④ 채색법

정답 12 ② 13 ③ 14 ① 15 ③ 16 ④ 17 ③

해설

자연적 도법	부호적 도법
• 음영법(명암법) • 영선법(우모법)	• 점고법 • 등고선법 • 채색법

18 완화곡선에 대한 설명으로 옳지 않은 것은?

① 완화곡선의 곡선반지름은 시점에서 무한대, 종점에서 원곡선의 반지름 R로 된다.
② 클로소이드의 형식에는 S형, 복합형, 기본형 등이 있다.
③ 완화곡선의 접선은 시점에서 원호에, 종점에서 직선에 접한다.
④ 모든 클로소이드는 닮은꼴이며 클로소이드 요소에는 길이의 단위를 가진 것과 단위가 없는 것이 있다.

해설

완화곡선의 접선은 시점에서는 직선, 종점에서는 원호에 접한다.

19 측점 A에 토털스테이션을 정치하고 B점에 설치한 프리즘을 관측하였다. 이때 기계고 1.7m, 고저각 +15°, 시준고 3.5m, 경사거리가 2,000m 이었다면, 두 측점의 고저차는?

① 512.438m ② 515.838m
③ 522.838m ④ 534.098m

해설

- $H_B = H_A + I + h - S$
- $\Delta h = I + h - S = 1.7 + 2{,}000\sin 15 - 3.5 = 515.838\text{m}$

20 곡선반지름 R, 교각 I인 단곡선을 설치할 때 각 요소의 계산 공식으로 틀린 것은?

① $M = R\left(1 - \sin\frac{I}{2}\right)$ ② $TL = R\tan\frac{I}{2}$
③ $CL = \frac{\pi}{180°}RI°$ ④ $E = R\left(\sec\frac{I}{2} - 1\right)$

해설

$M = R\left(1 - \cos\frac{I}{2}\right)$

정답 18 ③ 19 ② 20 ①

2022년 토목기사 제1회 측량학 기출문제

01 노선거리 2km의 결합트래버스측량에서 폐합비를 1/5,000로 제한한다면 허용폐합오차는?

① 0.1m ② 0.4m
③ 0.8m ④ 1.2m

해설

- 폐합비 $= \frac{1}{m} = \frac{E}{\Sigma l}$
- E(폐합비) $= \frac{1}{m} = \Sigma l = \frac{1}{5,000} \times 2,000 = 0.4\text{m}$

02 다음 설명 중 옳지 않은 것은?

① 측지선은 지표상 두 점 간의 최단거리선이다.
② 라플라스점은 중력측정을 실시하기 위한 점이다.
③ 항정선은 자오선과 항상 일정한 각도를 유지하는 지표의 선이다.
④ 지표면의 요철을 무시하고 적도반지름과 극반지름으로 지구의 형상을 나타내는 가상의 타원체를 지구타원체라고 한다.

해설

라플라스점은 삼각측량과 천문측량을 실시하기 위한 점이다.

03 그림과 같은 반지름=50m인 원곡선에서 $\overline{HC}$의 거리는?(단, 교각=60°, α=20°, $\angle AHC$=90°)

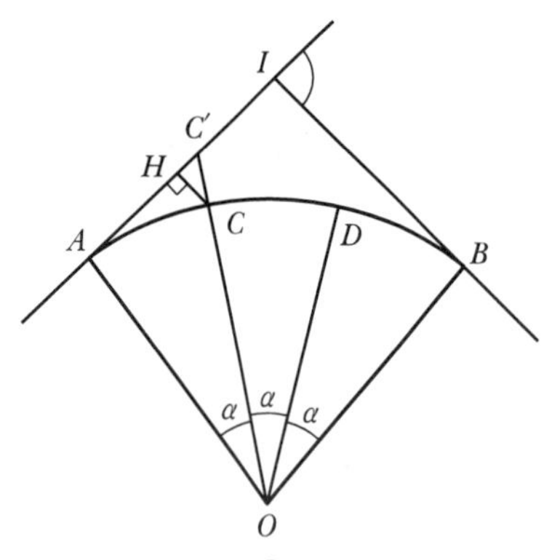

① 0.19m ② 1.98m
③ 3.02m ④ 3.24m

해설

- $\cos\alpha = \frac{OA}{C'O}$ $\quad \therefore C'O = \frac{OA}{\cos\alpha} = \frac{50}{\cos 20°} = 53.21\text{m}$
- $CC' = C'O - R = 53.21 - 50 = 3.21\text{m}$
- $\cos\alpha = \frac{HC}{C'C}$
- $HC = C'C\cos\alpha = 3.21 \times \cos 20° = 3.02\text{m}$

04 GNSS 상대측위 방법에 대한 설명으로 옳은 것은?

① 수신기 1대만을 사용하여 측위를 실시한다.
② 위성의 수신기 간의 거리는 전파의 파장 개수를 이용하여 계산할 수 있다.
③ 위상차의 계산은 단순차, 2중차, 3중차와 같은 차분기법으로는 해결하기 어렵다.
④ 전파의 위상차를 관측하는 방식이나 절대측위 방법보다 정확도가 떨어진다.

해설

① 수신기 1대만을 사용하는 방법은 절대관측(단독측위) 방법이다.
③ 위상차의 계산은 단순차, 2중차, 3중차와 같은 차분기법으로 해결할 수 있다.
④ 상대측위 방법은 절대측위 방법보다 정확도가 높다.

05 지형측량에서 등고선의 성질에 대한 설명으로 옳지 않은 것은?

① 등고선의 간격은 경사가 급한 곳에서는 넓어지고, 완만한 곳에서는 좁아진다.
② 등고선은 지표의 최대 경사선 방향과 직교한다.
③ 동일 등고선상에 있는 모든 점은 같은 높이이다.
④ 등고선 간의 최단거리 방향은 그 지표면의 최대경사 방향을 가리킨다.

해설

등고선의 간격은 경사가 급한 곳에서는 좁아지고 완만한 곳에서는 넓어진다.

정답 01 ② 02 ② 03 ③ 04 ② 05 ①

06 지형의 표시법에 대한 설명으로 틀린 것은?

① 영선법은 짧고 거의 평행한 선을 이용하여 경사가 급하면 가늘고 길게, 경사가 완만하면 굵고 짧게 표시하는 방법이다.
② 음영법은 태양광선이 서북쪽에서 45도 각도로 비친다고 가정하고, 지표의 기복에 대하여 그 명암을 2~3색 이상으로 채색하여 기복의 모양을 표시하는 방법이다.
③ 채색법은 등고선의 사이를 색으로 채색, 색채의 농도를 변화시켜 표고를 구분하는 방법이다.
④ 점고법은 하천, 항만, 해양측량 등에서 수심을 나타낼 때 측점에 숫자를 기입하여 수심 등을 나타내는 방법이다.

해설

영선법은 경사가 급하면 굵고 짧게, 경사가 완만하면 가늘고 길게 표시하는 방법이다.

07 동일한 정확도로 3변을 관측한 직육면체의 체적을 계산한 결과가 1,200m³이었다. 거리의 정확도를 1/10,000까지 허용한다면 체적의 허용오차는?

① $0.08m^3$ ② $0.12m^3$
③ $0.24m^3$ ④ $0.36m^3$

해설

• $3 \cdot \frac{\Delta l}{l} = \frac{\Delta V}{V}$

• $\Delta V = 3 \cdot \frac{\Delta l}{l} \cdot V$

$= 3 \times \frac{1}{10,000} \times 1,200$

$= 0.36m^3$

08 ΔABC의 꼭짓점에 대한 좌푯값이 (30, 50), (20, 90), (60, 100)일 때 삼각형 토지의 면적은? (단, 좌표의 단위 : m)

① $500m^2$ ② $750m^2$
③ $850m^2$ ④ $960m^2$

해설

좌표법

	X	Y	$(X_{i-1}-X_{i+1})Y_i$
A	30	50	(60 − 20)50 = 2,000
B	20	90	(30 − 60)90 = −2,700
C	60	100	(20 − 30)100 = −1,000

• $2A = 2,000 - 2,700 - 1,000$

$= -1,700$

$\therefore A = \frac{|-1,700|}{2} = 850m^2$

09 교각 $I=90°$, 곡선반지름 $R=150m$인 단곡선에서 교점($I.P$)의 추가거리가 1,139.250m일 때 곡선종점($E.C$)까지의 추가거리는?

① 875.375m ② 989.250m
③ 1224.869m ④ 1374.825m

해설

$EC = BC + CL$

$= (IP - TL) + CL$

$= 1,139.250 - \left(150 \times \tan\frac{90°}{2}\right) + \left(150 \times 90 \times \frac{\pi}{180}\right)$

$= 1,224.869m$

※ 참고

• $TL = R \cdot \tan\frac{I}{2}$

• $CL = R \cdot I \cdot \frac{\pi}{180}$

10 수준측량의 부정오차에 해당되는 것은?

① 기포의 순간 이동에 의한 오차
② 기계의 불완전 조정에 의한 오차
③ 지구곡률에 의한 오차
④ 표척의 눈금 오차

정답 06 ① 07 ④ 08 ③ 09 ③ 10 ①

해설

오차의 분류

정오차	부정오차
• 온도 변화에 대한 표척의 신축 • 지구 곡률에 의한 오차(구차) • 광선 굴절에 의한 오차(기차) • 표척 눈금에 의한 오차 • 표척을 연직으로 세우지 않을 때 경사오차 • 기계의 불완전 조정에 의한 오차	• 대물경의 출입에 의한 오차 • 일광 직사로 인한 오차(기상 변화) • 기포관의 둔감 • 진동, 지진에 의한 오차 • 십자선의 굵기 및 시차(시준 불완전, 야장기록 오기)

11 어떤 노선을 수준측량하여 작성된 기고식 야장의 일부 중 지반고 값이 틀린 측점은?

[단위 : m]

측점	B.S	F.S		기계고	지반고
		T.P	I.P		
0	3.121				123.567
1			2.586		124.102
2	2.428	4.065			122.623
3			−0.664		124.387
4		2.321			122.730

① 측점 1　　② 측점 2
③ 측점 3　　④ 측점 4

해설

- 측점 1의 지반고 = 126.688 − 2.586 = 124.102m
- 측점 2의 지반고 = 126.688 − 4.065 = 122.623m
- 측점 3의 지반고 = 125.051 − 0.664 = 125.715m
- 측점 4의 지반고 = 125.051 − 2.321 = 122.730m

12 노선측량에서 실시설계측량에 해당하지 않는 것은?

① 중심선 설치　　② 지형도 작성
③ 다각측량　　④ 용지측량

해설

실시설계측량
- 지형도 작성
- 중심선 선정, 중심선 설치(도상)
- 다각측량
- 고저측량

13 트래버스측량에서 측점 A의 좌표가 (100m, 100m)이고 측선 AB의 길이가 50m일 때 B점의 좌표는?(단, AB측선의 방위각은 195°이다)

① (51.7m, 87.1m)　　② (51.7m, 112.9m)
③ (148.3m, 87.1m)　　④ (148.3m, 112.9m)

해설

- $X_B = X_A + AB\cos AB$방위각
  $= 100 + 50\cos/95° = 51.7\text{m}$
- $Y_B = Y_A + AB\sin AB$방위각
  $= 100 + 50\sin/95° = 87.1\text{m}$

14 수심 H인 하천의 유속측정에서 수면으로부터 깊이 0.2H, 0.4H, 0.6H, 0.8H인 지점의 유속이 각각 0.663m/s, 0.556m/s, 0.532m/s, 0.466m/s 이었다면 3점법에 의한 평균유속은?

① 0.543 m/s　　② 0.548 m/s
③ 0.559 m/s　　④ 0.560 m/s

해설

$$3점법(V_m) = \frac{V_{0.2} + 2V_{0.6} + V_{0.8}}{4} = \frac{0.663 + (2\times 0.532) + 0.466}{4} = 0.548\text{m/s}$$

15 L_1과 L_2의 두 개 주파수 수신이 가능한 2주파 GNSS수신기에 의하여 제거가 가능한 오차는?

① 위성의 기하학적 위치에 따른 오차
② 다중경로오차
③ 수신기 오차
④ 전리층오차

정답　11 ③　12 ④　13 ①　14 ②　15 ④

해설

GNSS측량에서는 L_1, L_2파의 선형 조합을 통해 전리층 지연오차 등을 산정하여 보정할 수 있다.

16 줄자로 거리를 관측할 때 한 구간 20m의 거리에 비례하는 정오차가 +2mm라면 전 구간 200m를 관측하였을 때 정오차는?

① +0.2mm ② +0.63mm
③ +6.3mm ④ +20mm

해설

정오차$=a+n=2\times\left(\frac{200}{20}\right)=+20\text{mm}$

17 삼변측량에 대한 설명으로 틀린 것은?

① 전자파거리측량기(EDM)의 출현으로 그 이용이 활성화되었다.
② 관측값의 수에 비해 조건식이 많은 것이 장점이다.
③ 코사인 제2법칙과 반각공식을 이용하여 각을 구한다.
④ 조정방법에는 조건방정식에 의한 조정과 관측방정식에 의한 조정방법이 있다.

해설

삼각측량	삼변측량
• 원리는 sin법칙 • 조건식이 많은 장점	• 원리는 반각공식 • 조건식이 적은 단점

18 트래버스측량의 종류와 그 특징으로 옳지 않은 것은?

① 결합트래버스는 삼각점과 삼각점을 연결시킨 것으로 조정계산 정확도가 가장 좋다.
② 폐합트래버스는 한 측점에서 시작하여 다시 그 측점에 돌아오는 관측 형태이다.
③ 폐합트래버스는 오차의 계산 및 조정이 가능하나, 정확도는 개방트래버스보다 좋지 못하다.
④ 개방트래버스는 임의의 한 측점에서 시작하여 다른 임의의 한 점에서 끝나는 관측 형태이다.

해설

트래버스 정밀도 순서
결합트래버스 > 폐합트래버스 > 개방트래버스

19 수준점 A, B, C에서 P점까지 수준측량을 한 결과가 표와 같다. 관측거리에 대한 경중률을 고려한 P점의 표고는?

측량경로	거리	P점의 표고
$A\rightarrow P$	1km	135.487m
$B\rightarrow P$	2km	135.563m
$C\rightarrow P$	3km	135.603m

① 135.529m ② 135.551m
③ 135.563m ④ 135.570m

해설

$$P\text{점 표고}=\frac{P_1l_1+P_2l_2+P_3l_3}{P_1+P_2+P_3}$$
$$=\frac{(6\times135.487)+(3\times135.563)+(2\times135.603)}{6+3+2}$$
$$=135.529\text{m}$$

20 도로노선의 곡률반지름 $R=2{,}000$m, 곡선길이 $L=245$m 일 때, 클로소이드의 매개변수 A는?

① 500m ② 600m
③ 700m ④ 800m

해설

$A^2=R\cdot L$
$A=\sqrt{R\cdot L}=\sqrt{2{,}000\times245}=700\text{m}$

정답 16 ④ 17 ② 18 ③ 19 ① 20 ③

01 다음 중 완화곡선의 종류가 아닌 것은?

① 렘니스케이트 곡선 ② 클로소이드 곡선
③ 3차 포물선 ④ 배향 곡선

해설

배향곡선은 원곡선에 해당한다.

02 그림과 같이 교호수준측량을 실시한 결과가 $a_1=0.63$m, $a_2=1.25$m, $b_1=1.15$m, $b_2=1.73$m 이었다면, B점의 표고는?(단, A의 표고=50.00m)

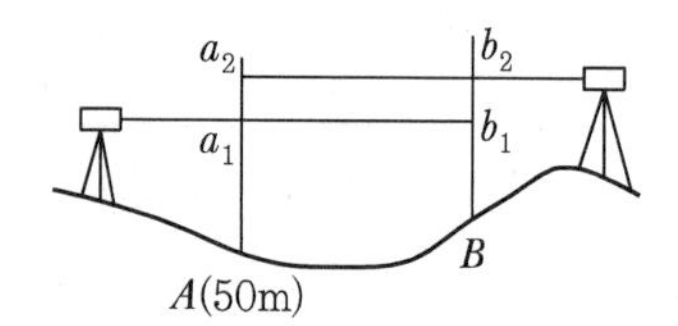

① 49.50m ② 50.00m
③ 50.50m ④ 51.00m

해설

$$H_B = H_A + \Delta h = H_A + \frac{(a_1-b_1)+(a_2-b_2)}{2}$$
$$= 50 + \frac{(0.63-1.15)+(1.25-1.73)}{2}$$
$$= 49.50\text{m}$$

03 수심 h인 하천의 수면으로부터 $0.2h$, $0.4h$, $0.6h$, $0.8h$인 곳에서 각각의 유속을 측정하여 0.562m/s, 0.521m/s, 0.497m/s, 0.364m/s의 결과를 얻었다면 3점법을 이용한 평균유속은?

① 0.474m/s ② 0.480m/s
③ 0.486m/s ④ 0.492m/s

해설

$$3\text{점법}(V_m) = \frac{V_{0.2}+2V_{0.6}+V_{0.8}}{4}$$
$$= \frac{0.562+(2\times0.497)+0.364}{4}$$
$$= 0.480\text{m/s}$$

04 GNSS가 다중주파수(Multi−frequency)를 채택하고 있는 가장 큰 이유는?

① 데이터 취득 속도의 향상을 위해
② 대류권지연 효과를 제거하기 위해
③ 다중경로오차를 제거하기 위해
④ 전리층지연 효과의 제거를 위해

해설

전리층 지연 오차를 제거하기 위해서 다중 주파수(L_1, L_2)를 채택하고 있다.

05 측점 간의 시통이 불필요하고 24시간 상시 높은 정밀도로 3차원 위치측정이 가능하며, 실시간 측정이 가능하여 항법용으로도 활용되는 측량방법은?

① NNSS 측량 ② GNSS 측량
③ VLBI 측량 ④ 토털스테이션 측량

해설

GPS(GNSS) 특징

- 고정밀도 측량 가능
- 장거리 측량 이용
- 관측점 간 시통 불필요
- 날씨에 영향을 안 받음
- 야간관측 가능
- 지구질량 중심을 원점(WGS 84 좌표계)
- 3차원 공간계측 가능
- 해안지역의 장대교량공사 중 교각의 정밀 위치 시공에 가장 유리

06 어떤 측선의 길이를 관측하여 다음 표와 같은 결과를 얻었다면 최확값은?

관측군	관측값(m)	관측횟수
1	40.532	5
2	40.537	4
3	40.529	6

① 40.530m ② 40.531m
③ 40.532m ④ 40.533m

정답 01 ④ 02 ① 03 ② 04 ④ 05 ② 06 ③

해설

$$\text{최확값} = \frac{P_1 l_1 + P_2 l_2 + P_3 l_3}{P_1 + P_2 + P_3}$$

$$= \frac{(5 \times 40.532) + (4 \times 40.537) + (6 \times 40.529)}{5+4+6}$$

$$= 40.532\text{m}$$

07 그림과 같은 구역을 심프슨 제1법칙으로 구한 면적은?(단, 각 구간의 지거는 1m로 동일하다.)

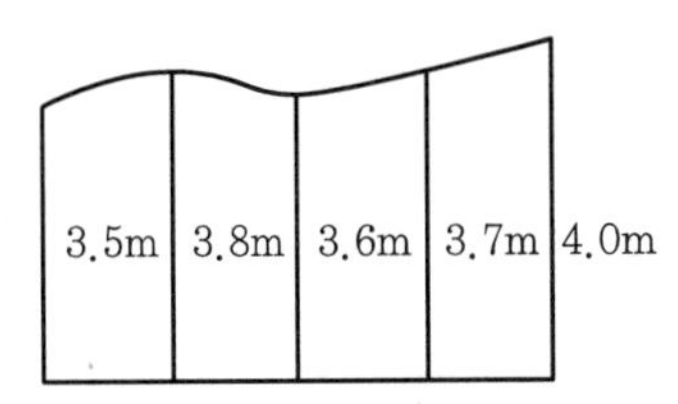

① 14.20m²　　② 14.90m²
③ 15.50m²　　④ 16.00m²

해설

$$A = \frac{d}{3}[y_1 + y_n + 4\text{짝} + 2\text{홀}]$$

$$= \frac{1}{3}[3.5 + 4 + 4(3.8 + 3.7) + 2(3.6)]$$

$$= 14.90\text{m}^2$$

08 단곡선을 설치할 때 곡선반지름이 250m, 교각이 116°23′, 곡선시점까지의 추가거리가 1,146m 일 때 시단현의 편각은?(단, 중심말뚝 간격 = 20m)

① 0°41′15″
② 1°15′36″
③ 1°36′15″
④ 2°54′51″

해설

$$\delta_{l_1} = \frac{l_1}{2R} \times \frac{180}{\pi} = \frac{14}{(2 \times 250)} \times \frac{180}{\pi} = 1°36'15''$$

$(l_1 = 1,160 - 1,146 = 14)$

09 그림과 같은 트래버스에서 AL의 방위각이 29°40′15″, BM의 방위각이 320°27′12″, 교각의 총합이 1,190°47′ 32″ 일 때 각관측 오차는?

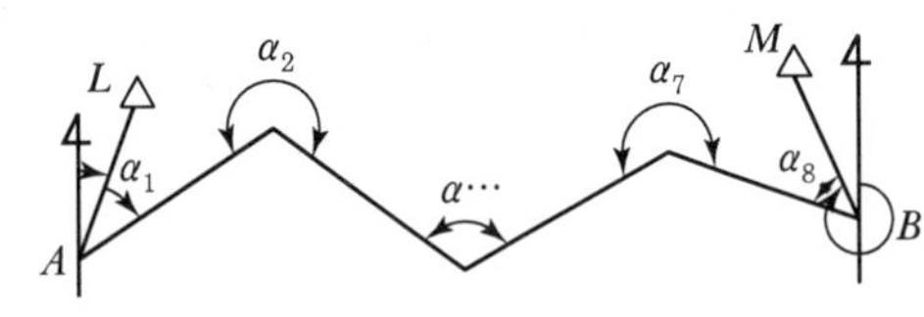

① 45″　　② 35″
③ 25″　　④ 15″

해설

$$E_a = W_a + [a] - 180(n-3) - W_b$$

$$= 29°40'15'' + 1,190°47'32'' - 180(8-3) - 320°27'12''$$

$$= 35''$$

10 지형측량을 할 때 기본 삼각점만으로는 기준점이 부족하여 추가로 설치하는 기준점은?

① 방향전환점　　② 도근점
③ 이기점　　④ 중간점

도근점

지형측량 시 기본 삼각점만으로는 기준점이 부족하여 추가로 설치하는 기준점이다.

11 지구반지름이 6,370km이고 거리의 허용오차가 1/10⁵이면 평면측량으로 볼 수 있는 범위의 지름은?

① 약 69km　　② 약 64km
③ 약 36km　　④ 약 22km

평면측량

- 정도 $\frac{1}{10^6}$ 일 때 반경 11km(직경 22km) 이내 측량
- 정도 $\frac{1}{10^5}$ 일 때 반경 35km(직경 70km) 이내 측량

정답　07 ②　08 ③　09 ②　10 ②　11 ①

12 그림과 같은 수준망을 각각의 환에 따라 폐합오차를 구한 결과가 표와 같고 폐합오차의 한계가 $\pm 1.0\sqrt{S}$ cm일 때 우선적으로 재관측할 필요가 있는 노선은?(단, S : 거리[km])

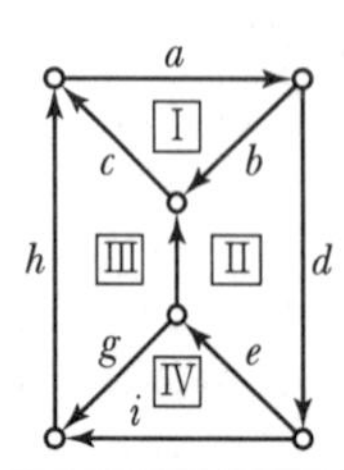

환	노선	거리(km)	폐합오차(m)
I	abc	8.7	−0.017
II	bdef	15.8	0.048
III	cfgh	10.9	−0.026
IV	eig	9.3	−0.083
외주	adih	15.9	−0.031

① e노선　② f노선
③ g노선　④ h노선

해설

각 노선의 오차 한계

- Ⅰ $= \pm 1.0\sqrt{8.7} = \pm 2.95$cm
- Ⅱ $= \pm 1.0\sqrt{15.8} = \pm 3.98$cm
- Ⅲ $= \pm 1.0\sqrt{10.9} = \pm 3.30$cm
- Ⅳ $= \pm 1.0\sqrt{9.3} = \pm 3.05$cm
- 외주 $= \pm 1.0\sqrt{15.9} = \pm 3.99$cm

※ 여기서, Ⅱ와 Ⅳ 노선의 폐합 오차가 오차 한계보다 크므로 공통으로 속한 'e' 노선을 우선적으로 재측한다.

13 수준측량에서 발생하는 오차에 대한 설명으로 틀린 것은?

① 기계의 조정에 의해 발생하는 오차는 전시와 후시의 거리를 같게 하여 소거할 수 있다.
② 삼각수준측량은 대지역을 대상으로 하기 때문에 곡률오차와 굴절오차는 그 양이 상쇄되어 고려하지 않는다.
③ 표척의 영눈금 오차는 출발점의 표척을 도착점에서 사용하여 소거할 수 있다.
④ 기포의 수평조정이나 표척면의 읽기는 육안으로 한계가 있으나 이로 인한 오차는 일반적으로 허용오차 범위 안에 들 수 있다.

해설

삼각수준측량은 곡률오차(구차)와 굴절오차(기차)를 고려하여야 한다.

14 그림과 같은 관측결과 $\theta = 30°11'\,00''$, $S = 1{,}000$m일 때 C점의 X좌표는? (단, AB의 방위각 $= 89°49'\,00''$, A점의 X좌표 $= 1{,}200$m)

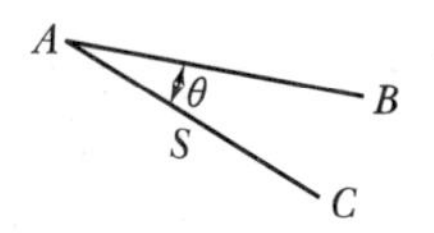

① 700.00m　② 1,203.20m
③ 2,064.42m　④ 2,066.03m

해설

$X_C = X_A + AC\cos AC$방위각
$= 1{,}200 + 1{,}000 \times \cos 120° = 700$m
(AC방위각 $= AB$ 방위각 $+ \theta = 89°49' + 30°11' = 120°$)

15 그림과 같은 복곡선에서 $t_1 + t_2$ 의 값은?

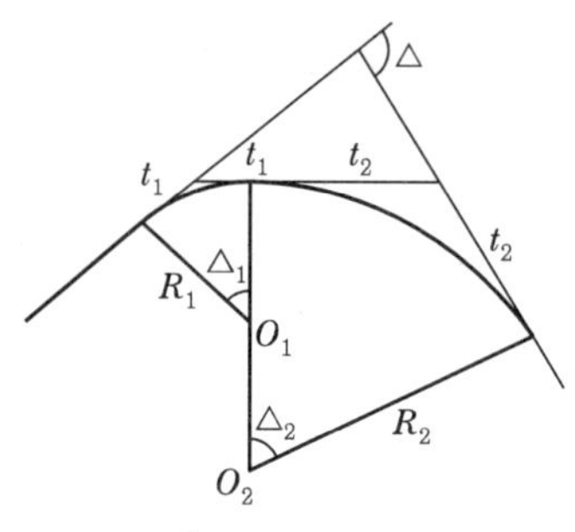

① $R_1(\tan\Delta_1 + \tan\Delta_2)$
② $R_2(\tan\Delta_1 + \tan\Delta_2)$
③ $R_1\tan\Delta_1 + R_2\tan\Delta_2$
④ $R_1\tan\dfrac{\Delta_1}{2} + R_2\tan\dfrac{\Delta_2}{2}$

정답　12 ①　13 ②　14 ①　15 ④

해설

- 접선장$(T.L) = R\tan\frac{I}{2}$
- $t_1 = R_1\tan\frac{\Delta_1}{2}$, $t_2 = R_2\tan\frac{\Delta_2}{2}$
- $t_1 + t_2 = R_1\tan\frac{\Delta_1}{2} + R_2\tan\frac{\Delta_2}{2}$

16 노선 설치 방법 중 좌표법에 의한 설치방법에 대한 설명으로 틀린 것은?

① 토털스테이션, GPS 등과 같은 장비를 이용하여 측점을 위치시킬 수 있다.
② 좌표법에 의한 노선의 설치는 다른 방법보다 지형의 굴곡이나 시통 등의 문제가 적다.
③ 좌표법은 평면곡선 및 종단곡선의 설치요소를 동시에 위치시킬 수 있다.
④ 평면적인 위치의 측설을 수행하고 지형표고를 관측하여 종단면도를 작성할 수 있다.

해설

좌표법은 평면곡선 및 종단곡선의 설치요소를 동시에 위치시킬 수 없다.

17 다각측량에서 각 측량의 기계적 오차 중 시준축과 수평축이 직교하지 않아 발생하는 오차를 처리하는 방법으로 옳은 것은?

① 망원경을 정위와 반위로 측정하여 평균값을 취한다.
② 배각법으로 관측을 한다.
③ 방향각법으로 관측을 한다.
④ 편심관측을 하여 귀심계산을 한다.

해설

망원경을 정위와 반위로 관측한 값을 평균하면 소거할 수 있는 오차
- 시준축 오차
- 수평축 오차
- 시준선의 편심오차(외심오차)

18 30m당 0.03m가 짧은 줄자를 사용하여 정사각형 토지와 한 변을 측정한 결과 150m이었다면 면적에 대한 오차는?

① 41m^2　② 43m^2
③ 45m^2　④ 47m^2

해설

$$2 \cdot \frac{\Delta l}{l} = \frac{\Delta A}{A}$$

$$\Delta A = 2 \cdot \frac{\Delta l}{l} \cdot A = 2 \times \frac{0.03}{30} \times 150^2 = 45\text{m}^2$$

19 지성선에 관한 설명으로 옳지 않은 것은?

① 철(凸)선은 능선 또는 분수선이라고 한다.
② 경사변환선이란 동일 방향의 경사면에서 경사의 크기가 다른 두 면의 접합선이다.
③ 요(凹)선은 지표의 경사가 최대로 되는 방향을 표시한 선으로 유하선이라고 한다.
④ 지성선은 지표면이 다수의 평면으로 구성되었다고 할 때 평면 간 접합부, 즉 접선을 말하며 지세선이라고도 한다.

해설

요선(합수선)
- 지표면의 가장 낮은 곳을 연결한 선(A형)
- 지표의 경사가 최소되는 방향
- 빗물이 합쳐지므로 계곡선이라고도 한다.

※ 최대 경사선이 유하선이다.

20 그림과 같은 지형에서 각 등고선에 쌓인 부분의 면적이 표와 같을 때 각주공식에 의한 토량은? (단, 윗면은 평평한 것으로 가정한다.)

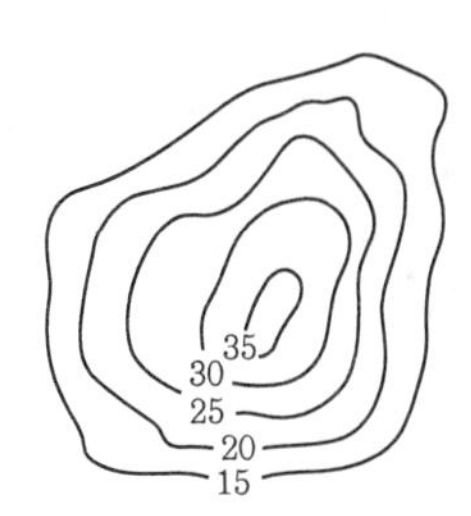

등고선	면적(m^2)
15	3,800
20	2,900
25	1,800
30	900
35	200

정답　16 ③　17 ①　18 ③　19 ③　20 ④

① $11,400\text{m}^3$ ② $22,800\text{m}^3$
③ $33,800\text{m}^3$ ④ $38,000\text{m}^3$

해설

각주공식

$$V=\left(\frac{A_1+A_2}{2}+\frac{A_2+A_3}{2}+\frac{A_3+A_4}{2}+\frac{A_4+A_5}{2}\right)h$$

$$=\left(\frac{3,800+2,900}{2}+\frac{2,900+1,800}{2}+\frac{1,800+900}{2}+\frac{900+200}{2}\right)5$$

$$=38,000\text{m}^3$$

정답

2022년 토목기사 제3회 측량학 CBT 복원문제

01 하천측량에서 수애선이 기준이 되는 수위는?

① 갈수위 ② 평수위
③ 저수위 ④ 고수위

해설

수애선은 하천경계의 기준이며 평균 평수위를 기준으로 한다.

02 지구반지름 $r=6,370\text{km}$이고 거리의 허용오차가 $1/10^5$이면 직경 몇 km까지를 평면측량으로 볼 수 있는가?

① 약 69km ② 약 64km
③ 약 36km ④ 약 22km

해설

- 정밀도$\left(\frac{1}{m}\right)=\frac{d-l}{l}=\frac{1}{12}\left(\frac{l}{R}\right)^2$
- $\frac{1}{m}=\frac{1}{12}\left(\frac{l}{R}\right)^2$, $\frac{1}{10^5}=\frac{l^2}{12\times 6,370^2}$

$\therefore l=\sqrt{\frac{12\times 6,370^2}{10^5}}=69.78\text{km}$

03 GNSS 측량에 대한 설명으로 옳지 않은 것은?

① 상대측위법을 이용하면 절대측위보다 높은 측위정확도의 확보가 가능하다.
② GNSS 측량을 위해서는 최소 4개의 가시위성(Visible Satellite)이 필요하다.
③ GNSS 측량을 통해 수신기의 좌표뿐만 아니라 시계오차도 계산할 수 있다.
④ 위성의 고도각(Elevation Angle)이 낮은 경우 상대적으로 높은 측위정확도의 확보가 가능하다.

해설

위성의 고도각이 낮으면 측위정확도가 낮아진다.

04 트래버스 측점 A의 좌표가 (200, 200)이고, AB 측선의 길이가 50m일 때 B점의 좌표는?(단, AB의 방위각은 195°이고, 좌표의 단위는 m이다.)

① (248.3, 187.1) ② (248.3, 212.9)
③ (151.7, 187.1) ④ (151.7, 212.9)

해설

- $X_B=X_A+$위거(L_{AB})
  $Y_B=Y_A+$경거(D_{AB})
- $X_B=X_A+l\cos\theta=200+50\cdot\cos 195°$
  $=151.70\text{m}$
- $Y_B=Y_A+l\sin\theta=200+50\cdot\sin 195°$
  $=187.06\text{m}$
- $(X_B,\ Y_B)=(151.7,\ 187.1)$

05 100m²인 정사각형 토지의 면적을 0.1m²까지 정확하게 구하고자 한다면 이에 필요한 거리관측의 정확도는?

① 1/2,000 ② 1/1,000
③ 1/500 ④ 1/300

해설

면적과 거리의 정도관계

- $\frac{\Delta A}{A}=2\frac{\Delta L}{L}$, $\frac{0.1}{100}=2\times\frac{\Delta L}{L}$
- $\frac{\Delta L}{L}=\frac{1}{2}\times\frac{0.1}{100}=\frac{1}{2,000}$

06 트래버스 $ABCD$에서 각 측선에 대한 위거와 경거값이 아래 표와 같을 때, 측선 BC의 배횡거는?

측선	위거(m)	경거(m)
AB	+75.39	+81.57
BC	−33.57	+18.78
CD	−61.43	−45.60
CA	+44.61	−52.65

① 81.57m ② 155.10m
③ 163.14m ④ 181.92m

정답 01 ② 02 ① 03 ④ 04 ③ 05 ① 06 ④

해설

㉠ 첫 측선의 배횡거는 첫 측선의 경거와 같다.
㉡ 임의 측선의 배횡거는 전 측선의 배횡거＋전 측선의 경거＋그 측선의 경거이다.
㉢ 마지막 측선의 배횡거는 마지막 측선의 경거와 같다.(부호반대)

- AB 측선의 배횡거＝81.57
- BC 측선의 배횡거＝81.57＋81.57＋18.78
  ＝181.92m

07 평탄한 지역에서 A측점에 기계를 세우고 15km 떨어져 있는 B측점을 관측하려고 할 때에 B측점에 표척의 최소높이는?(단, 지구의 곡률반지름＝6,370km, 빛의 굴절은 무시)

① 7.85m ② 10.85m
③ 15.66m ④ 17.66m

해설

- 양차$(\Delta h)=\dfrac{D^2}{2R}(1-k)$
- $\Delta h=\dfrac{15^2}{2\times 6,370}=0.01766\text{km}=17.66\text{m}$

08 거리측량의 정확도가 $\dfrac{1}{10,000}$일 때 같은 정확도를 가지는 각 관측오차는?

① 18.6″ ② 19.6″
③ 20.6″ ④ 21.6″

해설

- $\dfrac{\Delta L}{L}=\dfrac{\theta''}{\rho''}$
- $\theta''=\dfrac{1}{10,000}\times 206,265''=20.63''$

09 직접고저측량을 실시한 결과가 그림과 같을 때, A점의 표고가 10m라면 C점의 표고는?(단, 그림은 개략도로 실제 치수와 다를 수 있음)

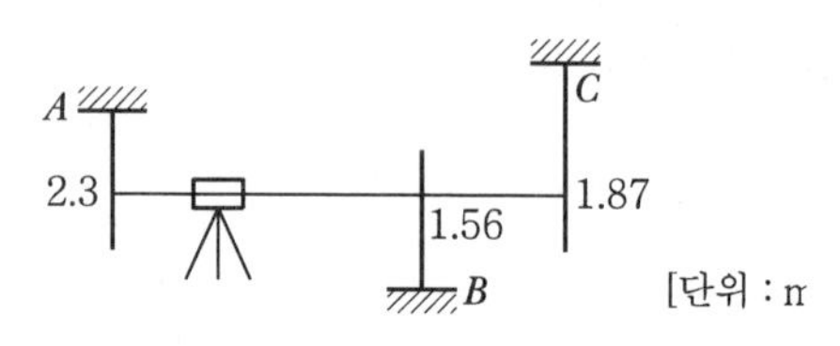

① 9.57m ② 9.66m
③ 10.57m ④ 10.66m

$H_C=H_A-2.3+1.87=10-2.3+1.87=9.57\text{m}$

10 지구 표면의 거리 35km까지를 평면으로 간주했다면 허용정밀도는 약 얼마인가?(단, 지구의 반지름은 6,370km이다.)

① 1/300,000 ② 1/400,000
③ 1/500,000 ④ 1/600,000

$$\text{정도}\left(\frac{\Delta L}{L}\right)=\frac{L^2}{12R^2}$$
$$=\frac{35^2}{12\times 6,370^2}\fallingdotseq\frac{1}{400,000}$$

11 수준망의 관측 결과가 표와 같을 때, 정확도가 가장 높은 것은?

구분	총 거리(km)	폐합오차(mm)
Ⅰ	25	±20
Ⅱ	16	±18
Ⅲ	12	±15
Ⅳ	8	±13

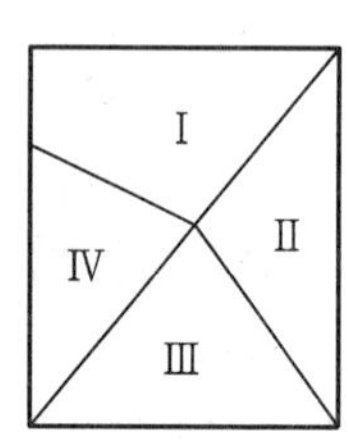

① Ⅰ ② Ⅱ
③ Ⅲ ④ Ⅳ

해설

- Ⅰ 구간 : $\delta=\dfrac{\pm 20}{\sqrt{25}}=\pm 4$
- Ⅱ 구간 : $\delta=\dfrac{\pm 18}{\sqrt{16}}=\pm 4.5$
- Ⅲ 구간 : $\delta=\dfrac{\pm 15}{\sqrt{12}}=\pm 4.33$
- Ⅳ 구간 : $\delta=\dfrac{\pm 13}{\sqrt{8}}=\pm 4.596$

∴ Ⅰ 구간의 정확도가 가장 높다.

정답 07 ④ 08 ③ 09 ① 10 ② 11 ①

12 수심이 h인 하천의 평균 유속을 구하기 위하여 수면으로부터 $0.2h$, $0.6h$, $0.8h$가 되는 깊이에서 유속을 측량한 결과 초당 0.8m, 1.5m, 1.0m였다. 3점법에 의한 평균 유속은?

① 0.9m/s ② 1.0m/s
③ 1.1m/s ④ 1.2m/s

해설

$$3\text{점법}(V_m) = \frac{V_{0.2} + 2V_{0.6} + V_{0.8}}{4} = \frac{0.8 + 2\times1.5 + 1.0}{4} = 1.2\text{m/s}$$

13 도로공사에서 거리 20m인 성토구간에 대하여 시작단면 $A_1 = 72\text{m}^2$, 끝단면 $A_2 = 182\text{m}^2$, 중앙단면 $A_m = 132\text{m}^2$라고 할 때 각주공식에 의한 성토량은?

① $2,540.0\text{m}^3$ ② $2,573.3\text{m}^3$
③ $2,600.0\text{m}^3$ ④ $2,606.7\text{m}^3$

해설

각주공식

$$V = \frac{L}{6}(A_1 + 4A_m + A_2) = \frac{20}{6}(72 + 4\times132 + 182) = 2,606.67\text{m}^3$$

14 표고가 각각 112m, 142m인 A, B 두 점이 있다. 두 점 $\overline{AB}$ 사이에 130m의 등고선을 삽입할 때 이 등고선의 A점으로부터 수평거리는?(단, AB의 수평거리는 100m이고, AB 구간은 등경사이다.)

① 50m ② 60m
③ 70m ④ 80m

해설

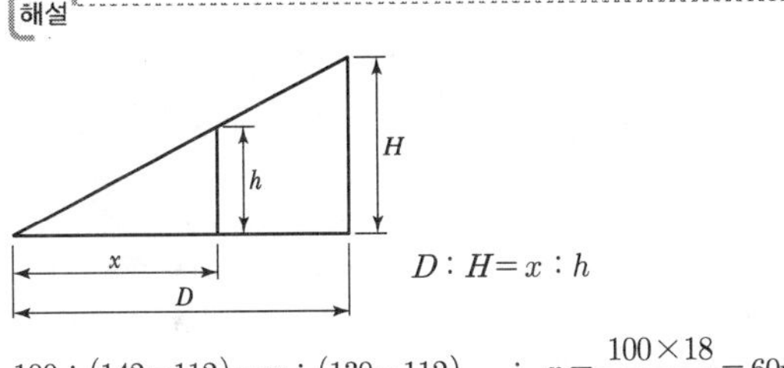

$D : H = x : h$

$100 : (142-112) = x : (130-112)$ $\therefore x = \frac{100\times18}{30} = 60\text{m}$

15 D점의 표고를 구하기 위하여 기지점 A, B, C에서 각각 수준측량을 실시하였다면, D점의 표고 최확값은?

코스	거리	고저차	출발점 표고
$A \to D$	5.0km	+2.442m	10.205m
$B \to D$	4.0km	+4.037m	8.603m
$C \to D$	2.5km	−0.862m	13.500m

① 12.641m ② 12.632m
③ 12.647m ④ 12.638m

해설

- 경중률은 노선길이에 반비례한다.

$$P_A : P_B : P_C = \frac{1}{5} : \frac{1}{4} : \frac{1}{2.5} = 4 : 5 : 8$$

- $$h_o = \frac{P_A h_A + P_B h_B + P_C h_C}{P_A + P_B + P_C} = \frac{4\times12.647 + 5\times12.64 + 8\times12.638}{4+5+8} \doteqdot 12.641\text{m}$$

16 단곡선 설치에 있어서 교각 $I=60°$, 반지름 $R=200\text{m}$, 곡선의 시점 $B.C=\text{No.}8+15\text{m}$일 때 종단현에 대한 편각은?(단, 중심말뚝의 간격은 20m이다.)

① 38′ 10″ ② 42′ 58″
③ 1° 16′ 20″ ④ 2° 51′ 53″

해설

- $CL = R\cdot I\cdot\frac{\pi}{180} = 200\times60°\times\frac{\pi}{180} = 209.44\text{m}$
- $EC = BC + CL = (20\times8+15) + 209.44 = 384.44\text{m}$
- $l_2(\text{종단현}) = 384.44 - 380 = 4.44\text{m}$
- $\delta_2 = \frac{l^2}{R}\times\frac{90°}{\pi} = \frac{4.44}{200}\times\frac{90°}{\pi} = 0°38'10''$

17 비행장이나 운동장과 같이 넓은 지형의 정지 공사 시에 토량을 계산하고자 할 때 적당한 방법은?

① 점고법 ② 등고선법
③ 중앙단면법 ④ 양단면평균법

정답 12 ④ 13 ④ 14 ② 15 ① 16 ① 17 ①

해설

점고법은 넓은 지역 정지작업의 토공량 산정에 이용한다.

18 도로노선의 곡률반지름 $R=2,000$m, 곡선길이 $L=245$m일 때, 클로소이드의 매개변수 A는?

① 500m ② 600m
③ 700m ④ 800m

해설

- $A^2 = RL$
- $A = \sqrt{RL}$
  $= \sqrt{2,000 \times 245}$
  $= 700$m

19 그림과 같은 트래버스에서 $\overline{CD}$ 측선의 방위는? (단, $\overline{AB}$의 방위=N 82°10′ E, $\angle ABC$=98°39′, $\angle BCD$=67°14′이다.)

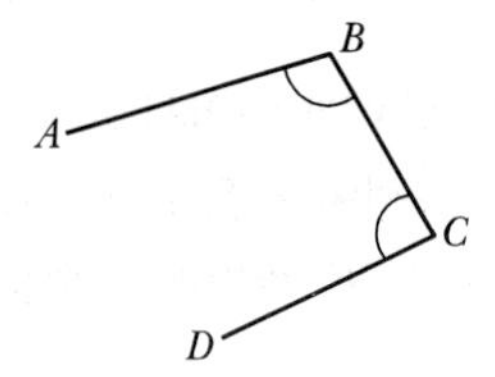

① S 6°17′W ② S 83°43′W
③ N 6°17′W ④ N 83°43′W

해설

임의 측선의 방위각 = 전 측선의 방위각 + 180° ± 교각(우측 ⊖, 좌측 ⊕)

- $\overline{AB}$ 방위각 = 82°10′
- $\overline{BC}$ 방위각
  = 82°30′ + 180° − 98°39′ = 163°31′
- $\overline{CD}$ 방위각
  = 163°31′ + 180° − 67°14′ = 276°17′
- 276°67′은 4상한이므로 N83°43′W

20 축척 1 : 50,000 지형도상에서 주곡선 간의 도상 길이가 1cm였다면 이 지형의 경사는?

① 4% ② 5%
③ 6% ④ 10%

해설

- 수평거리 = $50,000 \times 0.01 = 500$m
- $\frac{1}{50,000}$ 지도의 주곡선 간격은 20m
- 경사$(i) = \frac{H}{D} \times 100(\%) = \frac{20}{500} \times 100 = 4\%$

정답 18 ③ 19 ④ 20 ①

2023년 토목기사 제1회 측량학 CBT 복원문제

01 축척 1 : 50,000인 우리나라 지형도에서 990m의 산정과 510m의 산중턱 간에 들어가는 계곡선의 수는?

① 4개 ② 5개
③ 20개 ④ 24개

해설

- $\frac{1}{50,000}$ 지형도의 주곡선 간격은 20m
- 주곡선 수 $= \frac{\text{표고차}}{\text{주곡선 간격}} = \frac{990-510}{20} = 24$개

∴ 계곡선수 = 주곡선 수 ÷ 5 = 24 ÷ 5 = 4.8 = 4개

02 폐합트래버스의 경·위거 계산에서 CD 측선의 배횡거는?

[단위 : m]

측선	위거(m)	경거(m)	배횡거
AB	+65.39	+83.57	
BC	−34.57	+19.68	
CD	−65.43	−40.60	
DA	+34.61	−62.65	

① 62.65m ② 103.25m
③ 125.30m ④ 165.90m

해설

㉠ 첫 측선의 배횡거는 첫 측선의 경거와 같다.
㉡ 임의 측선의 배횡거는 전 측선의 배횡거 + 전 측선의 경거 + 그 측선의 경거이다.
㉢ 마지막 측선의 배횡거는 마지막 측선의 경거와 같다.[부호반대]
- AB 측선의 배횡거 = 83.57
- BC 측선의 배횡거 = 83.57 + 83.57 + 19.68 = 186.82
- CD 측선의 배횡거 = 186.82 + 19.68 − 40.60 = 165.9
- DA 측선의 배횡거 = 62.65

03 측량성과표에 측점 A의 진북방향각은 0°06′17″이고, 측점 A에서 측점 B에 대한 평균방향각은 263°38′26″로 되어 있을 때에 측점 A에서 측점 B에 대한 역방위각은?

① 83°32′09″ ② 263°32′09″
③ 83°44′43″ ④ 263°44′43″

해설

역방위각 = 방위각 + 180°

∴ (263°38′26″ − 0°06′17″) + 180° = 443°32′9″
= 443°32′9″ − 360°
= 83°32′9″

04 수면으로부터 수심(H)의 $0.2H$, $0.4H$, $0.6H$, $0.8H$ 지점의 유속($V_{0.2}$, $V_{0.4}$, $V_{0.6}$, $V_{0.8}$)을 관측하여 평균유속을 구하는 공식으로 옳지 않은 것은?

① $V_m = V_{0.6}$

② $V_m = \frac{1}{2}(V_{0.4} + V_{0.8})$

③ $V_m = \frac{1}{4}(V_{0.2} + 2V_{0.6} + V_{0.8})$

④ $V_m = \frac{1}{5}\left[(V_{0.2} + V_{0.4} + V_{0.6} + V_{0.8}) + \frac{1}{2}\left(V_{0.2} + \frac{1}{2}V_{0.8}\right)\right]$

해설

2점법 평균유속

$(V_m) = \frac{V_{0.2} + V_{0.8}}{2}$

05 교호수준측량을 하여 다음과 같은 결과를 얻었다. A점의 표고가 120.564m이면 B점의 표고는?

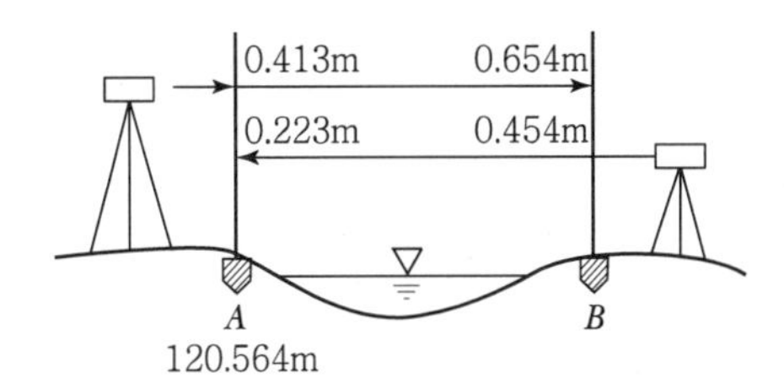

① 120.759m ② 120.672m
③ 120.524m ④ 120.328m

정답 01 ① 02 ④ 03 ① 04 ② 05 ④

해설

$$\Delta H = \frac{(a_1-b_1)+(a_2-b_2)}{2}$$
$$= \frac{(0.413-0.654)+(0.223-0.454)}{2}$$
$$= \frac{(-0.241)+(-0.231)}{2} = -0.236\text{m}$$
$$\therefore H_B = H_A + \Delta H = 120.564 - 0.236$$
$$= 120.328\text{m}$$

06 등고선의 성질에 대한 설명으로 옳지 않은 것은?

① 볼록한 등경사면의 등고선 간격은 산정으로 갈수록 좁아진다.
② 등고선은 도면 내·외에서 폐합하는 폐곡선이다.
③ 지도의 도면 내에서 폐합하는 경우 등고선의 내부에는 산꼭대기 또는 분지가 있다.
④ 절벽은 등고선이 서로 만나는 곳에 존재한다.

해설

동일 경사면의 등고선의 수평거리는 같다.

07 곡선반경이 400m인 원곡선상을 70km/hr로 주행하려고 할 때 Cant는?(단, 궤간 $b=1.065$m임)

① 73mm ② 83mm
③ 93mm ④ 103mm

해설

캔트(C)

$$\frac{SV^2}{Rg} = \frac{1.065\times\left(70\times1{,}000\times\frac{1}{3{,}600}\right)^2}{400\times9.8}$$
$$= 0.103\text{m} = 103\text{mm}$$

08 도로의 단곡선 설치에서 교각 I=60°, 곡선반지름 R=150m이며, 곡선시점 BC는 NO.8+17m (20m×8+17m)일 때 종단현에 대한 편각은?

① 0°12′45″ ② 2°41′21″
③ 2°57′54″ ④ 3°15′23″

해설

- $CL = R\cdot I\cdot\frac{\pi}{180} = 150\times60\times\frac{\pi}{180}$
  $= 157.08\text{m}$
- $EC = BC + CL$
  $= (20\times8+17)+157.08$
  $= 334.08\text{m}$
- 종단현(l_2) $= 334.08 - 320 = 14.08\text{m}$

$$\therefore \delta_2 = \frac{l_2}{R}\times\frac{90°}{\pi} = \frac{14.08}{150}\times\frac{90°}{\pi}$$
$$= 2°41'20.69'' \fallingdotseq 2°41'21''$$

09 100m²인 정방형 토지의 면적을 0.1m²까지 정확하게 구하고자 할 때 관측 조건으로 옳은 것은?

① 한 변의 길이를 5mm까지 정확하게 읽어야 한다.
② 한 변의 길이를 5cm까지 정확하게 읽어야 한다.
③ 한 변의 길이를 10mm까지 정확하게 읽어야 한다.
④ 한 변의 길이를 10cm까지 정확하게 읽어야 한다.

해설

- 면적과 정밀도의 관계
  $\frac{\Delta A}{A} = 2\frac{\Delta L}{L}$
- $A = L^2,\ L = \sqrt{A} = \sqrt{100} = 10$

$$\therefore \Delta L = \frac{\Delta A}{A}\cdot\frac{L}{2} = \frac{0.1}{100}\times\frac{10}{2} = 0.005\text{m} = 5\text{mm}$$

10 GPS측량 시 고려해야 할 사항이 아닌 것은?

① 정지측량 시 4개 이상, RTK측량 시는 5개 이상의 위성이 관측되어야 한다.
② 가능하면 15° 이상의 임계고도각을 유지하여야 한다.
③ DOP 수치가 3 이하인 경우는 관측을 하지 않는 것이 좋다.
④ 철탑이나 대형 구조물, 고압선 직하 지점은 회피하여야 한다.

정답 06 ① 07 ④ 08 ② 09 ① 10 ③

해설

DOP 수치가 7~10 이상인 경우는 오차가 크므로 관측을 하지 않는 것이 좋다.

11 다음과 같은 삼각형 ABC의 면적은?

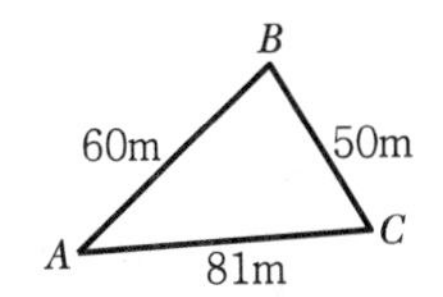

① 153.04m² ② 235.09m²
③ 1,495.57m² ④ 2,227.50m²

해설

삼변법

$S=\frac{1}{2}(a+b+c)=\frac{1}{2}(60+50+81)$

$=95.5\text{m}$

$\therefore\ A=\sqrt{s(s-a)(s-b)(s-c)}$

$=\sqrt{95.5(95.5-60)(95.5-50)(95.5-81)}$

$=1,495.57\text{m}^2$

12 수준측량에서 발생할 수 있는 정오차에 해당하는 것은?

① 표척을 잘못 뽑아 발생되는 읽음오차
② 광선의 굴절에 의한 오차
③ 관측자의 시력 불완전에 의한 오차
④ 태양의 광선, 바람, 습도 및 온도의 순간변화에 의해 발생되는 오차

해설

- 정오차는 기차, 구차, 양차이다.
- 양차(Δh)=기차+구차=$\frac{D^2}{2R}(1-k)$

13 그림과 같이 표고가 각각 112m, 142m인 A, B 두 점이 있다. 두 점 사이에 130m의 등고선을 삽입할 때 이 등고선의 위치는 A점으로부터 AB 선상 몇 m에 위치하는가?(단, AB의 직선거리는 200m이고, AB 구간은 등경사이다.)

140m
130m
120m
B=142m
A=112m

① 120m ② 125m
③ 130m ④ 135m

해설

비례식을 이용하여 계산한다.

$200:(142-112)=D_{BO}:(130-112)$

$D_{BO}=\frac{200\times 18}{30}=120\text{m}$

14 노선연장이 2km인 결합트래버스측량을 실시할 때에 폐합비를 1/4,000로 제한한다면 허용되는 최대 폐합오차는?

① 0.2m ② 0.5m
③ 0.8m ④ 1.0m

해설

- 폐합비(R)$=\frac{1}{m}=\frac{E}{\Sigma L}$
- $\frac{1}{4,000}=\frac{E}{2,000}$

$\therefore\ E=\frac{2,000}{4,000}=0.5\text{m}$

15 삼각측량에서 삼각점을 선점할 때 주의사항으로 잘못된 것은?

① 삼각형은 정삼각형에 가까울수록 좋다.
② 가능한 한 측점의 수를 많게 하고 거리가 짧을수록 유리하다.
③ 미지점은 최소 3개, 최대 5개의 기지점에서 정·반 양방향으로 시통이 되도록 한다.
④ 삼각점의 위치는 다른 삼각점과 시준이 잘되어야 한다.

해설

선점 시 측점의 수는 가능한 한 적을수록 좋다.

정답 11 ③ 12 ② 13 ① 14 ② 15 ②

16 삼각측량에 있어서 삼각점의 수평위치를 결정하는 요소는 무엇인가?

① 거리와 방향각 ② 고저차와 방향각
③ 밀도와 폐합비 ④ 폐합오차와 밀도

해설

삼각측량의 수평위치를 결정하기 위해서는 방향각과 거리를 알면 된다.(Sin 법칙)

17 기차 및 구차에 대한 설명 중 옳지 않은 것은?

① 삼각점 상호 간의 고저차를 구하고자 할 때와 같이 거리가 상당히 떨어져 있을 때 지구의 표면이 구상이므로 일어나는 오차를 구차라 한다.
② 구차는 시준거리의 제곱에 비례한다.
③ 공기의 온도, 기압 등에 의하여 시준선에서 생기는 오차를 기차라 하며 대략 구차의 1/7 정도이다.
④ 기차$=\dfrac{L^2}{2R}$, 구차$=K\dfrac{L^2}{2R}$의 식으로 구할 수 있다.
[여기서, L : 2점 간의 거리, R : 지구의 반경(6,370km), K : 굴절계수]

해설

- 기차$=\dfrac{-KD^2}{2R}$
- 구차$=\dfrac{D^2}{2R}$

18 캔트(Cant)의 계산에 있어서 속도를 4배, 반지름을 2배로 할 경우 캔트(Cant)는 몇 배가 되는가?

① 2배 ② 4배
③ 6배 ④ 8배

해설

캔트$(C)=\dfrac{SV^2}{Rg}$
∴ 속도가 4배, 반지름이 2배인 경우
캔트는 8배이다.$\left(\dfrac{4^2}{2}=\dfrac{16}{2}=8\text{배}\right)$

19 대단위 신도시를 건설하기 위한 넓은 지형의 정지공사에서 토량을 계산하고자 할 때 가장 적당한 방법은?

① 점고법 ② 양단면 평균법
③ 비례 중앙법 ④ 각주공식에 의한 방법

해설

점고법
넓고 비교적 평탄한 지형의 체적계산에 사용하고 지표상에 있는 점의 표고를 숫자로 표시해 높이를 나타내는 방법이다.

20 거리의 정확도를 10^{-6}에서 10^{-5}으로 변화를 주었다면 평면으로 고려할 수 있는 면적 기준의 측량범위의 변화는?

① $\dfrac{1}{\sqrt{10}}$로 감소한다. ② $\sqrt{10}$배 증가한다.
③ 10배 증가한다. ④ 100배 증가한다.

해설

- 허용 정도 $\dfrac{d-D}{D}=\dfrac{1}{12}\left(\dfrac{D}{R}\right)^2$
- $\dfrac{1}{10^6}$일 때, $D=\sqrt{\dfrac{12\times 6,370^2}{10^6}}$
$=22.066\text{km}$,
$A=22.066^2=486.908\text{km}^2$
- $\dfrac{1}{10^5}$일 때, $D=\sqrt{\dfrac{12\times 6,370^2}{10^5}}$
$=69.779\text{km}$
$A=69.779^2=4,869.108\text{km}^2$

∴ $\dfrac{1}{10^5}$인 경우가 $\dfrac{1}{10^6}$인 경우보다 10배 크다.

정답 16 ① 17 ④ 18 ④ 19 ① 20 ③

2023년 토목기사 제2회 측량학 CBT 복원문제

01 수심이 h인 하천의 평균 유속을 구하기 위하여 수면으로부터 $0.2h$, $0.6h$, $0.8h$가 되는 깊이에서 유속을 측량한 결과 초당 0.8m, 1.5m, 1.0m였다. 3점법에 의한 평균 유속은?

① 0.9m/s ② 1.0m/s
③ 1.1m/s ④ 1.2m/s

해설

3점법(V_m)

$$\frac{V_{0.2}+2V_{0.6}+V_{0.8}}{4}=\frac{0.8+2\times1.5+1.0}{4}=1.2\text{m/s}$$

02 축척이 1 : 25,000인 지형도 1매를 1 : 5,000 축척으로 재편집할 때 제작되는 지형도의 매수는?

① 25매 ② 20매
③ 15매 ④ 10매

해설

면적은 축척$\left(\frac{1}{m}\right)^2$에 비례

$$\therefore \text{ 매수}=\left(\frac{25,000}{5,000}\right)^2=25\text{매}$$

03 직사각형 두 변의 길이를 $\frac{1}{200}$ 정확도로 관측하여 면적을 구할 때 산출된 면적의 정확도는?

① $\frac{1}{50}$ ② $\frac{1}{100}$
③ $\frac{1}{200}$ ④ $\frac{1}{400}$

해설

면적과 거리 정밀도의 관계

$$\text{정밀도}=\left(\frac{1}{M}\right)=\frac{\Delta A}{A}=2\frac{\Delta L}{L}$$

$$=2\times\frac{1}{200}=\frac{1}{100}$$

04 축척 1 : 25,000의 수치지형도에서 경사가 10%인 등경사 지형의 주곡선 간 도상거리는?

① 2mm ② 4mm
③ 6mm ④ 8mm

해설

- 1/25,000 지도의 주곡선 간격은 10m
- 경사$(i)=\frac{H}{D}=10\%$이므로 수평거리는 100m

$$\therefore \text{ 도상 수평거리}(D)=\frac{D}{m}=\frac{100}{25,000}$$

$$=0.004\text{m}=4\text{mm}$$

05 평야지대의 어느 한 측점에서 중간 장애물이 없는 26km 떨어진 어떤 측점을 시준할 때 어떤 측점에 세울 표척의 최소 높이는?(단, 기차상수는 0.14이고 지구곡률반지름은 6,370km이다.)

① 16m ② 26m
③ 36m ④ 46m

해설

$$\text{양차}(\Delta h)=\frac{D^2}{2R}(1-K)$$

$$\therefore \ \Delta h=\frac{26^2}{2\times6,370}(1-0.14)=0.0456\text{km}\fallingdotseq46\text{m}$$

06 하천의 수위관측소 설치를 위한 장소로 적합하지 않은 것은?

① 상하류의 길이가 약 100m 정도는 직선인 곳
② 홍수 시 관측소가 유실 및 파손될 염려가 없는 곳
③ 수위표를 쉽게 읽을 수 있는 곳
④ 합류나 분류에 의해 수위가 민감하게 변화하여 다양한 수위의 관측이 가능한 곳

해설

수위관측소는 지천의 합류, 분류점에서 수위 변화가 없는 곳에 설치해야 한다.

정답 01 ④ 02 ① 03 ② 04 ② 05 ④ 06 ④

07 캔트(Cant)의 계산에서 속도 및 반지름을 2배로 하면 캔트는 몇 배가 되는가?

① 2배 ② 4배
③ 8배 ④ 16배

해설

캔트$(C)=\dfrac{SV^2}{Rg}$

∴ 속도와 반지름이 2배이면 캔트(C)는 2배가 된다.

08 등고선에 관한 설명으로 옳지 않은 것은?

① 높이가 다른 등고선은 절대 교차하지 않는다.
② 등고선 간의 최단거리 방향은 최급경사 방향을 나타낸다.
③ 지도의 도면 내에서 폐합되는 경우 등고선의 내부에는 산꼭대기 또는 분지가 있다.
④ 동일한 경사의 지표에서 등고선 간의 수평거리는 같다.

해설

등고선은 동굴이나 절벽에서 교차한다.

09 거리측량의 정확도가 $\dfrac{1}{10,000}$일 때 같은 정확도를 가지는 각 관측오차는?

① 18.6″ ② 19.6″
③ 20.6″ ④ 21.6″

해설

$\dfrac{\Delta L}{L}=\dfrac{\theta''}{\rho''}$

$\therefore\ \theta''=\dfrac{1}{10,000}\times 206,265''=20.63''$

10 다음 중 3차원 위치성과를 획득할 수 없는 측량장비는?

① 토털스테이션 ② 레벨
③ LiDAR ④ GPS

해설

레벨측량은 수직위치(Z), 즉 높이를 구하는 측량이다.

11 A점에서 관측을 시작하여 A점으로 폐합시킨 폐합트래버스측량에서 다음과 같은 측량결과를 얻었다. 이때 측선 AB의 배횡거는?

측선	위거(m)	경거(m)
AB	15.5	25.6
BC	−35.8	32.2
CA	20.3	−57.8

① 0m ② 25.6m
③ 57.8m ④ 83.4m

해설

- 첫 측선의 배횡거는 첫 측선의 경거와 같다.
- 임의 측선의 배횡거는 전 측선의 배횡거＋전측선의 경거＋그 측선의 경거이다.
- 마지막 측선의 배횡거는 마지막 측선의 경거와 같다.(부호반대)

∴ AB 측선의 배횡거＝25.6m

12 완화곡선에 대한 설명으로 옳지 않은 것은?

① 모든 클로소이드(Clothoid)는 닮은 꼴이며 클로소이드 요소는 길이의 단위를 가진 것과 단위가 없는 것이 있다.
② 완화곡선의 접선은 시점에서 원호에, 종점에서 직선에 접한다.
③ 완화곡선의 반지름은 그 시점에서 무한대, 종점에서는 원곡선의 반지름과 같다.
④ 완화곡선에 연한 곡선반지름의 감소율은 캔트(Cant)의 증가율과 같다.

해설

완화곡선의 접선은 시점에서 직선에, 종점에서 원호에 접한다.

정답 07 ① 08 ① 09 ③ 10 ② 11 ② 12 ②

13 수준측량에서 전시와 후시의 시준거리를 같게 하면 소거가 가능한 오차가 아닌 것은?

① 관측자의 시차에 의한 오차
② 정준이 불안정하여 생기는 오차
③ 기포관축과 시준축이 평행되지 않았을 때 생기는 오차
④ 지구의 곡류에 의하여 생기는 오차

해설

전시, 후시의 시준거리가 같을 때 소거 가능 오차
- 레벨 조정 불완전 오차(기포관축//시준축)
- 기차
- 구차

14 트래버스 측점 A의 좌표가 (200, 200)이고, AB 측선의 길이가 50m일 때 B점의 좌표는?(단, AB의 방위각은 195°이고, 좌표의 단위는 m이다.)

① (248.3, 187.1) ② (248.3, 212.9)
③ (151.7, 187.1) ④ (151.7, 212.9)

해설

- $X_B = X_A +$위거(L_{AB}), $Y_B = Y_A +$경거(D_{AB})
- $X_B = X_A + l\cos\theta = 200 + 50 \cdot \cos 195°$
  $= 151.70\text{m}$
- $Y_B = Y_A + l\sin\theta = 200 + 50 \cdot \sin 195°$
  $= 187.06\text{m}$

$\therefore (X_B,\ Y_B) = (151.7,\ 187.1)$

15 클로소이드 곡선에 대한 설명으로 틀린 것은?

① 곡률이 곡선의 길이에 반비례하는 곡선이다.
② 단위클로소이드란 매개변수 A가 1인 클로소이드이다.
③ 모든 클로소이드는 닮은꼴이다.
④ 클로소이드에서 매개변수 A가 정해지면 클로소이드의 크기가 정해진다.

해설

곡률은 곡선의 길이에 비례한다.

16 GPS 위성측량에 대한 설명으로 옳은 것은?

① GPS를 이용하여 취득한 높이는 지반고이다.
② GPS에서 사용하고 있는 기준타원체는 GRS80 타원체이다.
③ 대기 내 수증기는 GPS 위성신호를 지연시킨다.
④ VRS 측량에서는 망조정이 필요하다.

해설

이 층에는 지구기후에 의해 구름과 같은 수증기가 있어 굴절오차의 원인이 된다.

17 수평각관측법 중 가장 정확한 값을 얻을 수 있는 방법으로 1등 삼각측량에 이용되는 방법은?

① 조합각관측법 ② 방향각법
③ 배각법 ④ 단각법

해설

조합각관측법이 가장 정밀도가 높고, 1등 삼각측량에 사용한다.

18 지구반지름이 6,370km이고 거리의 허용오차가 $1/10^5$이면 평면측량으로 볼 수 있는 범위의 지름은?

① 약 69km ② 약 64km
③ 약 36km ④ 약 22km

해설

평면측량

- 정도 $\frac{1}{10^6}$일 때 반경 11km(직경 22km) 이내 측량
- 정도 $\frac{1}{10^5}$일 때 반경 35km(직경 70km) 이내 측량

19 교점(IP)의 위치가 기점으로부터 추가거리 325.18m이고, 곡선반지름(R) 200m, 교각(I) 41°00′인 단곡선을 편각법으로 설치하고자 할 때, 곡선시점(BC)의 위치는?(단, 중심말뚝 간격은 20m이다.)

정답 13 ① 14 ③ 15 ① 16 ③ 17 ① 18 ① 19 ③

① No.3+14.777m
② No.4+5.223m
③ No.12+10.403m
④ No.13+9.596m

해설

$$BC = IP - TL = IP - \left(R \cdot \tan\frac{I}{2}\right)$$
$$= 325.18 - \left(200 \times \tan\frac{41°}{2}\right)$$
$$= 250.403\text{m} = \text{No.}12 + 10.403\text{m}$$

20 어떤 측선의 길이를 3군으로 나누어 관측하여 표와 같은 결과를 얻었을 때, 측선 길이의 최확값은?

관측군	관측값(m)	측정횟수
I	100.350	2
II	100.340	5
III	100.353	3

① 100.344m ② 100.346m
③ 100.348m ④ 100.350m

해설

경중률(횟수에 비례)
$P_1 : P_2 : P_3 = 2 : 5 : 3$

$$\therefore \text{ 최확값} = \frac{P_1 l_1 + P_2 l_2 + P_3 l_3}{P_1 + P_2 + P_3}$$
$$= 100 + \frac{(2\times 0.35) + (5\times 0.34) + (3\times 0.353)}{2+5+3}$$
$$= 100.346\text{m}$$

정답 20 ②

01 직접고저측량을 실시한 결과가 그림과 같을 때, A점의 표고가 10m라면 C점의 표고는?(단, 그림은 개략도로 실제 치수와 다를 수 있음)

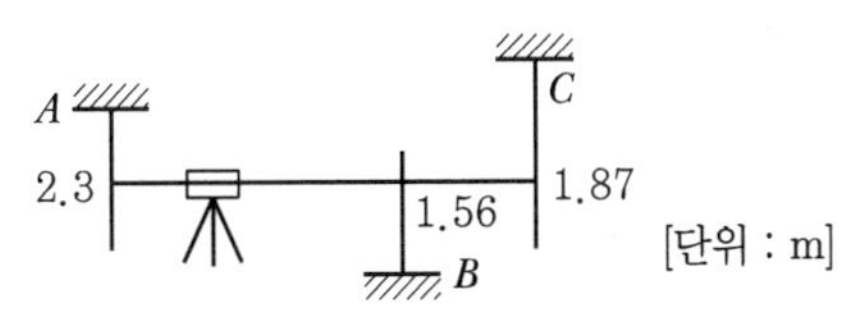

① 9.57m　　② 9.66m
③ 10.57m　　④ 10.66m

$H_C = 10 - 2.3 + 1.87 = 9.57\text{m}$

02 축척 1 : 5,000 지형도(30cm×30cm)를 기초로 하여 축척이 1 : 50,000인 지형도(30cm×30cm)를 제작하기 위해 필요한 1 : 5,000 지형도의 수는?

① 50장　　② 100장
③ 150장　　④ 200장

10×10=100장

03 그림과 같은 유토곡선(Mass Curve)에서 하향구간이 의미하는 것은?

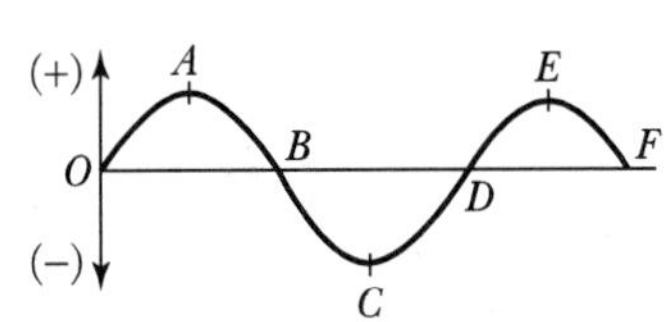

① 성토구간　　② 절토구간
③ 운반토량　　④ 운반거리

해설

유토곡선에서 상향구간은 절토구간, 하향구간은 성토구간이다.

04 그림과 같이 각 격자의 크기가 10m×10m로 동일한 지역의 전체 토량은?

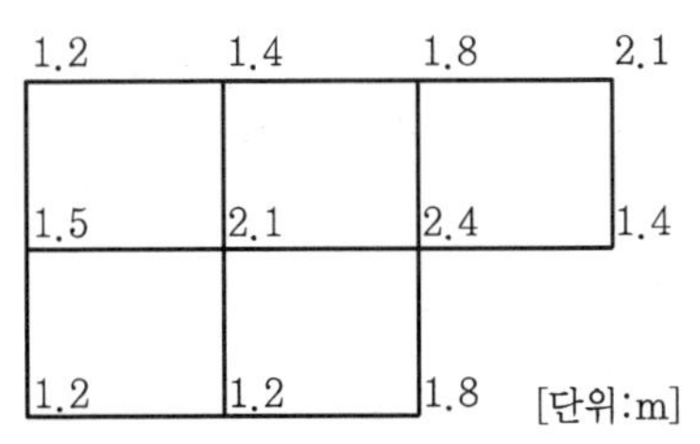

① 877.5m³　　② 893.6m³
③ 913.7m³　　④ 926.1m³

해설

$$V = \frac{10 \times 10}{4}[(1.2+2.1+1.4+1.2+1.8) + 2(1.4+1.8+1.5+1.2) + 3 \times 2.4 + 4 \times 2.1]$$
$$= 877.5\text{m}^3$$

05 폐합트래버스에서 위거의 합이 −0.17m, 경거의 합이 0.22m이고, 전 측선의 거리의 합이 252m일 때 폐합비는?

① 1/900　　② 1/1,000
③ 1/1,100　　④ 1/1,200

해설

$$\text{폐합비} = \frac{E}{\Sigma l} = \frac{\sqrt{-0.17^2 + 0.22^2}}{252} = \frac{1}{906}$$

06 ΔABC의 꼭짓점에 대한 좌푯값이 (30, 50), (20, 90), (60, 100)일 때 삼각형 토지의 면적은?(단, 좌표의 단위 : m)

① 500m²　　② 750m²
③ 850m²　　④ 960m²

해설

좌표법

	X	Y	$(X_{i-1} - X_{i+1})Y_i$
A	30	50	(60−20)50=2,000
B	20	90	(30−60)90=−2,700
C	60	100	(20−30)100=−1,000

$2A = 2,000 - 2,700 - 1,000$
$= -1,700$

$\therefore A = \frac{|-1,700|}{2} = 850\text{m}^2$

정답　01 ①　02 ②　03 ①　04 ①　05 ①　06 ③

07 어떤 노선을 수준측량하여 작성된 기고식 야장의 일부 중 지반고 값이 틀린 측점은?

[단위 : m]

측점	B.S	F.S		기계고	지반고
		T.P	I.P		
0	3.121				123.567
1			2.586		124.102
2	2.428	4.065			122.623
3			−0.664		124.387
4		2.321			122.730

① 측점 1 ② 측점 2
③ 측점 3 ④ 측점 4

해설

- 측점 1의 지반고 = 126.688 − 2.586 = 124.102m
- 측점 2의 지반고 = 126.688 − 4.065 = 122.623m
- 측점 3의 지반고 = 125.051 − (−0.664) = 125.715m
- 측점 4의 지반고 = 125.051 − 2.321 = 122.730m

08 트래버스측량에서 측점 A의 좌표가 (100m, 100m)이고 측선 AB의 길이가 50m일 때 B점의 좌표는?(단, AB측선의 방위각은 195°이다)

① (51.7m, 87.1m) ② (51.7m, 112.9m)
③ (148.3m, 87.1m) ④ (148.3m, 112.9m)

해설

- $X_B = X_A + AB\cos AB$방위각
  $= 100 + 50\cos/95° = 51.7\text{m}$
- $Y_B = Y_A + AB\sin AB$방위각
  $= 100 + 50\sin/95° = 87.1\text{m}$

09 L_1과 L_2의 두 개 주파수 수신이 가능한 2주파 GNSS수신기에 의하여 제거가 가능한 오차는?

① 위성의 기하학적 위치에 따른 오차
② 다중경로오차
③ 수신기 오차
④ 전리층오차

해설

GNSS측량에서는 L_1, L_2파의 선형조합을 통해 전리층 지연오차 등을 산정하여 보정할 수 있다.

10 측량지역의 대소에 의한 측량의 분류에 있어서 지구의 곡률로부터 거리오차에 따른 정확도를 $1/10^7$까지 허용한다면 반지름 몇 km 이내를 평면으로 간주하여 측량할 수 있는가?(단, 지구의 곡률반지름은 6,372km이다.)

① 3.49km ② 6.98km
③ 11.03km ④ 22.07km

해설

정도 $= \frac{1}{12}\left(\frac{l}{R}\right)^2$

$\frac{1}{10^7} = \frac{1}{12}\left(\frac{l}{6,372}\right)^2$

l(직경) = 7km

∴ 반경은 약 3.5km

11 축척 1 : 50,000 지형도상에서 주곡선 간의 도상 길이가 1cm였다면 이 지형의 경사는?

① 4% ② 5%
③ 6% ④ 10%

해설

- 수평거리 = 50,000 × 0.01 = 500m
- $\frac{1}{50,000}$ 지도의 주곡선 간격은 20m

∴ 경사$(i) = \frac{H}{D} \times 100(\%) = \frac{20}{500} \times 100 = 4\%$

12 그림과 같은 트래버스에서 $\overline{CD}$ 측선의 방위는?(단, $\overline{AB}$의 방위 = N 82°10′ E, ∠ABC = 98°39′, ∠BCD = 67°14′이다.)

정답 07 ③ 08 ① 09 ④ 10 ① 11 ① 12 ④

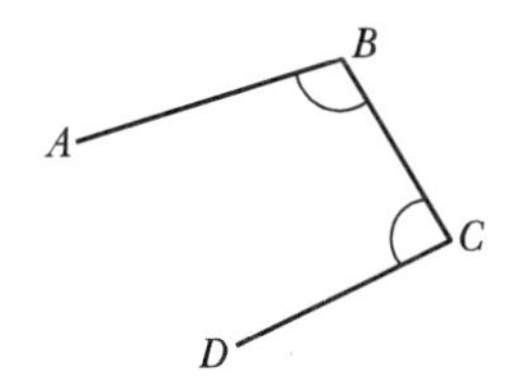

① S 6°17′W ② S 83°43′W
③ N 6°17′W ④ N 83°43′W

해설

임의 측선의 방위각 = 전 측선의 방위각 + 180° ± 교각(우측 ⊖, 좌측 ⊕)

- $\overline{AB}$ 방위각 = 82°10′
- $\overline{BC}$ 방위각 = 82°30′ + 180° − 98°39′ = 163°31′
- $\overline{CD}$ 방위각 = 163°31′ + 180° − 67°14′ = 276°17′

∴ 276°67′은 4상한이므로 N83°43′W

13 도로노선의 곡률반지름 R=2,000m, 곡선길이 L=245m일 때, 클로소이드의 매개변수 A는?

① 500m ② 600m
③ 700m ④ 800m

해설

$A^2 = RL$

$\therefore A = \sqrt{RL}$

$= \sqrt{2,000 \times 245}$

$= 700\text{m}$

14 수심이 h인 하천의 평균유속을 구하기 위하여 수면으로부터 $0.2h$, $0.6h$, $0.8h$가 되는 깊이에서 유속을 측량한 결과 초당 0.8m, 1.5m, 1.0m였다. 3점법에 의한 평균유속은?

① 0.9m/s ② 1.0m/s
③ 1.1m/s ④ 1.2m/s

해설

3점법(V_m)

$\dfrac{V_{0.2} + 2V_{0.6} + V_{0.8}}{4}$

$= \dfrac{0.8 + 2 \times 1.5 + 1.0}{4} = 1.2\text{m/s}$

15 단곡선 설치에 있어서 교각 I=60°, 반지름 R=200m, 곡선의 시점 $B.C$=No.8+15m일 때 종단현에 대한 편각은?(단, 중심말뚝의 간격은 20m이다.)

① 38′10″ ② 42′58″
③ 1°16′20″ ④ 2°51′53″

해설

- $CL = R \cdot I \cdot \dfrac{\pi}{180} = 200 \times 60° \times \dfrac{\pi}{180} = 209.44\text{m}$
- $EC = BC + CL = (20 \times 8 + 15) + 209.44 = 384.44\text{m}$
- l_2(종단현) = 384.44 − 380 = 4.44m

$\therefore \delta_2 = \dfrac{l^2}{R} \times \dfrac{90°}{\pi} = \dfrac{4.44}{200} \times \dfrac{90°}{\pi} = 0°38′10″$

16 트래버스 $ABCD$에서 각 측선에 대한 위거와 경거값이 아래 표와 같을 때, 측선 BC의 배횡거는?

측선	위거(m)	경거(m)
AB	+75.39	+81.57
BC	−33.57	+18.78
CD	−61.43	−45.60
CA	+44.61	−52.65

① 81.57m ② 155.10m
③ 163.14m ④ 181.92m

해설

- 첫 측선의 배횡거는 첫 측선의 경거와 같다.
- 임의 측선의 배횡거는 전 측선의 배횡거 + 전 측선의 경거 + 그 측선의 경거이다.
- 마지막 측선의 배횡거는 마지막 측선의 경거와 같다.(부호반대)
  - AB 측선의 배횡거 = 81.57
  - BC 측선의 배횡거 = 81.57 + 81.57 + 18.78 = 181.92m

17 평탄한 지역에서 A측점에 기계를 세우고 15km 떨어져 있는 B측점을 관측하려고 할 때에 B측점에 표척의 최소높이는?(단, 지구의 곡률반지름 =6,370km, 빛의 굴절은 무시)

정답 13 ③ 14 ④ 15 ① 16 ④ 17 ④

① 7.85m ② 10.85m
③ 15.66m ④ 17.66m

해설

양차$(\Delta h)=\dfrac{D^2}{2R}(1-k)$

$\therefore\ \Delta h=\dfrac{15^2}{2\times 6,370}=0.01766\text{km}=17.66\text{m}$

18 위성측량의 DOP(Dilution of Precision)에 관한 설명으로 옳지 않은 것은?

① DOP는 위성의 기하학적 분포에 따른 오차이다.
② 일반적으로 위성들 간의 공간이 더 크면 위치정밀도가 낮아진다.
③ DOP를 이용하여 실제 측량 전에 위성측량의 정확도를 예측할 수 있다.
④ DOP 값이 클수록 정확도가 좋지 않은 상태이다.

해설

위성들 간의 공간이 더 크면 위치정밀도가 높아진다.

19 곡선반지름이 400m인 원곡선을 설계속도 70km/h로 하려고 할 때 캔트(Cant)는?(단, 궤간 b =1.065m)

① 73mm ② 83mm
③ 93mm ④ 103mm

해설

$$\text{Cant}=\frac{V^2S}{gR}=\frac{\left(70\times 1,000\times\dfrac{1}{60\times 60}\right)^2\times 1.065}{9.8\times 400}$$
$$=0.103\text{m}=103\text{mm}$$

20 답사나 홍수 등 급하게 유속관측을 필요로 하는 경우에 편리하여 주로 이용하는 방법은?

① 이중부자
② 표면부자
③ 스크루(Screw)형 유속계
④ 프라이스(Price)식 유속계

해설

유속관측(부자에 의한 방법)
㉠ 표면부자
- 답사, 홍수 시 급한 유속을 관측할 때 편리
- 나무 코르크, 병 등을 이용하여 수면 유속 관측

㉡ 이중부자
- 표면에다 수중부자를 연결한 것
- 수면에서 6/10이 되는 깊이

정답 18 ② 19 ④ 20 ②

2024년 토목기사 제1회 측량학 CBT 복원문제

01 지상 4km^2의 면적을 도상 25cm^2으로 표시하기 위한 축척은 얼마인가?

① 1/15,000 ② 1/25,000
③ 1/40,000 ④ 1/50,000

해설

$\left(\frac{1}{m}\right)^2 = \frac{\text{도상면적}}{\text{실제면적}}$ 이므로

$\left(\frac{1}{m}\right)^2 = \frac{0.05\times 0.05}{2{,}000\times 2{,}000} = \frac{1}{40{,}000}$

02 토적곡선(Mass Curve)을 작성하는 목적 중 그 중요도가 적은 것은?

① 토량의 운반거리 산출
② 토공기계의 선정
③ 교통량 산정
④ 토량의 배분

해설

유토곡선을 작성하는 이유
- 토량 이동에 따른 공사방법 및 순서결정
- 평균운반거리 산출
- 운반거리에 의한 토공기계 선정
- 토량배분

03 A, B, C점으로부터 수준 측량을 하여 P점의 표고를 결정한 경우 P점의 표고는?(단, A → P표고 = 367.786m, B → P 표고 = 367.732m, C → P표고 = 367.758m)

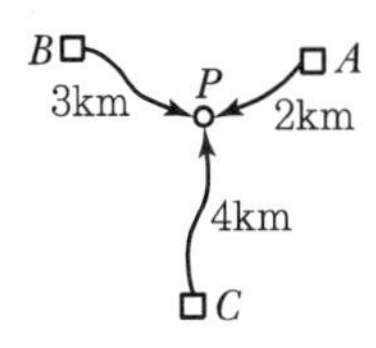

① 367.738m ② 367.743m
③ 367.756m ④ 367.763m

해설

- 직접수준측량 시 경중률은 노선거리에 반비례한다.

$$\therefore P_A : P_B : P_C = \frac{1}{S_A} : \frac{1}{S_B} : \frac{1}{S_C} = \frac{1}{2} : \frac{1}{3} : \frac{1}{4} = 6 : 4 : 3$$

- P 점의 표고

$$H_P = \frac{P_A H_A + P_B H_b + P_C H_C}{P_A + P_B + P_C} \text{ 이므로}$$

$$H_P = 367 + \frac{6\times 0.786 + 4\times 0.732 + 3\times 0.758}{6+4+3} = 367.763\text{m}$$

04 편각법에 의한 곡선 설치에서 시단현의 길이가 6m일 때 시단현 편각은?(단, 곡률반경은 100m임)

① 1°43′08″ ② 1°43′13″
③ 5°43′07″ ④ 5°43′46″

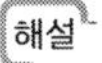

시단편각(δ_1)

$\delta_1 = \frac{l_1}{R} \times \frac{90°}{\pi}$ 이므로

$\delta_1 = \frac{6}{100} \times \frac{90°}{\pi} = 1°43'08''$

05 A점의 장애물로 인하여 ∠PAQ를 측정할 수 없어, A′에 트랜싯을 세워 편심관측을 하였다. ∠PA′Q = 44°15′26″일 때 ∠PAQ는?(단, S_1 = 1.5km, e = 0.45m, ϕ = 360° − PA′A = 320°10′, θ_2 = 20″)

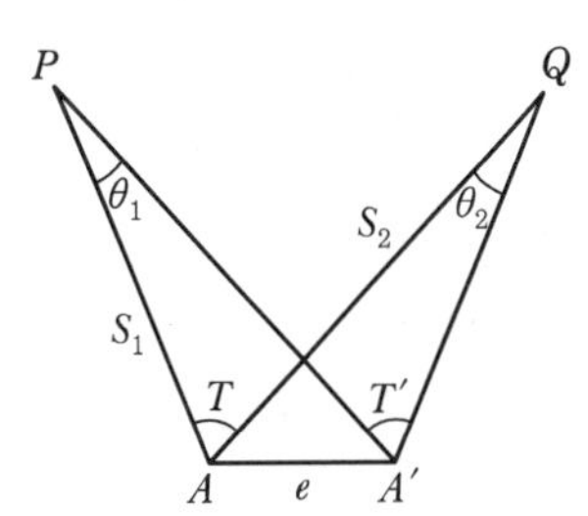

① 44°14′51″ ② 44°15′48″
③ 44°16′01″ ④ 44°17′31″

정답 01 ③ 02 ③ 03 ④ 04 ① 05 ②

해설

삼각측량에서 편심관측에 대한 계산문제로 sin 법칙을 적용하면 쉽게 풀 수 있다.

- $T+\theta_1 = T'+\theta_2$에서 $T = T'+\theta_2-\theta_1$이다.
- θ_1 계산(sin 법칙 적용)

$$\frac{e}{\sin\theta_1} = \frac{s_1}{\sin\phi}$$

$$\theta_1 = \sin^{-1}\left(\frac{0.45\times\sin39°50'}{1,500}\right) = 39.64''$$

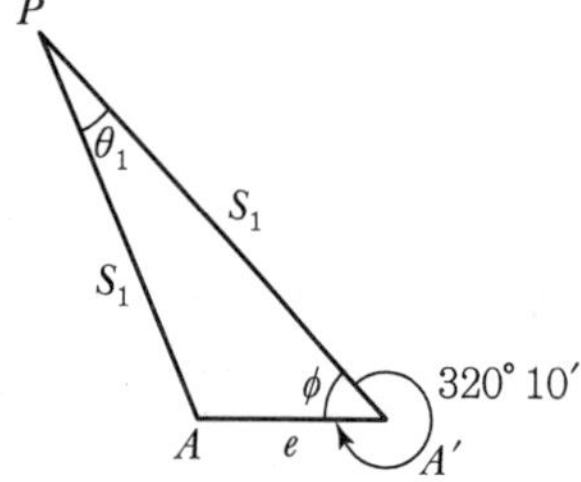

- θ_2 계산(sin 법칙 적용)

$$\frac{e}{\sin\theta_2} = \frac{s_2}{\sin(\phi+T')}$$

$$\theta_2 = \sin^{-1}\left(\frac{(0.45\times\sin84°5'26'')}{1,500}\right)$$

$$= 0°1'1.55''$$

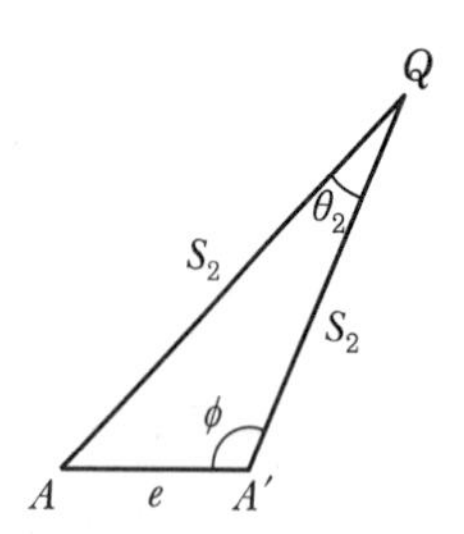

- $T = T'+\theta_2-\theta_1 = 44°15'48''$

06 100m² 정방형 토지의 면적을 0.1m²까지 정확하게 구하기 위해 요구되는 한 변의 길이는?

① 한 변의 길이를 1cm까지 정확하게 읽어야 한다.
② 한 변의 길이를 1mm까지 정확하게 읽어야 한다.
③ 한 변의 길이를 5cm까지 정확하게 읽어야 한다.
④ 한 변의 길이를 5mm까지 정확하게 읽어야 한다.

해설

면적의 정밀도는 거리의 정밀도의 2배이다.

즉, $\frac{\Delta A}{A} = 2\frac{\Delta l}{l}$이다.

따라서, $\frac{0.1}{100} = 2\frac{\Delta l}{10}$이어야 한다.

$\therefore\ \Delta l = 0.005\text{m} = 5\text{mm}$

07 다음 부자(Float)에 의한 유속측정방법 중 적절치 못한 것은?

① 부자에는 표면부자, 이중부자, 봉부자 등이 있다.
② 표면부자를 사용할 때 낮고 작은 하천에서의 평균유속은 표면유속의 약 80% 정도이다.
③ 표면유속과 평균유속의 비는 일정하다.
④ 이중부자 사용 시 수중부자는 대략 수면으로부터 수심의 약 40%인 지점에 설치한다.

해설

부자에 의한 유속관측방법

- 표면부자
  - 홍수 시 유속관측에 적합하다.
  - 작은 하천에서의 평균유속은 표면유속의 약 80% 정도이다.
  - 큰 하천에서의 평균유속은 표면유속의 약 90% 정도이다.
- 막대부자 : 대나무판 하단에 추를 넣고 연직으로 흘러보내어 평균유속을 직접 구하는 방법으로, 종평균 유속측정 시 사용한다.
- 이중부자 : 표면부자에 수중부자를 끈으로 연결한 것으로 수중부표를 수면으로부터 6할쯤 되는 곳에 매달아 놓아 직접 평균유속을 구하는 방법이다.

08 지거를 5m 등간격으로 하고 각 지거가 $y_1=3.8$m, $y_2=9.4$m, $y_3=11.6$m, $y_4=13.8$m, $y_5=7.4$m였다. 심프슨 제1법칙의 공식으로 면적을 구한 값은?

① 173.33m²　　② 256.67m²
③ 156.53m²　　④ 212.00m²

정답　06 ④　07 ④　08 ④

해설

심프슨의 제1법칙

$A=\frac{d}{3}[y_1+y_5+4(y_2+y_4)+2(y_3)]$ 이므로

$A=\frac{5}{3}[3.8+7.4+4(9.4+13.8)+2(11.6)]$

$=212.00\text{m}^2$

09 A, B 두 점 간의 비고를 구하기 위해 (1), (2), (3) 경로에 대하여 직접 고저 측량을 실시하여 다음과 같은 결과를 얻었다. A, B 두 점 간의 고저차의 최확값은?

노선	관측값(m)	노선길이(km)
(1)	32.234	2
(2)	32.245	1
(3)	32.240	1

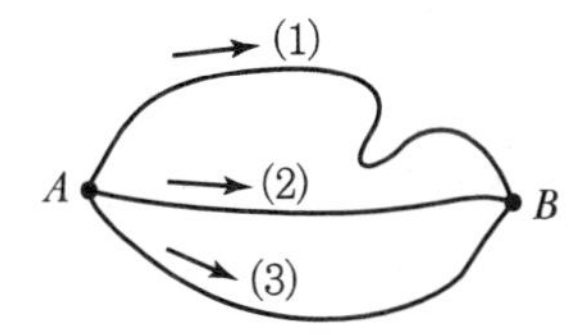

① 32.236m ② 32.238m
③ 32.241m ④ 32.243m

해설

- 직접수준측량 시 경중률은 노선거리에 반비례한다.

$P_1:P_2:P_3=\frac{1}{S_1}:\frac{1}{S_2}:\frac{1}{S_3}$

$=\frac{1}{2}:\frac{1}{1}:\frac{1}{1}=1:2:2$

- 최확값 산정

$H=\frac{P_1H_1+P_2H_2+P_3H_3}{P_1+P_2+P_3}$

$=32+\frac{1\times0.234+2\times0.245+2\times0.240}{1+2+2}$

$=32.241\text{mm}$

10 다음 트래버스에서 AB 측선의 방위각이 19° 48′26″, CD 측선의 방위각이 310°36′43″, 교각의 총합이 650°48′5″일 때 각 관측오차는?

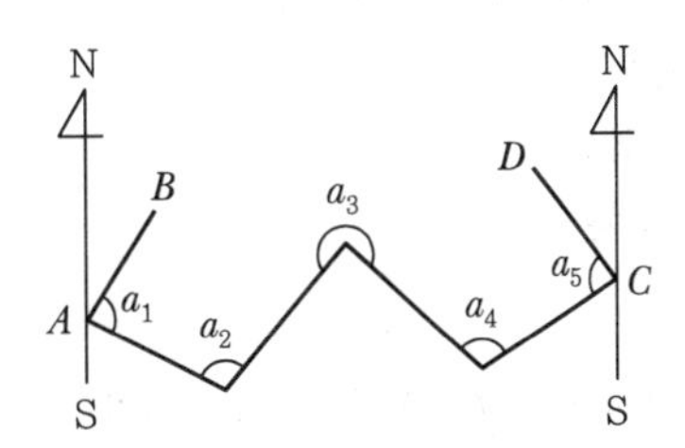

① +10″ ② −12″
③ +12″ ④ −23″

해설

결합트래버스에서 측각오차를 구하는 문제이다.

측각오차(E)

$E=W_a+[a]-180(n-3)-W_b$ 이므로

$E=19°\,48'\,26''+[650°\,48'\,05'']$

$-180(5-3)-310°\,36'\,43''=-12''$

11 하천이나 항만 등에서 심천측량을 한 결과의 지형을 표시하는 방법으로 적당한 것은?

① 점고법 ② 지모법
③ 등고산법 ④ 음영법

해설

지형의 표시법

- 자연적도법
  - 우모법 : 선의 굵기와 길이로 지형을 표시하는 방법으로 급경사는 굵고 짧게, 완경사는 가늘고 길게 표시한다.
  - 음영법 : 태양광선이 서북쪽에서 45°로 비친다고 가정하고 지표의 기복에 대해서 그 명암을 도상에 2~3색 이상으로 지형의 기복을 표시하는 방법이다.
- 부호적도법
  - 점고법 : 하천이나 항만 등에서 심천측량을 한 결과의 지형을 표시하는 방법으로 도상에 숫자로 표기한다.
  - 등고선법 : 등고선에 의하여 지표면의 형태를 표시하며, 비교적 지형을 쉽게 표시할 수 있어 토목공사에 널리 사용한다.
  - 채색법 : 지형도에 채색을 하여 지형이 높아질수록 진하게, 낮아질수록 연하게 채색의 농도를 변화시켜 지표면의 고저를 나타내는 방법으로 지리 관계의 지도나 소축척의 지형도에 사용된다.

정답 09 ③ 10 ② 11 ①

12 L_1과 L_2의 두 개 주파수 수신이 가능한 2주파 GNSS수신기에 의하여 제거가 가능한 오차는?

① 위성의 기하학적 위치에 따른 오차
② 다중경로오차
③ 수신기 오차
④ 전리층오차

해설

GNSS측량에서는 L_1, L_2파의 선형 조합을 통해 전리층 지연오차 등을 산정하여 보정할 수 있다.

13 지구상의 한 점에서 중력 방향에 90°를 이루고 있는 평면을 무엇이라 하는가?

① 수평면 ② 지평면
③ 수준면 ④ 정수면

해설

- 수평면 : 어떤 한 면 위에 어느 점에서든지 수선을 내릴 때 그 방향이 지구의 중력방향을 향하는 면
- 수평선 : 지구의 중심을 포함한 평면과 수평면이 교차하는 선을 말하며 모든 점에서 중력 방향에 직각이 되는 선
- 지평면 : 어떤 한 점에서 수평면에 접하는 평면
- 지평선 : 어떤 한 점에서 수평면과 접하는 직선

14 위성측량의 DOP(Dilution of Precision)에 관한 설명으로 옳지 않은 것은?

① DOP는 위성의 기하학적 분포에 따른 오차이다.
② 일반적으로 위성들 간의 공간이 더 크면 위치정밀도가 낮아진다.
③ DOP를 이용하여 실제 측량 전에 위성측량의 정확도를 예측할 수 있다.
④ DOP 값이 클수록 정확도가 좋지 않은 상태이다.

해설

위성들 간의 공간이 더 크면 위치정밀도가 높아진다.

15 1/5,000 지형도상에서 20m와 60m 등고선 사이에 위치한 점 P의 높이는?(단, 20m 등고선에서 점 P까지의 도상거리는 15mm이고 60m 등고선에서는 5mm임)

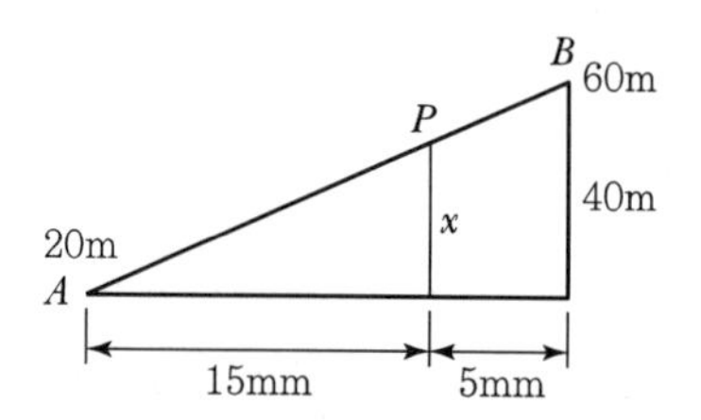

① 46m ② 50m
③ 52m ④ 54m

해설

- x 계산
  $20 : 40 = 15 : x$ $\quad \therefore x = 30\text{m}$
- H_P 계산
  $H_P = H_A + x = 20 + 30 = 50\text{m}$

16 다각형의 전측선 길이가 900m일 때 폐합비를 1/6,000로 하기 위해서는 축척 1/500의 도면에서 폐합오차는 어느 정도까지 허용할 수 있는가?

① 1mm ② 0.7mm
③ 0.5mm ④ 0.3mm

해설

- $\frac{1}{m} = \frac{\Delta l}{l}$에서 $\frac{1}{6,000} = \frac{\Delta l}{900}$ $\quad \therefore \Delta l = 0.15\text{m}$
- 축척 $= \frac{1}{m} = \frac{\text{도상거리}}{\text{실제거리}}$에서 $\frac{1}{500} = \frac{x}{0.15}$
  $\therefore$ 도상거리$(x) = 0.0003\text{m} = 0.3\text{mm}$

17 등고선의 성질을 설명한 것 중 옳지 않은 것은?

① 동일 등고선상의 모든 점은 기준면으로부터 같은 높이에 있다.
② 지표면의 경사가 같을 때에는 등고선의 간격은 같고 평행하다.
③ 등고선은 도면 내 또는 밖에서 폐합한다.
④ 높이가 다른 두 등고선은 절대로 교차하지 않는다.

정답 12 ④ 13 ② 14 ② 15 ② 16 ④ 17 ④

해설

등고선의 성질
- 동일 등고선상에 있는 모든 점은 같은 높이이다.
- 등고선은 도면 안이나 밖에서 폐합되는 폐합곡선이다.
- 도면 내에서 등고선이 폐합하는 경우 폐합된 등고선 내부에는 산꼭대기(산정) 또는 분지가 있다.
- 높이가 다른 두 등고선은 동굴이나 절벽의 지형이 아닌 곳에서는 교차하지 않는다. 즉, 동굴이나 절벽은 반드시 두 점에서 교차한다.
- 동등한 경사의 지표에서 양등고선의 수평거리는 같다.
- 최대 경사의 방향은 등고선과 직각으로 교차한다.
- 등고선은 경사가 급한 곳에서는 간격이 좁고, 완만한 경사에서는 간격이 넓다.

18 서로 다른 세 사람이 같은 조건에서 한 각을 측정하였다. 한 사람은 1회 측정에 45°20′37″, 두 번째 사람은 4회 측정에 그 평균인 45°20′32″, 마지막 사람은 8회 측정에 평균으로 45°20′33″를 얻었을 때 이 각의 최확치는?

① 45°20′38″ ② 45°20′37″
③ 45°20′33″ ④ 45°20′30″

해설

- 경중률은 관측 횟수에 비례한다.
  $P_1 : P_2 : P_3 = N_1 : N_2 : N_3 \quad = 1 : 4 : 8$
- 최확치 산정
  $L_0 = \dfrac{P_1 l_1 + P_2 l_2 + P_3 l_3}{P_1 + P_2 + P_3}$ 이므로
  $L_0 = 45°20' + \dfrac{1\times37'' + 4\times32'' + 8\times33''}{1+4+8} = 45°\,20'\,33''$

19 그림과 같이 교호수준측량을 실시한 결과가 $a_1 = 0.63\text{m}$, $a_2 = 1.25\text{m}$, $b_1 = 1.15\text{m}$, $b_2 = 1.73\text{m}$이었다면, B점의 표고는?(단, A의 표고=50.00m)

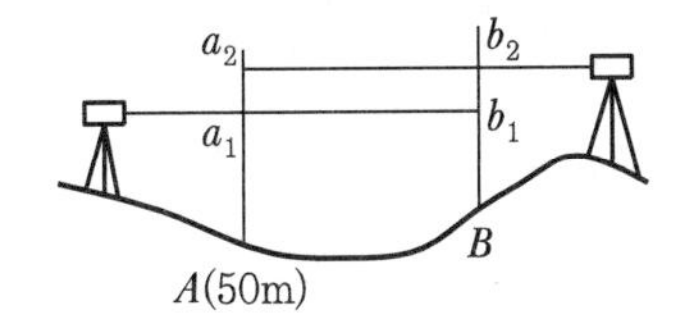

① 49.50m ② 50.00m
③ 50.50m ④ 51.00m

해설

$$\Delta H = \frac{(a_1 - b_1) + (a_2 - b_2)}{2}$$
$$= \frac{(0.63 - 1.15) + (1.25 - 1.73)}{2} = -0.5$$
$$H_B = H_A + \Delta H$$
$$= 50 + (-0.5) = 49.5\text{m}$$

20 하천측량에 대한 설명 중 옳지 않은 것은?

① 하천측량 시 처음에 할 일은 도상조사로서 유로상황, 지역면적, 지형지물, 토지이용 상황 등을 조사해야 한다.
② 심천측량은 하천의 수심 및 유수 부분의 하저사항을 조사하고 종단면도를 제작하는 측량을 말한다.
③ 하천측량에서 수준측량을 할 때의 거리표는 하천의 중심에 직각 방향으로 설치한다.
④ 수위관측소의 위치는 지천의 합류점 및 분류점으로서 수위의 변화가 일어나기 쉬운 곳이 적당하다.

해설

양수표 설치 장소
- 세굴이나 퇴적이 생기지 않는 장소
- 상 · 하류 약 100m 정도의 직선인 장소
- 수위가 교각이나 기타 구조물에 의한 영향을 받지 않는 장소
- 홍수 시 유실이나 이동 또는 파손되지 않는 장소
- 지천의 합류점에서는 불규칙한 수위 변화가 없는 장소

정답 18 ③ 19 ① 20 ④

2024년 토목기사 제2회 측량학 CBT 복원문제

01 GNSS 관측성과로 틀린 것은?

① 지오이드 모델 ② 경도와 위도
③ 지구중심좌표 ④ 타원체고

해설

지오이드 모델은 중력측량을 통해 얻어진다.

02 사거리 50m에 대하여 1cm가 경사보정이 될 때 비고는?

① 0.5m ② 1.0m
③ 1.5m ④ 2.0m

해설

경사보정량$(C_g) = -\dfrac{H^2}{2L}$에서

$H = \sqrt{2 \cdot L \cdot C_g} = \sqrt{2 \times 50 \times 0.01} = 1.0\text{m}$

03 위성측량의 DOP(Dilution of Precision)에 관한 설명으로 옳지 않은 것은?

① DOP는 위성의 기하학적 분포에 따른 오차이다.
② 일반적으로 위성들 간의 공간이 더 크면 위치정밀도가 낮아진다.
③ DOP를 이용하여 실제 측량 전에 위성측량의 정확도를 예측할 수 있다.
④ DOP 값이 클수록 정확도가 좋지 않은 상태이다.

해설

위성들 간의 공간이 더 크면 위치정밀도가 높아진다.

04 축척 1 : 1,500 지도상의 면적을 축척 1 : 1,000으로 잘못 관측한 결과가 10,000m²이었다면 실제면적은?

① 4,444m² ② 6,667m²
③ 15,000m² ④ 22,500m²

해설

- $\left(\dfrac{1}{1,000}\right)^2 = \dfrac{\text{도상면적}}{10,000}$ ∴ 도상면적 = 0.01m
- $\left(\dfrac{1}{1,500}\right)^2 = \dfrac{0.01}{\text{실제면적}}$ ∴ 실제면적 = 22,500m²

05 하천의 유속측정에서 수면으로부터 0.2h, 0.6h, 0.8h 깊이의 유속이 각각 0.625, 0.564, 0.382m/sec일 때 3점법에 의한 평균유속은?

① 0.49m/sec ② 0.50m/sec
③ 0.51m/sec ④ 0.53m/sec

해설

평균유속 산정방법에는 1점법, 2점법, 3점법 등이 있다.

[평균유속 산정방법]

- 1점법 : $V_m = V_{0.6}$
- 2점법 : $V_m = \dfrac{V_{0.2} + V_{0.8}}{2}$
- 3점법 : $V_m = \dfrac{V_{0.2} + 2V_{0.6} + V_{0.8}}{4}$

그러므로 3점법에 의한 평균유속(V_m)은

$V_m = \dfrac{0.625 + 2 \times 0.564 + 0.382}{4}$

$= 0.53\text{m/sec}$

06 지표상 P점에서 9km 떨어진 Q점을 관측할 때 Q점에 세워야 할 측표의 최소 높이는?(단, 지구반지름 $R = 6,370$km이고, P, Q점은 수평면상에 존재한다.)

① 10.2m ② 6.4m
③ 2.5m ④ 0.6m

해설

최소 높이(구차) $= \dfrac{D^2}{2R} = \dfrac{9^2}{2 \times 6,370}$

$= 6.4 \times 10^{-3}\text{km}$

$= 6.4\text{m}$

정답 01 ① 02 ② 03 ② 04 ④ 05 ④ 06 ②

07 총 측점수가 18개인 폐합트래버스의 외각을 측정할 경우 총합은?

① 2,700°　② 2,880°
③ 3,420°　④ 3,600°

해설

폐합트래버스에서 외각의 총합은 $180(n+2)$이다.
∴ 외각의 총합$=180(18+2)=3,600°$

08 축척 1/1,000 지형도에서 3변의 길이가 10cm, 20cm, 25cm인 삼각형 토지의 실제 면적은?

① 9,016m^2　② 9,237m^2
③ 9,499m^2　④ 9,587m^2

해설

면적 측정에서 세 변의 길이가 주어지면 삼변법을 이용하여 면적을 산정한다.

- $A=\sqrt{s(s-a)(s-b)(s-c)}$
- $S=\frac{1}{2}(a+b+c)$
  $=\frac{1}{2}(a+b+c)=\frac{1}{2}(10+20+25)=27.5$
- $A=\sqrt{27.5(27.5-10)(27.5-20)(27.5-25)}$
  $=94.99\text{cm}^2$
- $\left(\frac{1}{m}\right)^2=\frac{\text{도상면적}}{\text{실제면적}}$ 이므로
  $\left(\frac{1}{1,000}\right)^2=\frac{94.99}{x}$
  ∴ 실제면적$(x)=94,990,000\text{cm}^2=9,499\text{m}^2$

09 삼각수준측량에 의해 높이를 측정할 때 기지점과 미지점의 쌍방에서 연직각을 측정하여 평균하는 이유는?

① 연직축오차를 최소화하기 위하여
② 수평분도원의 편심오차를 제거하기 위하여
③ 연직분도원의 눈금오차를 제거하기 위하여
④ 공기의 밀도변화에 의한 굴절오차의 영향을 소거하기 위하여

해설

- 직시(기지점 → 미지점)
- 반시(미지점 → 기지점)
- $\frac{\text{직시}+\text{반시}}{2}$(구차, 기차 제거)

10 수로조사에서 간출지의 높이와 수심의 기준이 되는 것은?

① 약최고고저면　② 평균중등수위면
③ 수애면　④ 약최저저조면

해설

- 해안선 기준 : 약최고고조면
- 수심 기준 : 약최저저조면

11 노선측량의 원곡선에서 교각 $I=45°$, 반경 $R=200\text{m}$일 때 곡선길이는 얼마인가?

① 174.32m　② 157.05m
③ 91.15m　④ 87.94m

해설

곡선장$(C.L)=R\cdot I\cdot\frac{\pi}{180}$
$=0.01745R\cdot I$
$=0.01745\times200\times45°=157.05\text{m}$

12 교각 60°, 곡선반경 300m인 단곡선에서 교점 I.P까지의 추가 거리가 329.21m일 때 시단현의 편각은?(단, 말뚝 간의 중심거리는 20m임)

① 3°49′12″　② 45′50″
③ 22′55″　④ 11′28″

해설

- $T.L=R\tan\frac{I}{2}=300\times\tan\frac{60°}{2}=173.21\text{m}$
- 곡선의 시점$(B.C)$
  $B.C=I.P-T.L=329.21-173.21=156\text{m}$
- 시단현의 길이(l_1) : $B.C$ 점에서 그 다음 말뚝까지의 거리
  $l_1=160-156=4\text{m}$

정답　07 ④　08 ③　09 ④　10 ④　11 ②　12 ③

• 시단편각(δ_1)

$$\delta_1 = \frac{l_1}{R} \times \frac{90°}{\pi} = \frac{4}{300} \times \frac{90°}{\pi} = 0°\ 22'\ 55''$$

13 터널의 시점 A와 종점 B 사이를 다각측량하여 다음과 같은 좌표를 얻었다. 터널의 시점과 종점 사이의 직선거리는?

- A점의 좌표(X=400m, Y=600m)
- B점의 좌표(X=100m, Y=200m)

① 300m ② 400m
③ 500m ④ 600m

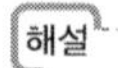

해설

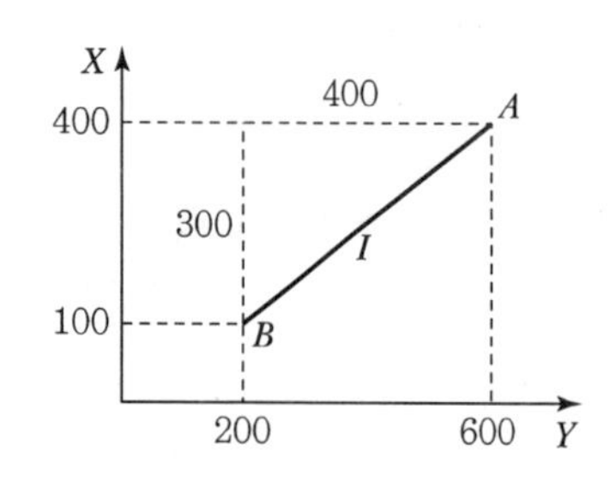

$$AB = \sqrt{(X_A - X_B)^2 + (Y_A - Y_B)^2}$$
$$= \sqrt{(400-100)^2 + (600-200)^2} = 500\text{m}$$

14 측량의 허용 정밀도를 1/300,000로 할 때 측지학적 측량으로 지구의 곡률을 무시할 수 있는 측량범위는 측량지점으로부터 반경 몇 km 이내인가?(단, 지구의 곡률반경은 6,370km이다.)

① 약 10km ② 약 20km
③ 약 30km ④ 약 40km

해설

$\frac{\Delta l}{l} = \frac{l^2}{12R^2}$ 에서

$$\frac{1}{300{,}000} = \frac{l^2}{12 \times 6{,}370^2}$$

∴ l≒40km ⇒ 반경≒20km

15 구면 삼각형의 성질에 대한 설명으로 틀린 것은?

① 구면 삼각형의 내각의 합은 180°보다 크다.
② 2점 간 거리가 구면상에서는 대원의 호길이가 된다.
③ 구면 삼각형의 한 변은 다른 두 변위 합보다는 작고 차보다는 크다.
④ 구과량은 구 반지름의 제곱에 비례하고 구면 삼각형의 면적에 반비례한다.

해설

구과량$= \frac{A}{R^2}\rho''$ (면적에 비례, 반지름 제곱에 반비례)

16 그림과 같은 수준망에서 높이차의 정확도가 가장 낮은 것으로 추정되는 노선은?[단, 수준환의 거리 I=4km, II=3km, III=2.4km, IV(㉯㉴㉳)=6km]

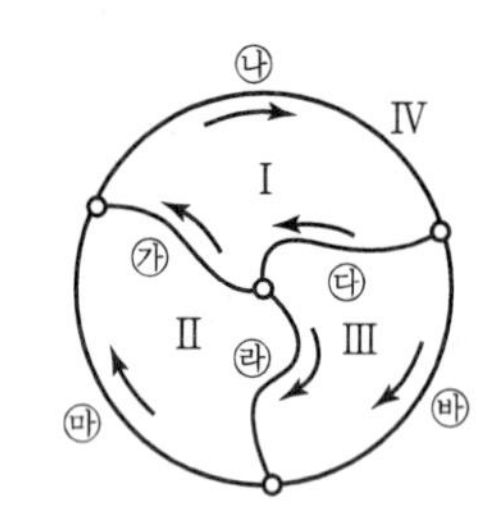

노선	높이차(m)
㉮	+3.600
㉯	+1.385
㉰	−5.023
㉱	+1.105
㉲	+2.523
㉳	−3.912

① ㉮ ② ㉯
③ ㉰ ④ ㉱

해설

- I 노선=㉮+㉯+㉰
 =3.6+1.385−5.023=−0.037m
- II 노선=㉱+㉲−㉮
 =1.105+2.523−3.6=+0.028m
- III노선=㉰+㉱−㉳
 =−5.023+1.105−(−3.912)=−0.006m

1km당 오차를 계산하면

$$\frac{0.037}{\sqrt{4}} : \frac{0.028}{\sqrt{3}} : \frac{0.006}{\sqrt{2.4}} = 0.0185 : 0.016 : 0.004$$

∴ 폐합오차 결과를 볼 때 I노선과 II노선의 성과가 나쁘게 나타나므로 I, II노선에 공통으로 포함된 ㉮가 정확도가 가장 낮다고 추정

정답 13 ③ 14 ② 15 ④ 16 ①

17 수준측량에서 전시와 후시의 거리를 같게 하여도 제거되지 않는 오차는?

① 시준선과 기포관축이 평행하지 않을 때 생기는 오차
② 지구 곡률 오차
③ 광선의 굴절 오차
④ 표척 눈금의 읽음 오차

해설

- 전시와 후시의 거리를 같게 취하는 이유
  - 시준축 오차 소거
  - 기차(빛의 굴절 오차)
  - 구차(지구 곡률 오차) 소거
- 표척의 눈금의 읽음 오차는 우연 오차로 전시와 후시의 거리를 같게 하여도 제거되지 않는다.

18 다각측량에 대한 사항으로 적당하지 않은 것은?

① 면적을 정확히 파악하고자 할 때와 경계측량 등에 이용된다.
② 지형의 기복이 심해 시준이 어려운 지역의 측량에 적합하다.
③ 좁은 지역에 세부 측량의 기준이 되는 점을 추가 설치할 경우에 편리하다.
④ 정확도가 우수하여 국가 기본 삼각점 설치 시 널리 이용되고 있다.

해설

다각측량의 필요성

- 삼각점만으로는 소정의 세부측량에서 기준점의 수가 부족할 때 충분한 밀도로 전개시키기 위해서 필요하다.
- 시가지나 산림 등 시준이 좋지 않아 단거리마다 기준점이 필요할 때 사용한다.
- 면적을 정확히 파악하고자 할 때 경계측량 등에 사용한다.
- 삼각측량에 비해서 경비가 저렴하고 정확도가 낮다.

19 방대한 지역의 측량에 적합하며 동일 측점수에 대하여 포함 면적이 가장 넓은 삼각망은 어느 것인가?

① 유심 삼각망 ② 사변형 삼각망
③ 단열 삼각망 ④ 복합 삼각망

해설

구분	특징
단열 삼각망	• 폭이 좁고 긴 지역에 적합 • 도로, 하천, 등에 이용 • 조건식 수가 적음 • 시간과 비용이 절감됨 • 정확도가 낮음
유심 삼각망	• 방대한 지역에 적합 • 동일 측점수에 대하여 포함면적이 가장 넓음 • 농지측량 등에 이용 • 정확도는 비교적 높음
사변형 삼각망	• 조건식 수가 많음 • 조정에 있어서 시간과 비용이 많이 듦 • 정확도가 가장 높음 • 기선 삼각망에 이용

20 그림과 같은 횡단면의 면적은?

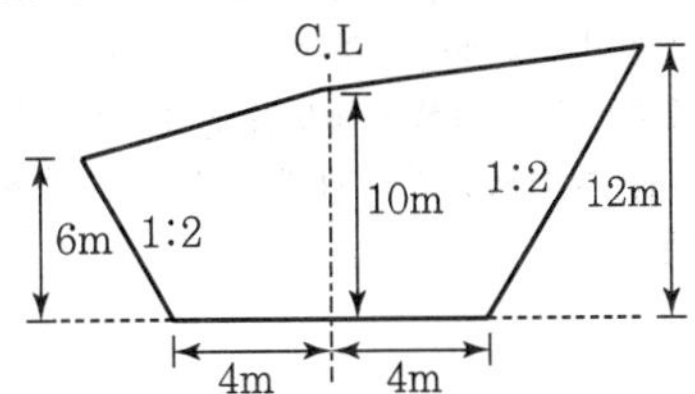

① 196m^2 ② 204m^2
③ 216m^2 ④ 256m^2

해설

X	Y	$(x_{i-1}-x_{i+1})y_i$
4	0	$(-4-28)0=0$
28	12	$(4-0)12=48$
0	10	$(28+16)10=440$
−16	6	$(0+4)6=24$
−4	0	$(-16-4)0=0$

$2A=512$ $\therefore A=256\text{m}^2$

정답 17 ④ 18 ④ 19 ① 20 ④

01 하천이나 항만 등의 심천측량을 한 결과를 표시하는 방법으로 적당한 것은?

① 등고선법 ② 지모법
③ 점고법 ④ 음영법

해설

지형의 표시법
- 자연적 도법
  - 우모법 : 선의 굵기와 길이로 지형을 표시하는 방법으로 급경사는 굵고 짧게, 완경사는 가늘고 길게 표시한다.
  - 음영법 : 태양광선이 서북쪽에서 45°로 비친다고 가정하고 지표의 기복에 대해서 그 명암을 도상에 2~3색 이상으로 지형의 기복을 표시하는 방법
- 부호적 도법
  - 점고법 : 하천이나 항만 등에서 심천측량을 한 결과의 지형을 표시하는 방법으로 도상에 숫자로 표기한다.
  - 등고선법 : 등고선에 의하여 지표면의 형태를 표시하며, 비교적 지형은 쉽게 표시할 수 있어 토목공사에 널리 사용한다.
  - 채색법 : 지형도에 채색을 하여 지형이 높아질수록 진하게, 낮아질수록 연하게 채색의 농도를 변화시켜 지표면의 고저를 나타내는 방법으로 지리 관계의 지도나 소축척의 지형도에 사용된다.

02 A, B, C 세 사람이 동일한 트랜싯으로 하나의 각을 측정하였다. 단측법으로 측각하여 다음 표와 같은 결과를 얻었을 때 이 각의 최확치는?

관측자	관측 횟수	관측 결과
A	2	156°13′22″
B	6	156°13′30″
C	4	156°13′39″

① 156°13′10″ ② 156°13′18″
③ 156°13′28.8″ ④ 156°13′36.9″

해설

각 측량에서 최확값을 산정하는 방법으로 경중률은 측정횟수에 비례한다.
- 경중률 계산

$P_A : P_B : P_C = N_A : N_B : N_C = 4 : 6 : 2$

- 최확값

$$L_o = \frac{P_A \cdot \alpha_A + P_B \cdot \alpha_B + P_C \cdot \alpha_C}{P_A + P_B + P_C} = 156°13'28.8''$$

03 GPS 측량으로 측점의 표고를 구하였더니 89.123m였다. 이 지점의 지오이드 높이가 40.150m라면 실제 표고(정표고)는?

① 129.273m ② 48.973m
③ 69.048m ④ 89.123m

해설

실제표고(정표고) = 타원체고 − 지오이드고
= 89.123 − 40.150
= 48.973m

04 유량 측정 장소를 선정하는 데 필요한 사항에 대한 설명 중 적당하지 않은 것은?

① 수위의 측정이 쉽고 하저의 변화가 적은 곳
② 비교적 유로가 직선이고 갈수류가 없는 곳
③ 잔류, 역류가 없고 유수의 상태가 균일한 곳
④ 윤변의 성질이 균일하고, 상 · 하류를 통하여 횡단면 형상의 차(差)가 있는 곳

해설

유량 측정 장소 선정 시 필요 사항
- 하저의 변화가 없는 곳
- 상 · 하류 수면구배가 일정한 곳
- 잠류 · 역류되지 않고 지천에 불규칙한 변화가 없는 곳
- 부근에 급류가 없고 유수의 상태가 균일하며 장애물이 없는 곳
- 윤변의 성질이 균일하고, 상 · 하류를 통하여 횡단면의 형상이 급변하지 않는 곳

05 설계속도 80km/hr의 고속도로에서 클로소이드 완화곡선의 종점반경 $R=360$m, 완화곡선길이 $L=40$m일 때 클로소이드 매개변수 A는?

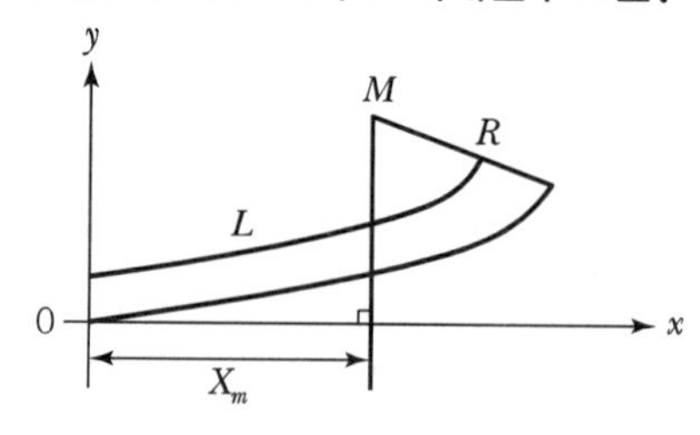

① 100m ② 120m
③ 140m ④ 150m

정답 01 ③ 02 ③ 03 ② 04 ④ 05 ②

해설

클로소이드 곡선이란 곡률이 곡선장에 비례하는 곡선을 말한다.

매개변수$(A) = \sqrt{R \cdot L}$

$= \sqrt{360 \times 40} = 120\text{m}$

06 B.M에서 C점까지의 고저차를 관측하는데 노선 길이가 7km인 A노선의 관측값은 82.364m, 4km인 B노선의 관측값은 82.304m였다. C점의 표고는?

① 82.310m ② 82.326m

③ 82.317m ④ 82.342m

해설

- 직접수준측량 시 경중률은 노선거리에 반비례한다.

$P_A : P_B = \frac{1}{S_A} : \frac{1}{S_B}$

$= \frac{1}{7} : \frac{1}{4} = 4 : 7$

- 최확값

$L_o = \frac{P_A \cdot H_A + P_B \cdot H_B}{P_A + P_B}$

$= \frac{4 \times 82.364 + 7 \times 82.304}{4+7}$

$= 82.326\text{m}$

07 L_1과 L_2의 두 개 주파수 수신이 가능한 2주파 GNSS수신기에 의하여 제거가 가능한 오차는?

① 위성의 기하학적 위치에 따른 오차

② 다중경로오차

③ 수신기 오차

④ 전리층오차

해설

GNSS측량에서는 L_1, L_2파의 선형 조합을 통해 전리층 지연오차 등을 산정하여 보정할 수 있다.

08 수평 및 수직거리를 동일한 정확도로 관측하여 육면체의 체적을 2,000m³로 구하였다. 체적계산의 오차를 0.5m³ 이내로 하기 위해서는 수평 및 수직거리 관측의 허용정확도는 얼마로 해야 하는가?

① $\frac{1}{12,000}$ ② $\frac{1}{8,000}$

③ $\frac{1}{35}$ ④ $\frac{1}{110}$

해설

체적의 정확도

$\frac{\Delta V}{V} = 3\frac{\Delta l}{l}$ 이므로 $\frac{0.5}{2,000} = 3\frac{\Delta l}{l}$

$\therefore \frac{\Delta l}{l} = \frac{1}{12,000}$

09 교점 I.P는 기점에서 634.820m의 위치에 있고 곡선반경 $R=500\text{m}$, 교각 $I=22°38'$일 때 곡선길이 C.L은?

① 196.5m ② 197.0m

③ 197.5m ④ 198.0m

해설

노선측량에서 곡선장$(C.L)$

$C \cdot L = R \cdot I \cdot \frac{\pi}{180} = 500 \times 22°\,38' \times \frac{\pi}{180} = 197.5\text{m}$

10 곡선부를 통과하는 차량에 원심력이 발생하여 접선방향으로 탈선하는 것을 방지하기 위해 바깥쪽의 노면을 안쪽보다 높이는 정도를 무엇이라 하는가?

① 클로소이드 ② 슬랙

③ 캔트 ④ 편각

해설

캔트

곡선부를 통과하는 차량에 원심력이 발생하여 접선방향으로 탈선하는 것을 방지하기 위해 바깥쪽의 노면을 안쪽보다 높이는 정도를 말한다.

정답 06 ② 07 ④ 08 ① 09 ③ 10 ③

11 $31°46'09''$인 각을 $1'$까지 읽을 수 있는 트랜싯으로 6회 관측하였을 때 그 관측값은?(단, 배각법으로 관측하였으며, 기계오차 및 관측오차는 없는 것으로 함)

① $31°46'08''$ ② $31°46'09''$
③ $31°46'10''$ ④ $31°46'11''$

해설

배각법(반복법)이란 하나의 각을 2회 이상 반복 관측하여 누적된 값을 평균하여 구하는 방법이다.

관측값
- $\alpha = (31°46'0.9'' \times 6) = 190°36'54''$
- $1'$까지 읽을 수 있는 트랜싯이므로 $190°37'$이어야 한다.

$\therefore$ 관측값$(\alpha) = \dfrac{190°37'}{6} = 31°46'10''$

12 다각측량의 A점에서 출발하여 다시 A점으로 돌아왔을 때 위거차가 15cm, 경거차가 20cm이었다. 이때 다각 측량의 전체 길이가 932.34m이면 이 다각형의 정확도는?

① 1/2,500 ② 1/3,135
③ 1/3,400 ④ 1/3,729

해설

- 폐합오차$(E) = \sqrt{(\text{위거오차})^2 + (\text{경거오차})^2}$
$= \sqrt{0.15^2 + 0.20^2} = 0.25\text{m}$
- 폐합비$(R) = \dfrac{E}{\sum l} = \dfrac{0.25}{932.34} = \dfrac{1}{3,729}$

13 일반적으로 단열삼각망을 사용할 수 있는 측량은?

① 시가지와 같이 정밀을 요하는 골조측량
② 복잡한 지형의 골조측량
③ 광대한 지역의 지형측량
④ 하천조사를 위한 골조측량

해설

단열 삼각망
- 폭이 좁고 길이가 긴 지역에 적합하다.
- 노선 · 하천 · 터널측량 등에 이용한다.
- 거리에 비해 관측 수가 적다.
- 측량이 신속하고 경비가 적게 든다.
- 조건식이 적어 정도가 낮다.

14 캔트의 계산에서 곡선반지름을 2배로 하면 캔트는 몇 배가 되는가?

① 1/2배 ② 1/4배
③ 2배 ④ 4배

해설

캔트

곡선부를 통과하는 차량에 원심력이 발생하여 접선방향으로 탈선하려는 것을 방지하기 위해 바깥쪽의 노면을 안쪽보다 높이는 정도를 말한다.

캔트$(C) = \dfrac{SV^2}{Rg}$에서 캔트는 반지름(R)에 반비례하므로, 반지름(R)을 두 배로 하면 캔트(C)는 $\dfrac{1}{2}$배가 된다.

15 중력 이상의 주된 원인은?

① 지하물질의 밀도가 고르게 분포되어 있지 않다.
② 지하물질의 밀도가 고르게 분포되어 있다.
③ 태양과 달의 인력 때문이다.
④ 화산 폭발이 원인이다.

해설

중력 이상이란 실측 중력값과 계산에 의한 중력값의 그 차이를 말한다. 이러한 중력 이상이 생기는 원인은 지하물질의 밀도가 고르게 분포되어 있지 않기 때문이다.

16 수준측량에 대한 다음 사항 중 옳지 않은 것은?

① 중간점은 전시만을 관측하는 점으로 그 점의 오차는 다른 측량 지역에 큰 영향을 준다.
② 후시는 기지점에 세운 표척의 읽음값이다.
③ 수평면은 각 점들의 중력 방향에 직각을 이루고 있는 면이다.
④ 수준점은 기준면에서 표고를 정확하게 측정하여 표시한 점이다.

정답 11 ③ 12 ④ 13 ④ 14 ① 15 ① 16 ①

해설

수준측량의 용어

- 중간점(I.P) : 그 점에 표고만 구하기 위하여 전시만 취하는 점으로, 그 점의 오차는 다른 측량 지역에 영향을 주지 않음
- 후시(B.S) : 알고 있는 점에 표척을 세워 읽은 값
- 전시(F.S) : 구하고자 하는 점에 표척을 세워 읽은 값
- 이기점(T.P) : 기계를 옮기기 위한 점으로서 전시와 후시를 동시에 취하는 점

17 다음 중 GNSSS를 응용할 수 있는 분야가 아닌 것은?

① 측지 측량 분야
② 레저스포츠 분야
③ 차량 분야
④ 잠수함의 위치결정 분야

해설

GNSSS의 응용 분야

- 측지(대지) 측량 분야
- 레저스포츠 분야
- 해상 측량 분야
- 우주 분야
- 차량 분야
- 군사 분야 등

18 노선시점에서 교점까지의 거리는 425m이고, 곡선시점까지의 거리는 280m이다. 곡선반경이 100m이면 교각은?

① 90°35′26″ ② 100°48′58″
③ 110°48′54″ ④ 125°54′48″

해설

- 접선장$(T.L)$
  $B.C = I.P - T.L$
  $280 = 425 - T.L$
  $\therefore\ T.L = 145\text{m}$
- 교각(I)
  $145 = 100 \times \tan\frac{I}{2}$
  $\therefore\ I = 110°\ 48'\ 54''$

19 그림과 같은 트래버스에서 $\overline{CD}$ 측선의 방위는?(단, $\overline{AB}$의 방위=N82°10′ E, $\angle ABC$=98° 39′, ∠BCD=67°14′이다.)

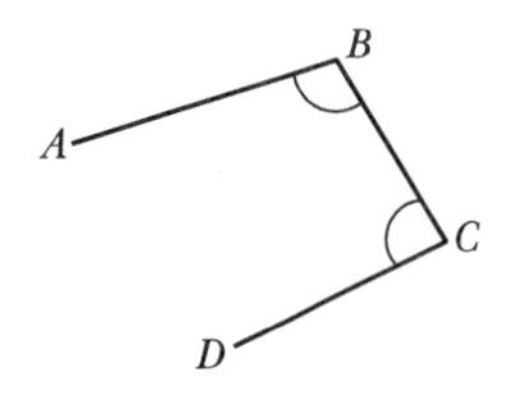

① S6°17′W ② S83°43′W
③ N6°17′W ④ N83°43′W

해설

- $\overline{AB}$ 방위각= 82°10′
- $\overline{BC}$ 방위각= 82°10′+180°−98°39′ = 163°31′
- $\overline{CD}$ 방위각= 163°31′+180°−67°14′ = 276°17′
- $\overline{CD}$ 방위는 276°17′이 4상한이므로 N83°43′W

20 곡선반지름 R, 교각 1일 때 다음 공식 중 틀린 것은?(단, 접선길이 : T.L, 외선길이 : S.L, 중앙종거 : M, 곡선길이 : C.L)

① $T.L = R\tan\frac{I}{2}$
② $C.L = 0.0174533RI$
③ $S.L = R\left(\sec\frac{I}{2} - 1\right)$
④ $M = R\left(1 - \sin\frac{I}{2}\right)$

해설

노선측량에 이용되는 공식

- 접선장$(T.L) = R\tan\frac{I}{2}$
- 곡선장$(C.L) = R \cdot I \cdot \frac{\pi}{180}$
- 외할$(S.L) = R\left(\sec\frac{I}{2} - 1\right)$
- 중앙종거$(M) = R\left(1 - \cos\frac{I}{2}\right)$

정답 17 ④ 18 ③ 19 ④ 20 ④

부록 2

파이널 핵심정리

01 측량학 총론

1. 측량의 분류

위치에 따른 분류	법에 따른 분류	순서에 따른 분류	목적
① 수평위치 (X, Y) ② 수직위치 (Z)	① 기본 측량 ② 공공 측량 ③ 일반 측량 ④ 지적 측량 ⑤ 수로 측량	① 기준점 측량 ② 세부 측량	① 면체적 측량 ② 노선 측량 ③ 하천 측량 ④ 터널 측량 ⑤ 사진 측량

2. 정도

$$\frac{1}{m} = \frac{\text{거리오차}(\Delta l)}{\text{실제거리}(l)} = \frac{\text{각의 오차}(\theta'')}{\text{라디안}(\rho'')} = \frac{\text{폐합오차}(E)}{\text{전체거리}(\Sigma l)}$$

3. 소지측량과 대지측량의 범위

소지측량(단거리, 평면측량)	대지측량(장거리, 측지측량)
① 정도 $\frac{1}{\text{백만}} = \frac{1}{10^6}$ 일 때 반경 11km 이내를 측량할 때 ② 면적이 약 $400km^2$ 이하의 지역에서 지구곡률을 고려하지 않는 측량 ③ 정도 $\frac{1}{\text{십만}} = \frac{1}{10^5}$ 일 때 반경 35km 이내를 측량할 때	① 정도 $\frac{1}{\text{백만}} = \frac{1}{10^6}$ 일 때 반경 11km 이상을 측량할 때 ② 면적이 약 $400km^2$ 이상의 넓은 지역에 지구곡률을 고려하는 정밀측량 ③ 정도 $\frac{1}{\text{십만}} = \frac{1}{10^5}$ 일 때 반경 35km 이상을 측량할 때

- 정밀도$\left(\frac{1}{m}\right) = \frac{d-l}{l} = \frac{1}{12}\left(\frac{l}{R}\right)^2$
- 거리오차$= d - l = \frac{1}{12} \times \frac{l^3}{R^2}$

4. 구과량

구과량	식
구면삼각형의 세 내각의 합이 180°보다 큰 차이값 [$\varepsilon = (A+B+C) - 180°$]	$\varepsilon'' = \frac{A}{R^2}\rho''$

5. 측지선

① 타원체상의 2점을 연결하는 최단거리
② 직접 관측이 불가능, 미분기하학으로 계산에 의해서만 결정

6. 측지학의 분류

기하학적 측지학	물리학적 측지학
① 측지학적 3차원 위치결정 ② 길이 및 시의 결정 ③ 수평 위치 결정 ④ 높이의 결정 ⑤ 천문측량 ⑥ 위성측량 ⑦ 해양측량 ⑧ 면 · 체적 결정 ⑨ 지도제작	① 지구 형상 해석 ② 중력 측량 ③ 지자기 측량 ④ 탄성파 측량 ⑤ 대륙의 부동 ⑥ 지구의 극운동과 자전운동 ⑦ 지각의 변동 및 균형 ⑧ 지구의 열 ⑨ 지구 조석

7. 기하학적 측지학의 3차원 위치결정 요소

① 위도　　② 경도　　③ 높이

8. 중력이상

중력이상	중력보정
① 중력이상 : 실측중력 − 이론상 표준중력 ② 중력이상(+) : 질량이 여유인 지역 ③ 중력이상(−) : 질량이 부족한 지역	위도보정, 계기보정, 지형보정, 고도보정, 프리에어보정 등

9. 지자기 측량 및 탄성파 측량

지자기 측량의 3요소	탄성파 측정
① 편각 : 지자기의 방향과 자오선과의 각 ② 복각 : 지자기의 방향과 수평면과의 각 ③ 수평분력 : 수평면에서 자기장의 크기	① 굴절파 : 지표면에서 낮은 곳 ② 반사파 : 지표면에서 깊은 곳

10. 편평률, 편심률

편평률	편심률	타원체는 곡률이 없다.
편평률(P) $= \frac{a-b}{a}$	편심률(e) $= \sqrt{\frac{a^2-b^2}{a^2}}$	준거타원체는 지오이드와 불일치

11. 위도의 종류

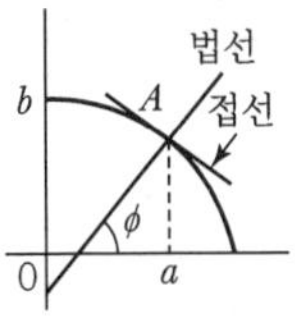

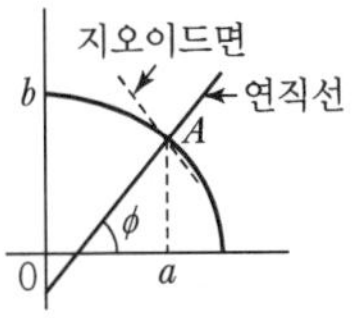

측지위도(현재 사용)	천문위도
법선, 접선, A, b, ϕ, 0, a	지오이드면, 연직선, A, b, ϕ, 0, a
회전타원체의 법선이 적도면과 이루는 각	지오이드면과 직교(연직선) 선이 적도면과 이루는 각
연직선 편차	회전타원체와 지오이드에 대한 수직선의 편차

12. 경위도 및 평면직각 좌표계

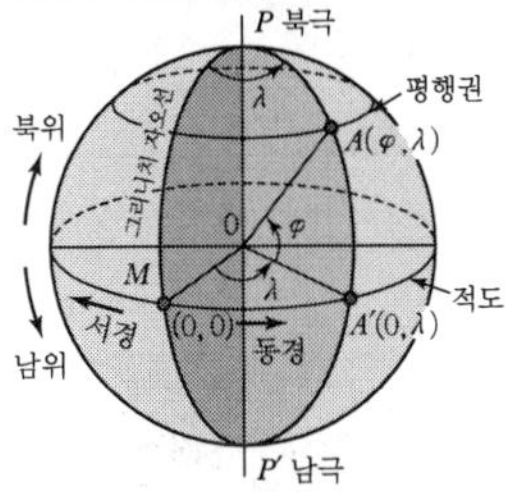

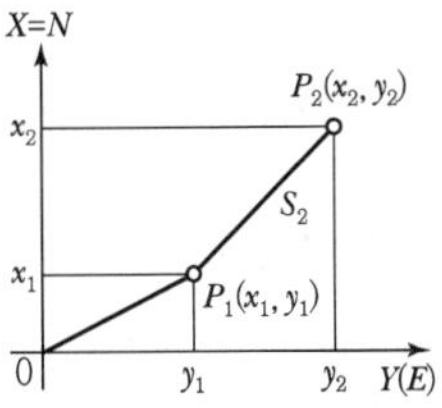

경위도 좌표계	평면직각 좌표계
P 북극, 평행권, 북위, 그리니치 자오선, $A(\varphi, \lambda)$, λ, φ, 0, M, 적도, 서경, (0, 0), 동경, $A'(0, \lambda)$, 남위, P' 남극	$X=N$, $P_2(x_2, y_2)$, x_2, S_2, x_1, $P_1(x_1, y_1)$, 0, y_1, y_2, $Y(E)$
① 지구상 절대적 위치 표현에 가장 많이 이용 ② 3차원 위치를 표현(경도, 위도, 높이)	① 측량범위가 크지 않은 지역 ② 직교 좌푯값(X, Y)으로 표시 ③ X축은 북쪽, Y축은 동쪽을 표현

13. UTM 좌표

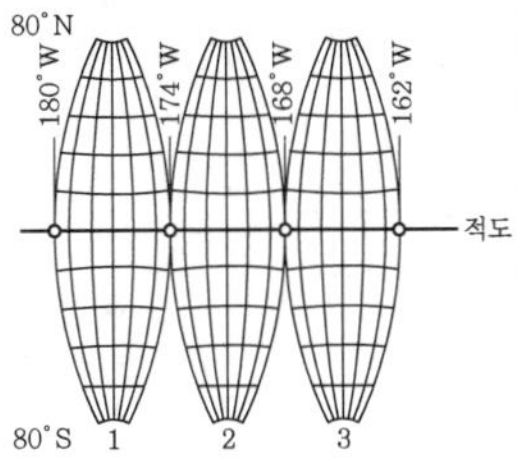

UTM 좌표계	특징
80°N, 180°W, 174°W, 168°W, 162°W, 적도, 80°S, 1, 2, 3	① 경도의 원점은 중앙자오선 ② 위도의 원점은 적도 ③ 중앙자오선의 축척계수는 0.9996(중앙자오선에 대해서 횡메카토르투영) ④ 좌표계 간격은 경도 6°, 위도 8° ⑤ 종대(자오선)는 6°간격 60등분(경도 180°에서 동쪽으로) ⑥ 횡대(적도)는 8°간격 20등분

14. UPS 좌표계 및 극좌표계

UPS 좌표계	극좌표계
① 극심입체투영법 ② UTM 좌표계가 표현하지 못하는 남위 80°부터 남극까지, 북위 80°부터 북극까지 표현	거리와 각으로 표현되는 좌표계

15. 평면직각좌표계의 원점

명칭	4원점(TM좌표계)	
투영 원점	서부원점 : 동경 125°, 북위 38° 중부원점 : 동경 127°, 북위 38° 동부원점 : 동경 129°, 북위 38° 동해원점 : 동경 131°, 북위 38°	경위도 원점 : 수원 수준 원점 : 인천

① 지도상 제점 간 위치관계를 용이하게 결정하도록 가정한 기준점(가상점)
② 모든 삼각점 좌표의 기준점(남북 X축, 동서 Y축)
③ 원점좌표(600,000, 200,000)
④ 단위는 m로 표기
⑤ 현재 우리나라에서 사용되는 투영법은 TM(횡메르카토르도법)

02 오차 해석

1. 정오차와 우연(부정)오차

정오차	우연(부정)오차
정오차$= a \times n$	우연오차$= a\sqrt{n}$
(a : 1회 관측 오차, n : 횟수, 거리)	
실제거리 계산	관측거리 + 정오차($a \times n$)±우연오차($a\sqrt{n}$)

2. 축척

축척(거리)	축척(면적)
$\frac{1}{m} = \frac{\text{도상거리}}{\text{실제거리}}$	$\left(\frac{1}{m}\right)^2 = \frac{\text{도상면적}}{\text{실제면적}}$
면적의 정밀도	**체적의 정밀도**
$\frac{\Delta A}{A} = 2\frac{\Delta l}{l}$	$\frac{\Delta V}{V} = 3\frac{\Delta l}{l}$
면적의 정밀도는 거리 정밀도의 2배	체적의 정밀도는 거리 정밀도의 3배
면적오차(ΔA)	**실제면적**
$\Delta A = 2\frac{\Delta l}{l} \times A$	관측면적(A)±면적오차(ΔA)

3. 최확값

최확값	최확값 계산(경중률 고려)
① 참값에 가까운 값 ② 가중 평균값	$\frac{P_1L_1+P_2L_2+P_3L_3}{P_1+P_2+P_3}$
경중률	
① 경중률은 관측횟수에 비례 ② 경중률은 노선거리에 반비례 ③ 경중률은 평균제곱근 오차(표준편차)의 제곱에 반비례	

4. 여러 구간 관측 시 확률오차

경중률(P)이 동일할 때	경중률(P)이 다를 때
$\sigma=\pm 0.6745\sqrt{\frac{\Sigma v^2}{n(n-1)}}$	$\sigma=\pm 0.6745\sqrt{\frac{\Sigma(Pv^2)}{\Sigma P(n-1)}}$

5. 부정오차의 전파

전파된 부정오차의 총합
$M=\pm\sqrt{{m_1}^2+{m_2}^2+\cdots\cdots+{m_n}^2}$

03 거리와 각관측 해석

1. 거리관측방법

sin 법칙	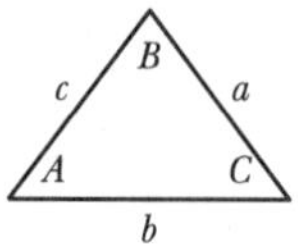	$\frac{a}{\sin A}=\frac{b}{\sin B}=\frac{c}{\sin C}$ $\therefore\ b=\frac{\sin B}{\sin A}\cdot a$
cos 법칙	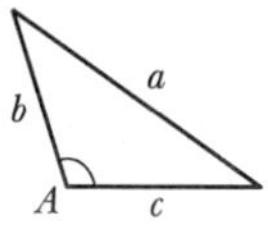	$a=\sqrt{b^2+c^2-2bc\cos A}$

2. 거리관측 시 삼각함수

삼각비	
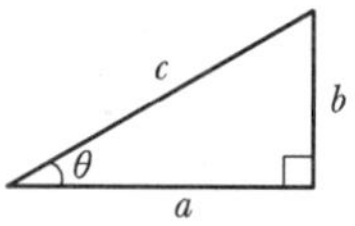	① $\sin\theta=\frac{b}{c}$ ② $\cos\theta=\frac{a}{c}$ ③ $\tan\theta=\frac{b}{a}$ ④ $a=c\cdot\cos\theta$ ⑤ $b=c\cdot\sin\theta$

3. 보정이 된 실제거리

표준척 보정	$L_0=L\pm$ 표준척 보정량 $=L\pm\frac{\Delta l}{l}L$
경사 보정	$L_0=L-$ 경사보정량 $=L-\frac{h^2}{2L}$
표고 보정	$L_0=L-$ 표고보정량 $=L-\frac{H}{R}L$
온도 보정	$L_0=L+$ 온도보정량 $=L+\alpha L(t-t_o)$

4. 정위, 반위 평균 시 제거되는 오차

정위 반위 관측	정반 평균으로 제거되는 오차
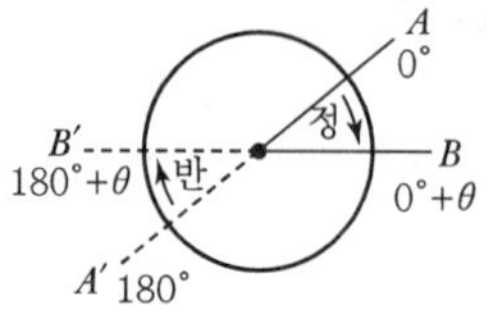	① 시준축 오차 ② 시준선의 편심오차 ③ 수평축오차

5. 각관측 조정

모식도	경중률(관측횟수) 같을 때 조정량은 등배분
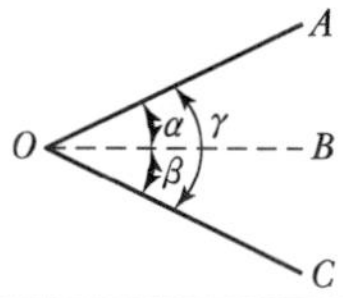	① 오차(W) $=(\alpha+\beta)-\gamma$ ② 조정량(d) $=\frac{W}{n}=\frac{W}{3}$
	① 큰 각에는 조정량만큼 (−) ② 작은 각에는 조정량 만큼 (+)

6. 수평각관측 방법

각관측 방법	내용
단측법	1개의 각을 1회 관측하는 방법(나중에 읽은 값 − 처음 읽은 값)
배각법	1개의 각을 2회 이상 관측하여 관측횟수로 나누어서 구하는 방법(읽음오차를 줄이고 최소 눈금 미만의 정밀 관측값을 얻음)
방향관측법	① 한 측점 주위에 관측할 각이 많은 경우 어느 측선(기준선)에서 각 측선에 이르는 각을 차례로 관측하는 방법 ② 반복법에 비해 시간이 절약되며 3등 이하의 삼각측량에 이용 ③ 정밀도는 단측법과 동일
각관측법 (조합각 관측법)	수평각 각 관측 방법 중 가장 정확한 값을 얻을 수 있는 방법(1등 삼각측량에 이용) 측각총수 $=\frac{1}{2}S(S-1)$ (S : 측선 수)

04 다각측량

1. 다각측량의 종류

결합 트래버스	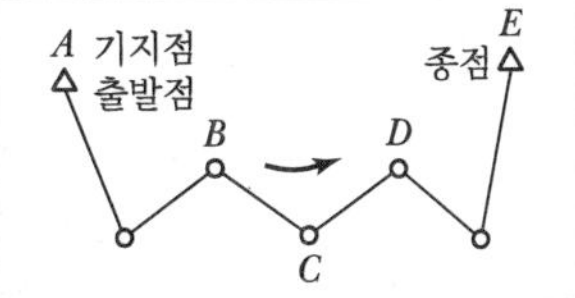	규모 지역의 정확성을 요하는 측량에 사용
폐합 트래버스	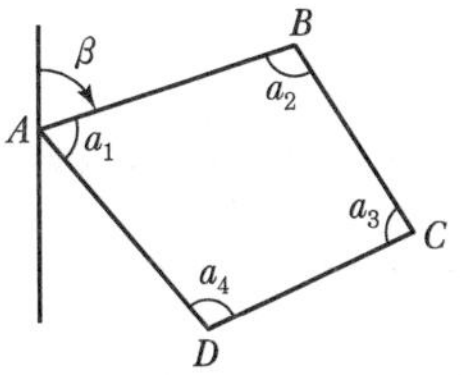	소규모 지역측량에 적합
개방 트래버스	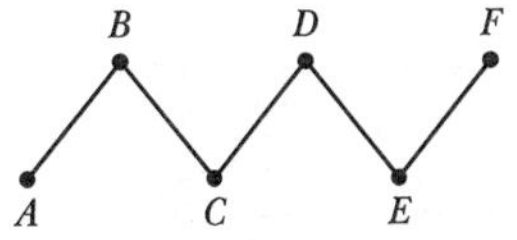	정도는 낮으며 오차조정이 불가능하다.

2. 결합트래버스의 오차

모식도	결합트래버스 오차(E_α)
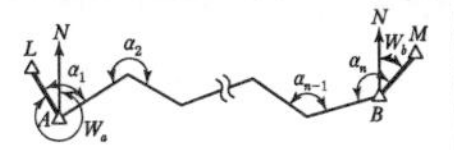	$E_\alpha = W_a + \Sigma\alpha - 180°(n+1) - W_b$
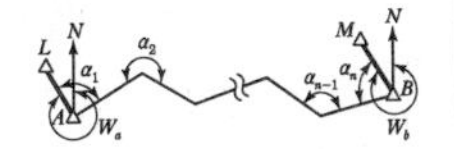	$E_\alpha = W_a + \Sigma\alpha - 180°(n-1) - W_b$
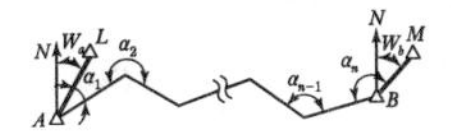	$E_\alpha = W_a + \Sigma\alpha - 180°(n-1) - W_b$
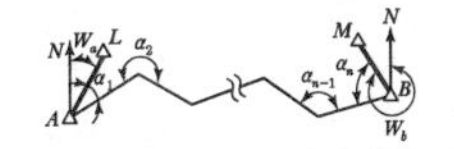	$E_\alpha = W_a + \Sigma\alpha - 180°(n-3) - W_b$

3. 각 관측 오차 배분

허용오차의 범위		오차 배분	
시가지	$20\sqrt{n} \sim 30\sqrt{n}$ (초)	관측 정도가 같을 때	오차를 각의 크기에 상관없이 등배분
평탄지	$30\sqrt{n} \sim 60\sqrt{n}$ (초)	관측값의 경중률이 다를 때	오차를 경중률에 비례해서 배분
산지	$\sim 90\sqrt{n}$ (초)		

4. 방위각 및 방위

방위각	방위
① 진북 기준이며, 시계방향으로 돌린 수각평으로 표시 ② BA방위각=AB 방위각+180° ③ 임의측선 방위각 : 전측선의 방위각 ±180° ∓ 교각	동서남북을 E, W, S, N으로 구분하여 90° 이하의 각으로 표현

5. 폐합비

정도	$\frac{1}{m} = \frac{\text{거리오차}(\Delta l)}{\text{실제거리}(l)} = \frac{\text{각의 오차}(\theta'')}{\text{라디안}(\rho'')}$	
폐합비	$\frac{1}{m} = \frac{\text{폐합오차}(E)}{\text{총거리}} = \frac{\sqrt{(\Delta l)^2 + (\Delta d)^2}}{\Sigma l}$	
조정	컴퍼스 법칙	각 정도≤거리 정도
	트랜싯 법칙	각 정도>거리 정도

6. 좌표가 주어졌을 때 거리와 방위각 계산

모식도	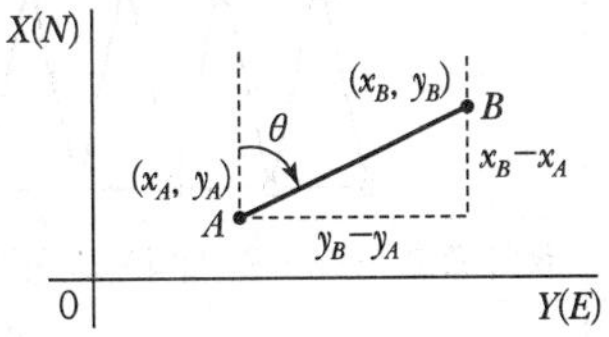
거리와 방위각	① $AB = \sqrt{(x_B - x_A)^2 + (y_B - y_A)^2}$ ② $\theta[\text{방위(각)}] = \tan^{-1}\left(\frac{y_B - y_A}{x_B - x_A}\right)$ $\left(\tan\theta = \frac{y_B - y_A}{x_B - x_A} = \frac{\text{경거}}{\text{위거}}\right)$

7. 배횡거

배횡거

① 제1측선의 배횡거=제1측선의 경거

② 임의 측선의 배횡거=전측선 배횡거+앞측선 경거+그 측선 경거

측선	위거	경거	배횡거
AB		①	①
BC		②	①+①+②=④
CA		③	④+②+③

8. 배면적과 면적

배면적	면적
① 각각의 배횡거와 위거의 곱의 합 ② Σ(배횡거×위거)	① 배면적의 반 ② $\frac{1}{2}\Sigma$(배횡거×위거)

05 삼각측량

1. 삼각측량의 순서

삼각측량의 순서						
도상계획	답사	선점	조표	기선관측	각관측	계산

2. 삼각망의 종류

종류	모식도
단열삼각망	기선 / 검기선 폭이 좁고 거리가 먼 지역에 적합(노선, 하천, 터널측량)
유심삼각망	기선 / 검기선 방대한 지역의 측량에 적합(대규모 농지, 단지)
사변형삼각망	기선 / 검기선 기선 삼각망에 이용(정밀도가 필요한 시가지)
삼각측량 선점 시 측점수는 적을수록 좋다.	

3. 편심보정

편심보정(T)	모식도
$T=t+x_2-x_1$	P_1, P_1, x_1, x_2, S_1, S_2, S_1', S_2', T, t, e, B, ϕ
$\frac{e}{\sin x_1}=\frac{S_1'}{\sin(360°-\phi)}$ $x_1''=\sin^{-1}\left[\frac{e\cdot\sin(360°-\phi)}{S_1'}\right]$	
$\frac{e}{\sin x_2}=\frac{S_2'}{\sin(360°-\phi+t)}$ $x_2''=\sin^{-1}\left[\frac{e\cdot\sin(360°-\phi+t)}{S_2'}\right]$	

4. 구차 및 양차

구차	$E_c=+\frac{D^2}{2R}$	양차	$E=\frac{(1-K)D^2}{2R}$
구차는 높게 보정(+)		기차는 낮게 보정(−)	

06 수준측량

1. 수준측량

수준측량의 정의	
① 높이를 결정하기 위한 측량(레벨측량) ② 표고의 기준은 등포텐셜면(지오이드면, 평균해수면) ③ 장거리 수준측량은 구차, 기차, 중력에 대한 보정을 한다.	
수준측량의 분류	• 수평면 : 중력방향에 직각으로 이루어진 곡면 • 수평선 : 평면과 수평면이 교차하는 곡선 • 지평면 : 수평면의 한 점에서 접하는 평면 • 지평선 : 수평면의 한 점에서 접하는 직선
① 직접 수준측량 ② 간접 수준측량 ③ 교호 수준측량	

2. 직접 수준측량의 용어

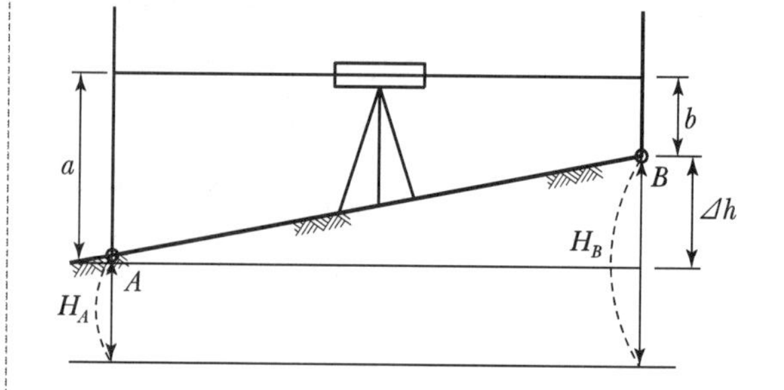

기계고(IH)	기준면에서 망원경 시준선까지의 높이(H_A+a)
후시(BS)	기지점에 세운 표척의 읽음값(a)
전시(FS)	표고를 구하려는 점에 세운 표척의 읽음값(b)
이기점(TP)	전시와 후시의 연결점으로 기계를 옮기는 점
중간점(IP)	① 전시만을 취하는 점으로 표고를 관측할 점을 말한다. ② 그 점에 오차가 발생하여도 다른 점에 영향 주지 않는다.
지반고(GH)	기준면부터 구하는 지점의 표고(H_A, H_B)
표고차(Δh)	표고를 알고 있는 지점에서 시작하여 마지막 점까지의 높이 차
고차식	전시의 합과 후시의 합의 차로서 고저차를 구하는 방법
기고식	가장 많이 사용하는 방법, 중간점이 많을 때 가장 편리
승강식	① 후시값과 전시값의 차가 [+]이면 승란에 기입 ② 후시값과 전시값의 차가 [−]이면 강란에 기입 ③ 기입사항이 많고 중간점이 많을 때 시간이 많이 소요

3. 전시와 후시의 거리를 같게 취함으로 제거되는 오차

① 시준축 오차(기포관축과 시준축이 평행되지 않은 오차)
② 지구의 곡률로 인한 오차(구차)
③ 빛의 굴절로 인한 오차(기차)

4. 직접 수준측량의 원리

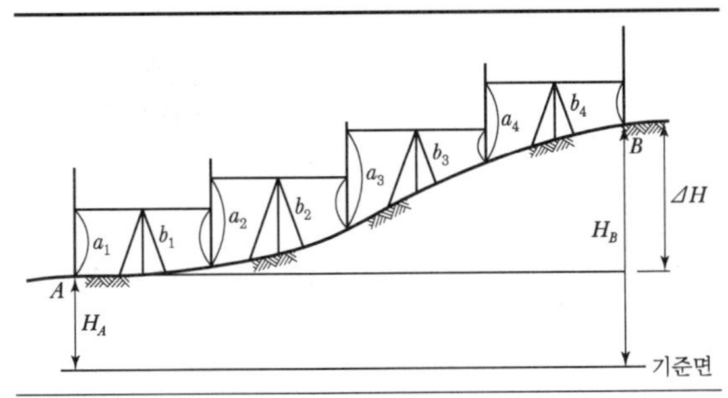

① 고저차(ΔH) = 후시(a) − 전시(b)
② $\Delta H=(a_1-b_1)+(a_2-b_2)+(a_3-b_3)+(a_4-b_4)$
$=(a_1+a_2+a_3+a_4)-(b_1+b_2+b_3+b_4)$
$=\Sigma BS-\Sigma FS$

5. 직접 수준측량 시 주의사항

① 표척은 1, 2개를 쓰고, 출발점에 세워둔 표척은 도착점에 세워둔다.(표척의 영눈금 오차를 소거하기 위해)
② 표척과 기계와의 거리는 60m 내외를 표준으로 한다.
③ 전 · 후시의 표척거리는 등거리로 한다.(기계오차, 구차, 기차 소거)
④ 수준측량은 왕복 관측을 원칙으로 한다.(오차는 허용 범위 내에 들어와야 함, 허용오차를 넘어가면 재측량)
⑤ 표척 기울기에 대한 오차는 표척을 앞뒤로 흔들 때의 최솟값을 읽음으로 오차를 최소화

6. 간접 수준측량

상향각(앙각, +각)

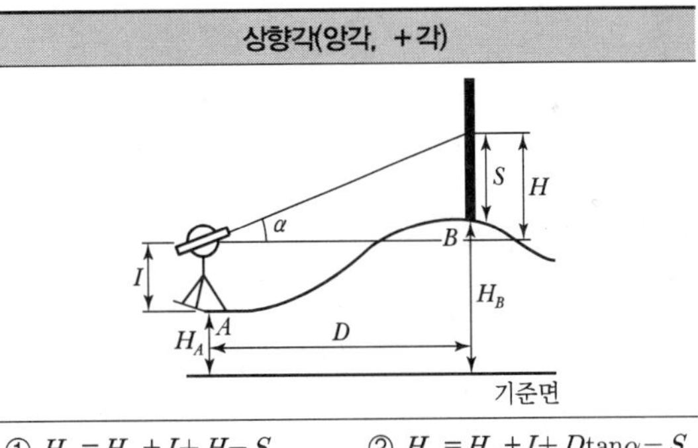

① $H_B=H_A+I+H-S$　　② $H_B=H_A+I+D\tan\alpha-S$

7. 교호수준측량으로 소거할 수 있는 오차

① 기계오차(시준축 오차) 제거 ② 구차(지구곡률오차) 제거 ③ 기차(굴절오차) 제거	큰 강에서 수준측량을 할 때 중앙에 레벨을 세울 수가 없기 때문에 실시하는 측량

07 지형측량

1. 지형도 제작

지형도 제작에 사용되는 측량 방법	지형도 작성 3대 원칙
① 평판측량에 의한 방법 ② 항공사진 측량에 의한 방법 ③ 수치지형 모델에 의한 방법 ④ 기존의 지도를 이용하는 방법	① 기복을 알기 쉽게 할 것 ② 표현을 간결하게 할 것 ③ 정량적 계획을 엄밀하게 할 것

2. 지형의 표시방법

자연적 도법	부호적 도법
① 음영법 : 그림자로 지표의 기복을 표시 ② 영선법 : 짧은 선으로 지표의 기복을 표시	① 점고법 ② 등고선법 ③ 채색법

3. 등고선의 간격

종류 \ 축척	1/5,000	1/10,000	1/25,000	1/50,000
주곡선	5	5	10	20
간곡선	2.5	2.5	5	10
조곡선	1.25	1.25	2.5	5
계곡선	25	25	50	100

4. 등고선의 성질

① 동일 등고선 상 모든 점은 같은 높이이다.
② 등고선은 도면 내·외에서 반드시 폐합하는 폐곡선이다.
③ 도면 내에서 폐합하면 등고선 내부에 산꼭대기(산정) 또는 분지가 있다.
④ 높이가 다른 등고선은 동굴이나 절벽을 제외하고는 교차하지 않는다.
⑤ 최대 경사의 방향은 등고선과 직각으로 교차한다.(등고선과 최단거리)
⑥ 등고선은 경사가 급한 곳에서는 간격이 좁고 완만한 경사에서는 넓다.

5. 지성선의 종류

구분	내용
凸선 (철선, 능선)	① 지표면의 가장 높은 곳을 연결한 선(V형) ② 빗물이 좌우로 흐르게 되므로 분수선이라고도 한다.
凹선 (요선, 합수선)	① 지표면의 가장 낮은 곳을 연결한 선(A형) ② 빗물이 합쳐지므로 계곡선이라고도 한다.
경사 변환선	동일 방향 경사면에서 경사의 크기가 다른 두 면의 교선
최대 경사선	① 동일 방향 경사면에서 경사의 크기가 다른 두 면의 교선 ② 등고선에 직각으로 교차하며 유하선(물이 흐름)이라고 한다.

08 면체적 측량

1. 면적의 선형에 따른 분류

경계선이 직선	경계선이 곡선
① 삼각형법(삼사법, 2변협각법, 삼변법) ② 배횡거법(트래버스 측량) ③ 좌표법	① 지거법(심프슨 법칙) ② 방안법(투사지법) ③ 구적기법(Planimeter법)

2. 삼각형법

구분	공식	그림
삼사법	$A=\frac{1}{2}ah$ (a : 밑변, h : 높이)	A, h, B, a, C
2변 협각법	$A=\frac{1}{2}ab\sin\gamma$	A, b, γ, B, a, C
삼변법	$A=\sqrt{S(S-a)(S-b)(S-c)}$ $\left[S=\frac{1}{2}(a+b+c)\right]$	

3. 좌표법(DDR)

측점	x_n	y_n	$(x_{n-1}-x_{n+1})y_n$
A	2	4	(12−8)×4=16
B	8	6	(2−15)×6=−78
C	15	3	(8−14)×3=−18
D	14	20	(15−12)×20=60
E	12	19	(14−2)×19=228

Σ(합계)=208(2A)

∴ 면적은 $A=\frac{208}{2}=104\text{m}^2$

4. 심프슨 제1법칙

심프슨(Simpson) 제1법칙	내용
y_1 y_2 y_3 y_4 y_5 y_6 y_7 d = 등간격	① 1/3 법칙 ② 사다리꼴 2개를 1조로 구성 ③ 경계선을 2차 포물선으로 가정 ④ 4짝2홀(y는 홀수)

$$A = \frac{d}{3}(y_1 + y_n + 4\Sigma y_{짝수} + 2\Sigma y_{홀수})$$

5. 면적오차 및 실제면적

면적의 정도	실제면적
$\frac{\Delta A}{A} = 2 \cdot \frac{\Delta l}{l}$	관측면적(A)±면적오차(ΔA)

6. 면적의 분할

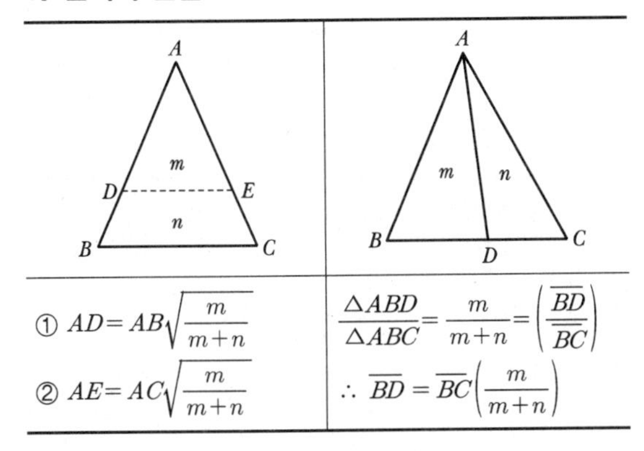

① $AD = AB\sqrt{\frac{m}{m+n}}$ ② $AE = AC\sqrt{\frac{m}{m+n}}$	$\frac{\triangle ABD}{\triangle ABC} = \frac{m}{m+n} = \left(\frac{\overline{BD}}{\overline{BC}}\right)$ $\therefore \overline{BD} = \overline{BC}\left(\frac{m}{m+n}\right)$

7. 체적 결정(단면법)

양단면 평균법	$V = \left(\frac{A_1 + A_2}{2}\right) \times l$	A_2, A_m, A_1, h, h, l
중앙 단면법	$V = A_m \times l$	
각주 공식	$V = \frac{h}{3}(A_1 + 4A_m + A_2)$ $V = \frac{l}{6}(A_1 + 4A_m + A_2)$	

8. 체적결정(점고법)

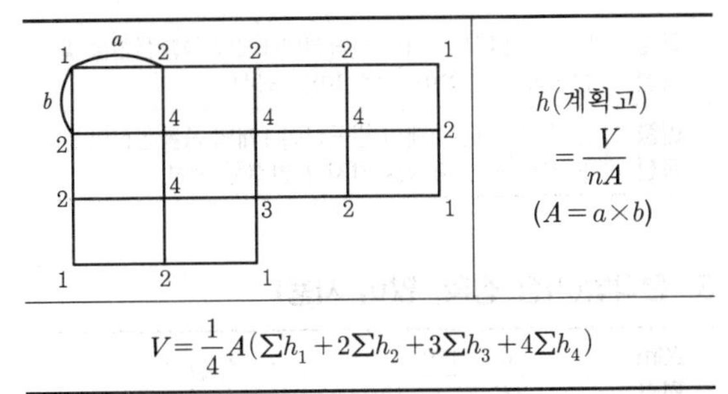

h(계획고) $= \frac{V}{nA}$ $(A = a \times b)$

$$V = \frac{1}{4}A(\Sigma h_1 + 2\Sigma h_2 + 3\Sigma h_3 + 4\Sigma h_4)$$

9. 유토곡선

유토곡선 작성목적	유토곡선의 특징
① 토량 배분 ② 평균운반거리 산출 ③ 토공기계 선정	① 절토 : 상승부분 ② 성토 : 하향부분

09 노선 측량

1. 단곡선

기호	명칭	식
BC	곡선의 시점	$(BC) = IP - TL$
EC	곡선의 종점	$(EC) = BC + CL$
TL	접선길이	$(TL) = R\tan\frac{I}{2}$
CL	곡선길이	$(CL) = RI\frac{\pi}{180}$
M	중앙종거	$(M) = R\left(1 - \cos\frac{I}{2}\right)$
C	현의 길이	$(C) = 2R\sin\frac{I}{2}$
$E(SL)$	외할	$(E) = R\left(\sec\frac{I}{2} - 1\right)$
δ	편각	$(\delta) = \frac{l}{2R} \times \frac{180°}{\pi}$

2. 복심곡선 및 반향곡선

복심곡선	반지름이 다른 2개의 원곡선이 1개의 공통접선을 갖고 접선의 같은 쪽에서 연결하는 곡선
반향곡선	반지름이 다른 2개의 원곡선이 1개의 공통접선의 양쪽에 서로 곡선 중심을 가지고 연결한 곡선

3. 편각법(가장 정확, 많이 사용)

20m 편각	$\delta_{20} = \frac{20}{2R} \times \frac{180°}{\pi}$	
시단현 편각	$\delta_{\ell_1} = \frac{l_1}{2R} \times \frac{180°}{\pi}$	
종단현 편각	$\delta_{\ell_2} = \frac{l_2}{2R} \times \frac{180°}{\pi}$	

4. 중앙종거법

중앙종거식	모식도	중앙종거법 특징
① $M_1 = R\left(1-\cos\frac{I}{2}\right)$ ② $M_2 = R\left(1-\cos\frac{I}{4}\right)$ ③ $M_3 = R\left(1-\cos\frac{I}{8}\right)$		① 기설곡선의 검사 및 개정 ② 반경이 작은 시가지의 곡선 설치 ③ 1/4법

5. 완화곡선

완화곡선의 특징	완화곡선
① 노선 직선부와 원곡선 사이에 설치한다. ② 완화곡선의 접선은 시점에서는 직선에, 종점에서는 원호에 접한다. ③ 완화곡선의 반지름은 시작점에서 무한대 종점에서는 원곡선의 반지름과 같다.	

6. 완화곡선의 요소

캔트(Cant, 고도), 편물매	슬랙(Slack), 확폭
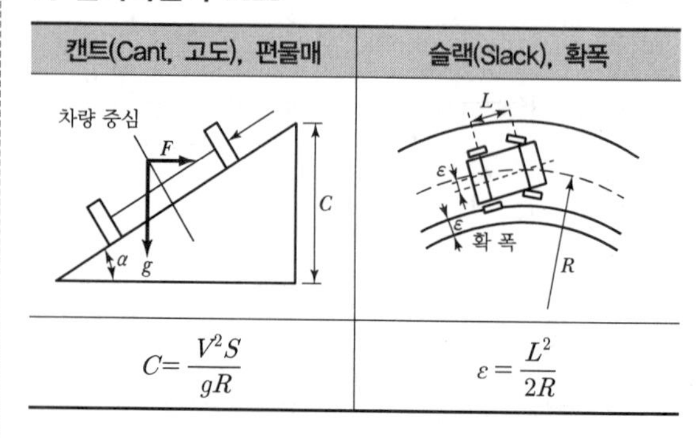	
$C = \frac{V^2 S}{gR}$	$\varepsilon = \frac{L^2}{2R}$

7. 완화곡선의 종류

완화곡선의 종류	사용	모식도
클로소이드	고속도로	
램니스케이트	시가철도	
3차 포물선	철도	

8. 클로소이드 곡선

클로소이드 곡선의 정의	클로소이드 곡선의 기본식
• 곡률이 곡선장에 비례하는 곡선 • 차의 앞바퀴의 회전 속도를 일정하게 유지할 경우 이 차가 그리는 운동 궤적	$A^2 = RL$

클로소이드 곡선의 성질

① 클로소이드는 나선의 일종이다.
② 모든 클로소이드는 닮은꼴이다.
③ 길이의 단위가 있는 것도 있고 없는 것도 있다.
④ 도로에 주로 이용되며 접선각(τ)는 30°가 적당하다.
⑤ 매개변수(A)가 클수록 반경과 길이가 증가되므로 곡선은 완만해진다.
⑥ 클로소이드 곡률은 곡선장에 비례한다.

10 하천 측량

1. 하천 측량의 정의 및 순서

정의	순서
유속, 유량, 기타 구조물을 조사하여 각종 수공설계, 시공에 필요한 자료를 얻기 위한 측량	① 도상조사 ② 자료조사 ③ 현지조사 ④ 평면측량 ⑤ 고저(수준)측량 ⑥ 유량측량 ⑦ 기타 측량
수준(고저)측량	**유량측량**
① 종 · 횡단 측량 ② 심천측량(종횡단면도 제작)	① 고저(수위)관측 ② 유속관측

2. 평면측량의 범위

구분	평면측량 범위
유제부	제외지 전부와 제내지의 300m 이내
무제부	홍수가 영향을 주는 구역보다 약간 넓게 측량(홍수 시 물이 흐르는 맨 옆에서 100m까지)

3. 고저측량

구분	내용
수준기표(Bench Mark)	① 양안 5km마다 설치(견고한 장소) ② 수위 관측소에는 필히 설치(고저기준점)
종단측량	4km 왕복에서 유조부 10mm, 무조부 15mm, 급류부 20mm의 오차 허용
횡단측량	① 보통 좌안을 따라 거리표를 기준으로 한다. ② 200m마다 거리표를 기준으로 관측

4. 양수표 설치장소

① 상 · 하류 약 100m 정도의 직선인 장소
② 수류방향이 일정한 장소
③ 수위가 교각이나 기타 구조물에 의해 영향을 받지 않는 장소
④ 유실, 세굴, 이동, 파손의 위험이 없는 장소
⑤ 쉽게 수위를 관측할 수 있는 장소
⑥ 합류점이나 분류점에서 수위의 변화가 생기지 않는 장소
⑦ 수면구배가 급하거나 완만하지 않는 지점

5. 하천의 수위

평수위	① 어느 기간의 수위 중 이것보다 높은 수위와 낮은 수위의 관측수가 똑같은 수위(하천의 수애선 결정) ② 1년을 통해 185일은 이보다 저하하지 않는 수위
저수위	1년을 통해 275일은 이보다 저하하지 않는 수위
갈수위	1년을 통해 355일은 이보다 저하하지 않는 수위

6. 표면부자

답사나 홍수 시 급한 유속을 관측할 때 편리한 방법(부자에 의한 유속관측 시 유하거리가 큰 하천은 100~200m)

7. 평균유속

구분	내용
1점법	$V_m = V_{0.6}$ 수면으로부터 수심 0.6H 되는 곳의 유속을 평균 유속(V_m)
2점법	$V_m = \frac{1}{2}(V_{0.2} + V_{0.8})$ 수심 0.2H, 0.8H 되는 곳의 유속을 평균 유속(V_m)
3점법	$V_m = \frac{1}{4}(V_{0.2} + 2V_{0.6} + V_{0.8})$ 수심 0.2H, 0.6H, 0.8H 되는 곳의 유속을 평균유속(V_m)

11 위성측위 시스템(GNSS) 및 기준점

1. 항법위성

위성항법 시스템
① GNSS(Global Navigation Satellite System : 범지구적 위성항법시스템) ② GPS(미국) + GLONASS(러시아) + Galileo(유럽) + Compass(중국) ③ 인공위성을 이용한 위치를 결정하는 체계 ④ 정확한 위치를 알고 있는 위성에서 발사한 전파를 수신하고 관측점까지의 소요시간을 관측하여 관측점의 3차원 위치를 결정하는 체계(후방교회법) ⑤ 지구질량 중심을 원점으로 하는 3차원 직교 좌표 체계를 사용한다.

2. GPS(GNSS)의 구성

우주 부문	① 24개의 위성과 3개 보조위성으로 구성(12시간 주기) ② 3차원 후방교회법 ③ 사용좌표계는 WGS84 ④ 궤도는 원궤도 ⑤ 높이 20,180km
제어 부문	① 위성의 신호상태를 점검 ② 궤도위치에 대한 정보를 모니터링 ③ GPS 시간 결정 ④ 항법메시지 갱신
사용자 부문	① 위성에서 전송되는 신호정보를 이용하여 수신기의 정확한 위치와 속도를 결정하고 활용 ② GPS 수신기와 사용자로 구성

3. GPS(GNSS) 측위개념

모식도	측위개념
위성(기지점) 전파 위치계산정보 방송 (위성의 X, Y, Z, T, 궤도정보 등) GPS 수신기(미지점)	GPS 수신기는 4개의 위성 신호를 수신하면 4차방정식을 자동 생성하여 미지점에 대한 X, Y, Z, T값을 결정한다.(후방교회법)
	GNSS 위성을 이용한 측위 계산에서 3차원 위치를 구하기 위한 최소 위성의 수는 4개이다.

4. GPS 고도

모식도	높이의 기준	
GPS 지형 H h 지오이드 N 타원체 해양	수준측량	① 인천만 평균 해수면 (지오이드) ② H(정표고)
	GPS	① 타원체를 기준 ② h(타원체고)

정표고(H) = 타원체고(h) − 지오이드고(N)

5. RINEX

GNSS 데이터의 교환 등에 필요한 공통적인 형식으로 원시데이터에서 측량에 필요한 데이터를 추출하여 보기 쉽게 표현한 것

6. GPS(GNSS) 특징

① 고정밀도 측량 가능 ② 장거리 측량 이용
③ 관측점 간 시통 불필요 ④ 날씨에 영향을 안 받음
⑤ 야간관측 가능 ⑥ 3차원 공간계측 가능
⑦ 지구질량 중심을 원점(WGS84 좌표계)
⑧ 해안지역의 장대교량 공사 중 교각의 정밀 위치 시공에 가장 유리

7. VRS(가상 기지국)

① Network RTK GPS측량
② 3점 이상의 상시관측소에서 관측되는 위치 오차량을 보간
③ 1대의 수신기만으로 고정밀 RTK 측량을 수행

8. GNSS(GPS) 오차 – 구조적 오차

위성에서 발생하는 오차	위성궤도오차	위성의 항행메시지에 의한 예상 궤도와 실제궤도의 불일치가 원인
	위성시계오차	위성에 장착된 정밀한 원자시계에서 발생하는 미세한 오차
대기권 전파지연 오차	전리층 오차	대기권의 영향은 대기권을 통과할 때 수증기 굴절이 발생하기 때문에 GPS위성 신호를 지연시킨다.(전리층 지연오차를 제거하기 위해서 다중주파수를 채택)
	대류권 오차	
수신기 오차	다중경로오차 (Multipath)	수신기 주변의 건물 등의 지형지물로 인해 위성으로부터 온 신호가 굴절, 반사되어 발생
	사이클 슬립 (Cycle slip)	수신기에서 위성의 신호를 받다가 순간적으로 신호가 끊어져 발생하는 오차

9. 위성의 기하학적 배치에 따른 오차(DOP)

DOP의 특징	① DOP는 위성의 기하학적 분포에 따른 오차이다. ② 일반적으로 위성들 간의 공간이 더 크면 위치 정밀도가 높아진다. ③ DOP를 이용하여 실제 측량 전에 위성측량의 정확도를 예측할 수 있다. ④ DOP 값이 클수록 정확도가 좋지 않은 상태이다. ⑤ RDOP(상대정밀도 저하율)은 상대측위와 관련이 없다.
DOP의 종류	① PDOP(Position DOP) : 3차원 위치결정의 정밀도 ② HDOP(Horizontal DOP) : 수평방향의 정밀도 ③ VDOP(Vertical DOP) : 높이의 정밀도 ④ TDOP(Time DOP) : 시간의 정밀도 ⑤ GDOP(Geometrical DOP) : 기하학적 정밀도 ⑥ RDOP(Relative DOP) : 상대정밀도 저하율

10. 고의적 오차

AS	군사목적의 P-코드를 적의 교란으로부터 방지하기 위해 암호화
SA	① 미 국방성이 정책적 판단에 의해 고의로 오차를 증가 ② 2000년 5월 1일부로 해제(더 이상 영향을 미치지 않는다.)

11. 사이클 슬립(주파단절) 원인

① 낮은 위성의 고도각 ② 낮은 신호강도
③ 높은 신호잡음 ④ 상공시계 불량

12. 국가기준점 및 측량기준점

국가기준점	측량기준점
① 우주측지기준점 ② 위성기준점 ③ 측량기준점	① 통합기준점 ② 삼각점 ③ 수준점 ④ 중력점 ⑤ 지자기점

13. 우주측지기준점(측지 VLBI)

측지 VLBI	활용
수십억 광년 떨어진 준성(Quasar)에서 방사되는 전파가 지구상의 전파망원경(안테나)에 도달하는 시간 차이를 해석하여 위치좌표를 고정밀도로 산출	① 국가기준점 정확도 향상 ② 국가 간 장거리 측량 ③ 대륙 간 지각변동 정밀관측 ④ 지진 등 자연재해 예방

14. 위성기준점(GNSS 상시관측소)

① 위성기준점(GNSS 상시관측소)은 위성측량 서비스를 제공
② GNSS위성 신호를 24시간 수신하여 위치정보를 결정할 수 있도록 지원
③ 1995년부터 전국에 60개 위성기준점을 설치
④ GNSS 상시관측소를 통합하여 국가 GNSS 데이터 원스톱 서비스 제공

15. 측량성과(통합기준점, 측량기준점)

통합기준점	측량기준점
① 경 · 위도 ② 평면직각좌표(X, Y) ③ 높이(표고, 타원체고) ④ 중력 ⑤ 방위각	① 통합기준점 ② 삼각점 ③ 수준점 ④ 중력점 ⑤ 지자기점

16. 측량성과(삼각점, 수준점)

삼각점	수준점
① 경 · 위도 ② 평면직각좌표(X, Y)	높이(표고)

17. 측량성과(중력점, 지자기점)

중력점	지자기점
중력값	① 편각 ② 복각 ③ 전자력

측량학 토목기사산업기사 필기

발행일 | 2018. 1. 20 초판발행
2018. 3. 30 초판 2쇄
2019. 1. 20 개정 1판1쇄
2020. 1. 20 개정 2판1쇄
2020. 9. 10 개정 2판2쇄
2021. 1. 10 개정 3판1쇄
2021. 5. 10 개정 3판2쇄
2022. 1. 10 개정 4판1쇄
2022. 2. 20 개정 4판2쇄
2023. 1. 10 개정 5판1쇄
2024. 1. 10 개정 6판1쇄
2025. 1. 10 개정 7판1쇄
2025. 3. 10 개정 8판1쇄

저 자 | 조 준 호
발행인 | 정 용 수
발행처 | 예문사

주 소 | 경기도 파주시 직지길 460(출판도시) 도서출판 예문사
TEL | 031) 955－0550
FAX | 031) 955－0660
등록번호 | 11－76호

정가 : 24,000원

ISBN 978-89-274-5778-7 13530